电子设计与实践

LabVIEW 数据采集

唐 赣 编著

电子工业出版社
Publishing House of Electronics Industry
北京·BEIJING

内容简介

本书以 LabVIEW 为讲解对象，围绕 LabVIEW 编程环境、编程处理数据的方法手段、提升编程的技巧进行编排，详尽介绍了 LabVIEW 常用的编程方法、编程技巧和应用实例。

全书共 11 章，其中第 1～6 章介绍了 LabVIEW 基本编程知识，包括编程环境、数据处理方法、程序设计、NI 数据采集基础等内容，第 7～11 章介绍了 LabVIEW 结合 NI ELVIS 进行传感器数据采集的实践。

本书内容丰富、条理清晰、实用性强，充分讲解编程技巧，使读者能够快速掌握程序设计方法。本书适合高等院校在课时有限的情况下作为综合动手实验教材使用，也适合未开设 LabVIEW 课程的学校作为自学教材使用，对于需要系统学习并参加 CLAD 认证的读者也具有一定的参考价值。

未经许可，不得以任何方式复制或抄袭本书之部分或全部内容。
版权所有，侵权必究。

图书在版编目（CIP）数据

LabVIEW 数据采集 / 唐赣编著. —北京：电子工业出版社，2021.1
（电子设计与实践）
ISBN 978-7-121-39770-7

Ⅰ. ①L… Ⅱ. ①唐… Ⅲ. ①软件工具－程序设计－高等学校－教材 Ⅳ. ①TP311.56

中国版本图书馆 CIP 数据核字（2020）第 195880 号

责任编辑：张剑（zhang@phei.com.cn） 特约编辑：田学清
印　　刷：北京捷迅佳彩印刷有限公司
装　　订：北京捷迅佳彩印刷有限公司
出版发行：电子工业出版社
　　　　　北京市海淀区万寿路 173 信箱　邮编：100036
开　　本：787×1092　1/16　印张：22.75　字数：611.5 千字
版　　次：2021 年 1 月第 1 版
印　　次：2023 年 10 月第 11 次印刷
定　　价：79.00 元

凡所购买电子工业出版社图书有缺损问题的，请向购买书店调换。若书店售缺，请与本社发行部联系，联系及邮购电话：(010) 88254888，88258888。
质量投诉请发邮件至 zlts@phei.com.cn，盗版侵权举报请发邮件到 dbqq@phei.com.cn。
本书咨询联系方式：zhang@phei.com.cn。

前 言

笔者首次接触 LabVIEW 是在 2008 年，时任 NI（中国）技术市场工程师的梁锐先生推荐笔者使用 LabVIEW 和 USB 6008 对 NI Multisim 和 Ultiboard 完成的电路原型设计进行参数测量验证。在项目测试过程中，笔者发现"LabVIEW + NI 数据采集设备（卡）"组合的优势日益凸显。随着测试项目规模的增大，USB 6008 已不能满足项目的测试要求。梁锐先生又向笔者推荐了 NI ELVIS Ⅱ，它拥有更多的模拟 I/O 通道、更高的采样率、更优秀的仪器集成功能，这为笔者日后所做的工作提供了可靠的保证。同年，笔者编著的《Multisim 10 & Ultiboard 10 原理图仿真与 PCB 设计》一书在电子工业出版社出版。

LabVIEW 独特的"图形化程序设计"方式无疑是笔者愿意尝试一个全新开发平台的主要原因，当然这也需要付出一定的代价，毕竟软件和硬件价格不菲，好在 NI 提供了无偿支持。LabVIEW 软件入门是非常快的，图形化程序设计理念使得初学者很容易因自己的程序编写能力得到迅速提升而欢欣鼓舞。但随着 LabVIEW 程序设计的深入，其使用者会猛然发现自己需要全面思考的东西、需要学习的知识点也越来越多，同时逐渐感悟到 NI 产品生态系统的延续性、完整性，这让使用者难以舍弃。

因 LabVIEW 的适用领域广泛，国内高等院校、科研院所、工业企业常把 LabVIEW 作为研发工具之一。LabVIEW 不仅是一个编程软件，也是一把打开研究与创新大门的钥匙。

本书正是基于上述原因而编写的。本书满足了高校师生、工程师对 LabVIEW 应用技能的培训要求，兼顾了 LabVIEW 基础理论知识和基于传感器项目驱动的 NI ELVIS 及数据采集实践的需求，力求为读者提供更多干货。

全书从内容上共分两大部分：第 1 部分介绍的是 LabVIEW 基本编程知识，第 2 部分介绍的是 LabVIEW 结合 NI ELVIS 进行传感器数据采集的实践训练。本书适合高等院校在课时有限的情况下作为综合动手实验教材使用，也适合未开设 LabVIEW 课程的学校作为自学教材使用，对于需要系统学习并参加 CLAD 认证的读者也具有一定的参考价值。

LabVIEW 知识体系庞大，本书围绕着 LabVIEW 编程环境、编程处理数据的方法手段、提升编程的技巧进行编排。书中知识点尽可能遵循从无到有、先易后难的原则展开，但也不可避免地会出现前后知识点交叉的情况；另外，书中的个别软件界面截图存在信息显示不完整的情况，对阅读感受会有些许影响。受限于篇幅，许多内容做了删减。为此，我们将通过微信公众号（TLA 系列实验教学套件）推出本书的视频教程，满足读者在线学习、自学动手课程等需求，以弥补纸质出版物篇幅有限的缺憾。

本书由唐赣编著。在本书写作过程中，NI 和泛华测控的工程师朋友们提供了许多帮助，在此对梁锐、David E.Wilson、陈大庞、朱君、陈瑾、陈庆全、倪斌、潘天厚、程荣、李甫成、刘洋、杨元杰、潘宇、章鹏、方勤、汤敏、方慧敏、叶智豪、徐征、田砺、申秋实、韩翼、吴珂玶、丁楠、高琛、刘晋东、徐碧野、徐赟、赵波、周斌、佘小强、赵晓宇、李兴越、应俊、刘熠、秦丽娜、胡宗敏，以及许多幕后的应用工程师表示衷心的感谢。

受篇幅限制，请读者访问 www.tlase.com 网站，以获得更多教程、辅助学习资源。

编著者

微信扫描此二维码
关注更多学习资源

目　录

第 1 章　LabVIEW 概述 ·············· 1
1.1　什么是 LabVIEW ················· 1
1.2　如何获得 LabVIEW ··············· 2
1.3　安装、启动 LabVIEW ············· 2
1.4　什么是 NI MAX ·················· 6
1.5　LabVIEW 系统分类及其工具网络 ··· 7
1.6　如何用 LabVIEW 解决实际问题 ···· 9

第 2 章　LabVIEW 编程环境 ········ 12
2.1　初识 LabVIEW ·················· 12
　　2.1.1　首次运行 LabVIEW ········· 12
　　2.1.2　范例查找器 ··············· 13
　　2.1.3　新建一个 VI ·············· 15
　　2.1.4　ni.com 全站搜索 ·········· 15
　　2.1.5　前面板概览 ··············· 15
　　2.1.6　程序框图概览 ············· 18
　　2.1.7　"工具"选板 ············· 19
　　2.1.8　工具栏 ··················· 20
　　2.1.9　菜单栏 ··················· 21
　　2.1.10　快捷方式 ················ 22
　　2.1.11　"导航"窗口 ············ 25
　　2.1.12　使用 LabVIEW 项目方式开发 ···· 25
　　2.1.13　"即时帮助"窗口 ········ 26
2.2　编程准备知识 ··················· 27
　　2.2.1　配置前面板及对象 ········· 27
　　2.2.2　程序框图的连线 ··········· 41
　　2.2.3　接线端的显示方式 ········· 45
　　2.2.4　程序框图节点 ············· 45
　　2.2.5　使用"函数"选板 ········· 46
　　2.2.6　使用函数 ················· 48

第 3 章　LabVIEW 数据处理基础 ···· 50
3.1　数据操作 ······················· 50
　　3.1.1　数据类型 ················· 50
　　3.1.2　数值型数据 ··············· 52
　　3.1.3　布尔型数据 ··············· 59
　　3.1.4　字符串型数据 ············· 61
　　3.1.5　数据常量 ················· 66
3.2　数组与簇 ······················· 66
　　3.2.1　数组 ····················· 66
　　3.2.2　簇 ······················· 73
3.3　编程结构 ······················· 78
　　3.3.1　在程序框图中使用结构 ····· 79
　　3.3.2　For 循环与 While 循环 ···· 82
　　3.3.3　执行部分代码的程序结构（条件、顺序、禁用）··················· 90
　　3.3.4　事件结构 ················· 98
　　3.3.5　局部变量、全局变量 ······ 100
3.4　图形与图表 ···················· 103
　　3.4.1　图形和图表的类型 ········ 103
　　3.4.2　波形图和波形图表 ········ 104
　　3.4.3　自定义图形和图表 ········ 110
　　3.4.4　平滑线条、曲线 ·········· 117
　　3.4.5　标尺图例 ················ 118
　　3.4.6　动态格式化图形 ·········· 118

第 4 章　LabVIEW 数据处理进阶 ··· 119
4.1　函数的多态性 ·················· 119
4.2　比较函数 ······················ 124
　　4.2.1　比较数值 ················ 124
　　4.2.2　比较字符串 ·············· 125
　　4.2.3　比较布尔值 ·············· 125
　　4.2.4　比较数组和簇 ············ 125
4.3　公式与方程 ···················· 127
4.4　文件 I/O ······················ 129
　　4.4.1　文件 I/O 基本流程 ······· 129
　　4.4.2　判定要使用的文件格式 ···· 130
　　4.4.3　文件路径 ················ 130
　　4.4.4　二进制文件 ·············· 131
　　4.4.5　配置文件 ················ 131
　　4.4.6　数据记录文件 ············ 132

4.4.7	记录前面板数据	133
4.4.8	LabVIEW 的测量文件	137
4.4.9	电子表格文件	138
4.4.10	TDM/TDMS 文件	140
4.4.11	文本文件	141
4.4.12	波形	143
4.5	处理变体数据	145

第 5 章 LabVIEW 程序设计 146

5.1	程序框图的数据流	146
5.2	程序框图设计提示	147
5.2.1	程序框图设计规范	147
5.2.2	整理程序框图	148
5.2.3	复用程序框图代码	149
5.3	Express VI	149
5.4	属性节点	155
5.4.1	创建属性节点	155
5.4.2	属性节点使用注意事项	155
5.5	自定义控件	156
5.6	创建 VI 和子 VI	158
5.6.1	范例、VI 模板、项目模板	158
5.6.2	创建模块化代码（子 VI）	161
5.6.3	使用图标	167
5.6.4	保存 VI	171
5.6.5	自定义 VI	174
5.7	运行和调试 VI	177
5.7.1	运行 VI	177
5.7.2	调试技巧	182
5.8	使用项目和终端	192
5.8.1	在 LabVIEW 中管理项目	193
5.8.2	管理 LabVIEW 项目的依赖关系	198
5.8.3	解决项目冲突	199
5.9	使用进阶程序结构	201
5.9.1	使用状态机编程	201
5.9.2	同步数据传输编程	203

第 6 章 NI 数据采集基础 205

6.1	基于计算机的数据采集系统	205
6.2	测量信号的类型	206
6.3	测量模拟信号	206
6.3.1	连接模拟输入信号	207
6.3.2	模拟信号测量系统的类型和信号源	208
6.3.3	连接模拟输出信号	211
6.3.4	采样相关注意事项	211
6.4	数字信号测量	214
6.5	信号调理	216
6.6	数据采集设备（卡）分类	217
6.7	NI MAX 与 DAQmx	217
6.7.1	NI DAQ 设备的使用基本流程	217
6.7.2	DAQmx	218
6.7.3	使用 NI MAX 的测试面板	218
6.8	DAQmx 数据采集	222
6.8.1	创建典型的 DAQ 应用程序	222
6.8.2	使用 DAQ 助手	222
6.8.3	配置"DAQ 助手"对话框	225
6.8.4	DAQmx 数据采集功能 VI	228

第 7 章 直流电动机的转速数据采集 233

7.1	使用槽型光耦测量直流电动机转速	233
7.1.1	实践要求	233
7.1.2	传感器简介	233
7.1.3	测量原理	234
7.1.4	材料准备	234
7.1.5	元器件概览	235
7.1.6	动手实践	236
7.1.7	TLA-004 套件测量训练	237
7.2	使用霍尔 IC 测量直流电动机转速	241
7.2.1	实践要求	241
7.2.2	传感器简介	241
7.2.3	测量原理	241
7.2.4	材料准备	242
7.2.5	元器件概览	243
7.2.6	动手实践	243
7.2.7	TLA-004 套件测量训练	244

第 8 章 温度传感器测量任务 247

8.1	使用集成温度传感器测量温度	247
8.1.1	实践要求	247
8.1.2	传感器简介	247
8.1.3	测温原理	249
8.1.4	基本电路	249
8.1.5	测量程序编写思路	249

8.1.6	材料准备	249
8.1.7	元器件概览	250
8.1.8	面包板动手实践	251
8.1.9	TLA-004套件测量训练	252

8.2 使用热电偶测量温度 ... 253
8.2.1	实践要求	253
8.2.2	传感器简介	254
8.2.3	测温原理	254
8.2.4	基本电路	260
8.2.5	材料准备	263
8.2.6	元器件概览	264
8.2.7	动手实践	265
8.2.8	TLA-004套件测量训练	266

8.3 使用NTC热敏电阻温度传感器测量温度 ... 267
8.3.1	实践要求	267
8.3.2	传感器简介	268
8.3.3	测温原理	268
8.3.4	基本电路	271
8.3.5	材料准备	273
8.3.6	元器件概览	274
8.3.7	动手实践	274
8.3.8	TLA-004套件测量训练	274

8.4 使用铂电阻温度传感器测量温度 ... 276
8.4.1	实践要求	276
8.4.2	传感器简介	276
8.4.3	测温原理	277
8.4.4	基本电路	280
8.4.5	材料准备	282
8.4.6	元器件概览	283
8.4.7	动手实践	283
8.4.8	TLA-004套件测量训练	284

第9章 液体特征参数测量任务 ... 286

9.1 使用光电式液位传感器进行液位测量 ... 286
9.1.1	实践要求	286
9.1.2	传感器简介	286
9.1.3	测量原理	287
9.1.4	基本电路	287
9.1.5	材料准备	287
9.1.6	元器件概览	289

9.1.7	动手实践	289
9.1.8	TLA-004套件测量训练	290

9.2 使用光电式液体浊度传感器测量液体浊度 ... 291
9.2.1	实践要求	291
9.2.2	传感器简介	292
9.2.3	测量原理	292
9.2.4	基本电路	293
9.2.5	材料准备	294
9.2.6	元器件概览	295
9.2.7	动手实践	295
9.2.8	TLA-004套件测量训练	297

9.3 使用pH计传感器测量溶液pH值 ... 298
9.3.1	实践要求	298
9.3.2	传感器简介	298
9.3.3	测量原理	300
9.3.4	基本电路	301
9.3.5	材料准备	302
9.3.6	元器件概览	303
9.3.7	动手实践	303
9.3.8	TLA-004套件测量训练	304

9.4 使用超声波传感器测量液面高度（距离）... 307
9.4.1	实践要求	307
9.4.2	传感器简介	307
9.4.3	测量原理	307
9.4.4	基本电路	308
9.4.5	材料准备	310
9.4.6	元器件概览	310
9.4.7	动手实践	311
9.4.8	TLA-004套件测量训练	312

第10章 安防用途相关传感器测量任务 ... 314

10.1 使用热释电红外线传感器测量入侵状态 ... 314
10.1.1	实践要求	314
10.1.2	传感器简介	314
10.1.3	测量原理	315
10.1.4	基本电路	315
10.1.5	材料准备	316

10.1.6 元器件概览 …………………… 317
10.1.7 动手实践 ……………………… 317
10.1.8 TLA-004 套件测量训练 ……… 318
10.2 使用湿敏传感器测量环境湿度 ……… 320
10.2.1 实践要求 ……………………… 320
10.2.2 传感器简介 …………………… 320
10.2.3 测量原理 ……………………… 321
10.2.4 基本电路 ……………………… 321
10.2.5 材料准备 ……………………… 322
10.2.6 元器件概览 …………………… 323
10.2.7 动手实践 ……………………… 323
10.2.8 TLA-004 套件测量训练 ……… 324
10.3 使用驻极体传声器采集、测量
语音信号 …………………………… 326
10.3.1 实践要求 ……………………… 326
10.3.2 传感器简介 …………………… 326
10.3.3 测量原理 ……………………… 327
10.3.4 基本电路 ……………………… 327
10.3.5 材料准备 ……………………… 328
10.3.6 元器件概览 …………………… 329
10.3.7 动手实践 ……………………… 329
10.3.8 TLA-004 套件测量训练 ……… 330
10.4 使用气敏传感器测量环境酒精泄漏 … 331
10.4.1 实践要求 ……………………… 331
10.4.2 传感器简介 …………………… 332
10.4.3 测量原理 ……………………… 333
10.4.4 基本电路 ……………………… 334
10.4.5 材料准备 ……………………… 334
10.4.6 元器件概览 …………………… 336
10.4.7 动手实践 ……………………… 336
10.4.8 TLA-004 套件测量训练 ……… 337

第 11 章 加速度传感器测量任务 …………… 339

11.1 使用压电式加速度传感器测量
振动信号 …………………………… 339
11.1.1 实践要求 ……………………… 339
11.1.2 传感器简介 …………………… 339
11.1.3 测量原理 ……………………… 343
11.1.4 基本电路 ……………………… 343
11.1.5 材料准备 ……………………… 344
11.1.6 元器件概览 …………………… 345
11.1.7 动手实践 ……………………… 345
11.1.8 TLA-004 套件测量训练 ……… 346
11.2 使用 MEMS 3 轴加速度传感器
测量倾角 …………………………… 347
11.2.1 实践要求 ……………………… 347
11.2.2 传感器简介 …………………… 348
11.2.3 测量原理 ……………………… 348
11.2.4 基本电路 ……………………… 350
11.2.5 材料准备 ……………………… 352
11.2.6 元器件概览 …………………… 353
11.2.7 动手实践 ……………………… 353
11.2.8 TLA-004 套件测量训练 ……… 354

参考文献 …………………………………… 356

第 1 章

LabVIEW 概述

1.1 什么是 LabVIEW

LabVIEW 是美国国家仪器(NI)有限公司开发的一种编程语言,是 Laboratory Virtual Instrument Engineering Workbench 的缩写。其编程特色是用图标连线方式替代传统的文本行编程模式,也被称为图形化编程语言,常用于自动化测试测量系统开发。

LabVIEW 提供了大量外观与传统仪器(如数字示波器)近似的显示控件,用户可以快速使用,进而高效率地实现"专业"的测试测量软件,图 1-1-1 为 LabVIEW 开发的程序界面及代码。

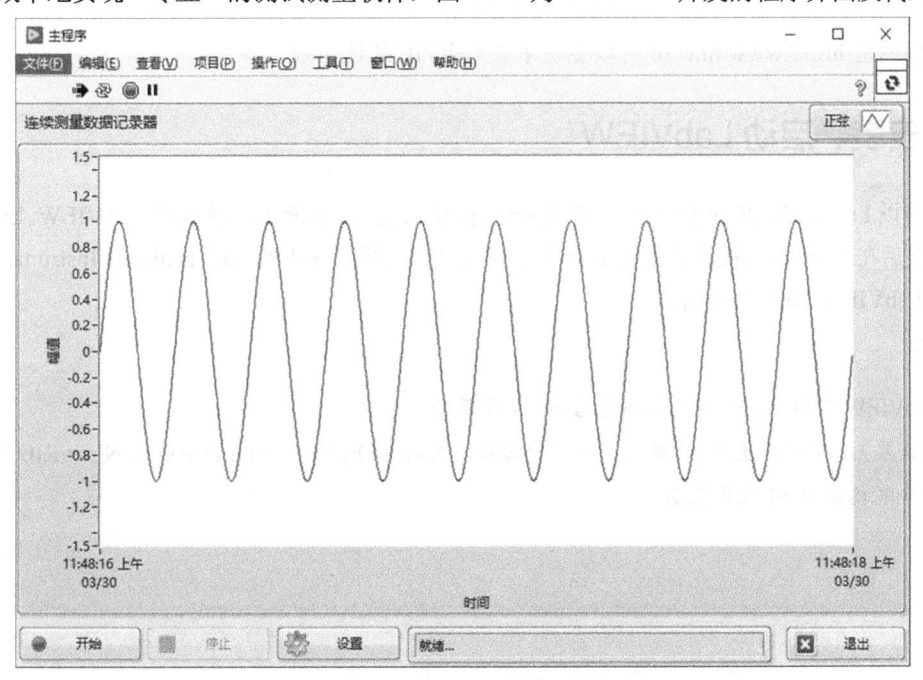

图 1-1-1 LabVIEW 开发的程序界面及代码

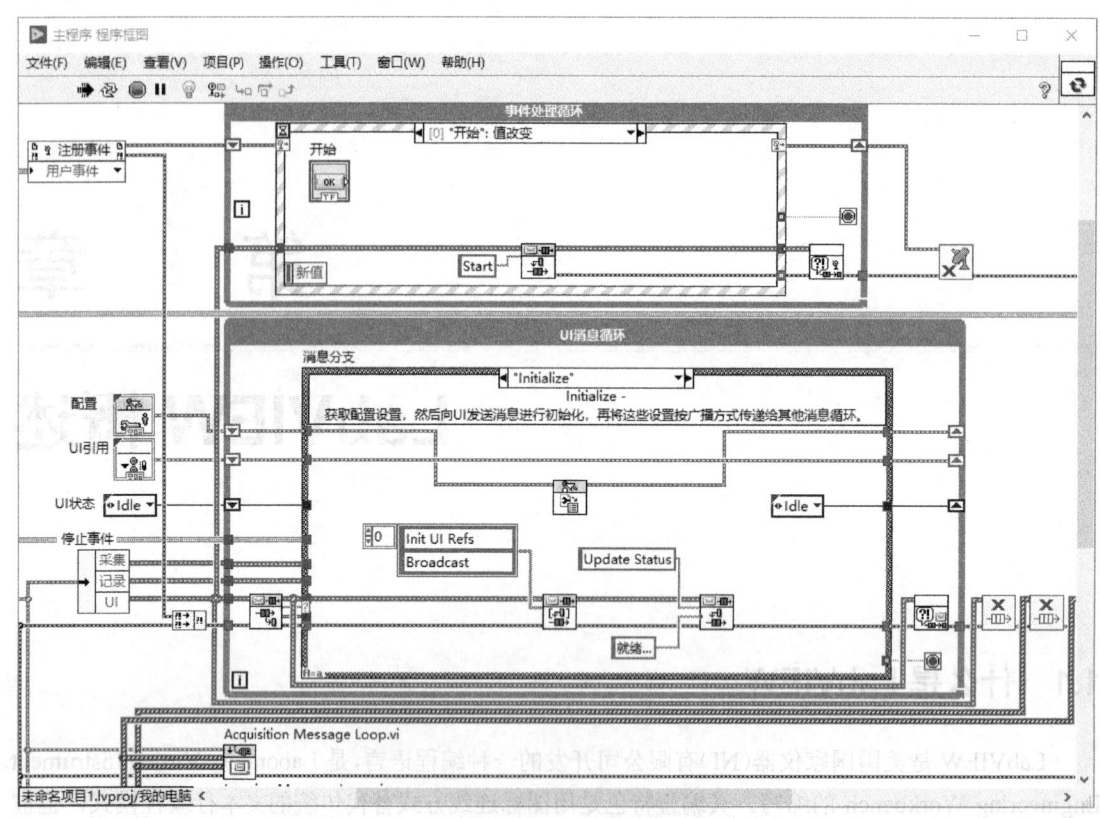

图 1-1-1　LabVIEW 开发的程序界面及代码（续）

1.2　如何获得 LabVIEW

访问网址 http://www.ni.com 可以免费下载 LabVIEW 评估版。

1.3　安装、启动 LabVIEW

本节以 LabVIEW 2019 自解压安装包为例，参看如图 1-3-1 所示步骤安装 LabVIEW。LabVIEW 成功安装后在 Windows 操作系统的开始菜单可以找到如图 1-3-2 所示的 National Instruments 程序目录及 LabVIEW 2019 快捷方式。

🔔 提示

> LabVIEW 自解压安装包默认不包含 NI 硬件驱动。
> 若需要 LabVIEW 支持 NI 硬件（如书中需要使用的 NI ELVIS、NI myDAQ 或 NI myRIO），请确认正确安装相应的 NI 设备驱动。

第 1 章 LabVIEW 概述

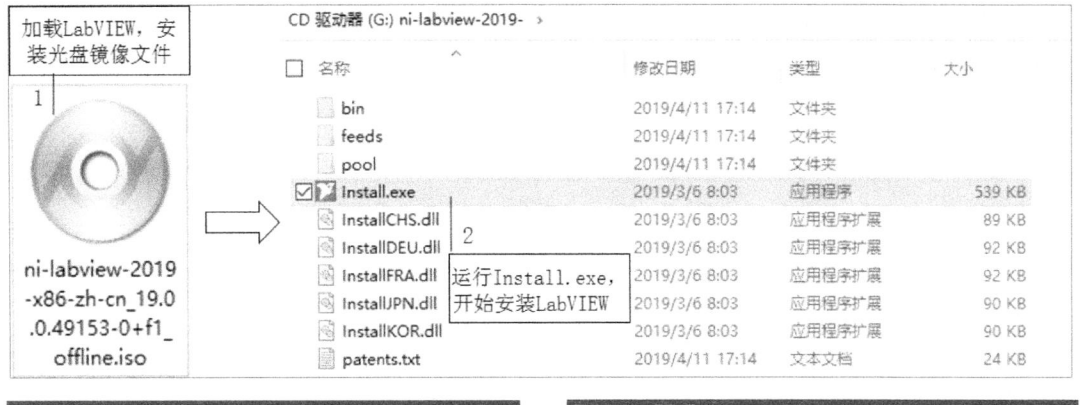

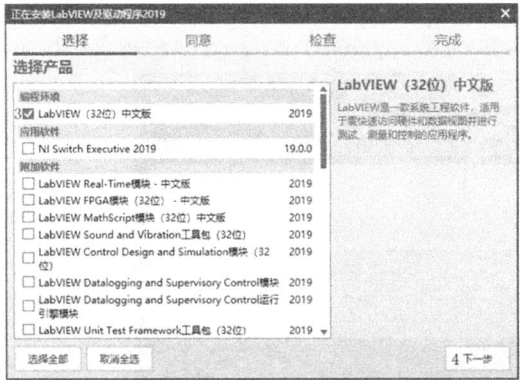

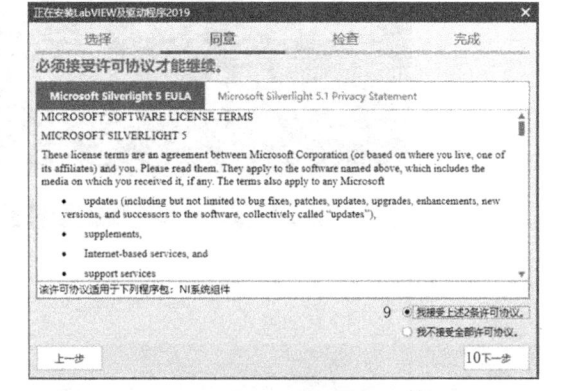

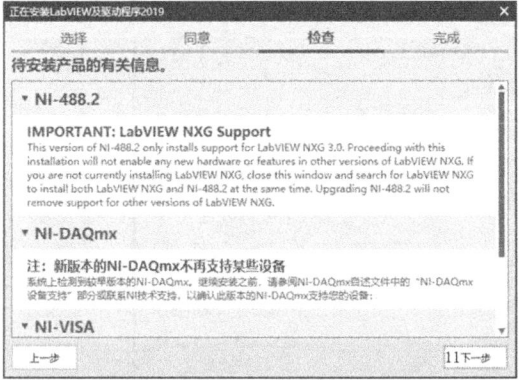

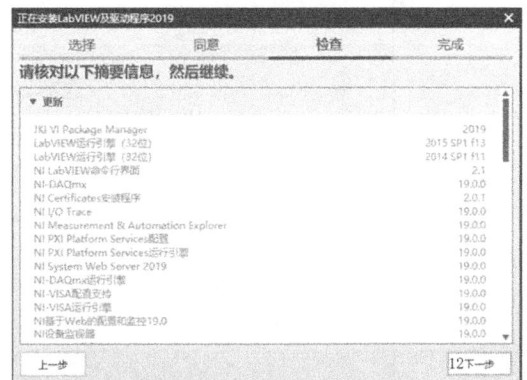

图 1-3-1　LabVIEW 2019 中文版安装步骤

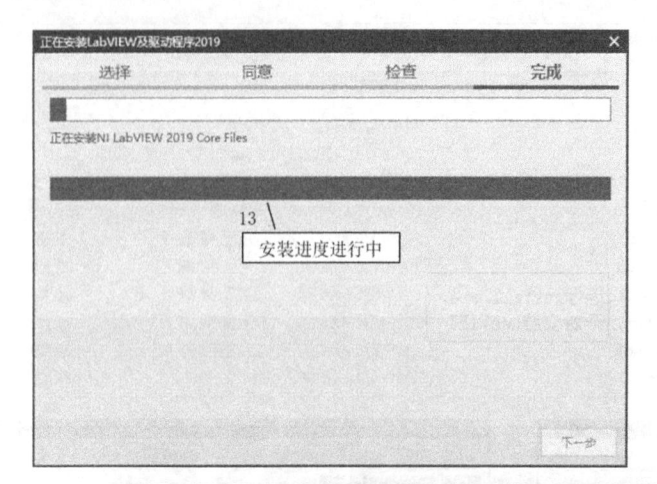

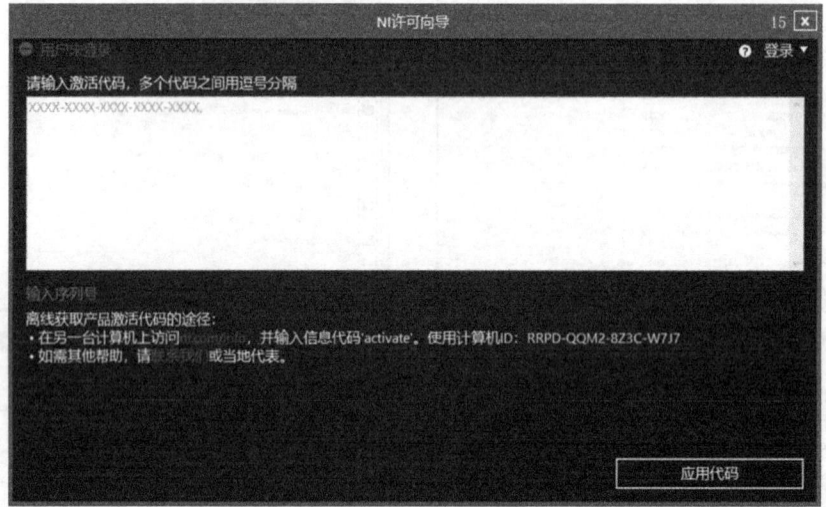

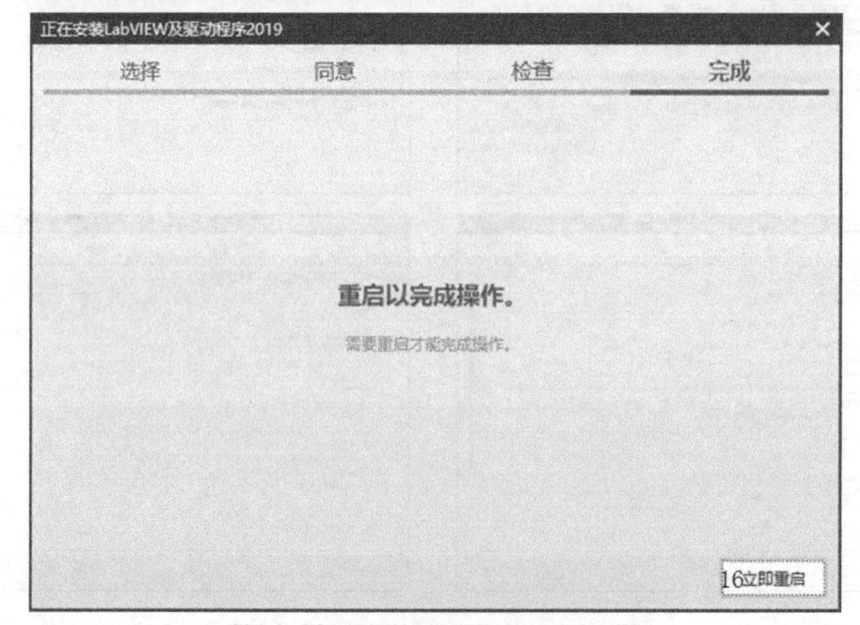

图 1-3-1 LabVIEW 2019 中文版安装步骤（续）

第 1 章 LabVIEW 概述

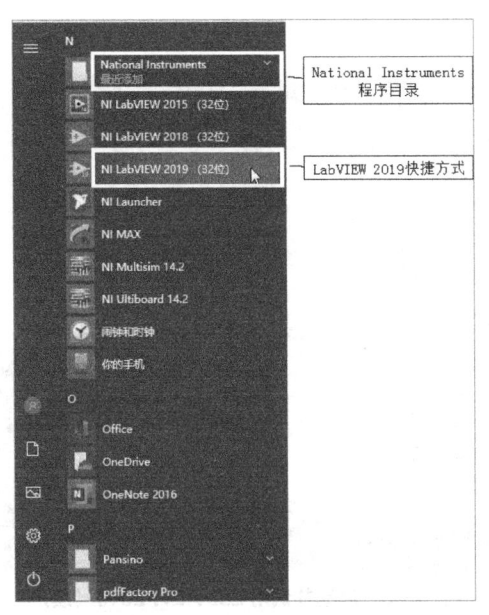

图 1-3-2 National Instruments 程序目录及 LabVIEW 2019 快捷方式

启动 LabVIEW，可参看如图 1-3-3 所示步骤操作。LabVIEW 的首次评估期为 7 天。

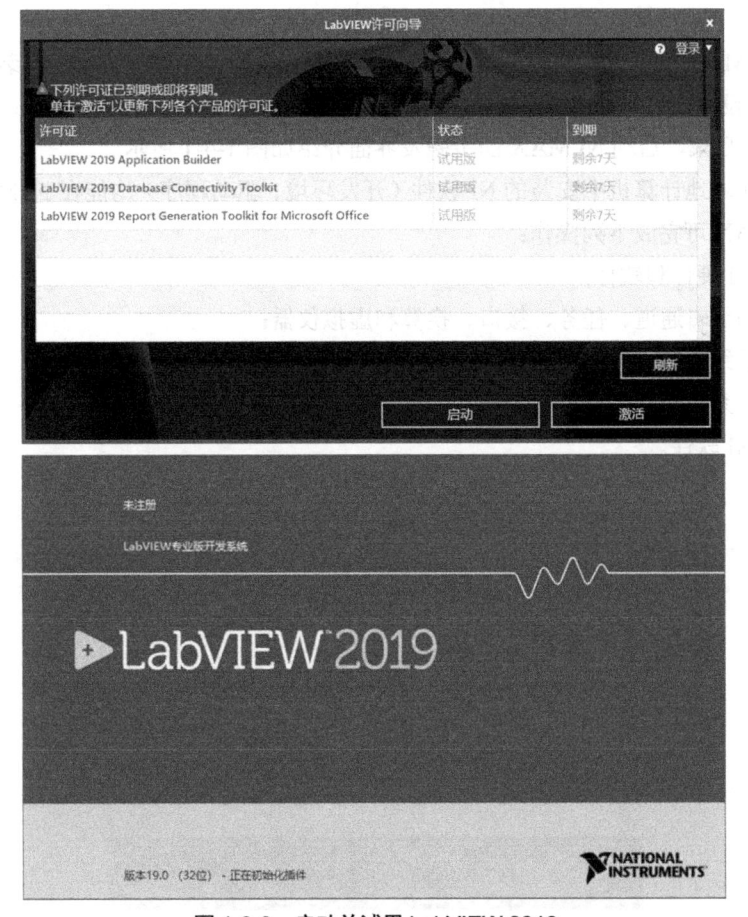

图 1-3-3 启动并试用 LabVIEW 2019

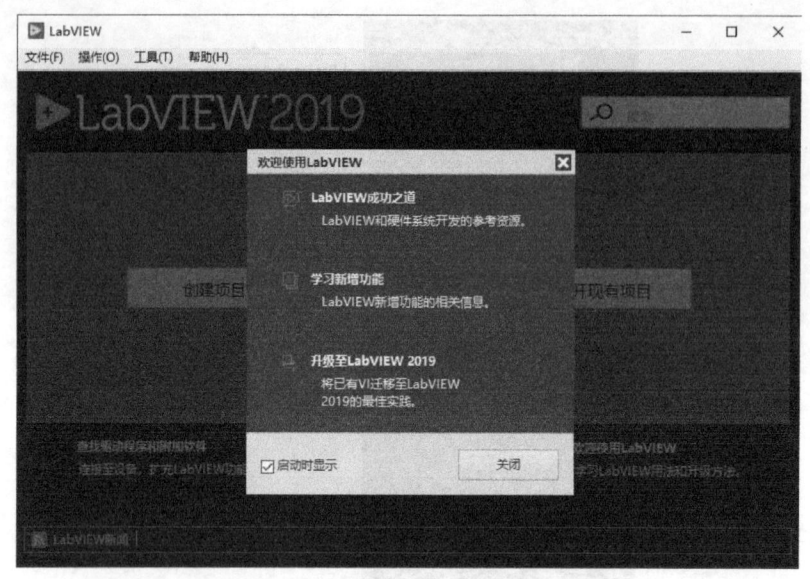

图 1-3-3　启动并试用 LabVIEW 2019（续）

1.4　什么是 NI MAX

NI MAX（Measurement & Automation Explorer）是一个管理计算机中已经安装的 NI 软件和硬件的独立软件。设置安装 LabVIEW 的组件时，默认安装包含 NI MAX，其快捷方式也位于 National Instruments 程序目录，启动 NI MAX 的步骤及界面介绍如图 1-4-1 所示。

任何一个在本地计算机中安装的 NI 软件（开发环境、驱动程序）均能在 NI MAX 中查询、配置。利用 NI MAX 可完成下列操作：

（1）配置 NI 硬件和软件；
（2）创建和编辑通道、任务、接口、换算和虚拟仪器；
（3）进行系统诊断；
（4）查看与系统连接的设备和仪器；
（5）更新 NI 软件。

图 1-4-1　启动 NI MAX 的步骤及界面介绍

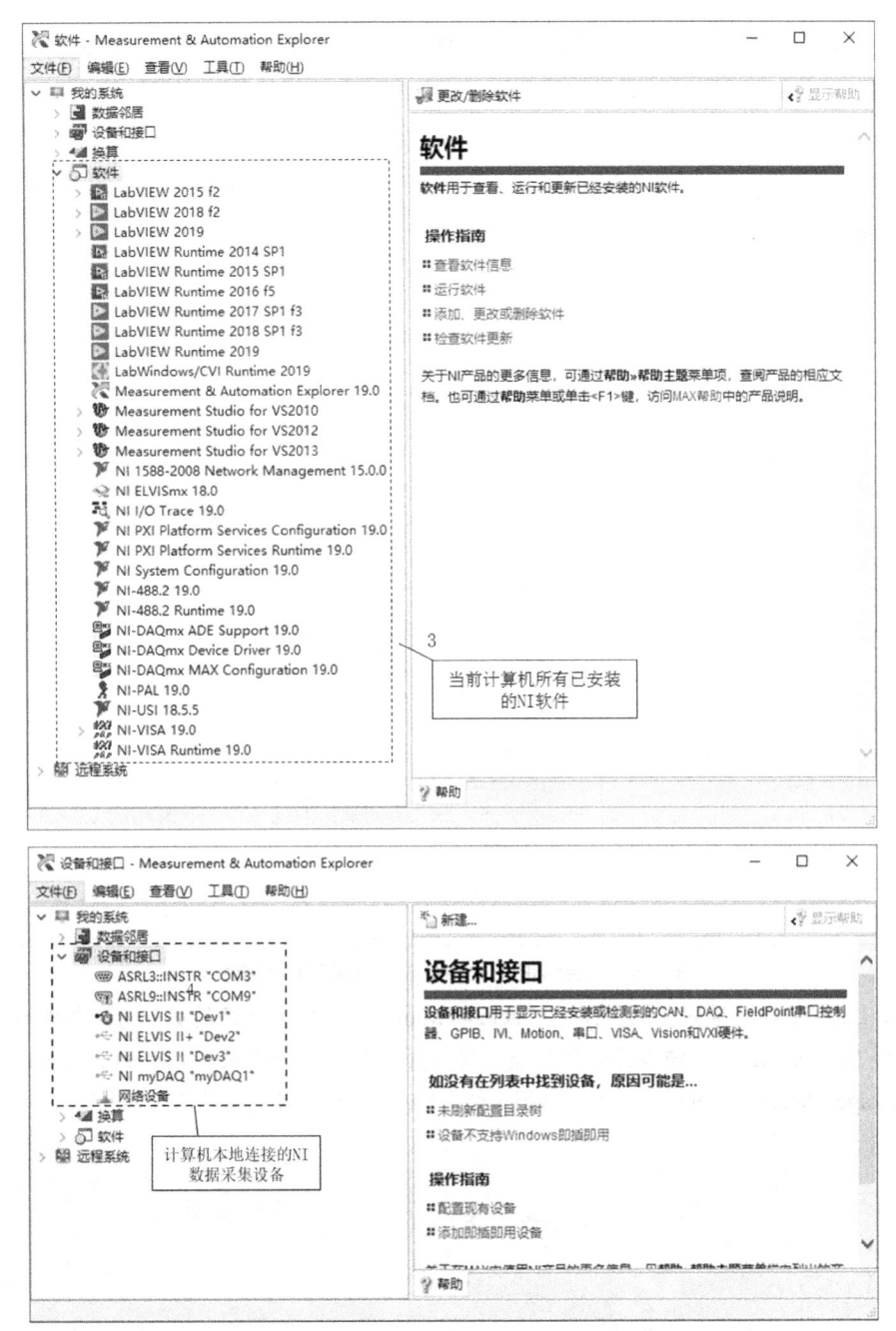

图 1-4-1　启动 NI MAX 的步骤及界面介绍（续）

由于本节描述的 NI MAX 的启动步骤及某些对话框中显示的安装的软、硬件由先前安装的软、硬件状态确定，因此截图与读者的安装情况可能会有所不同。

1.5　LabVIEW 系统分类及其工具网络

以 LabVIEW 为核心构成的虚拟仪器平台实质上是一个功能强大的软、硬件系统开发平台，其涉及的软、硬件体量庞大。NI 几乎每个月都会推出新的软件（模块）、工具包或硬件产品。从

LabVIEW 2014 版本开始，LabVIEW 推出了"套件"概念，如图 1-5-1 所示。这些套件集成了最热门的 LabVIEW 附加工具和通常用于构建测试、设计和控制应用的其他应用软件。

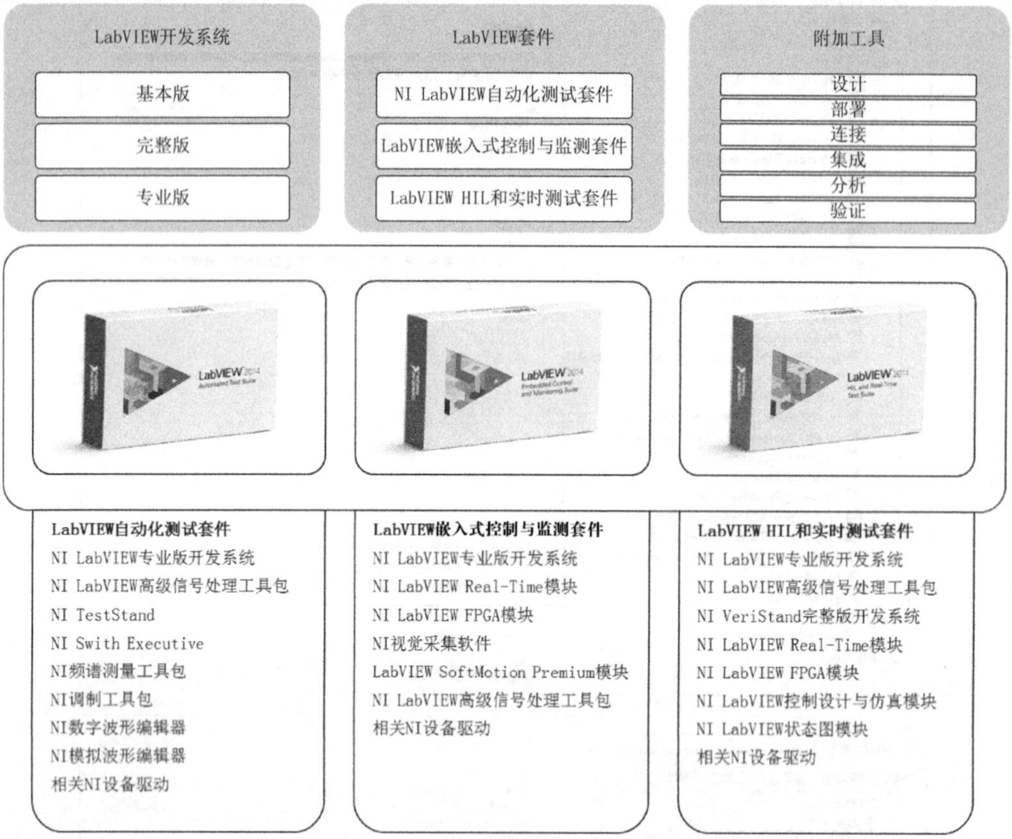

LabVIEW 开发系统	LabVIEW 套件	附加工具
基本版	NI LabVIEW 自动化测试套件	设计
完整版	LabVIEW 嵌入式控制与监测套件	部署
专业版	LabVIEW HIL 和实时测试套件	连接
		集成
		分析
		验证

LabVIEW 自动化测试套件
NI LabVIEW 专业版开发系统
NI LabVIEW 高级信号处理工具包
NI TestStand
NI Swith Executive
NI 频谱测量工具包
NI 调制工具包
NI 数字波形编辑器
NI 模拟波形编辑器
相关 NI 设备驱动

LabVIEW 嵌入式控制与监测套件
NI LabVIEW 专业版开发系统
NI LabVIEW Real-Time 模块
NI LabVIEW FPGA 模块
NI 视觉采集软件
LabVIEW SoftMotion Premium 模块
NI LabVIEW 高级信号处理工具包
相关 NI 设备驱动

LabVIEW HIL 和实时测试套件
NI LabVIEW 专业版开发系统
NI LabVIEW 高级信号处理工具包
NI VeriStand 完整版开发系统
NI LabVIEW Real-Time 模块
NI LabVIEW FPGA 模块
NI LabVIEW 控制设计与仿真模块
NI LabVIEW 状态图模块
相关 NI 设备驱动

图 1-5-1　LabVIEW 软件组合——LabVIEW 套件

此外，LabVIEW 还通过工具网络 VI Package Manager 提供经认证的第三方附加组件，用于帮助用户扩展 NI LabVIEW 系统设计软件功能，提高开发效率。前往 http://jki.net/products 可以下载 JKI VI Package Manager（见图 1-5-2），新版本的 LabVIEW 安装包提供 VIPM 安装选项。

图 1-5-2　JKI VI Package Manager

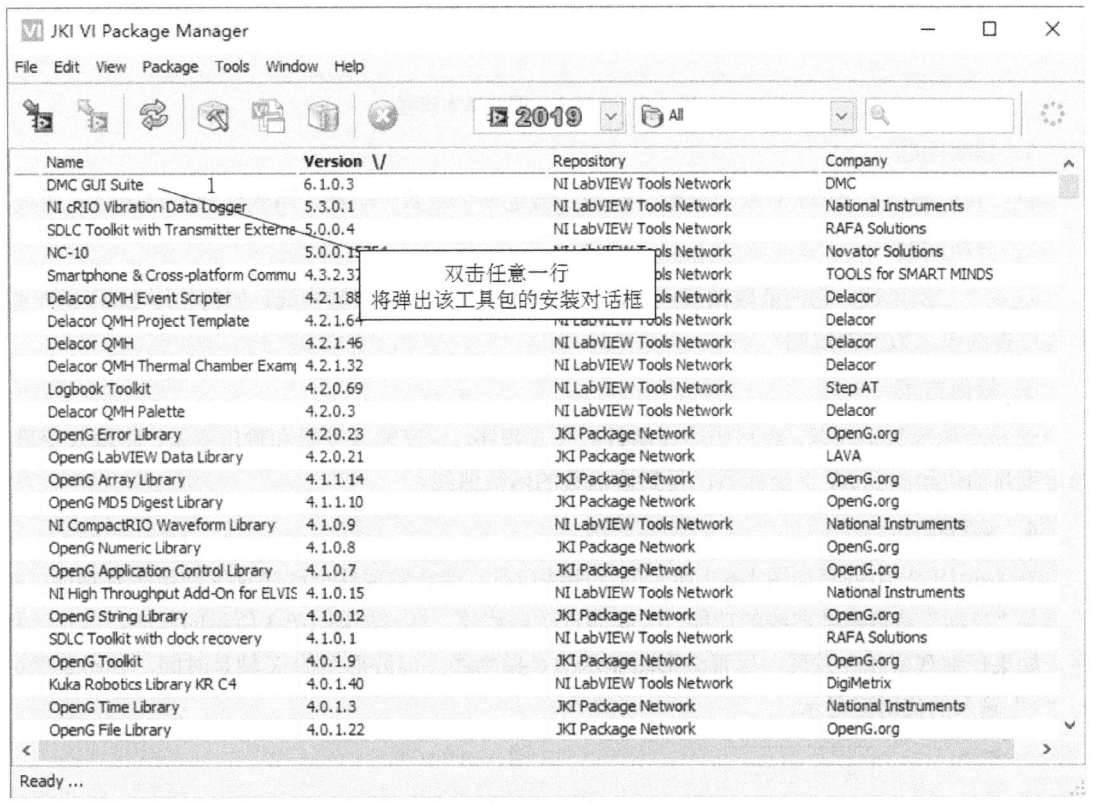

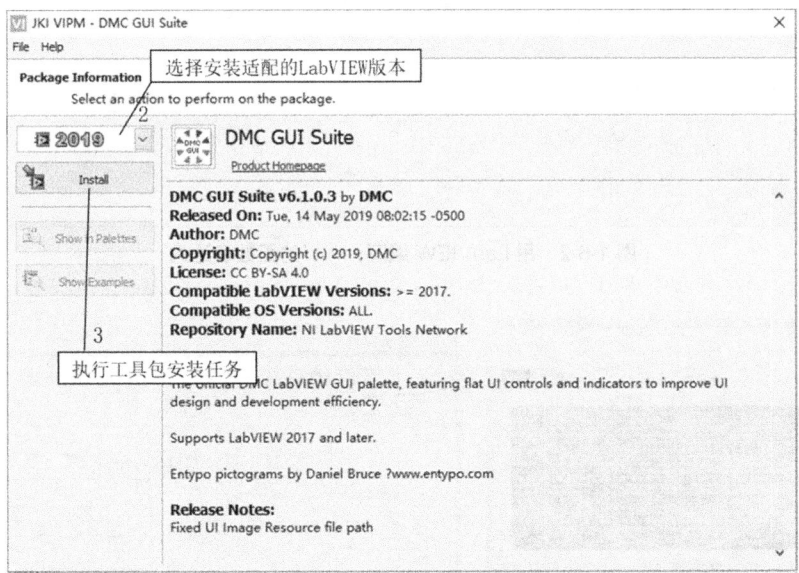

图 1-5-2　JKI VI Package Manager（续）

1.6　如何用 LabVIEW 解决实际问题

任何一种编程工具都需要解决实际生产问题，更何况擅长自动化测量的 LabVIEW。图 1-6-1 给出了解决问题的基本流程，不仅适用于 LabVIEW，也适用于其他编程语言。

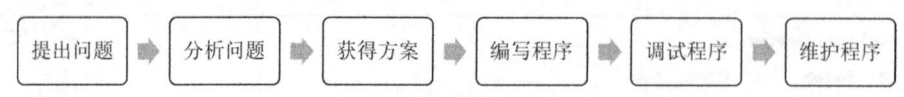

图 1-6-1　解决问题的基本流程

1. 提出问题

例：我们想用 LabVIEW 来求解数学问题，给定一个函数$y = x^2$，用软件画出该函数的曲线。

2. 分析问题

这是个二次函数，它的函数曲线应该是过坐标系原点(0，0)的抛物线，如何使用 LabVIEW 编写程序得到该函数的曲线呢？

3. 获得方案

这是个初等数学问题，编写描述该函数的公式程序，定义输入变量和输出变量，将输入变量、输出变量的值绘制到 X、Y 坐标系，得到该函数的函数曲线。

4. 编写程序

在 LabVIEW 中编写如图 1-6-2 所示的程序并运行，就会发现这个程序仅仅满足运算功能，并不具备"自动"获得函数曲线的功能。因此通过改进程序，参看如图 1-6-3 所示的程序，运行该程序，如果仔细观察就会发现，尽管波形图显示的是抛物线，但波形图的 X 轴是时间，并不是严格与"x"输入的值对应显示。

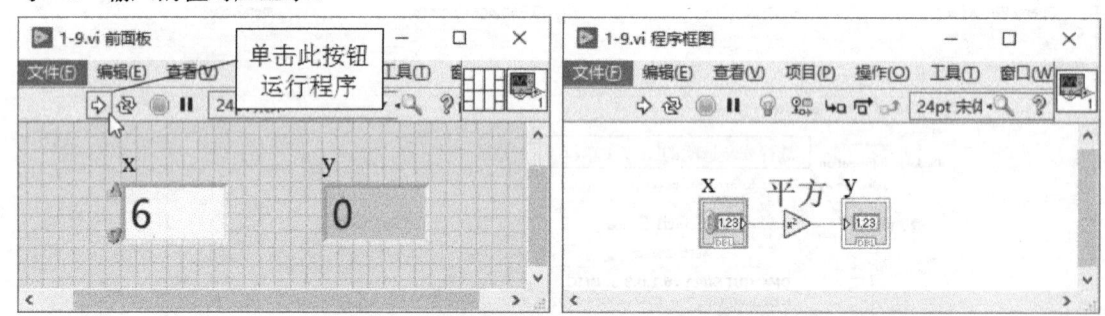

图 1-6-2　用 LabVIEW 编写$y = x^2$的函数表达式

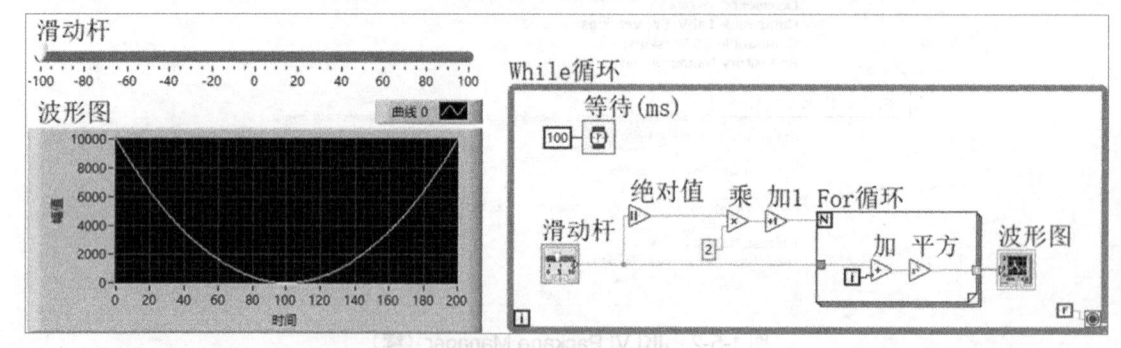

图 1-6-3　改进的程序 1

5. 调试程序

针对图 1-6-3 中 X 轴显示的是"时间"，而不是真正意义上的"x"输入值这一情况。我们需要使用 LabVIEW 提供的调试工具等手段，找出 X 轴显示不正常的原因。图 1-6-4 为调试程序后得到的 X 轴、Y 轴正常显示的函数曲线。

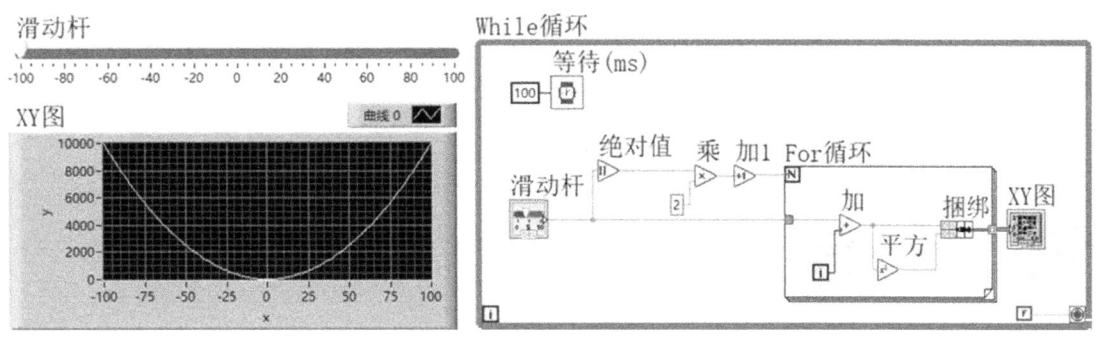

图 1-6-4　改进的程序 2

6．维护程序

完成了既定的程序功能，在之后的长期运行过程中，还需要经常跟踪并对程序进行维护。这里说的维护是指修正一些不易捕获的错误、增加一些之前不具备的功能要求，通过维护来优化程序的执行效率，从而使程序更完善。

第 2 章

LabVIEW 编程环境

本章内容是对 LabVIEW 基本编程环境的认知，由一个范例引入，讲解了 LabVIEW 编程环境中的几大要素：前面板、程序框图、"工具"选板、工具栏、菜单栏、快捷方式、"导航"窗口、项目管理器、"即时帮助"窗口等内容。

2.1 初识 LabVIEW

使用 LabVIEW 编写的程序文件称为 VI，是一个扩展名为.vi 的 LabVIEW 可执行文件。

2.1.1 首次运行 LabVIEW

首次运行 LabVIEW，需要完成许可证的配置，之后会弹出"LabVIEW"窗口，该窗口功能区域分布如图 2-1-1 所示。

【练习 2-1】

在如图 2-1-1 所示界面，分别单击标示"1""2""3"处，探索 LabVIEW 文件（项目）的方法。如果操作顺利，请对 LabVIEW 的"LabVIEW"窗口的功能方面进行大致了解。

在默认情况下，每次启动 LabVIEW 都会显示"LabVIEW"窗口。选择"工具"→"选项"→"类别"→"环境"→"启动时忽略启动窗口"命令，可以在每次 LabVIEW 启动时不打开该窗口。

第 2 章　LabVIEW 编程环境

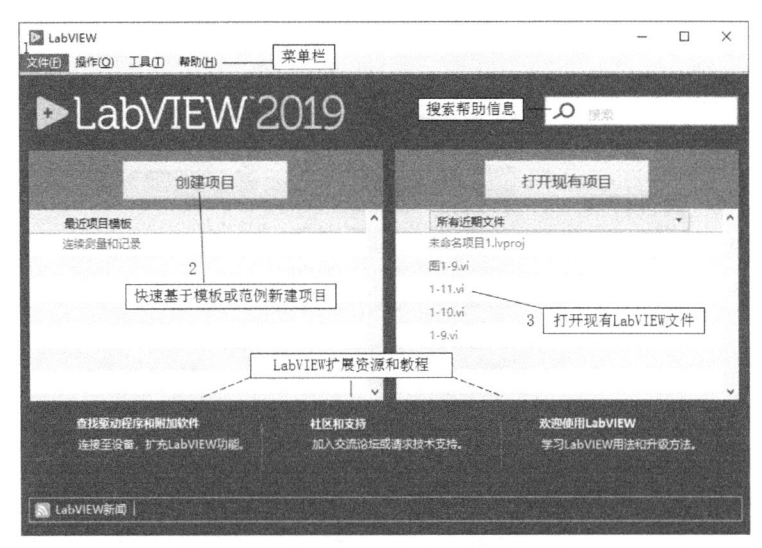

图 2-1-1　"LabVIEW"窗口功能区域分布

2.1.2　范例查找器

在练习 2-1 中有可能看不到 LabVIEW 的编程界面（前面板和程序框图），我们可以尝试用另一种操作，即利用"LabVIEW"窗口进入 LabVIEW 的范例查找器，直接打开一个内置的 VI 范例文件，对 LabVIEW 编程界面略窥一般。

范例查找器可以帮助用户借鉴范例 VI 的编写技巧，也可以用于另存 VI 或新建 VI。对于初学者而言，善于使用范例查找器是提升 LabVIEW 设计水平的有效方法之一。

【练习 2-2】

参看如图 2-1-2 所示步骤，在范例查找器中搜索关键词"均方根"，掌握打开"高级直流-均方根测量"VI 的方法。

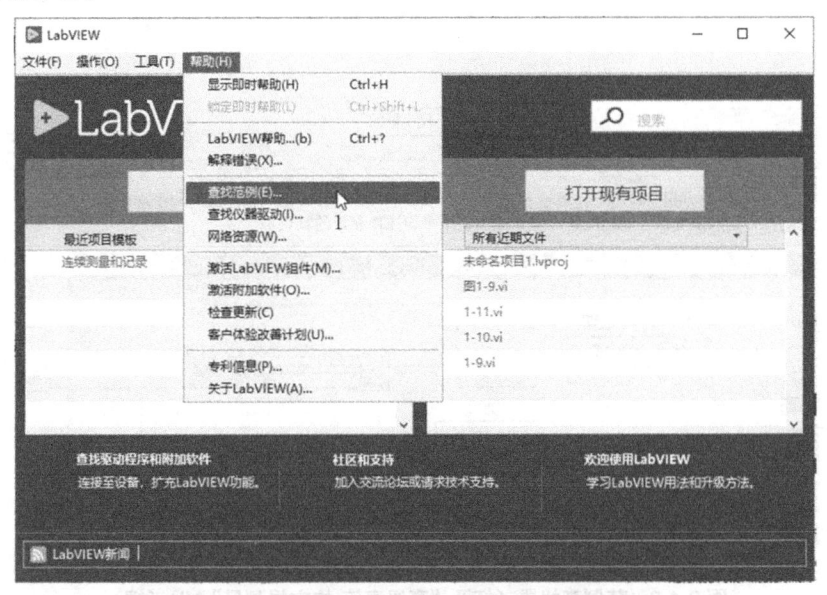

图 2-1-2　范例查找器（打开"高级直流-均方根测量"VI）

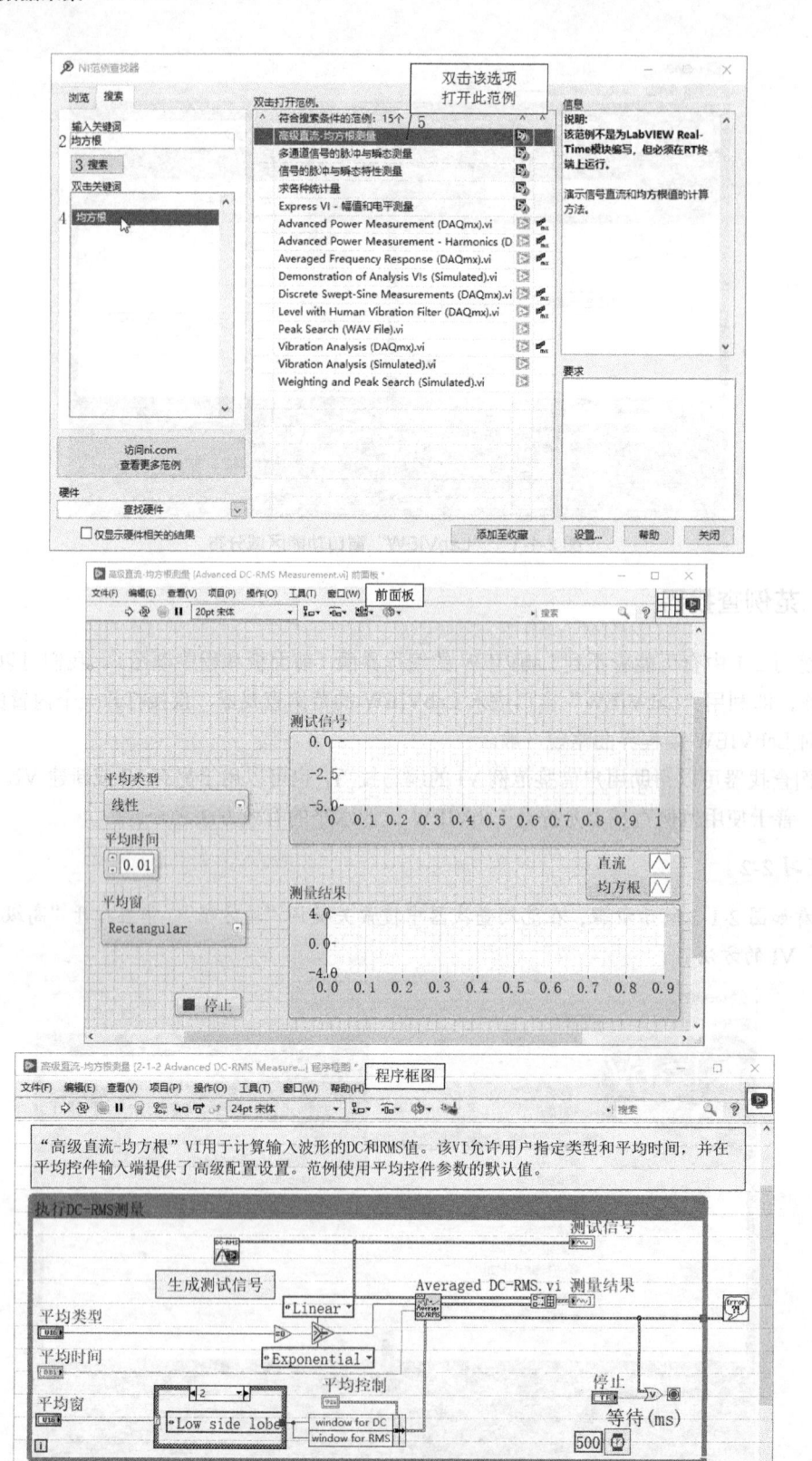

图 2-1-2　范例查找器（打开"高级直流-均方根测量"VI）（续）

2.1.3 新建一个 VI

【练习 2-3】

参看如图 2-1-3 所示方法，尝试通过 3 种方法新建一个空白 VI。

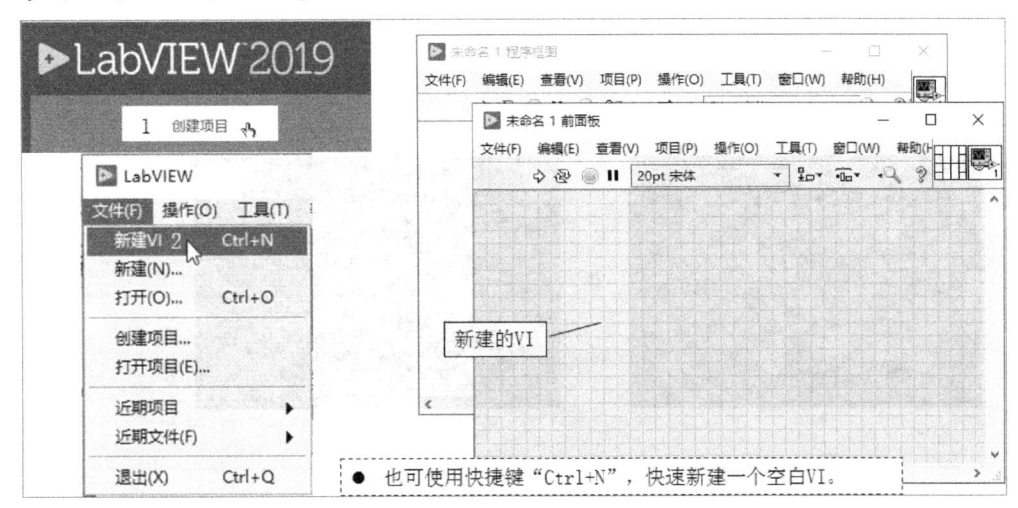

图 2-1-3 新建 VI

2.1.4 ni.com 全站搜索

www.ni.com 是 NI 的官网，善于使用 NI 网站搜索功能也是提升 LabVIEW 编程水平有效方法之一。

【练习 2-4】

访问 www.ni.com，通过在 NI 站内搜索栏中输入关键字"传感器课程"，获得相关的搜索结果。

2.1.5 前面板概览

1．前面板

在练习 2-3 中，默认显示的界面是 LabVIEW 的前面板。前面板中通常会摆放一些输入控件、显示控件，从而呈现出一个仪器的交互界面，如图 2-1-4 所示。

创建 VI 时，通常应先设计前面板，然后设计程序框图，执行在前面板上创建的输入/输出任务。

2．"控件"选板

前面板中的控件分为输入控件和显示控件两大类，它们都可以从"控件"选板中找到。输入控件用于接收用户通过键盘、鼠标提交的信息，显示控件用于将必要的信息可视化输出。输入控件和显示控件提供了向程序框图发送输入数据和接收输出数据的途径。

【练习 2-5】

"控件"选板并不会默认显示出来，参看如图 2-1-5 所示方法，掌握打开"控件"选板及锁定"控件"选板的方法。

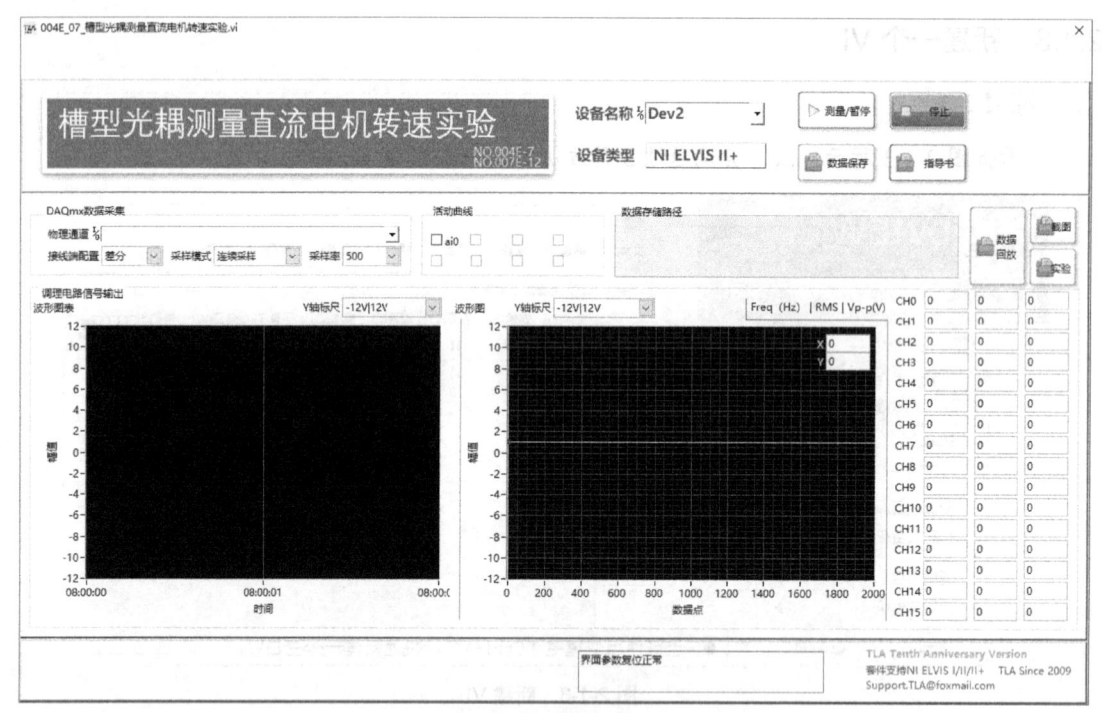

图 2-1-4 前面板示例

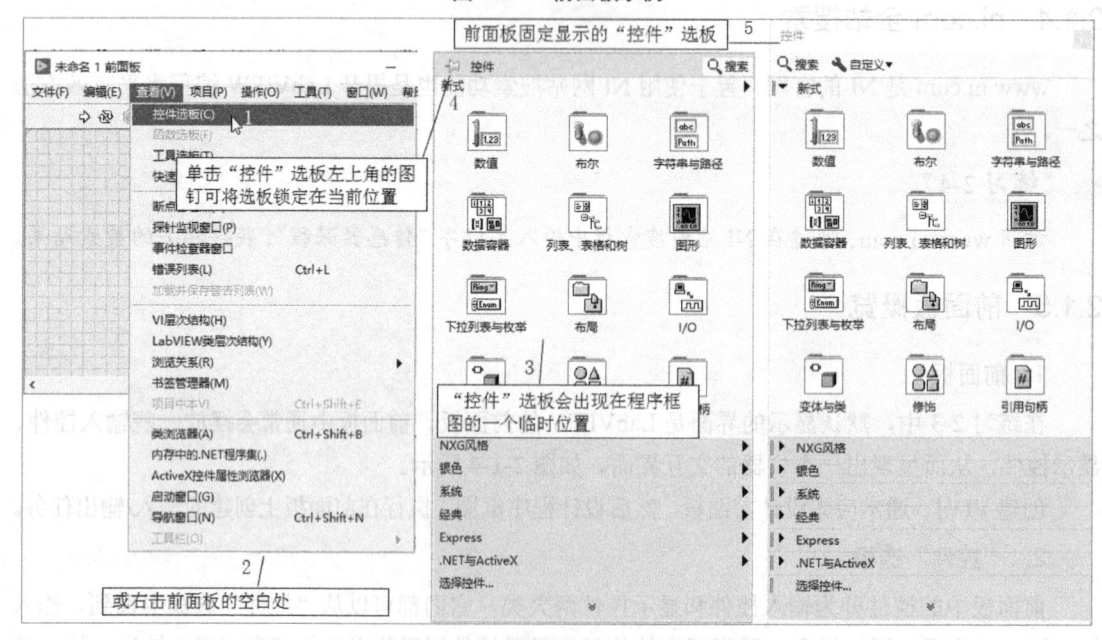

图 2-1-5 打开并锁定"控件"选板

3．输入控件与显示控件

输入控件和显示控件是 VI 的交互式的输入/输出端口，均可以放到前面板里。图 2-1-6 为前面板的输入控件与显示控件。

（1）输入控件是指旋钮、按钮、转盘等一些用于输入数据的控件，它们模拟了程序的输入设备，为程序框图的接线端提供数据来源。

（2）显示控件是指图形、指示灯等输出类型的控件。显示控件用于模拟该仪器的输出装置、显示程序框图获得或生成的数据。

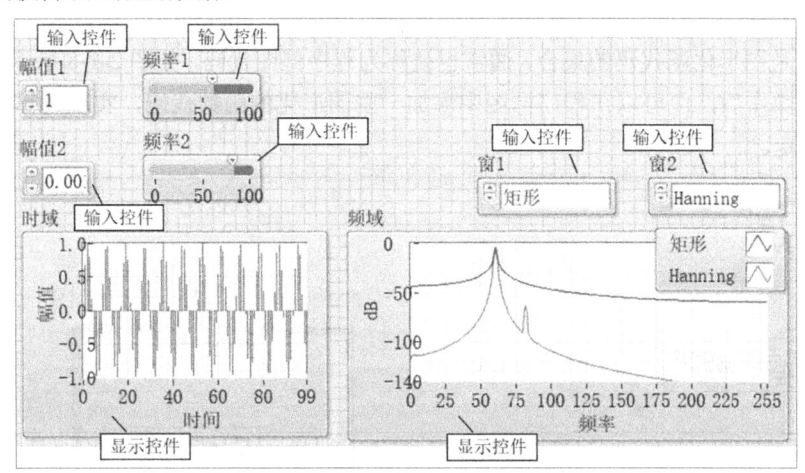

图 2-1-6　前面板的输入控件与显示控件

【练习 2-6】

参看如图 2-1-7 所示步骤，掌握从"控件"选板中选择"数值输入控件"图标并将其放置在前面板的方法。

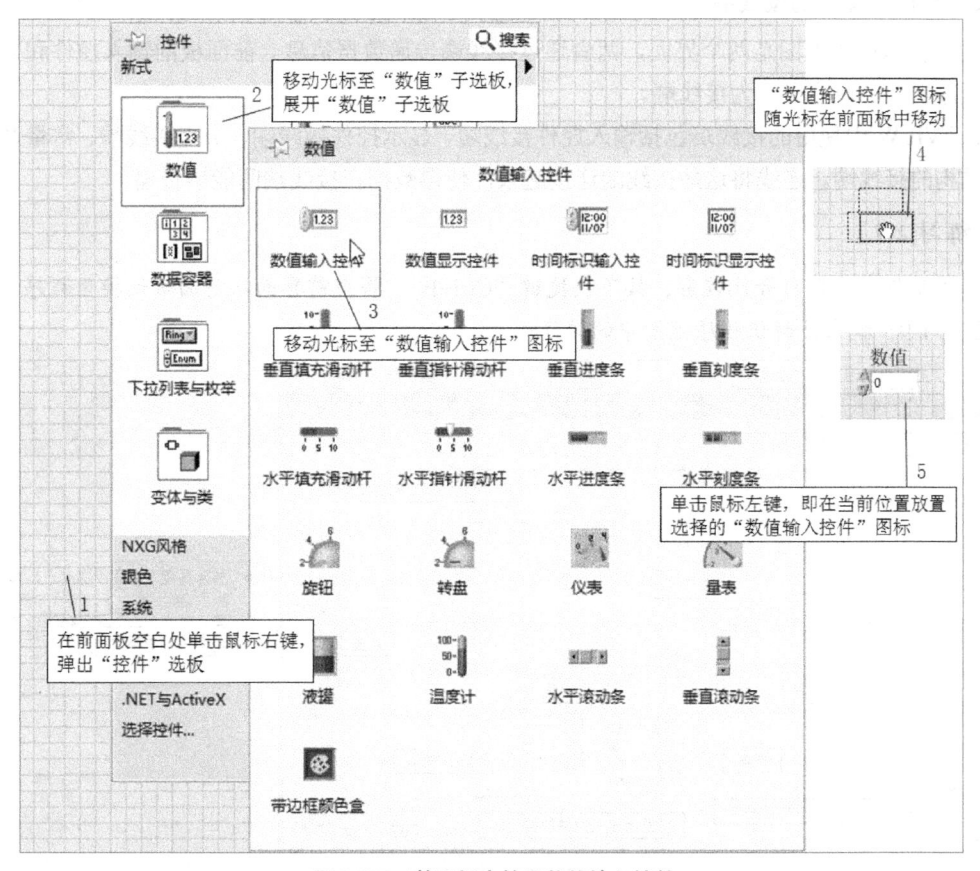

图 2-1-7　前面板中放置数值输入控件

2.1.6 程序框图概览

1. 程序框图

程序框图是图形化源代码的集合，通常也被称为程序框图代码，如图 2-1-8 所示。当前面板完成控件的添加操作后，便可以在程序框图中添加一些图形化的函数代码，实现运算关系与前面板控件对象的绑定。

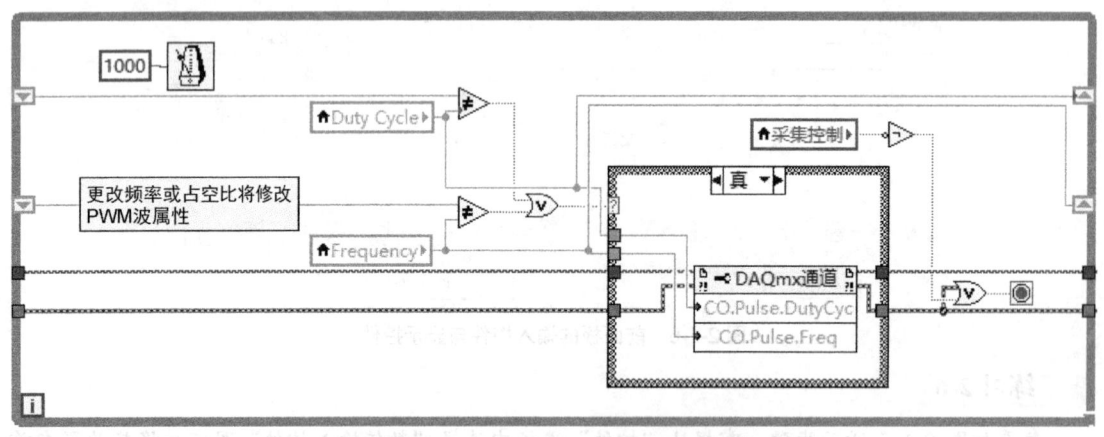

图 2-1-8　TLA-004 传感器课程实验程序的程序框图（片段）

2. 程序框图中的接线端

前面板和程序框图是两个界面，两者通过接线端传递数据信息。前面板的输入控件和显示控件在程序框图中对应显示为接线端。

LabVIEW 中使用的接线端包括输入控件接线端、显示控件接线端、节点接线端、常量及用于各种结构的接线端。连线将这些接线端连接起来，使得数据在接线端间能够传递。

【练习 2-7】

通过范例查找器打开比较窗，按下快捷键"Ctrl+E"，将当前界面从前面板切换至程序框图，参照图 2-1-9，找出并辨识程序框图中的接线端。

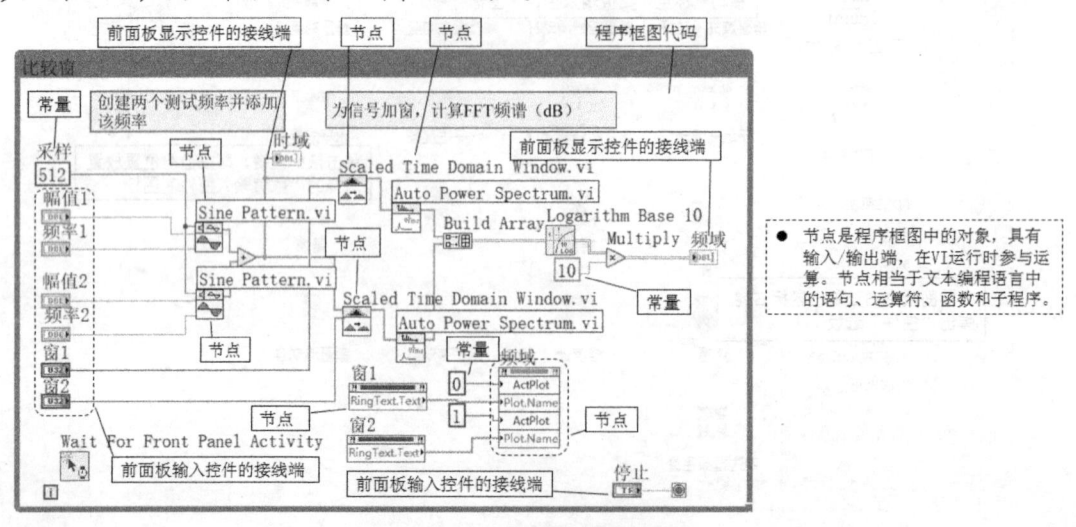

图 2-1-9　程序框图的接线端

【练习 2-8】

参看如图 2-1-10 所示步骤，以"高级直流-均方根测量"VI 为例，在程序框图中查找前面板数值输入控件的平均时间。

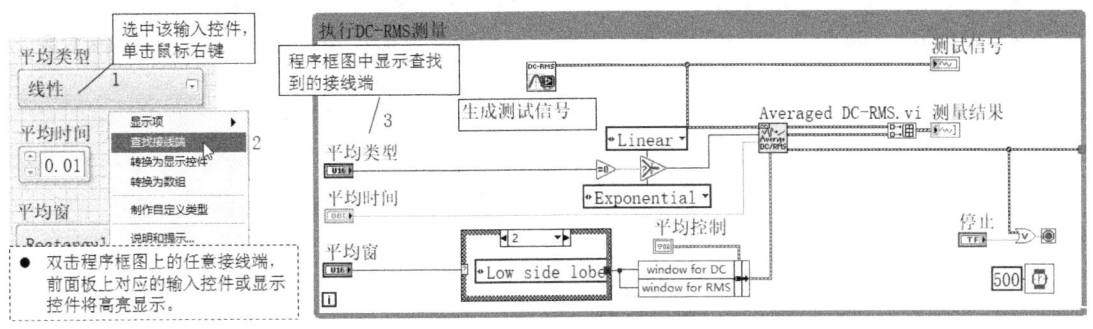

图 2-1-10 查找接线端

3. "函数"选板

图 2-1-9 中的节点有些是具有函数功能的，称为函数。程序框图中添加的函数来自"函数"选板。与前面板中的控件选板类似，"函数"选板默认不显示。

【练习 2-9】

参看如图 2-1-11 所示方法，掌握打开和锁定"函数"选板的方法。

图 2-1-11 打开并锁定"函数"选板

2.1.7 "工具"选板

前面板和程序框图中的所有对象是可以根据需求进行调整的。例如，修改控件标签的字体字号、控件外观的颜色等。利用"工具"选板的 11 种工具，能够实现所需的修改工作，LabVIEW 能够根据光标所在的位置判断使用哪种工具。

前面板和程序框图均可以使用"工具"选板。

【练习 2-10】

参看如图 2-1-12 所示的方法,打开"工具"选板,并读懂表 2-1-1 列出的 11 种工具说明。以"比较窗"VI 为例掌握打开"工具"选板的方法,并尝试在前面板和程序框图中使用多种工具。

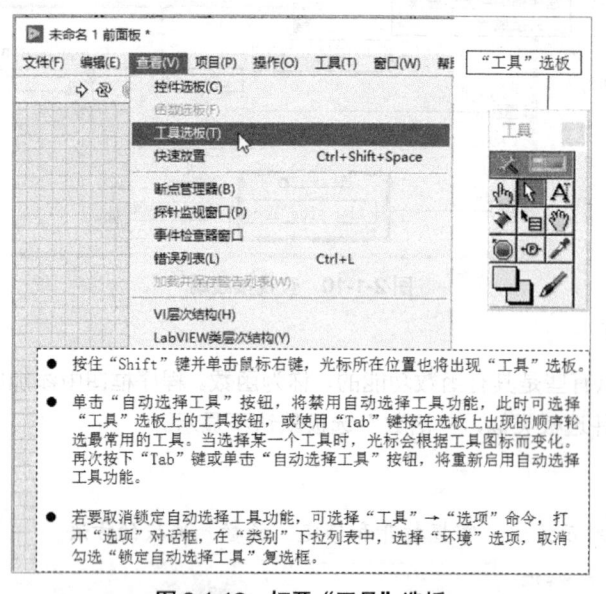

图 2-1-12 打开"工具"选板

表 2-1-1 "工具"选板按钮

工具图标	功　能	说　明
	自动选择工具	单击该按钮,LabVIEW 将根据光标的当前位置自动选择工具。若需要关闭此功能,可取消选择或选择"工具"选板中的其他按钮
	操作	改变控件的值
	定位	定位、选择、改变对象大小
	标签	创建自由标签和标题、编辑已有标签和标题或在控件中选择文本
	连线	在程序框图中为对象连线
	对象快捷菜单	打开对象的快捷菜单
	滚动	在不使用滚动条的情况下滚动窗口
	断点	在 VI、函数、节点、连线、结构或 MathScript 节点（MathScript RT 模块）的脚本行上设置断点,使程序在断点处停止
	探针	在连线或 MathScript 节点（MathScript RT 模块）上创建探针。使用探针工具可查看产生问题或意外结果的 VI 中的即时值
	获取颜色	通过上色工具复制需粘贴的颜色
	上色	设置前景色和背景色

2.1.8 工具栏

程序的编写往往需要多次修改与测试,涉及许多命令和调试工具配合使用,借助工具栏中的按钮可以快捷地开始程序调试的相关操作。LabVIEW 的前面板和程序框图均提供了工具栏,用于实现运行、中断、终止、调试 VI、修改字体、对齐、组合、分布对象等功能。在不同的使用环境下,程序框图的工具栏中的按钮有所不同,如图 2-1-13 所示。

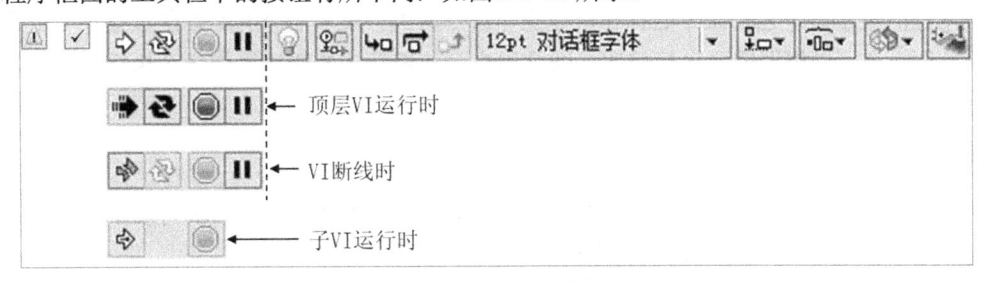

图 2-1-13　工具栏

【练习 2-11】

打开"高级直流-均方根测量"VI,操作工具栏的"运行""暂停""继续运行"按钮。

2.1.9　菜单栏

和大部分的应用软件一样,LabVIEW 提供了通用菜单和快捷菜单两类菜单,以便用户在编程时调用。通用菜单是位于 VI 窗口顶部的菜单,如文件、编辑、查看、打开、保存等。此外,在前面板或程序框图的编辑过程中,单击鼠标右键可以打开与当前操作或对象相关的快捷菜单,绝大多数菜单命令可以通过字面含义理解。

【练习 2-12】

参看如图 2-1-14 所示的步骤,掌握打开前面板对象快捷菜单的方法,并理解选中单个对象与多个对象时快捷菜单项的区别。

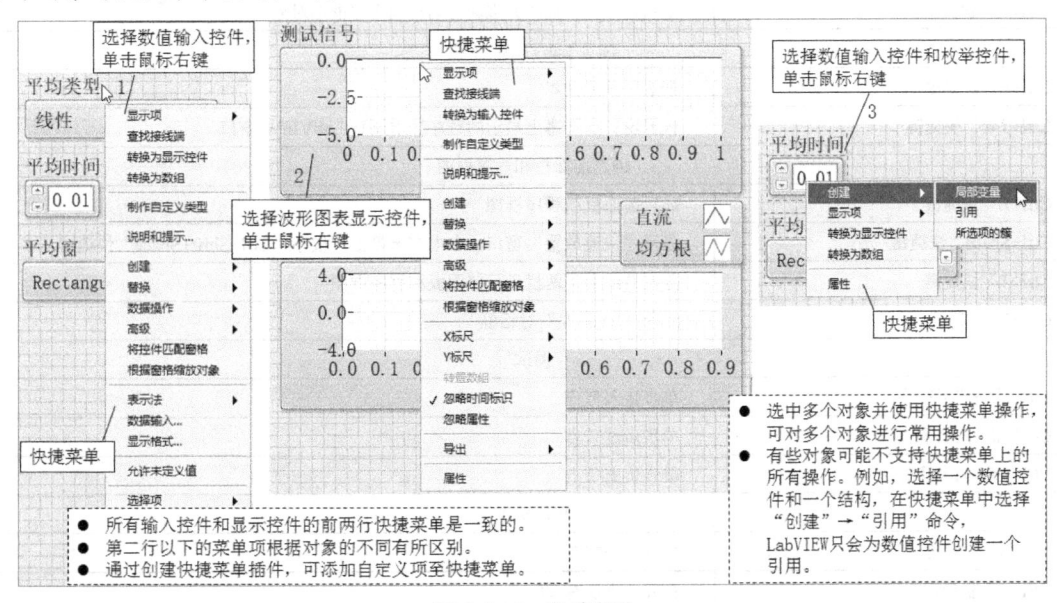

图 2-1-14　快捷菜单

2.1.10 快捷方式

1. 自定义快捷方式

菜单栏的菜单命令包括命令名称和快捷操作命令两类。菜单命令的名称是预置不可更改的，但快捷操作命令可以根据需要自行修改。通常用户会使用默认的快捷操作命令执行操作，如新建 VI 的快捷命令是"Ctrl+N"。

【练习 2-13】

选择"工具"→"选项"命令，打开"选项"对话框，在"类别"下拉列表中，选择"菜单快捷键"选项，设置 VI 菜单项的快捷方式。

2. 键盘快捷键

键盘快捷键作为其他菜单操作方式的一种补充，可以满足仅通过键盘输入执行相应的命令操作。对于熟练应用 LabVIEW 的用户而言，该方式能够大幅提升开发效率。由于篇幅限制，在此不全部列出 LabVIEW 环境下的键盘快捷键，仅列出使用频率较高的键盘快捷键，如表 2-1-2 所示。

表 2-1-2　LabVIEW 中使用频率较高的键盘快捷键

键盘快捷键	说　明
对象/动作	
"Shift"键+单击鼠标左键	选取多个对象；将对象添加到当前选择之中
"Ctrl"键+单击鼠标左键（拖曳）	复制选中的对象
"Ctrl"键+按住鼠标左键在空白区拖曳	在前面板和程序框图上添加更多工作空间
"Ctrl+A"快捷键	选择前面板或程序框图上的所有对象
双击空白区域	若已启用自动工具选择，则将在前面板或程序框图上添加一个自由标签
"Ctrl"键+鼠标滚轮	依次浏览条件、事件或层叠式顺序结构的子程序框图
"Ctrl+U"快捷键	重新连接已有连线并重新自动排列程序框图对象
浏览 LabVIEW 环境	
"Ctrl+F"快捷键	搜索对象或文本
"Ctrl+Tab"快捷键	根据窗口在屏幕上显示的顺序依次浏览 LabVIEW 窗口
浏览前面板和程序框图	
"Ctrl+E"快捷键	显示前面板或程序框图
"Ctrl+Space"快捷键	显示"快速放置"窗口。在中文键盘上，按下"Ctrl+Shift+Space"快捷键
"Ctrl+T"快捷键	分左右或上下两栏显示前面板和程序框图
"Ctrl+I"快捷键	显示"VI 属性"对话框
调试	
"Ctrl"键+向下箭头	单步步入节点
"Ctrl"键+向右箭头	单步步过节点
"Ctrl"键+向上箭头	单步步出节点
文件操作	
"Ctrl+N"快捷键	打开一个空 VI
"Ctrl+O"快捷键	打开一个现有 VI
"Ctrl+S"快捷键	保存 VI

续表

键盘快捷键	说　明
基本编辑	
"Ctrl+Z" 快捷键	撤销上次操作
"Ctrl+X" 快捷键	剪切选中对象
"Ctrl+C" 快捷键	复制选中对象
"Ctrl+V" 快捷键	粘贴最近剪切或复制的对象
帮助	
"Ctrl+H" 快捷键	显示"即时帮助"窗口
工具和选板	
"Shift+Tab" 快捷键	启用自动工具选择
子 VI	
双击子 VI	显示子 VI 的前面板
执行	
"Ctrl+R" 快捷键	运行 VI
"Ctrl+M" 快捷键	切换至运行或编辑模式
连线	
"Ctrl+B" 快捷键	删除 VI 中的所有断线。若选择的结构或程序框图中有断线,则该快捷方式仅删除选中区域的断线
"Esc" 键,右击或单击接线端	取消已开始的连线操作
单击连线	选中一个连线段
双击连线	选中一个连线分支
三击连线	选中整条连线
文本	
双击	选中字符串中的一个单词
三次单击	选中整个字符串
"Ctrl+=" 快捷键	加大当前字号
"Ctrl+ -" 快捷键	减小当前字号

3. 快速放置快捷方式

前面介绍的放置对象的方法是放置操作的基本操作,因为每次都要单独选取对象再放置,所以效率不高。如果熟悉了对象名称、函数名称,还可以通过快速放置快捷方式大幅提升对象的放置效率。快速放置快捷方式如表 2-1-3 所示。

表 2-1-3　快速放置快捷方式

键盘快捷键	说　明
"Ctrl+D" 快捷键	为所选程序框图对象所有未连接的输入和输出创建输入或显示控件
"Ctrl+Shift+D" 快捷键	为所选程序框图对象所有未连接的输入创建常量
"Ctrl+W" 快捷键	为选中的一排或平行的多排程序框图对象连线
"Ctrl+Shift+W" 快捷键	为选中的一排或平行的多排程序框图对象连线,并整理所选对象连线
"Ctrl+R" 快捷键	删除所选程序框图对象及与其相连的连线和常量,并为先前连接至该对象输入/输出端的相同数据类型连线

续表

键盘快捷键	说　　明
"Ctrl+T"快捷键	重新调整顶层前面板和程序框图对象的可见标签和标题，使其匹配"选项"对话框中指定的默认标签位置。 选择程序框图上的多个对象，在显示"快速放置"窗口的情况下按下"Ctrl+T"快捷键，用于移动选中对象的标签
"Ctrl+Shift+T"快捷键	重新调整顶层前面板和程序框图对象的可见标签和标题（包括子程序框图的接线端），使其匹配"选项"对话框中指定的默认标签位置
"Ctrl+P"快捷键	将所选前面板或程序框图对象替换为当前在"快速放置"窗口中选中的对象
"Ctrl+I"快捷键	在选中的程序框图连线上插入"快速放置"窗口中选中的对象
"Ctrl+Shift+I"快捷键	在多条选中的连线上插入"快速放置"窗口中所选对象的单个实例
"Ctrl+B"快捷键	将所选属性节点、调用节点和/或类说明符常量的 VI 服务器类更改为"快速放置"窗口中输入的类
"Ctrl+Shift+B"快捷键	将选中的属性节点或调用节点的属性或方法转换为"快速放置"窗口中输入的属性或方法

【练习 2-14】

参看如图 2-1-15 所示步骤，掌握打开"快速放置"窗口的方法，并尝试使用表 2-1-3 所列的快捷键执行相应的快速放置命令操作。

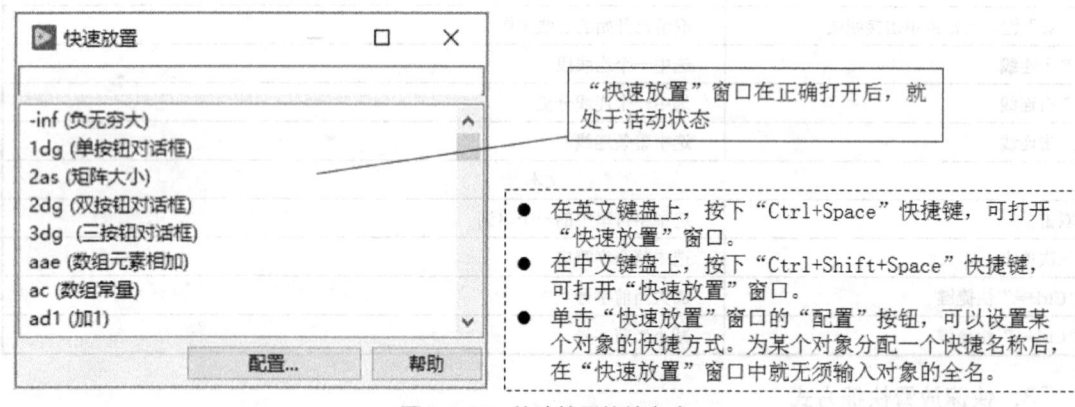

图 2-1-15　快速放置快捷方式

【练习 2-15】

参看如图 2-1-16 所示步骤，通过"快速放置"窗口放置"加"函数、"减"函数、"乘"函数、"除"函数，并实现键盘快捷键"Ctrl+W"的功能。

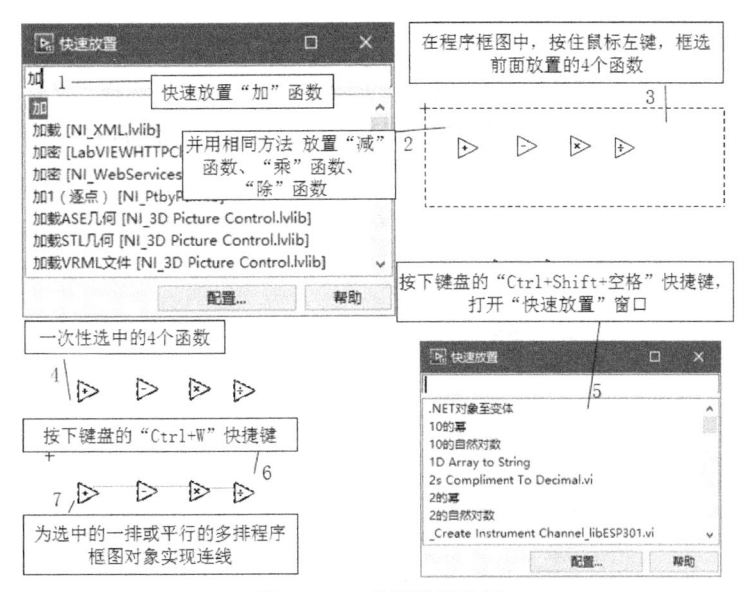

图 2-1-16 快速放置练习

2.1.11 "导航"窗口

"导航"窗口常用于占用较大面积的前面板和程序框图的辅助浏览定位,可以在显示编辑模式下显示活动前面板或程序框图的全局。

【练习 2-16】

参看如图 2-1-17 所示步骤,打开任何一个范例 VI,使用"导航"窗口辅助浏览其前面板和程序框图,掌握该窗口的使用方法。

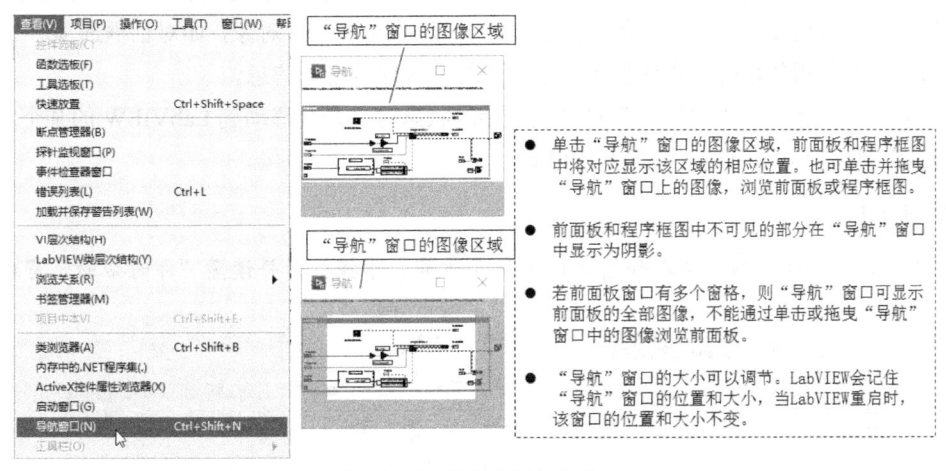

图 2-1-17 使用"导航"窗口

2.1.12 使用 LabVIEW 项目方式开发

一个由 LabVIEW 编写的中大型程序,通常会由多个 VI 构成(其中涉及子 VI 概念,后续章节有讲解)。面对此种开发情形,需要通过一个管理工具实现整体管理,使用 LabVIEW 项目方式开发会是更好的选择。LabVIEW 项目支持组织和管理中大型项目,还能将 VI 部署至硬件终端,如远程计算机、RT 终端和 FPGA 终端。

新建一个项目可打开"项目浏览器"窗口（见图 2-1-18），也可选择"文件"→"打开项目"命令打开"项目浏览器"窗口。在"项目浏览器"窗口中也可打开现有项目。

图 2-1-18　"项目浏览器"窗口

2.1.13　"即时帮助"窗口

LabVIEW 功能十分强大，但并不是所有功能都会用到的。很多功能是偶尔用一次或从没用过，遇到这样的情形时就需要帮助信息的支持了。绝大部分 LabVIEW 对象，如对话框选项、"项目浏览器"窗口、前面板的控件、程序框图的接线端等都有即时帮助信息。

即时帮助，是指在"即时帮助"窗口处于活动状态时，光标移动到 LabVIEW 的某个对象上，"即时帮助"窗口会显示对应对象的基本信息。

【练习 2-17】

以"比较窗"VI 为例，参看如图 2-1-19 所示步骤，掌握打开并读懂"即时帮助"窗口信息。

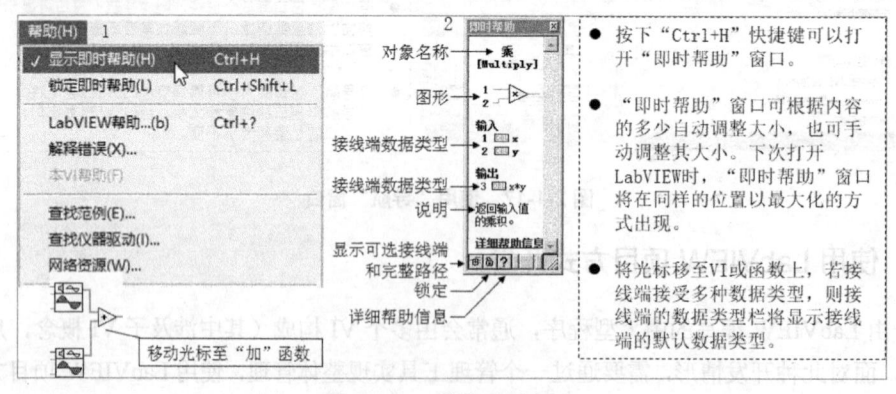

图 2-1-19　使用即时帮助

2.2 编程准备知识

2.2.1 配置前面板及对象

1. 控件样式

前面板控件的样式是指控件在前面板中呈现的视觉效果，经验丰富的程序员为了保持界面的扁平化风格，往往会选择经典样式的控件。图 2-2-1 列出了控件选板中新式、系统、银色、经典样式的控件举例。

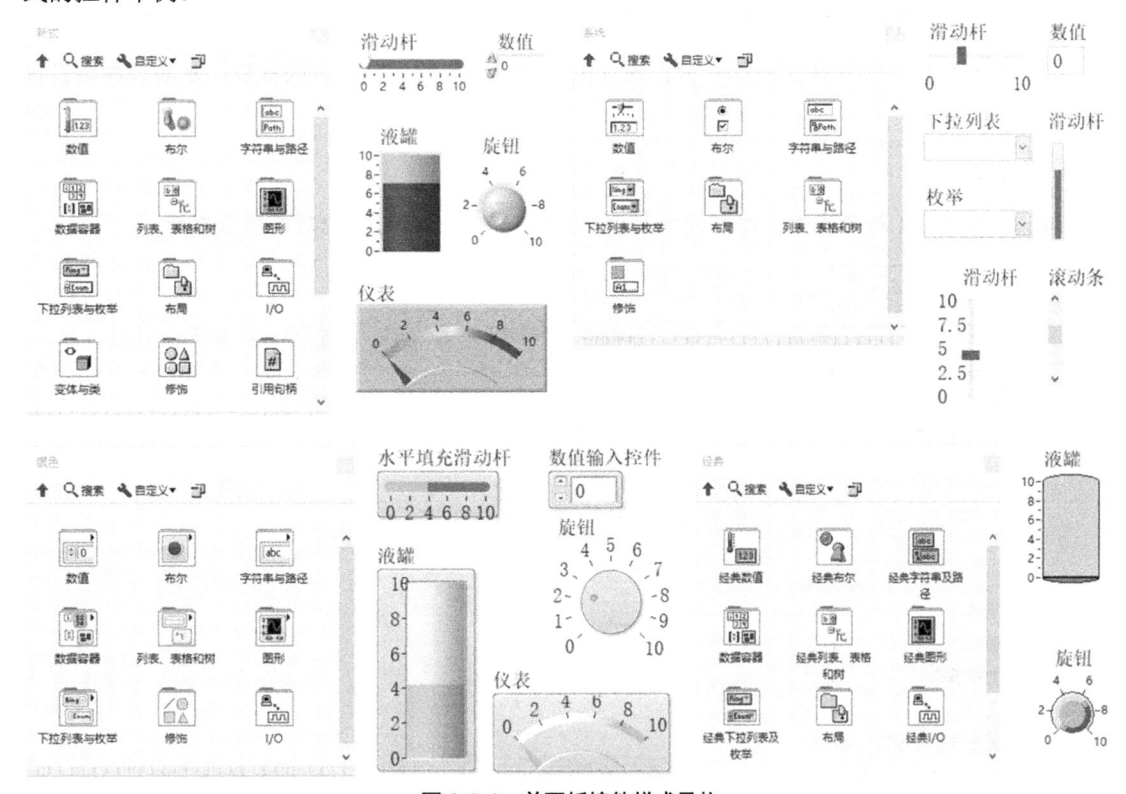

图 2-2-1 前面板控件样式风格

2. 输入控件与显示控件相互转换

在默认情况下，控件选板中的对象会根据其典型用途将其配置为输入控件或显示控件。输入控件与显示控件是可以相互转换的。

（1）放置在前面板的翘板开关，默认显示为输入控件，LabVIEW 默认将其看作一个输入类型的设备。而指示灯（LED），则默认显示为显示控件，因为通常认为指示灯是输出设备。

（2）有些选板包含同一类型或类对象的输入控件和显示控件。例如，数值选板既包含数值输入控件又包含数值显示控件，因为这些控件可以通过转换实现既可以输入数值，又可以输出显示数值。

【练习 2-18】

参看如图 2-2-2 所示步骤，掌握输入控件与显示控件的转换方法。

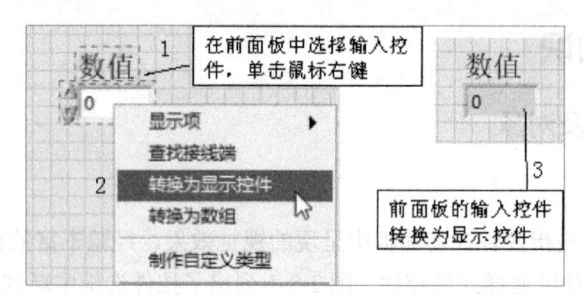

图 2-2-2　输入控件与显示控件

3．显示和隐藏控件部件

在某些情况下，为了满足前面板界面设计的要求，必须将一些控件的标签、基数等参数设置隐藏。

【练习 2-19】

参看如图 2-2-3 所示步骤，以数值输入控件为例，隐藏其标签、标题及显示基数。

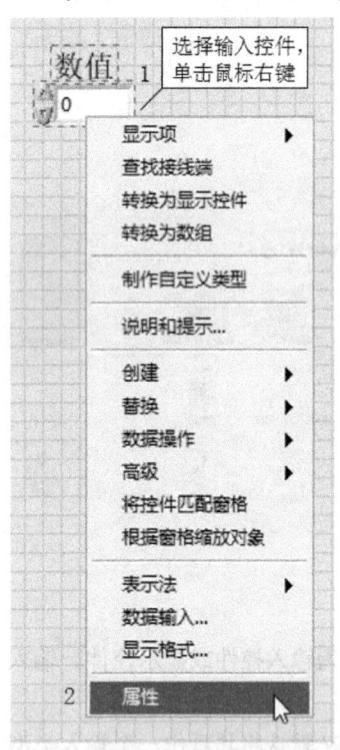

图 2-2-3　隐藏控件某些部件

4．替换前面板的对象

在程序调试过程中，若觉得将前面板之前放置的某个控件更换为其他控件更为恰当，可以选中该控件后直接将其删除。或者，将原控件替换为新的控件。

【练习 2-20】

以数值输入控件为例，参看如图 2-2-4 所示步骤，掌握将其替换为滑动杆输入控件的方法。

第 2 章 LabVIEW 编程环境

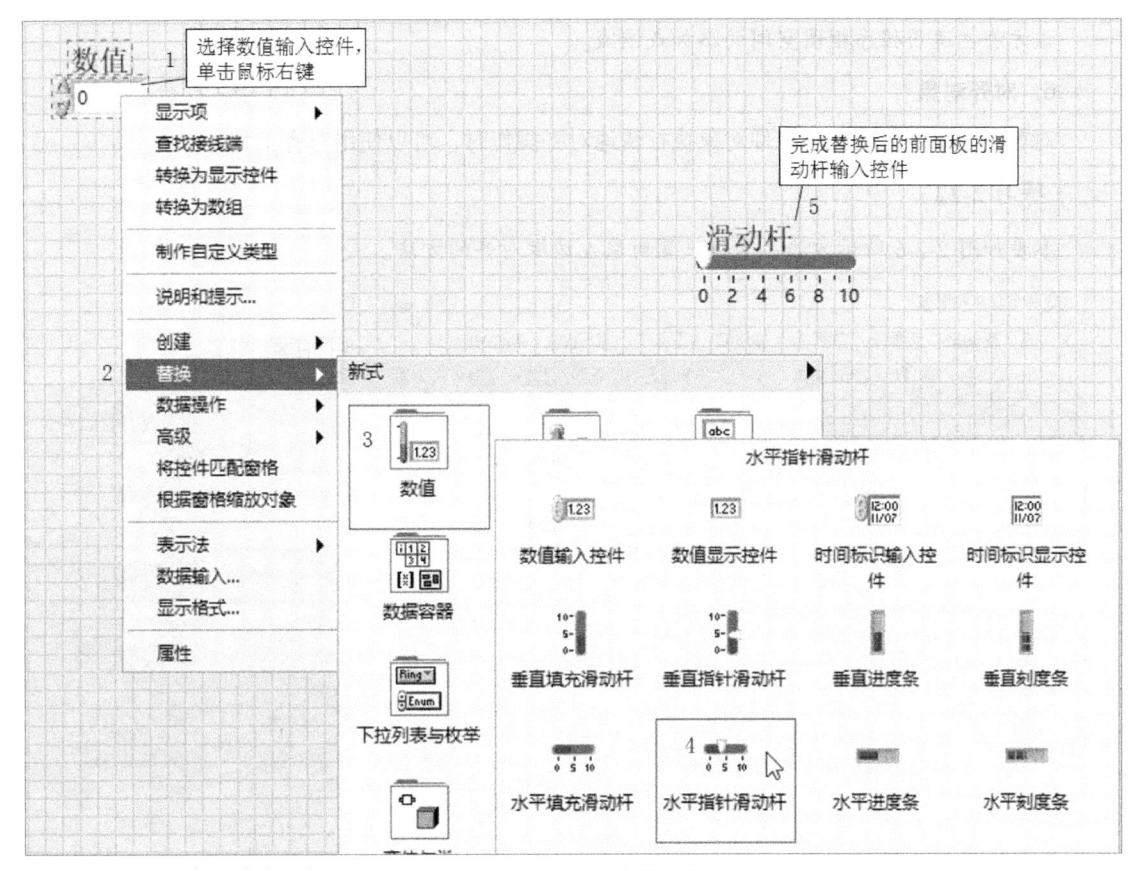

图 2-2-4 替换前面板的对象

5．添加或缩减前面板

【练习 2-21】

参看如图 2-2-5 所示方法，掌握在不改变窗口大小的情况下增加前面板空间的方法。

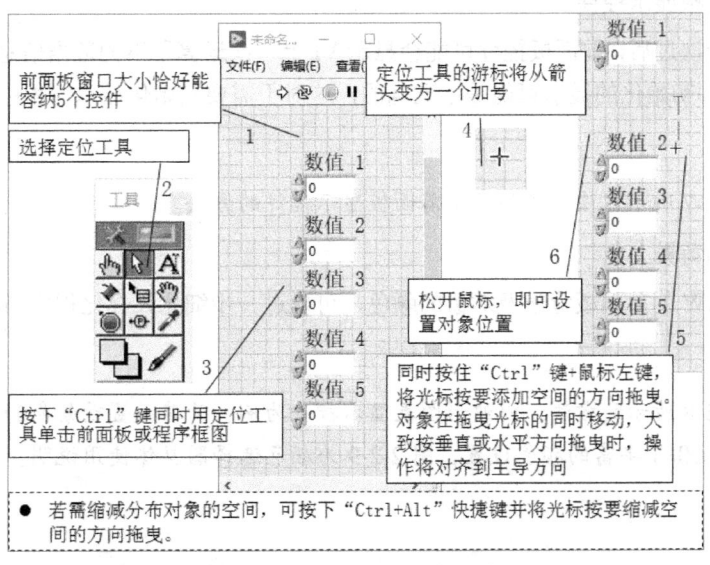

图 2-2-5 添加或缩减前面板

该方法也适用程序框图空间的添加或缩减。

6. 对齐对象

对前面板中杂乱放置的控件对象执行快速对齐操作时，可以使用对齐工具。

【练习 2-22】

参看如图 2-2-6 所示方法，掌握设置对象左边缘对齐的方法。

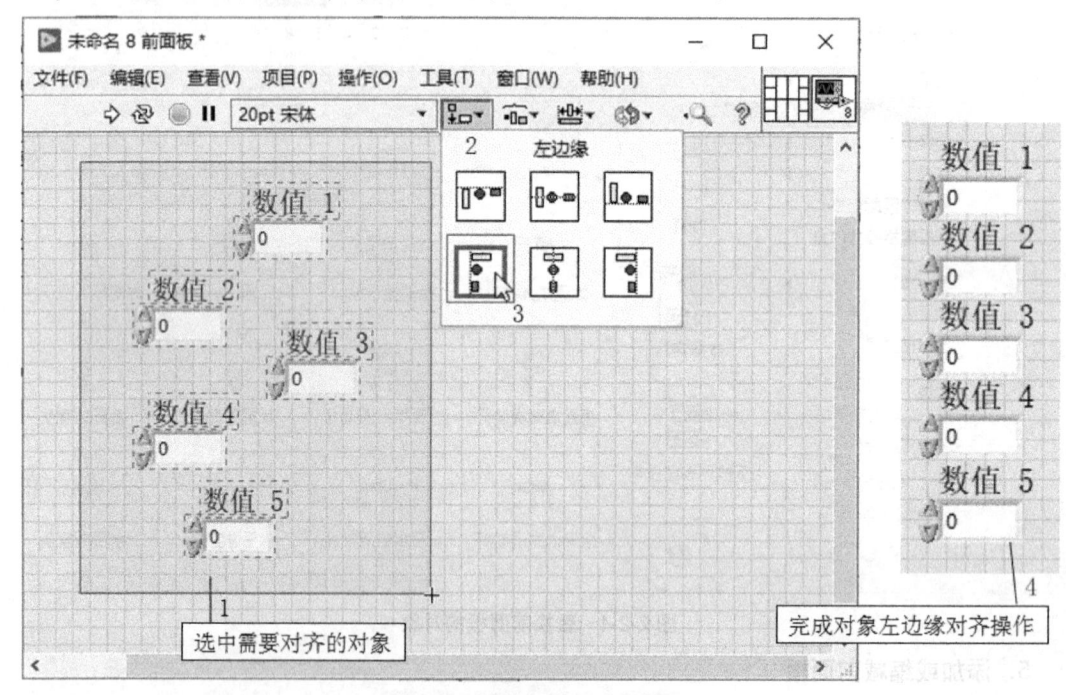

图 2-2-6　设置对象对齐的方法

该方法也适用于程序框图的接线端及其他对象的对齐操作。

7. 清空前面板显示控件

当 VI 运行一次过后，前面板控件可能会显示 VI 上一次运算留下的数据信息。再次运行该 VI 时，前面板的控件初始化的显示可能是不准确的，这对于需要初始化显示的程序是不方便的。

【练习 2-23】

参看如图 2-2-7 所示方法，掌握清空前面板显示控件的方法。

8. 为对象和背景上色

设置 LabVIEW 的前面板背景及对象的颜色，可以进一步细化、优化程序的界面设计。

【练习 2-24】

参看如图 2-2-8 所示的方法，以波形图表显示控件为例，为其设置前景色和背景色。

颜色选择器提供了丰富的颜色设置，图 2-2-9 为颜色选择器具体使用说明。

第 2 章　LabVIEW 编程环境

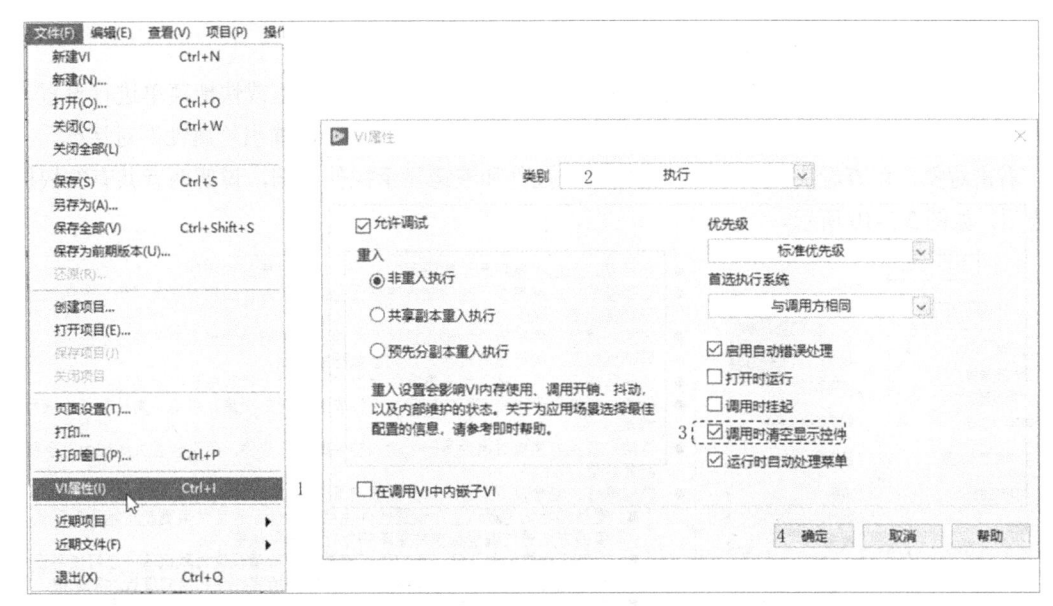

图 2-2-7　清空前面板显示控件

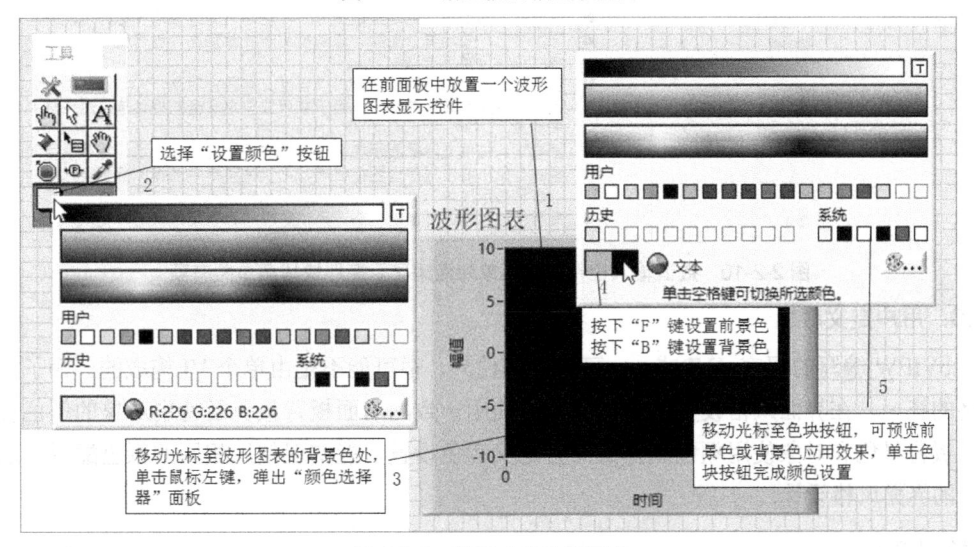

图 2-2-8　设置对象和背景色

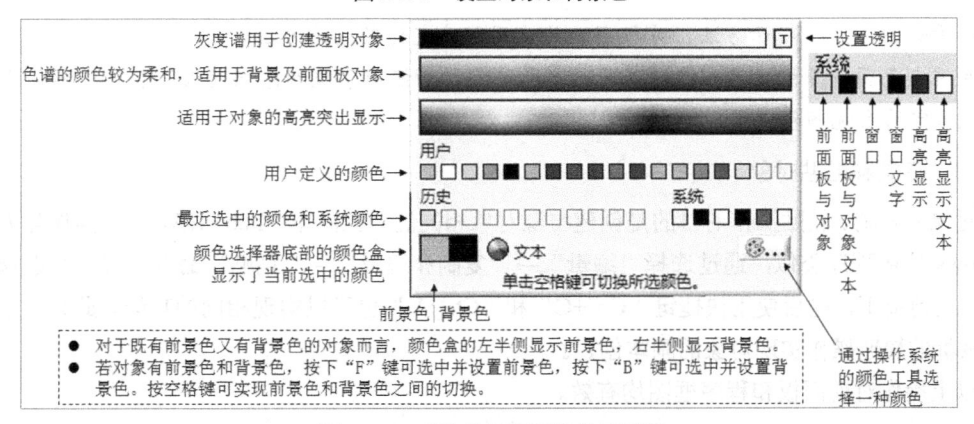

图 2-2-9　颜色选择器具体使用说明

- 对于既有前景色又有背景色的对象而言，颜色盒的左半侧显示前景色，右半侧显示背景色。
- 若对象有前景色和背景色，按下"F"键可选中并设置前景色，按下"B"键可选中并设置背景色。按空格键可实现前景色和背景色之间的切换。

31

9. 配置输入控件与显示控件

需要详细设置前面板控件的相关属性项时，可通过"属性"对话框或快捷菜单进行设置。在 VI 未运行的情况下，右击控件，打开快捷菜单，选择"属性"命令，弹出"属性"对话框。

右击对象，可查看快捷菜单。以数值输入控件和液罐显示控件为例，说明两者共有的快捷菜单选项，如图 2-2-10 所示。

图 2-2-10　数值输入控件快捷菜单和液罐显示控件快捷菜单共有项

10. 用户定义颜色

LabVIEW 编写的程序（VI 或 exe 可执行文件），很可能不是由单个 VI 构成的。为了满足设计风格的统一，在界面风格设置时尽可能考虑使用一致的前面板背景色及特别对象的颜色设置。对前面板背景色和对象使用颜色选择器的自定义颜色设置，能实现使用相同的颜色配置，从而实现统一的界面风格设计。

【练习 2-25】

参看如图 2-2-11 所示方法，掌握用户为应用程序定义颜色的方法。

系统颜色因计算机显卡性能的不同而有所差异，当使用系统颜色配置 VI 时，VI 将使用当前计算机特定的系统颜色配置。

11. 复制和粘贴对象

对象的复制、粘贴操作的目的是创建与源对象相同的对象副本，LabVIEW 中该操作与大部分 Windows 应用程序类似，通过选择"编辑"→"复制和编辑"→"粘贴"命令实现。在选择好复制对象的前提下，先后使用快捷键"Ctrl+C"和"Ctrl+V"也可以实现相同的功能。此外，还可以通过鼠标的快速操作实现对象的副本创建。

以上操作对前面板和程序框图均有效。

第 2 章　LabVIEW 编程环境

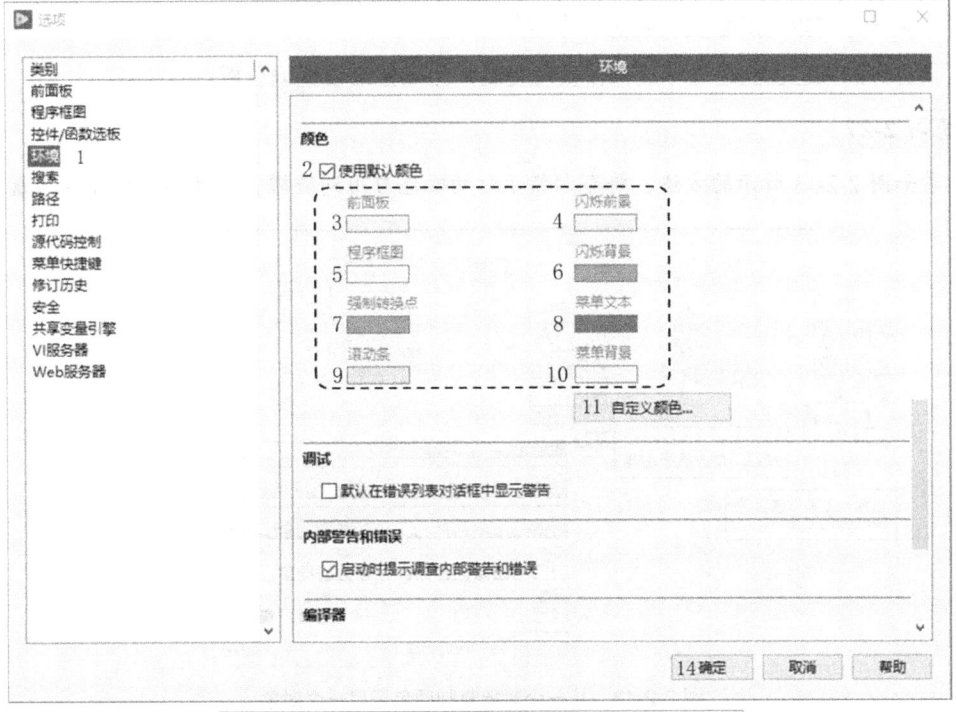

图 2-2-11　用户定义颜色

【练习 2-26】

参看如图 2-2-12 所示的方法，以数值输入控件为例，使用鼠标与键盘快捷操作方法快速创建对象副本。

将选中的对象从一个 VI 拖曳至另一个 VI，也可实现 VI 之间的对象复制。

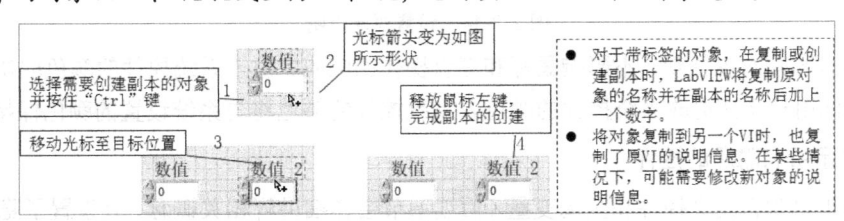

- 对于带标签的对象，在复制或创建副本时，LabVIEW 将复制原对象的名称并在副本的名称后加上一个数字。
- 将对象复制到另一个 VI 时，也复制了原 VI 的说明信息。在某些情况下，可能需要修改新对象的说明信息。

图 2-2-12　创建对象副本

33

12. 将一个对象的颜色复制到另一个对象

对象自身的颜色也能通过相应操作实现复制，无须仔细设置调色板。

【练习 2-27】

参看如图 2-2-13 所示的方法，将布尔指示灯的绿色应用到液罐，并替换液罐原本的蓝色。

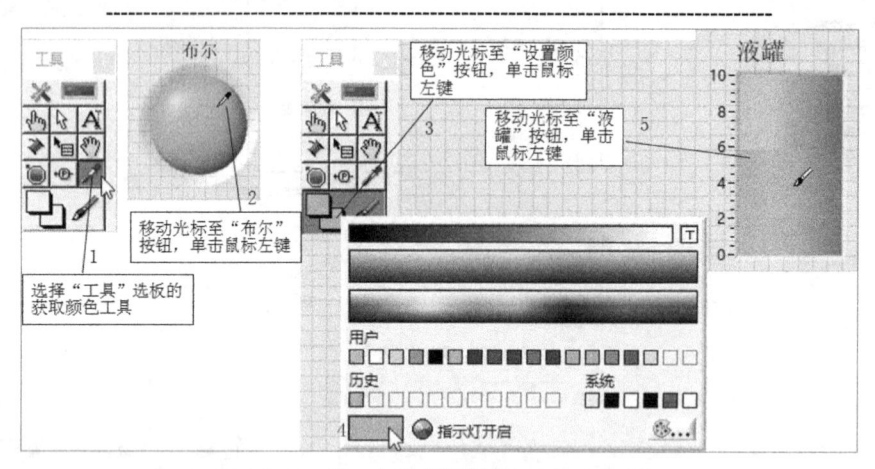

图 2-2-13 从一个对象复制颜色至另一个对象

13. 创建透明对象

在某些情况下，对象的前景色或背景色需要设置为透明，从而满足多个对象叠放或整体嵌入前面板的界面效果。在通常情况下，对象前景色和背景色是默认设置了颜色显示的。

【练习 2-28】

参看如图 2-2-14 所示的方法，以波形图控件为例，掌握设置波形图前景色为透明的方法，并尝试将波形图的波形显示区域设置为透明。

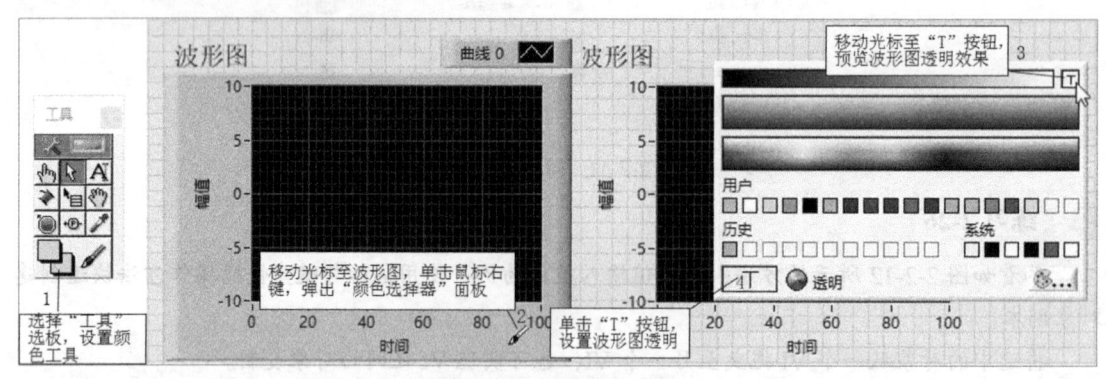

图 2-2-14 设置对象透明

透明度只影响对象外观，不影响鼠标和键盘操作的响应。由于系统控件的颜色取决于运行 VI 的平台，因此用户无法更改系统控件的颜色。系统控件的颜色将与系统设置的颜色保持一致。

14. 显示所有隐藏的控件

当前面板包含自定义控件和全局变量（后续章节会详细讲解相关概念）且设置了隐藏显示时，这系列的隐藏信息可能会间接造成调试程序时的问题。选择"编辑"→"显示隐藏的输入控件和显示控件"命令查找隐藏的控件，可以快速发现隐藏的问题。

"显示隐藏的输入控件和显示控件"选项仅对自定义控件或全局变量 VI 的编辑菜单有效。该选项不能用于锁定的 VI 或保留为运行状态的 VI。

15. 隐藏、显示前面板对象

将前面板的控件设置为隐藏或显示，在调试程序时可以起到和调试探针类似的作用。此外，设计界面时也可应用隐藏或显示设置优化界面设计。已经设置为隐藏的前面板控件，程序框图对应的接线端仍然会显示。

【练习 2-29】

参看如图 2-2-15 所示方法，以字符串输入控件为例，掌握设置隐藏、显示该控件的方法。

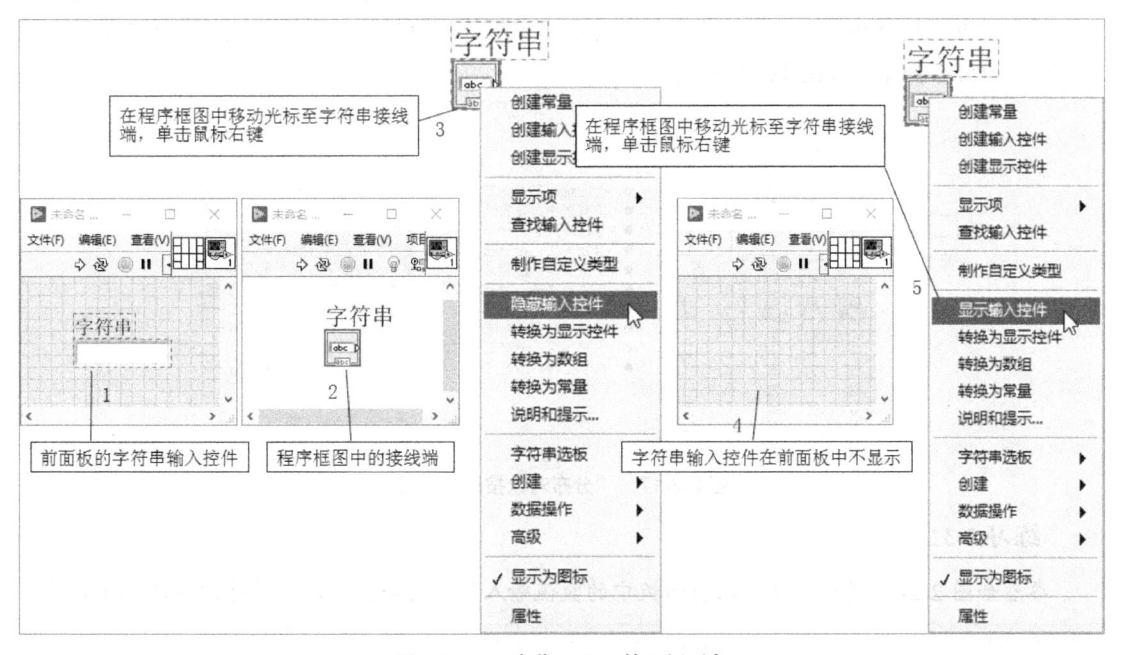

图 2-2-15 隐藏、显示前面板对象

在前面板中，选择对应的输入控件或显示控件，打开快捷菜单，选择"高级"→"隐藏输入控件"命令，将显示的控件设置为隐藏。已设置隐藏的控件，在前面板无法用反向操作设置为显示，需要切换到程序框图完成相应的设置。

16. 显示控件的滚动条

字符串输入控件和路径输入控件的高度和宽度是固定的，若需要显示较长的字符串或路径，则可能出现显示不完全的现象。此时为显示控件添加滚动条就能解决问题了。

【练习 2-30】

参看如图 2-2-16 所示方法，以路径输入控件和字符串输入控件为例，为其设置显示控件的垂直滚动条和水平滚动条。

LabVIEW 数据采集

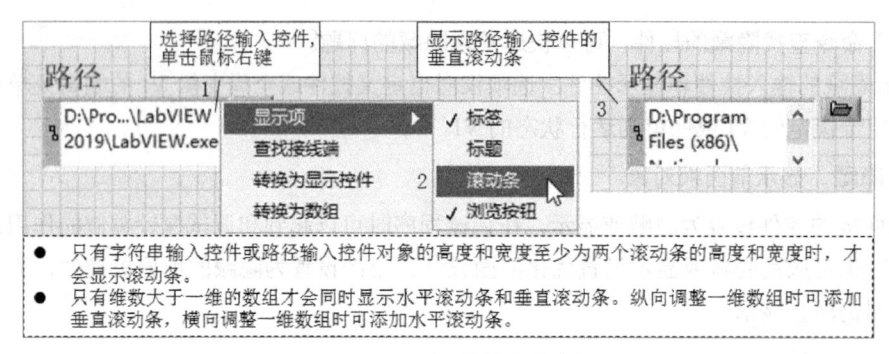

- 只有字符串输入控件或路径输入控件对象的高度和宽度至少为两个滚动条的高度和宽度时,才会显示滚动条。
- 只有维数大于一维的数组才会同时显示水平滚动条和垂直滚动条。纵向调整一维数组时可添加垂直滚动条,横向调整一维数组时可添加水平滚动条。

图 2-2-16 显示控件的滚动条

17. 分布对象

设计前面板控件布局时,利用工具栏的分布对象按钮进行操作,可以快速地将选中的控件统一进行对象分布操作,如图 2-2-17 所示。

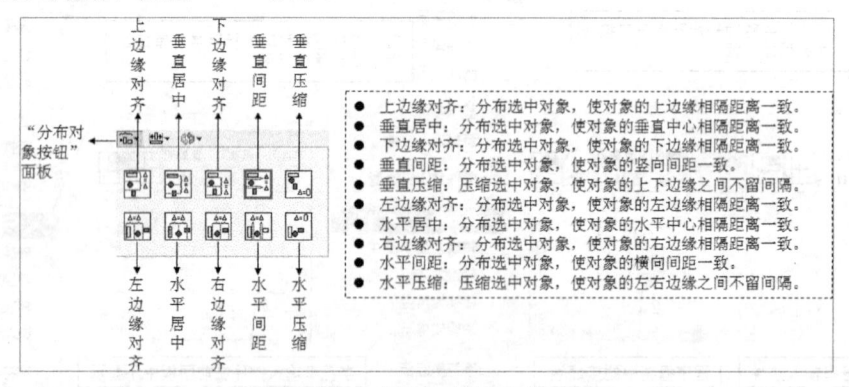

图 2-2-17 "分布对象按钮"面板

【练习 2-31】

参看如图 2-2-18 所示方法,以前面板中的数值输入控件为例,将其下边缘对齐与水平居中。

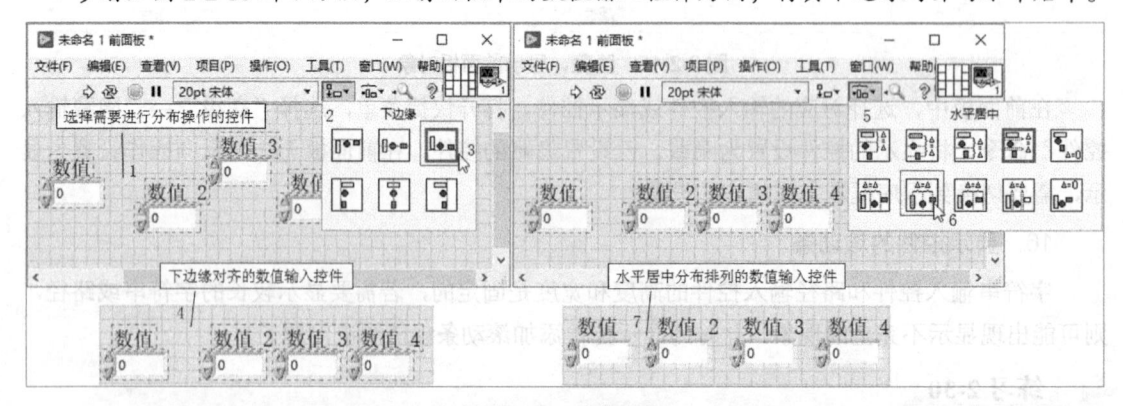

图 2-2-18 分布对象

选择"编辑"→"分布所选项"命令,可在另一组对象上重复分布操作,按下"Ctrl+D"快捷键,也可在另一组对象上重复分布操作。

18. 组合和锁定对象

编辑前面板的功能布局时,对不同功能、性质的输入控件和显示控件进行规划、组合和锁定,可以防止编辑或使用过程中的误删或位置移动。

【练习 2-32】

参看如图 2-2-19 所示方法，尝试编写该界面，将两个下拉列表输入控件设置为一个组合，并设置为锁定。

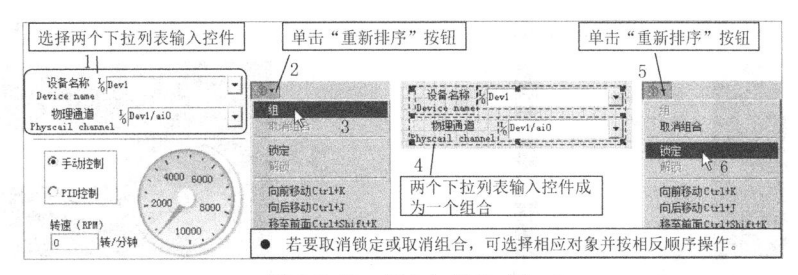

图 2-2-19　组合与锁定对象

19．重新排列对象

若前面板的控件存在堆叠放置的情况，则输入 VI 运行后将导致屏幕显示刷新速度降低，还可能引起控件闪烁等问题。遇到此种情况，利用排序操作将相关的对象调整顺序后可以改善因堆叠放置引发的问题。

【练习 2-33】

参看如图 2-2-20 所示方法，掌握将重叠的对象重新排列的方法。

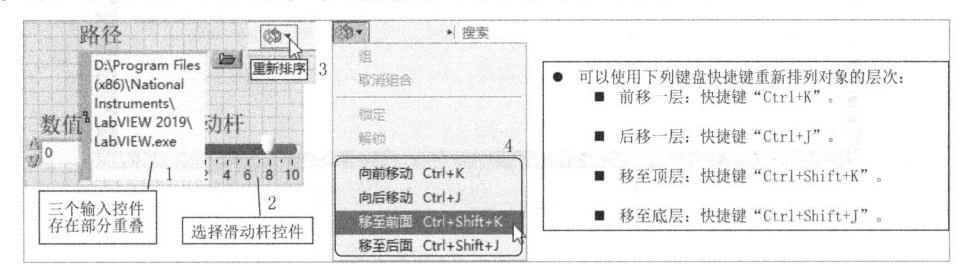

图 2-2-20　重新排列对象

在程序框图中也可以执行上述操作。

20．缩放前面板对象

设计前面板界面时，"根据窗格缩放对象"选项可以快速地让控件适应当前前面板窗格的尺寸，从而节省微调控件高度、宽度的时间。

【练习 2-34】

参看如图 2-2-21 所示方法，以波形图显示控件为例，根据窗格缩放对象。

21．设置控件的快捷键

一个好用的测量程序在操控方面会尽可能考虑减少鼠标、键盘繁琐的命令操作，取而代之的是简洁的快捷键操作。"Shift"键和"Ctrl"键可作为快捷方式中的修饰键。

【练习 2-35】

参看如图 2-2-22 所示方法，以滑动杆输入控件为例，为其设置选中、增量、减量的快捷键，并运行 VI，验证使用设置的快捷键。

需要注意的是，一个控件只能指定一个快捷键；LabVIEW 对隐藏控件的快捷键不做响应。

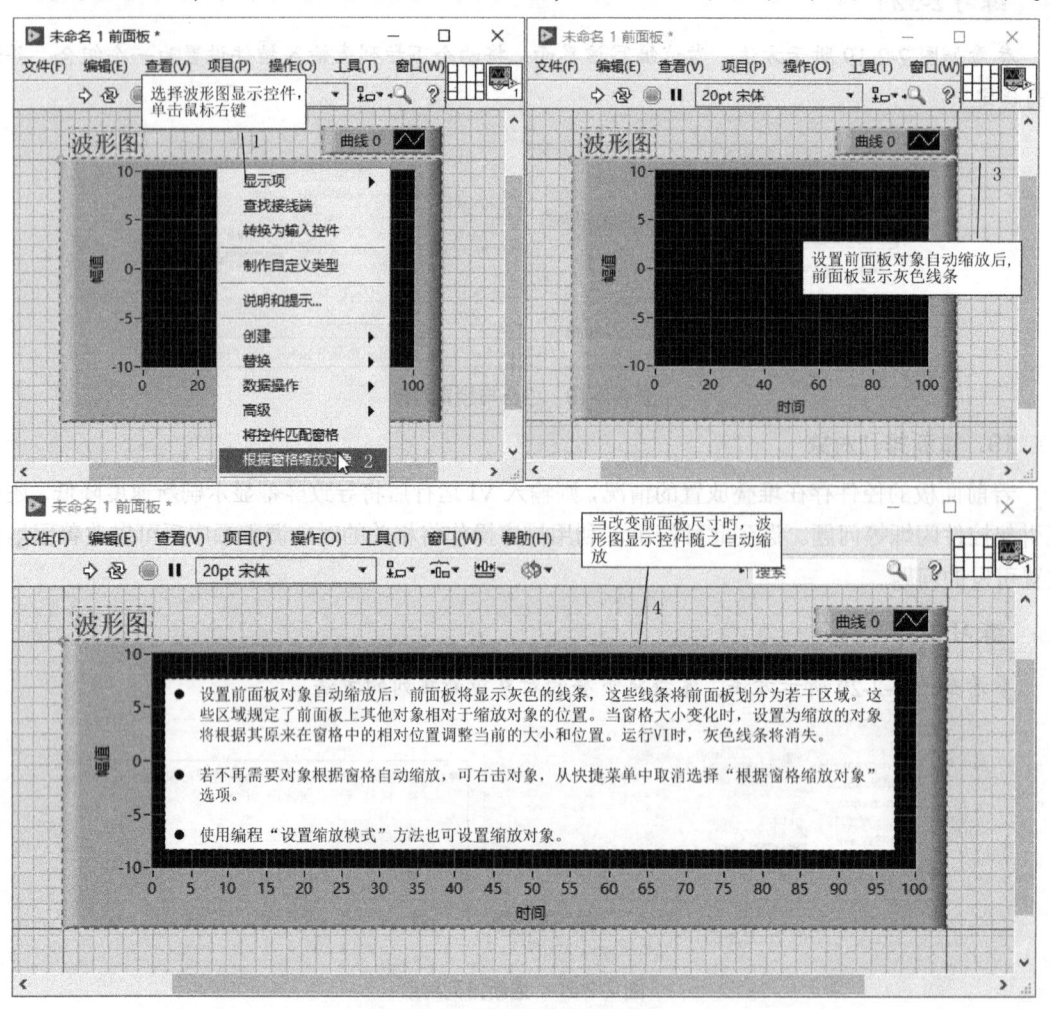

图 2-2-21 根据窗格缩放对象

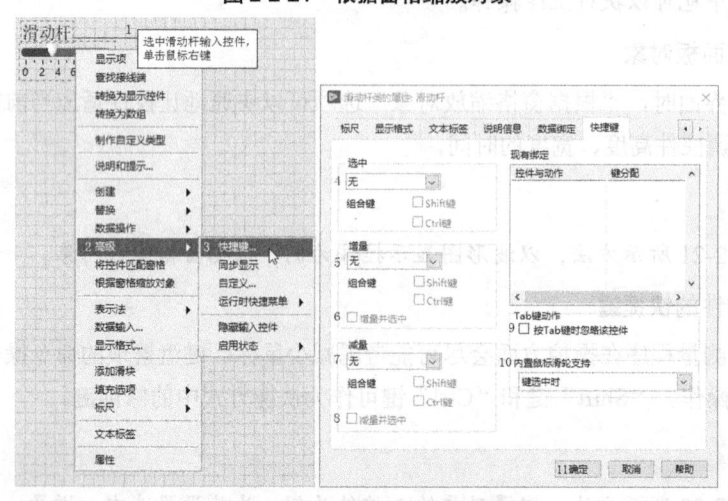

图 2-2-22 设置控件的快捷键

22. 设置前面板对象的"Tab"键顺序

当 VI 处于运行的情况下，若想减少鼠标使用次数或在没有鼠标外设的情况下对前面板中的各个控件进行交互操作，可以通过重复地单次按下键盘的"Tab"键，实现依次选择前面板控件的操作。"Tab"键选择的默认顺序是根据对象放置在前面板上的先后顺序或在选项卡中的顺序决定的。"Tab"键与控件之间关联的选择顺序是可以调整设置的，以满足优先使用频度较多的控件需求。

【练习 2-36】

参看如图 2-2-23 所示方法，以"比较窗"VI 为例，为前面板中的输入控件调整"Tab"键的顺序。

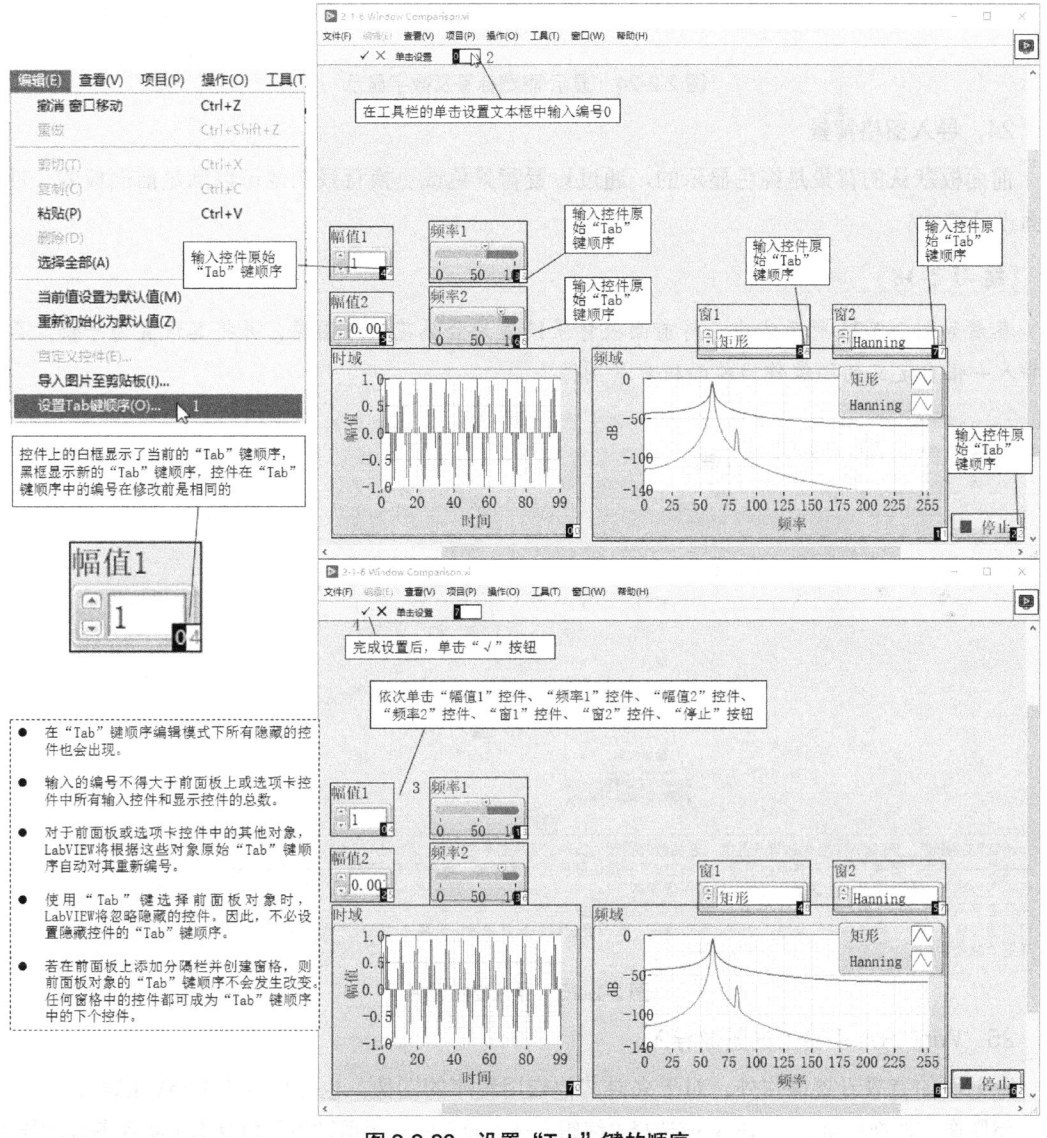

图 2-2-23 设置"Tab"键的顺序

23. 显示/隐藏标签及数字显示

前面板的一些数值控件（滑动杆、仪表等），附带了标签、数字辅助显示功能，在需要时可以增强控件数据的可读性。

【练习 2-37】

参看如图 2-2-24 所示方法，以滑动杆控件为例，掌握设置显示/隐藏标签及数字显示的方法。

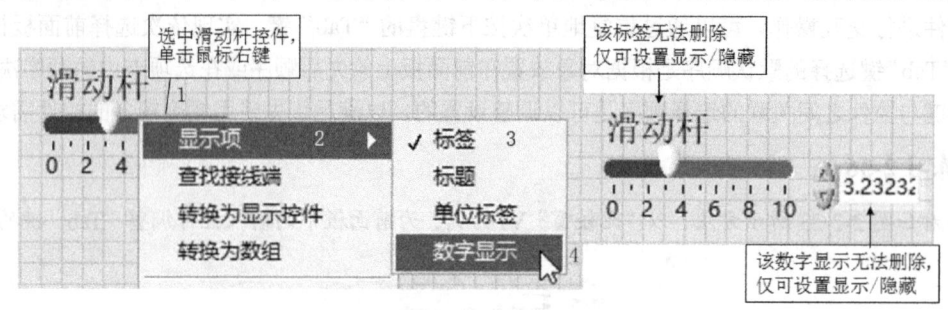

图 2-2-24　显示/隐藏标签及数字显示

24．导入窗格背景

前面板默认的背景是纯色显示的，通过设置背景色或更换背景图像可以满足前面板的个性化界面设计需求。

【练习 2-38】

参看如图 2-2-25 所示方法，将前面板背景设置为金属花纹板图像，并将其设置为平铺。再尝试导入一张自定义的图像作为前面板背景图像。

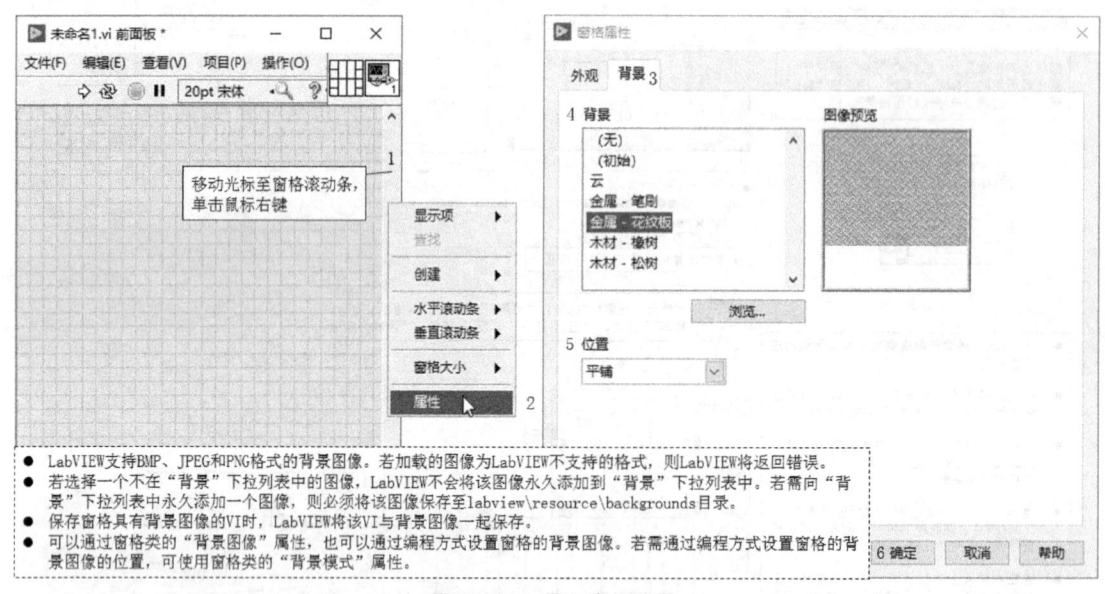

- LabVIEW支持BMP、JPEG和PNG格式的背景图像。若加载的图像为LabVIEW不支持的格式，则LabVIEW将返回错误。
- 若选择一个不在"背景"下拉列表中的图像，LabVIEW不会将该图像永久添加到"背景"下拉列表中。若需向"背景"下拉列表中永久添加一个图像，则必须将该图像保存至labview\resource\backgrounds目录。
- 保存窗格具有背景图像的VI时，LabVIEW将该VI与背景图像一起保存。
- 可以通过窗格类的"背景图像"属性，也可以通过编程方式设置窗格的背景图像。若需通过编程方式设置窗格的背景图像的位置，可使用窗格类的"背景模式"属性。

图 2-2-25　导入窗格背景

25．Windows 平台上的图像导入

除前面的背景设置操作外，对于来自其他应用程序的图像，也可以导入 LabVIEW 中。

将图像文件拖曳至 LabVIEW 或选择"编辑"→"导入图片至剪贴板"命令均可实现图像的导入。

【练习 2-39】

若要从图形程序中导入任何格式（除动画格式外）的所有图像，可通过下列两种方法实现。

（1）在图形编辑程序或 Web 浏览器中将图像复制到剪贴板，将图形编辑程序或 Web 浏览器切换至 LabVIEW，图像会自动传到 LabVIEW 可用的剪贴板上，可在窗格或程序框图上单击以确定粘贴图像的位置；若未通过单击确定粘贴图像的区域，LabVIEW 将把图像粘贴在前面板或程序框图的中央。

（2）选择"编辑"→"粘贴"命令，将图像放置在 LabVIEW 中。

若通过复制粘贴操作导入图片，则该图片将失去透明度。

【练习 2-40】

从 Windows 浏览器中拖曳一个图像文件（GIF、JPG、CLP、EMF、WMF、BMP、PNG 或 animated MNG）并放置在 LabVIEW 中。尝试下列步骤：

在 Windows 浏览器中选择要导入的图像文件，将文件拖曳至 LabVIEW 窗口，将光标移动到需要粘贴的区域，然后释放鼠标左键，文件中图像即出现在 LabVIEW 中。

【练习 2-41】

使用 LabVIEW 导入图片至剪贴板功能，导入 GIF、JPG、CLP、EMF、WMF、BMP、PNG 及 animated MNG 等格式的图片。尝试下列步骤：

选择"编辑"→"导入图片至剪贴板"命令，在弹出的对话框中浏览并选择要导入的图像文件，选中文件并单击"确定"按钮，可在窗格或程序框图上单击以确定粘贴图像的位置；若未通过单击确定粘贴图像的区域，LabVIEW 将把图像粘贴在前面板或程序框图的中央。

2.2.2 程序框图的连线

连线是程序框图中各个对象间数据传递的载体。连线上传递的是数据，在连线上放置探针就可以获得调试程序需要的数据。

1. 连线的外观和结构

连线的颜色、样式和粗细视其数据类型的不同而不同，这与接线端以不同颜色和符号来表示前面板控件的数据类型的方法相似。

【练习 2-42】

参看图 2-2-26，以"比较窗函数"VI 为例，了解连线的连线段、片段、交叉点的概念。

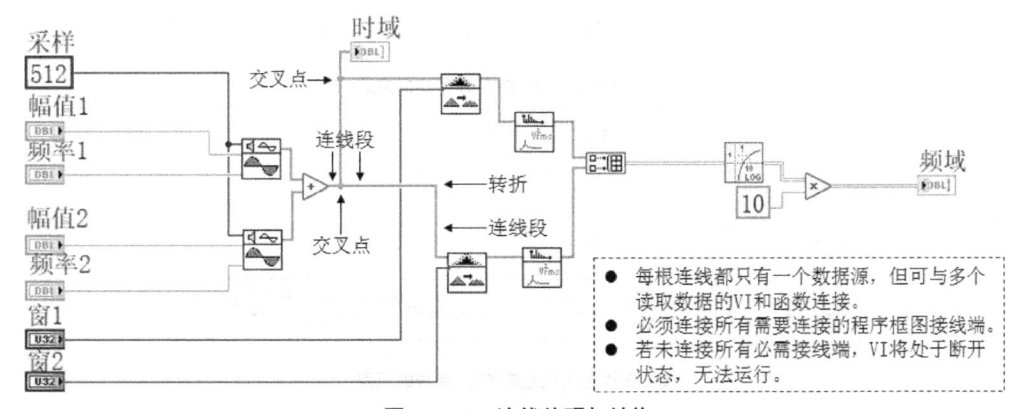

图 2-2-26　连线外观与结构

2. 查找断线原因

VI 正常运行的必需条件是不允许程序框图中有断线，若程序框图中存在断线（连错的线和应该连线而未连接的线），则 VI 将无法运行。断开的连线显示为黑色的虚线，中间有个红色的×图案。

【练习 2-43】

参看图 2-2-27，掌握查找引起 VI 断线的原因。

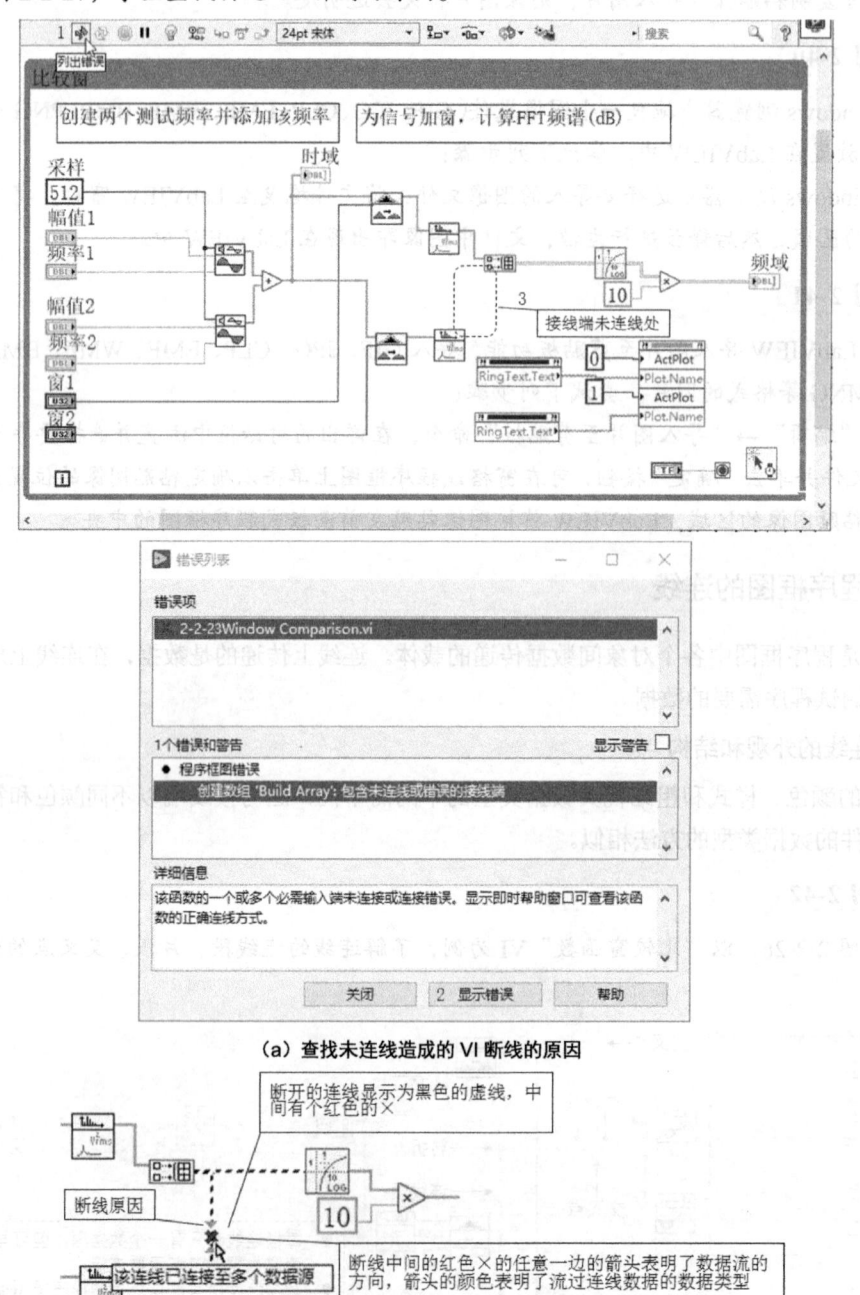

（a）查找未连线造成的 VI 断线的原因

（b）查找连错线造成的 VI 断线的原因

图 2-2-27　查找引起 VI 断线的原因

借助"即时帮助"窗口工具（快捷键为"Ctrl+H"）可确定准确的连线位置。将光标移到某个 VI 或函数接线端时，"即时帮助"窗口会列出该 VI 或函数的每一个接线端。

3．手动连线

相对于自动连线操作，手动连线是程序框图中使用最多的连线方法。

【练习 2-44】

参看如图 2-2-28 所示步骤，完成断线 VI 的连线。

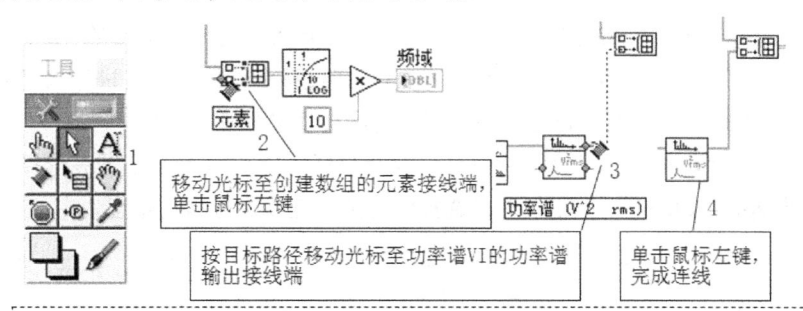

图 2-2-28　为断线 VI 连线

若需交换函数上两个输入端之间连线的位置，又不想通过手动删除和替换连线操作，可以使用另一种替换的操作方法，按住"Ctrl"键并单击其中一个输入接线端即可实现。

若用连线连接两种不同的数据类型，并且这两种数据类型的相似度较高，LabVIEW 可以通过强制类型转换使这两种数据类型匹配。此时，程序框图上将出现一个强制转换点。部分强制转换会占用额外的内存，增加执行时间，并且会降低运算结果的精度。

4．自动连接对象

当所选对象（如某函数）移动到程序框图上其他对象（如另一函数）的附近时，两对象附近将显示临时连线，用以提示两对象间有效的连线方式。此时，释放选择对象，重新选择对象并保存，在按住鼠标左键的同时移动该对象，两对象之间将完成自动连线。

在默认情况下，从函数选板中选择对象，或通过在按住"Ctrl"键的同时拖动对象来复制一个程序框图上已有的对象，自动连线方式将启用。使用定位工具移动程序框图上已有的对象，自动连线功能将被禁用。

选择"工具"→"选项"命令，打开"选项"对话框，从"类别"下拉列表中选择"程序框图"选项，并取消勾选"启用自动连线"复选框，可取消自动连线功能。

【练习 2-45】

参看如图 2-2-29 所示步骤，以先加后乘运算为例，通过自动连线实现"加"函数的结果与"乘"函数的输入的自动连线。

5．连线的路径选择

连线操作时，连线的路径是由 LabVIEW 自动规划的。在选择路径时，LabVIEW 会自动地减少连线转折，同时尽可能自动连线至输入控件的右侧和显示控件的左侧。

（1）若需对已有连线进行自动连线路径选择，可右击该连线，打开快捷菜单，选择"整理连线"选项。

（2）开始连线后，按下"A"键可以暂时取消自动连线路径选择功能，转为手动连线。再次按下"A"键可重新启用该连线的自动连线路径选择功能。

（3）连线结束后，LabVIEW 会重新启用自动连线路径选择功能。完成前一次连线操作，松开鼠标左键后，LabVIEW 也会再次启用自动连线路径选择功能。

（4）选择"工具"→"选项"命令，打开"选项"对话框，在"类别"下拉列表中选择"程序框图"选项，取消勾选"启用自动连线路径选择"复选框，即可取消所有新连线的自动连线路径选择。

（5）即使启用了自动连线路径选择功能，还可以通过按空格键对连线进行水平或垂直方向切换。若 LabVIEW 发现了一个新的连线方向，则该连线会切换到那个方向。

（6）使用快捷键"Ctrl+U"，可对整个程序框图和对象进行自动整理。若先选择一部分连线及对象，再使用快捷键"Ctrl+U"，则仅对已选择的对象和连线进行自动整理。

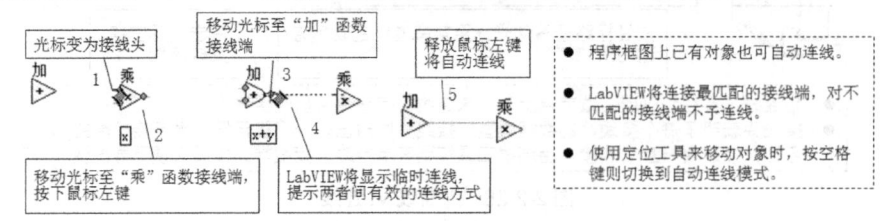

图 2-2-29　自动连接对象

6．选择连线

使用工具选板的定位工具单击、双击或连续三次单击连线可以选中相应的连线，这与快捷方式章节中描述的操作一致。

（1）单击连线：选中连线的一个直线线段。

（2）双击连线：选中连线的一个分支。

（3）连续三次单击连线：选中整条连线。

7．在连线上添加标签

程序框图中的连线默认是没有备注信息的，若想为程序框图中个别连线标注提示信息，以便辨识，可以通过为连线添加标签实现。

【练习 2-46】

参看图 2-2-30，为前面练习中纠正 VI 断线而重新连线的连线添加标签。

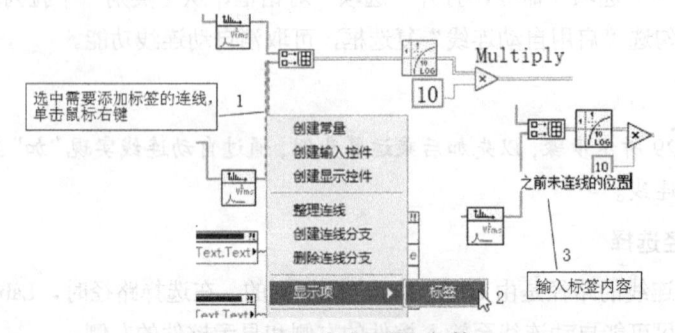

图 2-2-30　为连线添加标签

自带标签可移动至连线的任意位置，但无法将自带标签锁定在连线上。

8．纠正断线

程序框图处于编辑的过程中，时常会出现断线的情况。遇到断线，需要具体情况具体分析，切忌盲目将所有断线全部删除，避免造成巨大的恢复操作工作（提示：可以使用快捷键"Ctrl+Z"撤回上一次操作）。下面列出了常用的纠正断线的方法。

（1）用定位工具连续三次单击连线并按下"Delete"键可以删除断线。

（2）选择"编辑"→"删除断线"命令或按下"Ctrl+B"快捷键，可以清除所有断线。也可选中结构或部分程序框图代码，然后按下"Ctrl+B"快捷键，选中的断线将被移除。

（3）若删除连线的一个分支，则可能会导致整条连线断裂。重新连接连线分支，可修复断裂的连线。

（4）清除所有断线时应谨慎，因为程序框图连线尚未全部完成时也会出现断线。

（5）若删除一条自带标签连线的分支，则断线上仍然会保留标签。若连接两段自带标签的连线，则连接至源接线端的连线标签成为新连线的标签。

2.2.3 接线端的显示方式

程序框图中的接线端显示方式分为图标和数据类型两种，图标显示方式的接线端较大，数据类型显示方式的接线端较小。在默认情况下，程序框图的接线端以图标方式显示。数据类型概念将在后面章节介绍。

选择"工具"→"选项"命令，打开"选项"对话框，从"类别"下拉列表中选择"常规"选项，取消勾选"以图标形式放置前面板接线端"复选框，统一将"图标"显示方式切换为"数据类型"显示方式。

【练习2-47】

参看图2-2-31，掌握程序框图中接线端的图标与数据类型显示方式的转换设置方法。

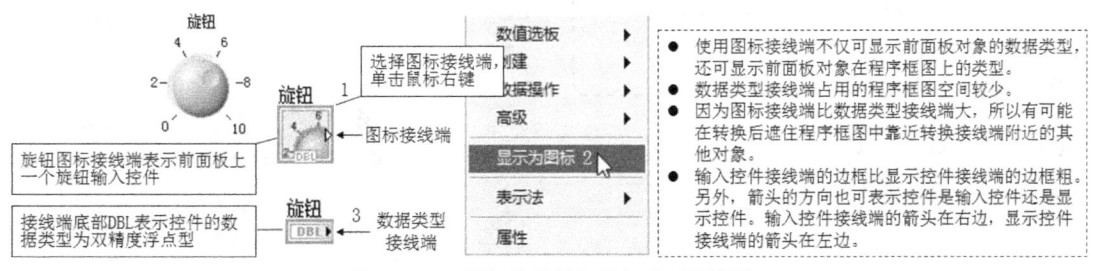

图 2-2-31　图标接线端与数据类型接线端

2.2.4 程序框图节点

回顾图2-1-9的程序框图中的节点，节点是程序框图上的对象，具有输入/输出端，在VI运行时参与运算。节点相当于文本编程语言中的语句、运算符、函数和子程序。图2-2-32为程序框图的节点成员。

程序框图节点成员：

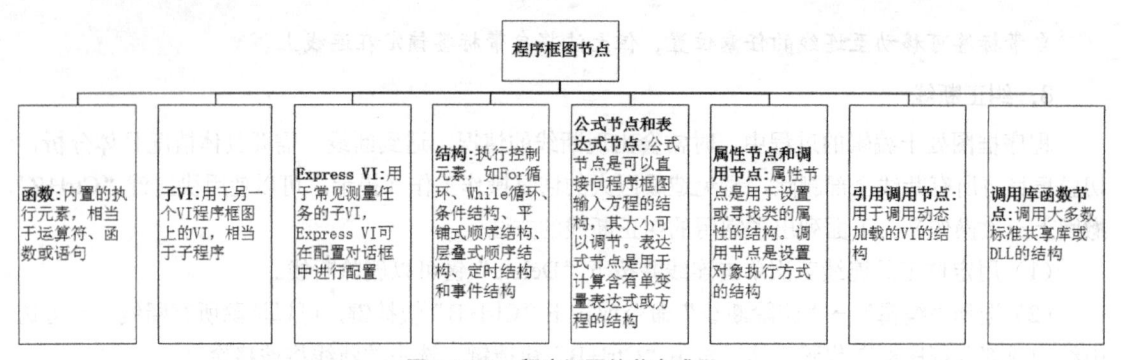

- **函数**：内置的执行元素，相当于运算符、函数或语句
- **子VI**：用于另一个VI程序框图上的VI，相当于子程序
- **Express VI**：用于常见测量任务的子VI，Express VI可在配置对话框中进行配置
- **结构**：执行控制元素，如For循环、While循环、条件结构、平铺式顺序结构、层叠式顺序结构、定时结构和事件结构
- **公式节点和表达式节点**：公式节点是可以直接向程序框图输入方程的结构，其大小可以调节。表达式节点是用于计算含有单变量表达式或方程的结构
- **属性节点和调用节点**：属性节点是用于设置或寻找类的属性的结构。调用节点是设置对象执行方式的结构
- **引用调用节点**：用于调用动态加载的VI的结构
- **调用库函数节点**：调用大多数标准共享库或DLL的结构

图 2-2-32　程序框图的节点成员

2.2.5　使用"函数"选板

程序框图中的函数均源自"函数"选板，"函数"选板中的VI和函数是分类排列的。有些内置类别在默认情况下并不包含任何函数。当安装相应的模块、工具包或驱动程序后，空的内置类别中将显示相关函数或VI。

LabVIEW中还有非内置类别，这些类别仅在安装了特定模块、工具包或驱动程序后才出现。

1．设置选板的查看显示格式

"函数"选板提供了6种选板的显示格式，分别是类别（标准）、类别（图标和文本）、图标、图标和文本、文本、树形，用户可以根据使用习惯设置显示格式。

【练习 2-48】

参看如图 2-2-33 所示步骤，掌握两种设置选板显示格式的方法。

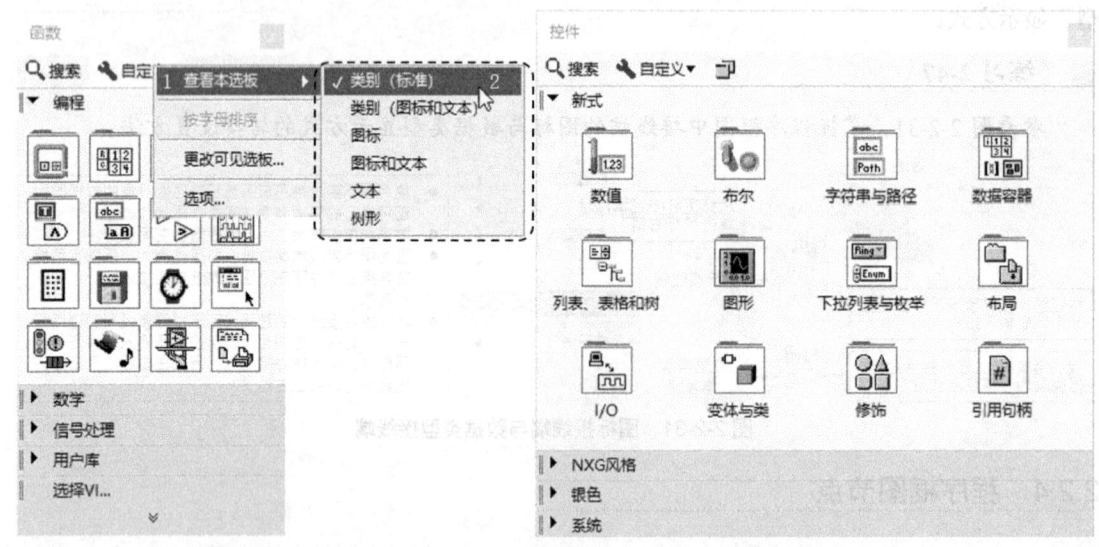

类别（标准）显示　　　　　图标和文本显示

(a) 方法1

图 2-2-33　两种设置选板显示格式的方法

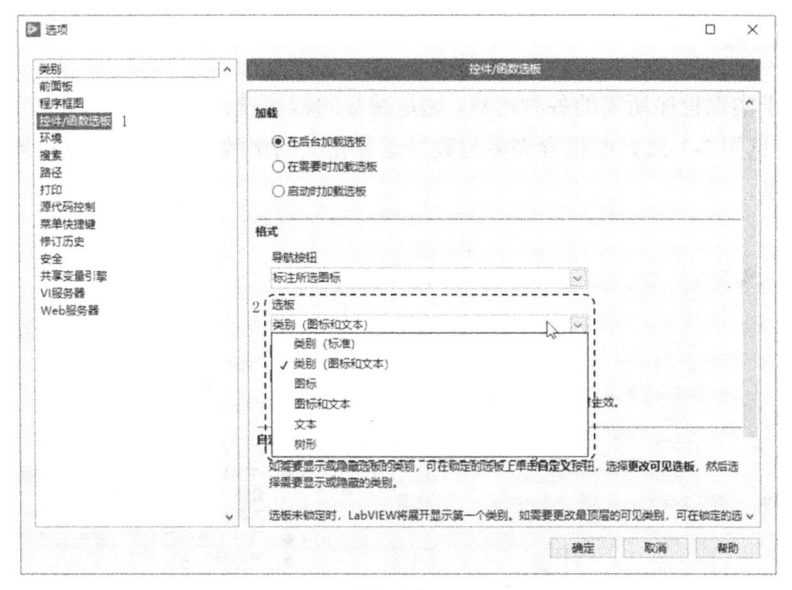

（b）方法2

图 2-2-33　两种设置选板显示格式的方法（续）

2. 调整可见的选板

"函数"选板采用的是折叠显示方式，默认可见的选板一直处于显示状态。单击"函数"选板底部的向下箭头可以展开显示完整的"函数"选板。可见的"函数"选板默认显示的选板可能部分内容使用率极低，通过更改可见选板设置，将使用频率较高的选板突出显示，并关闭一些不常用的选板，提高选板的使用效率。

（1）安装了特定模块、工具包和驱动程序后，默认显示为空的内置类别中会显示相关对象。

（2）前面板的选板可见设置操作与"函数"选板类似。

【练习 2-49】

参看如图 2-2-34 所示步骤，将"视觉与运动""互连接口""控制和仿真""Express"设置为不可见。

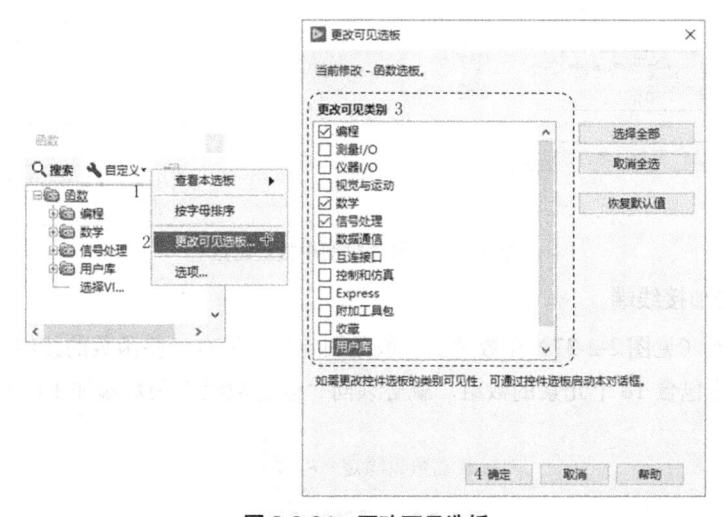

图 2-2-34　更改可见选板

2.2.6 使用函数

函数有助于实现程序所需的各种运算，这是通行的程序设计做法，LabVIEW 编程也不例外。"函数"选板（见图 2-2-35）中包含许多与数学运算相关的函数，在编程中直接调用这些函数可以提高开发效率。

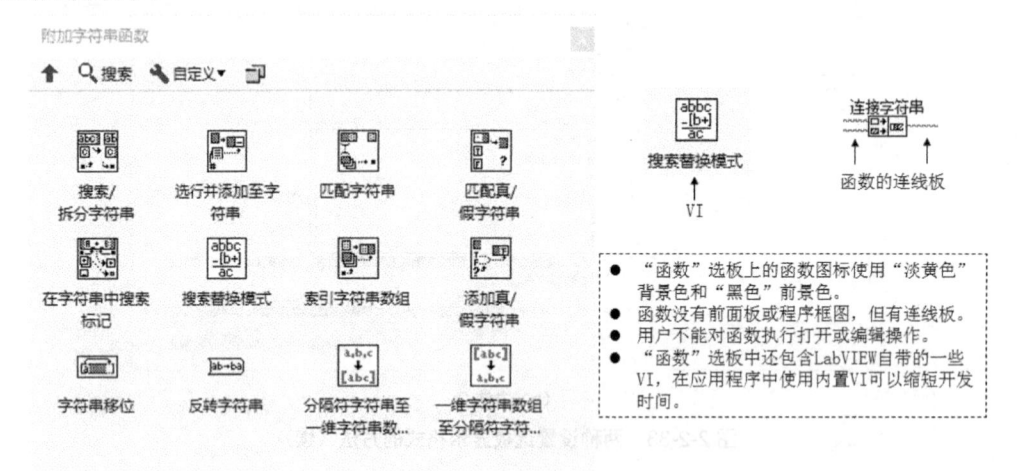

图 2-2-35 "函数"选板

1. 放置函数

【练习 2-50】

参看如图 2-2-36 所示步骤，掌握从"函数"选板中选择"加"函数并将其放置在程序框图中的方法。

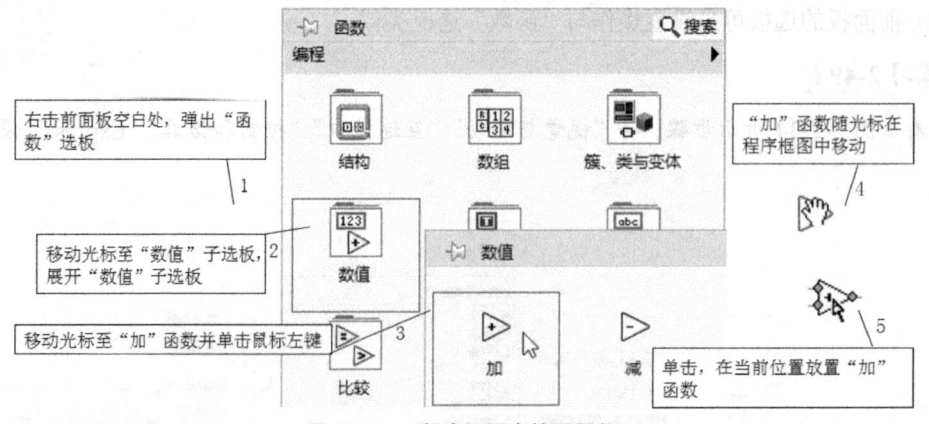

图 2-2-36 程序框图中放置函数

2. 为函数添加接线端

函数的接线端（见图 2-2-37）在数量上一般是固定的，但有一些函数的接线端数量是可变的。例如，要创建一个包含 10 个元素的数组，就必须向"创建数组"函数添加 10 个接线端。

图 2-2-37 函数的接线端

【练习 2-51】

参看如图 2-2-38 所示步骤,以"创建数组"函数为例,掌握为其添加、删除接线端的方法。

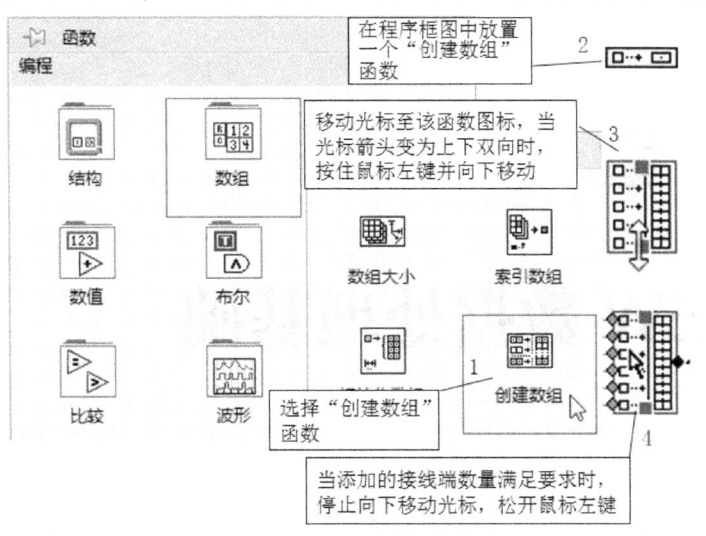

图 2-2-38 添加、删除函数接线端

第 3 章

LabVIEW 数据处理基础

本章详细讲解了 LabVIEW 的常用数据类型、利用程序结构处理数据的常用方法及数据的图形化显示手段。

3.1 数据操作

3.1.1 数据类型

前面板中的控件,可以输入或显示数值、文本、布尔等多种类型的数据,这里的"类型"是指数据类型。举个简单的例子,数值控件里显示的阿拉伯数字"1"和字符串控件显示的文本"1",尽管都可以表示"1"这个意思,但在程序运算时是按不同的数据类型处理的。

LabVIEW 的数据类型如表 3-1-1 所示,程序框图中的接线端利用颜色来表示数据类型。例如,橙色的接线端表示数值型数据,并且细分为单精度浮点数、双精度浮点数、扩展精度浮点数、单精度浮点复数、双精度浮点复数、扩展精度浮点复数。编程中常用的数据类型大致是:数值型、布尔型、字符串型、枚举型等。

(1) 函数所能处理的数据类型必须满足函数自身的功能定义。例如,位于"字符串"选板的"字符串"函数支持的数据类型为字符串型,而不支持数值型数据。

(2) 选用简单且一致的数据类型对于优化程序的内存有非常大的帮助。

表 3-1-1 LabVIEW 的数据类型

输入控件	显示控件	数据类型	用 途	默 认 值
SGL▶	▶SGL	单精度浮点数	占用内存较少且不会造成数字溢出	0.0
DBL▶	▶DBL	双精度浮点数	数值对象的默认格式	0.0
EXT▶	▶EXT	扩展精度浮点数	因平台而异,只有在确有需要时才使用该数据类型	0.0
CSG▶	▶CSG	单精度浮点复数	与单精度浮点数相同,但带有实部和虚部	0.0 + 0.0i
CDB▶	▶CDB	双精度浮点复数	与双精度浮点数相同,但带有实部和虚部	0.0 + 0.0i
CXT▶	▶CXT	扩展精度浮点复数	与扩展精度浮点数相同,但带有实部和虚部	0.0 + 0.0i

第3章 LabVIEW 数据处理基础

续表

输入控件	显示控件	数据类型	用　途	默　认　值
		定点数	存储在用户定义范围内的值。如不需要浮点表示的动态范围或浮点运算占用了大量 FPGA 资源，为了更有效地使用 FPGA 资源，可使用定点数	0.0
		单字节整型数	表示整型数，可以为正也可以为负	0
		双字节整型数	同单字节整型数	0
		长整型数	同单字节整型数	0
		64 位整型数	同单字节整型数	0
		无符号单字节整型数	仅表示非负整型数，正数范围比有符号整型数更大（这两种表示法表示数字的二进制位数相同）	0
		无符号双字节整型数	同无符号单字节整型数	0
		无符号长整型数	同无符号单字节整型数	0
		无符号 64 位整型数	同无符号单字节整型数	0
		<64.64>位时间标识	高精度绝对时间	12:00:00.000AM 1/1/1904（通用时间）
		枚举	供用户选择的项目列表	—
		布尔	存储布尔值（TRUE/FALSE）	FALSE
		字符串	独立于平台的信息和数据保存格式，用于创建简单的文本信息、传递和存储数值数据等	空字符串
		数组	方括号内为数组元素的数据类型，方括号的颜色与数据类型的颜色一致。数组维度增加时方括号变粗	—
		复数元素矩阵	连线样式不同于使用同一数据类型的数组	—
		实数元素矩阵	连线样式不同于使用同一数据类型的数组	—
		簇	可包含若干种数据类型的元素。若簇内所有元素的数据类型为数值型时，则簇显示为褐色；若簇中有非数值类型的元素时，簇显示为粉红色。错误簇显示为深黄色，LabVIEW 类簇默认为深红色，报表生成 VI 的错误代码簇为湖蓝色	—
		路径	使用所在平台的标准语法存储文件或目录的地址	空路径
		动态	包含与信号相关的数据及说明信号相关信息的属性，如信号名称或数据采集的日期和时间	—
		波形	包含波形的数据、起始时间和时间间隔（Δt）	—
		数字波形	包含数字波形的起始时间、时间间隔（Δt）、数据和属性	—
		数字	包含数字信号的相关数据	—
		引用句柄	对象的唯一标识符，包括文件、设备或网络连接等	—
		变体	包含输入控件或显示控件的名称、数据类型信息和数据本身	—
		I/O 名称	将配置的资源传递给 I/O VI，与仪器或测量设备进行通信	—
		图片	包括显示图片的一组绘图指令，图片中可包含线条、圆、文本或其他形状的图形	—

51

【练习 3-1】

在前面板或程序框图中，快速找出数据类型为数值型、布尔型、字符串型及枚举型的控件。

3.1.2 数值型数据

LabVIEW 的数值可以表达浮点数、定点数、整型数、无符号整型数及复数，如图 3-1-1 所示。不同数据类型的数据的差别在于存储数据使用的位数和表示的值的范围。

LabVIEW 只能处理介于数值数据类型表范围内的数据，但可以以文本格式显示 ±9.9999999999999999E999 范围内的数据。

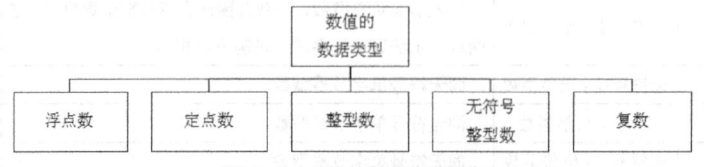

图 3-1-1 数值的数据类型

1．浮点数

LabVIEW 中的浮点数符合 ANSI/IEEE 标准 754-1985。需要提醒的是，并非所有实数都可以用该标准的浮点数表示，因此使用浮点数进行大小比较时会因舍入误差造成非预期错误。浮点数的数据类型接线端颜色为橙色，LabVIEW 的浮点数有如下三种数据类型。

① 单精度浮点数 SGL（SGL）：为 32 位 IEEE 单精度格式。在内存空间有限，且不会出现数值范围溢出时，应使用单精度浮点数。单精度浮点数如图 3-1-2 所示。

图 3-1-2 单精度浮点数

② 双精度浮点数 DBL（DBL）：为 64 位 IEEE 双精度格式。双精度是数值对象的默认格式，大多数情况下，应使用双精度浮点数。双精度浮点数如图 3-1-3 所示。

图 3-1-3 双精度浮点数

③ 扩展精度浮点数 EXT（EXT）：保存扩展精度数到磁盘时，LabVIEW 将其保存为独立于平台的 128 位格式。内存中，大小和精度根据平台有所不同。仅在必需时，才使用扩展精度浮点数。扩展精度算术的运行速度根据平台的不同有所不同。

1）浮点数的符号数值

程序运算可能会产生未定义的或预期的结果，此种数据将会影响后续运算。以浮点数为例，浮点数可以返回以下两种用来表示错误的计算或无意义的结果的符号值。

① NaN（非法数字）：表示无效操作产生的浮点数值，如对负数取平方根。

② Inf（无穷）：表示超出某数据类型值域的浮点数值，如 1 被 0 除时产生 Inf。LabVIEW 可返回+Inf 或-Inf。

浮点运算能够可靠地传送 NaN 和 Inf，而整型数和定点数不支持符号数值传送。

将 NaN 显式或隐式转换为整型数或定点数时，其值将变为目标数据类型的最大值。

2）浮点数与数值单位

所有浮点数据类型的数值的控件均可以添加用于测量的物理单位，如米、千克等。表 3-1-2 列出了浮点数可用的单位。

表 3-1-2　浮点数可用的单位

单　　位	物理量名称	单 位 名 称	单 位 符 号
SI 基本单位	长度	米	m
	质量	千克	kg
	时间	秒	s
	电流	安培	A
	热力学温度	开尔文	K
	物质的量	摩尔	mol
	发光强度	坎德拉	cd
SI 导出单位	面积	平方米	m^2
	体积	立方米	m^3
	质量	克	g
	速度	米每秒	m/s
	加速度	米每平方秒	m/s^2
	波数	米的倒数	m^{-1}
	密度	千克每立方米	kg/m^3
	比容	立方米每千克	m^3/kg
	电流强度	安培每平方米	A/m^2
	磁场强度	安培每米	A/m
	物量浓度	摩尔每立方米	mol/m^3
	亮度	坎德拉每平方米	cd/m^2
	质量分数	千克每千克	kg/kg
	平面角	弧度	rad
	立体角	球面度	sr
	频率	赫兹	Hz
	力	牛顿	N
	压强	帕斯卡	Pa
	能量、热量、功	焦耳	J
	功率、辐射通量	瓦特	W
	电荷	库仑	C
	电位	伏特	V
	电容	法拉	F
	电阻	欧姆	Ω
	电导	西门子	S
	磁通量	韦伯	Wb
	磁通量密度	特斯拉	T
	电感	亨利	H
	摄氏温度	摄氏度	℃
	光通量	流明	lm

续表

单 位	物理量名称	单位名称	单位符号
SI 导出单位	光照度	勒克斯	lx
	活度（放射性核）	贝可勒尔	Bq
	吸收剂量、比释动能、比授（予）能	戈瑞	Gy
	剂量当量	希沃特	Sv
其他单位	放射性活度	居里	Ci
	面积	英亩	acre
		靶恩	b
		公顷	hm²
	动力黏度	泊	P
	电功率	马力（电气）	hp
	能量	英国热量单位（平均）	Btu
		卡路里（热量）	cal
		电子伏特	eV
		尔格	erg
	力	达因	dyn
		磅力	lbf
	亮度	英尺-烛光	fc
	长度	埃	Å
		天文单位	AU
		英尺	ft
		英寸	in
		光年	ly
		英里	mi
		码	yd
	磁	高斯	G
		麦克斯韦	Mx
		奥斯特	Oe
	质量	格令	gr
		盎司	oz
		磅	lb
		吨	t
		原子质量单位	u
	平面角	度	deg
		分	'
		秒	"
	压力	大气压力	atm
		巴	bar
		汞柱	mmHg
		磅/每平方英寸	psi
		托	Torr

续表

单 位	物理量名称	单 位 名 称	单 位 符 号
其他单位	放射剂量	拉德	rad
	辐射暴露	伦琴	r
	辐射暴露：人体	人体伦琴当量	rem
	时间	日	d
		小时	h
		分	min
		年	a
	速度	节	kn
	体积	蒲式耳	bu
		液量打兰	fl dr
		液量盎司	fl oz
		加仑（英）	gal（英）
		加仑（美）	gal（美）
		公升	l
		品脱（英）	pt（英）

【练习 3-2】

参看如图 3-1-4 所示步骤，以数值输入控件为例，理解数值单位及单位转换概念。

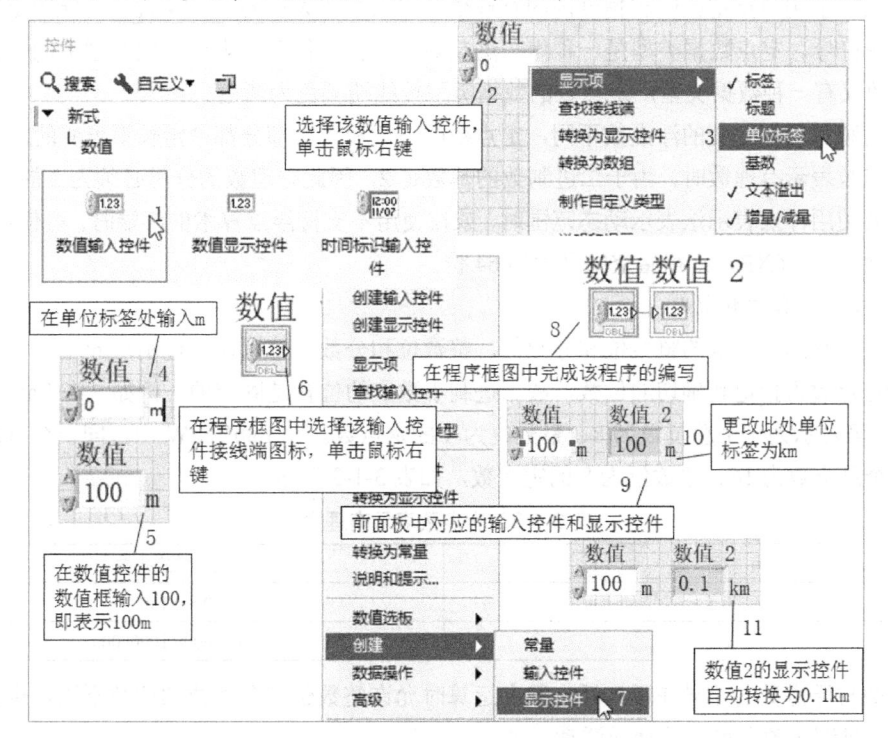

图 3-1-4 设置数值单位

3）单位和严格类型检查

为对象（如控件、函数）添加单位时，需要确认单位是否相互兼容，只有兼容的对象才可以连线。若将两个单位不兼容的对象连接，LabVIEW 将返回错误结果。例如，将以 m 为单位的对象与以 L 为单位的对象连接时，LabVIEW 将返回错误结果，因为 m 为距离单位，而 L 为容量单位。

【练习 3-3】

参看如图 3-1-5 所示步骤，编写程序并理解数值单位的严格类型检查概念。

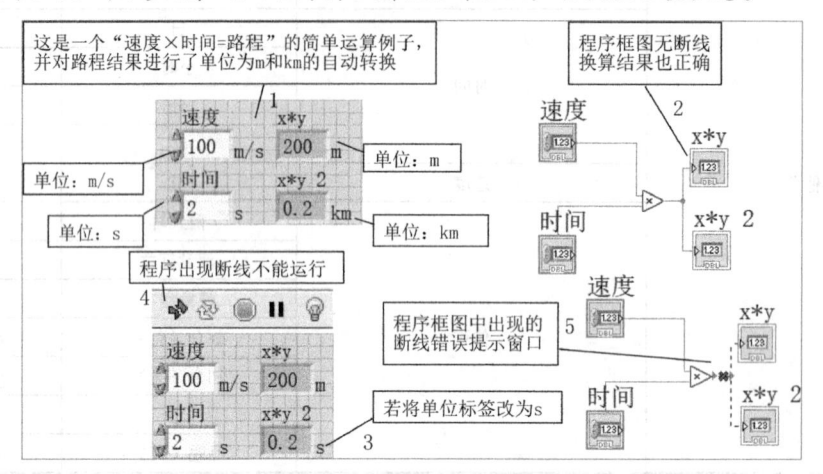

图 3-1-5 单位和严格类型检查

2. 定点数

定点数表示用户指定范围和精度内的有理数，定点数的大小为 1~64 位。可配置定点数为带符号或不带符号。定点数据类型是一种用二进制数（又称"位"）表示一组有理数的数值数据类型。定点数仅有一种数据类型，定点数的数据类型接线端颜色为紫色。

与精度和范围都可变的浮点数不同，定点数的整数和小数部分都是定长不可变的。

以浮点数表示有理数时，由于二进制数的基数是 2，因此有理数的分母必须为 2 的幂的约数。不需要使用浮点表示法表示动态范围时，或在使用不支持浮点算术的终端时，可使用定点数。

定点数 FXP （FXP）：存储空间最大为 64 位。

1）以定点数表示有理数

定点数具有固定个数的整数位和分数位，整数位和分数位分别在二进制点的左、右两侧。

由于定点数可指定其确切的位数，故二进制小数点的位置是固定的。例如，在 LabVIEW 中，有理数 0.5 可表示为一个总位数为 8、整数位为 4 的定点数。在 LabVIEW 中，同一个有理数也可表示为一个总位数为 16、整数位为 8 的定点数，如表 3-1-3 所示。

表 3-1-3 定点数表示有理数

有 理 数	对应的定点数
0.5	0000.1000
0.5	00000000.10000000

定点数与浮点数的差异在于，浮点数在运算时允许整数位和分数位的位数不同。也就是说，浮点数的二进制小数点可以移动或浮动。

以定点数表示有理数时，若未指定定点数确切的位数，LabVIEW 将调整定点数的位数，以尽量避免数据丢失。但是，LabVIEW 无法处理大于 64 位的数字。

第 3 章　LabVIEW 数据处理基础

2）配置定点数

若要将一个数使用定点数表示，可右击数据对象，打开快捷菜单，选择"表示法"→"更改对象的数据类型"命令。LabVIEW 可以配置定点数的编码，还可指定定点数是否包括上溢状态，以及数值函数如何处理定点数的上溢和凑整。

若要配置一个定点数，可右击常量、控件或数值函数，选择快捷菜单中的"属性"命令，打开"数值属性"或"数值常量属性"对话框或"数值节点属性"对话框进行配置。

【练习 3-4】

参看如图 3-1-6 所示步骤，编写程序并为数值输入控件配置定点数，理解定点数的概念，并尝试为数值常量、数值显示控件配置定点数。

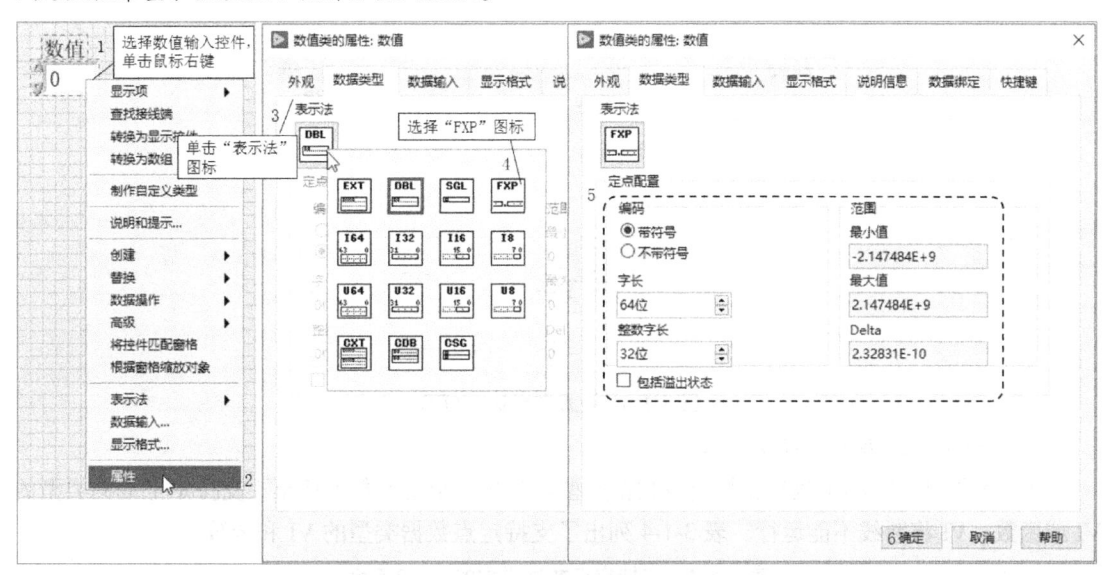

图 3-1-6　配置定点数

3）范围

LabVIEW 根据用户为定点数指定的编码值计算定点数的范围和 delta。

最小值：设置定点数范围的最小值。

最大值：设置定点数范围的最大值。

delta：指定范围内数字间的增量。

【练习 3-5】

参看如图 3-1-7 所示步骤，练习使用"即时帮助"窗口查看定点数的配置情况。

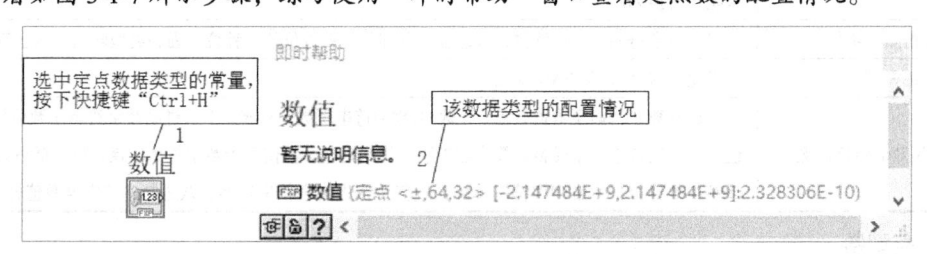

图 3-1-7　使用"即时帮助"窗口查看定点数配置

4）显示和隐藏定点数的溢出状态 LED

将定点控件或常量配置为"包括溢出状态"后，可显示或隐藏控件或常量的溢出状态 LED。LED 用来显示定点数是否是溢出运算得到的结果。

【练习 3-6】

参考图 3-1-8，掌握设置溢出状态 LED 的方法。

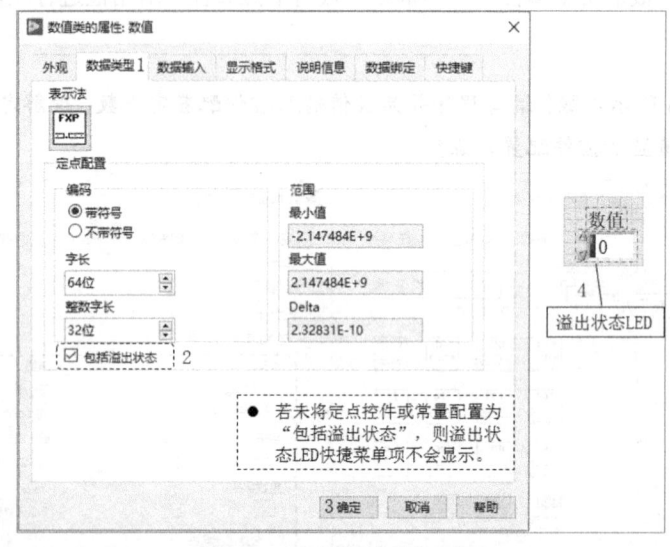

图 3-1-8 设置溢出状态 LED

5）支持定点数据类型的 VI 和函数

并不是所有 VI 和函数都支持定点数据类型。若将一个定点数连接至不支持定点数据类型的 VI 或函数，VI 将断线不能运行。表 3-1-4 列出了支持定点数据类型的 VI 和函数。

表 3-1-4 支持定点数据类型的 VI 和函数

函数类型	函数、VI 名称
数值函数	绝对值、加、减 1、除、加 1、乘、取负数、倒数、最近数取整、向上取整、向下取整、按 2 的幂缩放、有符号、平方、平方根、减
比较函数	等于？、等于 0？大于等于？、大于等于 0？、大于？、大于 0？、判定范围并强制转换、小于等于？、小于等于 0？、小于？、小于 0？、最大值与最小值、不等于？、不等于 0？
转换函数	布尔数组至数值转换、数值至布尔数组转换、转换为单字节整型、转换为双精度浮点数、转换为扩展精度浮点数、转换为定点、转换为长整型、转换为 64 位整型、转换为单精度浮点数、转换为无符号单字节整型、转换为无符号长整型、转换为无符号 64 位整型、转换为无符号双字节整型、转换为双字节整型
数据操作函数	平化至字符串、逻辑移位、带进位的左移位、带进位的右移位、强制类型转换、从字符串还原
LabVIEW 模式函数	平化至 XML、从 XML 还原
字符串/数值转换函数	十进制数字符串至数值转换、分数/指数字符串至数值转换、十六进制数字符串至数值转换、数值至十进制数字符串转换、数值至工程字符串转换、数值至指数字符串转换、数值至小数字符串转换、数值至十六进制数字符串转换、数值至八进制数字符串转换、八进制数字符串至数值转换

3. 整型数

整型数可用于代表整个数字，可以表示正数，也可以表示负数，即包含复合的整型数。将浮点数转化为整型数时,VI 将把数字舍入到最近的偶数。例如,3.3 舍入后为 2,3.3 舍入为 4。整型数有如下 4 种数据类型,整型数的数据类型接线端颜色为蓝色。

① 单字节整型数 `I8`(I8):1 字节长度的整型数,存储空间为 8 位。
② 双字节整型数 `I16`(I16):2 字节长度的整型数,存储空间为 16 位。
③ 长整型数 `I32`(I32):存储空间为 32 位。在大多数情况下,建议使用长整型数。
④ 64 位整型数 `I64`(I64):存储空间为 64 位。

4. 无符号整型数

无符号整型数与有符号整型数的二进制位数相同,无符号整型数仅用于表示非负整型数,因此无符号整型数所能表示的正数范围大于有符号整型数。

无符号整型数有 4 种数据类型,无符号整型数的数据类型接线端颜色为蓝色。

① 无符号单字节整型数 `U8`(U8):长度为 1 字节的无符号整型数,存储空间为 8 位。
② 无符号双字节整型数 `U16`(U16):长度为 2 字节的无符号整型数,存储空间为 16 位。
③ 无符号长整型数 `U32`(U32):存储空间为 32 位。
④ 无符号 64 位整型数 `U64`(U64):存储空间为 64 位。

5. 复数

复数是将实部与虚部相连接的浮点数,复数的数据类型接线端颜色为橙色,使用复数函数可创建复数。

复数有如下 3 种数据类型。

① 单精度浮点复数 `CSG`(CSG):与单精度浮点数相同,但有实部和虚部。
② 双精度浮点复数 `CDB`(CDB):与双精度浮点数相同,但有实部和虚部。
③ 扩展精度浮点复数 `CXT`(CXT):与扩展精度浮点数相同,但有实部和虚部。

3.1.3 布尔型数据

布尔型数据用于判断"真""假""有""无",也就是说它的值非"真"即"假"。布尔型数据由前面板的"布尔"选板提供,数据类型接线端颜色为绿色。"布尔"选板如图 3-1-9 所示。

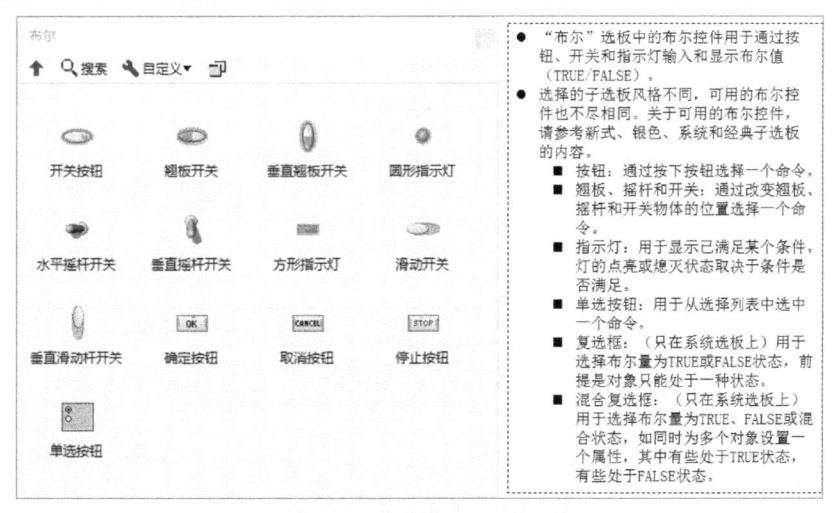

图 3-1-9 "布尔"选板

真实仪器的面板有部分会利用机械开关实现开启、关闭或触发功能。LabVIEW 的布尔控件提供了一些开关，这些开关具备完全模拟机械开关、触发的能力。开关、触发两者的动作都可以改变布尔控件的值，区别在于如何恢复控件的原值。LabVIEW 的布尔对象将机械动作细分为 6 种动作，如表 3-1-5 所示。

表 3-1-5　布尔对象的机械动作

机械动作	说明	典型使用场合举例
单击时转换	按下该按钮时改变状态，按下其他按钮之前保持当前状态	照明灯开关：按下按钮后灯立即点亮，并一直保持点亮状态直到再次按下按钮为止
释放时转换	释放该按钮时改变状态，释放其他按钮之前保持当前状态	复选框：只在释放鼠标左键后才改变复选框的值，单击后如将光标移至复选框外再释放则复选框值不改变，因而有更多考虑空间
保持转换直到释放	按下该按钮时改变状态，释放按钮时返回原状态	门铃：按下该按钮后门铃立即响起并保持响声直至释放该按钮
单击时触发	按下该按钮时改变状态，LabVIEW 读取控件值后返回原状态	紧急停止按钮：按下按钮后系统立即停止运行，且按钮在系统读取值改变后立即重置，从而允许被再次按下
释放时触发	释放该按钮时改变状态，LabVIEW 读取控件值后返回原状态	关闭按钮：只在释放鼠标左键且应用程序读取值改变后才关闭程序，单击后如将光标移至按钮外再释放则不关闭程序，因而有更多考虑空间
保持触发直到释放	按下该按钮时改变状态，释放该按钮且 LabVIEW 读取控件值后返回原状态	机器人移动控制器：按下按钮后，控制器通知机器人系统移动机器人。释放按钮后，机器人系统读取控件值，机器人恢复不动的状态

【练习 3-7】

参考图 3-1-10 所示，掌握两种更改布尔对象的机械动作的方法。

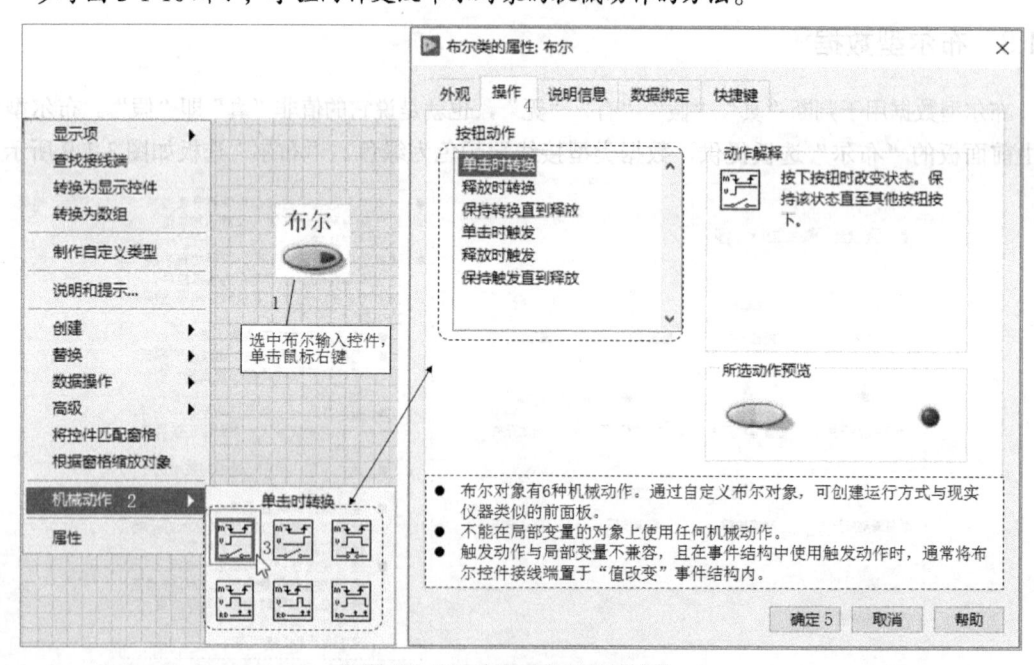

图 3-1-10　布尔对象的机械动作

3.1.4 字符串型数据

字符串型数据在 LabVIEW 的使用频度不亚于数值型数据。字符串可以表示字母和数字组合的文本信息，也可以表示一串由字符串表达的数据信息"3.1415926"。LabVIEW 可以通过函数将文本转换为数值，由字符串组成文本的"3.1415926"可以转换为真正的数值型数据。由于字符串和数值可以通过函数相互转换，因此字符串还承载了"数字—字符"信息的表达含义。

前面板、程序框图中的字符串相关控件、函数及字符串常见的用途如图 3-1-11 所示。

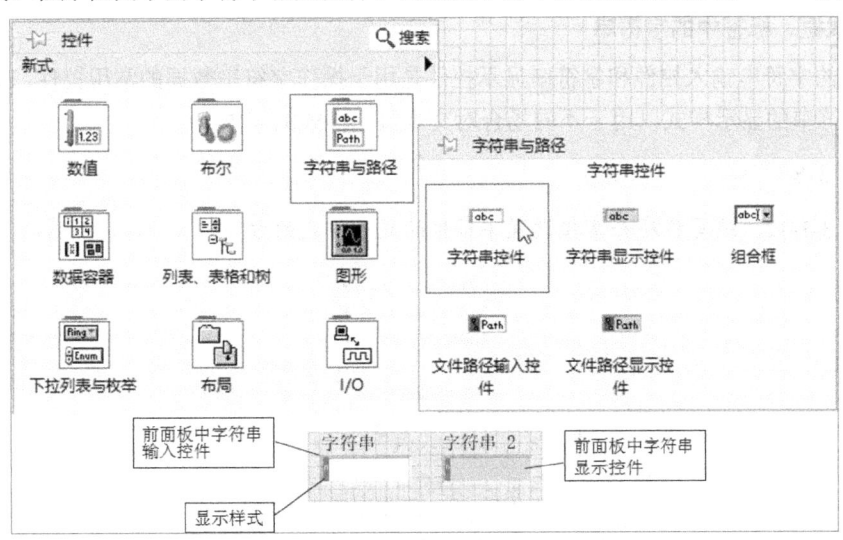

（a）前面板中的字符串控件

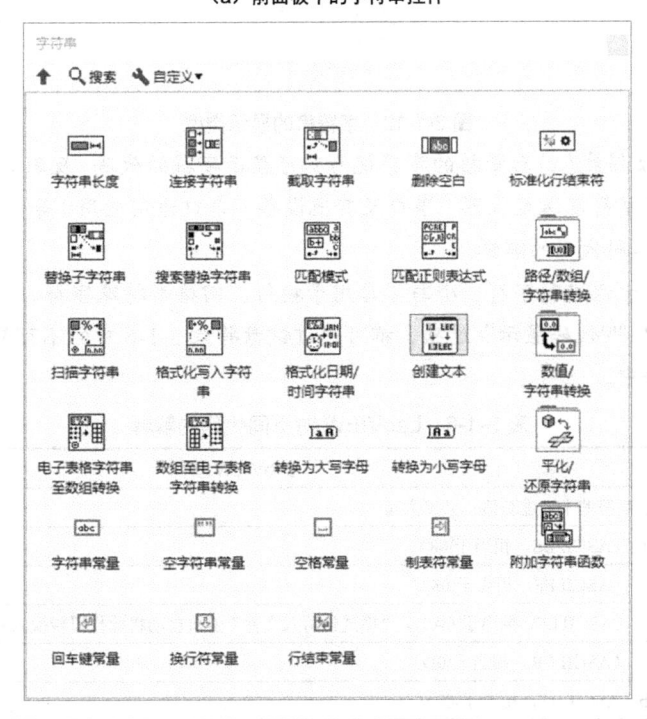

（b）程序框图中与字符串相关的函数

图 3-1-11　前面板、程序框图中的字符串相关控件、函数及字符串常见的用途

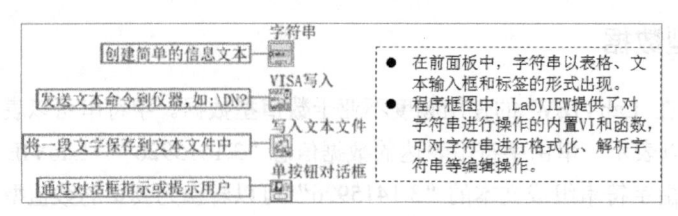

(c) 字符串常见的用途

图 3-1-11　前面板、程序框图中的字符串相关控件、函数及字符串常见的用途（续）

1．文本框、标签中的字符串

前面板的字符串输入控件和字符串显示控件是用于操作字符串数据的常用控件，LabVIEW 提供了 4 种字符串的显示样式以用于不同场合对文本显示样式的需求。

【练习 3-8】

参看图 3-1-12，编写程序并掌握设置字符串的显示样式的方法。

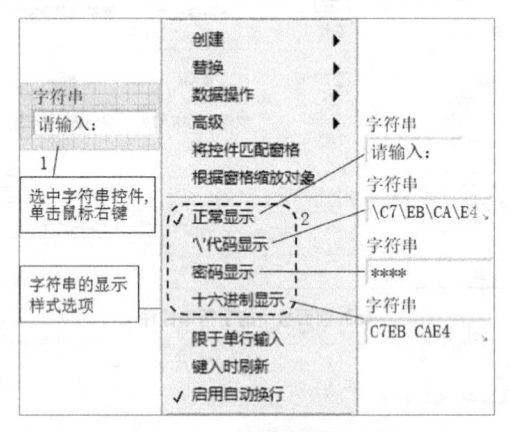

图 3-1-12　字符串的显示类型

- LabVIEW 将反斜线（\）后紧接的字符视为不可显示字符的代码。反斜线模式适用于调试 VI 及把不可显示字符发送至仪器、串口及其他设备（串口通信应用）等情况。表 3-1-6 列出了 LabVIEW 对不同代码的解释。
- 大写字母用于十六进制字符，小写字母用于换行、回格等特殊字符。
- 不论是否选中"\'代码显示"选项，都可通过键盘将表 3-1-6 中的不可显示字符输入一个字符串输入控件中。

表 3-1-6　LabVIEW 对不同代码的解释

代　　码	LabVIEW 解释
\00 ～ \FF	8 位字符的十六进制值；必须大写
\b	回格（ASCII BS，相当于\08）
\f	换页（ASCII FF，相当于\08）
\n	换行（ASCII LF，相当于\0A）。"格式化写入文件"函数自动将此代码转换为独立于平台的行结束字符
\r	回车（ASCII CR，相当于\0D）
\t	Tab（ASCII HT，相当于\09）
\s	空格（相当于\20）
\\	反斜线（ASCII \，相当于\5C）

2. 表格中的字符串

除了字符串控件，表格控件中的单元格也支持字符串数据操作，表格的数据源是由字符串型数据组成的二维数组。

【练习 3-9】

参看图 3-1-13 编写程序，掌握前面板中表格（输入）控件的组成部分，并对表格中的单元格进行字符串操作。

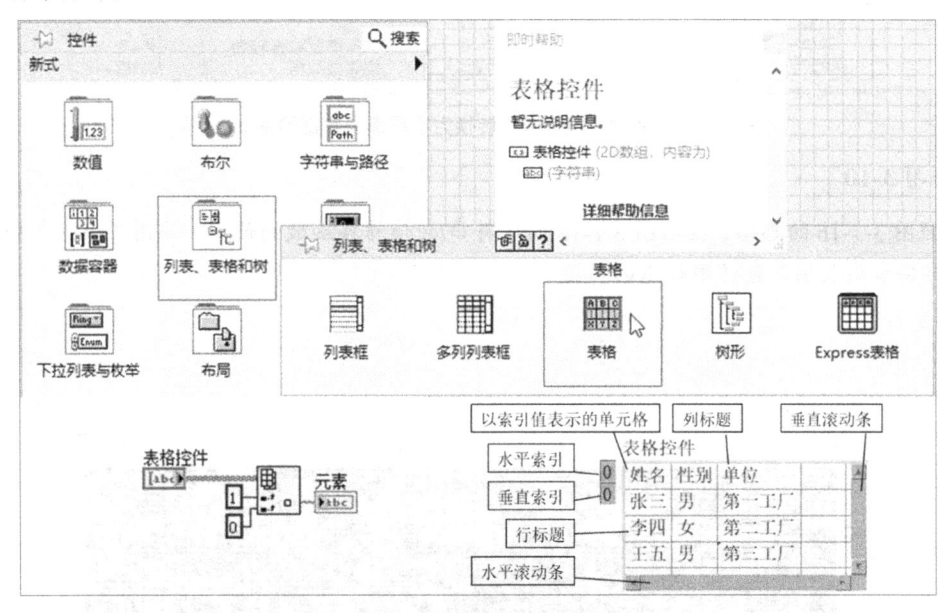

图 3-1-13　表格控件及其组成部分

3. 字符串的拆分、格式化、搜索、替换等操作

字符串在某些应用场合下并不能直接拿来使用。例如，串口通信的发送端按一定格式持续发送文本到接收端，接收端接收到按一定格式重复发送的字符串。对接收到的字符串进行一定的处理才能辨识出需要的数据样式。利用字符串相关函数进行拆分、格式化、搜索、替换等操作，能够满足前面应用对字符串格式预处理的需求，如图 3-1-14 所示。

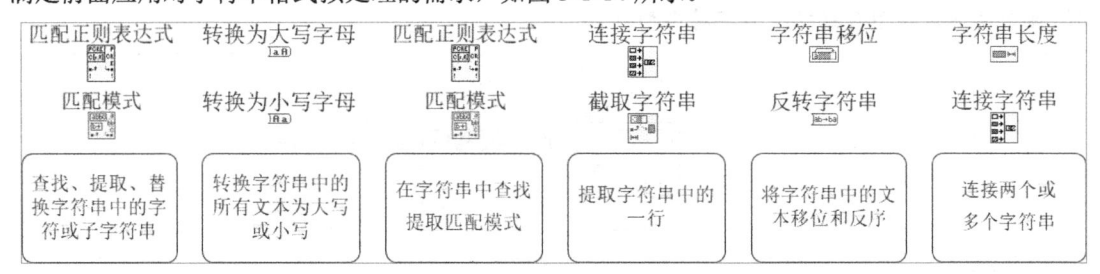

图 3-1-14　字符串的拆分、格式化、搜索、替换等操作

4. 数值型数据与字符串型数据之间的转换

对字符串型数据进行格式在处理，得到的仍然是用字符串型数据表达的"数字含义"，为了让这些"数字含义"能够参与数学运算，需要对字符串型数据进行数值转换的操作，因为数学运算的函数不接受字符串型数据。图 3-1-15 列出了两种数值型数据转换为字符串型数据的基本思路。

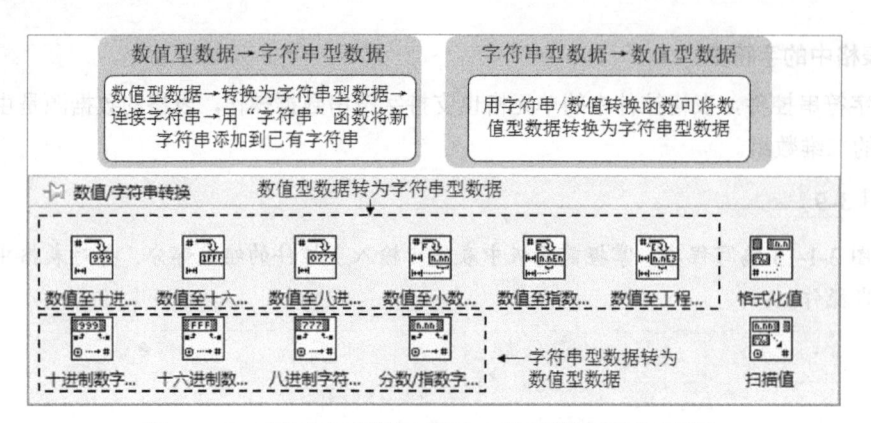

图 3-1-15　两种数值型数据转换为字符串型数据的基本思路

【练习 3-10】

参照图 3-1-16 的思路，区别图 3-1-15 的字符串/数值转换函数的使用，使用"扫描字符串"函数实现字符串型数据与数值型数据的转换。

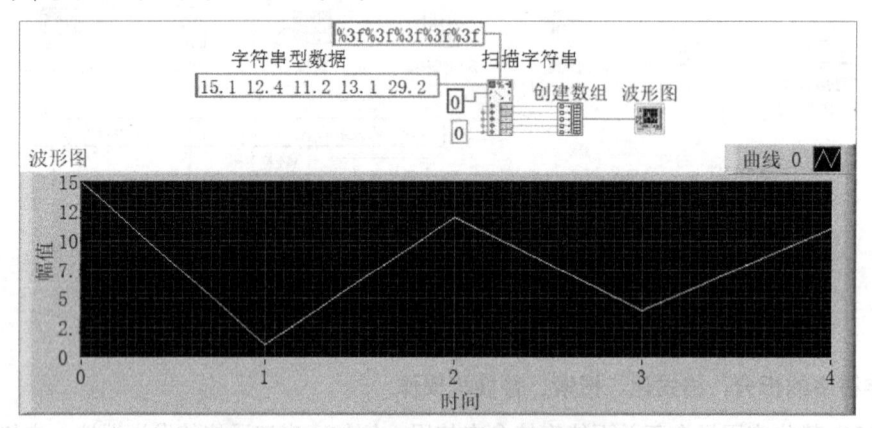

图 3-1-16　字符串型数据与数值型数据的转换

【练习 3-11】

参照图 3-1-17 的步骤，区别图 3-1-16 的"扫描字符串"函数的使用，使用"格式化写入字符串"函数实现数值型数据转换为字符串型数据。

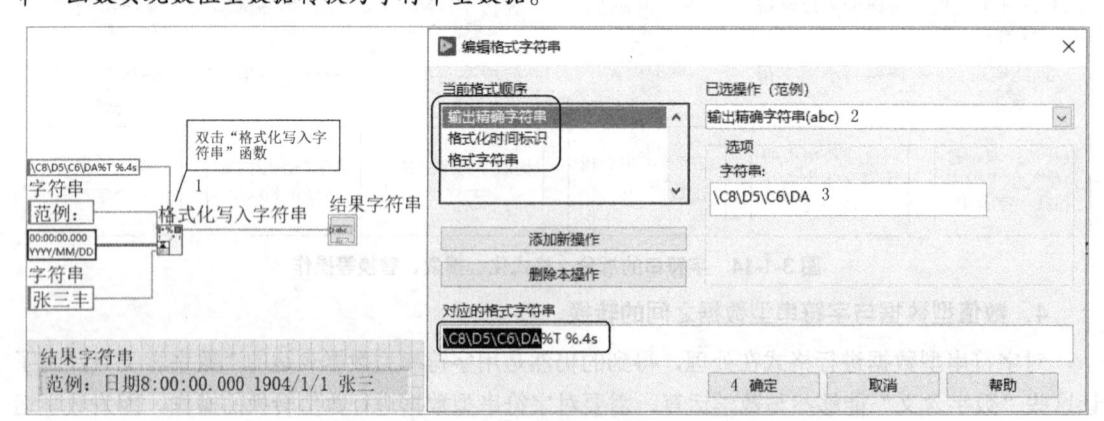

图 3-1-17　数值型数据转换为字符串型数据

第 3 章 LabVIEW 数据处理基础

5. 在数值字符串中使用格式说明符

格式说明符，即百分号代码，用于设置如何显示数字。一般通过数值的"属性"对话框和"格式化字符串"属性指定数值控件的显示格式。格式说明符是以一个%开头，并以一个字母结尾的字符串，结尾字母区分大小写。格式说明符的%和字母间包含的元素如图 3-1-18 所示。

需要注意的是，不允许在一个格式说明符中同时使用精度和有效位数。

6. 字符串型数据与路径型数据的转换操作

字符串型数据与数值型数据之间可以进行转换，同样，字符串型数据与路径型数据之间也可以转换。路径型数据呈现为墨绿色，字符串型数据呈现为粉红色。当利用字符串控件输入组合创建路径时，可以采用"字符串至路径转换"函数实现。

图 3-1-18 格式说明符的%和字母间包含的元素

【练习 3-12】

参看如表 3-1-7 所示的字符串型数据/路径型数据转换端口及范例，编写程序并掌握这些函数的用法。

表 3-1-7 字符串型数据/路径型数据转换端口及范例

函数名及图标	端口/范例	说 明
路径至字符串转换	路径 ⸺ 字符串 路径至字符串转换 `C:\National Instruments Downloads` ⸺ 字符串	可使路径型数据转换为字符串型数据，以操作平台的标准格式描述路径。 连线板可显示该多态函数的默认数据类型
字符串至路径转换	字符串 ⸺ 路径 字符串至路径转换 路径 `C:\National Instruments Downloads` ⸺	将以当前平台的标准格式描述某路径的字符串转换为该路径。 连线板可显示该多态函数的默认数据类型

3.1.5 数据常量

常量是位于程序框图中的向程序框图提供固定数值的接线端。每种数据类型都可以创建常量，但不论何种数据类型的常量，都没有对应的前面板控件，只能在程序框图中设置常量。数据常量一般用于赋初始值，如表 3-1-7 中的路径常量和字符串常量。

3.2 数组与簇

3.2.1 数组

数组是 LabVIEW 中非常重要的概念，同一类型的数据归为一组就构成了该类型数据的数组。数组由元素和维度组成，元素是构成数组的数据，维度是数组的长度、高度或深度，如图 3-2-1 所示。可以创建数值数组、布尔数组、字符串数组、路径数组、簇数组等数组。

数组可以是一维或多维的，在内存允许的情况下每一维度可有多达 $2^{31} - 1$ 个元素。

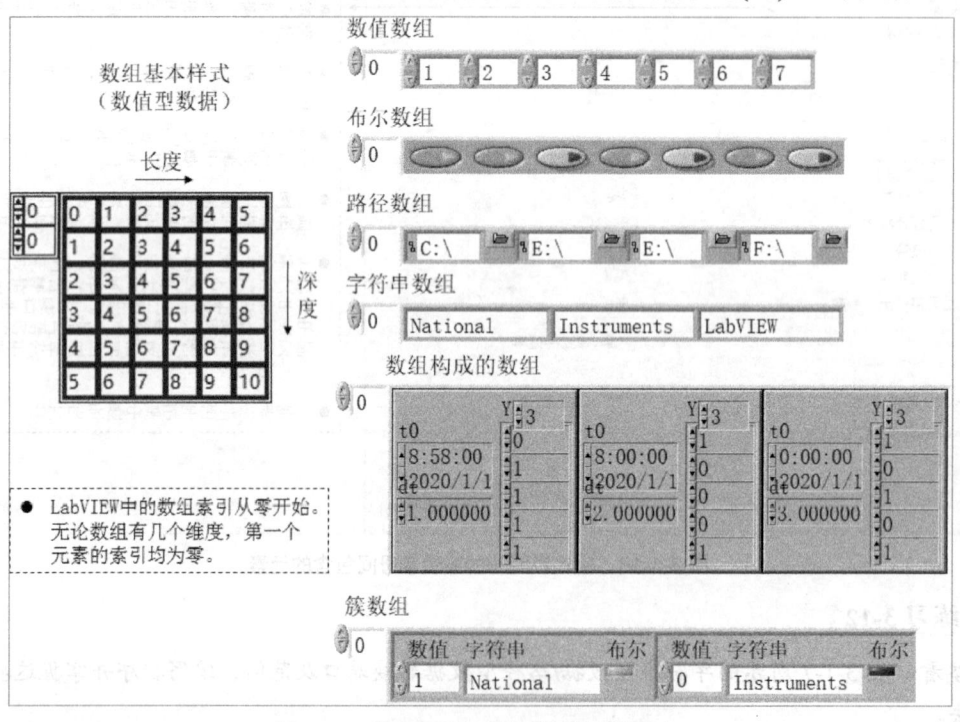

图 3-2-1 数组及常见数据类型构成的数组

1. 数组选板

【练习 3-13】

在图 3-2-2 中找到 LabVIEW 前面板的数组控件和程序框图中的"数组"子选板中的数组函数。

第 3 章　LabVIEW 数据处理基础

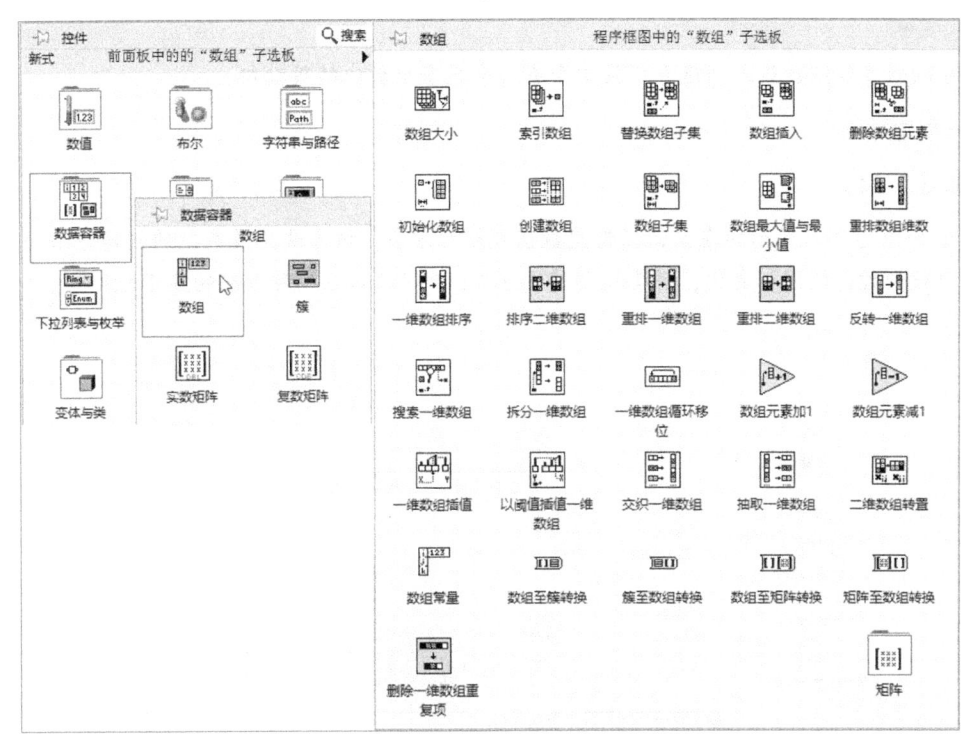

图 3-2-2　前面板及程序框图中的"数组"子选板

2．创建数组的限制条件

尽管有很多元素可以用于创建数组，但也有一些限制条件，如图 3-2-3 所示。

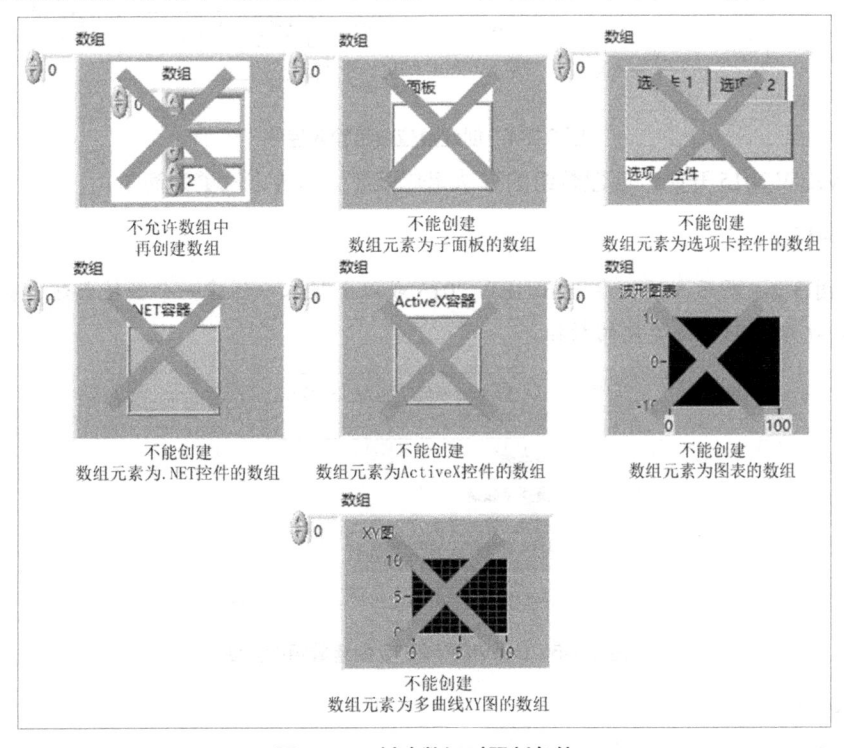

图 3-2-3　创建数组时限制条件

LabVIEW 数据采集

可以创建多维数组或创建每个簇中含有一个或多个数组的簇数组。

3. 创建数组

【练习 3-14】

参看如图 3-2-4 所示的在前面板创建数值数组的方法，该方法为最基础的创建方法，注意程序框图中数组控件的图标变化，并尝试创建图 3-2-1 所列的其他几种数组的显示控件。

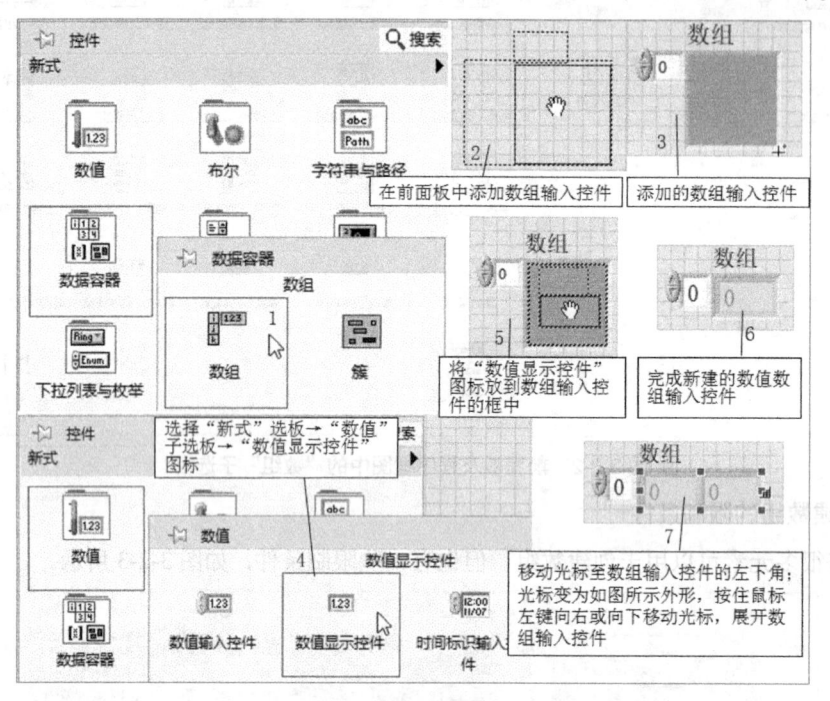

图 3-2-4　创建数值数组输入控件

从 LabVIEW 2015 开始，创建数组的方法相较以前版本的方法更为简单。

【练习 3-15】

参看如图 3-2-5 所示方法，在 LabVIEW 2015 或以上版本中创建一个数值数组，并以此方法，创建如图 3-2-1 所示的其他类型的数组。

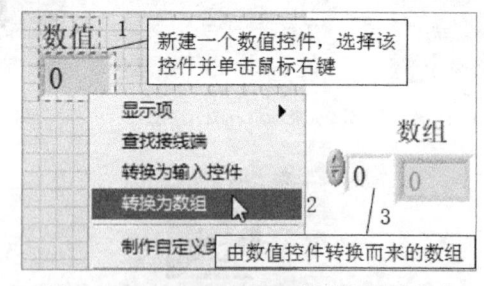

图 3-2-5　LabVIEW 2015 创建数组的方法

【练习 3-16】

继续上面的练习，参看如图 3-2-6 所示方法，将显示控件转换为输入控件。

第 3 章　LabVIEW 数据处理基础

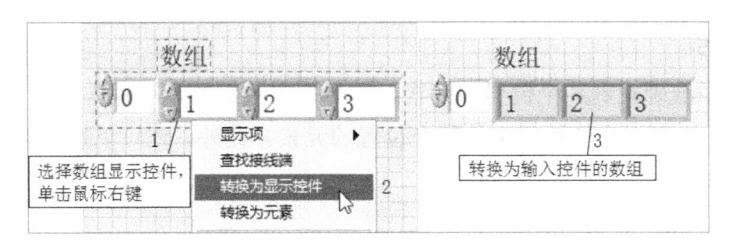

图 3-2-6　数组的显示控件与输入控件的转换

4．数组常量

数组也可以设置常量，创建的数组常量与其自身的数据类型一致。

【练习 3-17】

参看如图 3-2-7 所示方法，掌握创建数值数组常量的方法，并以此法创建如图 3-2-1 所示的其他类型的数组常量。

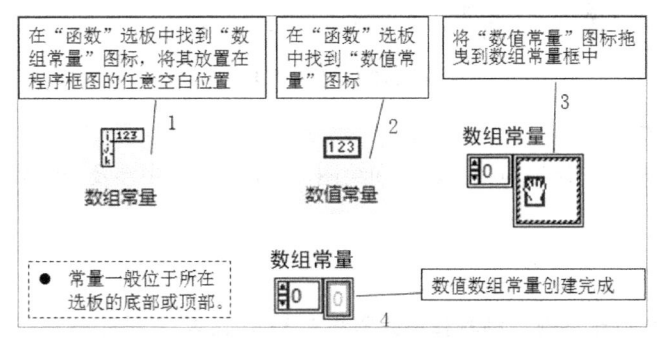

图 3-2-7　创建数组常量

5．创建多维数组

数组的维数超过一维时，该数组就是多维数组。对前面板中放置的一维数组进一步操作，就可以得到需要的多维数组。

【练习 3-18】

参看如图 3-2-8 所示步骤，掌握创建多维数组的两种基本方法。

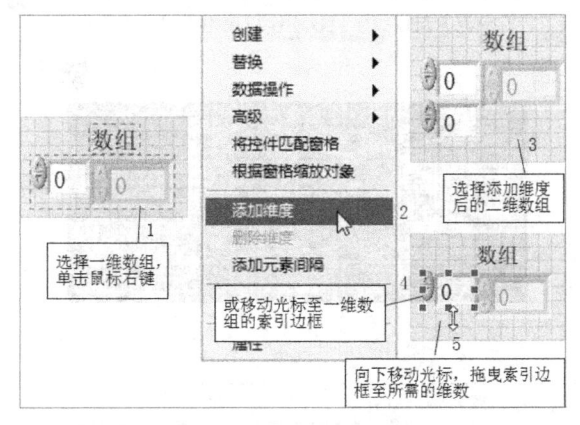

图 3-2-8　创建多维数组

若要减少数组的维数，则可选中目标数组→单击鼠标右键→选择"删除维度"选项。

6. 数组的索引

想要从数组中准确找到某个位置的元素，需要使用数组的索引操作。使用索引可以浏览数组里的所有元素，也可以定位数组中的某个位置的元素。此外，还可以提取数组中的元素、行、列和页。

【练习 3-19】

参看如图 3-2-9 所示方法，以一维数组为例，编写程序并掌握索引数组的基本方法。

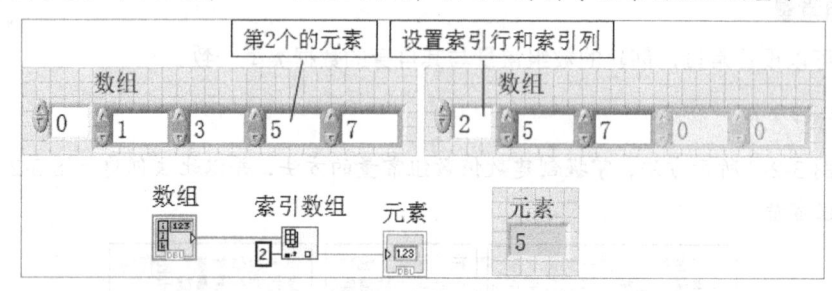

图 3-2-9　索引数组

7. 数组绘图应用

数组在 LabVIEW 中广泛参与程序运算和绘图，下面的练习中涉及一维数组、二维数组、簇数组的绘图应用。

【练习 3-20】

参看如图 3-2-10 所示举例，编写程序并掌握在 LabVIEW 中利用一个二维数组输出绘图的方法。请回答波形图的 X 轴与数组的哪一个部分关联。

【练习 3-21】

参看如图 3-2-11 所示的数组举例，编写程序并掌握使用簇数组（一维数组）表示 XY 图中的 x 值与 y 值的方法。想一想此方法可延伸应用在哪些场合。

- 使用温度传感器测量室外温度6次，将测量得到的室内、室外温分别记为一个二维数组的行。LabVIEW用6个元素的二维数值数组来表示。

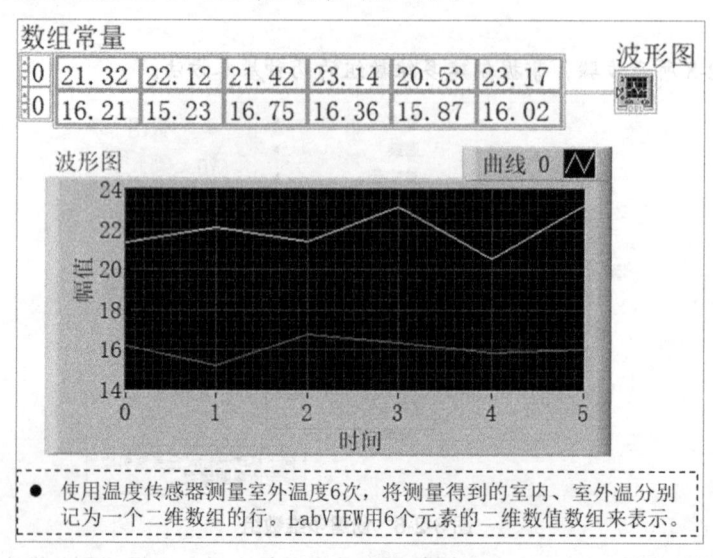

图 3-2-10　数组举例

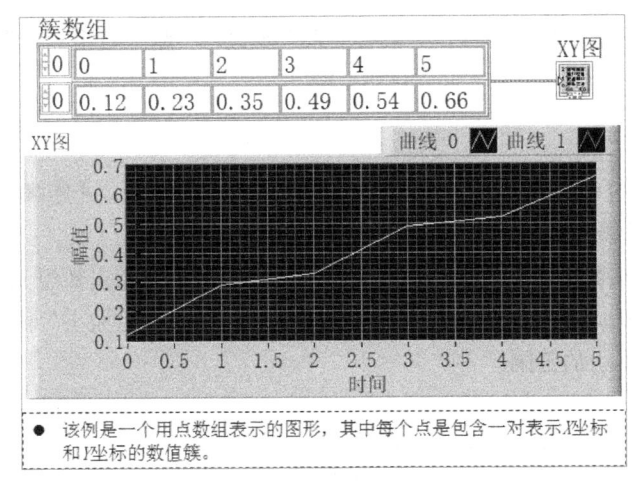

图 3-2-11 簇数组举例

【练习 3-22】

参看如图 3-2-12 所示举例，编写程序并掌握使用数组（二维数组）表示数组波形的基本方法。

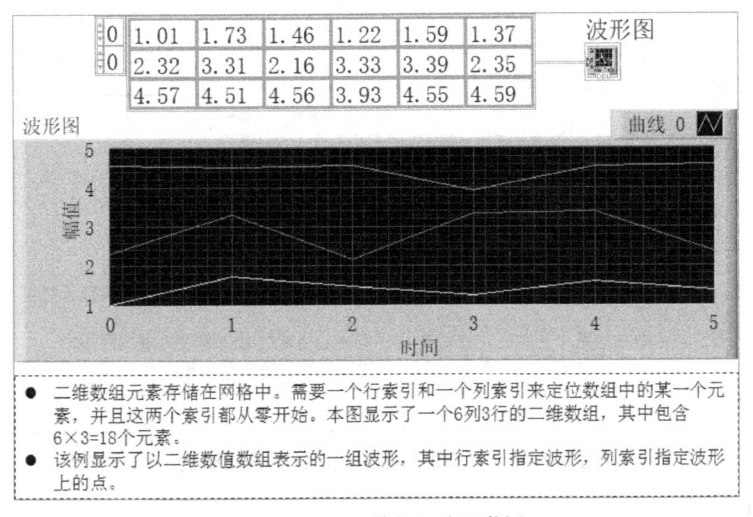

图 3-2-12 二维数组绘图举例

8．数组函数

数组参与程序的运算很大程度是基于数组函数实现的，数组函数位于程序框图中的"数组"选板。这些函数用于数组的创建和编辑等操作。例如，从数组中提取单个数据元素，在数组中插入、删除或替换数据元素、分解数组等相关操作。

1）创建数组

除前面介绍的创建输出的基本方法外，使用"数组"选板中的"创建数组"函数，可以通过编程方式创建新数组。此外，还可利用 For 循环创建数组（方法见后续章节）。

2）自动调整数组大小的函数

某些数组函数具备自动适应数组维数的能力。例如，将一个一维数组连线到某函数，该函数仅显示单个索引输入。若将一个二维数组连线到该函数，则该函数将显示两个索引输入，一个用于行索引，另一个用于列索引，这就是具备自动适应数组维数能力的函数。这些函数包括"索引数组"函数、"替换数组子集"函数、"数组插入"函数、"删除数组元素"函数和"数组子集"函数等。

【练习 3-23】

参看如图 3-2-13 所示步骤，以"索引数组"函数为例编写程序，并掌握定位工具的使用方法。

3）数组的默认数据

数组的索引范围与数组元素的个数之间关联，当索引值设置超出数组元素的数量范围时，数组元素的参数将返回默认值，而不返回错误的范围值。利用"数组大小"函数可确定数组的元素个数，从而得到数组索引的范围。

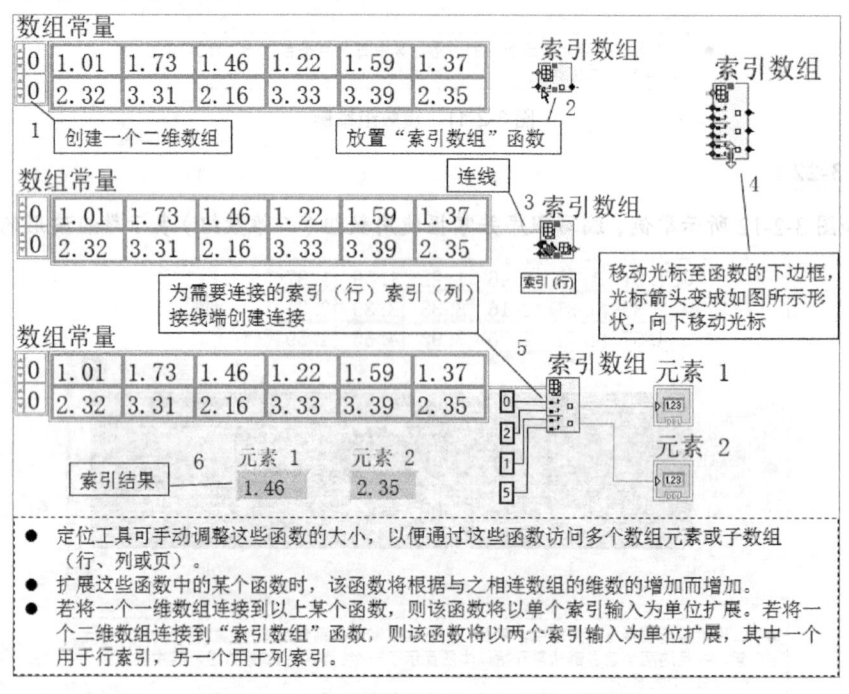

图 3-2-13　自动调整数组大小的函数（举例）

【练习 3-24】

参看如图 3-2-14 所示步骤，编写程序并理解数组默认数据的概念。

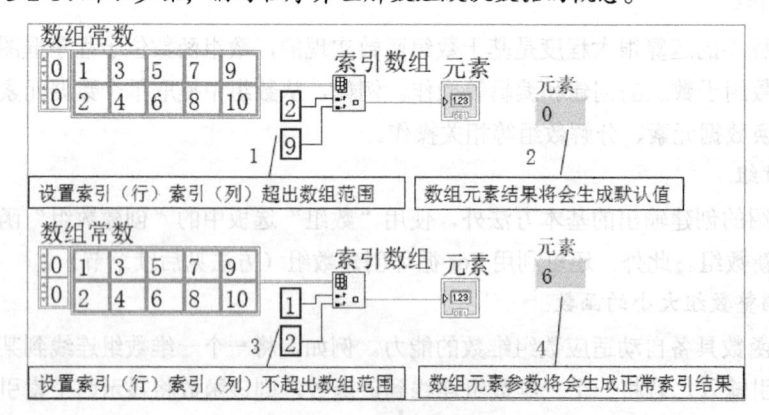

图 3-2-14　数组默认数据

4）通过编程替换数组中的元素

对数组里的元素进行操作，可以通过替换数组中元素、行、列或页来实现，可替换的部分取决于数组的维数。例如，在二维或二维以上的数组中，可用一维数组替换行或列；在三维或三维以上的数组中，可用二维数组替换页。

【练习 3-25】

如图 3-2-15 所示，使用"替换数组子集"函数对一个二维数组进行替换数组元素的操作，掌握索引行接线端、索引列接线端的用法。

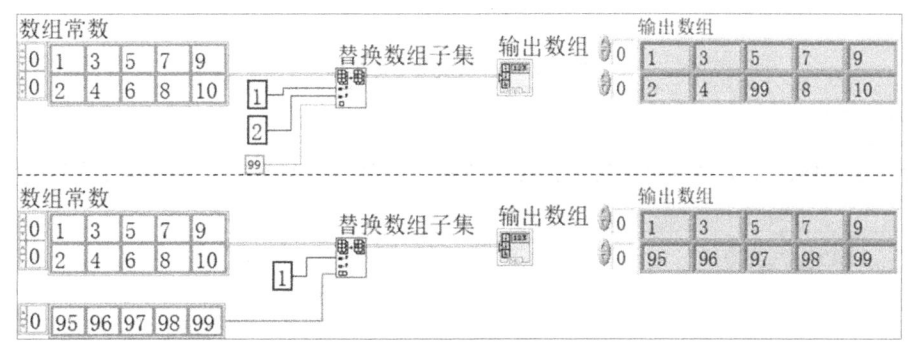

图 3-2-15　替换数组子集

3.2.2　簇

簇和数组在某些方面有相似的地方，都是将一些数据归为一组。簇可以将不同的数据归为一组，数组只能操作同类型的数据。例如，簇里的成员可以包含布尔、数值、字符串甚至是日期时间。簇类似于文本编程语言中的记录或结构体。

【练习 3-26】

在程序框图的"函数"选板中搜索"错误簇常量"，并将其放置在程序框图中。通过认识错误簇常量里面的元素，加深对簇概念的理解。错误簇常量如图 3-2-16 所示。

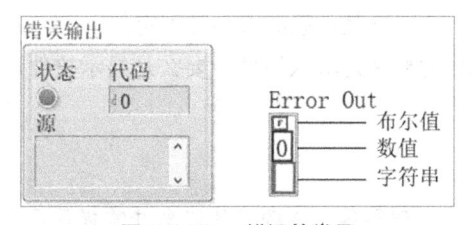

图 3-2-16　错误簇常量

在程序框中使用簇，一方面是利用簇集成多种元素的整体性优势，减少程序框图中因单独使用元素控件接线端而产生的大量连线。

一个 VI 的连线板最多有 28 个接线端，若前面板上要传送给另一个 VI 的输入控件和显示控件多于 28 个，应可考虑将其中的一些对象组成一个簇，然后为该簇分配一个连线板接线端。

【练习 3-27】

读懂图 3-2-17 中的程序片段，理解在程序中用簇整合前面板中独立控件的优势。

LabVIEW 数据采集

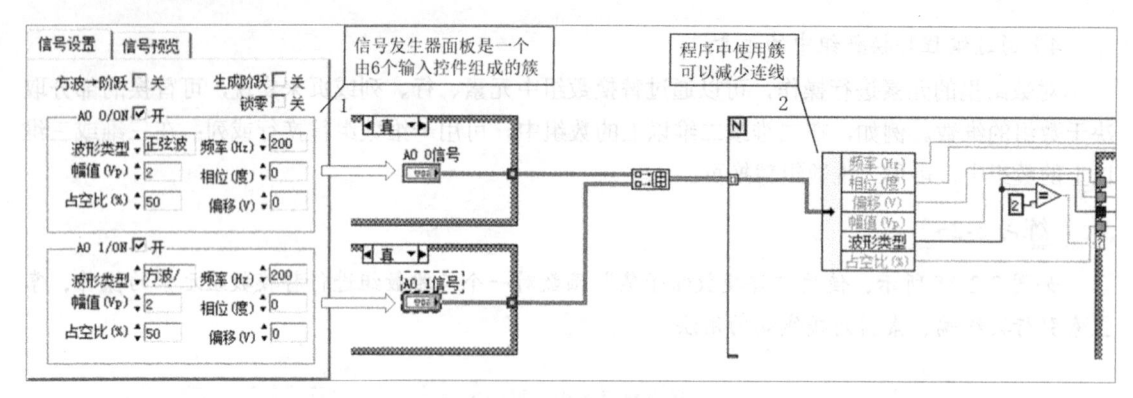

图 3-2-17 簇使用场合举例

【练习 3-28】

参看图 3-2-18，尝试编写由不同元素组成的簇，理解不同颜色所代表的簇对象的含义。

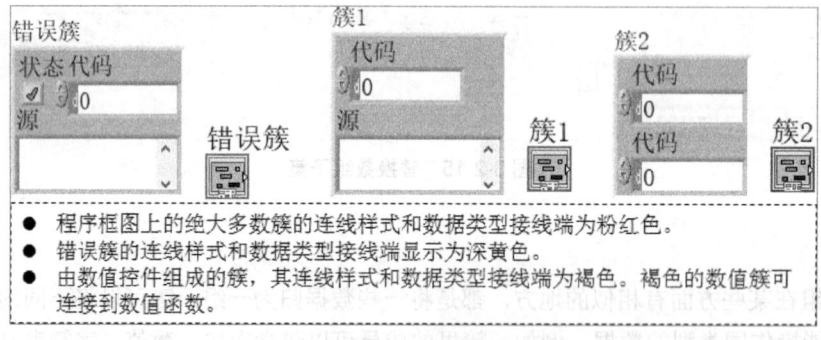

- 程序框图上的绝大多数簇的连线样式和数据类型接线端为粉红色。
- 错误簇的连线样式和数据类型接线端显示为深黄色。
- 由数值控件组成的簇，其连线样式和数据类型接线端为褐色。褐色的数值簇可连接到数值函数。

图 3-2-18 簇的颜色

1. 簇元素的顺序

数组的元素是有序的，利用索引功能可以准备提取数组中有序排列的元素。尽管组成簇的元素是不同的数据类型，但簇里面的元素也是有序排列的。利用簇元素有序排列的特点，在对簇元素的解绑（提取）、捆绑操作时就能够有的放矢。

（1）簇有别于数组的另一个特性是，簇的大小是固定的。

（2）与数组一样，簇包含的要么是输入控件，要么是显示控件，簇不能同时含有输入控件和显示控件。

【练习 3-29】

参看如图 3-2-19 所示步骤，理解簇元素顺序的概念并掌握簇元素重新排序的方法。

【练习 3-30】

以簇为数组元素构成簇数组是允许的，简单地说是可以创建簇数组。参看图 3-2-20，理解创建簇数组的基本条件，并掌握创建簇数组的相关禁忌。

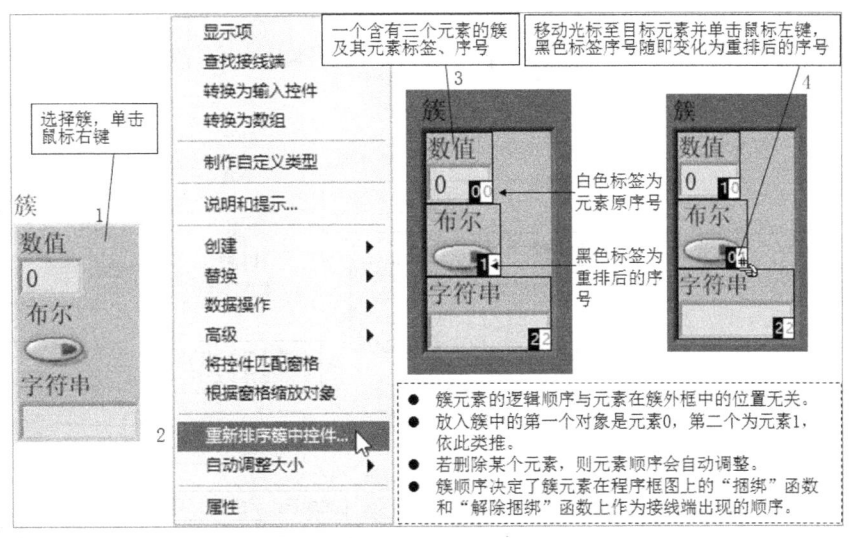

图 3-2-19　簇元素的顺序

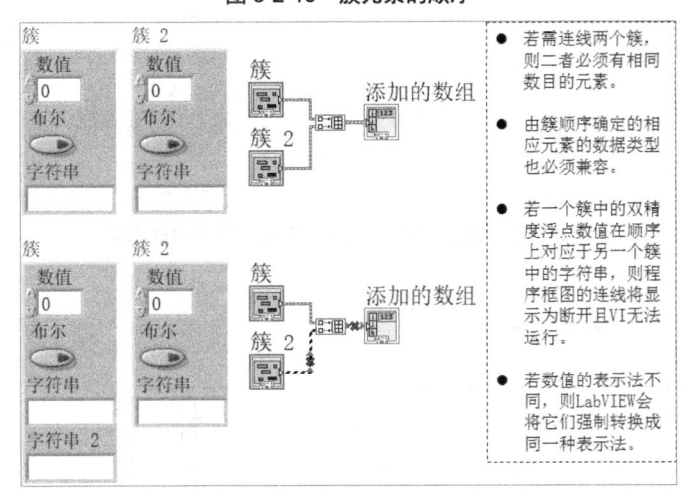

图 3-2-20　两个簇的连接

2. 创建簇输入控件、簇显示控件和簇常量

簇作为前面板的对象，和数组一样也具有输入控件、显示控件，以及在程序框图中对应的接线端和簇常量。

【练习 3-31】

参看如图 3-2-21 所示步骤，掌握创建簇输入控件、簇显示控件和簇常量的方法，并尝试创建由字符串控件、路径控件组成的簇。

3. 簇函数

簇函数的创建及相关操作通过"簇、类与变体"选板进行，如图 3-2-22 所示。

【练习 3-32】

通过编程方法将不同数据类型的元素构成一个簇，参看图 3-2-23，理解并掌握"捆绑"函数和"按名称捆绑"函数的使用方法。

LabVIEW 数据采集

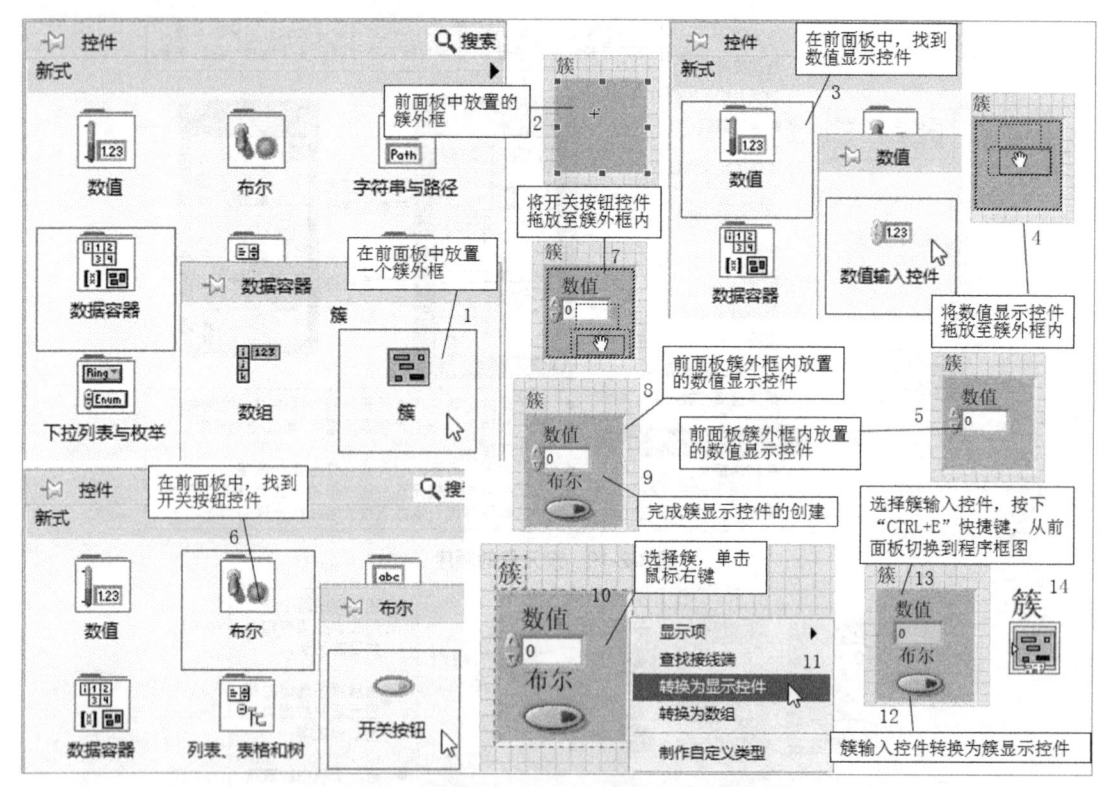

图 3-2-21 创建簇输入控件、簇显示控件和簇常量

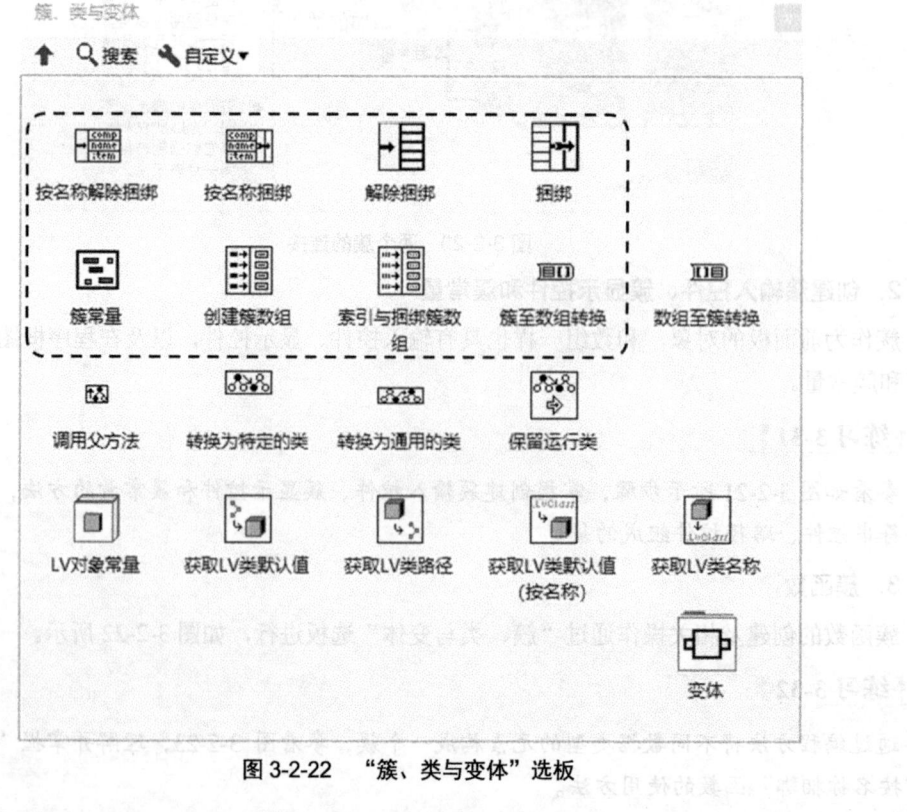

图 3-2-22 "簇、类与变体"选板

第 3 章　LabVIEW 数据处理基础

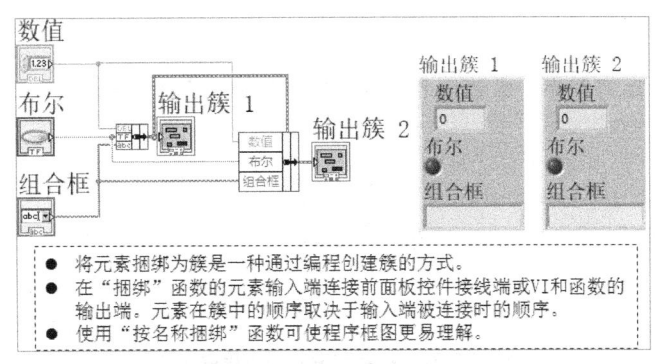

图 3-2-23　使用"捆绑"函数

【练习 3-33】

如果簇包含元素的数据类型完全相同，簇可以通过转换操作成为数组，参看图 3-2-24，编写程序，掌握簇转换为数组函数的使用方法。

【练习 3-34】

如图 3-2-25 所示，本例利用获得的当前系统时间与目标时间进行减运算，得到差值天数的运算结果，计

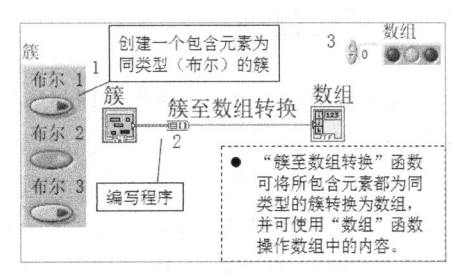

图 3-2-24　簇转换为数组函数

算过程中借助"捆绑"函数将输出的簇进行数据连接捆绑，进而获得一个新的更改了元素数值数据的簇，可对该簇进行后续的运算。读懂并尝试理解本例中是如何实现替换簇元素的，以及"捆绑"函数在其中起到了什么作用。

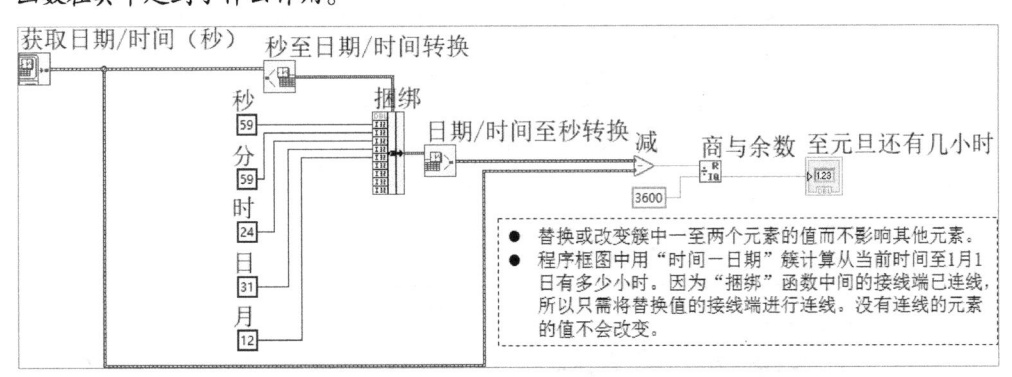

图 3-2-25　替换簇元素

【练习 3-35】

参看图 3-2-26，编写程序，掌握解除捆绑簇中元素的方法。

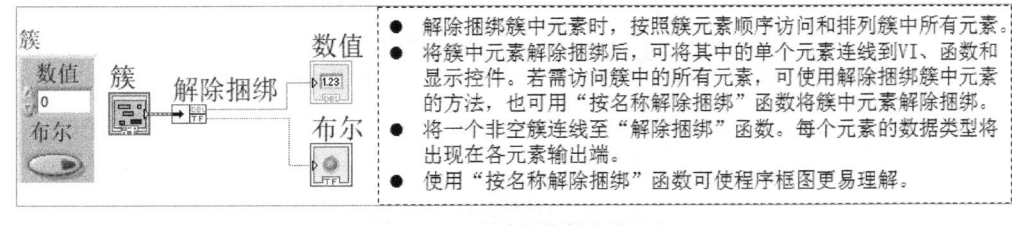

图 3-2-26　解除捆绑簇中的元素

【练习 3-36】

参看图 3-2-27，编写程序，掌握按名称解除捆绑簇中元素的方法。

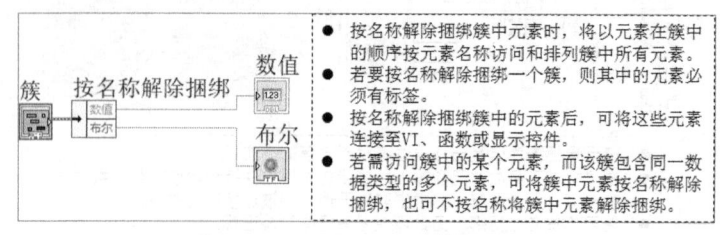

- 按名称解除捆绑簇中元素时，将以元素在簇中的顺序按元素名称访问和排列簇中所有元素。
- 若要按名称解除捆绑一个簇，则其中的元素必须有标签。
- 按名称解除捆绑簇中的元素后，可将这些元素连接至VI、函数或显示控件。
- 若需访问簇中的某个元素，而该簇包含同一数据类型的多个元素，可将簇中元素按名称解除捆绑，也可不按名称将簇中元素解除捆绑。

图 3-2-27　按名称解除捆绑簇中元素

3.3　编程结构

简单编程需求可以理解为数据与函数运算并获得运算结果，但这对于一些有特殊运算需求的场合会显得特别无助，这时需要在编程中引入编程结构，使程序可以按照特定的需求运行。LabVIEW 中的"结构"是传统文本编程语言中的循环和条件语句的图形化表示，包括 For 循环、While 循环、定时结构、条件结构、事件结构、元素同址操作、平铺式顺序结构、公式节点、程序框图禁用结构、条件禁用结构、共享变量、局部变量、全局变量和反馈节点。图 3-3-1 简要描述了 LabVIEW 常用结构及使用场合。

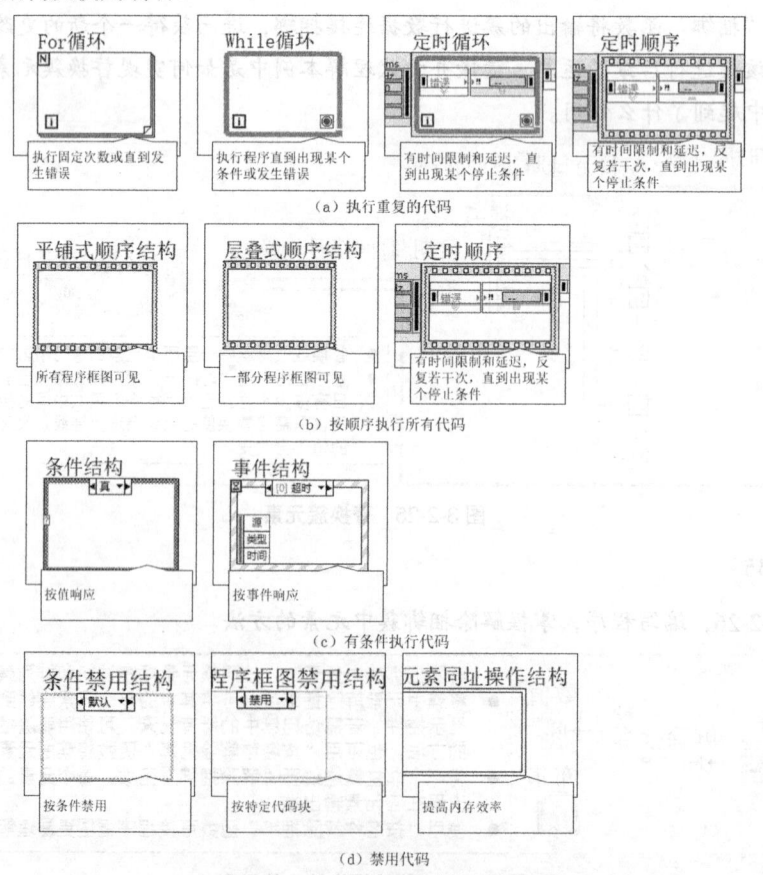

(a) 执行重复的代码

(b) 按顺序执行所有代码

(c) 有条件执行代码

(d) 禁用代码

图 3-3-1　LabVIEW 常用结构及使用场合

3.3.1 在程序框图中使用结构

1. 添加结构

在 LabVIEW 的程序框图中使用"结构",如同在前面板放置控件一样,在程序框图中放置程序结构即可。

【练习 3-37】

参看如图 3-3-2 所示步骤,以 For 循环为例,掌握在程序框图中放置结构的基本方法,并尝试在程序框图中添加"结构"选板中的其他编程结构。

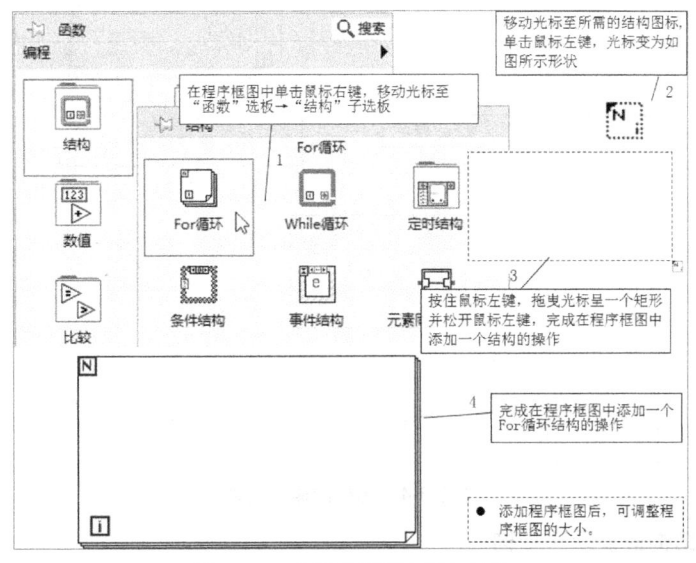

图 3-3-2 在程序框图中添加结构

2. 调整结构大小

【练习 3-38】

继续上面的练习,参看如图 3-3-3 所示步骤,掌握调整已放置的 For 循环结构大小的方法(使得 For 循环中可以容纳更多的编程对象),并掌握禁用自动扩展功能的方法。尝试放置一个包含两帧的平铺式顺序结构,并调整结构第一帧的大小。该操作是否和调整 For 循环结构大小不同?

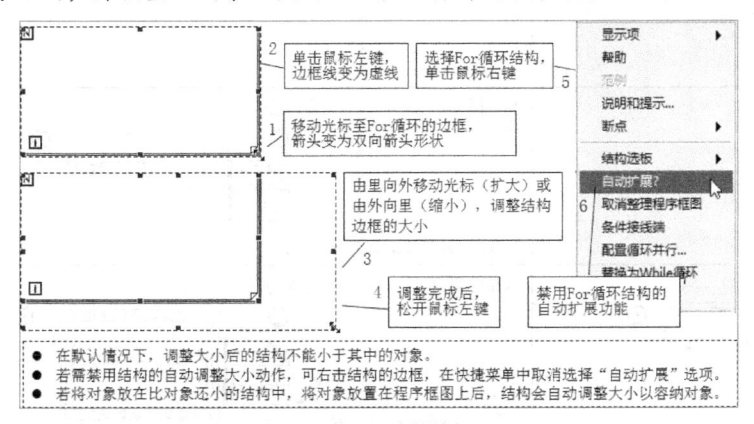

图 3-3-3 调整结构大小

3. 结构内放置对象

程序框图中仅放置一个空的程序结构是没有实际意义的,与数据、函数相结合才能发挥程序结构的效能。将对象拖曳到结构内和将结构包围在对象周围是两种常用的结构内放置对象的方法。

【练习 3-39】

参看如图 3-3-4 所示步骤,编写程序,掌握在 For 循环内添加对象的 2 种基本方法。

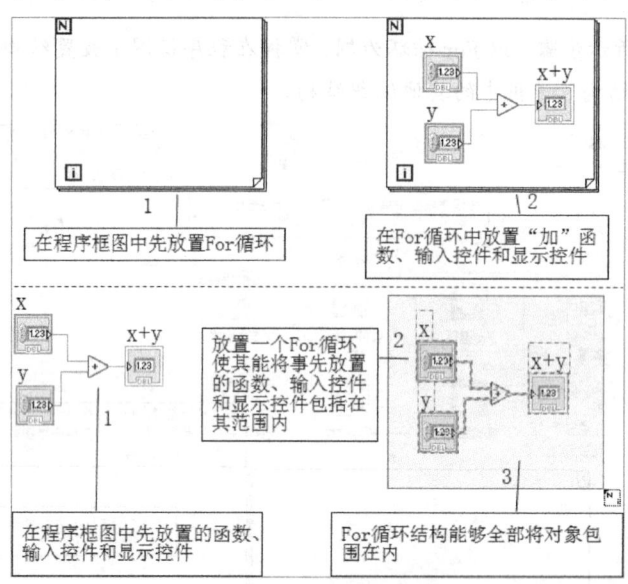

图 3-3-4 结构内添加对象

4. 使用另一结构替换现有结构

LabVIEW 中的有些编程结构是可以替换的,可将不适宜的结构替换为另一种结构,从而达到改善程序的执行效果或可读性的目的,结构间的替换关系如表 3-3-1 所示。

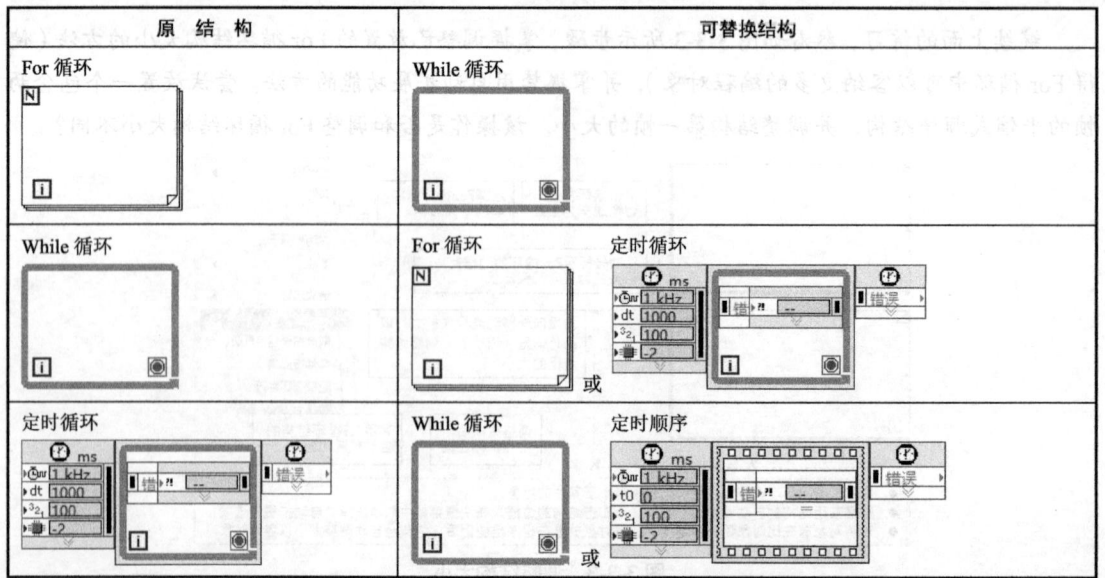

表 3-3-1 结构间的替换关系

原 结 构	可替换结构
For 循环	While 循环
While 循环	For 循环 或 定时循环
定时循环	While 循环 或 定时顺序

续表

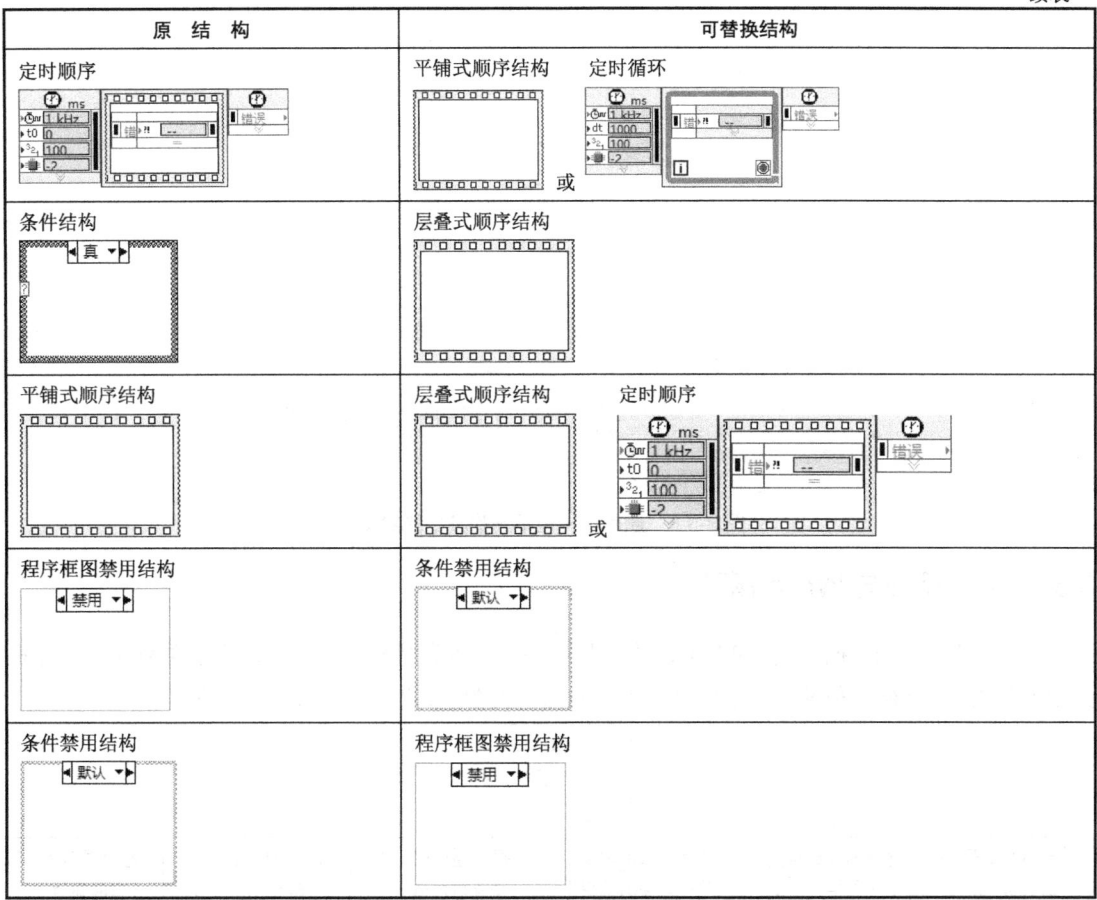

原 结 构	可替换结构
定时顺序	平铺式顺序结构　　　定时循环　　　或
条件结构	层叠式顺序结构
平铺式顺序结构	层叠式顺序结构　　　定时顺序　　　或
程序框图禁用结构	条件禁用结构
条件禁用结构	程序框图禁用结构

【练习 3-40】

继续上面的练习，参看图 3-3-5 将 For 循环结构替换为 While 循环结构。

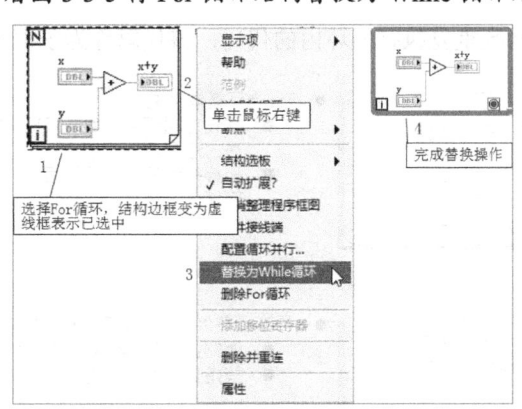

图 3-3-5　使用另一结构替换现有结构

5. 删除结构但不删除其中的对象

【练习 3-41】

继续上面的练习，以 While 循环为例，参看图 3-3-6 将 While 循环结构删除，但不删除其中的

"加"函数、输入控件和显示控件,达到减少编程过程中的重复操作的目的。

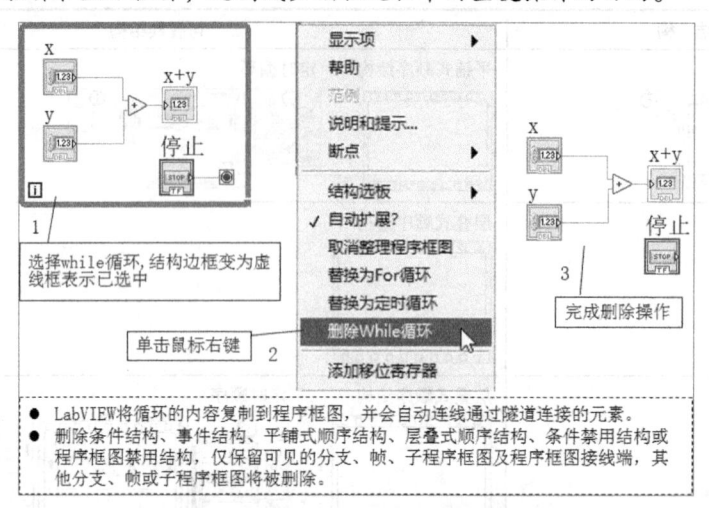

图 3-3-6　删除结构但不删除其中的对象

3.3.2　For 循环与 While 循环

For 循环和 While 循环是 LabVIEW 中使用频率极高的程序结构,两者均用于重复执行程序框图中的代码。For 循环和 While 循环有 6 个共同点(见图 3-3-7),下面将逐一讲解。

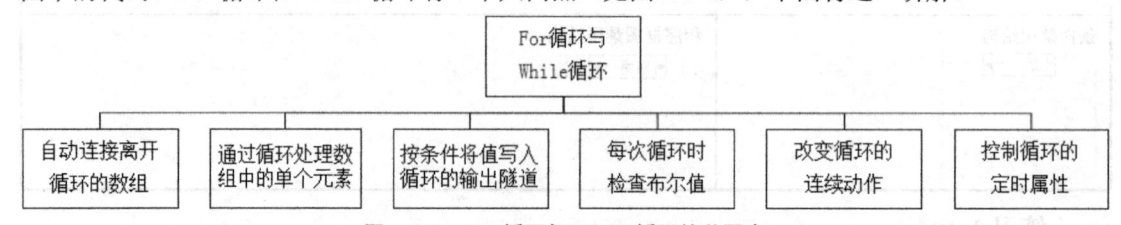

图 3-3-7　For 循环与 While 循环的共同点

1. For 循环

For 循环按照设定的次数重复执行循环内的代码,该代码称为子框图,如图 3-3-8 所示。

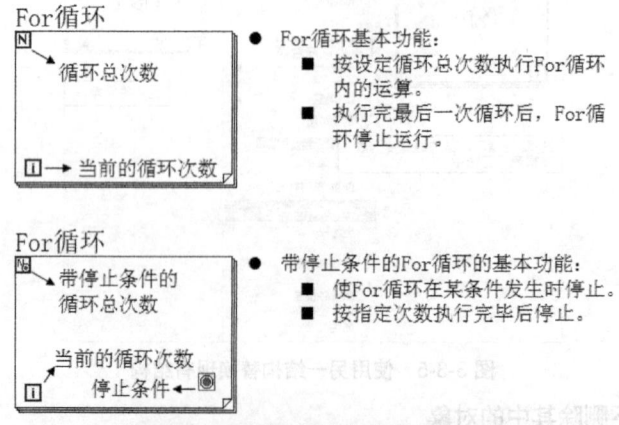

图 3-3-8　For 循环两种常用基本结构形式

除如图 3-3-8 所示的 For 循环基本形式外,For 循环还提供了配置循环并行、移位寄存器功能形式,可以通过右击 For 循环结构边框→打开快捷菜单→选择相应命令实现。

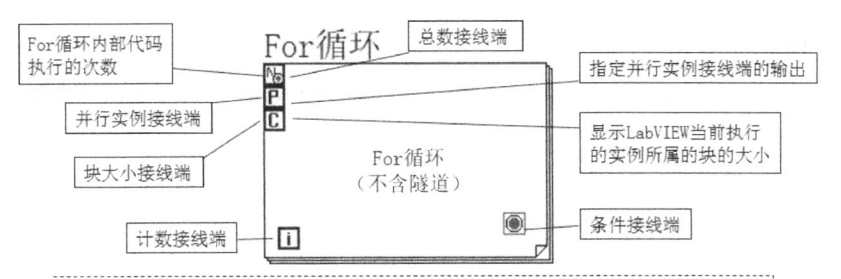

第 3 章 LabVIEW 数据处理基础

图 3-3-9 带并行实例接线端的 for 循环结构

- 并行实例接线端（输入控件|可选）：用于指定 LabVIEW 执行并行循环的循环实例数量。若不连接并行实例接线端，For 循环结构配置自动检测计算机逻辑处理器的数量，并将其作为默认的并行实例接线端的值。要显示该接线端，则必须启用 For 循环的并行执行。右击接线端并选择"P 接线端输出（输出控件|可选）"选项指定并行实例接线端的输出。并行实例接线端的输出如下：
  - 实例数量：LabVIEW 中并行运行循环实例的数量。这个值是在连接至并行实例接线端的值和 For 循环并行迭代对话框生成的并行实例数量的值中较小的一个。
  - 当前实例 ID：当前运行的循环实例，ID 可能的值在 0~P-1 之间。
- 块大小接线端（输入控件|可选）：指定启用 For 循环并行执行后每个并行执行块的大小。只有当自定义执行计划比默认的执行计划更有效率时，才需要为 For 循环指定自定义执行方案。
- 计数接线端（输出控件|可选）：表示完成的循环次数，第一次循环的计数为 0。
- 条件接线端（输入控件|可选）：用于指定 For 循环的结束条件。For 循环通常在完成总数接线端指定的循环次数后结束执行。条件接线端可用来指定在某个条件（如错误）发生时停止 For 循环。默认状态下，条件接线端设置为真(T)时停止。

1）指定 For 循环的执行次数

【练习 3-42】

参看图 3-3-10，编写程序实现指定 10 次循环的加法计算功能。

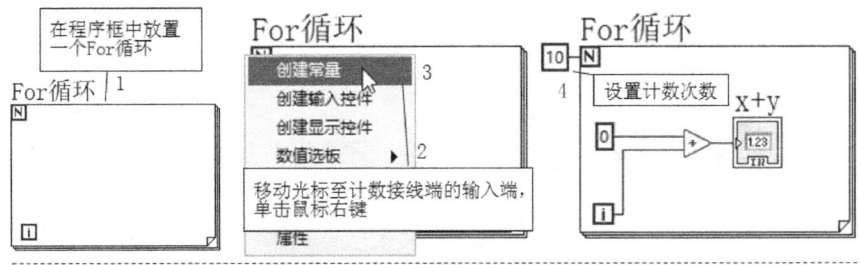

- 若循环的总数接线端未与数值连接，或循环没有需以其数组大小指定循环次数的自动索引输入隧道，则包含该循环的 VI 无法运行。
- 可向 For 循环添加条件接线端，将 For 循环配置为布尔值或错误发生时停止执行。有条件接线端的 For 循环在满足定义的条件或所有循环结束时停止操作，以先实现的条件为准。

图 3-3-10 指定 For 循环的执行次数

2）条件发生时停止 For 循环

【练习 3-43】

参看图 3-3-11，理解为 For 循环添加条件接线端的意义，并掌握设置方法。

3）使用 For 循环自动处理数组元素

【练习 3-44】

参看图 3-3-12，理解数组连接至 For 循环时输出隧道处理的方法，编写并运行程序得出输出隧道的运行结果。

【练习 3-45】

参看如图 3-3-12 所示的基本程序,使用"高亮显示执行过程"工具调试,掌握为连线至循环的数组及数组输出隧道的具体执行过程。

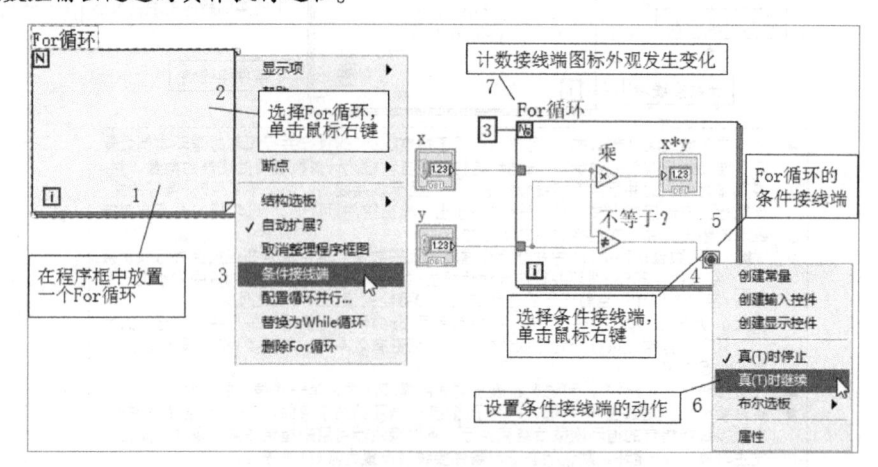

图 3-3-11 为 For 循环添加条件接线端

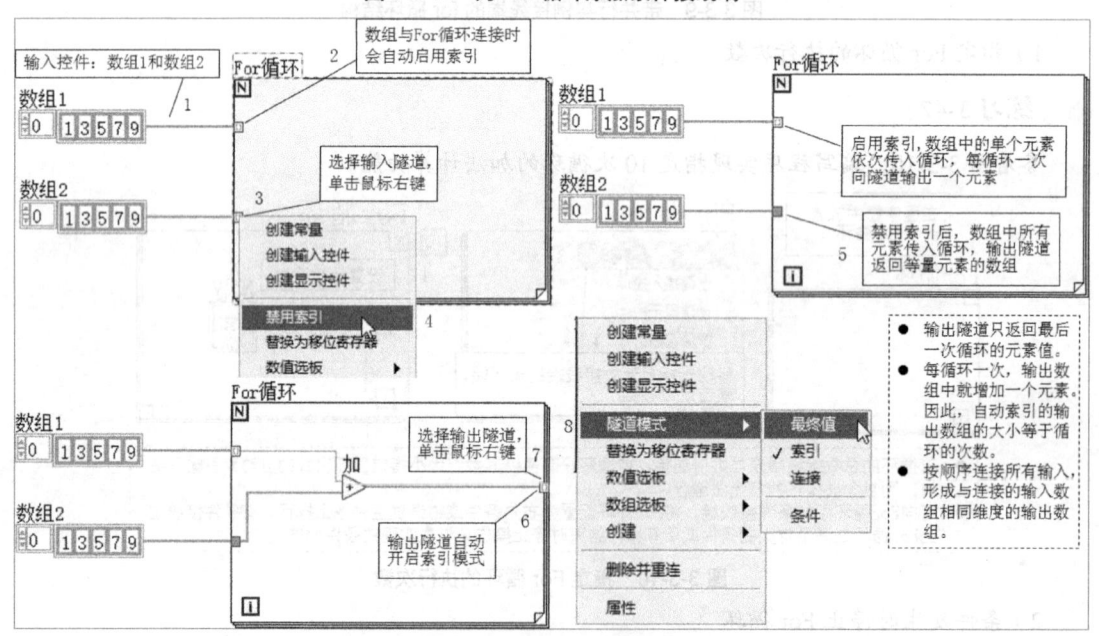

图 3-3-12 For 循环的自动处理数组元素

4）For 循环的隧道

隧道用于 For 循环之间数据的传递,通过隧道将数据传入和传出 For 循环,而不进行额外处理。移位寄存器也是一种隧道,移位寄存器获取上一次循环的数据,并将数据传递至下一次循环。此外,当数组连接至 For 循环的输入隧道时,可以开启隧道的索引功能,每循环一次就可以读取数组的一个元素。While 循环中也可以使用隧道功能。For 循环的隧道用法如图 3-3-13 所示。

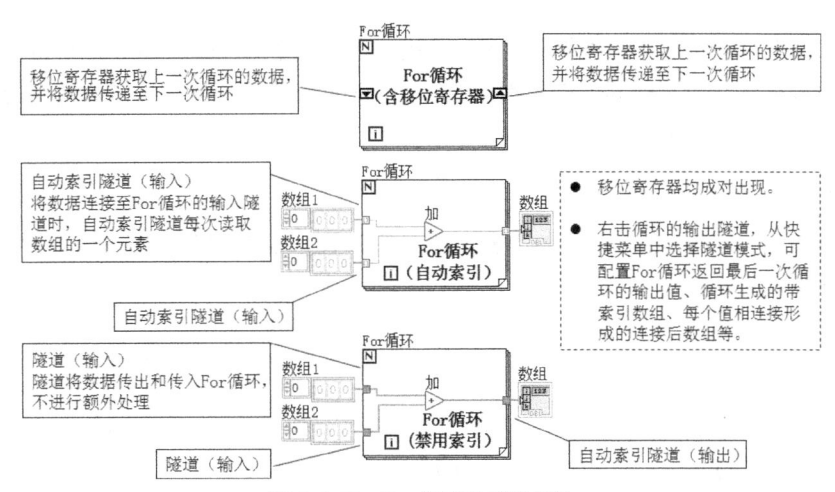

图 3-3-13 For 循环的隧道用法

2．While 循环

与 For 循环功能类似，While 循环也用于重复执行子程序框图中的代码。两者区别在于，While 循环只有在满足设置的停止条件时才停止，否则不会停止运行。需要注意的是，无论是否满足停止条件，While 循环至少会执行一次。

1）创建基本的 While 循环

基本的 While 循环结构的形式有两种，两者区别在于停止条件接线端的判断依据，While 循环结构两种基本形式如图 3-3-14 所示。使用较多的形式是满足停止条件为真时 While 循环停止运行。

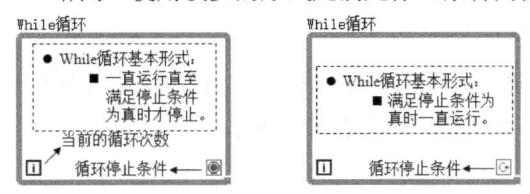

图 3-3-14　While 循环结构两种基本形式

【练习 3-46】

参看图 3-3-15，编写程序并理解 While 循环停止条件的概念。

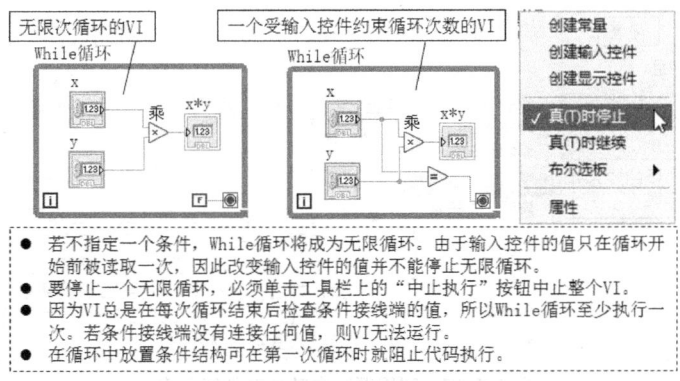

图 3-3-15　指定 While 循环的条件

2）调整执行定时

上一个例子，程序中 While 循环中函数运算执行的速度取决于计算机 CPU 的运算能力，简言之，CPU能"算"多快，这个程序就能"跑"多快。这意味着，计算机CPU的资源被这个程序集中占用了。这样做势必会影响其他应用程序的运行。为此，在不影响程序基本效率的情况下，可以适当控制程序执行的速度。

【练习 3-47】

参看图 3-3-16，为 While 循环添加"等待（ms）"函数。思考一下，对于 For 循环及其他结构，是否也可以使用延时函数？

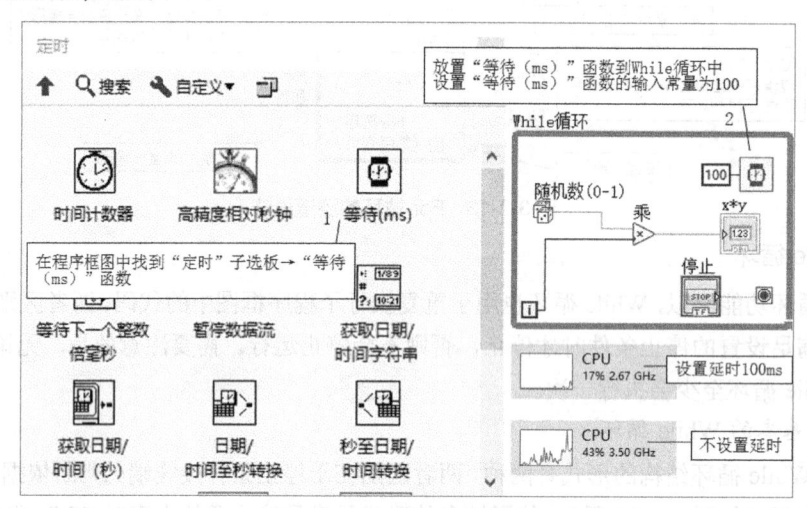

图 3-3-16 控制循环的定时

3）自动处理数组元素

将数组连线至 While 循环，设置"启用索引"功能实现数组中的每个元素依次参与 While 循环子框图的运算。For 循环也支持"启用索引"功能。

【练习 3-48】

参看图 3-3-17，编写程序并通过"高亮显示执行过程"工具掌握使用循环结构自动处理数组元素的方法。若要深入了解循环中的自动索引功能，可参看 labview\examples\Arrays\Arrays.lvproj 范例。

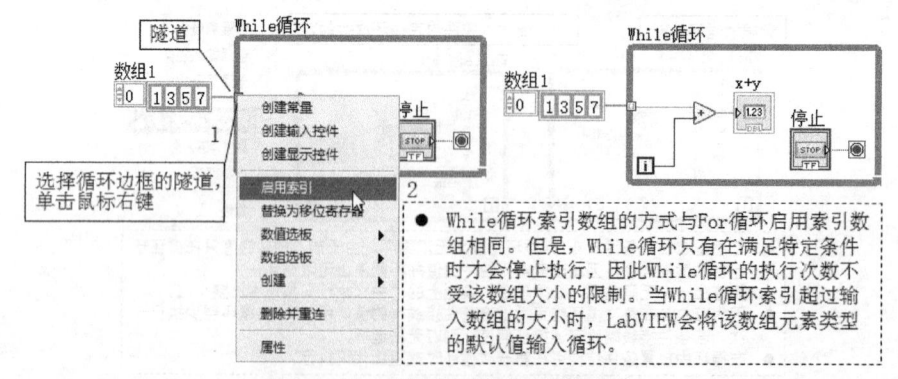

图 3-3-17 利用循环自动处理数组元素

4）累积离开循环数组中的数据

将 While 循环的输出隧道设置为连接模式时，可连接离开循环的数组。选择连接模式后，所有

第 3 章 LabVIEW 数据处理基础

输入都按顺序组合成一个数组,维数和连入的输入数组一致。设置 While 循环输出隧道如图 3-3-18 所示。

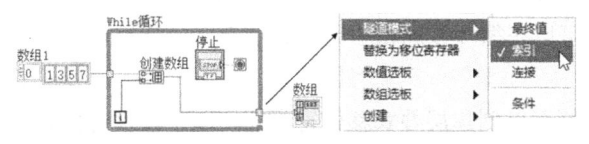

图 3-3-18 设置 While 循环输出隧道

输出隧道模式还有最终值模式和索引模式。最终值模式下,显示的是最后一次循环的输出值。索引模式则会创建一个比原维数加一维的数组。For 循环也支持输出隧道模式设置。

5) 使用移位寄存器和反馈节点在循环内传递数据

在 While 循环中想要传递数据则可以通过两种方法实现,一种是用移位寄存器,另一种是使用反馈节点。While 循环中使用移位寄存器的方法与 For 循环的用法相同。反馈节点也用于传递上一次执行的值,或在反馈节点每次执行时重置值,也起到了循环内传递数据的效果。循环内使用移位寄存器与反馈节点范例如图 3-3-19 所示。

【练习 3-49】

搜索并打开范例查找器的反馈节点——创建数组.vi,读懂在 While 循环内使用移位寄存器和反馈节点实现功能的方法。

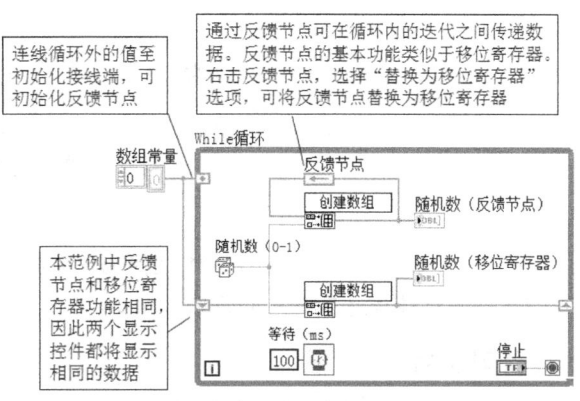

图 3-3-19 循环内使用移位寄存器与反馈节点范例

6) 转换 While 循环为 For 循环或定时循环

While 循环与 For 循环之间可以相互转换(替换),转换后在功能上、细节上会有部分差异,如条件接线端和循环次数的取舍。此外,While 循环可以替换为定时循环,但 For 循环不能替换为定时循环。

【练习 3-50】

参看如图 3-3-20 所示步骤,将 While 循环转换为 For 循环或定时循环。

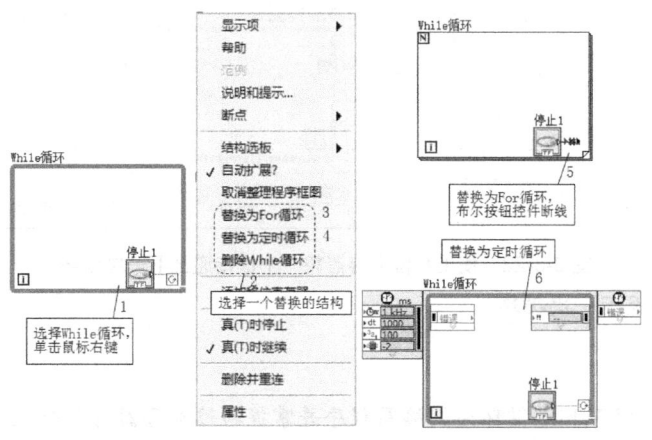

图 3-3-20 转换 While 循环为 For 循环或定时循环

87

3. 移位寄存器

移位寄存器可将上一次循环的值传递至下一次循环（While 循环和 For 循环均适用），如图 3-3-21 所示。使用移位寄存器可以在循环之间将一个值传递至下一次循环，还可以将多个值传递至下一次循环。

此外，在循环的左侧可以创建层叠式移位寄存器，用于保存前面若干个循环的值，并将这些值传递至下一次循环，该方法常用于求相邻数据点的平均。

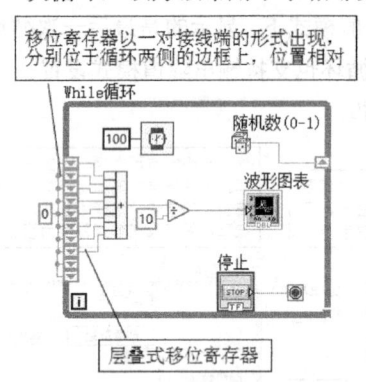

- 右侧接线端含有一个向上的箭头，用于存储每次循环结束时的数据。
- LabVIEW 将数据从移位寄存器右侧接线端传递到左侧接线端。循环将使用左侧接线端的数据作为下一此循环的初始值。
- 该过程在所有循环执行完毕后结束。循环执行后，右侧接线端将返回移位寄存器保存的值。
- 移位寄存器可以传递任何数据类型，并和与其连接的第一个对象的数据类型自动保持一致。连接到各个移位寄存器接线端的数据必须属于同一种数据类型。
- 循环中可添加多个移位寄存器，如循环中的多个操作都需使用上一次循环的值，可以通过多个移位寄存器保存结构中不同操作的数据值。

图 3-3-21　使用移位寄存器在循环之间传递数据

1）将一个值传递至下一次循环

【练习 3-51】

参看图 3-3-22，以 While 循环为例编写程序并掌握移位寄存器将一个值传递至下一次循环的原理。

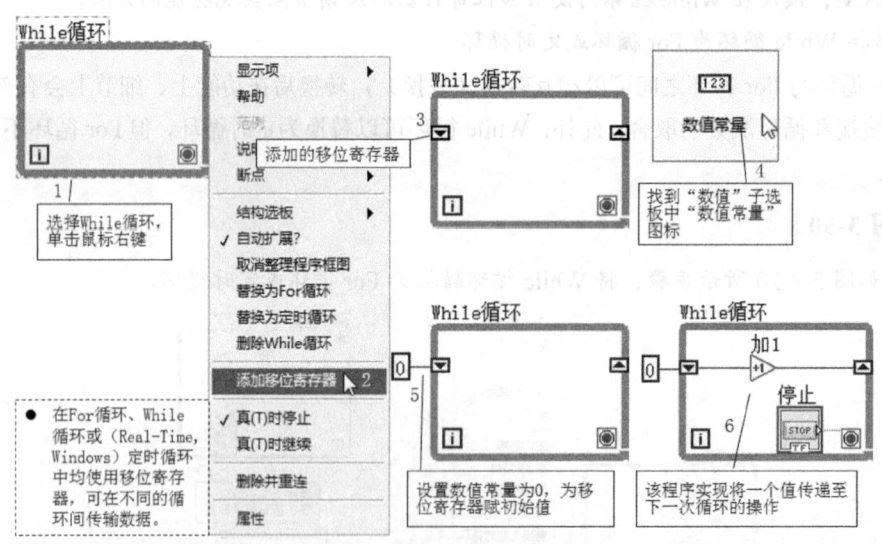

图 3-3-22　使用移位寄存器将一个值传递至下一次循环

2）将多值传递至下一次循环

【练习 3-52】

参看图 3-3-23，以 While 循环为例编写程序并掌握移位寄存器将多个值传递至下一次循环的原理。

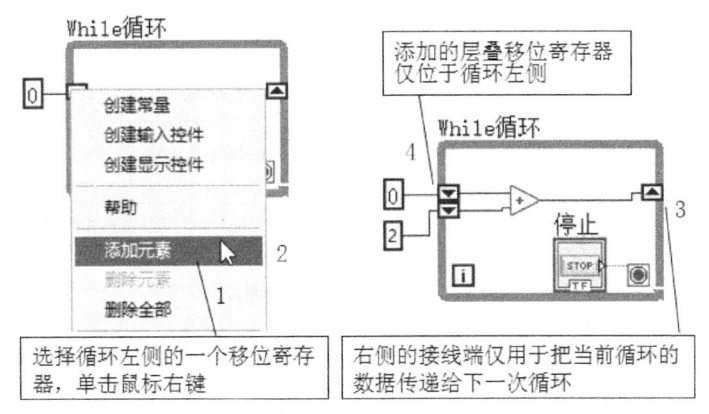

图 3-3-23 使用移位寄存器将多个值传递至下一次循环

3）重置移位寄存器初始值

【练习 3-53】

参看图 3-3-24，以 For 循环为例编写程序并掌握重置移位寄存器初始值的方法。

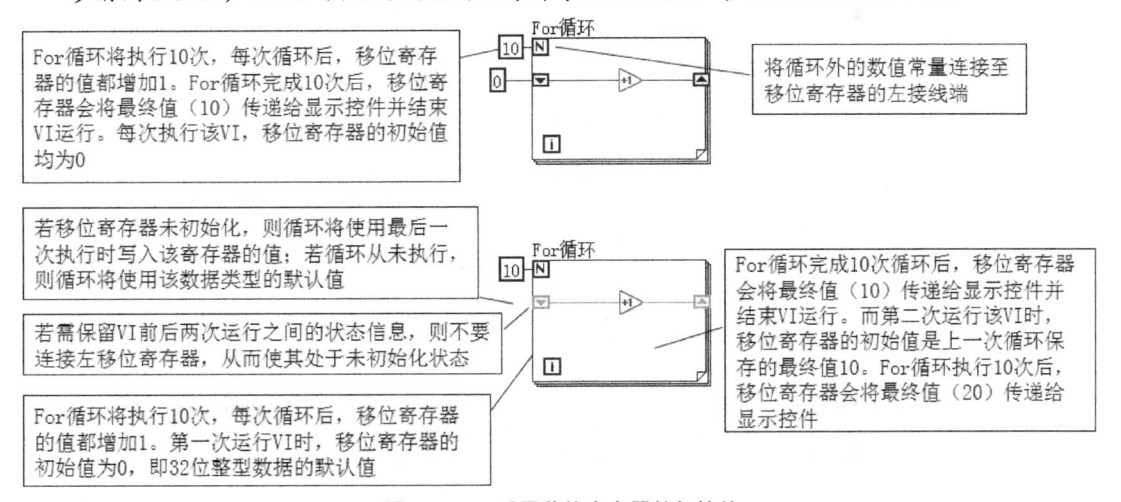

图 3-3-24 重置移位寄存器的初始值

4）将移位寄存器替换为隧道

隧道是将数据传入或传出结构的接线端。如果不需要将值从一个循环传递至另一个循环，可用隧道替换移位寄存器。

【练习 3-54】

参看图 3-3-25，以 For 循环为例编写程序并完成将移位寄存器替换为隧道的操作并再次转换，完成从隧道转换为移位寄存器的操作。

4．移位寄存器与反馈节点之间的替换操作

【练习 3-55】

参看图 3-2-26，掌握在两种不同情况下将反馈节点替换为移位寄存器的方法。

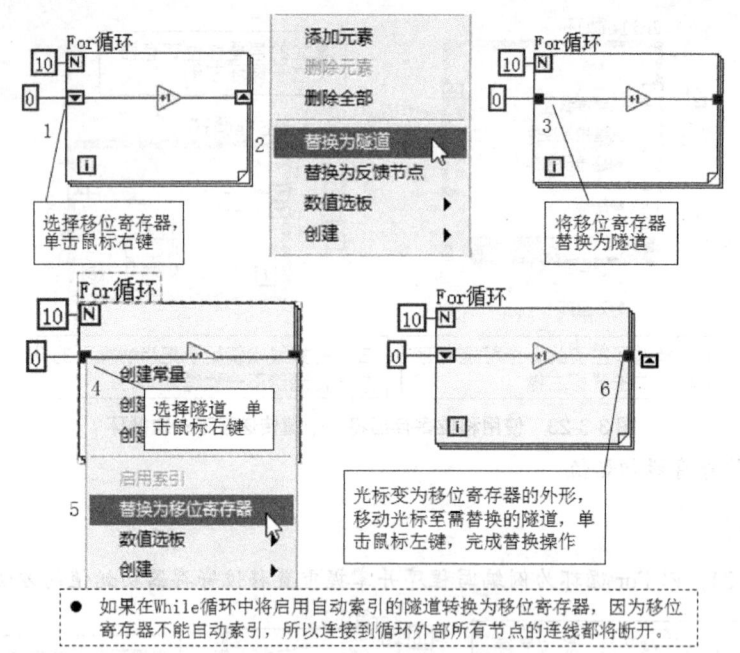

图 3-3-25　寄存器替换为隧道

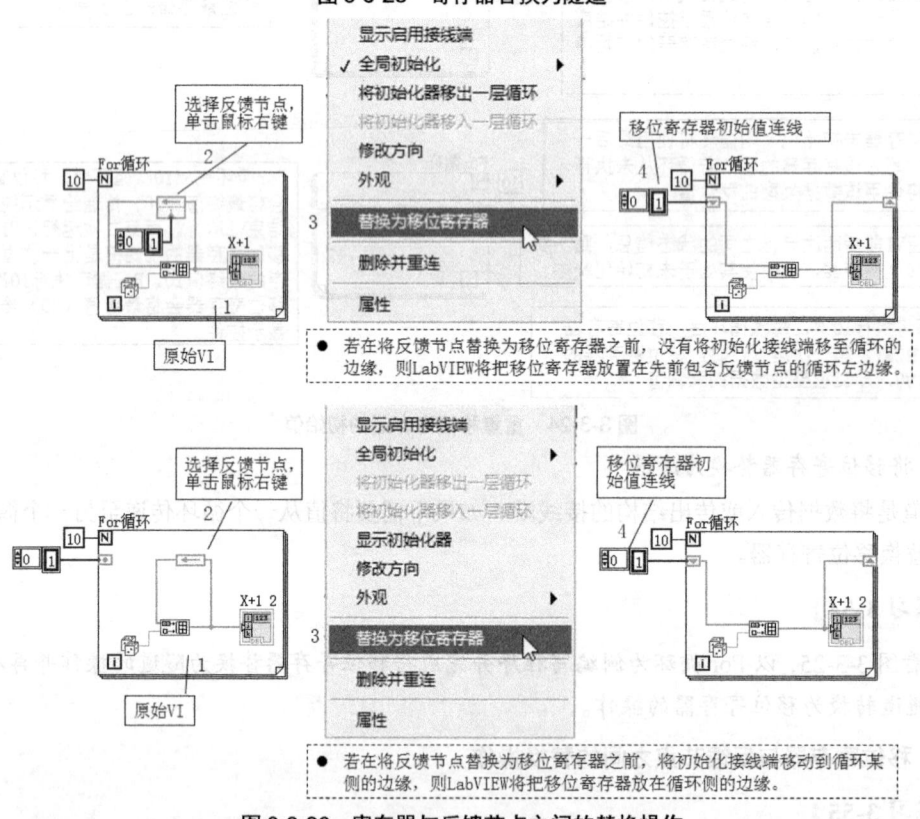

图 3-3-26　寄存器与反馈节点之间的替换操作

3.3.3　执行部分代码的程序结构（条件、顺序、禁用）

LabVIEW 中的条件结构、顺序结构、元素同址操作结构、禁用结构都含有多个子程序框图（子程序框图是指结构中包含的代码），可用于指定执行部分代码。

1. 条件结构

条件结构是通过判读输入值实现代码执行的一种结构，包括两个或两个以上子程序框图（也称条件分支）。

【练习 3-56】

参看图 3-3-27，在程序框图中放置一个条件结构。

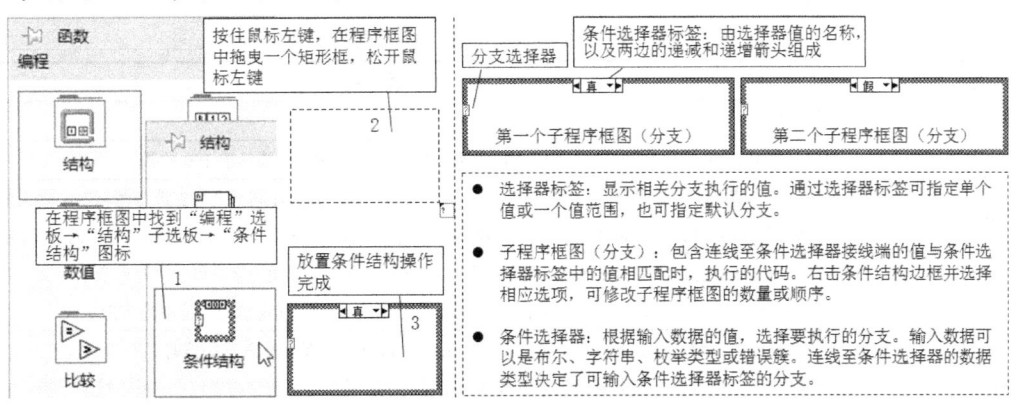

图 3-3-27 放置条件结构

1）创建条件结构执行代码

条件结构可以指定两个或两个以上的分支，并根据结构的输入值执行程序。

【练习 3-57】

参看图 3-3-28，打开范例查找器的条件结构-选择器数据类型范例（Case Structure - Selector Data Types VI），理解并掌握创建由布尔按钮控制的条件结构执行代码的方法。

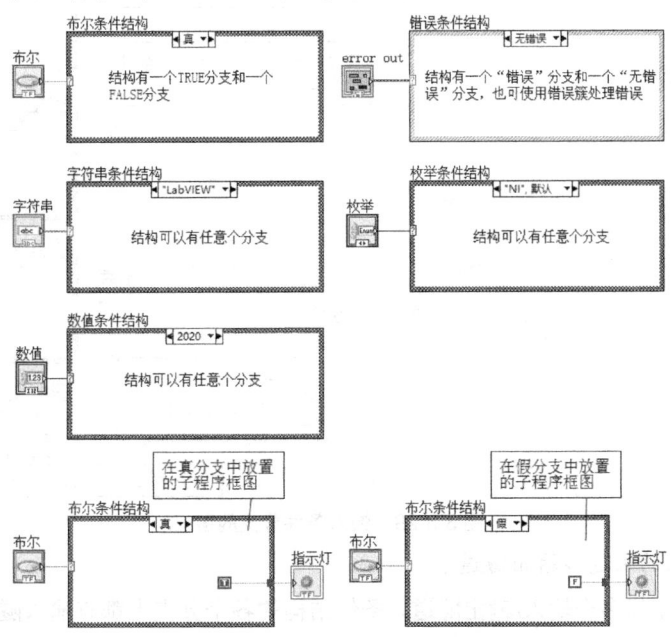

图 3-3-28 条件结构-选择器数据类型范例

- 连接到分支选择器的字符串是区分大小写的。若要取消区分字符大小写,需将字符串值连接至分支选择器,右击条件结构的边框,打开快捷菜单,选择"不区分大小写匹配"选项。
- 若条件分支的值是字符串类型,需使用反斜线代码来表示特殊字符。例如,\\表示一个反斜线,\r 表示回车。

2)输入条件分支的值

条件选择器标签,可以输入一个值或一组值的范围,用于更灵活适应编程时条件结构的分支响应条件。表 3-3-2 列出了在输入条件分支的值时,不同的值类型对应的范围说明。

表 3-3-2 输入条件分支的值类型及范围说明

值 类 型	值 类 型
数值范围	10..20 表示 10~20 之间的所有数字,包括 10 和 20
开放式数值范围	范围..100 表示所有小于或等于 100 的数;100..表示所有大于或等于 100 的数
范围列表	值和值之间用逗号分开。例如,..5,6,7..10,12,13,14。如果在同一个分支选择器标签中输入的数值范围有重叠,那么条件结构会以更紧凑的形式重新显示该标签。例如,上例将显示为..10,13..14
字符串范围	范围 a..c 包括所有以 a 或 b 开始的字符串,但不包括以 c 开始的字符串。字符串范围对大小写敏感。例如,A..c 和 a..c 表示不同的范围。LabVIEW 通过 ASCII 值确定字符串的范围
枚举值	枚举值的两边有上下引号,如"red"、"green"、"blue"。但是在输入这些值时并不需要输入双引号,除非字符串或枚举值本身已包含逗号或范围符号(","或"..")。在字符串值中,反斜线用于表示非字母数字的特殊字符。例如,\r 表示回车、\n 表示换行、\t 表示制表符

【练习 3-58】

参看图 3-3-29,编写程序,掌握条件选择器标签输入值的操作方法并理解设置条件分支的值的意义。

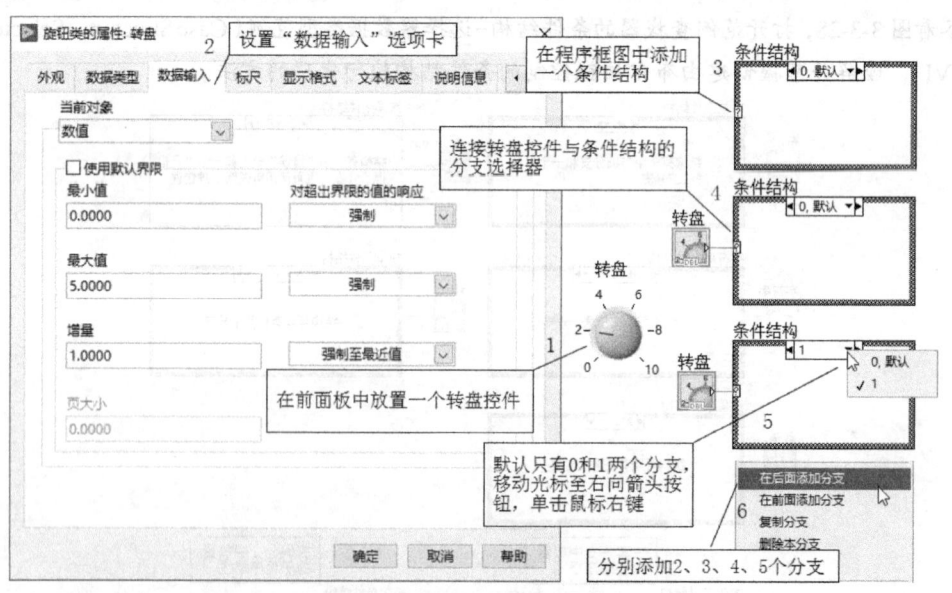

图 3-3-29 输入条件分支的值

3)条件结构上的未连线输出隧道

条件结构允许创建多个输入/输出隧道。条件结构的各个分支上都有输入隧道,但不一定每个分支都必须使用输出隧道。

【练习 3-59】

参看图 3-3-30，理解条件结构上的未连线的输出隧道的含义，并掌握出现此情况时相应的处理方法。

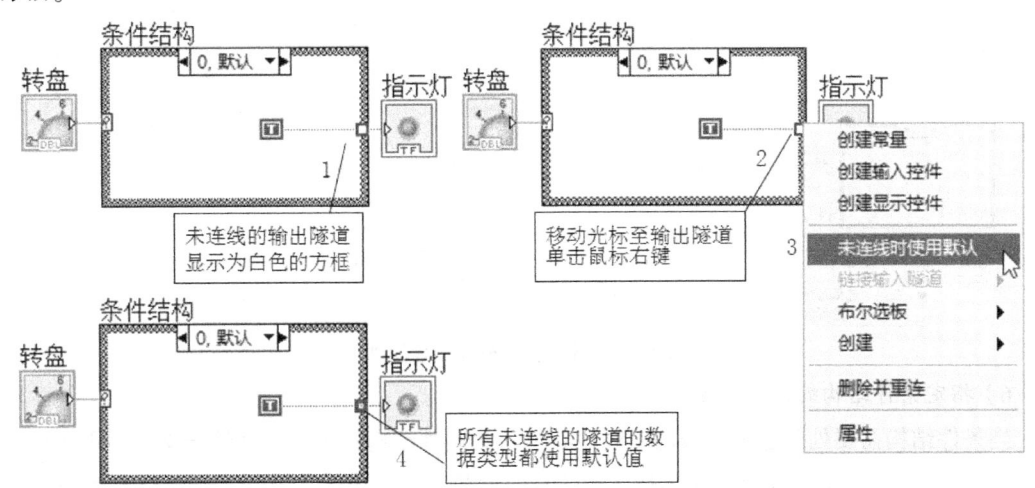

图 3-3-30　条件结构上的未连线输出隧道

4）使用条件结构处理错误

【练习 3-60】

参看图 3-3-31，编写程序并掌握使用条件结构处理"错误"的思路。

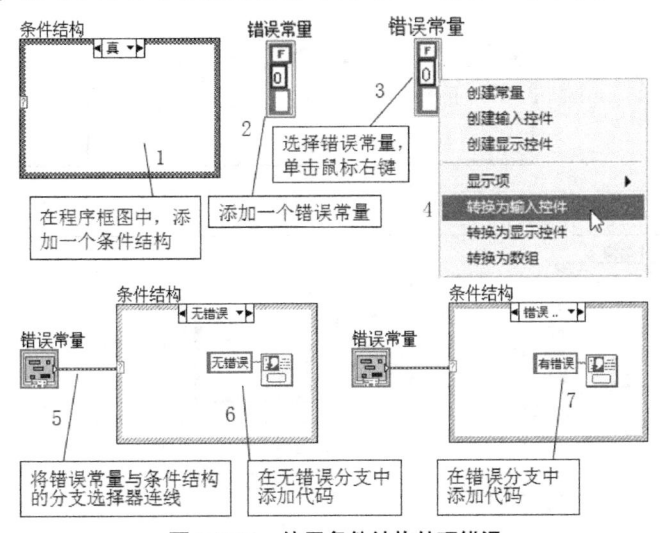

图 3-3-31　使用条件结构处理错误

5）在条件结构之间添加分支

默认的条件结构只有真和假两个分支，对于需要使用多种分支条件响应的情况，可以为条件结构添加多个分支并为条件的分支排列顺序。

【练习 3-61】

参看图 3-3-32，编写程序并掌握为条件结构的分支重新排序的方法。

LabVIEW 数据采集

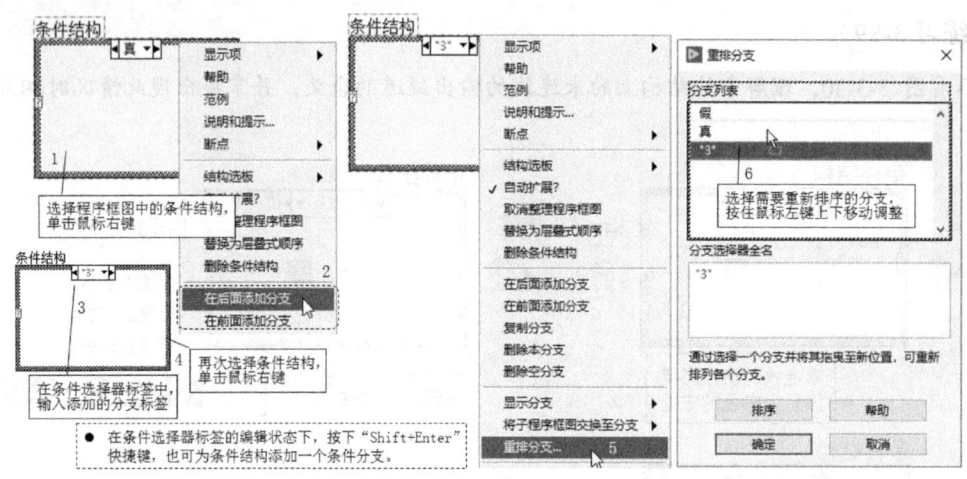

图 3-3-32 添加条件分支及重新排序

6) 指定条件结构的默认分支

当条件结构需要处理超出范围的值时，我们可为条件结构指定一个默认分支，而不必列出所有可能的输入值。例如，如果分支选择器的数据类型是整型，并且已指定 1、2、3 三个条件分支，则还须指定一个默认分支，输入数据为 0、4 或其他有效整型数时执行该默认条件分支。

【练习 3-62】

参看图 3-3-33，编写程序并执行该 VI，理解设置默认分支的意义，并掌握 2 种设置默认分支的方法。

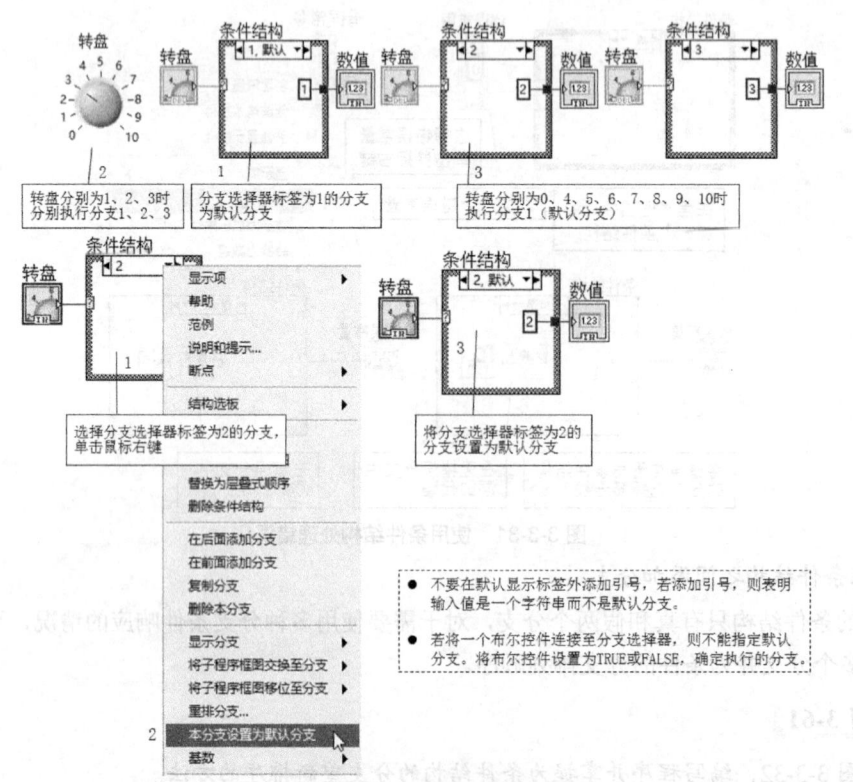

图 3-3-33 设置默认分支

7）调换条件结构分支

条件结构的两个可见分支可以对调位置，该操作不影响其他分支及这些分支在快捷菜单中的显示。

【练习 3-63】

参看图 3-3-34，编写程序并掌握调换条件结构分支的方法。

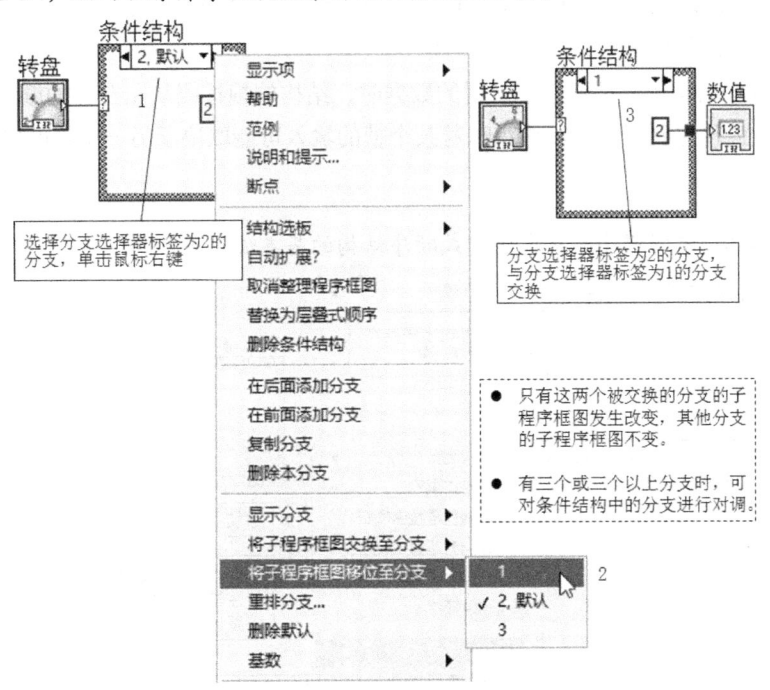

图 3-3-34　调换条件结构分支

8）条件结构分支移位

若连线至分支选择器的数据类型是非枚举的数值型，可将条件结构的可见分支移动到其他位置。

【练习 3-64】

参看图 3-3-35，编写一个含有 3 个分支条件结构的程序并掌握条件结构分支移位的方法。

2．顺序结构

顺序结构包含一个或多个按顺序执行的子程序框图或帧。在顺序结构的每一帧中，数据依赖性决定了节点的执行顺序。

LabVIEW 顺序结构有两种形式：平铺式顺序结构和层叠式顺序

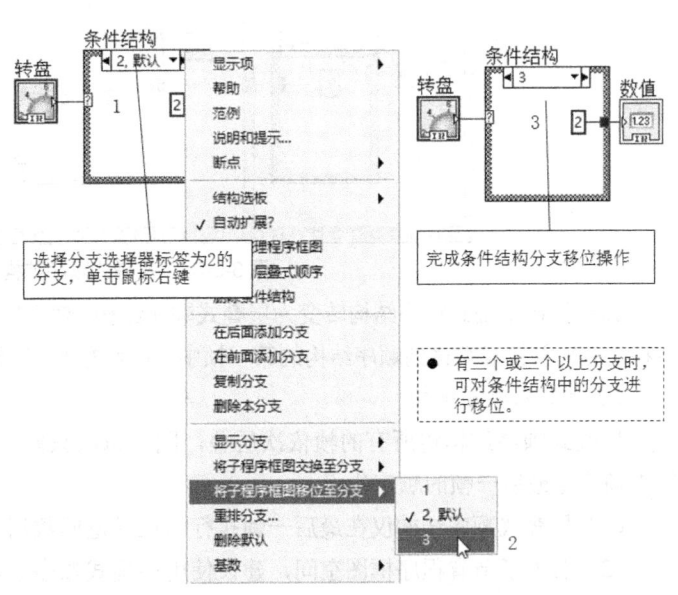

图 3-3-35　条件结构分支移位

结构。使用顺序结构需要注意部分代码会隐藏在结构中，程序调试时应考虑以数据流作为控制执行顺序的依据，而不能简单地以顺序结构的先后顺序作为控制执行顺序的依据。

顺序结构有以下特点。

① 使用顺序结构时，任何一个顺序局部变量都将会打破从左到右的数据流规范。

② 与条件结构不同，顺序结构的隧道只能有一个数据源，而输出可以来自任意帧。

③ 与条件结构类似，平铺式或层叠式顺序结构的所有帧都可以使用输入隧道的数据。

1）平铺式顺序结构

当平铺式顺序结构的帧都连接了可用的数据时，结构的帧按照从左至右的顺序执行。每帧执行完毕后会将数据传递到下一帧，这意味着某个帧的输入可能取决于另一个帧的输出。

【练习 3-65】

参看图 3-3-36，编写程序并熟悉平铺式顺序结构的基本使用规则。

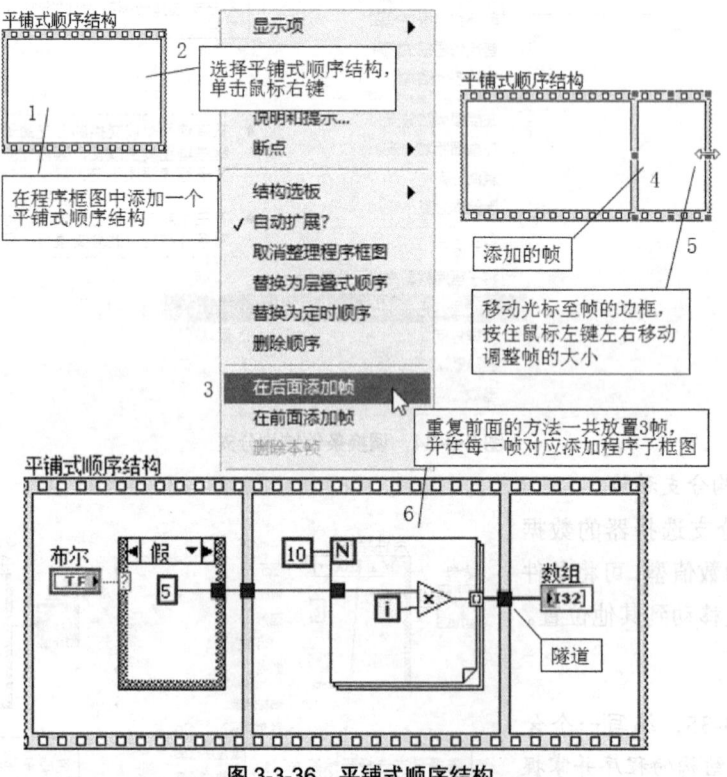

图 3-3-36　平铺式顺序结构

如果先将平铺式顺序结构转变为层叠式顺序结构，然后转变回平铺式顺序结构，那么 LabVIEW 会将所有输入接线端移到顺序结构的第一帧中，平铺式顺序结构进行的操作与层叠式顺序结构相同。

2）层叠式顺序结构

层叠式顺序结构将所有的帧依次层叠，因此每次只能看到其中的一帧，并且按照第 0 帧、第 1 帧直至最后一帧的顺序执行。

（1）层叠式顺序结构仅在最后一帧执行结束后返回数据。

（2）若为了节省程序框图空间，建议使用层叠式顺序结构。

（3）与平铺式顺序结构不同，层叠式顺序结构需使用顺序局部变量在帧与帧之间传递数据。

（4）顺序结构可以保证执行顺序，但同时也阻止了并行操作。

【练习 3-66】

参看图 3-3-37，将上一练习中的平铺式顺序结构转换为层叠式顺序结构，并掌握将平铺式顺序结构替换为层叠式顺序结构的基本方法及添加顺序局部变量的方法。

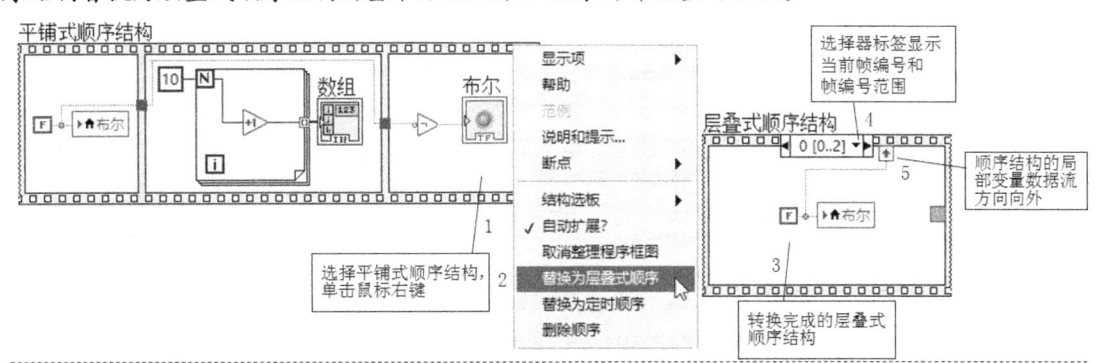

图 3-3-37　层叠式顺序结构

3．禁用结构

禁用结构是阻止代码执行的一种程序结构，含有多个子程序框图，每次只编译和执行一个子程序框图，要执行的子程序框图在编译时决定。在程序调试时使用禁用结构，可以避免重复性的删除、恢复代码操作。

非活动子程序框图中的代码在运行时不执行也不编译。禁用结构可以用来禁用部分程序框图上的代码。

1）条件禁用结构

条件禁用结构有一个或多个子程序框图，LabVIEW 在执行时根据子程序框图的条件配置只使用其中的一个子程序框图。条件禁用结构用于定义具体代码编译和执行的条件，可以根据条件进行配置（包括平台和其他用户定义符号等），执行一个子程序框图。编译时，LabVIEW 不包括条件禁用结构中非活动子程序框图中的任何代码。

若 VI 的某段代码用于某个特定终端设备，可将这段代码放在条件禁用结构中，并将其配置为在某个特定终端上运行。条件禁用结构中可配置代码的终端包括 Windows、Mac、UNIX 系统和 FPGA 终端。受限篇幅原因，详细配置的符号、有效值可以查看 LabVIEW 帮助文档。

2）程序框图禁用结构

在程序框图禁用结构中，LabVIEW 的编译不包括禁用子程序框图中的任何代码。

【练习 3-67】

参看图 3-3-38，打开\National Instruments\LabVIEW 2013\examples\Structures\Disable Structures\Disable Structures.lvproj，根据前面板中的文字完成相应的设置并运行程序框图禁用结构 VI，掌握程序框图禁用结构的基本用法。

LabVIEW 数据采集

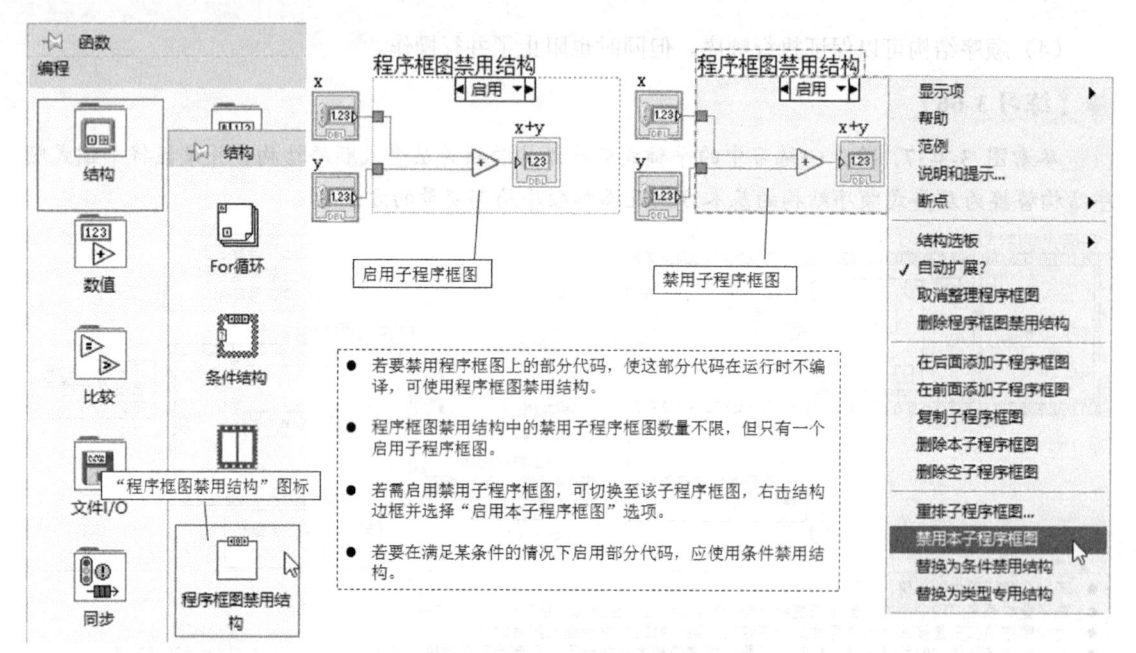

图 3-3-38 程序框图禁用结构

3.3.4 事件结构

事件结构是一个等待事件发生并执行相应条件分支、处理该事件的编程结构。事件结构包括一个或多个子程序框图或事件分支，结构处理事件时，仅有一个子程序框图或分支执行。

1. 事件结构的组成

图 3-3-39 为常用的事件结构形式（事件结构外加一个 While 循环），可以持续运行响应事件。

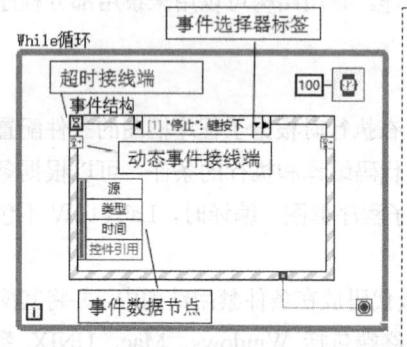

图 3-3-39 常用的事件结构形式

2. 添加事件分支

【练习 3-68】

参看图 3-3-40，为一个含有布尔按钮的事件结构添加一个"值改变"事件分支。

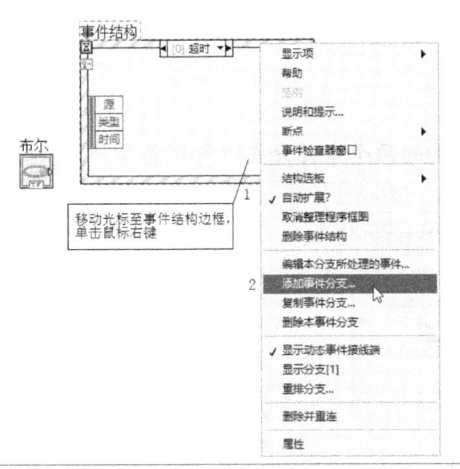

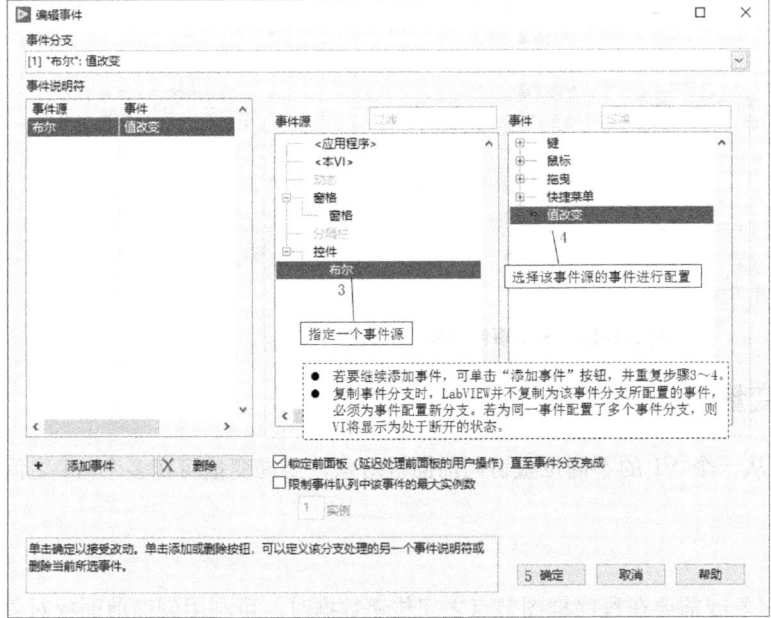

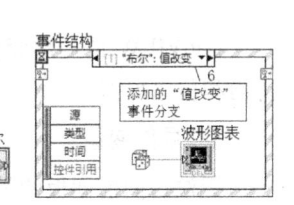

图 3-3-40 添加事件分支

3. 使用超时事件

使用一个超时事件可将事件结构配置为等待指定量的时间直到事件发生。

【练习 3-69】

参看图 3-3-41，设置超时时间为 100ms 的超时事件。

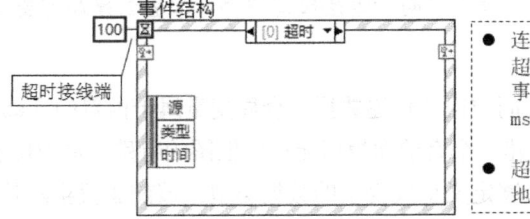

图 3-3-41 使用超时事件

- 连接超时数值至事件结构边框左上角的超时接线端，指定事件结构在生成超时事件之前等待某个事件发生的时间，以 ms 为单位。
- 超时接线端的默认值为-1，即结构无限地等待一个事件的发生。

4. 重排事件分支

【练习 3-70】

参看图 3-3-42，将事件结构的两个事件分支进行调整排序。

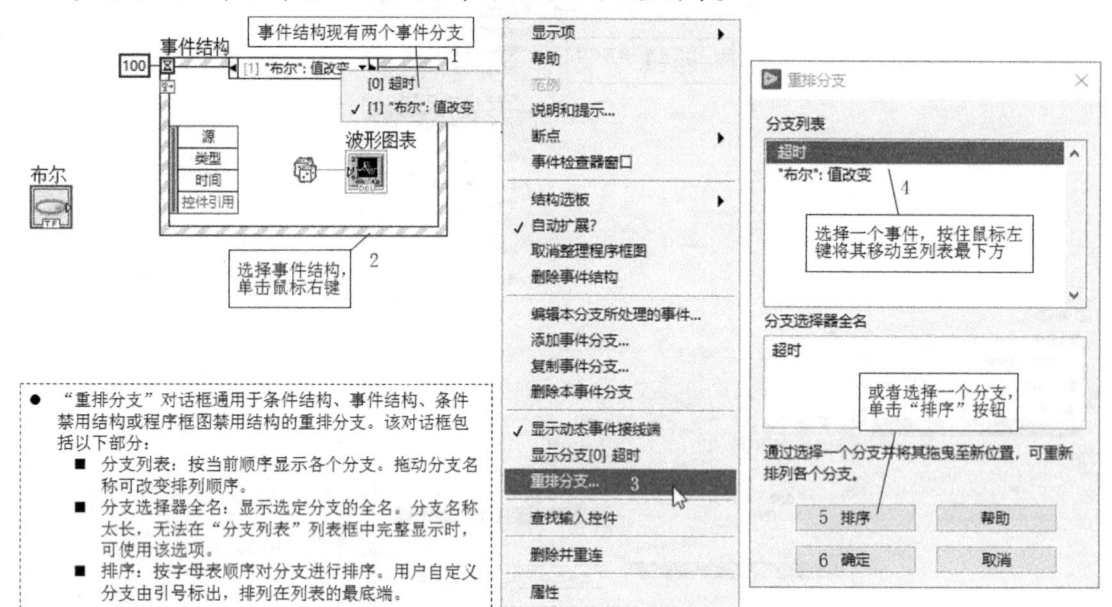

图 3-3-42　重排事件分支

3.3.5　局部变量、全局变量

LabVIEW 的局部变量可从一个 VI 的不同位置访问前面板对象，全局变量可在多个 VI 之间访问和传递数据。

1. 局部变量

无法访问前面板的某个对象或需要在程序框图节点之间传递数据时，可利用创建前面板对象的局部变量来实现。局部变量可对前面板上的输入控件或显示件进行数据读/写。写入一个局部变量相当于将数据传递给其他接线端，局部变量还可向输入控件写入数据和从显示控件读取数据。事实上，通过局部变量，前面板对象既可作为输入访问也可作为输出访问。

创建局部变量后，局部变量仅仅出现在程序框图上，在前面板上无显示。

【练习 3-71】

参看图 3-3-43，以数值输入控件为例，尝试用两种方法编写程序，掌握创建局部变量的方法。

2. 全局变量

全局变量可在同时运行的多个 VI 之间访问和传递数据，全局变量属于内置的 LabVIEW 对象。创建全局变量时，LabVIEW 会自动创建一个有前面板但无程序框图的特殊全局 VI。在全局 VI 的前面板中添加输入控件和显示控件，能够定义全局变量的数据类型。该前面板实际是一个可供多个 VI 进行数据访问的"容器"。

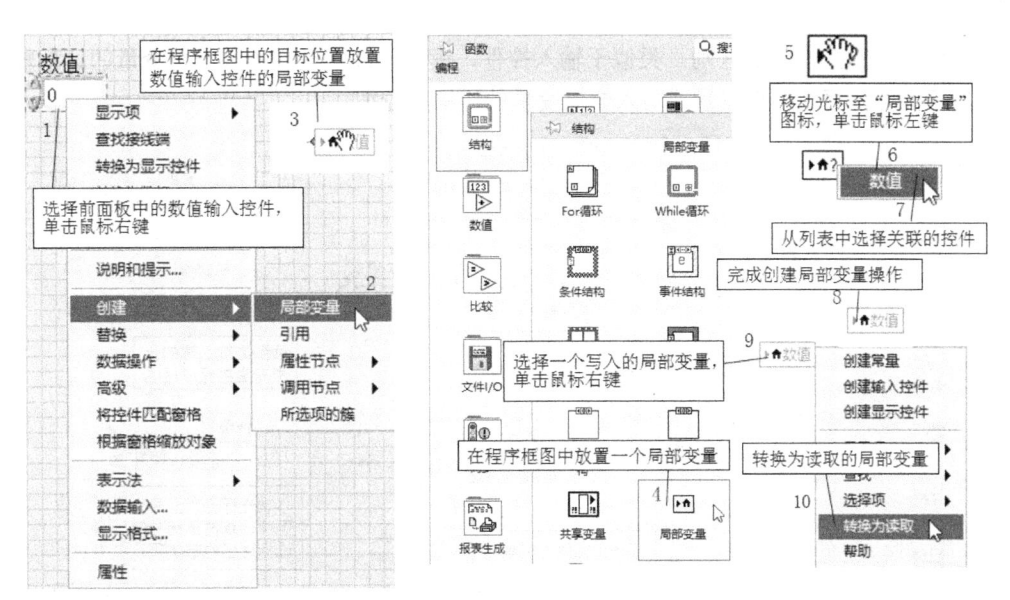

图 3-3-43　创建局部变量

【练习 3-72】

参看图 3-3-44，读懂程序并掌握全局变量的工作原理。

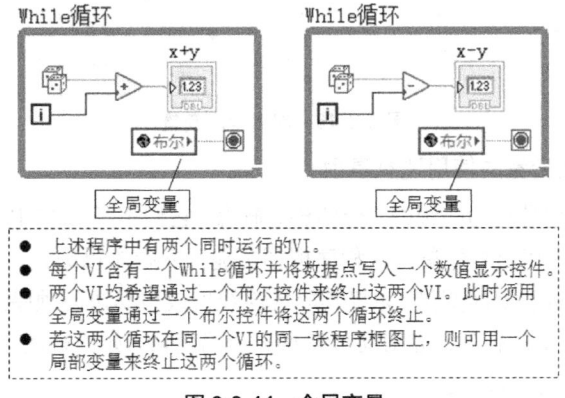

- 上述程序中有两个同时运行的VI。
- 每个VI含有一个While循环并将数据点写入一个数值显示控件。
- 两个VI均希望通过一个布尔控件来终止这两个VI。此时须用全局变量通过一个布尔控件将这两个循环终止。
- 若这两个循环在同一个VI的同一张程序框图上，则可用一个局部变量来终止这两个循环。

图 3-3-44　全局变量

【练习 3-73】

参看图 3-3-45，掌握创建全局变量的基本方法。

3．变量的读/写操作

创建局部变量或全局变量后，就可以利用该变量进行数据的读/写操作了。默认情况下，创建的新变量是接收数据状态，呈现为显示控件。

变量可以由初始的"接收数据"配置为数据源"输出数据"、读取局部变量或读取全局变量。右击变量，打开快捷菜单，选择"转换为读取"命令，可将该变量配置为一个输入控件。节点执行时，VI 将读取相关前面板输入控件或显示控件中的数据。

若需要变量从程序框图接收数据而不是提供数据，可右击该变量，打开快捷菜单，选择"转换为写入"命令。

程序框图中，读取局部变量、全局变量与写入局部变量、全局变量间的区别可以简单地类比为输入控件和显示控件间的区别。类似于输入控件，读取局部变量或读取全局变量的边框较粗；类似于显示控件，写入局部变量或写入全局变量的边框则较细。

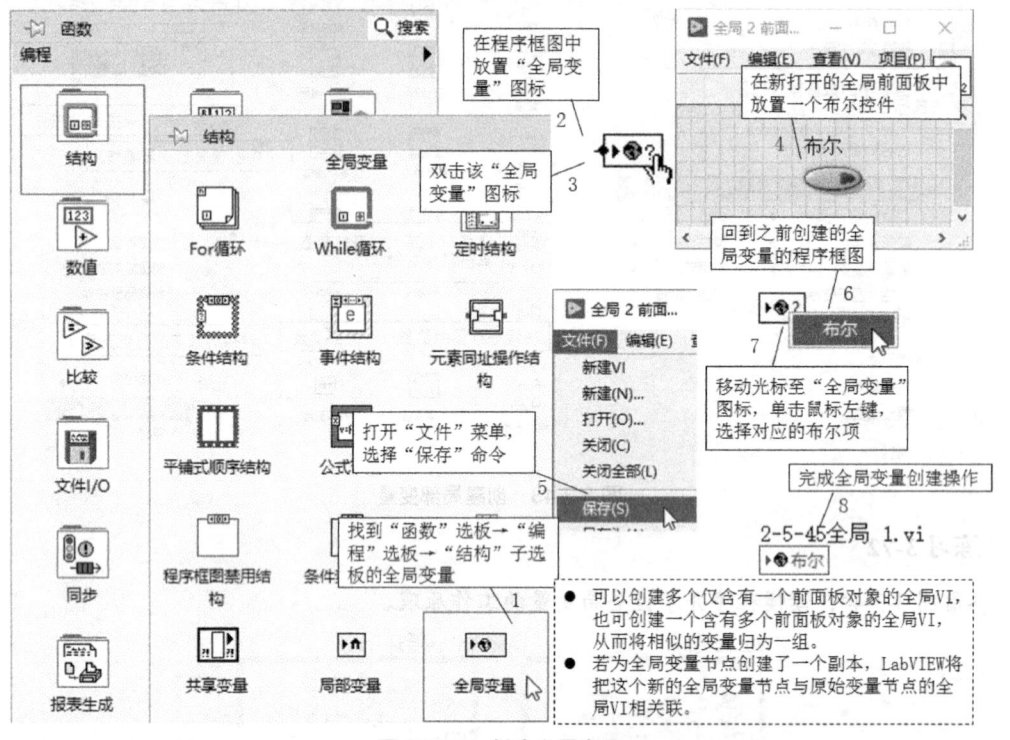

图 3-3-45　创建全局变量

4．局部变量和全局变量的使用注意事项

局部变量和全局变量是较为高级的 LabVIEW 概念。它们不是 LabVIEW 数据流执行模型中固有的部分。使用局部变量和全局变量时，程序框图可能会变得难以阅读，因此须谨慎使用。

错误地使用局部变量和全局变量，如将其取代连线板或用其访问顺序结构中每一帧中的数值，可能在 VI 中导致不可预期的行为。滥用局部变量和全局变量，如用来避免程序框图间的过长连线或取代数据流，将会降低执行速度。

1）局部变量和全局变量的初始化

若需对一个局部或全局变量进行初始化，则应在 VI 运行前将已知值写入变量，否则变量可能含有导致 VI 发生错误行为的数据。若变量的初始值基于一个计算结果，则应确保 LabVIEW 在读取该变量前先将初始值写入变量。写入操作与 VI 的其他部分并行可能引发竞争状态。

2）竞争状态

当两段或更多的代码并行执行，并且访问同一部分内存时会引发竞争状态。如果代码是相互独立的，将无法判断 LabVIEW 按照何种顺序访问共享资源。竞争状态随着程序运行的时间因素而改变，因此竞争状态具有一定的不确定性。操作系统、LabVIEW 版本和系统中其他软件的改变均会引起竞争状态。

竞争状态会引起不可预期的结果。例如，两段独立的代码访问同一个队列，但是用户未控制 LabVIEW 访问队列的顺序，这种情况下将会引发竞争状态。简单地说，两段代码中的任何一段代码谁先执行谁后执行都是未知的。

【练习 3-74】

参看图 3-3-46 编写程序，理解使用局部变量和全局变量时的竞争状态。

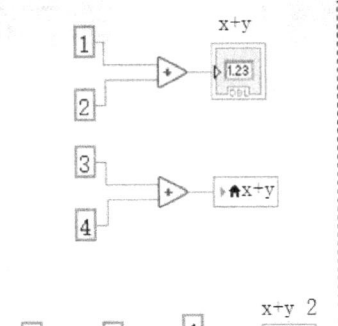

- 该VI的输出，即本地变量x+y的值取决于首先执行的运算。
- 因为每个运算都把不同的值写入x+y，所以无法确定结果是7，还是3。
- 在一些编程语言中，由上至下的数据流模式保证了执行顺序。
- 在LabVIEW中，可使用连线实现变量的多种运算，从而避免竞争状态。右侧程序框图通过连线而不是局部变量执行了加运算。
- 若必须在局部变量或全局变量上执行以上操作，则应确保各项操作按顺序执行。
- 若两个操作同时更新一个全局变量，也会发生竞争状态。
- 要避免全局变量引起的竞争状态，可使用功能全局变量保护访问变量操作的关键代码。使用一个功能全局变量而不是多个局部或全局变量可确保每次只执行一个运算，从而避免运算冲突或数据赋值冲突。

图 3-3-46　使用局部变量和全局变量时的竞争状态

3.4　图形与图表

LabVIEW 利用图形和图表两种显示方式呈现具有恒定速率的数据，两者的区别在于显示和更新方式。

（1）将数据送入图形时，图形不会显示之前绘制的数据而只显示当前的新数据。图形一般用于连续采集数据的快速过程。

（2）与图形相反，图表将新的数据点追加到已显示的数据点上以形成历史记录。在图表中，可结合先前采集到的数据查看当前读数或测量值。当图表中新增数据点时，图表将会滚动显示，即在图表右侧出现新增的数据点，同时旧数据点在左侧消失。图表一般用于每秒只增加少量数据点的慢速过程。图形与图表工作原理的差异如图 3-4-1 所示。

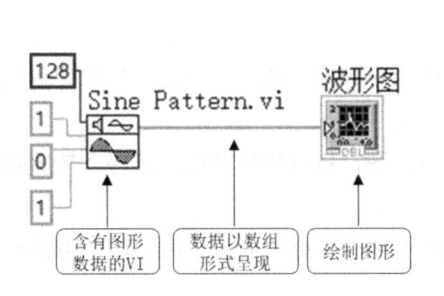

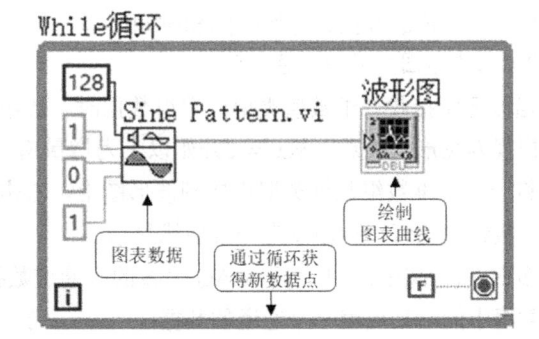

图 3-4-1　图形与图表工作原理的差异

本节内容中的练习会使用正弦函数和余弦函数生成相应的数据以实现波形图、波形图表、XY 图的单条曲线和多条曲线显示。

3.4.1　图形和图表的类型

图形和图表的类型如图 3-4-2 所示。

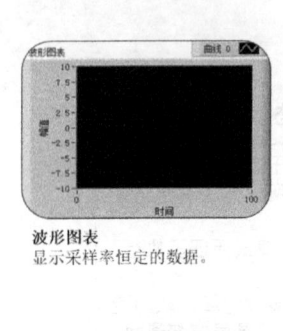

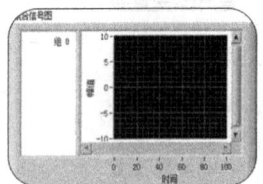

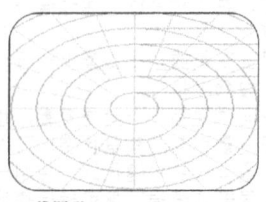

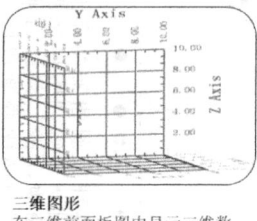

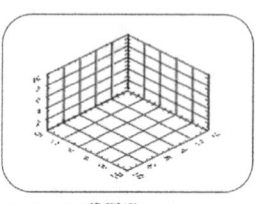

图 3-4-2 图形和图表的类型

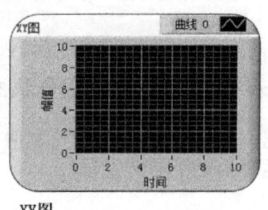

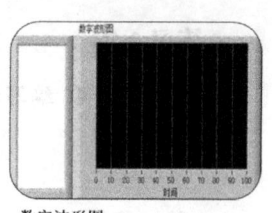

仅有 LabVIEW 完整版和专业版开发系统才提供三维图形控件。

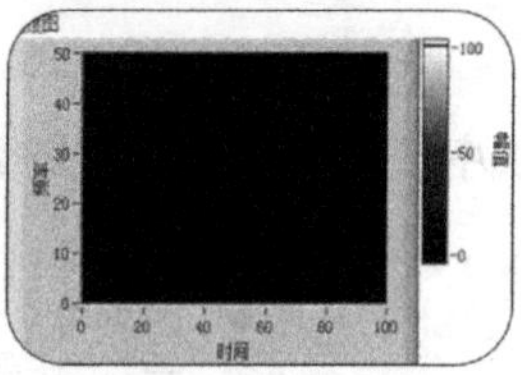

3.4.2 波形图和波形图表

1. 波形图

波形图即前面所说的图形显示方式，显示测量值为均匀采集的一条或多条曲线。波形图仅能绘制单值函数，即在 $y=f(x)$ 中，各点沿 X 轴均匀分布。例如，一个随时间变化的波形。

1）在波形图中显示单条曲线

波形图可以接收多种数据类型用以显示单条曲线。例如，一个数值数组中的每个数据被视为图形中的点，从 $x=0$ 开始以 1 为增量递增 x 索引。

此外，波形图也可以接收包含初始 x 值、Δx 及 y 数据数组的簇，还能接收波形数据类型，该类型包含了波形的数据、起始时间和时间间隔。

2）在波形图中显示多条曲线

当波形图接收二维数值类型的数组数据时，数组中的一行即对应一条曲线。波形图将数组中的数据视为图形上的点，从 $x=0$ 开始以 1 为增量递增 x 索引。

将一个二维数组数据类型连接到波形图上，右击波形图，打开快捷菜单，选择"转置数组"命令，数组中的每一列便作为一条曲线显示。

多曲线波形图尤其适用于 DAQ 设备的多通道数据采集。DAQ 设备以二维数组的形式返回数据，数组中的一列代表一个通道的数据。

波形图能够接收包含簇的曲线数组。每个簇包含一个包含 y 数据的一维数组。内部数组描述了曲线上的各点，外部数组的每个簇对应一条曲线。波形图多曲线显示 [Y] 簇的数组如图 3-4-3 所示。

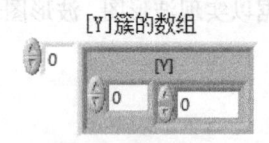

图 3-4-3 波形图多曲线显示 [Y] 簇的数组

若每条曲线所含的元素个数都不同，此种情况应使用曲线数组而不应使用二维数组。例如，从几个通道采集数据且每个通道的采集时间都不相同时，应使用曲线数组而不是二维数组,因为二维数组每一行中元素的个数必须相同。簇数组内部数组的元素个数可各不相同。

波形图允许接收簇的数据,簇中有初始值 x、Δx 和簇数组。每个簇包含一个含有 y 数据的一维数组。用"捆绑"函数可将数组捆绑到簇中,或用"创建数组"函数将簇嵌入数组。"创建簇数组"函数可以创建一个包含指定输入内容的簇数组。

波形图可以接收含有 x 值、Δx 值和 y 数据数组的簇数组。这种数据类型常用于多曲线波形图,可以用于指定唯一的起始点和每条曲线的 X 标尺增量。

【练习 3-75】

参看图 3-4-4,编写正弦、余弦函数(限定 x 的取值范围)方程,掌握使用波形图绘制单条和多条曲线的原理及方法。

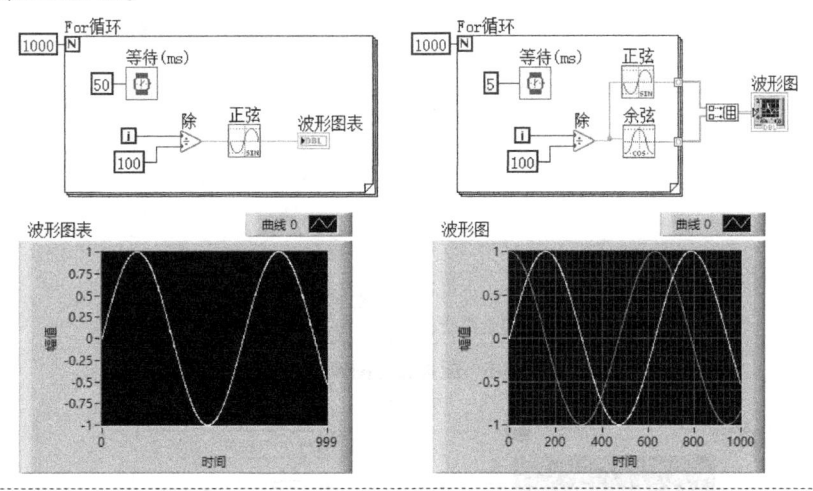

- 波形图可显示包含任意个数据点的曲线。
- 波形图接收多种数据类型,从而最大限度地降低了数据在显示为图形前进行类型转换的工作量。

图 3-4-4 绘制单条、多条曲线的波形图

2. 波形图表

波形图表即前面所说的图表显示方式,是用以显示一条或多条曲线的特殊数值显示控件,可以显示用恒定速率采集到的数据。波形图表会保留来源于此前更新的历史数据,又称缓冲区。

【练习 3-76】

参看图 3-4-5,编写程序并掌握设置波形图表缓冲区的方法。

1)在波形图表中显示单条曲线

若一次向波形图表发送一个或多个数据值,LabVIEW 会将这些数据作为波形图表上的点,从 $x=0$ 开始以 1 为增量递增 x 索引,波形图表将这些输入作为单条曲线上的新数据。

【练习 3-77】

参看图 3-4-6,编写程序并掌握波形图表通过接收单个或多个数据显示单条曲线的方法。

【练习 3-78】

参看图 3-4-7,编写程序并掌握波形图表通过接收波形数组方式显示单条曲线的方法。

图 3-4-5 配置波形图表缓冲区

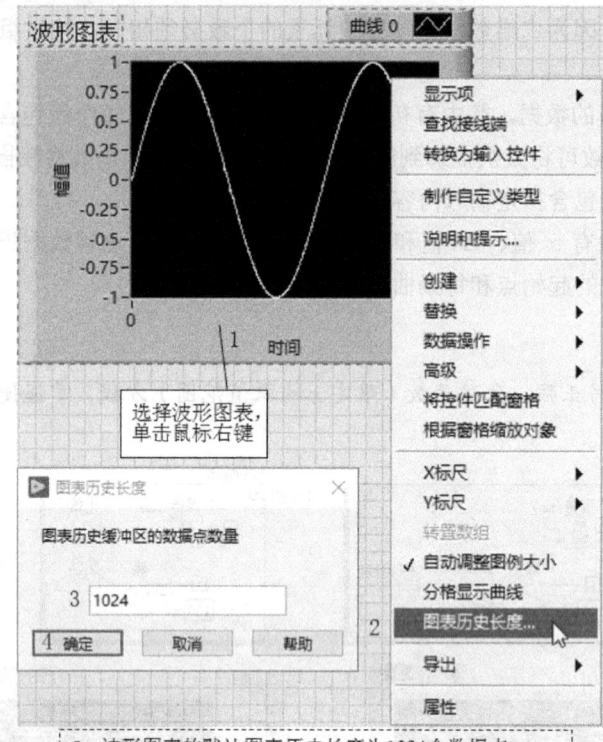

- 波形图表的默认图表历史长度为1024个数据点。
- 向波形图表传送数据的频率决定了图表重绘的频率。

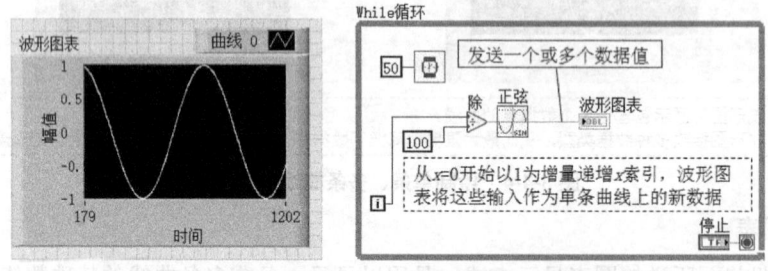

图 3-4-6 波形图表接收一个或多个数据显示单条曲线

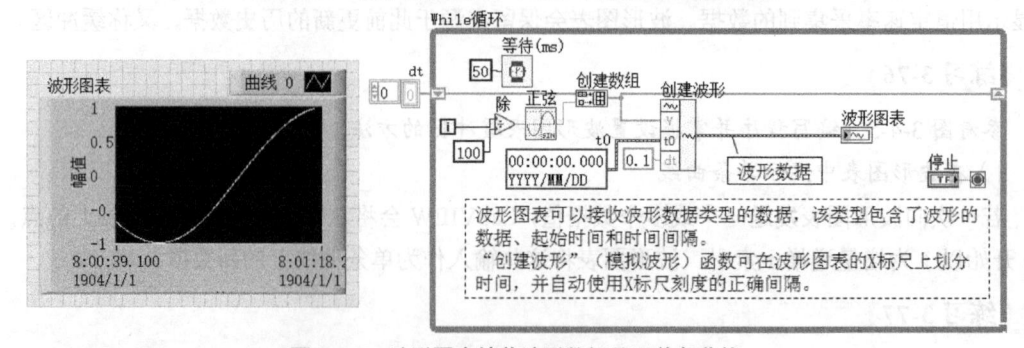

图 3-4-7 波形图表接收波形数据显示单条曲线

2）在波形图表中显示多条曲线

若要向波形图表发送多条曲线的数据，可将这些数据捆绑为一个标量数值簇，其中每一个数值代表各条曲线上的单个数据点。

第3章 LabVIEW数据处理基础

【练习 3-79】

参看图 3-4-8，编写程序并掌握波形图表通过接收数值数据的簇数组方式显示多条曲线的方法。

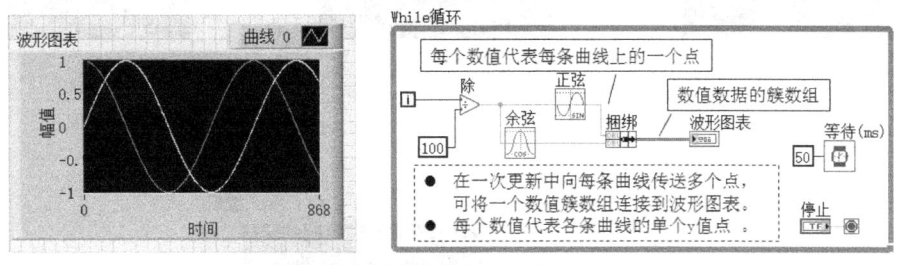

图 3-4-8 波形图表接收数值数据的簇数组显示多条曲线

【练习 3-80】

参看图 3-4-9，编写程序并掌握波形图表通过接收波形数据的簇数组方式显示多条曲线的方法。

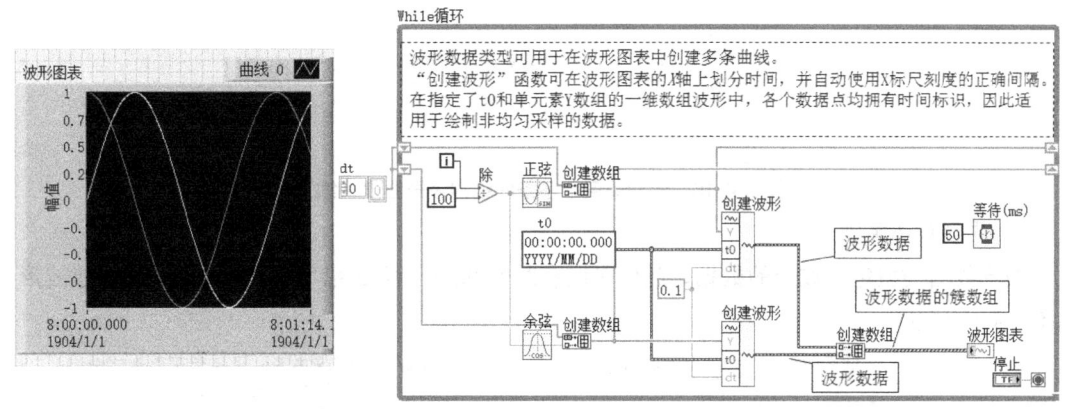

图 3-4-9 波形图表接收波形数据的簇数组显示多条曲线

若运行 VI 前无法确定需显示的曲线数量，或希望在单次更新中传递多个数据点用于多条曲线，可将一个二维数组或波形数组连接到波形图表。默认情况下，波形图表将数组中的每一列作为一条曲线。将二维数组数据类型连接到波形图表，右击该波形图表，打开快捷菜单，选择"转置数组"选项，可将数组中的每一行作为一条曲线。

【练习 3-81】

参看图 3-4-10，编写程序并掌握波形图表单条曲线、多条曲线及显示方式的设置方法。

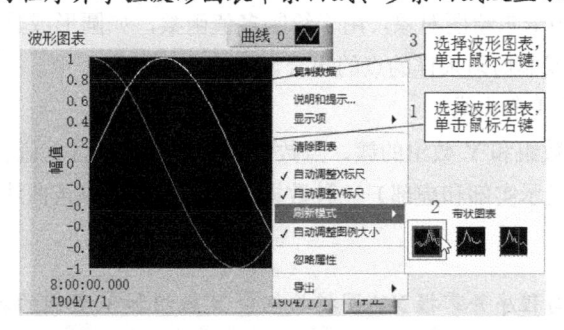

图 3-4-10 绘制单条、多条曲线的波形图表

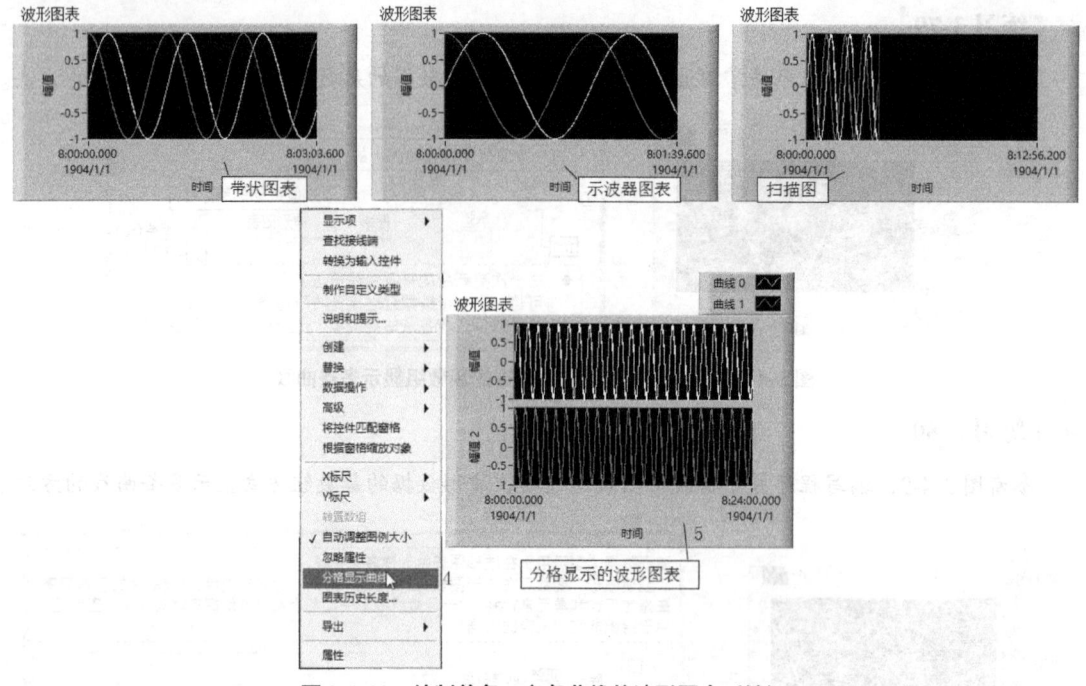

图 3-4-10 绘制单条、多条曲线的波形图表（续）

3）波形数据类型

波形数据类型包含波形的数据、起始时间和时间间隔。可使用"创建波形"函数创建波形，如图 3-4-11 所示。

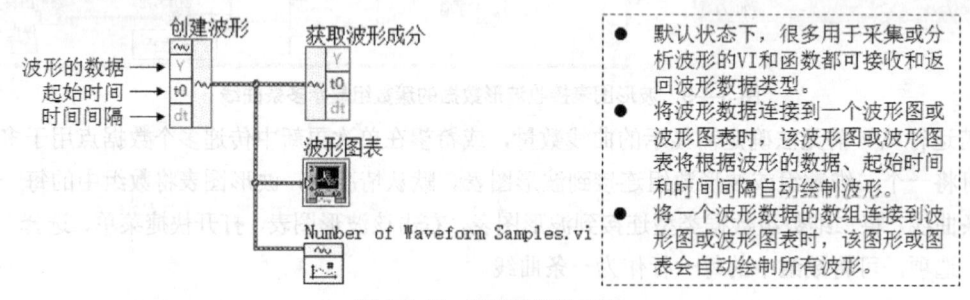

- 默认状态下，很多用于采集或分析波形的VI和函数都可接收和返回波形数据类型。
- 将波形数据连接到一个波形图或波形图表时，该波形图或波形图表将根据波形的数据、起始时间和时间间隔自动绘制波形。
- 将一个波形数据的数组连接到波形图或波形图表时，该图形或图表会自动绘制所有波形。

图 3-4-11 波形数据的类型

3. XY 图

XY 图是多用途的笛卡尔绘图对象，用于绘制多值函数，如圆形或具有可变时基的波形。XY 图可显示任何均匀采样或非均匀采样的点的集合。

1）在 XY 图中显示单条曲线

XY 图允许接收 X 数组和 Y 数组的簇、点数组（每个点是包含 x 值和 y 值的一个簇）及复数数组（X 轴和 Y 轴分别显示实部和虚部）三种数据类型用于显示单条曲线。

【练习 3-82】

参看图 3-4-12，编写程序并掌握 XY 图接收包含 X 数组和 Y 数组的簇，实现显示单条曲线的方法。

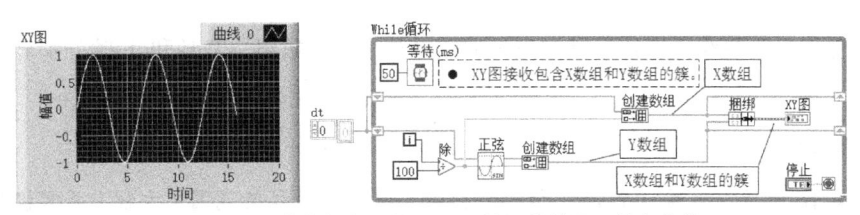

图 3-4-12 接收包含 X 数组和 Y 数组的簇显示单条曲线

【练习 3-83】

参看图 3-4-13，编写程序并掌握 XY 图接收点数组显示单条曲线的方法。

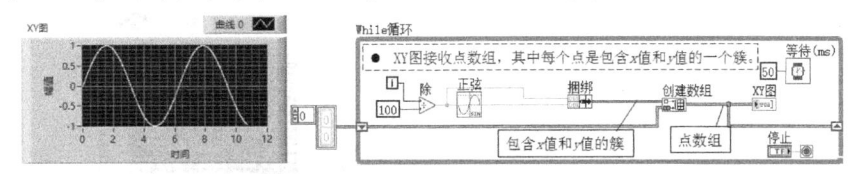

图 3-4-13 接收点数组显示单条曲线

2）在 XY 图中显示多条曲线

XY 图允许接收三种数据类型以用于显示多条曲线。

【练习 3-84】

参看图 3-4-14，编写程序并掌握 XY 图接收曲线数组数据显示多条曲线的方法。

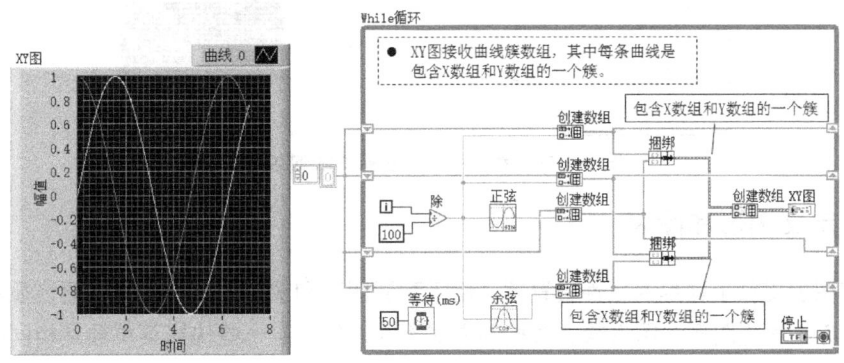

图 3-4-14 XY 图接收曲线数组显示多条曲线

【练习 3-85】

参看图 3-4-15，编写程序并掌握 XY 图接收曲线簇数组数据显示多条曲线的方法。

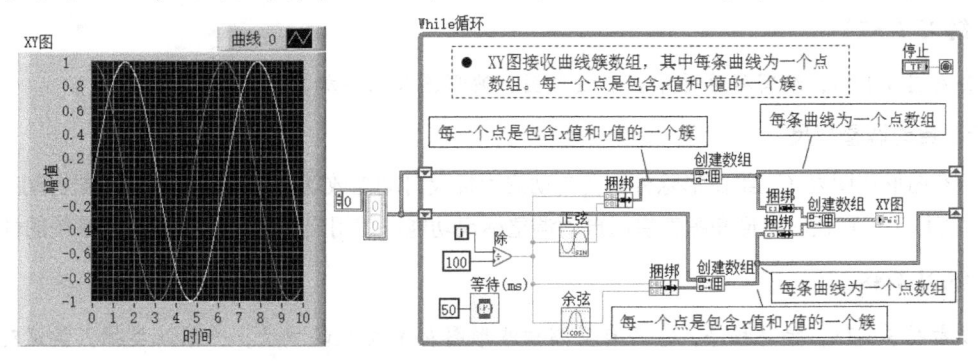

图 3-4-15 XY 图接收曲线簇数组数据显示多条曲线

XY 图也能接收曲线簇数组,其中每条曲线是一个复数数组,X 轴和 Y 轴分别显示复数的实部和虚部。

【练习 3-86】

如图 3-4-16 所示,编写一个 $y=x^2$ 和 $y=x^3$ 函数(限定 x 的取值范围)方程,并掌握利用 XY 图绘制单条、多条曲线的原理及方法。

XY 图中可显示 Nyquist 平面、Nichols 平面、S 平面和 Z 平面。上述平面的线和标签的颜色与笛卡尔线相同,且平面的标签字体无法修改。

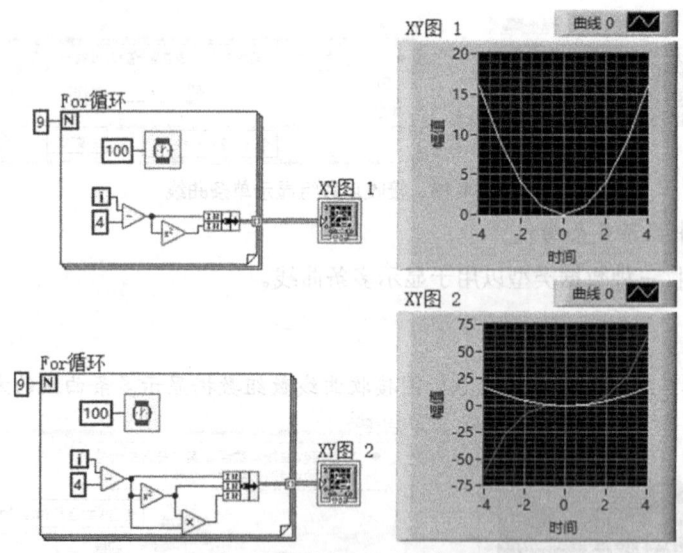

图 3-4-16 绘制单条、多条曲线的 XY 图

3.4.3 自定义图形和图表

图形和图表提供了详尽的属性设置项,用于配置图形和图表的外观、提供更多显示信息及突出显示数据等。尽管图形和图表绘制数据的方式不同,但也有一些快捷菜单项是相同的,但有些选项仅适用于特定的图形或图表。

1. 多个 X 标尺和 Y 标尺

在图形或图表上,使用多个标尺可显示不共享 X 标尺或 Y 标尺的多条曲线。

【练习 3-87】

参看图 3-4-17,编写程序并掌握在波形图、波形图表上添加多个 Y 标尺的方法。

2. 自动调整标尺

所有图形和图表(三维图形除外)会自动启用标尺自动缩放功能,根据连接的数据自动缩放水平和垂直标尺。默认的图形和图表启用自动调整标尺功能,使用自动调整标尺会降低系统的性能。

【练习 3-88】

参看图 3-4-18,编写程序,掌握自动缩放波形图表 Y 标尺的方法,并依此类推,尝试对波形图(表)的 X 标尺设置自动缩放标尺。

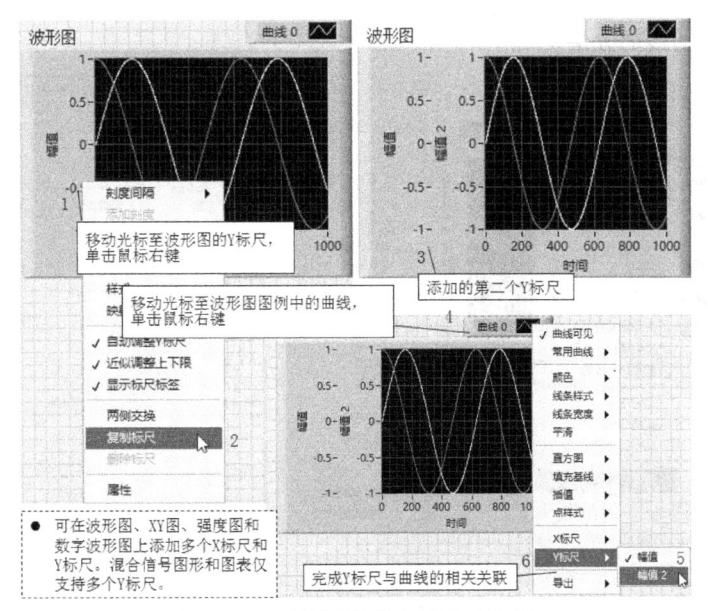

图 3-4-17　为波形图添加多个 Y 标尺

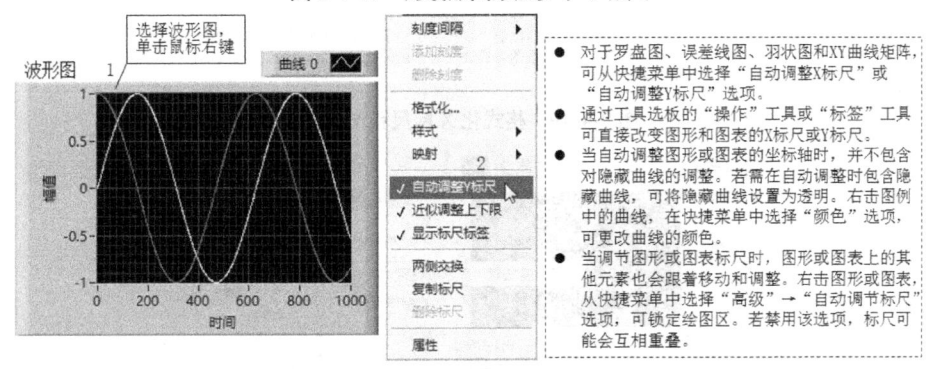

图 3-4-18　设置波形图表 Y 标尺自动缩放

3．格式化 X 标尺和 Y 标尺

【练习 3-89】

参看图 3-4-19，编写程序并掌握格式化 X 标尺和 Y 标尺的方法。

4．自定义图形和图表的外观

通过图形或图表的快捷菜单项可自定义图形和图表的外观。

【练习 3-90】

参看图 3-4-20，编写程序并掌握自定义图形和图表外观的基本思路。

5．使用图例

图形和图表的图例用于查看 LabVIEW 在绘图区域绘制的曲线和自定义图形和图表中曲线的外观。图例类的属性可以通过程序自定义。

【练习 3-91】

参看图 3-4-21，自行尝试使用"外观"选项卡在图例中添加曲线，并掌握使用属性节点编程

LabVIEW 数据采集

方式在图例中添加曲线的方法。

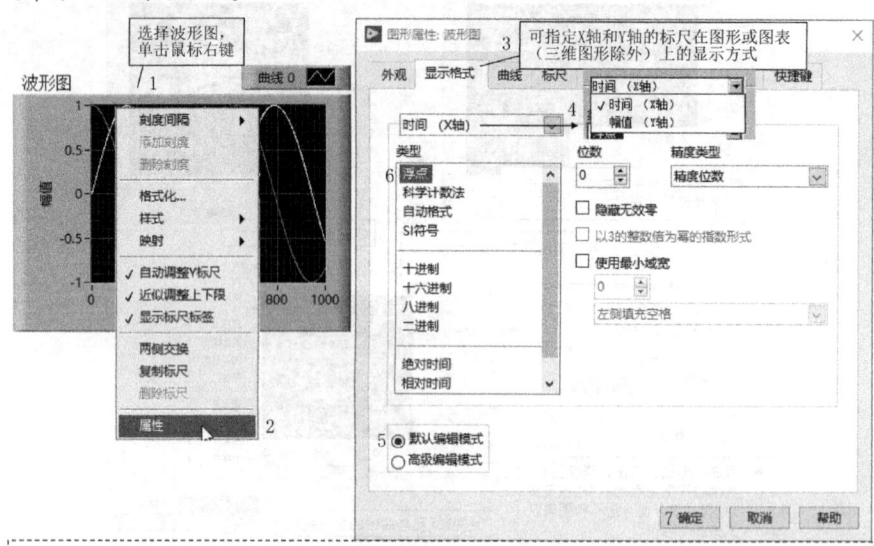

图 3-4-19 格式化 X 标尺和 Y 标尺

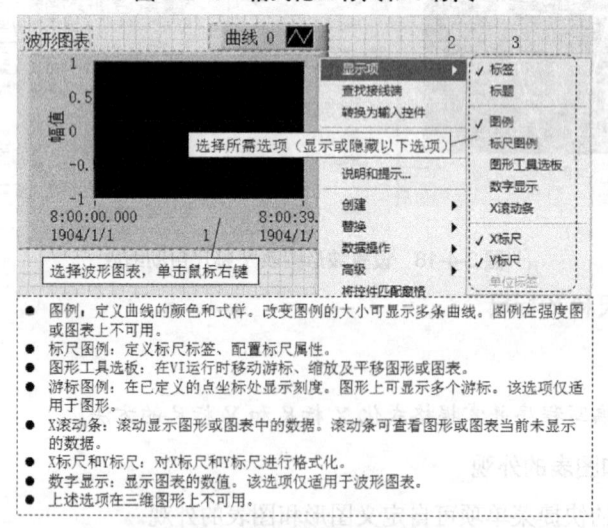

- 默认情况下，X标尺的标签为时间，Y标尺的标签为幅值。
- 显示格式和格式页还指定了图形或图表标尺数值格式。选择"高级编辑模式"选项，打开可以直接输入格式字符串的文本选项。输入格式字符串，自定义标尺的外观和数值精度。
- 使用"三维曲线属性"或"三维图形属性"对话框的"格式"选项卡指定标尺的刻度在三维图形上的显示方式。
- 单击"属性"对话框的"标尺"选项卡、"三维图形属性"对话框的"轴"页、"三维曲线属性"对话框的"曲线属性"页，重命名标尺及格式化标尺的外观。

图 3-4-20 自定义图形和图表的外观

- 图例：定义曲线的颜色和式样。改变图例的大小可显示多条曲线。图例在强度图或图表上不可用。
- 标尺图例：定义标尺标签、配置标尺属性。
- 图形工具选板：在VI运行时移动游标、缩放及平移图形或图表。
- 游标图例：在已定义的点坐标处显示刻度。图形上可显示多个游标。该选项仅适用于图形。
- X滚动条：滚动显示图形或图表中的数据。滚动条可查看图形或图表当前未显示的数据。
- X标尺和Y标尺：对X标尺和Y标尺进行格式化。
- 数字显示：显示图表的数值。该选项仅适用于波形图表。
- 上述选项在三维图形上不可用。

【练习 3-92】

参看图 3-4-22，读懂程序设置并编写程序，实现波形图或波形图表曲线可见性设置。

【练习 3-93】

参看图 3-4-23，读懂程序设置并编写程序，掌握使用图例工具自定义曲线外观的方法。

【练习 3-94】

参看图 3-4-24，编写程序并掌握为波形图表和波形图的图例添加垂直、水平滚动条的方法。

第 3 章　LabVIEW 数据处理基础

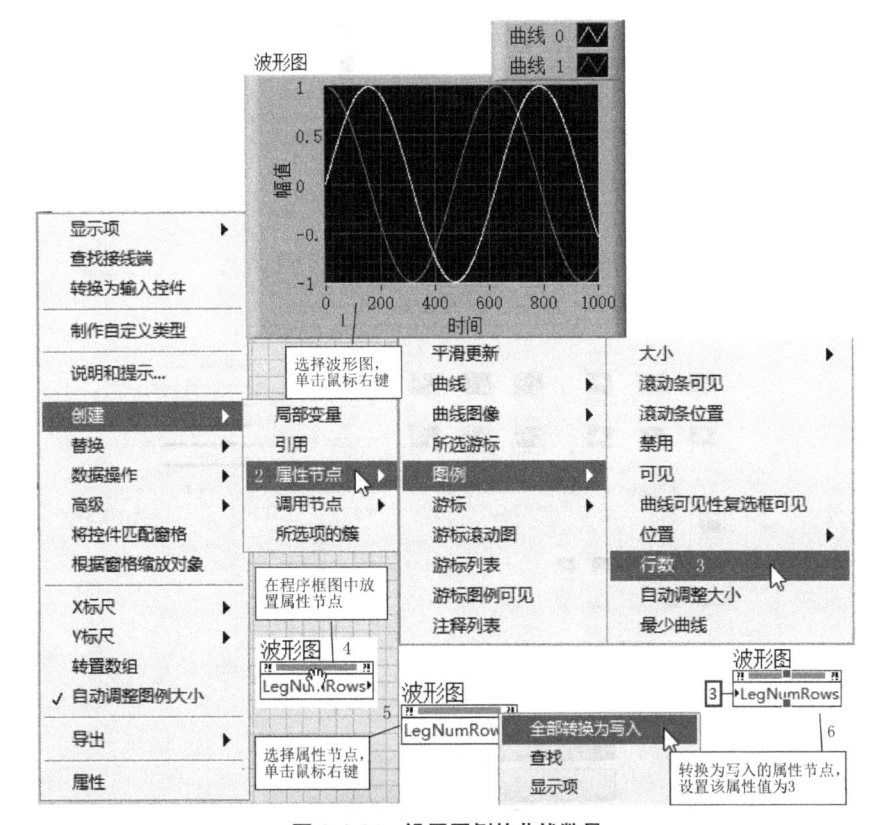

图 3-4-21　设置图例的曲线数量

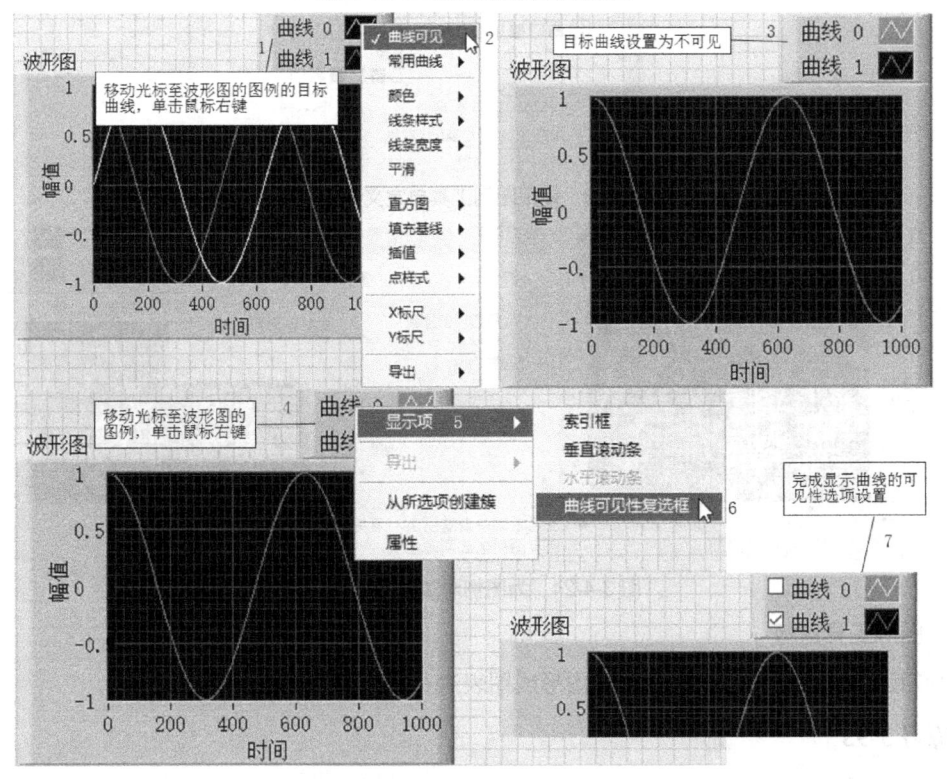

图 3-4-22　设置曲线可见

113

图 3-4-23 使用图例工具自定义曲线外观

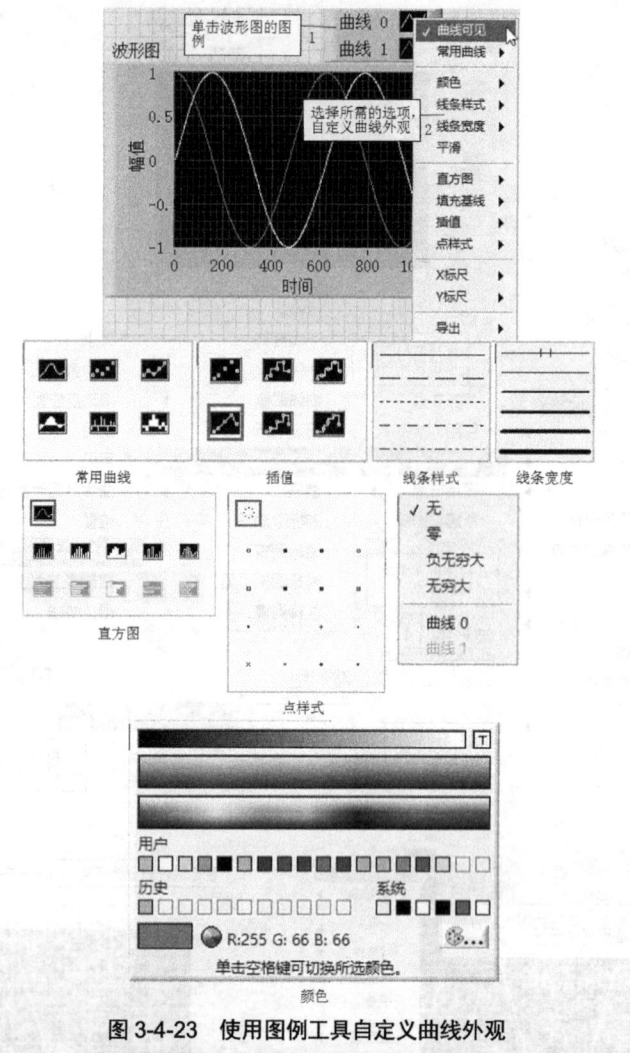

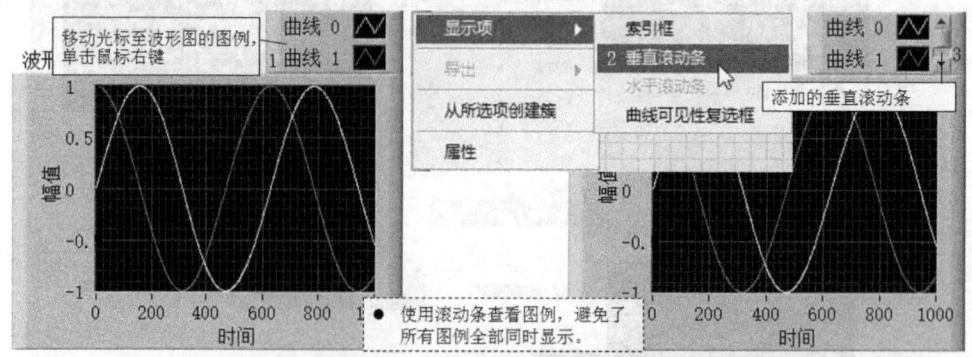

图 3-4-24 为图例添加垂直滚动条

6. 图形工具选板

图形工具选板用于在 VI 运行时对图形或图表进行操作。

【练习 3-95】

参看图 3-4-25,编写程序并掌握图形工具选板的使用方法。

第 3 章 LabVIEW 数据处理基础

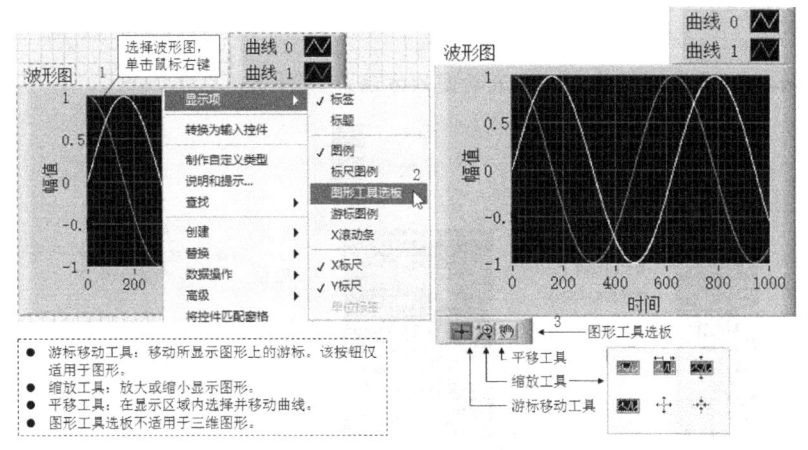

图 3-4-25 图形工具选板

7. 自定义图形

每个图形均包含各种选项，用户可自定义图形以满足数据显示的要求。例如，可修改图形游标的行为和外观或配置图形标尺。图 3-4-26 显示了一个波形图具有的元素。

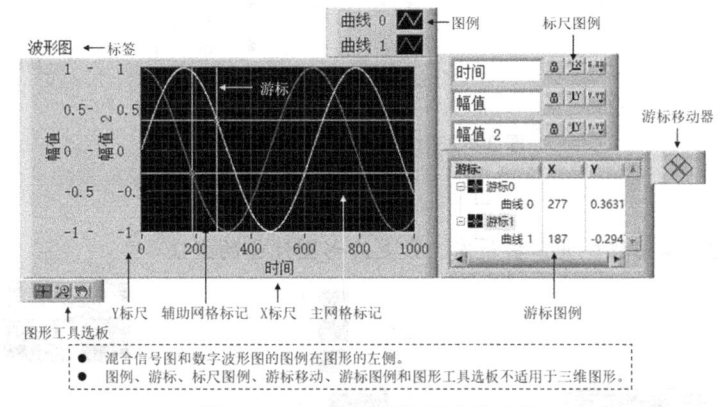

图 3-4-26 一个波形图具有的元素

【练习 3-96】

参看图 3-4-27，编写程序并掌握游标模式的使用方法。

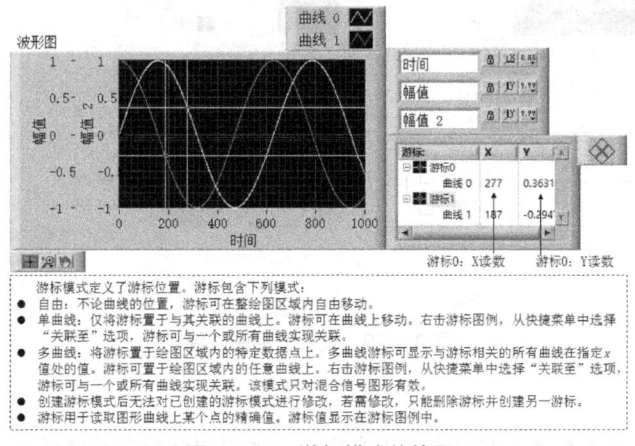

图 3-4-27 游标模式的使用

【练习 3-97】

参看图 3-4-28，掌握设置禁止游标滚动图的方法。

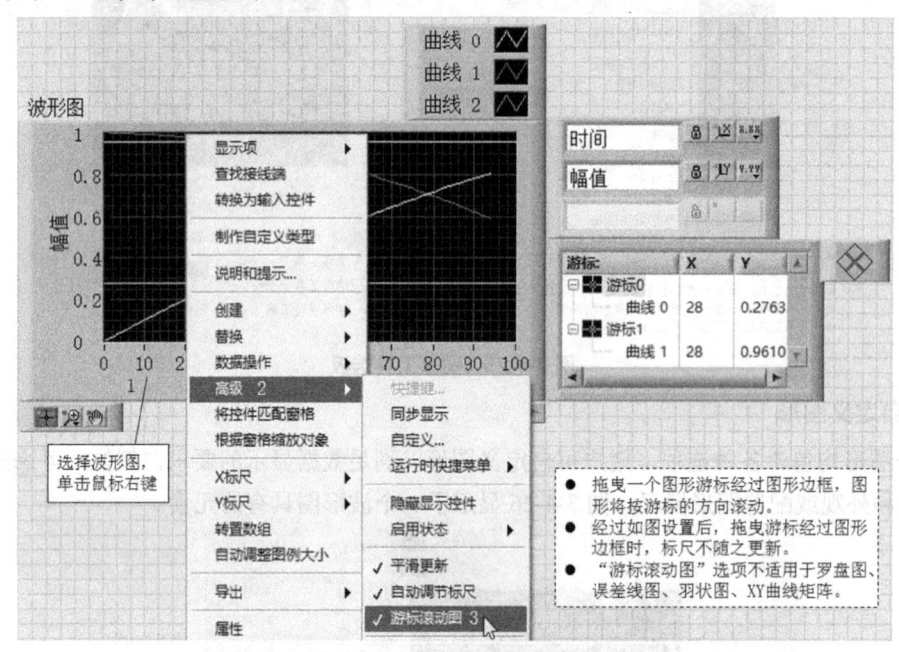

图 3-4-28　设置禁止游标滚动图

【练习 3-98】

参看图 3-4-29，编写程序并掌握创建、设置波形图注释的方法。

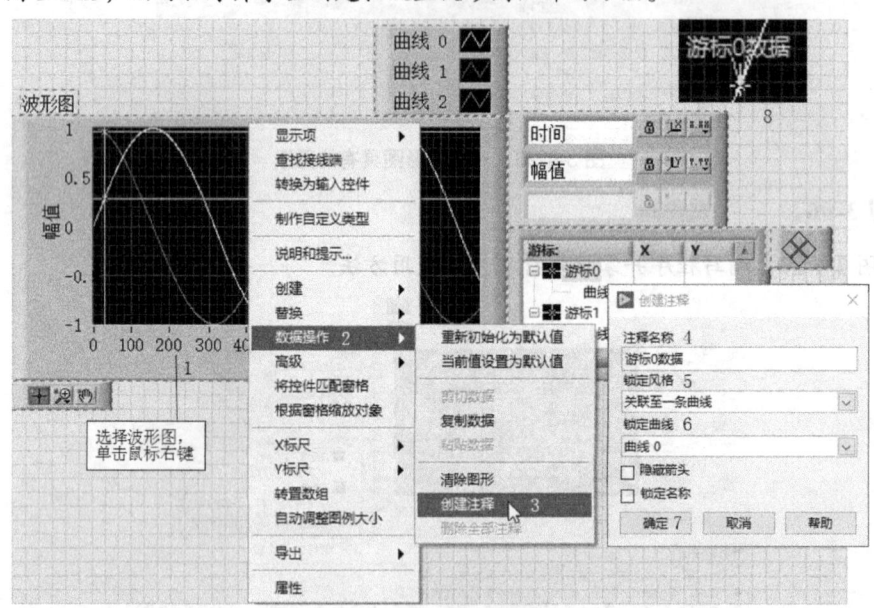

图 3-4-29　设置波形图注释

【练习 3-99】

参看图 3-4-30，编写程序并掌握修改（自定义）波形图注释和外观的方法。

第 3 章 LabVIEW 数据处理基础

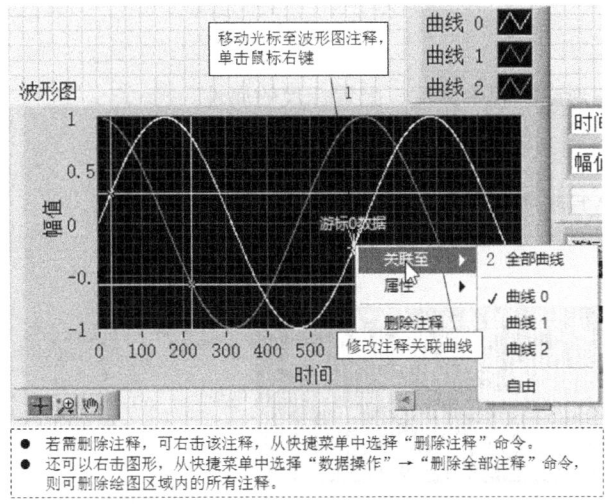

图 3-4-30 自定义波形图注释和外观

3.4.4 平滑线条、曲线

平滑线条可改善图形或图表中线条的外观。启用平滑线条绘图，曲线会显得更加光滑。平滑线条绘图不会改变线宽、线条和点的样式。

【练习 3-100】

参看图 3-4-31，编写程序并掌握波形图线条平滑的设置方法。

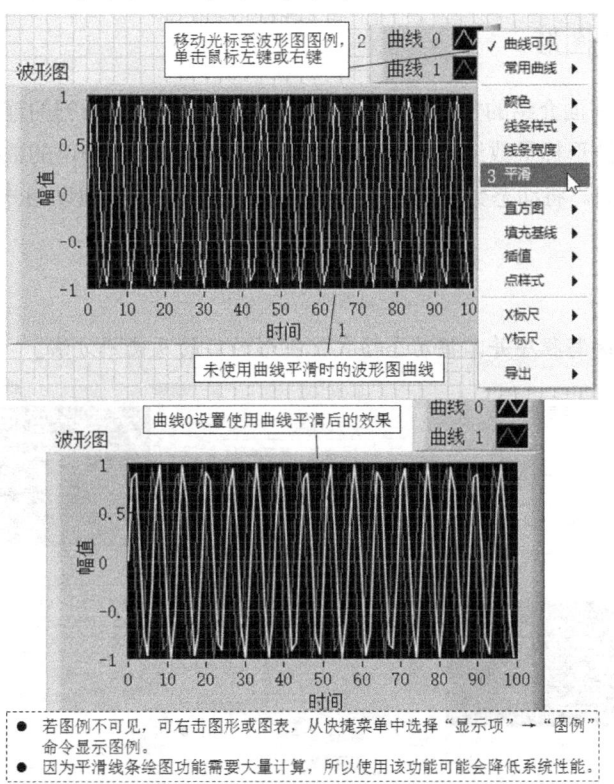

- 若图例不可见，可右击图形或图表，从快捷菜单中选择"显示项"→"图例"命令显示图例。
- 因为平滑线条绘图功能需要大量计算，所以使用该功能可能会降低系统性能。

图 3-4-31 设置波形图线条平滑

3.4.5 标尺图例

标尺图例用于在图形或图表中标注、配置标尺的属性。

【练习 3-101】

参看图 3-4-32，编写程序并掌握标尺图例的使用方法。

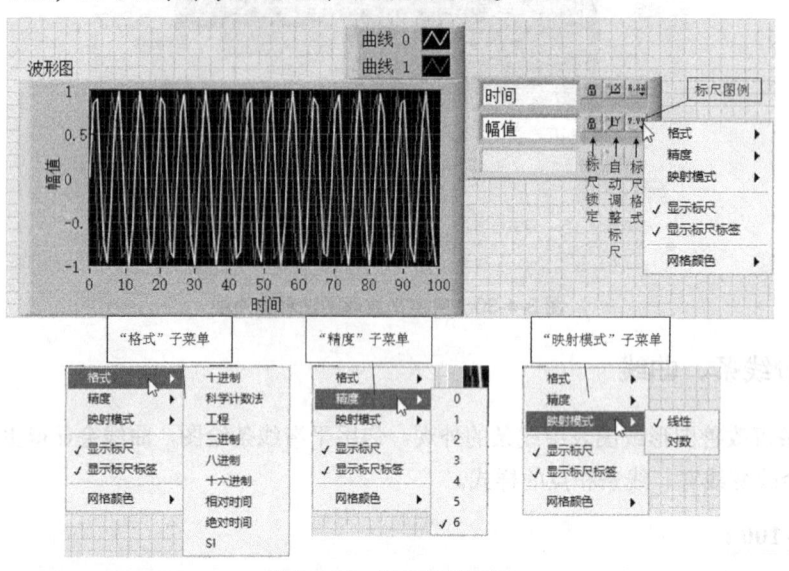

图 3-4-32 设置标尺图例

3.4.6 动态格式化图形

动态数据有别于前面介绍的数值型、布尔型等数据类型，动态数据的连线显示为蓝色粗线条，动态数据可以转换为波形标量数组、标量数组。有一些 Express VI 输出的数据类型就是动态数据，如仿真信号 Express VI。将动态数据或波形数据连接至波形图，可自动格式化图例和图形 X 标尺的时间标识。

【练习 3-102】

参看图 3-4-33，编写程序并掌握动态格式化图形的目的及使用方法。

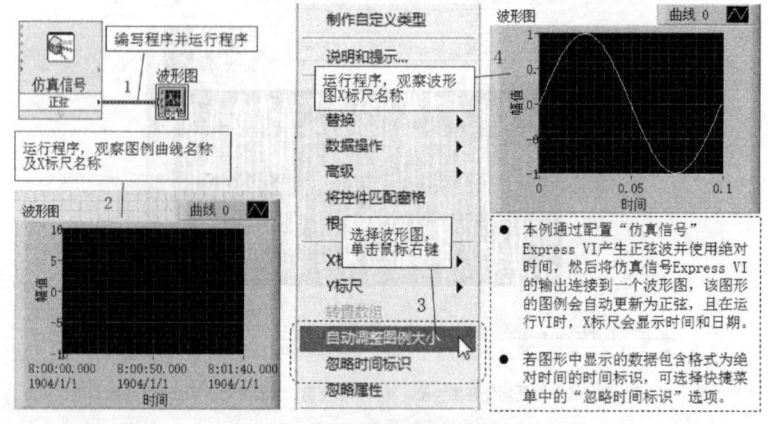

图 3-4-33 动态化格式数据

第 4 章

LabVIEW 数据处理进阶

本章详细讲解了利用函数多态性处理数据的方法、比较函数在多态性方面的具体应用、利用公式方程处理数据的思路与方法、存储数据时文件数据的处理方法等。

4.1 函数的多态性

多态是指 VI 或函数能够自动适应不同类型的输入数据。举个例子,"大于?"函数简单理解为对数值型数据进行比较操作,如"3>1"。引入"多态性"概念后,两个字符串也可以进行比较,如"A>B"。

函数多态性的程度各不相同,可以全部或部分输入接受多态,也可以完全没有多态输入。一个多态 VI 范例如图 4-1-1 所示。

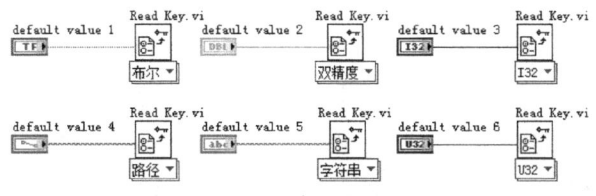

图 4-1-1　一个多态 VI 范例

1. 数值转换

LabVIEW 中数值使用的任何数值表示法都可以转换为其他数值表示法,如图 4-1-2 所示。

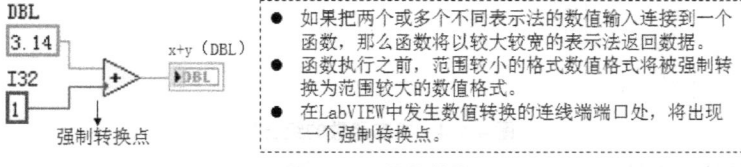

- 如果把两个或多个不同表示法的数值输入连接到一个函数,那么函数将以较大较宽的表示法返回数据。
- 函数执行之前,范围较小的格式数值格式将被强制转换为范围较大的数值格式。
- 在 LabVIEW 中发生数值转换的连线端端口处,将出现一个强制转换点。

图 4-1-2　数值转换

对于浮点标量数据而言,使用双精度浮点型是最佳选择。对整型数而言,使用 32 位有符号整型是最佳选择。

2. 数值函数的多态性

算术函数的输入数据都是数值型数据。除特别说明外，输出数据和输入数据均使用相同的数值表示法。

【练习 4-1】

参看图 4-1-3 编写程序，以双精度浮点型数据转换为单精度浮点型数据为例，掌握数值函数多态的处理方法。

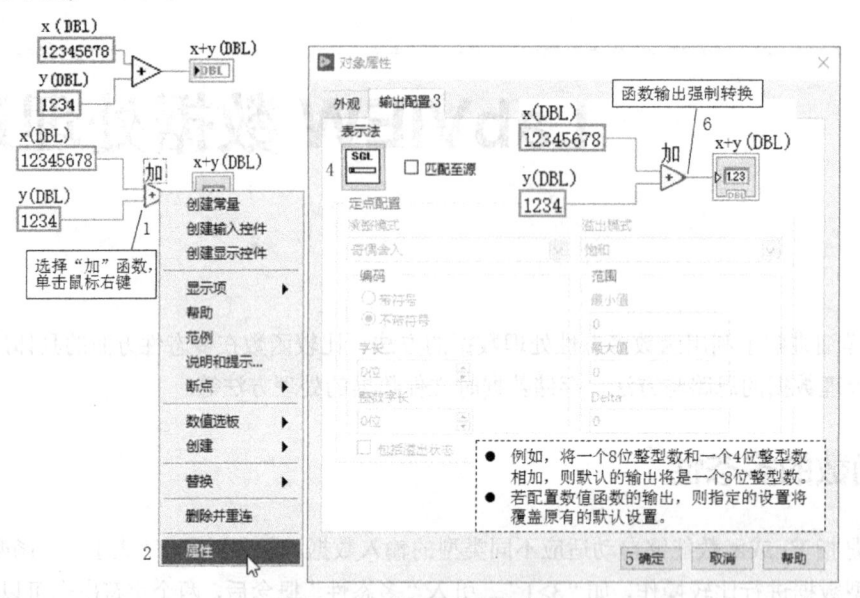

图 4-1-3 数值函数的多态性

【练习 4-2】

读懂图 4-1-4，以"加"函数为例说明该函数多态组合的可能性。尝试以实际的标量、数组、簇完成所有相加的运算。

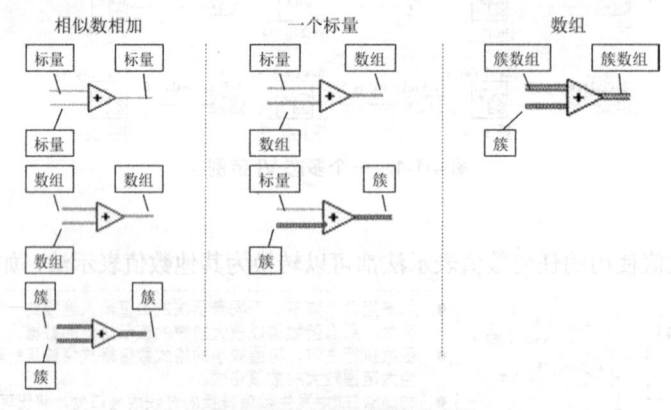

图 4-1-4 多态函数的组合性

3. 布尔函数的多态性

逻辑运算函数可以处理数值型或布尔型的数组、数值型或布尔型的簇、数值簇或布尔簇构成的数组等类型的数据。

【练习 4-3】

读懂图 4-1-5,掌握"与"函数中两个布尔值输入的几种组合方式。尝试代入布尔标量、布尔数组、布尔簇完成"与"运算。

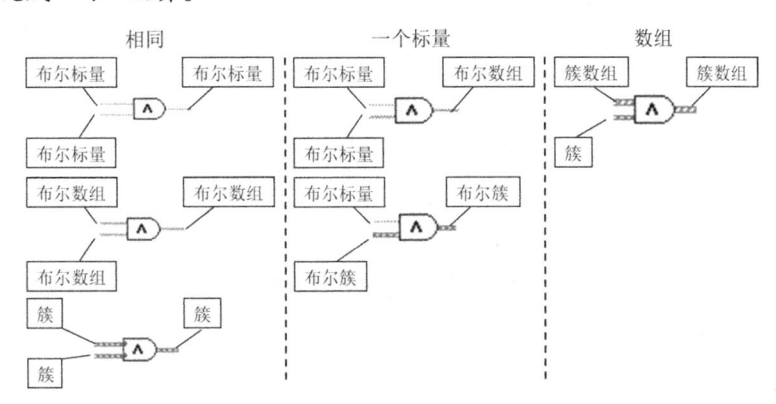

图 4-1-5 "与"函数中两个布尔值输入的几种组合方式

4．数组函数的多态性

大多数的数组函数可以处理 n 维数组,并且数组元素可以使用任意的数据类型。

【练习 4-4】

参看图 4-1-6,以"创建数组"函数为例,理解数组函数的多态性及其数据默认类型的查看方法。

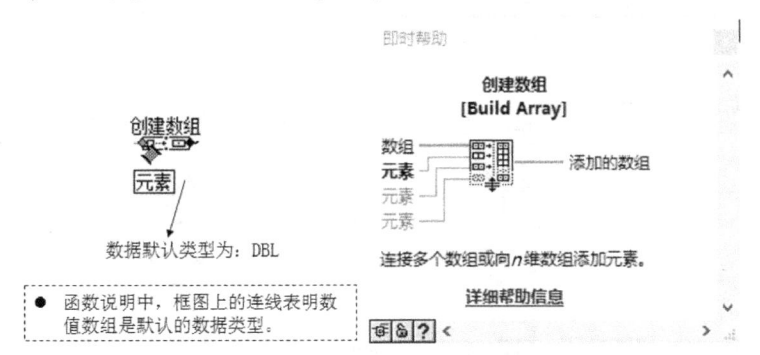

图 4-1-6 "创建数组"函数的数据默认类型

5．字符串函数的多态性

"字符串长度"函数、"转换为大写字母"函数、"转换为小写字母"函数、"反转字符串"函数和"字符串移位"函数可以处理字符串、由字符串构成的数组和簇,以及由簇构成的数组。"转换为大写字母"函数和"转换为小写字母"函数还可以处理数值、数值簇和数值数组,这两个函数把数值当作字符的 ASCII 码来处理。

需要注意的是,宽度和精度的输入必须是标量。

1）字符串转换函数的多态性

"路径至字符串转换"函数和"字符串至路径转换"函数均为多态函数。这两个函数均可用于处理标量值、标量数组、标量簇和由标量簇组成的数组等类型的数据。

这两个函数的输出数据和输入数据相比,除了转换后得到的新的数据类型,其余的成分完全相同。

【练习 4-5】

参看图 4-1-7，编写程序并理解字符串转换函数的多态特性。

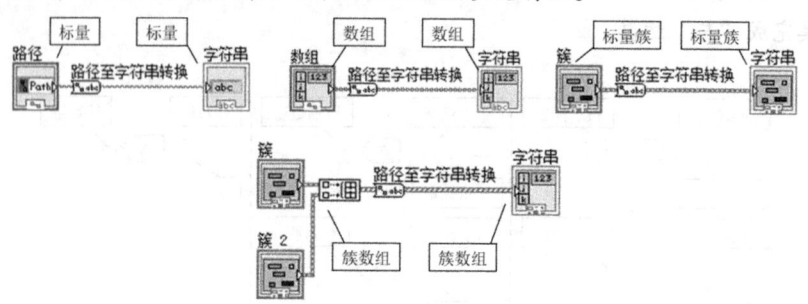

图 4-1-7　字符串转换函数的多态性

2）其他字符串/数值转换函数的多态性

【练习 4-6】

参看图 4-1-8，编写程序并理解其他字符串/数值转换函数的多态特性。尝试编写程序验证"数值至十进制字符串转换"函数、"数值至十六进制字符串转换"函数、"数值至八进制字符串转换"函数、"数值至工程字符串转换"函数、"数值至小数字符串转换"函数、"数值至指数字符串转换"函数的多态性。

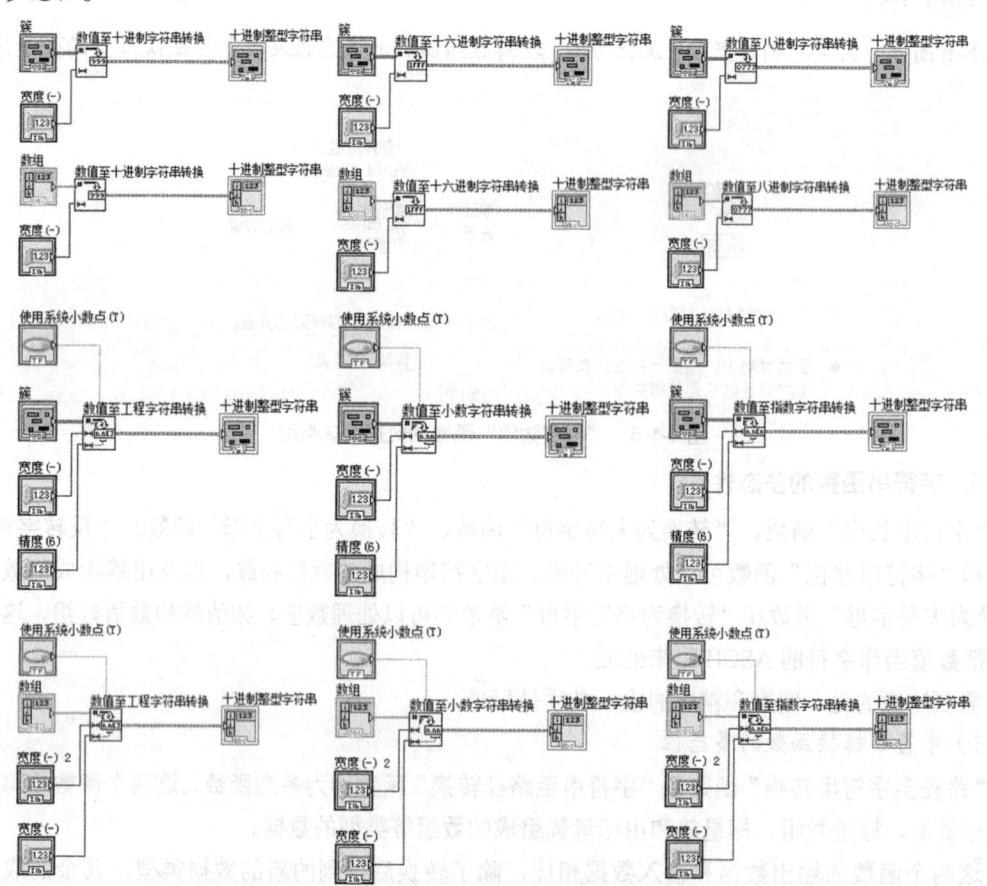

图 4-1-8　其他字符串/数值转换函数的多态性

第4章 LabVIEW 数据处理进阶

6. 簇函数的多态性

簇本身可以包含多种数据类型的元素，因此簇函数也是多态性函数。

一旦两个函数的输入/输出端完成连线，这些接线端的样式和相应的前面板控件或显示端口的数据类型将保持一致。

【练习 4-7】

参看图 4-1-9，编写程序并理解簇的"捆绑"函数与"解除捆绑"函数的多态性。

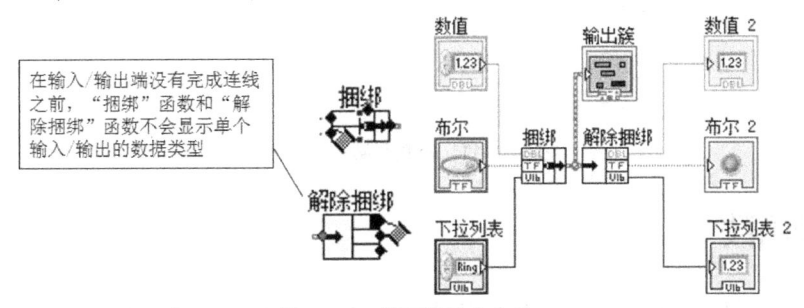

图 4-1-9 簇函数的多态性

7. 比较函数的多态性

"等于？"函数、"不等于？"函数和"选择"函数等比较函数的输入可以是任何类型，但所有输入的类型必须一致。

【练习 4-8】

参看图 4-1-10，编写程序并理解比较函数的多态性。

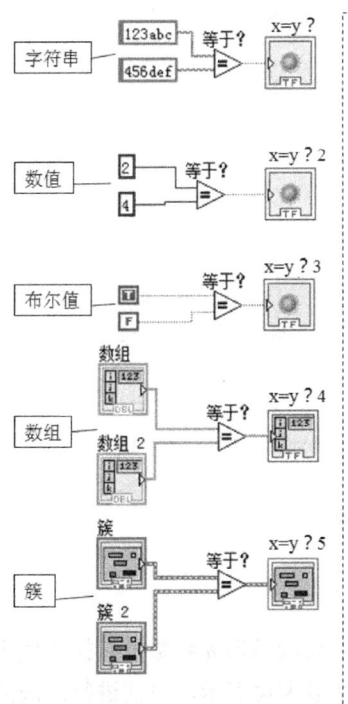

- "大于等于？"函数、"小于等于？"函数、"小于？"函数、"大于？"函数、"最大值与最小值"函数和"判定范围并强制转换"函数等可以处理除复数、路径及引用句柄以外任何类型的输入，所有输入必须类型一致。用户可以对数值、字符串、布尔值、字符串数组、数值簇、字符串簇等类型的数据进行比较。但是，不同类型的数据之间是无法比较的，如数值和字符串、字符串和布尔值之间无法进行比较。
- 与0进行比较的函数可以处理数值标量、簇和数值数组。这些函数的输出是布尔值，数据结构和输入一致。
- "非法数字"函数、"路径"函数、"引用句柄？"函数接受的输入类型与与0进行比较的函数的数据类型一致。此外，该函数还接受路径和引用句柄。"非法数字"函数、"路径"函数、"引用句柄？"函数的输出是布尔值，数据结构和输入一致。
- "十进制数？"函数、"十六进制数？"函数、"八进制数？"函数、"可打印？"函数和"空白？"函数等可以处理字符串标量、数值、字符串簇、非复数构成的簇、字符串数组及非复数构成的数组等类型的数据。这些函数的输出由布尔值组成，数据结构和输入一致。
- "空字符串"函数、"路径？"函数可以处理路径、字符串标量、字符串簇、字符串数组等类型的数据。这些函数的输出由布尔值组成，数据结构和输入一致。
- "等于？"函数、"不等于？"函数、"非法数字"函数、"路径"函数、"引用句柄？"函数、"空字符串"函数、"路径"函数及"选择"函数都可以将路径和引用句柄作为输入，其余比较函数都不能将路径和引用句柄作为输入。
- 将数组和簇作为输入的比较函数通常返回布尔数组，数据类型和输入一致。若要让函数返回单个布尔值，右击该函数图标并从快捷菜单中选择"比较模式»比较集合"子菜单，勾选"比较集合"选项。

图 4-1-10 比较函数的多态性

8. 对数函数的多态性

对数函数的输入都是数值型数据。如果输入是整型数据，那么输出是双精度浮点型数据。否则，输出数据和输入数据的数值表示方式相同。

【练习 4-9】

参看图 4-1-11，编写程序并理解对数函数的多态性。

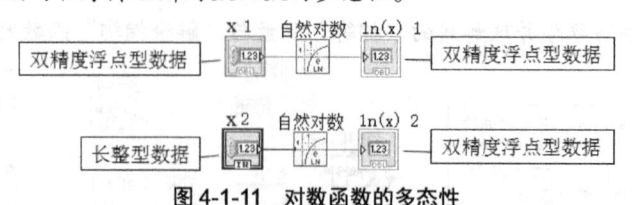

图 4-1-11 对数函数的多态性

4.2 比较函数

比较函数不是仅仅对数值型数据进行比较操作，因为比较函数是多态性的，所以比较函数可用于数值、字符串、布尔值、数组和簇的比较操作。大多数的比较函数会测试一个输入或比较两个输入，结果将返回一个布尔值，进一步与条件结构关联后续应用。图 4-2-1 所示为比较函数子选板。

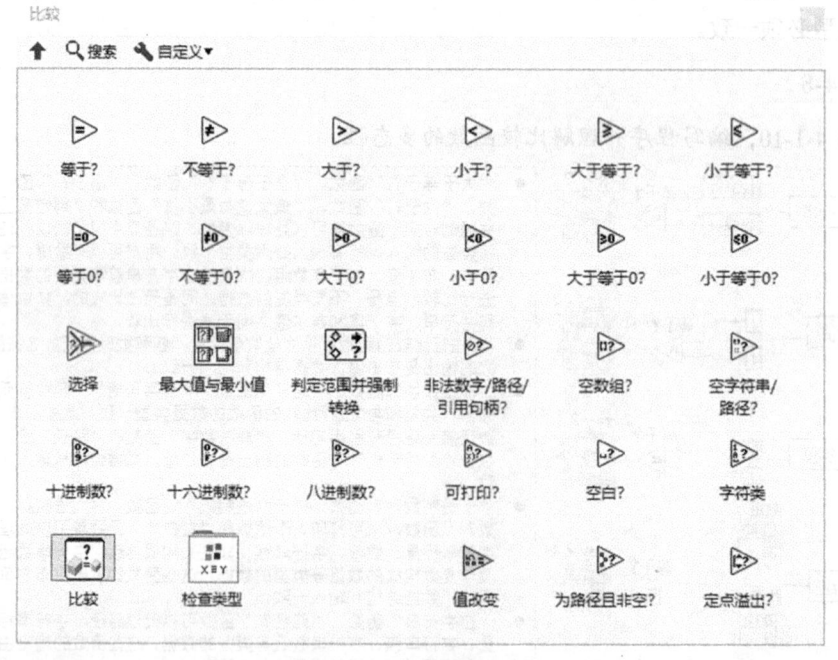

图 4-2-1 比较函数子选板

4.2.1 比较数值

"大于？"函数、"小于？"函数这些都属于比较函数。比较函数先将数值转换为使用相同表示法的数据后再进行比较。比较函数会将每个输入转换为其最大化表示，以便进行准确的比较。对于带有值非法数字（NaN）的一个或两个输入，函数将返回不相等的结果。

【练习 4-10】

参看图 4-2-2，编写程序并理解比较数值特殊情况的处理方式。

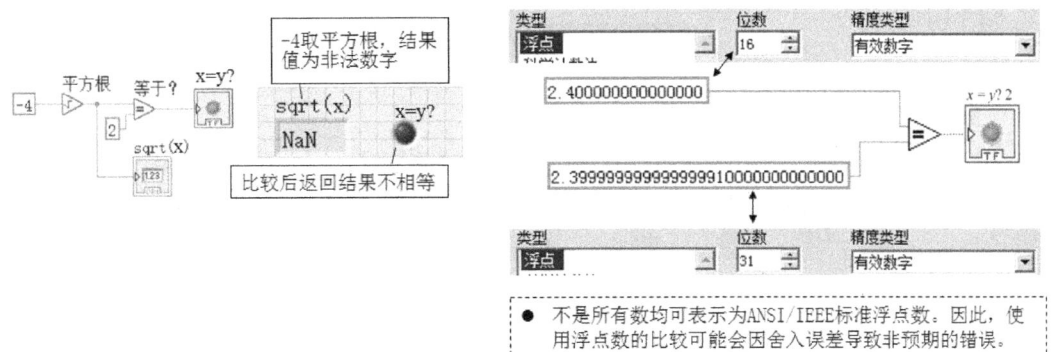

图 4-2-2　比较数值的特殊情况

4.2.2　比较字符串

字符串的比较是依据 ASCII 码的值进行的。比较函数会从字符串的第 0 个元素开始，一次比较一个元素，直至函数发现不相等或直至一个字符串的末尾才结束比较。若前面的字符都一样，则比较函数认为长的字符串比短的字符串大。

【练习 4-11】

参看图 4-2-3，编写程序并理解比较字符串的基本规则。

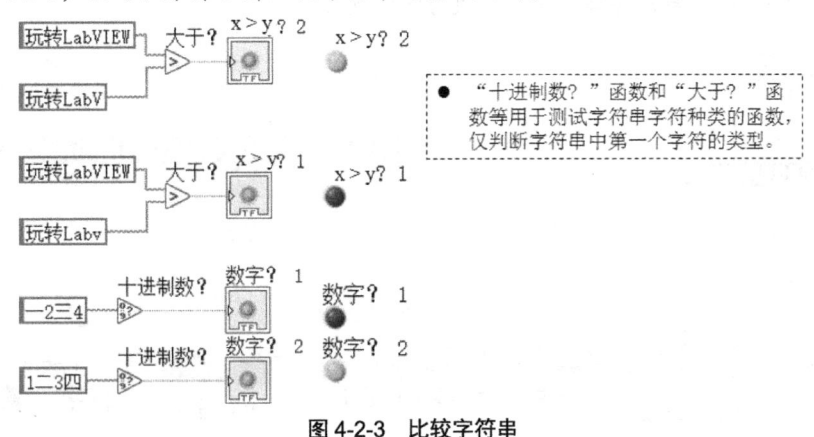

图 4-2-3　比较字符串

4.2.3　比较布尔值

在布尔值的比较运算中，布尔值 TRUE 比布尔值 FALSE 大。

4.2.4　比较数组和簇

某些比较函数有两种比较数组或簇的模式。

【练习 4-12】

参看图 4-2-4，编写程序并初步理解两种比较模式。

125

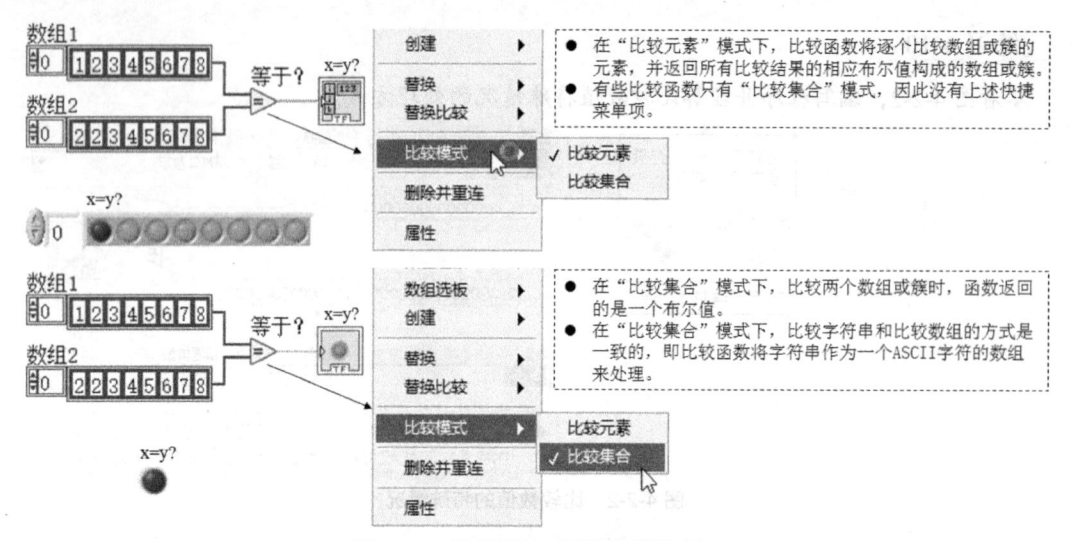

图 4-2-4　比较数组（两种比较模式）

1. 比较数组

比较多维数组时，每个连接至函数的数组必须要有相同的维数。

"最大值"函数与"最小值"函数与其他比较函数不同。根据指定的比较模式和指定的输出，"最大值"函数与"最小值"函数将返回最大元素或数组最小的元素或数组。

【练习 4-13】

参看图 4-2-5，编写程序并理解多维数组的比较规则。

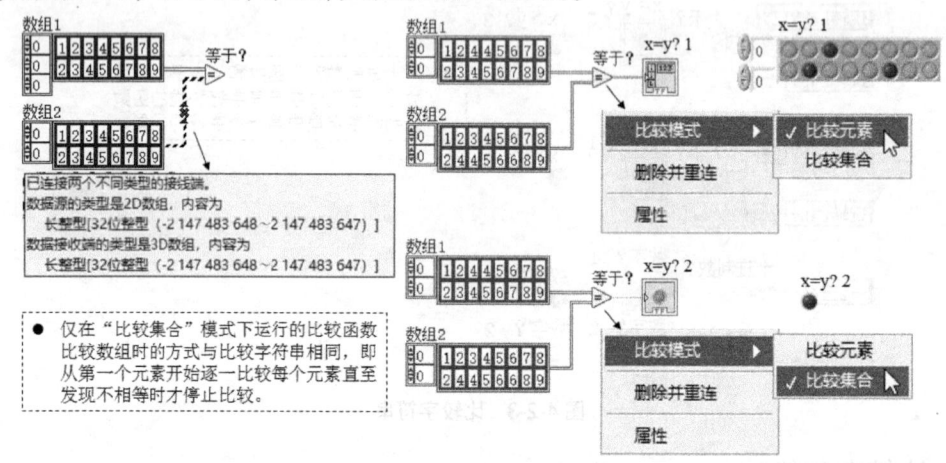

图 4-2-5　多维数组的比较

1)"比较元素"模式

在"比较元素"模式下，比较函数返回与输入数组具有相同维数的一个布尔值数组。输出数组中的每一维为该维中较短的那个输入数组。在每一维内（如一行、一列或一页），函数比较每个输入数组内的相应元素值，在输出数组内产生相应的布尔值。

2)"比较集合"模式

在"比较集合"模式下，比较函数在比较一个数组内的所有元素之后返回单个布尔结果。比较函数在得到结果前将顺序比较各元素，其方式类似于英语单词的字母排序，即比较每个单词中的字母，在出现不相等的字母时停止比较。据此，比较函数须执行下列步骤以得出比较的结果：若两个输入数组中的其他元素值都相等，但其中一个数组在结尾处还有更多的元素，则较长的那个数组较大。例如，用比较函数比较[1,2,3,2]和[1,2,3]这两个数组，结果是前者比后者大。

2．比较簇

两个簇进行比较时，它们必须要有相同的元素数目，每个元素的数据类型必须兼容，并且各个元素在簇内的顺序必须一致。例如，可以将含有双精度浮点型数据和字符串的一个簇与含有长整型数据和字符串的另一个簇进行比较。

【练习 4-14】

参看图 4-2-6，编写程序并理解簇比较的规则。

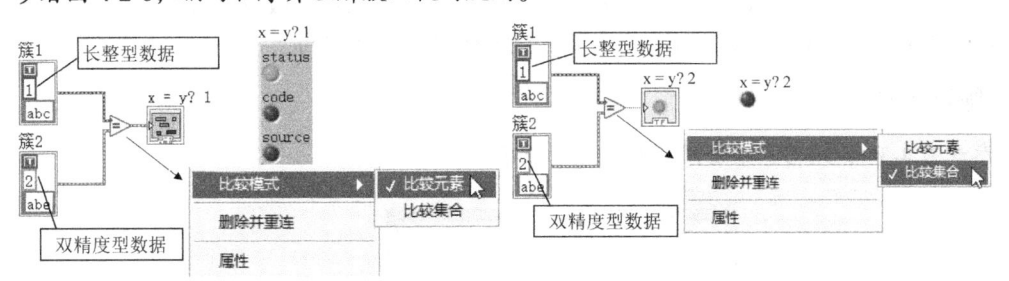

图 4-2-6　簇比较规则

1）"比较元素"模式

在"比较元素"模式下，比较函数返回一个布尔元素的簇，其中每个元素对应于输入的簇元素。

2）"比较集合"模式

在"比较集合"模式下，比较函数在比较一个簇内的所有元素之后返回单个布尔结果。比较函数在得到结果前将顺序比较各元素，其方式类似于英语单词的字母排序，即比较每个单词中的字母，在出现不相等的字母时停止比较。据此，比较函数须执行下列步骤以得出比较的结果：

若两个输入簇中的其他元素值都相等，但是其中一个簇在结尾处还有更多的元素，则较长的那个簇较大。例如，用比较函数比较[1,2,3,2]和[1,2,3]这两个簇，结果是前者比后者大。

"比较集合"模式用于比较两个数据元素已排序的簇。在这种模式下，比较函数先比较前面的元素再比较后面的元素。例如，比较一个包含两个姓在前名字在后的字符串簇时，只有在姓匹配的情况下比较函数才会对名字做比较。

4.3 公式与方程

若用户有现成的算法（公式、方程），在 LabVIEW 中可以直接使用，无须在程序框图中连线繁杂的算术函数，就可实现代码快速移植。

1．LabVIEW 中使用公式、方程的方法

程序框图中可以通过公式节点、表达式节点和脚本节点执行数学运算，LabVIEW 支持 MathScript 节点和其他脚本节点。

某些现有脚本中的函数可能不受支持。对于这些函数，可使用公式节点或其他脚本节点。

2. 公式节点

公式节点是一种方便在程序框图上执行数学运算的文本节点，无须使用任何的外部代码或应用程序，且创建方程时无须连接任何基本算术函数。除接受文本方程表达式外，公式节点还接受为 C 语言的文本形式的编程语句，如 If 语句、While 循环、For 循环和 Do 循环。这些程序的组成元素与在 C 语言程序中的元素相似，但并不完全相同。

公式节点尤其适用于含有多个变量或较为复杂的方程，以及对已有文本代码的利用。通过复制、粘贴的方式将已有的文本代码移植到公式节点中，无须通过图形化编程的方式重新创建相同的代码。

公式节点位于"函数"选板→"编程"子选板→"结构"子选板，是一个类似于 For 循环、While 循环、条件结构、层叠式顺序结构和平铺式顺序结构且大小可改变的方框。但公式节点中没有子程序框图，而是有一个或多个由分号隔开的类似 C 语言的语句。

【练习 4-15】

参看图 4-3-1，编写一个使用公式节点的程序。

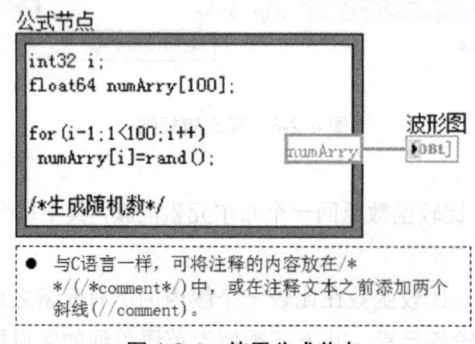

图 4-3-1 使用公式节点

3. 表达式节点

表达式节点位于"函数"选板→"编程"子选板→"数值"子选板，用于计算含有单个变量的表达式。表达式节点适用于表达式中仅有一个变量的情况，若出现多个变量，情况会变得较为复杂。表达式节点使用外部传递到变量输入接线端的值作为该变量的值，并由输出接线端返回计算的结果值。

【练习 4-16】

参看图 4-3-2，使用表达式节点编写简单表达式 $x \times x + 33(x+5)$ 的程序。

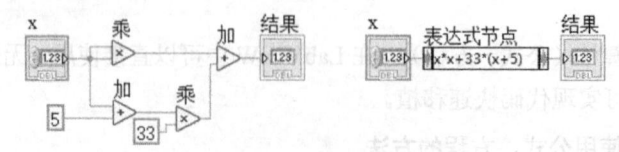

图 4-3-2 表达式节点

4. 脚本节点

脚本节点位于"函数"选板→"数学"子选板→"脚本与公式"子选板→"脚本节点"子选板，用于执行 LabVIEW 中基于文本的数学脚本。LabVIEW 支持调用第三方脚本服务器处理脚本的脚本节点，如 MATLAB 脚本服务器。

在值的传递方面，脚本节点类似于公式节点。但是，脚本节点允许用户导入已有的文本脚本并在 LabVIEW 中通过调用第三方脚本服务器运行导入的脚本。

5．MathScript 函数支持的数据类型

MathScript 函数（原名：MathScript RT 模块、Control Design & Simulation 模块、Digital Filter Design 模块）通常指之前已发布版本的 NI LabVIEW MathScript 或其他文本语言中函数曾经使用的名称。

4.4 文件 I/O

文件 I/O 用于 LabVIEW 文件中的数据读/写。通过"文件 I/O"选板上的"文件 I/O" VI 和函数可实现文件 I/O 的所有功能，如图 4-4-1 所示。LabVIEW 使用一个 VI 或函数就可进行文件打开、读/写和关闭操作，也可使用函数控制过程中的各个步骤。

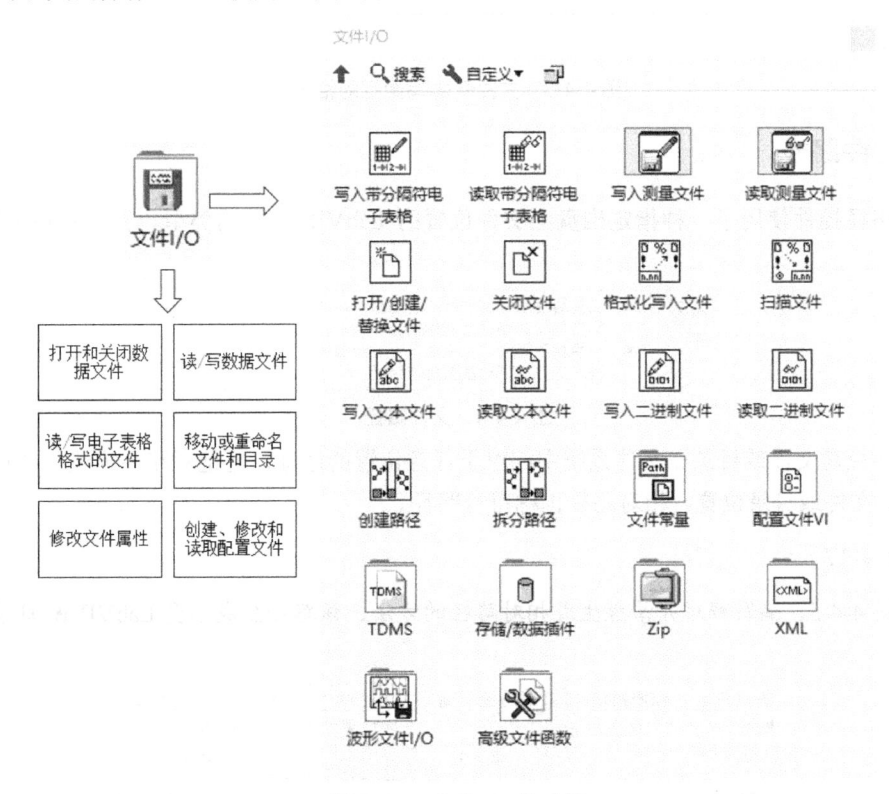

图 4-4-1 文件 I/O 的功能

4.4.1 文件 I/O 基本流程

典型的文件 I/O 操作流程如图 4-4-2 所示。文件 I/O VI 和某些文件 I/O 函数，如"读取文本文件"函数和"写入文本文件"函数可执行一般文件 I/O 操作的全部三个步骤。执行多项操作的 VI 和函数可能在效率上低于执行单项操作的函数。

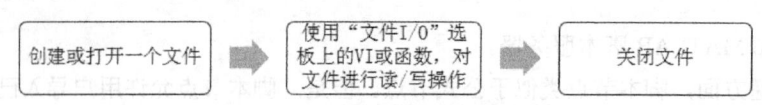

图 4-4-2　典型的文件 I/O 操作流程

4.4.2　判定要使用的文件格式

使用何种"文件 I/O"选板上的 VI 取决于文件的格式，图 4-4-3 列出了文件中读/写数据的格式。

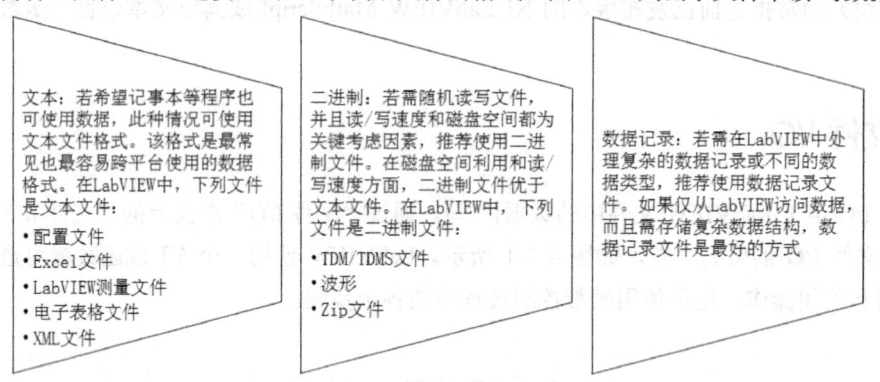

文本：若希望记事本等程序也可使用数据，此种情况可使用文本文件格式。该格式是最常见也最容易跨平台使用的数据格式。在 LabVIEW 中，下列文件是文本文件：
- 配置文件
- Excel 文件
- LabVIEW 测量文件
- 电子表格文件
- XML 文件

二进制：若需随机读写文件，并且读/写速度和磁盘空间都为关键考虑因素，推荐使用二进制文件。在磁盘空间利用和读/写速度方面，二进制文件优于文本文件。在 LabVIEW 中，下列文件是二进制文件：
- TDM/TDMS 文件
- 波形
- Zip 文件

数据记录：若需在 LabVIEW 中处理复杂的数据记录或不同的数据类型，推荐使用数据记录文件。如果仅从 LabVIEW 访问数据，而且需存储复杂数据结构，数据记录文件是最好的方式

图 4-4-3　文件中读/写数据的格式

4.4.3　文件路径

文件路径控件使用了一种指定磁盘上文件位置的 LabVIEW 数据类型，文件路径如图 4-4-4 所示。

- 文件路径包含文件所在的磁盘、文件系统根目录到文件间的路径及文件名。
- 使用相对路径可避免在另一台计算机上创建应用程序或运行 VI 时重新指定路径。

图 4-4-4　文件路径

相对路径是文件或目录在文件系统中相对于任意位置的地址，而绝对路径描述从文件系统根目录开始的文件或目录位置。相对路径也称符号路径。

【练习 4-17】

参看图 4-4-5，编写程序并掌握生成相对路径的方法，该路径生成不受 LabVIEW 目录所在位置的影响。

默认目录　创建路径　添加的路径
TLA004

添加的路径
D:\Program Files (x86)\National Instruments\LabVIEW 2019\TLA004

- 无论运行 VI 的计算机上 LabVIEW 目录的位置如何，"创建路径"函数总是返回默认目录下名为 TLA004 的正确目录路径。
- 绝对路径包括驱动器名、冒号、用反斜线分隔的目录名、文件名。

图 4-4-5　生成相对路径

相对路径类似于一个可扩展为完整路径名的变量。在路径可能发生变化的情况下，若路径与 LabVIEW 安装路径相关时，可使用相对路径。可以在"选项"对话框→"路径"页中默认数据路径和 VI 搜索路径，或在 VI"属性"对话框→"文档"页→"帮助路径"中指定一个相对路径，LabVIEW 在运行时将相对路径转换为绝对路径。

4.4.4 二进制文件

二进制文件可用于保存数值型数据并访问文件中的指定数字，或随机访问文件中的数字。二进制文件只能通过机器读取。二进制文件是存储数据最为紧凑和快速的格式。在二进制文件中可使用多种数据类型，但这种情况并不常见。

"文件 I/O" VI 和函数可以对二进制文件进行读/写操作。若需在文件中读/写数值型数据，或创建在多个操作系统上使用的文本文件，则可考虑用二进制文件函数。"写入二进制文件"函数用于创建二进制文件，数据输入端可连接任何类型的数据。

将相应类型的控件或常量连接至"读取二进制文件"函数的数据类型输入端，就可使用"读取二进制文件"函数指定从文件中读取的数据类型。"写入二进制文件"函数和"读取二进制文件"函数可读取由不同操作系统创建的文本文件。

【练习 4-18】

参看图 4-4-6，打开范例 Write Binary File.vi 和 Read Binary File.vi，读懂写入二进制文件和读取二进制文件的方法，并尝试编写该程序。

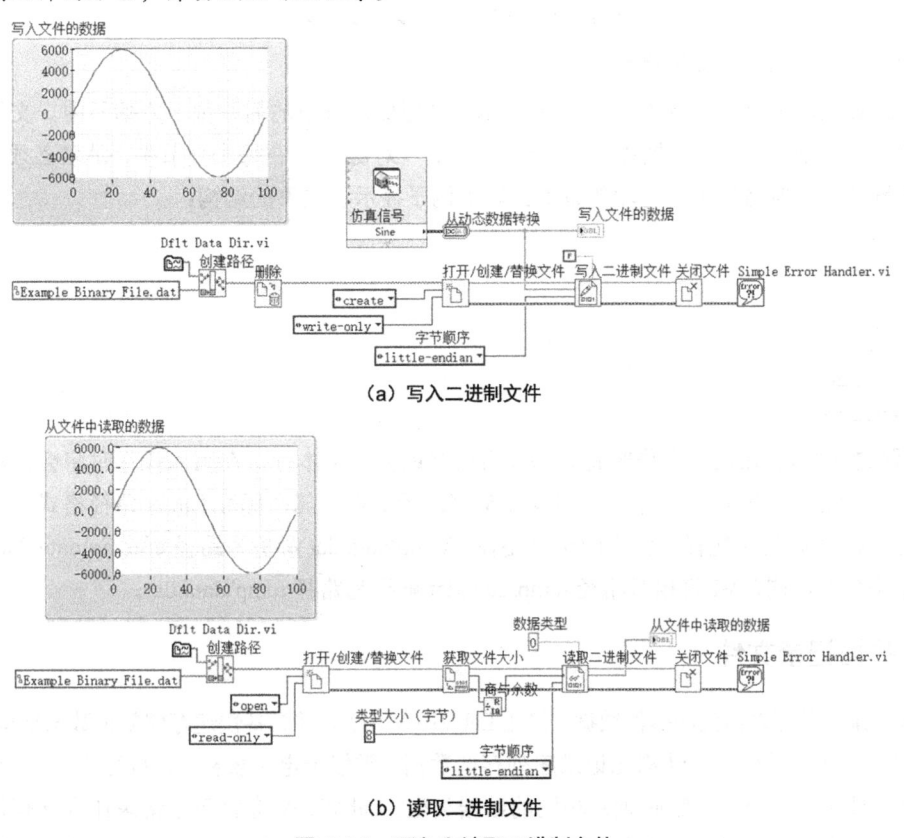

（a）写入二进制文件

（b）读取二进制文件

图 4-4-6　写入和读取二进制文件

4.4.5 配置文件

使用"配置文件"VI 读取和创建 Windows 配置设置文件（.ini）时，根据平台而异的数据以独立于平台的格式写入，从而通过这些 VI 在多个平台上生成文件。

"配置文件"VI 使用配置设置文件格式，通过"配置文件"VI 可在任何平台上读/写由 VI 创建的文件，但无法使用"配置文件"VI 创建或修改 OS X 或 Linux 格式的配置文件。

Windows 配置设置文件的标准扩展名为.ini。只要内容格式正确，"配置文件"VI 也可使用以任何扩展名命名的文件。

"配置文件"VI 仅可用于 ANSI 格式的 Windows 配置设置文件。

【练习 4-19】

参看图 4-4-7，读懂程序并掌握使用 VI 方式创建配置文件的方法。

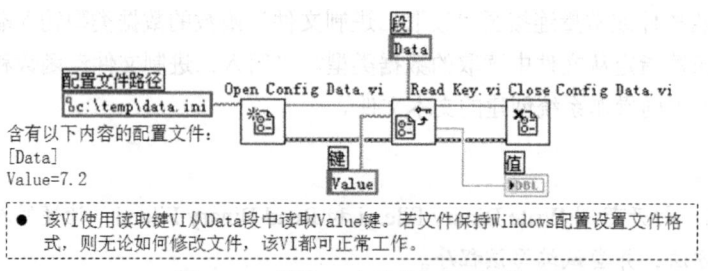

图 4-4-7 使用 VI 方式读取配置文件

1. Windows 配置的文件格式

Windows 配置设置文件由分节命名的文本文件组成。分节的名称位于方括号中。文件中的每个分节名称必须唯一。分节包括由等号（=）隔开的一对键/值。在每个分节中，键名必须唯一。键名代表配置选项，值名代表该选项的设置。以下例子显示了文件的结构：

```
[Section 1]
key1=value
key2=value
[Section 2]
key1=value
key2=value
```

"配置文件"VI 在读取操作时将忽略没有段名或值的文本行，在写入操作时将会预留没有段名或值的行。配置设置文件格式时，LabVIEW 将路径数据存储在标准 Linux 路径格式中。根据不同的平台，VI 将存储在配置文件中的绝对路径/c/temp/data.dat 解析为路径 c:\temp\data.dat。

根据平台的不同，VI 将相对路径 temp/data.dat 解析为路径 temp\data.dat。

4.4.6 数据记录文件

数据记录文件可以访问和操作数据（仅在 LabVIEW 中），并具备快速存储复杂数据结构的能力。

数据记录文件以相同的结构化记录序列存储数据（类似于电子表格），每行均表示一个记录。数据记录文件中的每个记录都必须是相同的数据类型。LabVIEW 会将每个记录作为含有待保存数据的簇写入数据记录文件。每个数据记录文件可由任何数据类型组成，并可在创建该文件时确定数据类型。

创建一个数据记录文件，若其记录数据的类型是包含字符串和数字的簇，则该数据记录文件的每条记录都是由字符串和数字组成的簇。第一个记录可以是（"abc",1），第二个记录可以是（"xyz",7）。

有时可能需要永久改变数据记录文件的数据类型。进行此操作后,处理这些记录的 VI 都必须根据新的数据类型更新。但是,一旦更新 VI,VI 就无法读取以原有记录数据类型创建的文件。

数据记录文件只需进行少量处理,因此其读/写速度快。数据记录文件将原始数据块作为一个记录来重新读取,无须读取该记录之前的所有记录,因此使用数据记录文件简化了数据查询的过程。仅需记录号就可访问记录,因此可更快、更方便地随机访问数据记录文件。创建数据记录文件时,LabVIEW 按顺序给每个记录分配一个记录号。

【练习 4-20】

参看图 4-4-8,打开范例 Write Datalog File.vi,读懂写入数据记录文件的实现方法,并尝试编写该程序。

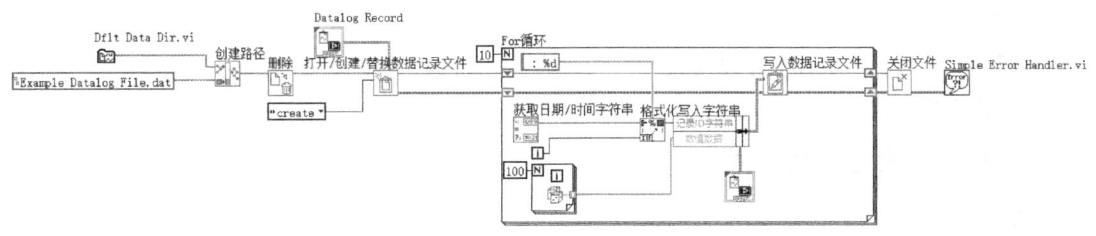

图 4-4-8 写入数据记录文件

【练习 4-21】

参看图 4-4-9,打开范例 Read Datalog File.vi,读懂读取数据记录文件的实现方法,并尝试编写该程序。

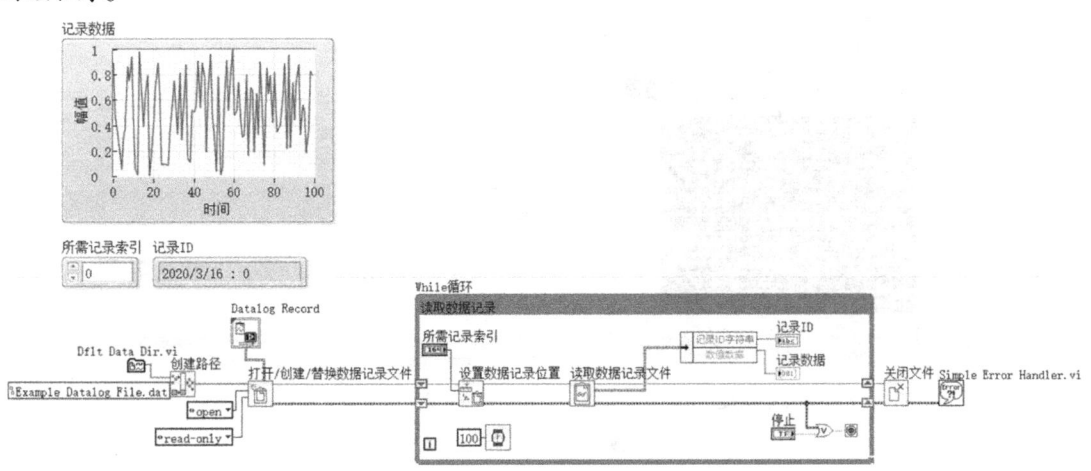

图 4-4-9 读取数据记录文件

4.4.7 记录前面板数据

每次 VI 运行时,前面板数据记录会将前面板数据保存到一个单独的数据记录文件中,该文件为二进制格式文件。可通过以下方式获取数据:

① 使用与记录数据相同的 VI 通过交互方式获取数据。
② 将该 VI 作为子 VI 通过编程获取数据。

每个 VI 都有一个记录文件绑定,该绑定包含 LabVIEW 用于保存前面板数据的数据记录文件的位置。记录文件绑定是 VI 和记录该 VI 数据的数据记录文件之间联系的桥梁。

需要注意的是，LabVIEW 不支持通过远程面板的前面板数据记录。

1. 启用数据记录

用户可通过"自动"或"交互"两种方式进行数据记录。

【练习 4-22】

参看图 4-4-10，掌握设置自动启用数据记录的方法。

【练习 4-23】

参看图 4-4-11，掌握设置手动启用数据记录的方法。

2. 交互式查看已记录的数据

【练习 4-24】

参看图 4-4-12，掌握在记录数据的 VI 停止运行后交互式查看已记录的数据的方法。

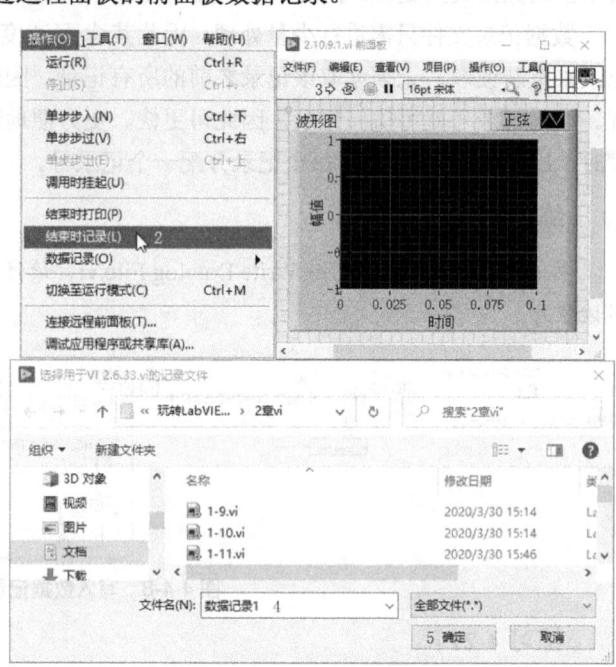

图 4-4-10　自动启用数据记录

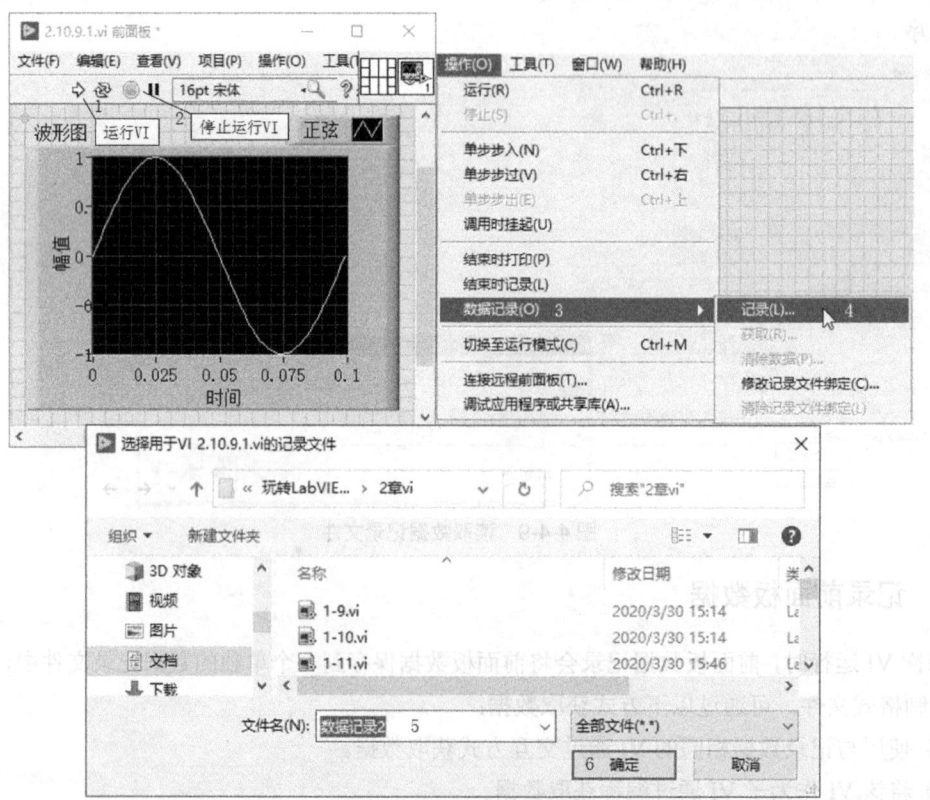

图 4-4-11　手动启用数据记录

第 4 章　LabVIEW 数据处理进阶

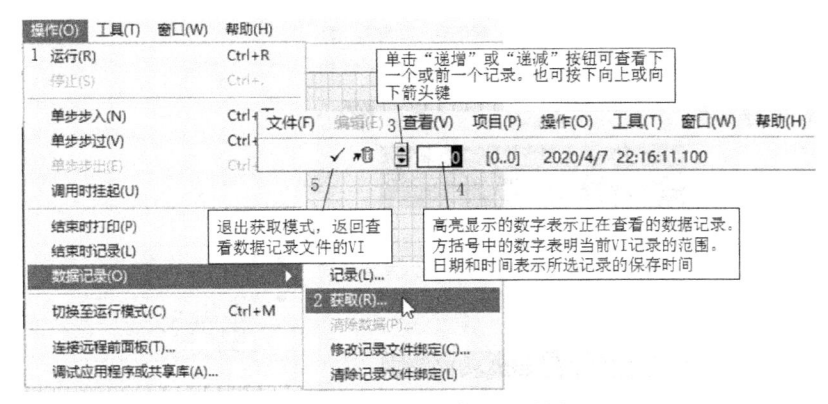

图 4-4-12　交互式查看已记录的数据

3．选择默认数据目录

用户可以对默认数据目录进行选择，该目录用于存放 LabVIEW 生成的数据文件。选择默认数据目录会影响读取测量文件 Express VI、写入测量文件 Express VI、默认数据目录常量，以及默认数据目录属性。

◆【练习 4-25】

参看图 4-4-13，掌握设置默认数据路径的方法。

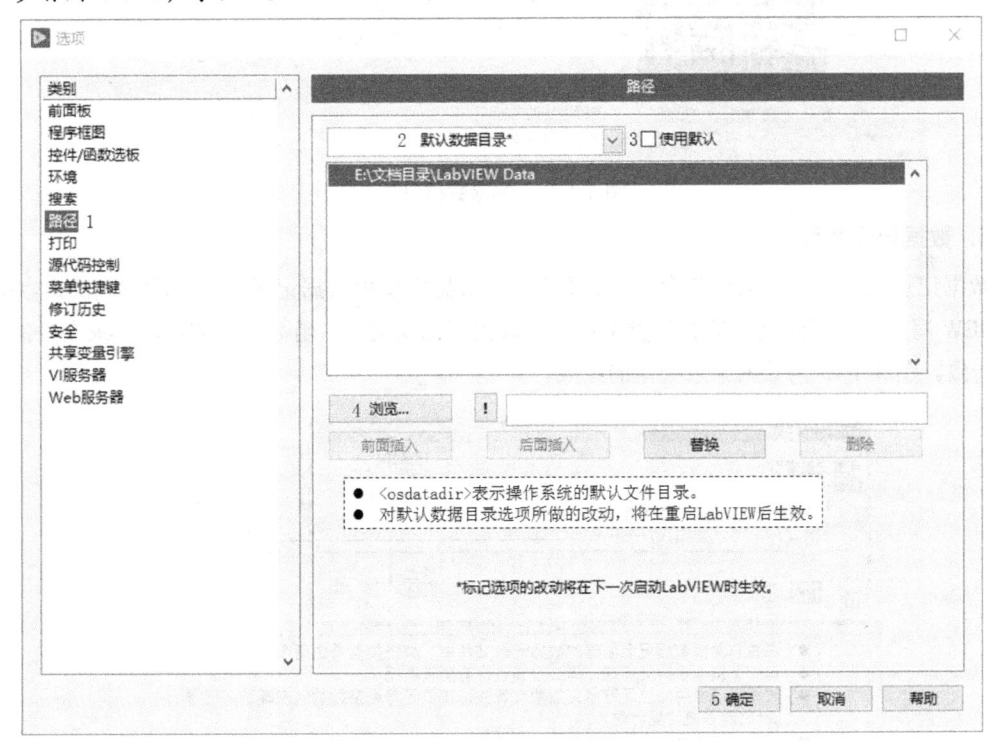

图 4-4-13　设置默认数据路径

4．删除数据记录

◆【练习 4-26】

参看图 4-4-14，掌握删除数据记录的方法。

135

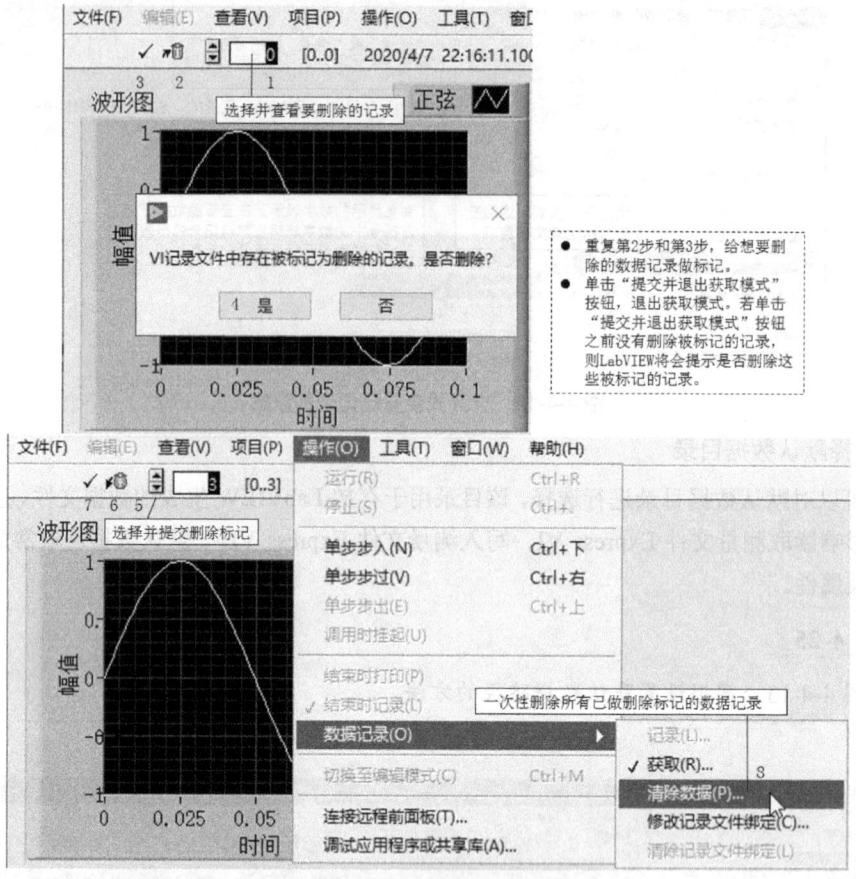

图 4-4-14　删除数据记录

5. 数据记录类型

数据记录文件中的记录可包含各种数据类型，数据类型由数据记录到文件的方式决定。并且，LabVIEW 写入数据记录文件的数据类型与"写入数据记录文件"函数创建的数据记录文件的数据类型一致。图 4-4-15 为数据记录类型的组成。

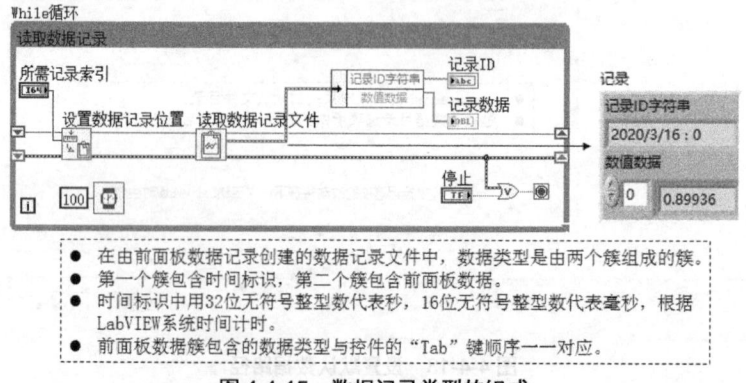

- 在由前面板数据记录创建的数据记录文件中，数据类型是由两个簇组成的簇。
- 第一个簇包含时间标识，第二个簇包含前面板数据。
- 时间标识中用32位无符号整型数代表秒，16位无符号整型数代表毫秒，根据 LabVIEW 系统时间计时。
- 前面板数据簇包含的数据类型与控件的"Tab"键顺序一一对应。

图 4-4-15　数据记录类型的组成

6. 清除记录文件绑定

记录或获取前面板数据时，可通过记录文件绑定将 VI 与所使用的数据记录文件联系起来。一个 VI 可绑定两个或多个数据记录文件。这样的操作有助于测试和比较 VI 数据。例如，可将第一次和第二次运行 VI 时记录的数据进行比较。

选择"操作"→"数据记录"→"清除记录文件绑定"命令,可清除记录文件绑定。在启用自动记录或选择交互式记录数据的情况下再次运行 VI 时,LabVIEW 会提示指定数据记录文件。

7. 修改记录文件绑定

按照下列步骤可以修改记录文件绑定以记录前面板数据或从另一个数据记录文件获取前面板数据。

选择"操作"→"数据记录"→"修改记录文件绑定"命令,打开一个文件对话框,选中另一个数据记录文件或创建一个新的数据记录文件,单击"确定"按钮。运行 VI,记录数据至新绑定的文件。

4.4.8　LabVIEW 的测量文件

LabVIEW 测量格式(.lvm)是一种基于文本的文件格式,适用于一维数据。.lvm 文件是用制表符分隔的文本文件,可以用 Excel 或文本编辑器打开。.lvm 文件包含数据生成日期和时间的头信息,保存数据的精度最高为 6 位。用 Excel 或文本编辑器打开.lvm 文件,可以使数据易于解析和读取。.lvm 支持多个数据集、数据集分组及将数据集添加至现有文件。和所有基于文本的格式一样,.lvm 不适用于高性能或大量数据。

.lvm 文件用逗号作为数值的分隔符。若需将.lvm 文件中的数据从字符串转化为数值,可通过本地化代码格式说明符将句点指定为小数点分隔符。

需要注意的是,大量数据应使用二进制文件格式。

1. 写入数据至 LabVIEW 测量文件

◆【练习 4-27】

参看图 4-4-16,编写程序并掌握写入数据至 LabVIEW 测量文件的方法。

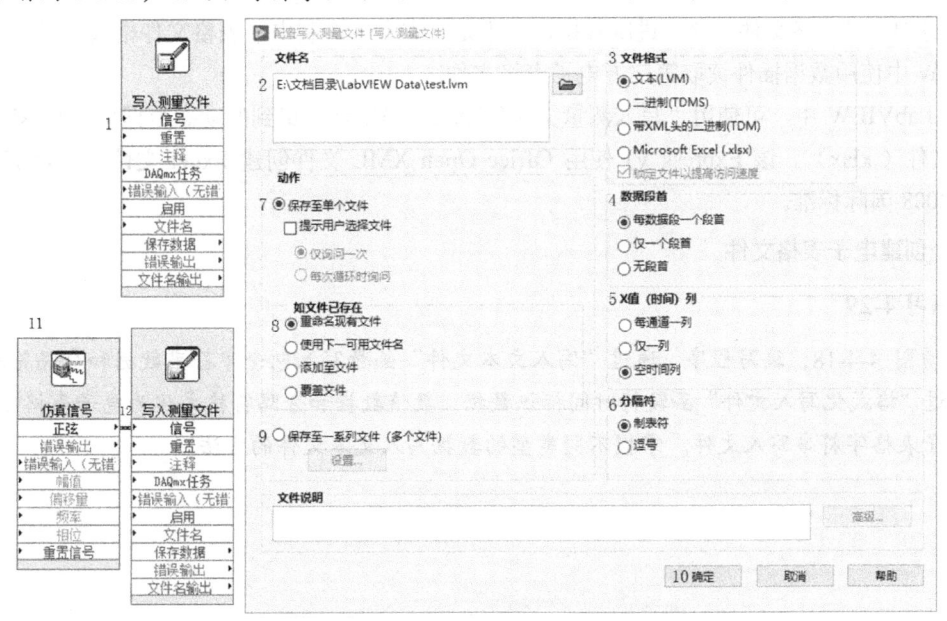

图 4-4-16　写入数据至 LabVIEW 测量文件

2. 从测量文件中读取数据

【练习 4-28】

参看图 4-4-17，掌握从测量文件中读取数据的方法。

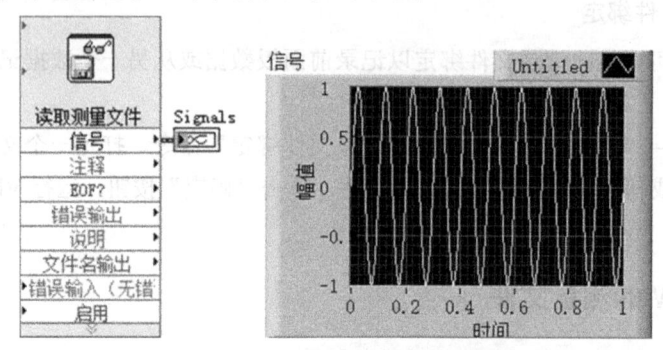

图 4-4-17　从测量文件中读取数据

4.4.9　电子表格文件

电子表格文件以表的行列的形式组织一维或二维数组数据，表格中的每个单元格是一维或二维数组中的一个元素。

1. 文本电子表格文件

文本电子表格文件是文本文件的一种。要将数据写入文本电子表格文件时，必须将数据格式化为"电子表格字符串"，其中还需要包含制表符或逗号等分隔符。若从文本电子表格文件中读取数据，则得到的数据将是一组文本电子表格字符串，需要将字符串格式化为相应的数据类型。

"文件 I/O"函数和 VI 只支持带分隔符的文本电子表格字符串。

2. 二进制电子表格文件

二进制电子表格文件包含二进制数据，而不是文本。二进制电子表格文件格式多样，可以在 LabVIEW 中使用数据插件读取第三方电子表格文件。

在 LabVIEW 中，可使用"写入测量文件"Express VI 将采集到的动态数据保存至 Microsoft Excel 文件（.xlsx）。该 Express VI 使用 Office Open XML 文件创建 Excel 文件，符合 ISO/IEC 29500:2008 国际标准。

3. 创建电子表格文件

【练习 4-29】

参看图 4-4-18，编写程序，通过"写入文本文件"函数写入包含字符串数据和分隔符的头信息，通过"格式化写入文件"函数将时间标识数据、数值数据和分隔符格式化为电子表格字符串，并将电子表格字符串写入文件。掌握不同类型的数据写入文本文件的方法。

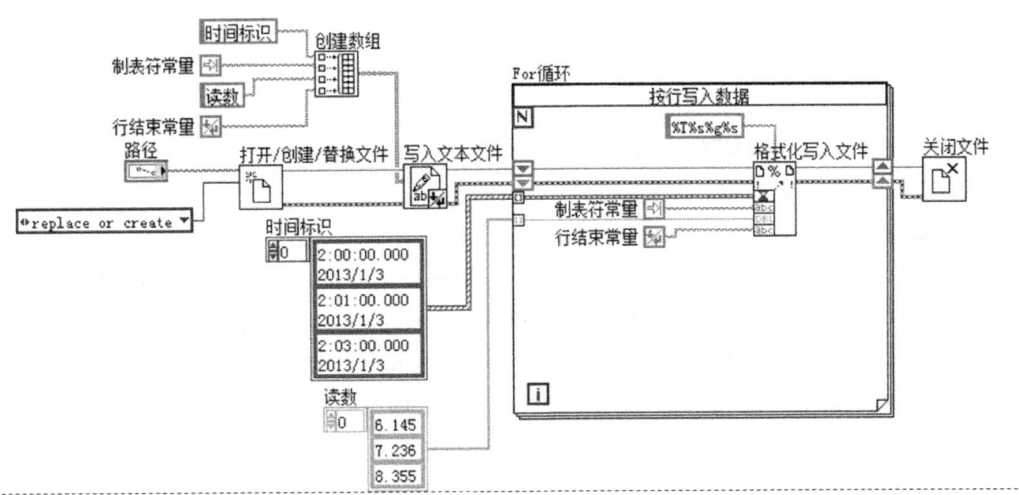

第 4 章 LabVIEW 数据处理进阶

图 4-4-18 写入文本电子表格文件

- "写入带分隔符电子表格文件" VI或 "数组至电子表格字符串转换" 函数可将来自图形、图表或采样的数据集转换为电子表格字符串。

【练习 4-30】

参看图 4-4-19，编写程序，掌握通过读取图形数据采集并将数据写入电子表格文件的方法。

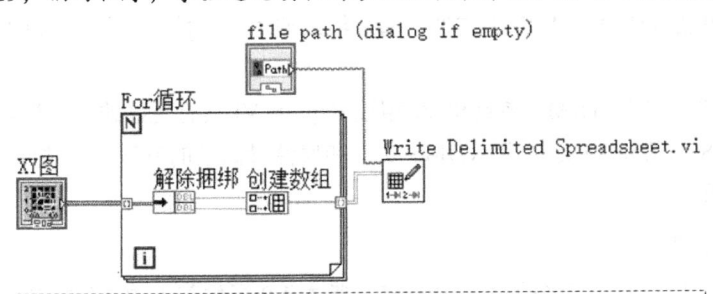

- 由于文字处理应用程序采用了"文件I/O" VI无法处理的字体、颜色、样式和大小不同的格式化文本，因此从文字处理应用程序中读取文本可能会导致错误。
- 若需将数字和文本写入电子表格文件或文字处理应用程序，可使用字符串函数和数组函数格式化数据并组合这些字符串，然后将数据写入文件。

图 4-4-19 读取图形数据采集并将数据写入电子表格文件

4．读取电子表格文件

【练习 4-31】

参看图 4-4-20，编写程序并掌握读取电子表格文件的编程方法。

- 基于从电子表格文件中读取的数据类型，选择"读取带分隔符电子表格" VI相应的多态实例。

图 4-4-20 读取电子表格文件

4.4.10 TDM/TDMS 文件

为减少设计和维护自定义测试数据文件格式的需求，NI 定义一种 TDM 数据模型，可用于 LabVIEW、LabWindows™/CVI™、Measurement Studio、Signal Express 和 DIAdem 访问。TDM 数据模型允许用户写入有序的数据，与使用的第三方产品无关。

TDM 数据模型支持下列两种文件格式。

① （Windows）TDM：TDM 文件格式将测试硬件采集的原始数据和元数据保存在不同的文件中。元数据可以是测量通道的名称和单位、测试工程师姓名及其他信息。元数据为 XML 格式，扩展名为.tdm。原始数据为紧凑的二进制格式，扩展名为.tdx。

② TDM Streaming（TDMS）：TDMS 将二进制格式的原始数据和元数据保存在一个文件中，扩展名为.tdms。

1．与 TDMS 文件交互

在 LabVIEW 中，读/写 TDMS 文件有下列选项。

① Express VI：读取测量文件和写入测量文件可用于从 TDMS 文件读/写数据。Express VI 具有易用的交互式配置界面。但是 Express VI 并不适用于高速流盘和实时应用。

②（Windows）存储/数据插件 VI：读/写文件之前可使用"打开数据存储" Express VI 打开 TDMS 文件，也可获取或设置 TDMS 文件、通道组或通道的属性。这些 VI 也不适用于高速流盘和实时应用。

③ TDMS 函数和 VI：TDMS 函数和 VI 相较 Express VI 具有更好的灵活性，可以实现更佳的性能。使用 TDMS 函数和 VI 是读/写 TDMS 文件和属性最高效的方法。这些函数和 VI 可用于高速流盘和实时应用。

2．文件格式版本

TDMS 文件有 1.0 和 2.0 两个版本。文件格式版本 1.0 提供基本的文件操作功能（如读取或写入 TDMS 文件数据、获取或设置属性等）。文件格式版本 2.0 包括文件格式 1.0 的所有功能及下列功能。

① 允许写入间隔数据至 TDMS 文件。
② 在 TDMS 文件中写入数据可使用不同的 endian 格式或字节顺序。
③ 写入 TDMS 时无须使用操作系统缓存。
④ 也可以使用 NI-DAQmx 在 TDMS 文件中写入带换算信息的元素数据。
⑤ 通过连续数据的多个数据块使用单个文件头，文件格式版本 2.0 可优化连续数据采集的写入性能，也可改进单值采集的性能。
⑥ 文件格式版本 2.0 支持 TDMS 文件异步写入，可使应用程序在写入数据至文件的同时处理内存中的数据，无须等待写入函数结束。

【练习 4-32】

参看图 4-4-21，编写程序并掌握读取 TDMS 数据的方法。

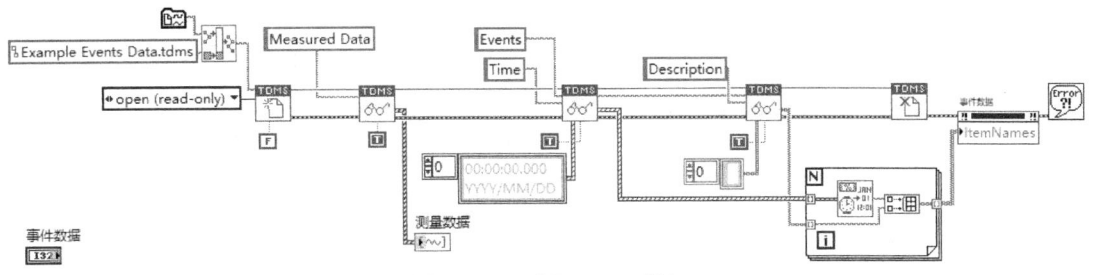

图 4-4-21 读取 TDMS 数据

【练习 4-33】

参看图 4-4-22，编写程序并掌握写入 TDMS 数据的方法。

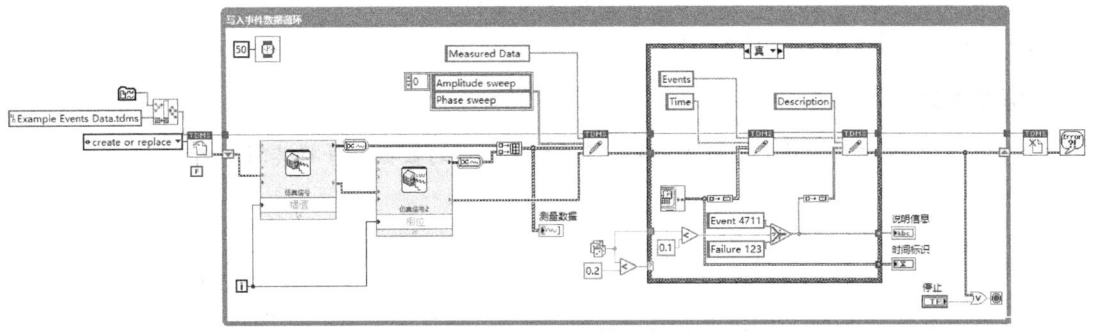

图 4-4-22 写入 TDMS 数据

4.4.11 文本文件

若磁盘空间、文件 I/O 操作速度和数值精度不是主要的考虑因素，或无须进行随机读/写，则应该考虑使用文本文件存储数据，方便其他用户和应用程序读取文件。

文本文件是最易于使用和共享的文件格式，几乎适用任何计算机。许多基于文本的程序都可以读取基于文本的文件。绝大多数的仪器控制应用程序是使用文本字符串的。

若需通过其他应用程序访问数据，如文字处理或电子表格应用程序，可将数据存储在文本文件中。若需将数据存储在文本文件中，可使用字符串函数将所有的数据转换为文本字符串。文本文件可以包含不同数据类型的信息。

因为计算机会将数值型数据保存为二进制数据，而通常情况下数值以十进制的形式写入文本文件。所以将数值型数据写入文本文件时，可能会丢失数据精度。而使用二进制文件时，不存在这种问题。

"文件 I/O" VI 和函数用于读取或写入文本文件，以及读取或写入电子表格文件。

1．创建文本文件

若要将数据写入文本文件，则必须先将数据转换为字符串。使用字符串函数可将数据转换为字符串。

【练习 4-34】

参看图 4-4-23 编写程序，将随机生成的数值数组转换为字符串，并将字符串写入文本文件。

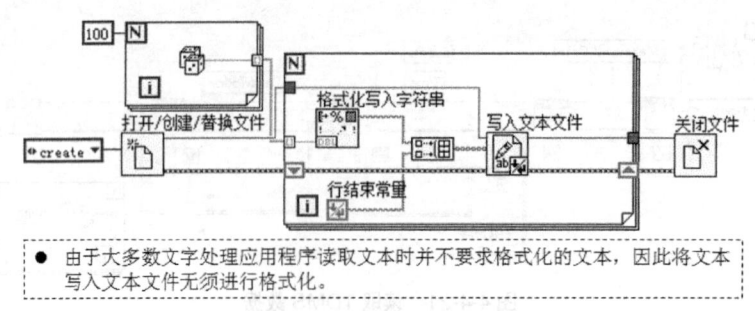

图 4-4-23　创建文本文件

【练习 4-35】

参看图 4-4-24 编写程序，将文本字符串写入文本文件。

1）格式化文件及将数据写入文件

【练习 4-36】

参看图 4-4-25 编写程序，通过 VI 获取多种数据类型的数据，并将其写入文件。

图 4-4-24　将文本字符串写入文本文件 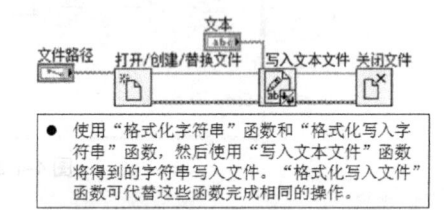　　　　图 4-4-25　格式化文件及数据写入

2）从文件中扫描数据

"扫描文件"函数可扫描文件中的文本以获取字符串、数值、路径和布尔值并将该文本转换成某种数据类型。

该函数可一次实现多项操作，无须先用"读取二进制文件"函数或"读取文本文件"函数读取数据，然后使用扫描字符串将结果扫描至文件。

2. 读取文本文件

【练习 4-37】

参看图 4-4-26 编写程序，从文本文件中读取字符或字符串。

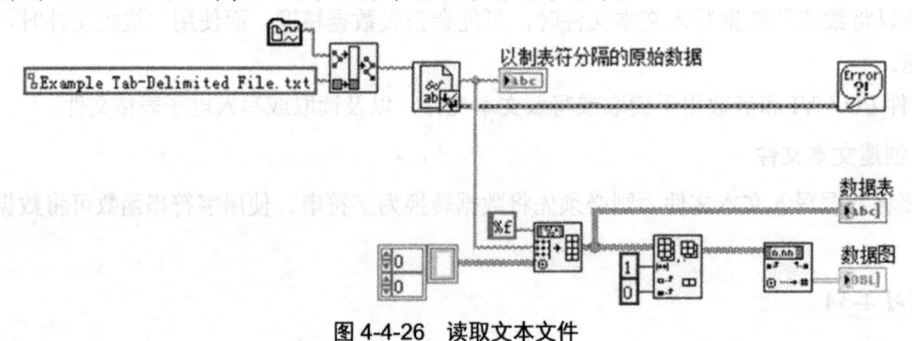

图 4-4-26　读取文本文件

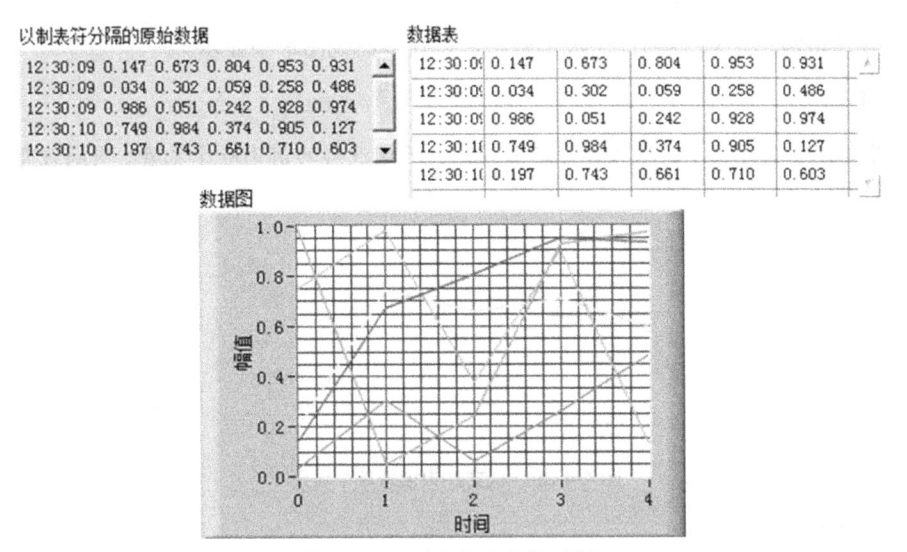

图 4-4-26　读取文本文件（续）

3. 写入文本文件

【练习 4-38】

参看图 4-4-27 编写程序，将字符串控件中的文本写入文件输入端指定的文件。在数据写入文本文件后，可读取该文件数据加以验证。

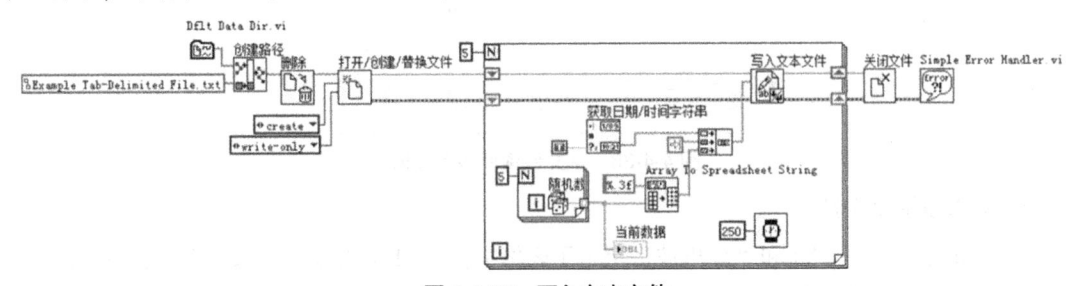

图 4-4-27　写入文本文件

4.4.12　波形

波形包括时间信息和相应的值，如图 4-4-28 所示。采集到信号数据后，可将信号写入电子表格、文本或数据记录文件。

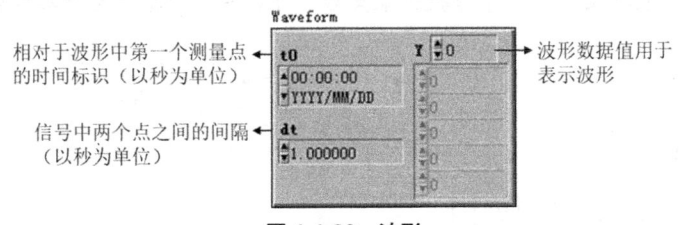

图 4-4-28　波形

1. 从文件中读取波形

"从文件读取波形" VI 可以从文件中读取多个波形。读取一个波形后，可使用获取波形子集在指定的时间或索引位置截取波形的子集，或可使用"获取波形属性"函数提取波形属性。

"从文件读取波形"VI 返回一个波形数组,可在多曲线图形中显示。

【练习 4-39】

参看图 4-4-29 编写程序,从文件中读取波形,返回波形的前 100 个元素,并将波形的子集绘制在波形图上。

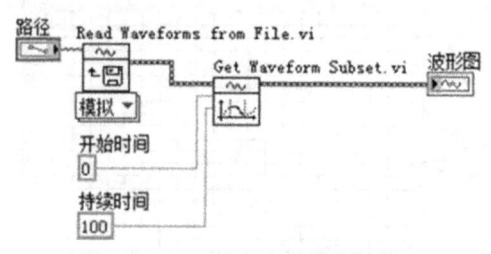

图 4-4-29 从文件中读取单个波形

【练习 4-40】

参看图 4-4-30 编写程序,从文件中读取多个波形,索引数组函数读取文件中的第一和第三个波形,并将它们绘制在两个独立的波形图上。

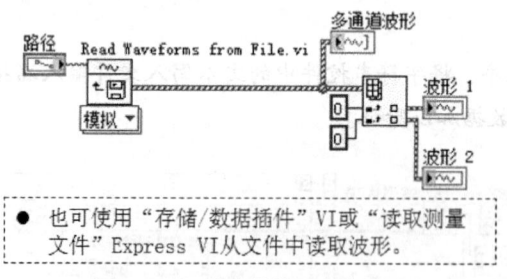

- 也可使用"存储/数据插件"VI 或"读取测量文件"Express VI 从文件中读取波形。

图 4-4-30 从文件读取多个波形

2. 写入波形至文件

"写入波形至文件"VI 和"导出波形至电子表格文件"VI 可将波形写入文件,也可将波形写入电子表格、文本文件或数据记录文件。

若只需在 VI 中使用波形,则可将该波形保存为数据记录文件(.log)。

【练习 4-41】

参看图 4-4-31 编写程序,使用方波波形模拟发生器生成波形并在一个图形上进行显示,然后将这些波形写入电子表格文件。在学习数据采集后,可将波形模拟发生器换成数据采集 VI。

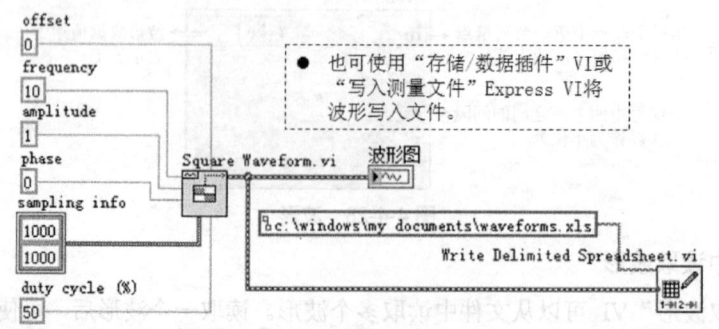

- 也可使用"存储/数据插件"VI 或"写入测量文件"Express VI 将波形写入文件。

图 4-4-31 写入波形至文件

4.5 处理变体数据

根据前面的知识，不同数据类型的数据一般会通过与其数据类型匹配的函数或者 VI 运算，若想以通用的方式处理不同数据类型的数据时，则可以考虑为每种数据类型各写一个 VI 来实现。然而对于有多个副本的 VI 而言，若其中某些 VI 发生变动则变得较难维护。为此，LabVIEW 提供了变体数据作为此类情况的解决方案。

变体函数子选板（见图 4-5-1）可用于创建和操作变体数据，可将任何 LabVIEW 数据类型转换为变体数据类型以便在其他 VI 和函数中使用。一些属性和方法（如获取 VI、连线板数据类型的方法和连线板、数据类型的属性）将返回的数据类型作为变体。使用"数据类型解析"VI 可以获取变体的数据类型和类型信息，还可以检查变体的数据类型是否与特定的数据类型匹配。

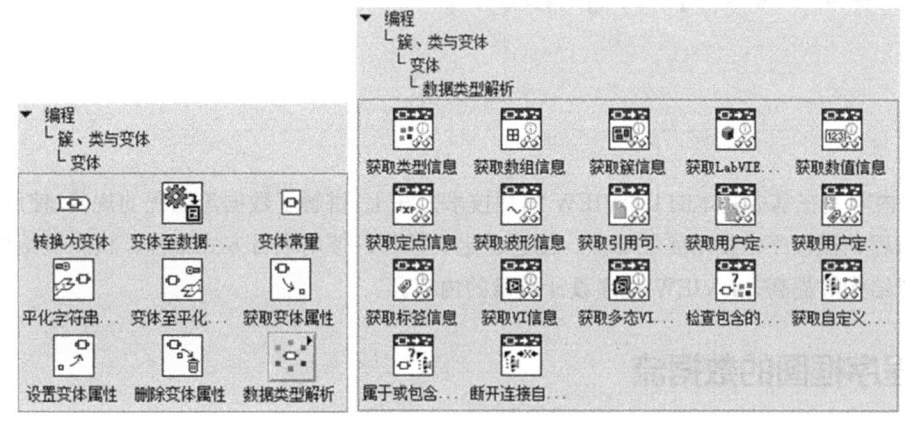

图 4-5-1　变体函数子选板

变体数据类型用于须保证不受数据类型影响的数据操作，如数据的传输或保存、对未知设备的读/写或对几组不同控件的操作等。

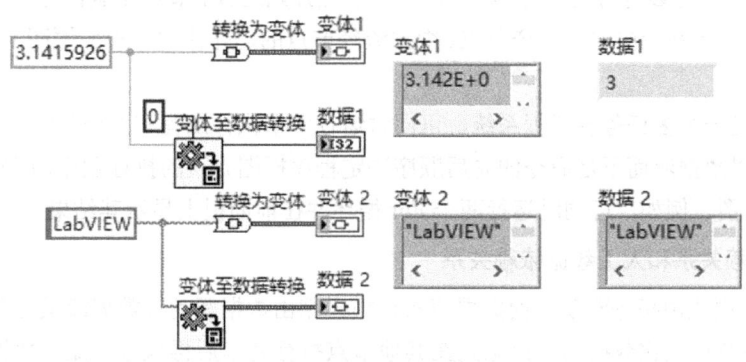

- 变体数据类型是LabVIEW中多种数据类型的容器。
- 将其他数据转换为变体时，变体将存储数据和数据的原始类型，保证日后可将变体数据反向转换。
- 将字符串数据转换为变体，变体将存储字符串的文本，并说明该数据是从字符串（而不是路径、字节数组或其他LabVIEW数据类型）转换而来的信息。

图 4-5-2　数据的变体转换

"平化至字符串"函数也可用于将某一数据类型转换为字符串数据类型，从而以独立于数据类型的形式表示该数据。使用 TCP/IP 协议传输数据时，平化数据为字符串将尤为有用，因为该协议只接受字符串。

145

第 5 章

LabVIEW 程序设计

本章内容是在掌握基本的 LabVIEW 编程技术方法上，讲解了数据流编程的规范、使用 Express VI 快速编程、在程序中使用属性节点、创建自定义控件、使用项目方式编程、状态机结构、消费者/生产者结构等提高 LabVIEW 程序设计质量的内容。

5.1 程序框图的数据流

前面的章节中，部分内容或多或少地涉及"数据流"概念。数据流是 LabVIEW 区别于其他编程语言的核心之一，LabVIEW 按照数据流模式运行 VI。

当 VI 具备了所有必需的输入时，程序框图的节点开始运行。节点在运行时产生输出数据并将该数据传送给数据流路径中的下一个节点。数据流经节点的动作决定了程序框图上 VI 和函数的执行顺序。

LabVIEW 是一个多任务多线程系统，可同时运行多个执行线程和多个 VI。

LabVIEW 以数据流而不是命令的先后顺序决定程序框图元素的执行顺序，因此可创建具有并行操作的程序框图。例如，可同时运行两个 For 循环并在前面板上显示其结果。

1. 数据依赖关系和人工数据依赖关系

控制流执行模式由指令驱动，而数据流执行模式则由数据驱动，数据流又称为数据依赖。简而言之，从其他节点接收数据的节点总是在其他节点执行完毕后再执行。如果数据依赖关系不存在，不要想当然地认为程序的执行顺序是从左到右、自顶向下。没有连线的程序框图节点可以任意顺序执行。

（1）当自然的数据依赖关系不存在时，可用数据流向参数控制执行顺序。

（2）当数据流向参数不可用时，可用顺序结构控制执行顺序。

【练习 5-1】

参看图 5-1-1，编写程序并理解数据依赖关系。

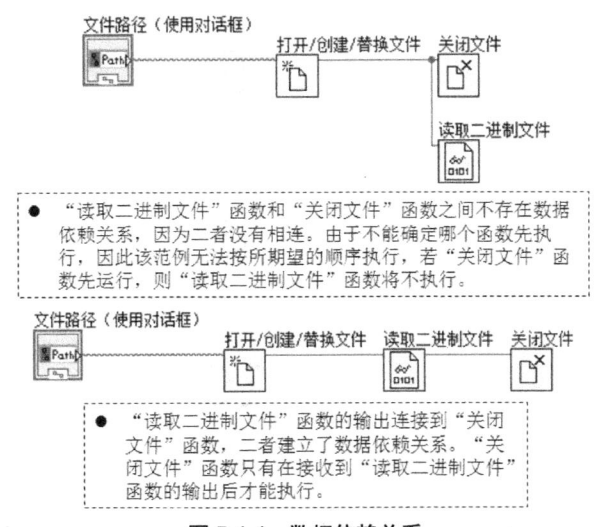

图 5-1-1 数据依赖关系

2. 数据流和内存管理

相较于控制流执行模式，数据流执行模式使内存管理更为简单。

在 LabVIEW 中，无须为变量分配内存或为变量赋值，只需创建带有连线的程序框图就可以表示数据的传输。

生成数据的 VI 和函数会自动为数据分配内存。当该 VI 或函数不再使用数据时，LabVIEW 将释放相关内存。

向数组或字符串添加新数据时，LabVIEW 将分配足够的内存来管理这些新数据。

由于 LabVIEW 是自动对内存实现管理的，因此用户对何时分配或释放内存的控制权较少。当 VI 要处理大量的数据时，用户应具体了解何时发生内存分配。了解相关原则可帮助用户使用更少的内存编写 VI，减少开发过程中的内存占用，从而有助于提高 VI 运行的速度。从某种意义上说，这是 LabVIEW 内存管理的局限性。

5.2 程序框图设计提示

5.2.1 程序框图设计规范

设计程序框图时，请遵循如图 5-2-1 所示的规范。

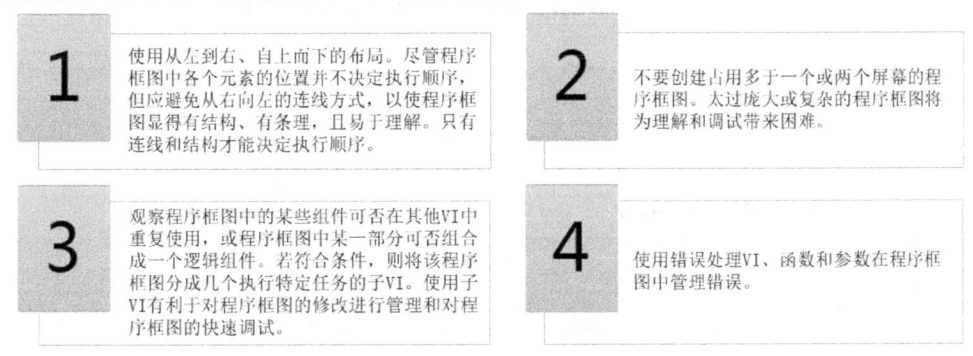

1 使用从左到右、自上而下的布局。尽管程序框图中各个元素的位置并不决定执行顺序，但应避免从右向左的连线方式，以使程序框图显得有结构、有条理，且易于理解。只有连线和结构才能决定执行顺序。

2 不要创建占用多于一个或两个屏幕的程序框图。太过庞大或复杂的程序框图将为理解和调试带来困难。

3 观察程序框图中的某些组件可否在其他VI中重复使用，或程序框图中某一部分可否组合成一个逻辑组件。若符合条件，则将该程序框图分成几个执行特定任务的子VI。使用子VI有利于对程序框图的修改进行管理和对程序框图的快速调试。

4 使用错误处理VI、函数和参数在程序框图中管理错误。

图 5-2-1 设计程序框图应遵循的规范

5	整洁清晰的连线可改善程序框图的外观。杂乱的连线结构也许并不会导致错误，但会使程序框图变得难以阅读和调试，或使VI从表面看来与其实际不符。	6	避免在结构边框下或重叠的对象之间进行连线，因为LabVIEW可能会隐藏这些连线的部分线段。
7	不要将对象重叠在连线上。将接线端或图标放置在连线上方易引起存在连接的错觉，而实际上连接并不存在。	8	标签可对程序框图上的代码进行注释。
9	若需增加分布对象的空间，可按住"Ctrl"键并将鼠标按要增加空间的方向拖曳。若需缩减分布对象的空间，可按住"Ctrl+Alt"快捷键并将鼠标按要缩减空间的方向拖曳。对象在拖曳鼠标的同时移动。大致按垂直或水平方向拖曳时，操作将对齐到主导方向。	10	关于程序框图设计和易读性的技巧，还可参考LabVIEW Style Checklist。

图 5-2-1　设计程序框图应遵循的规范（续）

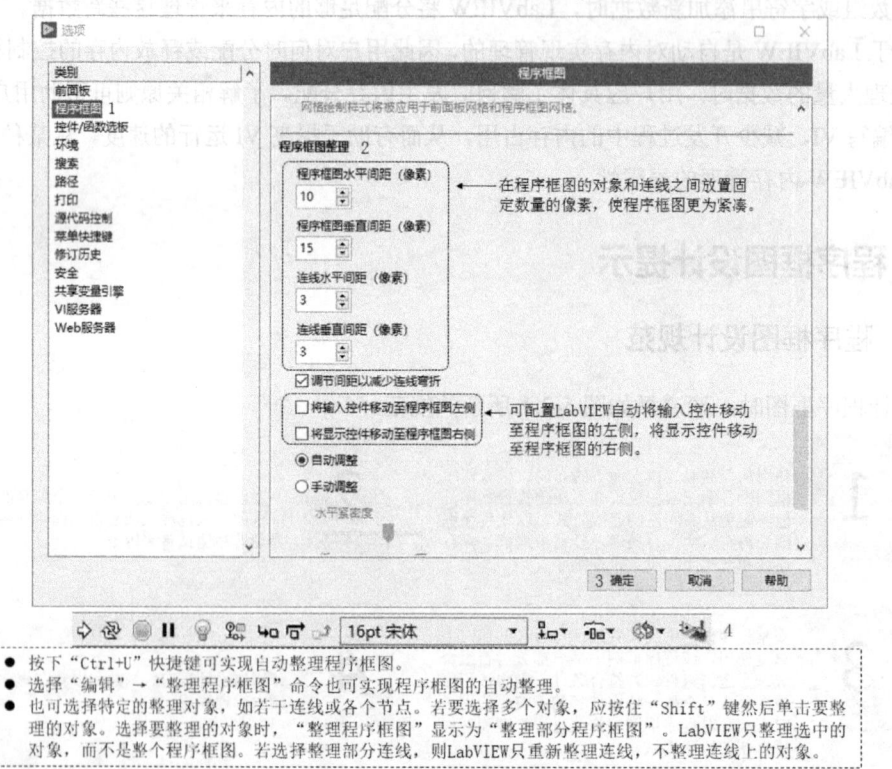

5.2.2　整理程序框图

程序框图的设计过程中，连线和对象摆放难免会杂乱无章，为此可通过重新连线、重新排列程序框图对象操作来整理程序框图。

【练习 5-2】

参看图 5-2-2，掌握使用"选项"对话框和快捷键整理程序框图的方法。

- 按下 "Ctrl+U" 快捷键可实现自动整理程序框图。
- 选择 "编辑" → "整理程序框图" 命令也可实现程序框图的自动整理。
- 也可选择特定的整理对象，如若干连线或各个节点。若要选择多个对象，应按住 "Shift" 键然后单击要整理的对象。选要整理的对象时，"整理程序框图" 显示为 "整理部分程序框图"。LabVIEW只整理选中的对象，而不是整个程序框图。若选择整理部分连线，则LabVIEW只重新整理连线，不整理连线上的对象。

图 5-2-2　整理程序框图

5.2.3 复用程序框图代码

LabVIEW 以 png 图片为载体,实现重复使用代码(包括 VI 里面部分程序框图)的功能。png 图片可以显示代码的截图并包含指定的实际代码,从而实现与其他 LabVIEW 用户的代码分享。

【练习 5-3】

参看图 5-2-3,以"加"函数部分代码为例,将其保存为嵌入 LabVIEW 代码的 .png 文件。

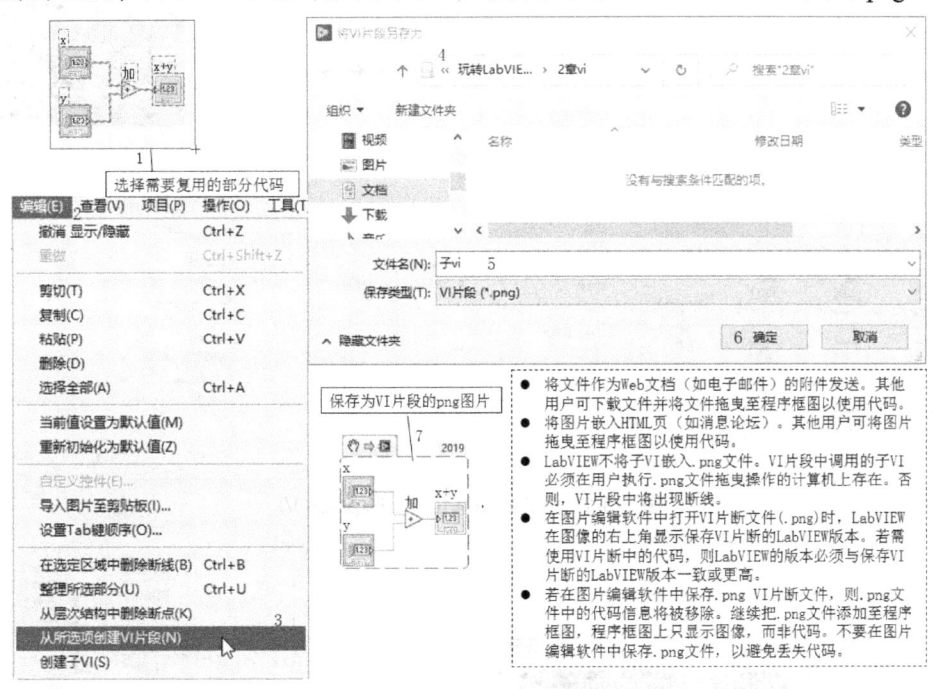

图 5-2-3 复用 LabVIEW 代码

5.3 Express VI

Express VI 是一种较为特殊的 VI,因为它有可以交互式配置的界面对话框,使用方便快捷。Express VI 在程序框图上以可扩展节点的形式出现,图标底色为蓝色。

【练习 5-4】

参看图 5-3-1、图 5-3-2,以"仿真信号"Express VI 为例,掌握放置及运行该 Express VI 的基本方法。

1. Express VI 的优点

Express VI 的最大优点是可交互式配置,为用户提供了创建自定义应用程序的 VI 及 VI 库,即使用户没有丰富的编程技巧,也可搭建自定义的应用程序。

例如,某信号需一个数字滤波器,但是面对一个有几十个滤波器 VI 库,用户并不知道如何选择合适的滤波器,以及参数将如何具体影响信号。滤波器 Express VI 有助于交互式地选择一种滤波器、配置滤波器参数并通过不同方式查看滤波器响应。

Express VI 的另一个优点是功能的独立性。

在程序框图上放置 Express VI 时，即在该程序框图上嵌入了 Express VI 的一个实例。在"配置仿真信号［仿真信号］"对话框中选择的设置仅影响 Express VI 的实例。若将一个 Express VI 放置在程序框图上的 5 个不同位置，将得到 5 个独立的 Express VI，Express VI 名称各不相同（通过名称后缀区别），均可独立配置。

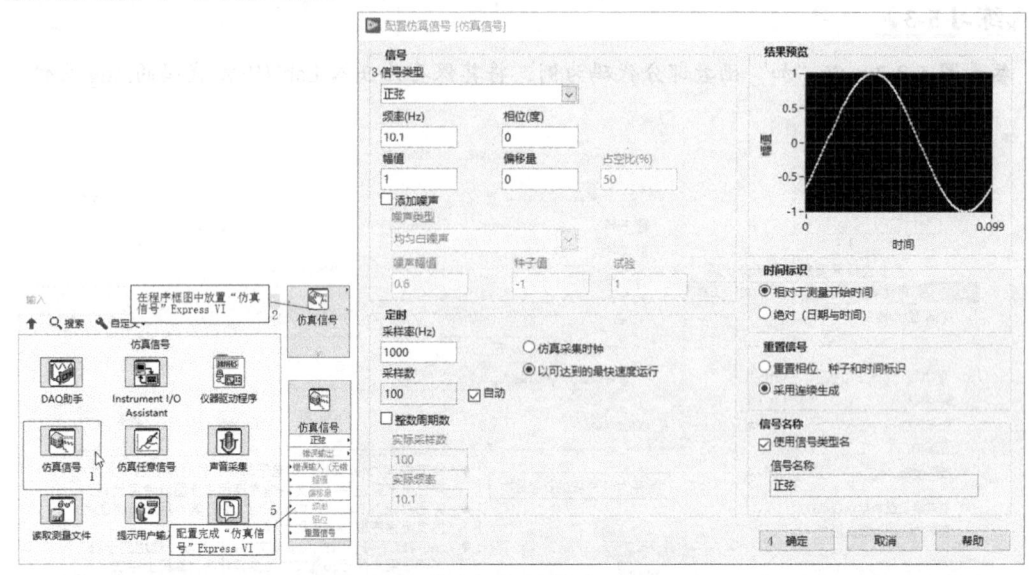

图 5-3-1　配置"仿真信号"Express VI

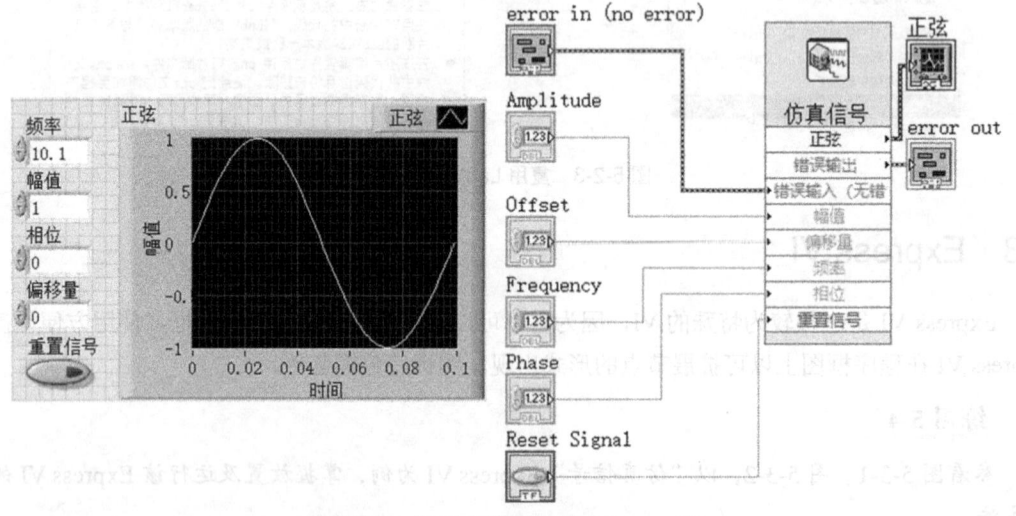

图 5-3-2　运行"仿真信号"Express VI

2. Express VI 的使用说明与建议

任何事物都具有正反两面性，使用 Express VI 也不例外。使用 Express VI 时需要注意以下事项。

（1）Express VI 在运行时不可交互式配置。

（2）若需在运行时配置，则需要创建一个类似于配置对话框应用程序的用户界面。

（3）若用户的程序需严格控制内存开销，且执行速度要求较高时，不推荐使用 Express VI，建议使用常规的 VI。

3. 基于 Express VI 创建子 VI

若希望保存写入测量文件 Express VI 的配置，以便在创建其他 VI 的子 VI 时使用，而不是每次重新配置该 Express VI，则右击该 Express VI，打开快捷菜单，选择"打开前面板"→"从 Express VI 创建子 VI"命令。

【练习 5-5】

参看图 5-3-3，将"写入测量文件"Express VI 转换为子 VI。

一旦通过 Express VI 创建了一个 VI，就不能再将该子 VI 转换回到原来的 Express VI。

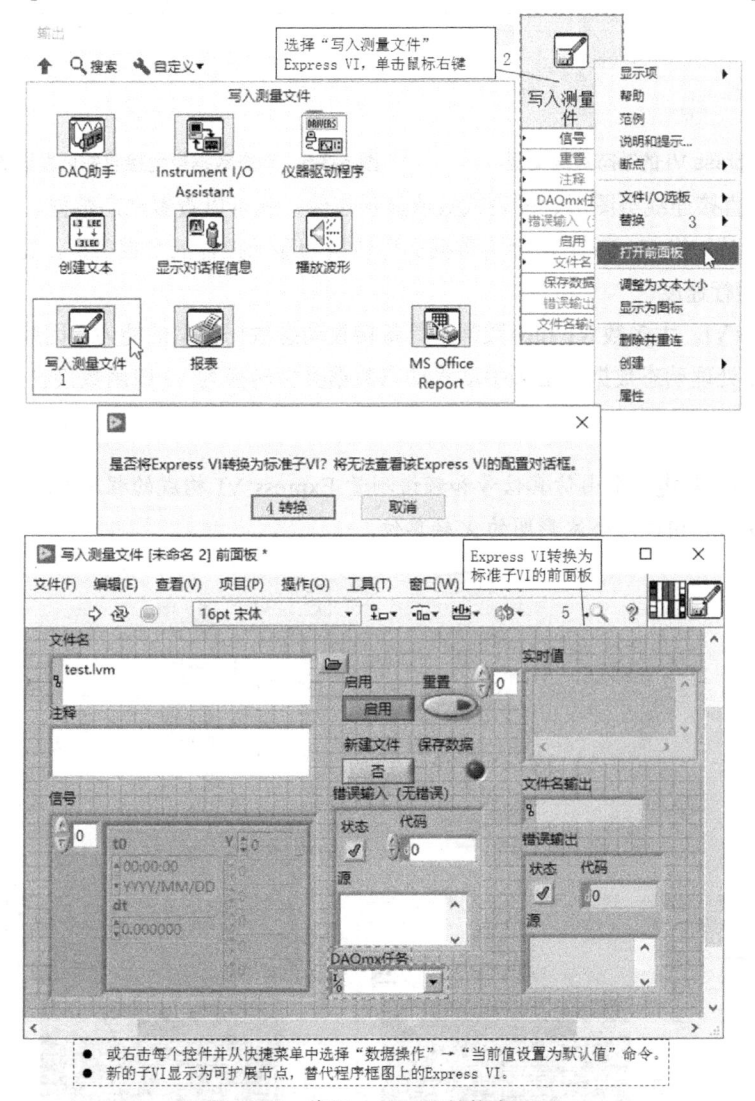

图 5-3-3　将 Express VI 转换为子 VI

4. 使用动态数据类型

前面介绍过动态数据的概念，动态数据类型包含与信号相关的数据，以及与信号相关的属性信息。绝大多数的 Express VI 能够接收、返回动态数据类型。动态数据类型显示为深蓝色接线端，如图 5-3-4 所示。

动态数据类型可以接收、发送如图 5-3-5 所示类型的数据。其中，标量数据类型是浮点数或布尔。

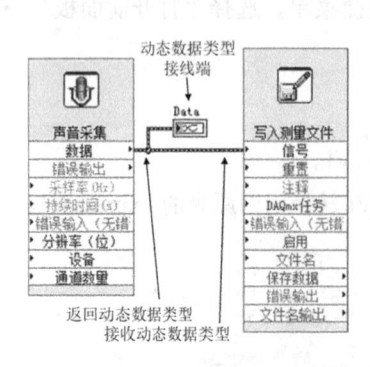

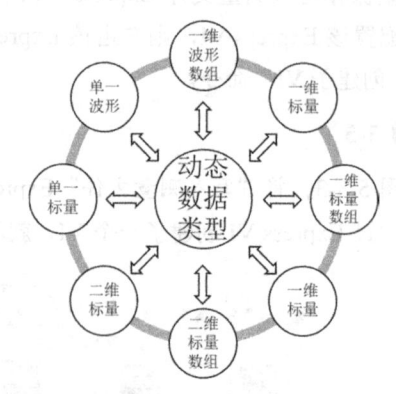

图 5-3-4　Express VI 的动态数据类型　　　　图 5-3-5　动态数据类型接收并可发送的数据类型

将动态数据直接连线至图形、图表或数值显示控件，就可以查看动态数据。

显示动态数据之前，LabVIEW 会将数据类型转换为显示控件的数据类型，显示动态数据则可能会降低 VI 的运行速度。

除了 Express VI，大多数 VI 和函数都不具备接收动态数据类型的能力。因此，若要使用这些 VI 或函数分析或处理动态数据，必须手动将动态数据类型转换为 VI 或函数接收的类型。

【练习 5-6】

参看图 5-3-6，新建一个由仿真信号和频谱测量 Express VI 构成的程序并运行该 VI，注意前面板中 FFT 均方根和相位两个波形图的 X 轴单位。

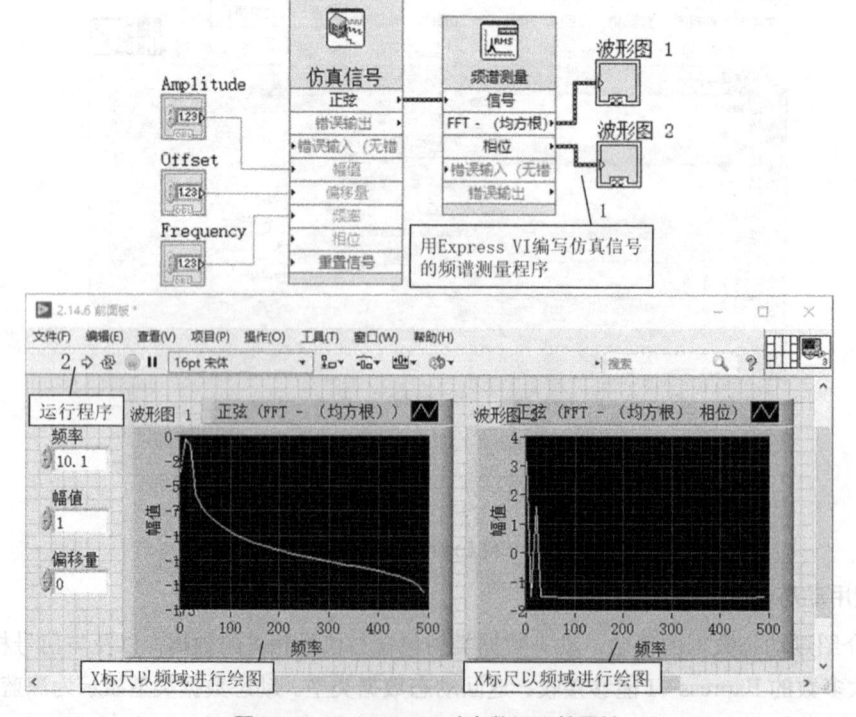

图 5-3-6　Express VI 动态数据及其属性

1)获取和设置动态数据的属性

◆【练习 5-7】

参看图 5-3-7,编写程序并掌握"获取动态数据属性"Express VI 的配置方法。

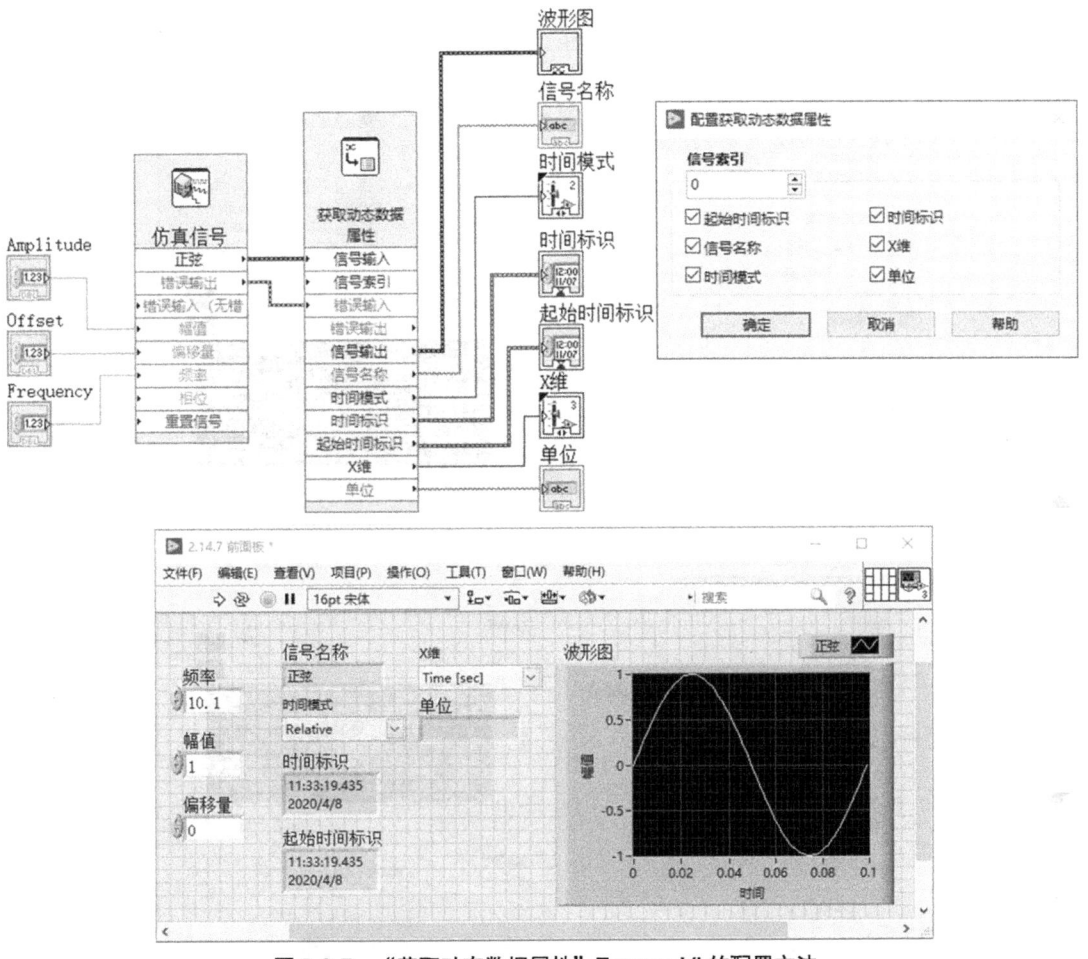

图 5-3-7 "获取动态数据属性"Express VI 的配置方法

2)转换动态数据

(1)通过"转换至动态数据"Express VI 可以将数值、布尔、波形和数组数据转换为动态数据,从而使其可以在 Express VI 中使用。

(2)通过"从动态数据转换"Express VI 可以将动态数据类型转换为数值、波形和数组数据类型,以便用于其他的 VI 和函数。

(3)将动态数据连接至数组显示控件时,LabVIEW 将把"从动态数据转换"Express VI 自动放置在程序框图上。双击"从动态数据转换"Express VI,打开"配置获取动态数据属性"对话框并控制数据在数组中如何显示。

◆【练习 5-8】

参看图 5-3-8,编写程序并掌握"转换至动态数据"Express VI 和"从动态数据转换"Express VI 的配置方法。

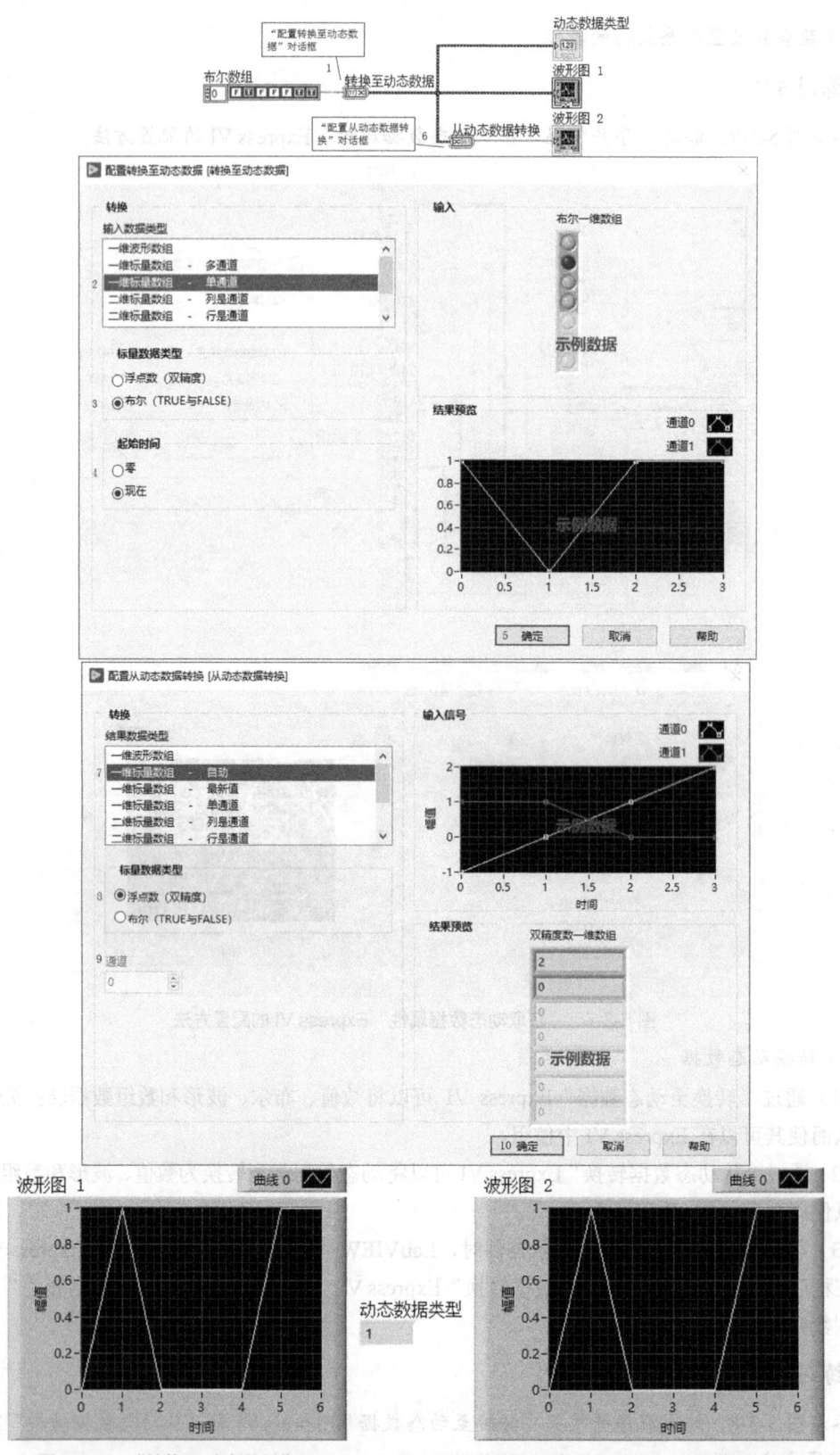

图 5-3-8 "转换至动态数据" Express VI 和 "从动态数据转换" Express VI 的配置方法

5.4 属性节点

属性节点用于访问对象的属性，前面板的数值输入控件标签是否可见、控件是否禁用、数值文本的字体颜色等都是对象的属性。在程序框图中，利用属性节点编程可以实现前面板对象对相应行为的响应。

例如，当用户在文本框输入的密码无效时，前面板中事先放置的红色布尔灯会开始闪烁。或者，用户通过程序的控制实现波形图表曲线的颜色变化。这都是典型的属性节点的编程应用。

5.4.1 创建属性节点

LabVIEW 的属性节点功能强大，前面板的控件根据自身特点提供了详尽的属性项。

【练习 5-9】

参考图 5-4-1，以一个数值输入控件为例，为其创建一个禁用属性，防止该控件错误接收输入操作，并理解通过此类编程方式控制前面板控件响应的意义。

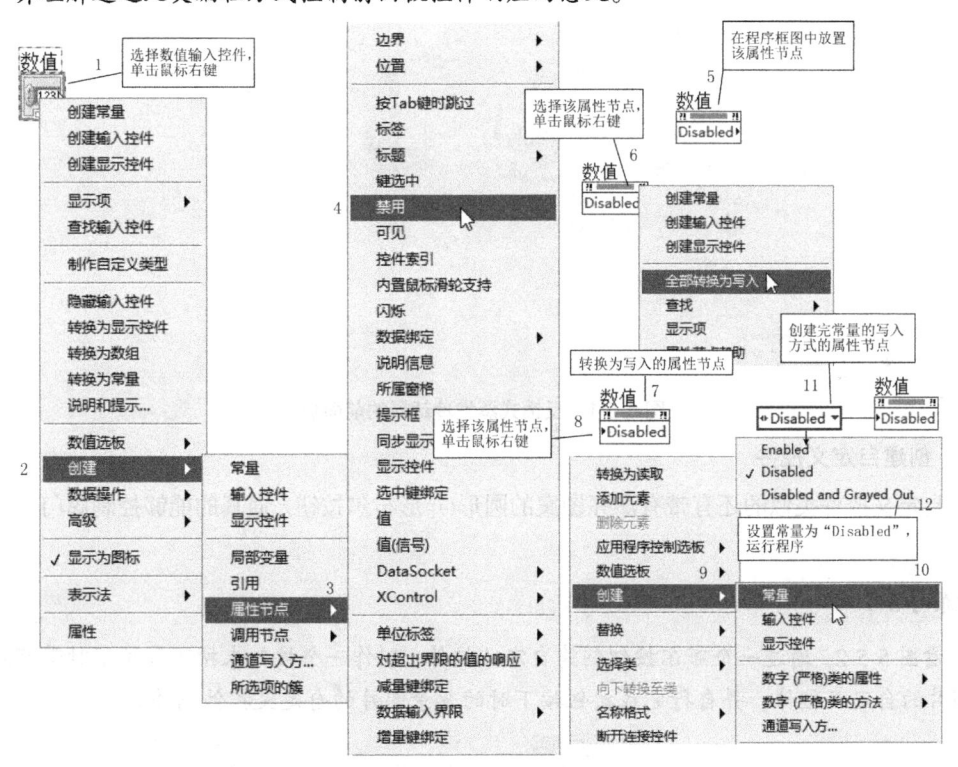

图 5-4-1 创建属性节点

本例中，"属性节点"子菜单中的各个选项为当前数值输入控件可用的全部属性。不同的控件可用的属性各不相同。

5.4.2 属性节点使用注意事项

（1）属性节点支持读/写操作，但有些属性只能读不能写，有些属性只能写不能读。属性节点右边的小方向箭头表明当前读取的属性。属性节点左边的小方向箭头表明当前可写的属性。右击属性节点，在快捷菜单中选择"转换为读取"或"转换为写入"选项即可实现属性节点的读取或写入操作。

（2）使用定位工具可增加新的接线端（向下拉属性节点图标边框）可以改变属性节点的大小。

（3）节点是按从上到下的顺序执行的。若属性节点执行前有错误发生，则属性节点将不执行，因此有必要经常检查错误发生的可能性。

（4）属性节点只返回第一个错误，通过错误输出可以获得引起错误的属性信息。

5.5 自定义控件

前面板的控件样式和种类是 LabVIEW 内置的，如果要创建与内置控件不同的自定义控件，可用考虑使用自定义控件。图 5-5-1 为反馈式蒸发冷却器的前面板，其中的风扇控件、水泵控件区别于 LabVIEW 常规的显示控件，运行效果更显逼真。

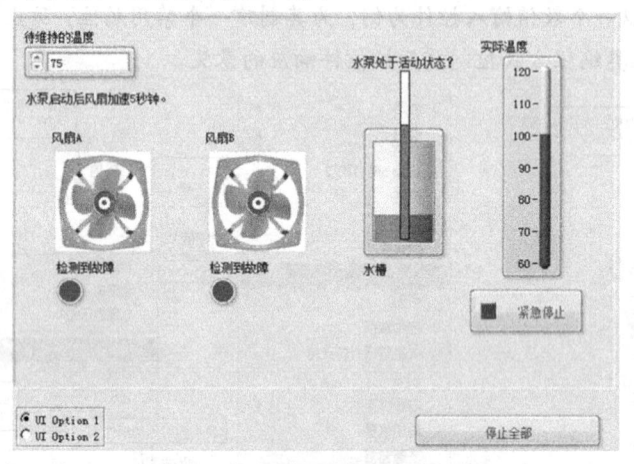

图 5-5-1 反馈式蒸发冷却器的前面板

1．创建自定义控件

与自定义控件类似的还有带有漂亮图案的圆形/异形布尔按钮，逼真的能够控制阀门开启的控件等。

【练习 5-10】

参看图 5-5-2，通过一个布尔按钮创建自定义控件，制作一个按钮未按下和按下时带有不同背景的图片的自定义控件，并自行完成按钮按下时的背景图片的自定义控件制作。

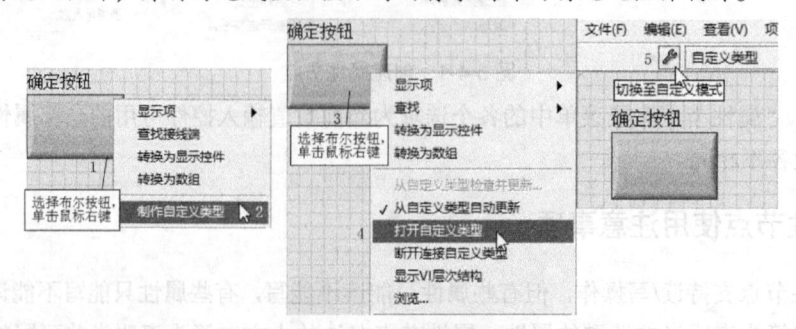

图 5-5-2 创建自定义控件

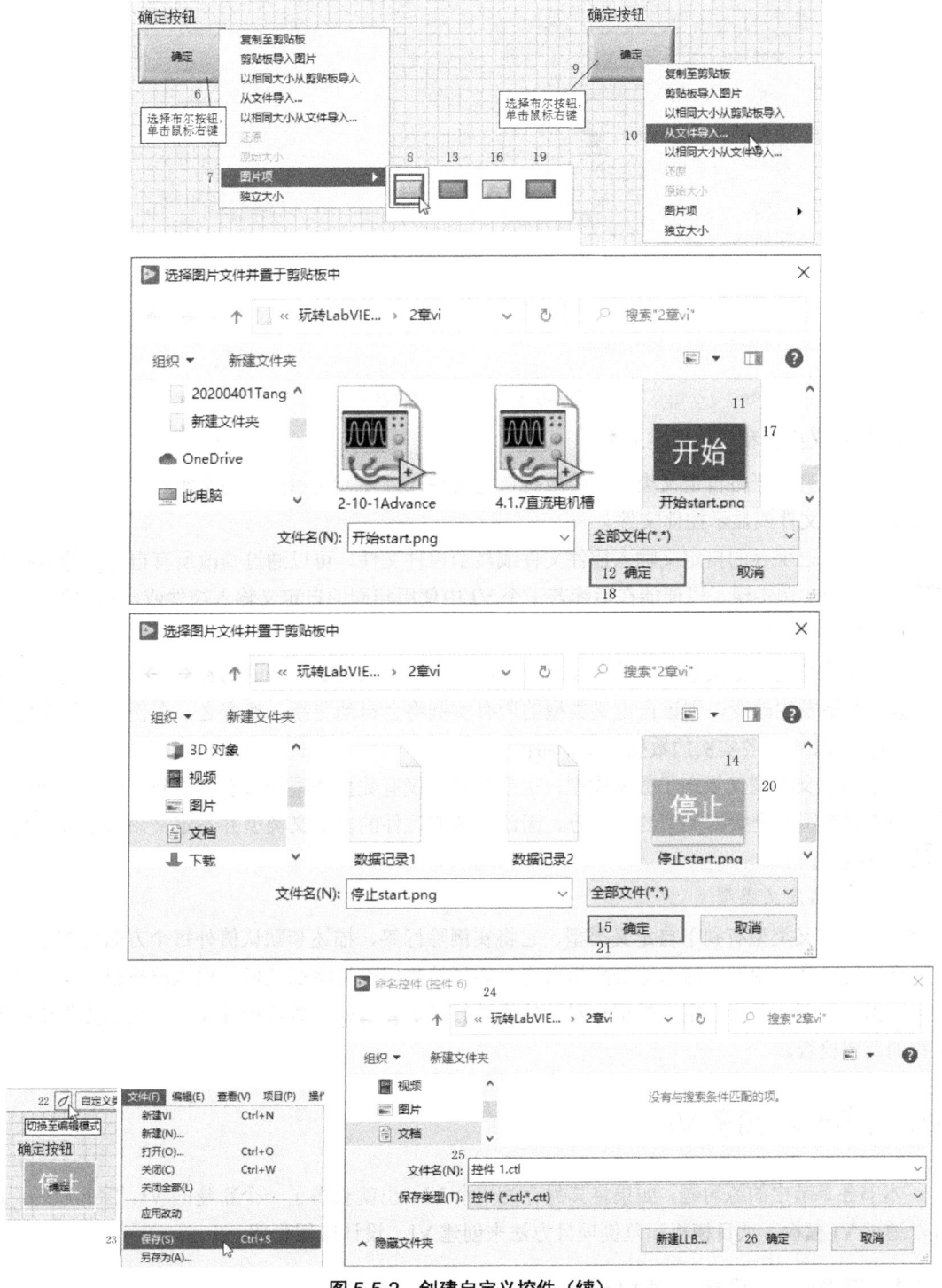

图 5-5-2 创建自定义控件（续）

2. 使用自定义控件

【练习 5-12】

继续前面的练习，参看图 5-5-3 将创建的自定义控件放置在前面板。

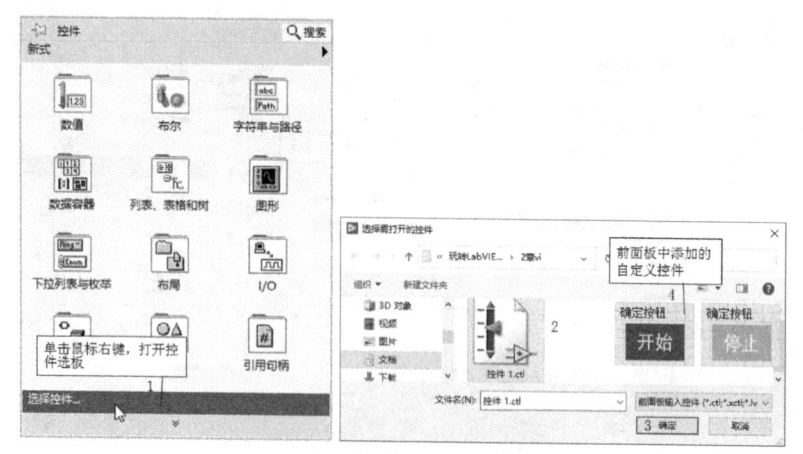

图 5-5-3 使用自定义控件

3．自定义类型和严格自定义类型

自定义类型和严格自定义类型可将所有自定义输入控件或显示控件的实例连接到已保存的自定义输入控件文件或显示控件文件。

若要编辑已保存的自定义输入控件文件或显示控件文件，可以通过修改所有自定义输入控件或显示控件的实例实现，以便能在后续若干个 VI 中使用相同的自定义输入控件或显示控件。

1）自定义类型

自定义类型为自定义输入控件或显示控件的每个实例均指定了正确的数据类型。若自定义类型的数据类型发生改变，则该自定义类型的所有实例将会自动更新。换言之，在使用了该自定义类型的每个 VI 中，各实例的数据类型都将改变。

由于自定义类型仅规定了数据类型，也就意味着仅有数据类型的值会被更新。例如，数值控件中的数据范围不是数据类型的一部分。因此，数值控件的自定义类型并不定义该自定义类型实例的数据范围。

2）严格自定义类型

严格自定义类型有别于自定义类型，它将实例除标签、描述和默认值外每个方面强制设置为与严格自定义类型相同。这意味着严格自定义类型的数据类型将在任何使用该严格自定义类型的场合下保持不变。严格自定义类型也对其他值进行了定义，如对数值控件及下拉列表控件中控件名称的范围检查。

5.6 创建 VI 和子 VI

本书各章节中的练习题，如果将其另存为一个 VI，也就获得了一个新建的 VI。除此以外，还可以通过 VI 模板、项目模板和范例项目方法来创建 VI、设计应用程序。

5.6.1 范例、VI 模板、项目模板

1．使用范例查找器创建 VI

范例查找器的基本用法在前面的章节已经介绍过。若能在上千个 VI 范例中搜索到可参考的 VI，可将其整合到用户的 VI 中，还可根据应用程序的需要对范例 VI 进行修改并另存，也可复制

并粘贴一个或多个范例到自行创建的 VI 中。

在 LabVIEW 帮助中，单击部分 VI 和函数参考主题页面下方的"打开范例"按钮和"查找相关范例"按钮，也可访问 VI 范例。

2．使用 LabVIEW VI 模板创建 VI

在"新建"对话框中打开 VI 模板，可以利用内置的简单模板创建 VI。VI 模板中包含"函数"选板中一些内置 VI 和函数供新建 VI 之用，如生成和显示模板中包含生成信号用的"仿真信号"Express VI 和显示数据用的波形图，以及一个带停止条件的 While 循环结构。

【练习 5-13】

参看图 5-6-1，以新建一个模拟仿真的生成和显示模板为例，基于 VI 模板创建新的 VI。

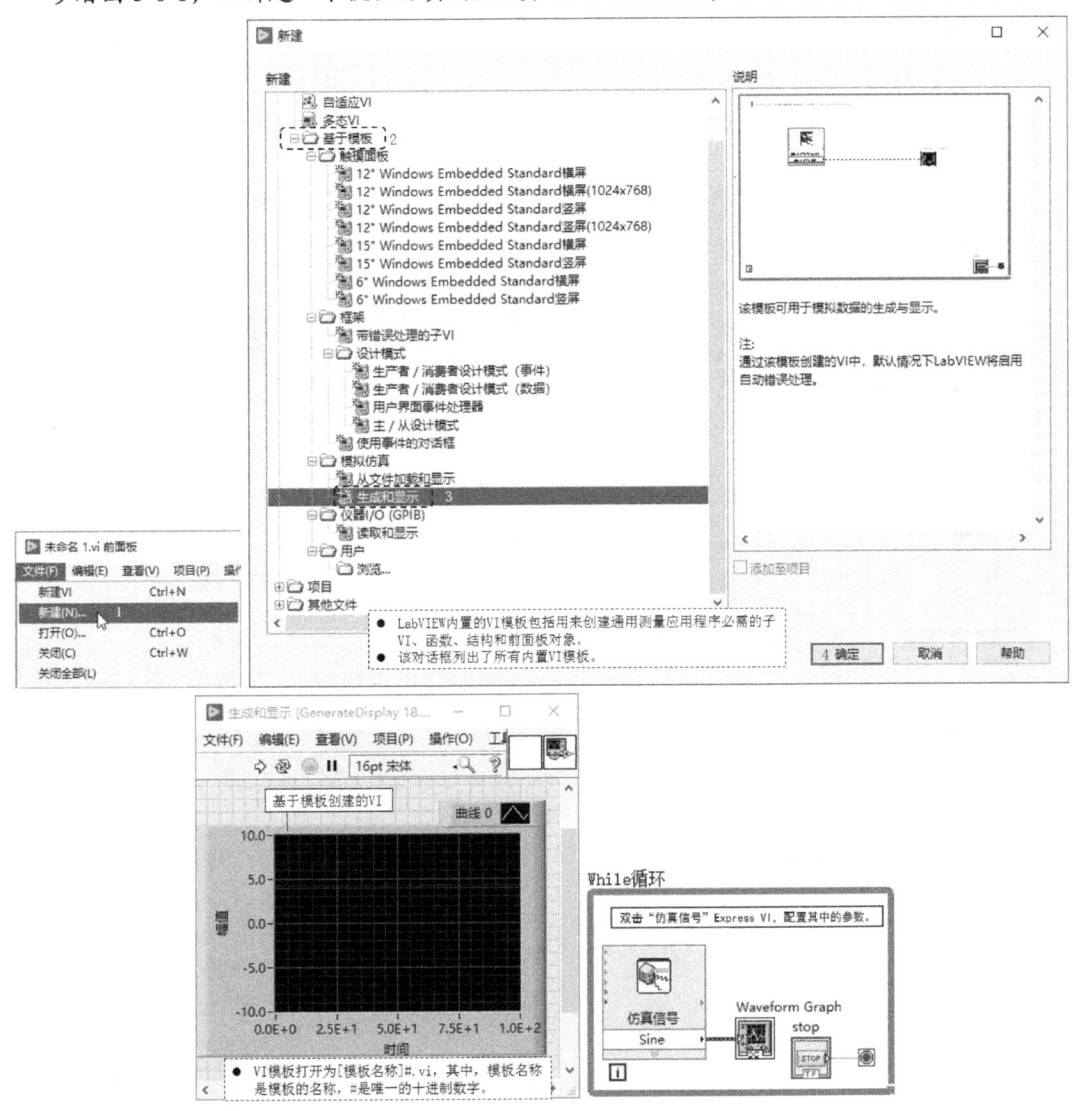

图 5-6-1 基于 VI 模板创建 VI

用户还可以自行创建 VI 模板以用于相似功能的 VI 新建。创建 VI 后，将其保存为模板，即创建了一个自定义的 VI 模板。也可在文件系统中将扩展名.vi 改为.vit，直接将已有 VI 转换为 VI 模板。

3. 使用项目模板和范例创建 VI

项目模板是针对 LabVIEW 项目文件开发而言的，项目模板提供了如状态机、队列消息处理器等在内的模板。LabVIEW 还提供了基于这些模板的应用范例。

【练习 5-14】

参看图 5-6-2，基于范例项目"有限次测量"创建一个项目。"有限次测量"程序在使用 ELVIS、myDAQ 或其他 PCI、USB 接口的数据采集设备情况下，可以直接使用。

图 5-6-2 基于范例项目创建 LabVIEW 项目

4．其他文件

在"新建"对话框中的"新建"列表框上选择"其他文件"选项，可创建"运行时菜单""自定义控件""全局变量"和"库"等文件，如图 5-6-3 所示。

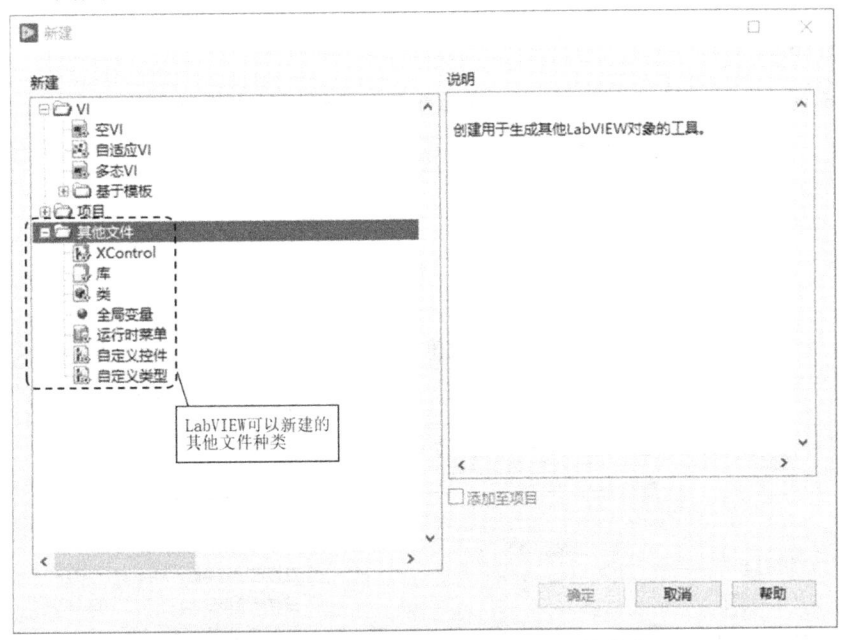

图 5-6-3　LabVIEW 可以新建的其他文件种类

5.6.2　创建模块化代码（子 VI）

程序框图设计得越复杂，意味着程序的功能阅读可能变得越困难，维护也会变得越困难。若将程序框图中具有重复功能性质的代码及具有典型模块化功能特征的代码建立子 VI，不仅能优化程序框图的可读性，也能节约程序框图的面积。LabVIEW 的子 VI 相当于文本编程语言中的子程序。

编辑一个子 VI，将影响全部调用该子 VI 的 VI，并不仅限于当前的实例。程序框图中相同的子 VI 节点每次均调用同一个子 VI。

创建 VI 后，必须为其创建连线板并创建图标，以便其可以用作子 VI。

1．优化常用操作

VI 设计中有些频繁执行的操作，可以考虑创建子 VI 或利用循环结构来执行重复性的操作。例如，图 5-6-4 所示的程序框图包含三个完全相同的运算操作。

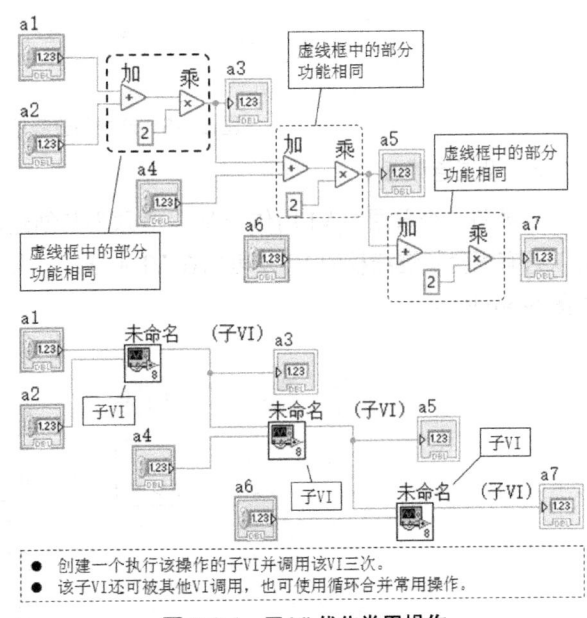

图 5-6-4　子 VI 优化常用操作

【练习 5-15】

参看图 5-6-4，编写程序并理解程序中用于替代重复代码的子 VI 的作用。

2. 创建子 VI

【练习 5-16】

继续上面的练习，参看图 5-6-5，为选中的部分程序框图创建子 VI。

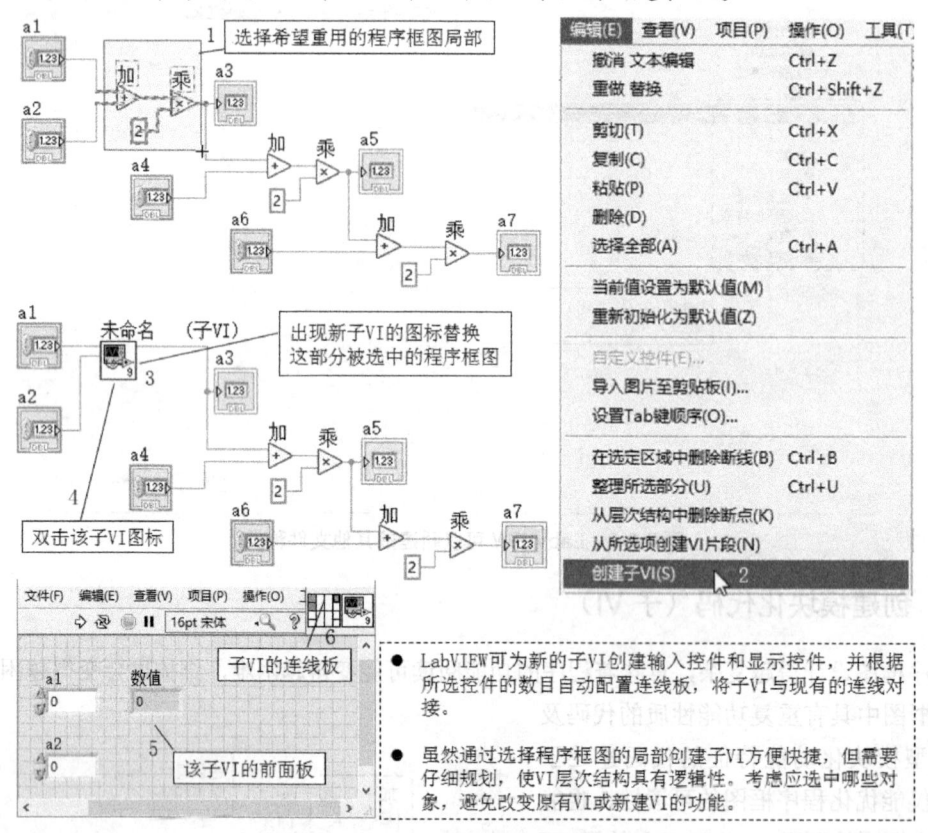

图 5-6-5 选中部分程序框图创建子 VI

- LabVIEW 可为新的子 VI 创建输入控件和显示控件，并根据所选控件的数目自动配置连线板，将子 VI 与现有的连线对接。
- 虽然通过选择程序框图的局部创建子 VI 方便快捷，但需要仔细规划，使 VI 层次结构具有逻辑性。考虑应选中哪些对象，避免改变原有 VI 或新建 VI 的功能。

3. 设置连线板

若要将一个普通的 VI 用作子 VI，必须为其创建连线板。连线板定义了子 VI 的控件接线端，所以只有配置了连线板的 VI 才可以在 VI 中连线。每个 VI 前面板窗口的右上角都有一个连线板，如图 5-6-6 所示。

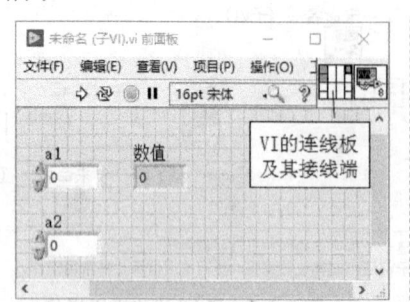

- 连线板集合了 VI 各个接线端，与 VI 中的控件相互呼应，类似文本编程语言中函数调用的参数列表。
- 连线板标明了可与该 VI 连接的输入端和输出端，以便将该 VI 作为子 VI 调用。连线板在其输入端接收数据，然后通过前面板控件将数据传输至程序框图的代码中，从前面板的显示控件中接收运算结果并传递至其输出端。
- 连线板上的每个方格都代表一个接线端。选定一个连线板模式后，将这些方格与前面板的输入控件和输出控件之间建立关联。

图 5-6-6 连线板

建议不要使用数量超过 16 个的接线端，因为接线端数量太多会导致较难连线。若要传递更多数据，建议使用簇。

多余的接线端可以保留，当需要为 VI 添加新的输入端或输出端时再进行连接。

4．将子 VI 和 Express VI 显示为图标或可扩展节点

VI 和 Express VI 可显示为图标或可扩展节点，可扩展节点通常显示为被彩色背景包围的图标。

【练习 5-17】

参看图 5-6-7，以"基本函数发生器"VI 和"写入测量文件"Express VI 为例，熟悉子 VI、Express VI 显示方式的设置方法。

【练习 5-18】

参看图 5-6-8，以"写入测量文件"Express VI 为例，学会调整设置 Express VI、子 VI 的接线端。

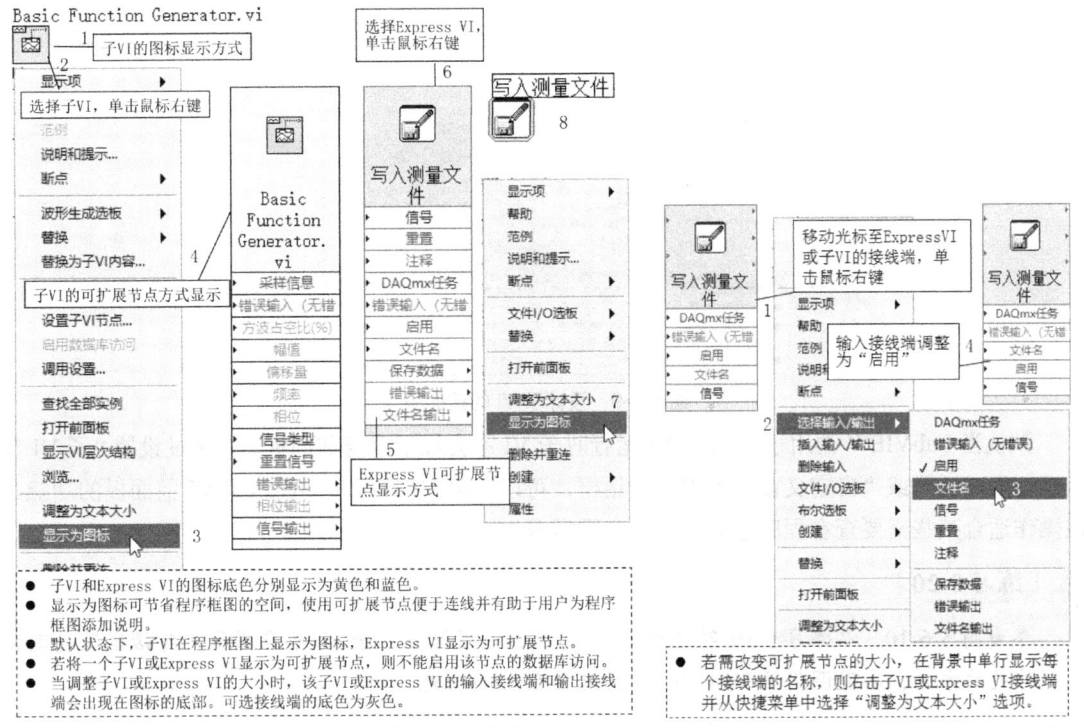

- 子 VI 和 Express VI 的图标底色分别显示为黄色和蓝色。
- 显示为图标可节省程序框图的空间，使用可扩展节点便于连线并有助于用户为程序框图添加说明。
- 默认状态下，子 VI 在程序框图上显示为图标，Express VI 显示为可扩展节点。
- 若将一个子 VI 或 Express VI 显示为可扩展节点，则不能启用该节点的数据库访问。
- 当调整子 VI 或 Express VI 的大小时，该子 VI 或 Express VI 的输入接线端和输出接线端会出现在图标的底部。可选接线端的底色为灰色。

图 5-6-7　子 VI、Express VI 的显示方式设置

- 若需改变可扩展节点的大小，在背景中单行显示每个接线端的名称，则右击子 VI 或 Express VI 接线端并从快捷菜单中选择"调整为文本大小"选项。

图 5-6-8　调整设置 Express VI、子 VI 的接线端

5．设计子 VI 的前面板

若只是使用子 VI 的运算功能，而不查看子 VI 的前面板，则无须花费精力在前面板的外观设计上（如颜色、字体、布局）。但是，前面板对象的排列仍很重要，因为在调试 VI 时可能需要查看前面板对象。

【练习 5-19】

参看图 5-6-9，以"基本函数发生器"VI 为例，掌握设计子 VI 的前面板的基本原则。

LabVIEW 数据采集

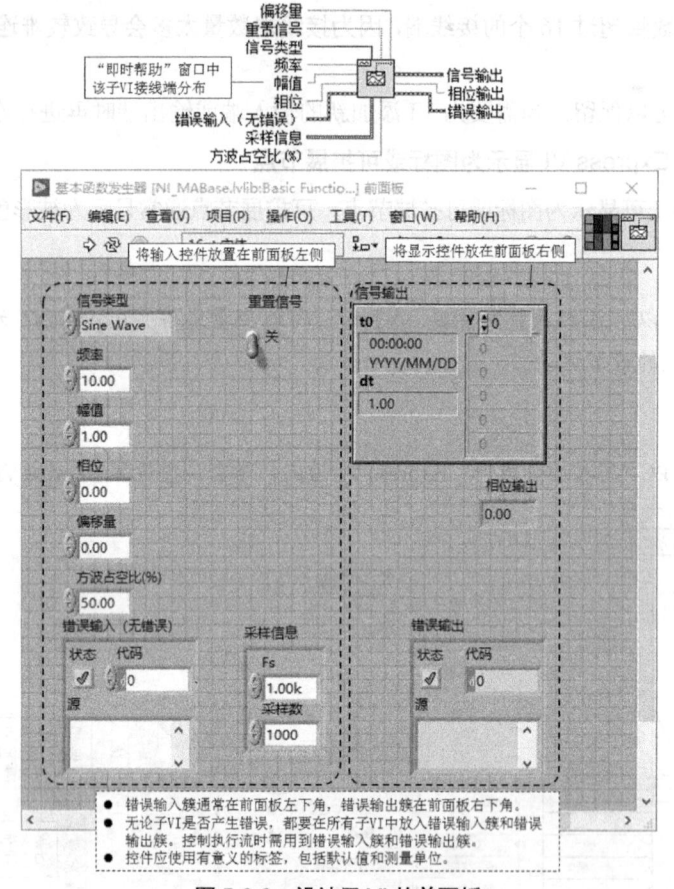

图 5-6-9 设计子 VI 的前面板

默认当 LabVIEW 调用子 VI 时，VI 运行时子 VI 不会显示自身前面板。但通过设置"子 VI 节点设置"对话框或"自定义窗口外观"对话框，可以实现 VI 运行时仍显示子 VI 前面板的功能。该操作适合某些需要查看程序运算的细节应用需求。

【练习 5-20】

参看图 5-6-10，以练习 5-19 创建的子 VI 为例，通过设置"子 VI 节点设置"对话框及自定义窗口外观的方法，实现调用子 VI 时显示子 VI 前面板的功能。

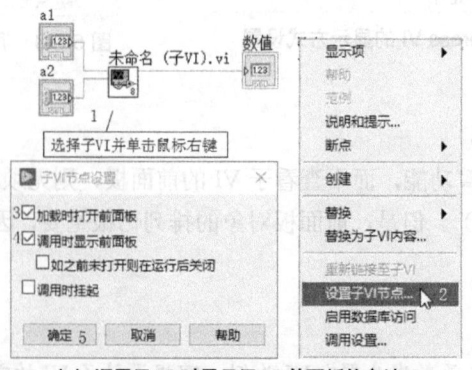

(a) 调用子 VI 时显示子 VI 前面板的方法 1

图 5-6-10 调用子 VI 时显示子 VI 前面板的方法

第 5 章　LabVIEW 程序设计

(b) 调用子 VI 时显示子 VI 前面板的方法 2

图 5-6-10　调用子 VI 时显示子 VI 前面板的方法（续）

6. 查看 VI 的层次结构

"VI 层次结构"窗口以图形化的方式显示所有打开的 LabVIEW 项目和终端，以及内存中所有 VI 的调用结构。"VI 层次结构"窗口的工具栏包括 12 个部分，如图 5-6-11 所示。

【练习 5-21】

参看图 5-6-12，打开练习 5-20 中的 VI，掌握"VI 层次结构"窗口的基本操作方法。

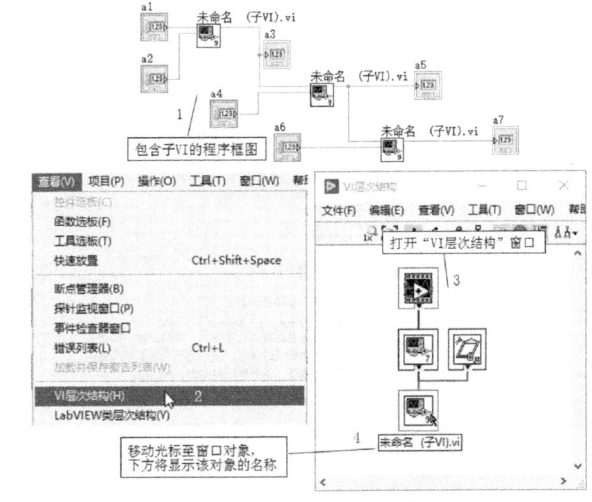

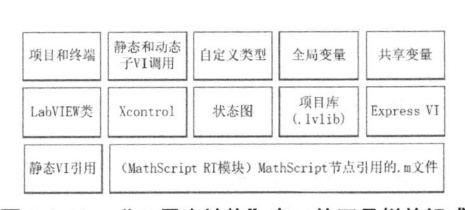

图 5-6-11　"VI 层次结构"窗口的工具栏的组成　　　图 5-6-12　使用 VI 层次结构窗口

165

7. 递归 VI

递归 VI 可从其程序框图（包括其子 VI 的程序框图）自调用。若要在输出上进行若干次相同的操作，可使用递归 VI。可将任何 VI 设置为递归 VI，也可在一个 VI 层次结构中使用多个递归 VI。

若要在一个 VI 层次结构中使用递归 VI，可按下列方法配置层次结构中的所有 VI。

（1）将 VI 层次结构中的所有 VI 配置为重入 VI，至少有一个 VI 可在多次调用中共享副本。

（2）将 VI 层次结构中的所有 VI 配置为动态分配成员 VI。

（3）将 VI 层次结构中的至少一个 VI 配置为动态分配成员 VI 或重入 VI，且在多次调用间共享副本。将其他 VI 配置为重入 VI，每次调用前预分配副本。

（4）在 32 位平台上，LabVIEW 允许 15 000 次递归调用；在 64 位平台上，LabVIEW 允许 35 000 次递归调用。

【练习 5-22】

参看图 5-6-13，掌握设置 VI 重入执行的方法。

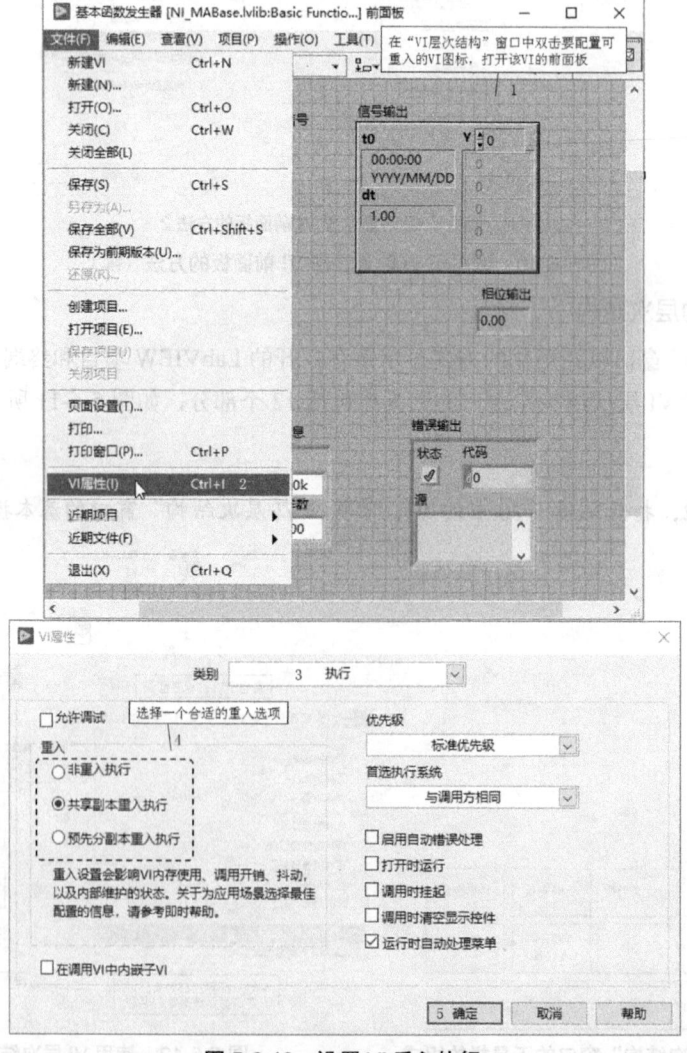

图 5-6-13　设置 VI 重入执行

8. 多态 VI

与前面介绍的多态函数相关，多态 VI 也可适用于不同的数据类型。多态 VI 是具有相同模式连线板的子 VI 的集合。集合中的每个 VI 都是多态 VI 的一个实例，每个实例都有至少一个输入或输出接线端接收的数据类型与其他实例不同。

【练习 5-23】

参看图 5-6-14，理解多态 VI 的概念并掌握设置多态 VI 实例的方法。

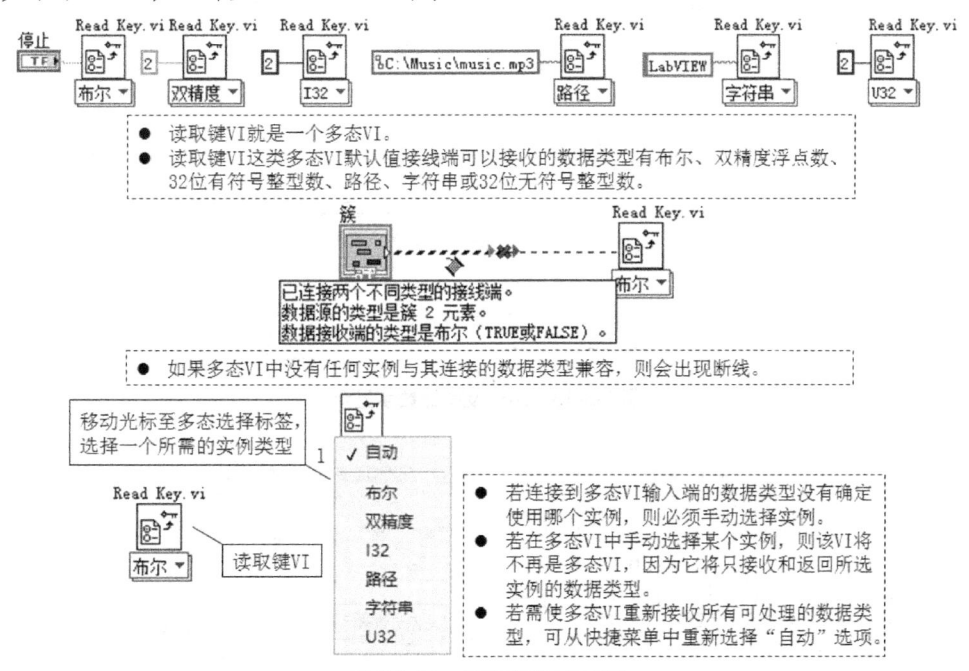

图 5-6-14 设置多态 VI 实例

5.6.3 使用图标

图标是 VI 或项目库的图形化表示。每个 VI 在前面板和程序框图的右上角都有一个图标。图标显示可以包含文本或图像。

若将一个 VI 当作子 VI 使用，程序框图中将显示代表该子 VI 的图标；若将 VI 添加至选板，VI 图标也将出现在"函数"选板上。

【练习 5-24】

参看图 5-6-15，熟练找到 VI 图标的位置，并掌握设置图标数字显示的方法。

【练习 5-25】

参看图 5-6-16，掌握打开"图标编辑器"对话框的方法。

自定义控件的图标与 VI 图标类似。每个自定义控件都有一个图标，在控件编辑器窗口的右上角，如图 5-6-17 所示。双击控件编辑器窗口右上角的图标，打开"图标编辑器"对话框，即可编辑自定义控件的图标，方法可参照图 5-6-16 操作。

项目库的图标与 VI 和自定义控件的图标不同。LabVIEW 将为库中所有对象使用库图标。建议为库图标创建特定标识。如可为项目库图标创建 MYLIB 标识。

图 5-6-15 图标及图标数字显示

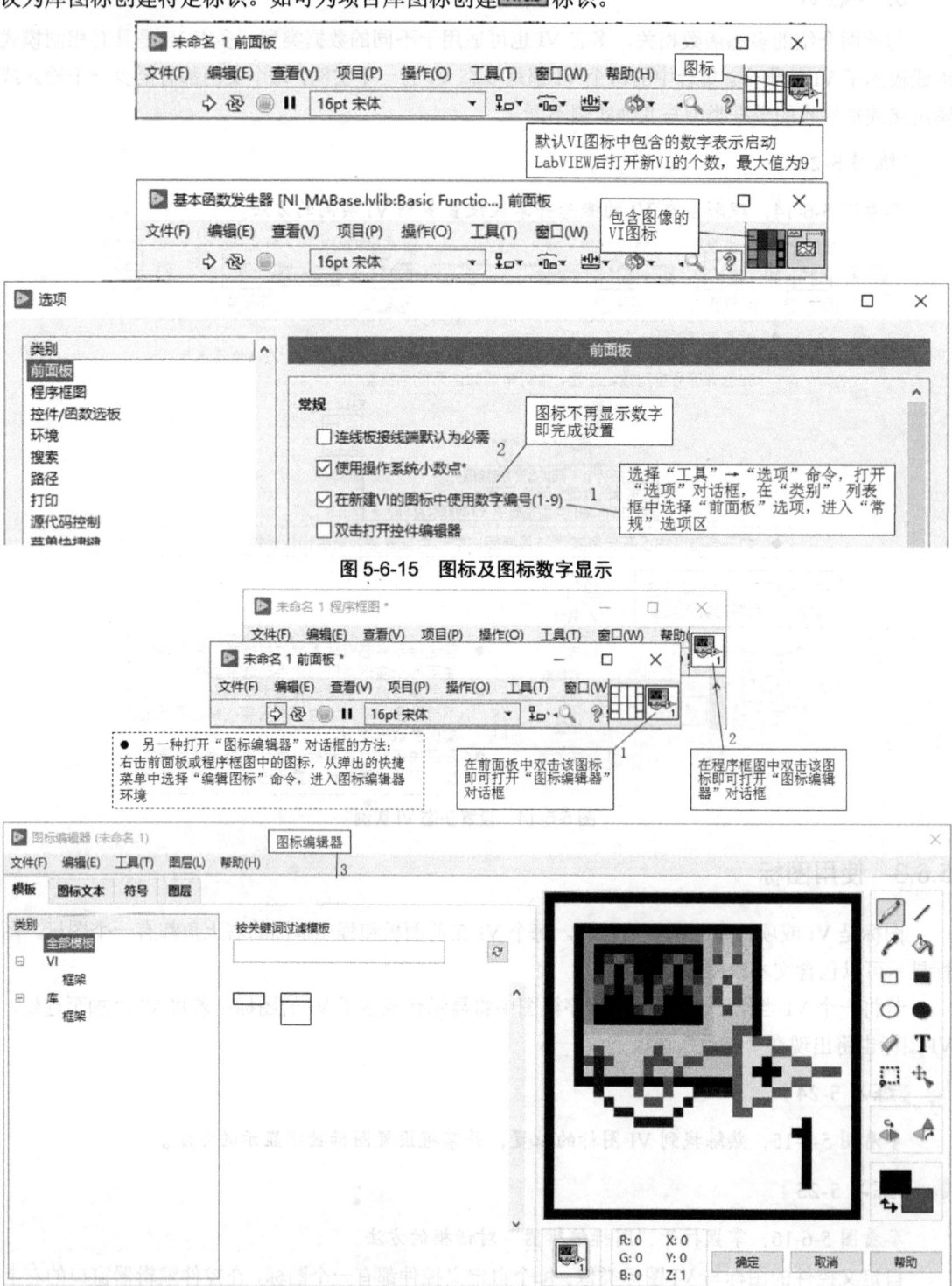

图 5-6-16 "图标编辑器"对话框

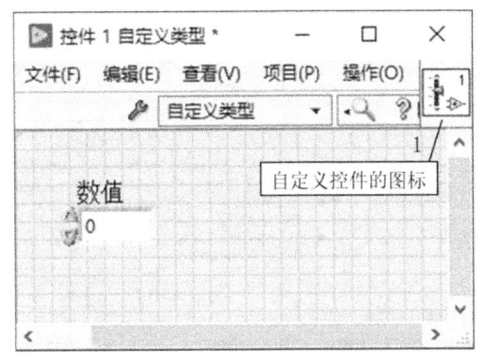

图 5-6-17　自定义控件的图标

1．创建图标

创建图标的过程主要是通过"图标编辑器"对话框完成的，也可通过从文件系统中拖放一个图片或通过 VI 类的 VI 图标方法完成。

1）通过"图标编辑器"对话框创建图标

图标编辑器中的图标创建流程可以看成由如图 5-6-18 所示的 6 个可用工序构成。这 6 个步骤可以按顺序进行，也可以独立进行某一项。

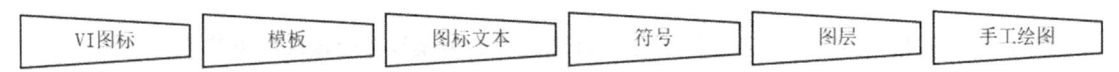

VI图标 → 模板 → 图标文本 → 符号 → 图层 → 手工绘图

图 5-6-18　图标编辑器设计流程

【练习 5-26】

参看图 5-6-19，掌握图标编辑器的基本使用方法，并新建 VI 图标。

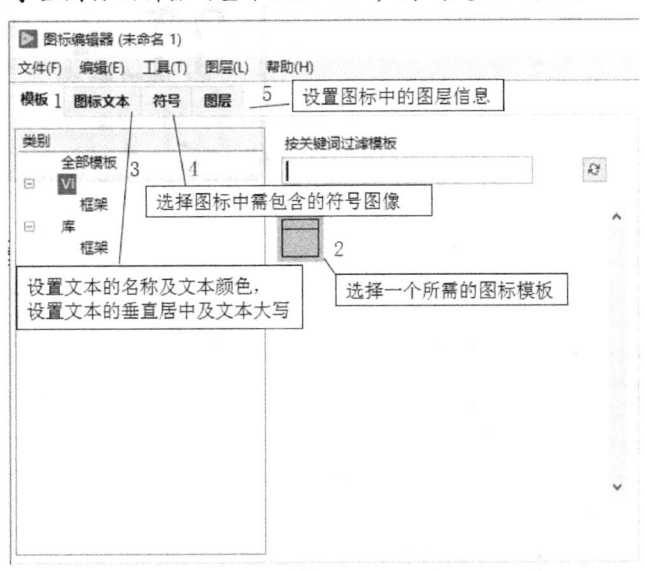

图 5-6-19　使用图标编辑器创建图标

2）拖放图片创建图标

【练习 5-27】

参看图 5-6-20，掌握拖放图片创建 VI 图标的操作方法。

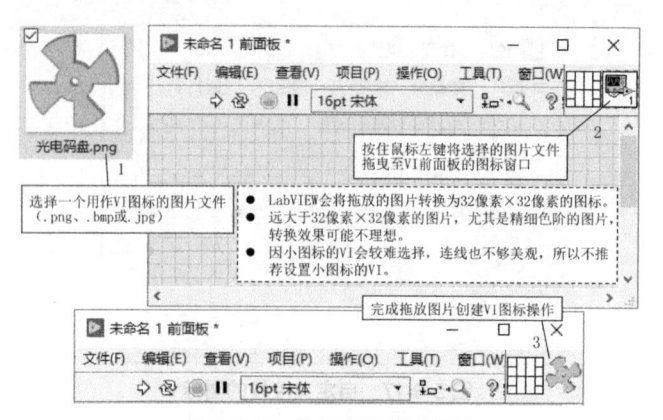

图 5-6-20 拖放图片创建图标

2. 保存图标

LabVIEW 将图标及图层信息与 VI 或库一起保存，通过"图标编辑器"对话框将图标保存为 256 色（8 位）和单色（1 位）格式。

将通过"图标编辑器"对话框创建的图标保存为模板或符号，可供后续直接使用。

【练习 5-28】

参看图 5-6-21，将在练习 5-27 中创建的 VI 图标保存为模板并尝试保存为符号。

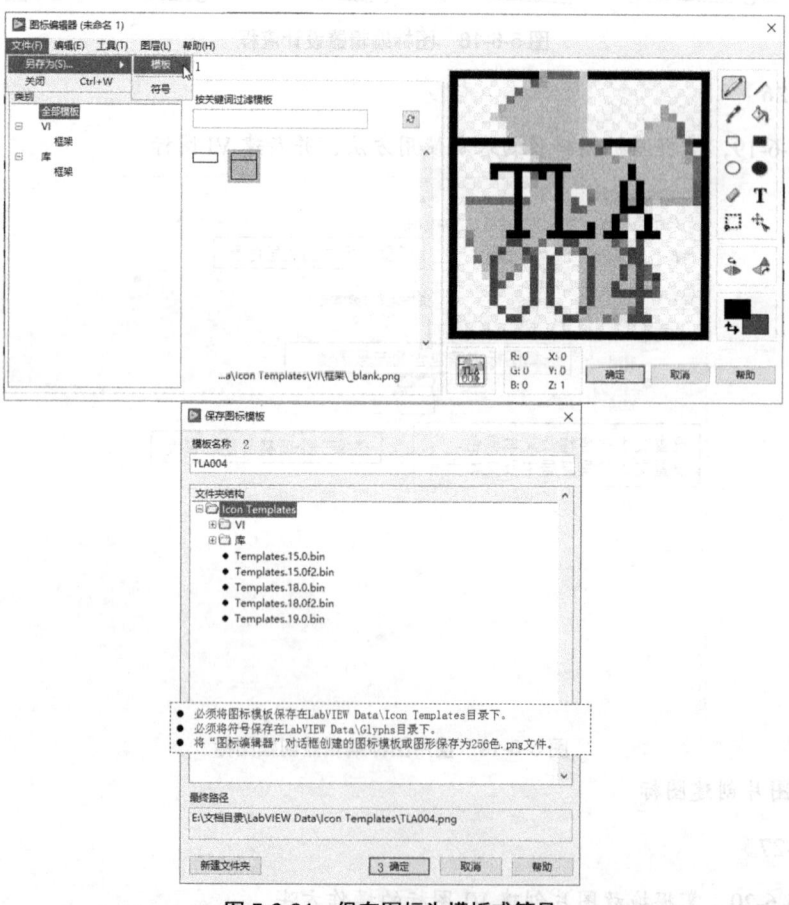

图 5-6-21 保存图标为模板或符号

3. 使用符号

前面的练习题中,创建图标的过程使用了图标。图标编辑器的符号页显示\LabVIEW Data\Glyphs 目录下的所有.png、.bmp 和.jpg 文件。可将创建的符号保存至该目录,符号就可显示在"图标编辑器"对话框的符号页。默认情况下,符号页中包含 ni.com 图标库的所有符号。

【练习 5-29】

参考图 5-6-22,设置同步 ni.com 图标库。

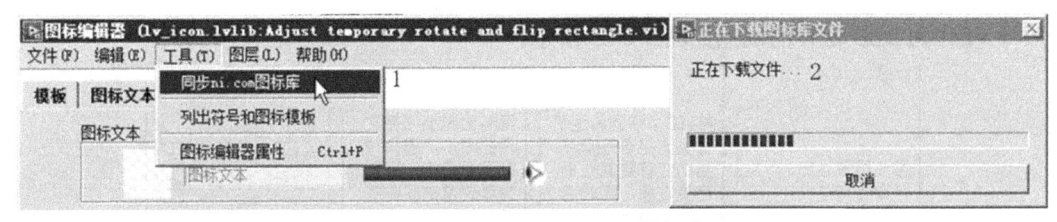

图 5-6-22 设置同步 ni.com 图标库

【练习 5-30】

参考图 5-6-23,掌握从文件导入符号的方法。

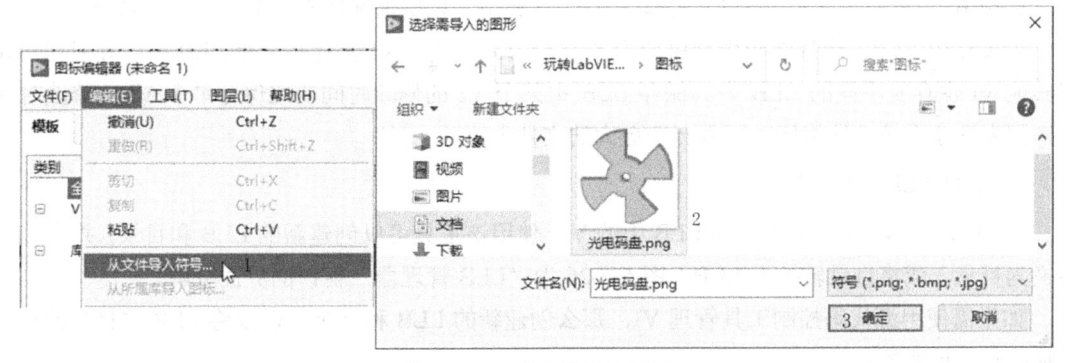

图 5-6-23 从文件导入符号

4. 使用图标模板

图标编辑器的模板页会显示\LabVIEW Data\Icon Templates 目录下的所有.png、.bmp 和.jpg 文件。将图标模板保存至该目录,图标模板就能够在"图标编辑器"对话框的"模板"选项卡上显示。

LabVIEW Data\Icon Templates\VI 目录下的模板可用于 VI 和自定义控件的图标。

LabVIEW Data\Icon Templates\Library 目录下的模板可用于项目库、类和 XControl 的图标。

5.6.4 保存 VI

选择"文件"→"保存"命令,即可保存当前 VI。可以独立保存单个 VI,也可将多个 VI 一起保存在 LLB 中。LLB 只是一个容器,LLB 文件的扩展名为.llb。

1. 将 VI 作为单个文件保存的优点

将 VI 作为单个文件保存的优点如图 5-6-24 所示。

LabVIEW 数据采集

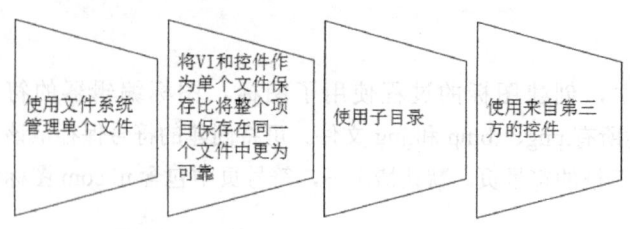

图 5-6-24 将 VI 作为单个文件保存的优点

2. 将 VI 作为 LLB 保存的优点

将 VI 作为 LLB 保存的优点如图 5-6-25 所示。

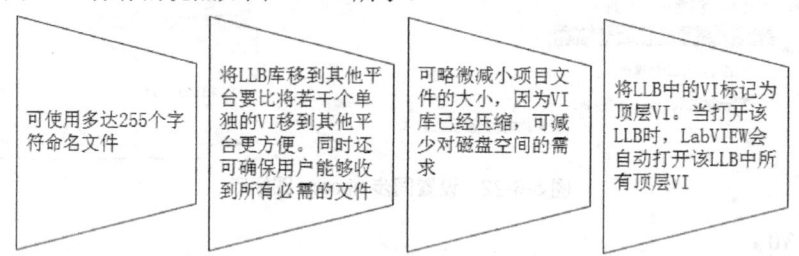

图 5-6-25 将 VI 作为 LLB 保存的优点

LabVIEW 将许多内置 VI 和范例都保存在 LLB 中，以确保在所有平台上的存储位置一致。

若要使用 LLB，最好将应用程序分为多个 LLB。将顶层 VI 保存在一个 LLB 中，并根据功能将其他 VI 保存到不同的 LLB 中。保存 LLB 中某个 VI 的修改时间要比保存单个 VI 的修改时间长，因为操作系统必须将修改写入一个更大的文件中。

3. 管理 LLB 中的 VI

"LLB 管理器"窗口用于管理 LLB 中的 VI。使用该工具可以创建新的 LLB 和目录，并将 LLB 转换为目录，或将目录转换为 LLB。图 5-6-26 为"LLB 管理器"窗口的界面分解。

如果需使用源代码控制工具管理 VI，那么创建新的 LLB 和目录，以及将 LLB 与目录的相互转换是相当重要的。

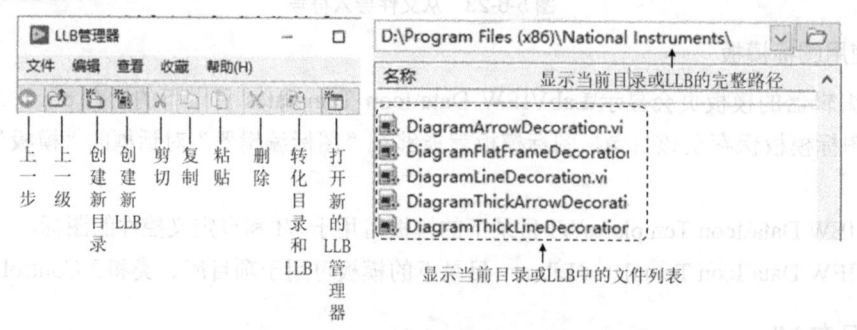

图 5-6-26 "LLB 管理器"窗口的界面分解

在使用 LLB 管理器之前，应关闭所有可能被影响到的 VI 以避免对内存中的 VI 执行某项文件操作。

【练习 5-31】

参看图 5-6-27，打开\Program Files (x86)\National Instruments\LabVIEW 2019\vi.lib\sound2\SoundAcquireSource.llb，设置 SOwirte.vi 至顶层，掌握使用 LLB 管理器的基本操作。

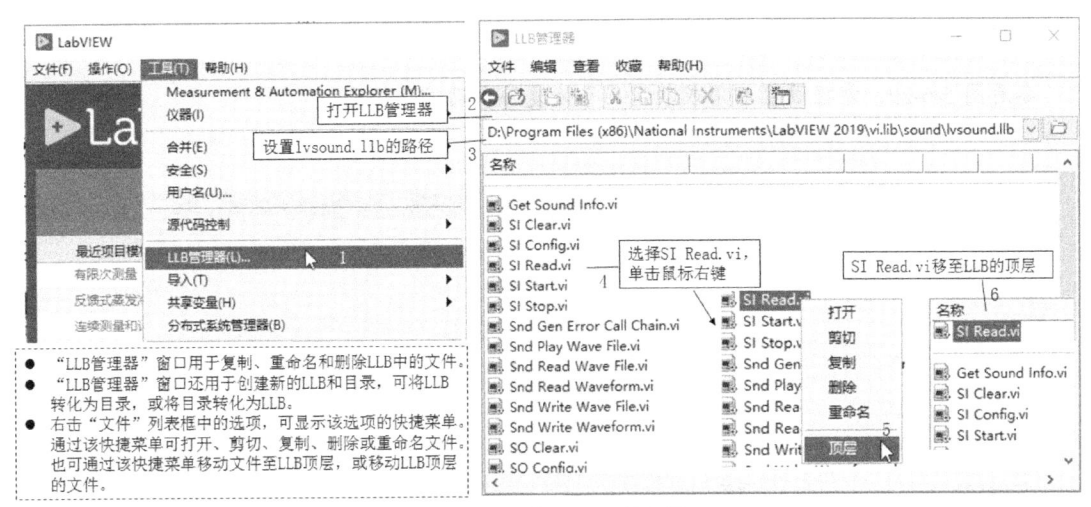

图 5-6-27 使用 LLB 管理器

4．VI 命名

保存 VI 时，应使用描述性的名称。描述性的名称便于用户识别 VI 并了解该如何使用 VI，如 Temperature Monitor.vi 和 Serial Write & Read.vi。含义模糊的文件名会造成文件混淆。对于保存了多个 VI 的情况，将会出现难以识别的问题，如 VI_1.vi。

命名时同时要考虑用户是否可能在其他平台上使用该 VI，因此不要使用一些平台上具有特殊用途的符号，如\ : / ? * < > # 。

5．保存为前期版本

VI、LabVIEW 项目可以保存为 LabVIEW 的早期版本，便于日后升级 LabVIEW，以及必要时在之前的 LabVIEW 版本中维护这些 VI。

【练习 5-32】

参看图 5-6-28，将当前版本为 LabVIEW 2019 的 VI 保存为 LabVIEW 15.0 版本。

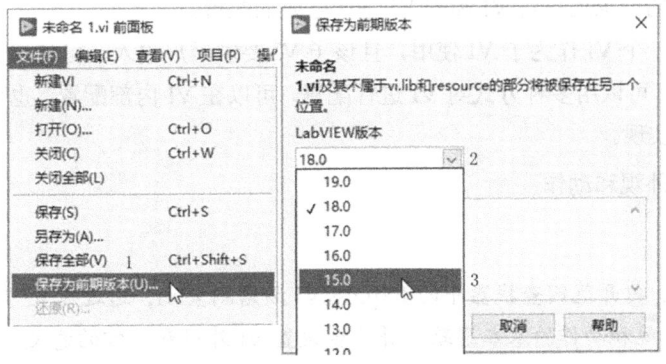

图 5-6-28 保存 VI 为前期版本

6．用于恢复的自动保存

若发生非正常关闭或系统故障等情况，LabVIEW 将把所有已修改且在关闭或故障时处于打开状态的 VI（.vi）、VI 模板（.vit）、控件（.ctl）、控件模板（.ctt）、项目（.lvproj）、项目库（.lvlib）、XControl（.xctl）或 LabVIEW 类（.lvclass）备份至一个临时地址。

【练习 5-33】

参看图 5-6-29，掌握设置启用或禁用用于恢复的自动保存功能。

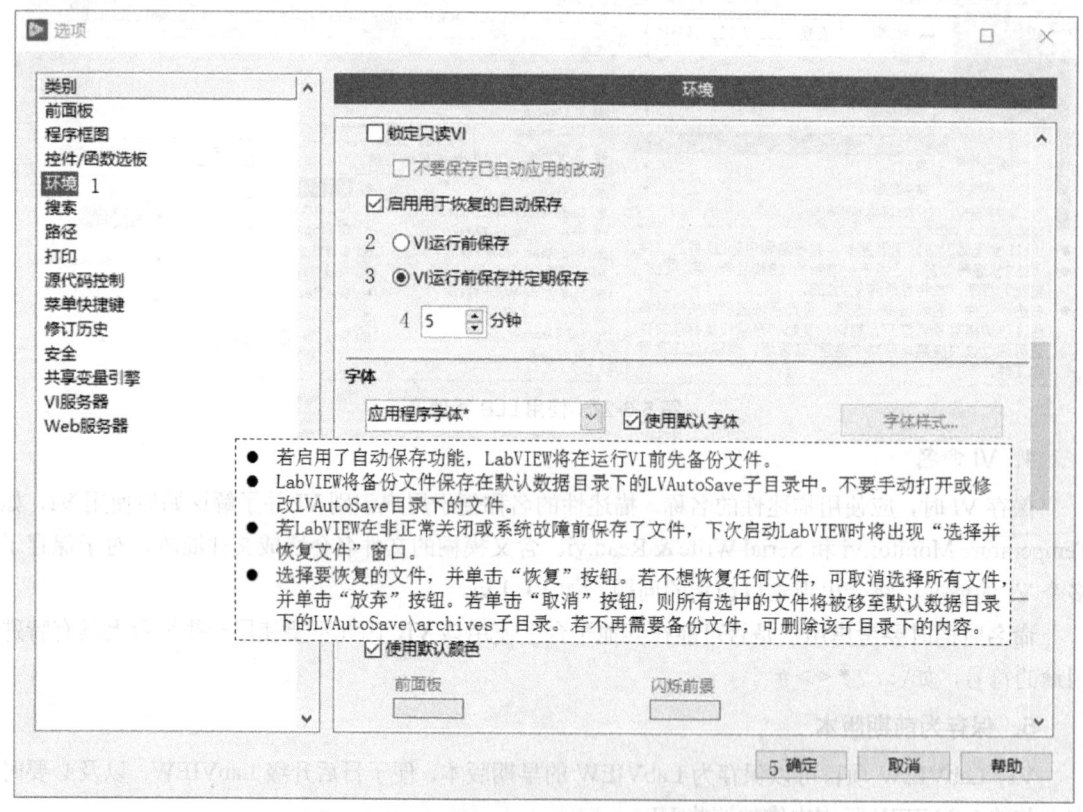

图 5-6-29 启用或禁用用于恢复的自动保存功能

5.6.5 自定义 VI

根据应用程序的要求还可对 VI 和子 VI 进行必要的配置。

例如，若需将一个 VI 作为子 VI 使用，且该子 VI 要求用户输入，可将该子 VI 设置为每次调用时都显示前面板。可以用多种方式对 VI 进行配置，可以在 VI 内部配置，也可以使用 VI 服务器通过编程方式配置实现。

1. 设置 VI 的外观和动作

【练习 5-34】

参看图 5-6-30，打开范例查找器中的 Express VI 频谱测量.vi，通过设置 "VI 属性" 的窗口外观参数，了解 VI 外观和动作的基本思路，并体会设置 VI 外观和动作的意义。

第 5 章　LabVIEW 程序设计

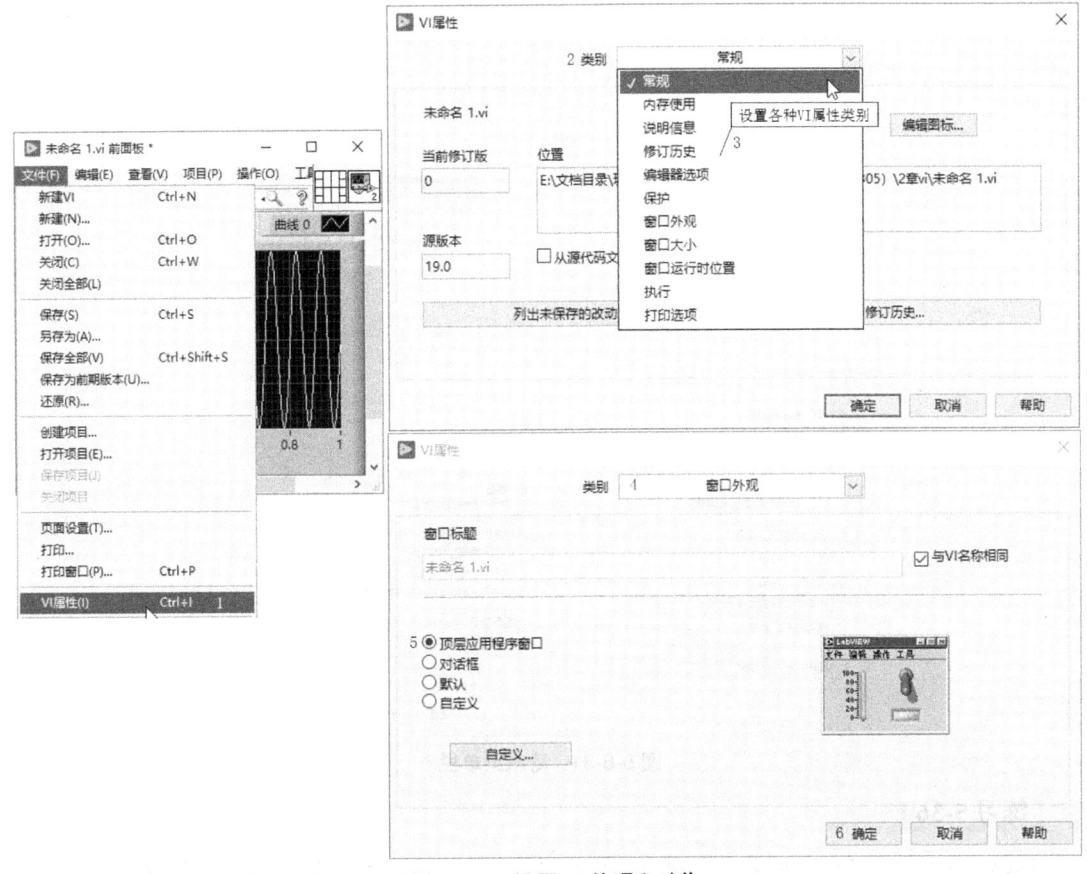

图 5-6-30　设置 VI 外观和动作

2. 自定义菜单

若 VI 具有应用程序的用途时，可以为其设置显示或隐藏菜单栏，并自定义菜单。

需要注意的是，自定义菜单只在 VI 运行时出现。

【练习 5-35】

继续上面的练习，参看图 5-6-31，设置 VI 运行时隐藏菜单栏。

在编辑 VI 时或 VI 运行时，可以通过编程静态创建自定义菜单或修改 LabVIEW 默认菜单。若需在 VI 上添加自定义菜单栏而不用默认菜单栏，可通过设置"运行时菜单"实现。

"菜单编辑器"对话框和"快捷菜单编辑器"对话框可用于创建自定义菜单，创建的菜单既可以包括 LabVIEW 在默认菜单中提供的应用程序菜单项，也可以包括用户自己添加的菜单项。虽然 LabVIEW 定义了应用程序菜单项的操作，但是仍可通过程序框图来控制自定义菜单项的操作。或者通过"菜单编辑器"对话框和"快捷菜单编辑器"对话框将自定义的.rtm 文件与 VI 或控件建立关联。VI 运行时，VI 从.rtm 文件中加载菜单。

编辑 VI 时，可用"菜单编辑器"对话框和"快捷菜单编辑器"对话框自定义菜单。"菜单"函数用于在运行时通过编程自定义菜单。该函数用于插入、删除、修改用户选项的属性。LabVIEW 已定义了应用程序菜单项的操作和状态，因此用户只能添加或删除应用程序菜单项。

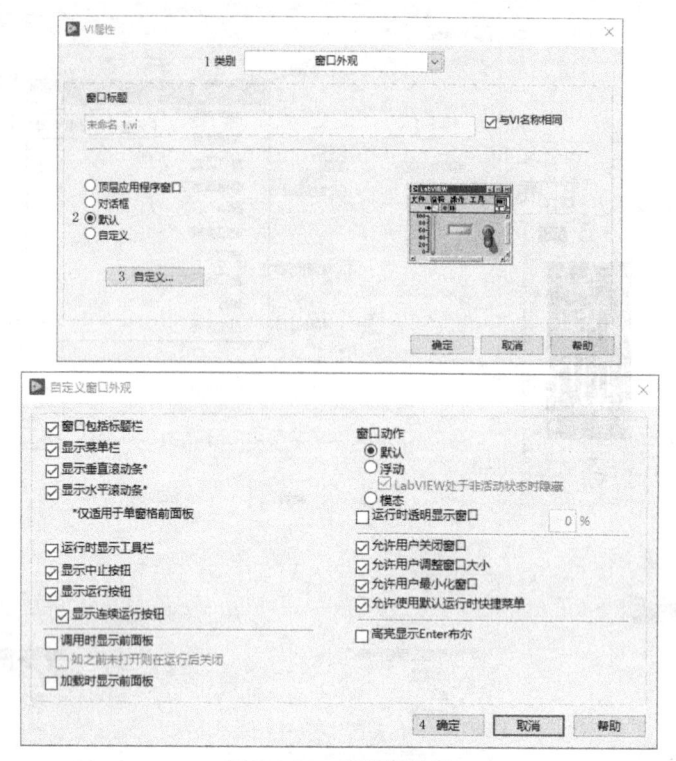

图 5-6-31 隐藏菜单栏

【练习 5-36】

选择"编辑"→"运行时菜单"命令,打开"菜单编辑器"对话框,并参看图 5-6-32,掌握设置自定义用户菜单项的基本方法。

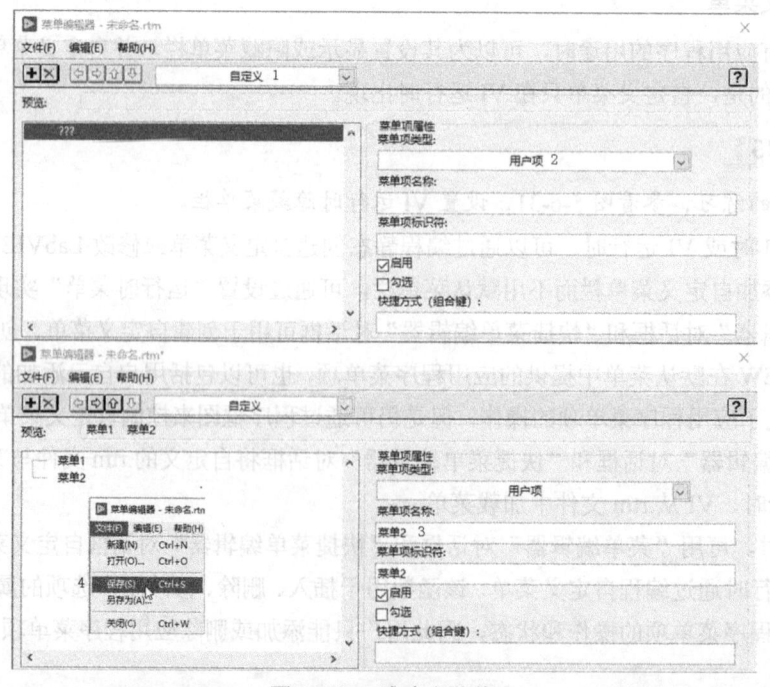

图 5-6-32 自定义菜单

【练习 5-37】

参看图 5-6-33，掌握 VI 运行时的控件快捷菜单的基本设置方法。

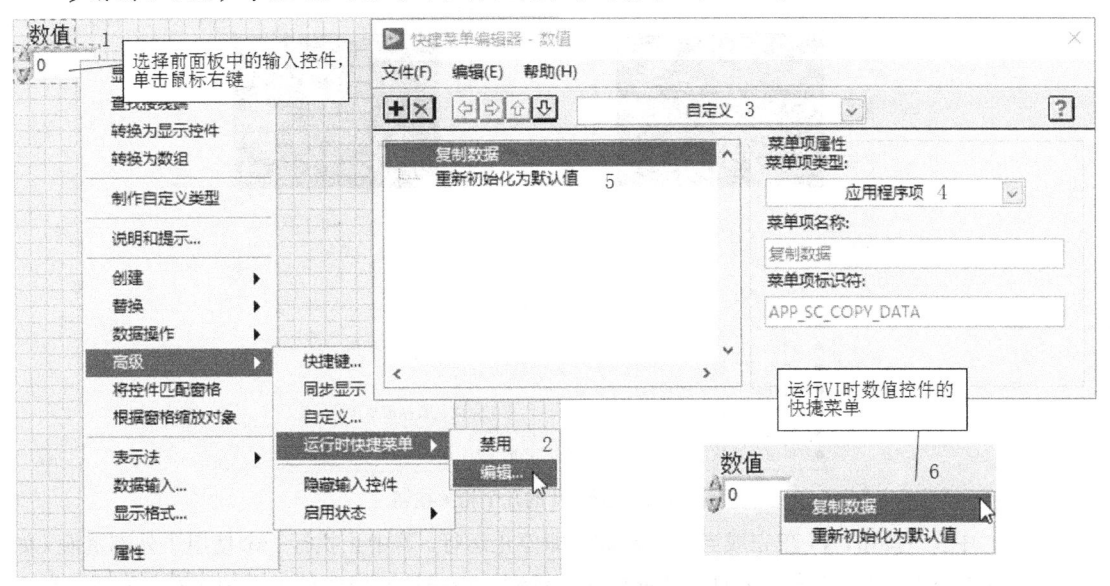

图 5-6-33 设置运行时的控件快捷菜单

需要注意的是，自定义运行时，快捷菜单只在 VI 运行时出现。

5.7 运行和调试 VI

为了保证 VI 能够运行，必须为 VI，以及所有子 VI、函数和结构的接线端连接正确的数据类型。VI 运行后有可能出现生成的数据与运行方式预期不同的可能性，因此需要配置 VI 的运行方式，进而找出程序框图组织过程中或流经程序框图的数据中存在的问题，这个过程就是 VI 的运行与调试。

5.7.1 运行 VI

运行 VI 的目的是能够达到编程所预期的功能。单击工具栏"运行"按钮或"连续运行"按钮或程序框图工具栏上的单步执行按钮（如图 5-7-1 所示），VI 开始运行。VI 运行时，"运行"按钮变为黑色实心箭头，表明该 VI 正在运行。

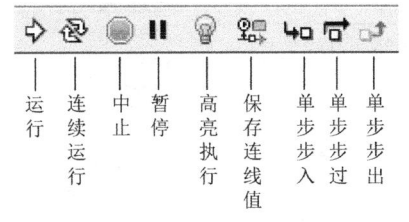

图 5-7-1 LabVIEW 工具栏

【练习 5-38】

参看图 5-7-2，掌握运行 VI、调试等方法。

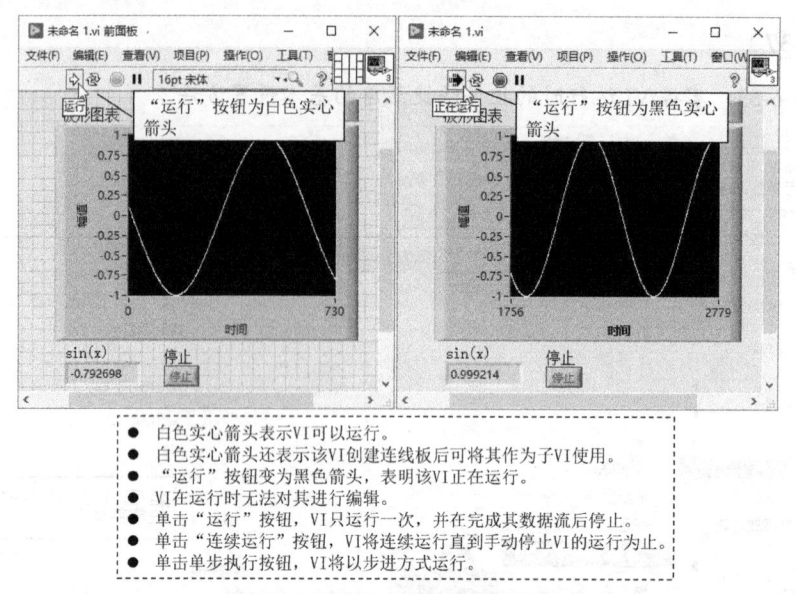

图 5-7-2 运行 VI 的几个相关按钮

- 白色实心箭头表示VI可以运行。
- 白色实心箭头还表示该VI创建连线板后可将其作为子VI使用。
- "运行"按钮变为黑色箭头,表明该VI正在运行。
- VI在运行时无法对其进行编辑。
- 单击"运行"按钮,VI只运行一次,并在完成其数据流后停止。
- 单击"连续运行"按钮,VI将连续运行直到手动停止VI的运行为止。
- 单击单步执行按钮,VI将以步进方式运行。

单击"中止"按钮,VI 在完成当前循环前立即停止运行。若中止执行一个使用了外部资源(如外部硬件)的 VI,可能会导致未复位或释放这些资源,造成这些资源处于未知状态。为了避免这种情况的发生,应当为 VI 设计一个"停止"按钮。

1. 配置 VI 的运行方式

某些场合需对 VI 的运行方式做预先的设定,如将 VI 打开时立即运行、作为子 VI 被调用时暂停运行。也可配置 VI 以不同的优先级运行。

若不希望 VI 立即运行且不希望用户可以随意编辑 VI,可将 VI 切换到运行模式。

【练习 5-39】

参看图 5-7-3,掌握配置 VI 运行的方法。

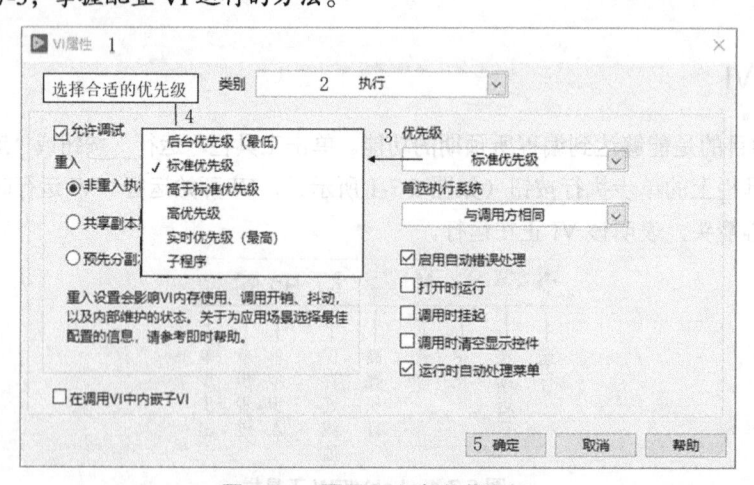

图 5-7-3 配置 VI 运行的优先级

【练习 5-40】

参看图 5-7-4,掌握设置切换至运行模式的方法。

第 5 章　LabVIEW 程序设计

图 5-7-4　切换至运行模式

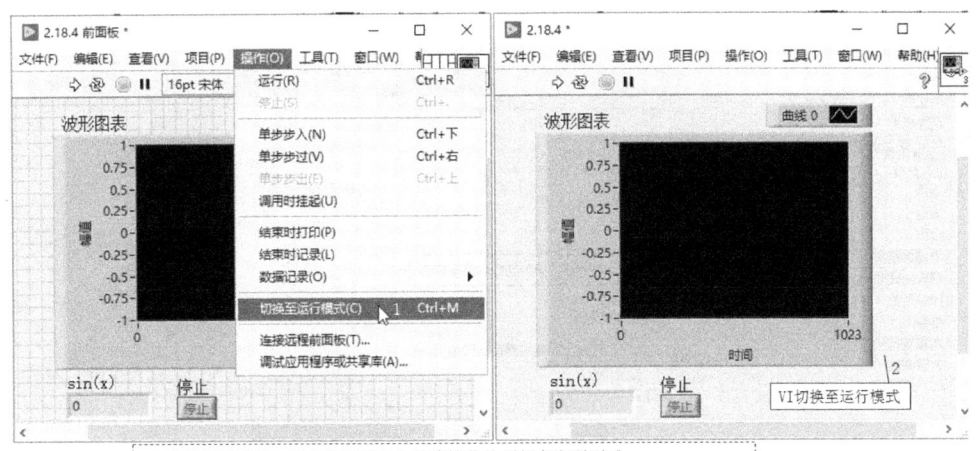

- 在运行模式下，所有前面板对象的快捷菜单项都会有所删减。
- 用户只可使用前面板控件、运行和停止VI的工具栏按钮及菜单栏。
- 若要可返回至编辑模式，可选择"操作"→"切换至编辑模式"菜单命令。

2．纠正断开的 VI

VI 无法运行时，表示该 VI 存在断线或不可执行。

1）查找 VI 断开的原因

VI 在运行前必须排除任何错误。"警告"信息并不会妨碍 VI 运行，仅用于提示用户避免 VI 中可能发生的问题，而"错误"信息则会使 VI 断开。

【练习 5-41】

参看图 5-7-5，掌握查找 VI 断开原因的方法。

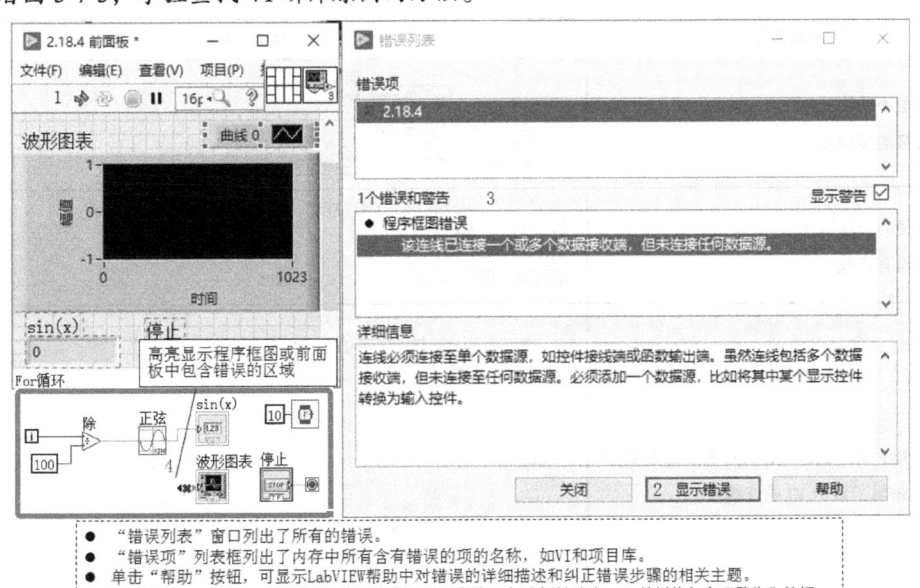

- "错误列表"窗口列出了所有的错误。
- "错误项"列表框列出了内存中所有含有错误的项的名称，如VI和项目库。
- 单击"帮助"按钮，可显示LabVIEW帮助中对错误的详细描述和纠正错误步骤的相关主题。
- 若VI中含有警告且"错误列表"窗口中的"显示警告"复选框被选中，工具栏将包含"警告"按钮。

图 5-7-5　查找 VI 断开的原因

【练习 5-42】

参看图 5-7-6，设置始终在"错误列表"窗口中显示警告。

179

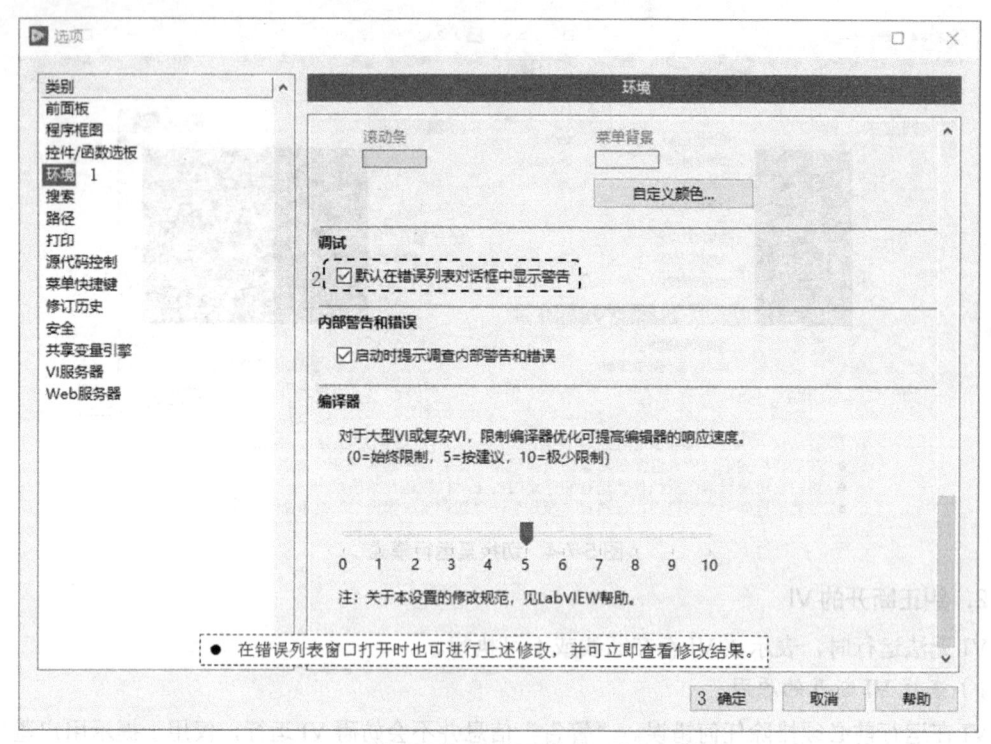

图 5-7-6 设置始终在错误列表窗口中显示警告

2) VI 断开的常见原因

表 5-7-1 列出了 VI 断开的常见原因。

表 5-7-1 VI 断开的常见原因

VI 断线原因	举 例
数据类型不匹配 有未连接的接线端	已连接两个不同类型的接线端 数据源的类型是字符串 数据接收端的类型是双精度[64位实数（~15位精度）]
必须连接的程序框图 接线端没有连线	连线：连线中有松散终端
子 VI 处于断开状态或在程序框图上放置子 VI 图标后编辑了该子 VI 的连线板	

3. 设置 VI 修订历史

使用"VI 属性"对话框和"历史"窗口，可以显示 VI 的开发记录和修订号。修订号是跟踪

VI 改动的一种简便方式，修订号从 1 开始并在每次保存 VI 时递增。

【练习 5-43】

参看图 5-7-7，掌握设置 VI 修订历史的方法。

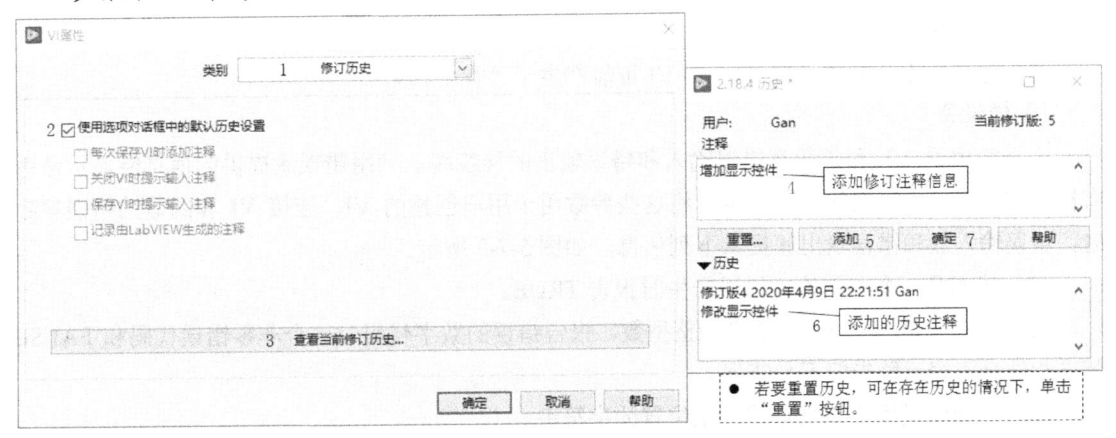

图 5-7-7 设置 VI 修订历史

【练习 5-44】

参看图 5-7-8，掌握设置在 VI 标题栏和历史窗口标题栏中显示 VI 修订号的方法。

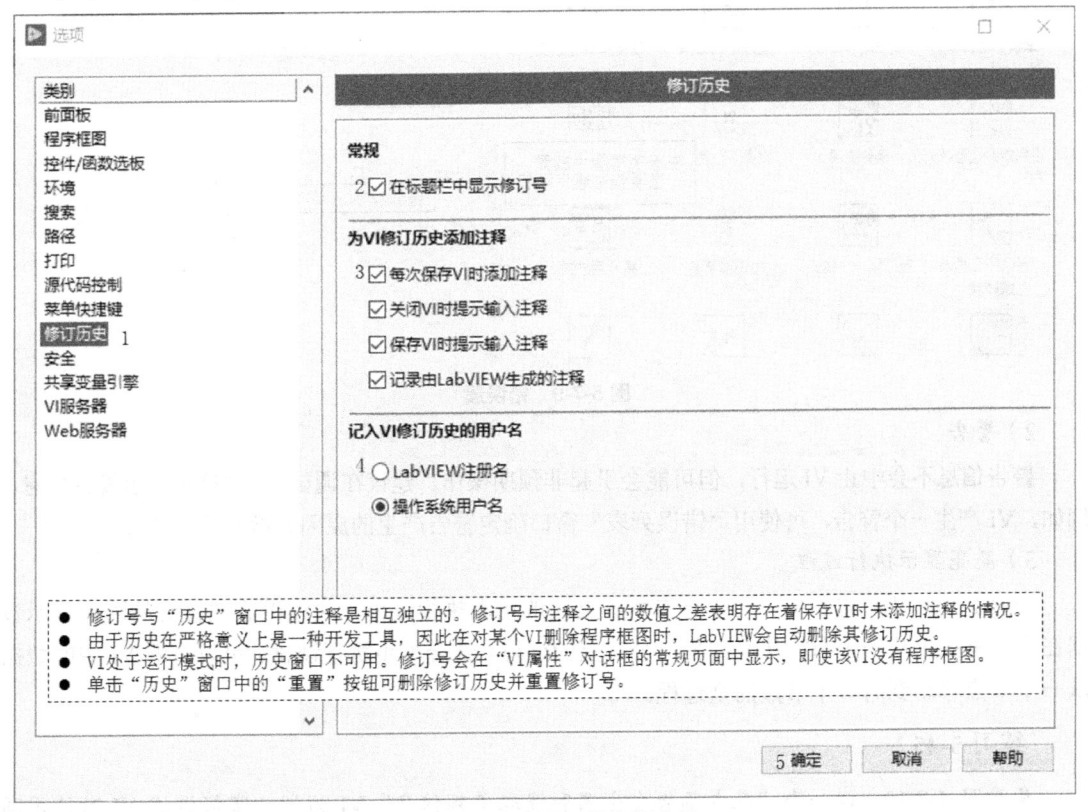

- 修订号与"历史"窗口中的注释是相互独立的。修订号与注释之间的数值之差表明存在着保存VI时未添加注释的情况。
- 由于历史在严格意义上是一种开发工具，因此在对某个VI删除程序框图时，LabVIEW会自动删除其修订历史。
- VI处于运行模式时，历史窗口不可用。修订号会在"VI属性"对话框的常规页面中显示，即使该VI没有程序框图。
- 单击"历史"窗口中的"重置"按钮可删除修订历史并重置修订号。

图 5-7-8 设置显示修订版本号

181

5.7.2 调试技巧

1. VI 调试技巧

VI 在不存在断线的情况下运行获得了非预期的数据,通过调试有可能会发现并纠正 VI 或程序框图中的问题。

若无法使用下列方法调试 VI,则 VI 可能产生了"竞争状态"。

1)错误簇

大多数内置 VI 和函数有错误输入和错误输出的接线端。利用错误簇提供的信息能显示是否有错误产生及发生错误的位置。也可将这些参数用于用户创建的 VI。连接 VI 和函数的错误参数时,错误输入簇和错误输出簇提供下列信息,如图 5-7-9 所示。

(1) 状态是一个布尔值,错误产生时报告 TRUE。

(2) 错误码是一个 32 位带符号整型数,报告错误的数字代码。一个非零错误代码和 FALSE 状态相结合可表示警告但不是错误。

(3) 错误源是用于识别错误发生位置的字符串。

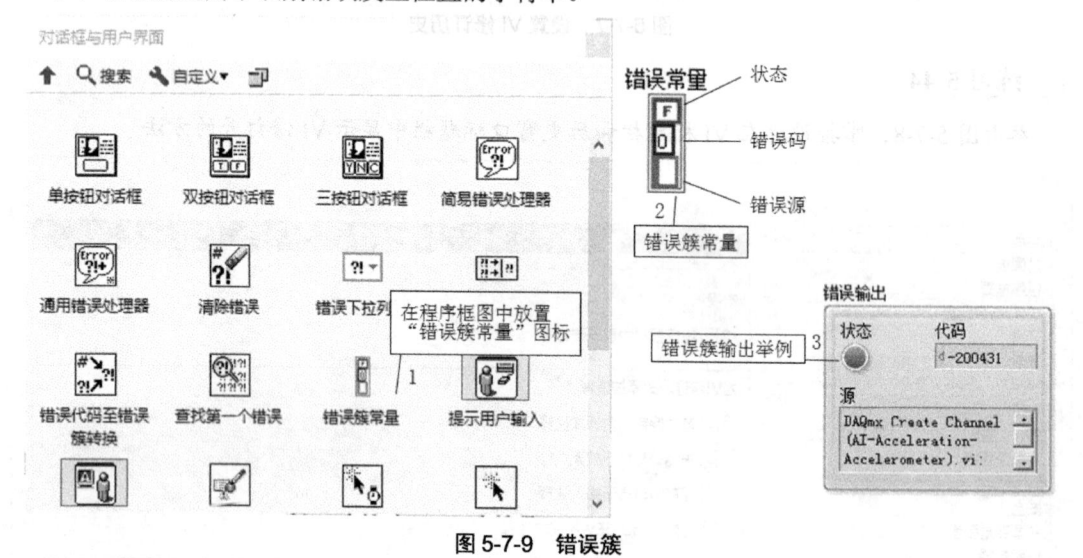

图 5-7-9 错误簇

2)警告

警告信息不会中止 VI 运行,但可能会引起非预期操作。建议在调试 VI 时打开显示警告信息。例如,VI 产生一个警告,可使用"错误列表"窗口确定警告产生的原因并做相应的修改。

3)高亮显示执行过程

在高亮显示执行过程中,可以查看程序框图的动态执行过程,通过沿连线移动的圆点显示数据在程序框图上从一个节点移动到另一个节点的过程。结合单步执行调试,可以查看 VI 中的数据从一个节点移动到另一个节点的全过程。

【练习 5-45】

参看图 5-7-10,以一个"基本函数发生器和提取单频信息"VI 为例,掌握调试 VI 时使用高亮显示执行过程的方法。

第 5 章 LabVIEW 程序设计

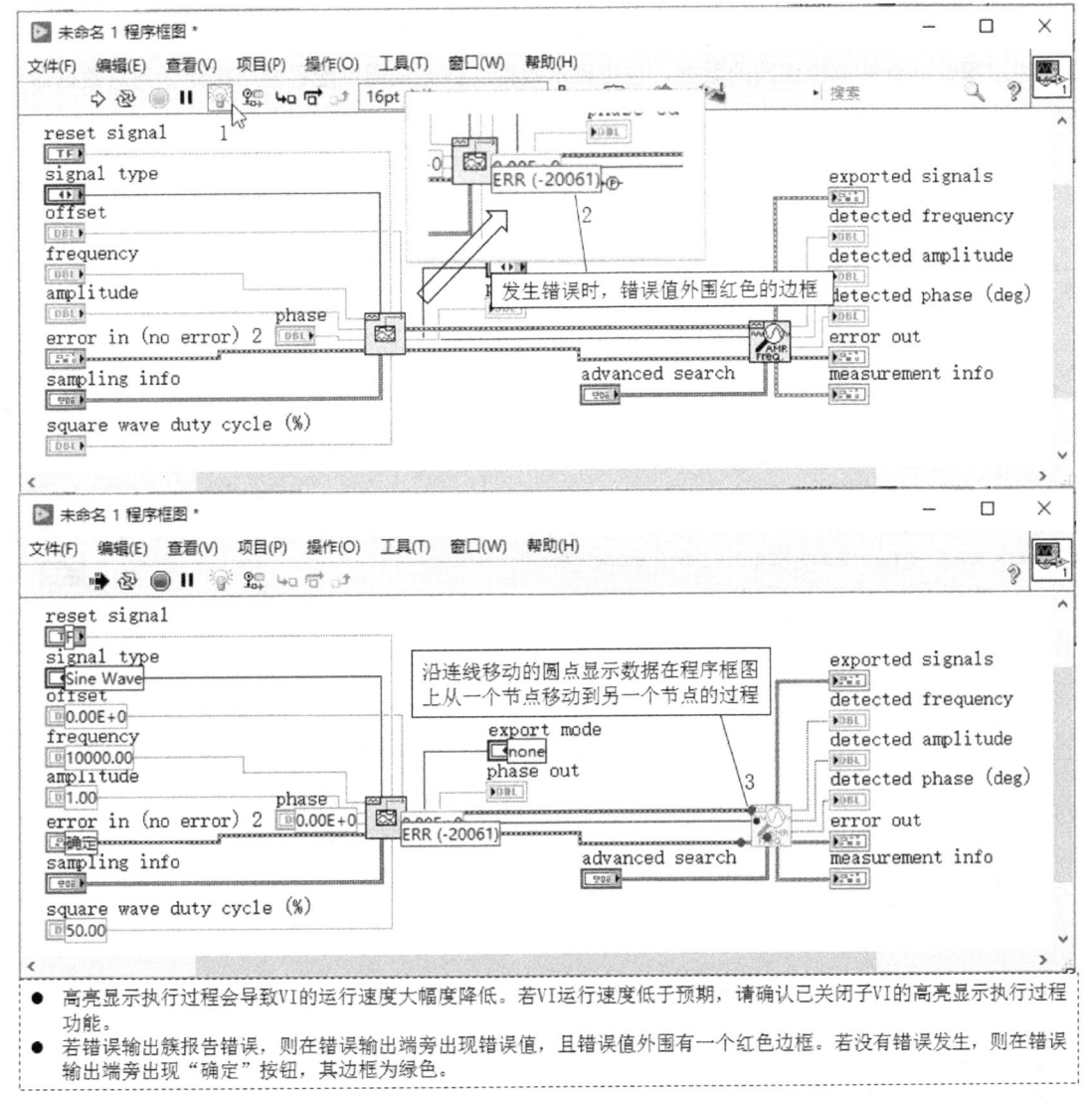

图 5-7-10 使用高亮显示执行过程

- 高亮显示执行过程会导致VI的运行速度大幅度降低。若VI运行速度低于预期，请确认已关闭子VI的高亮显示执行过程功能。
- 若错误输出簇报告错误，则在错误输出端旁出现错误值，且错误值外围有一个红色边框。若没有错误发生，则在错误输出端旁出现"确定"按钮，其边框为绿色。

4）单步执行

单步执行 VI 时可以查看 VI 运行时程序框图上的每个执行步骤。"单步执行"按钮仅在单步执行模式下影响 VI 或子 VI 的运行。

【练习 5-46】

参看图 5-7-11，以"多比率计算"VI 为例，掌握使用单步执行调试 VI 的基本方法。

5）探针工具

探针工具用于检查 VI 运行时连线上的值。若程序框图较复杂且包含一系列每步执行都可能返回错误值的操作，推荐使用探针工具。

利用探针并结合高亮显示执行过程、单步执行和断点，可确认数据是否有误并找出错误数据。若存在流经数据，则在高亮显示执行过程、单步执行或在断点位置暂停时，探针监视窗口会立即更新和显示数据。

183

VI 运行时，通过使用多种类型的探针查看连线上的值。探针的类型如图 5-7-12 所示。

通用探针可查看流经连线的数据，也可显示数据。但无法通过配置通用探针达到对数据做出响应的目的。

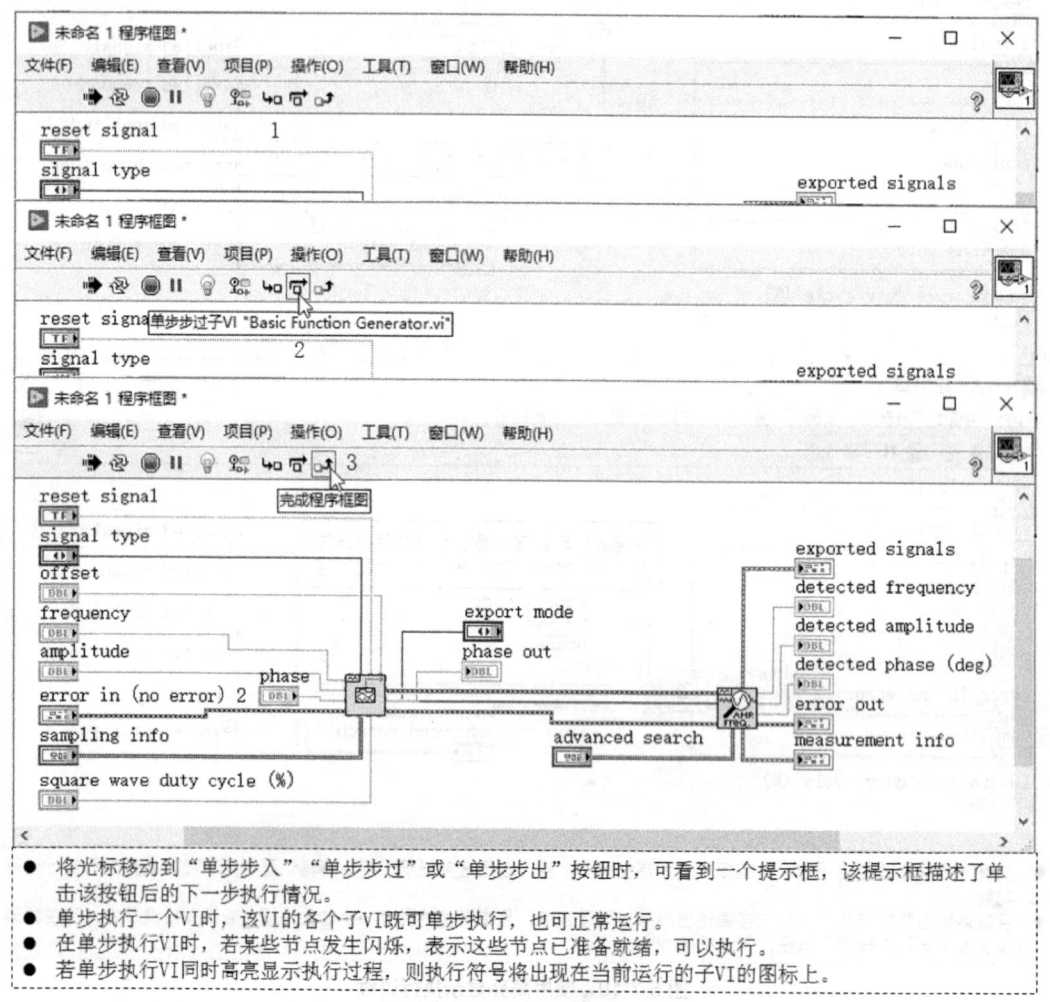

- 将光标移动到"单步步入""单步步过"或"单步步出"按钮时，可看到一个提示框，该提示框描述了单击该按钮后的下一步执行情况。
- 单步执行一个VI时，该VI的各个子VI既可单步执行，也可正常运行。
- 在单步执行VI时，若某些节点发生闪烁，表示这些节点已准备就绪，可以执行。
- 若单步执行VI同时高亮显示执行过程，则执行符号将出现在当前运行的子VI的图标上。

图 5-7-11　单步执行

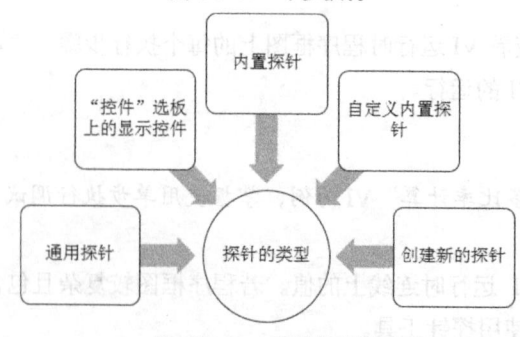

图 5-7-12　探针的类型

【练习 5-47】

参看图 5-7-13，以"基本函数发生器和提取单频信息"VI 为例，掌握使用通用探针的方法。

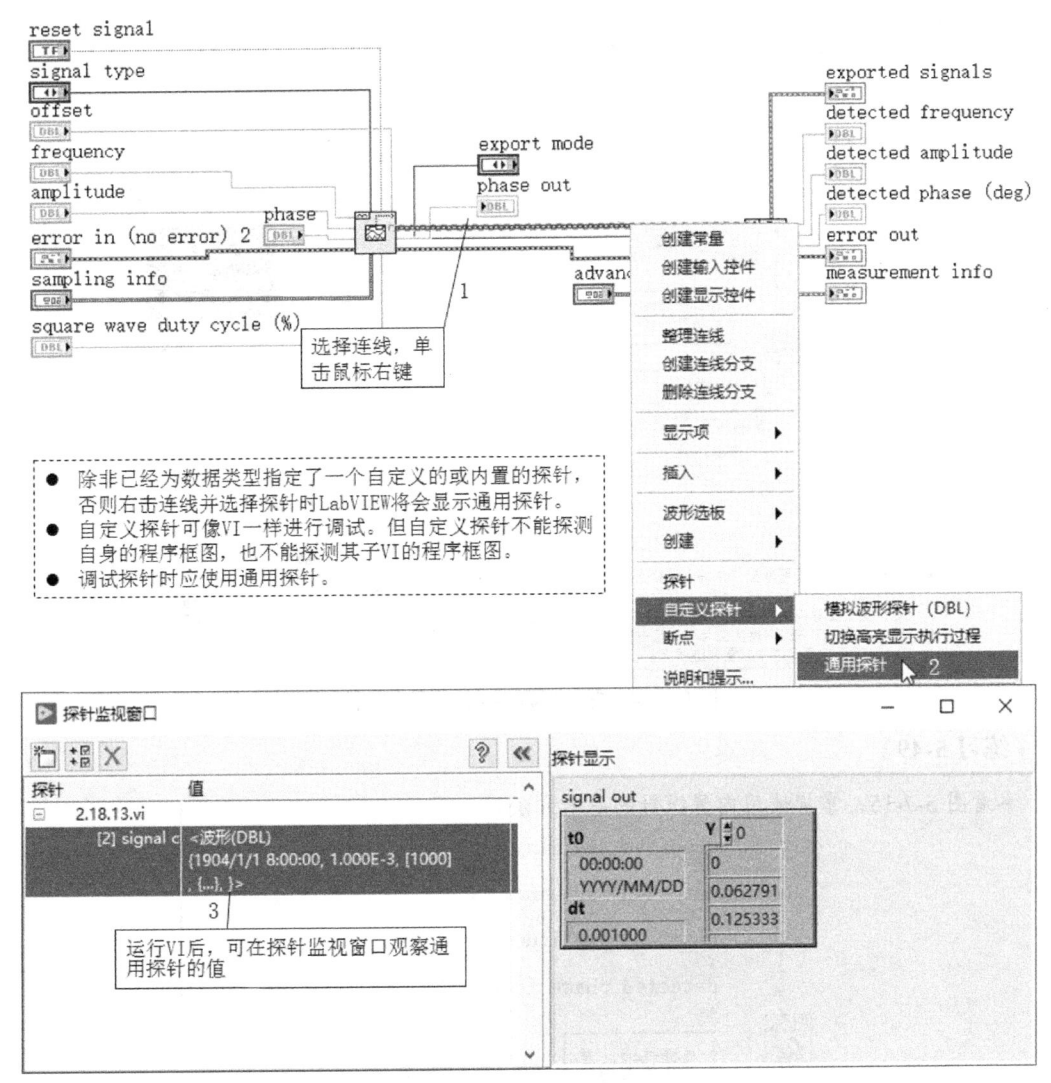

图 5-7-13 使用通用探针

使用显示控件也可以查看流经连线的数据。查看数值数据时,可在探针中使用一张图表来查看数据。

【练习 5-48】

参看图 5-7-14,以"基本函数发生器和提取单频信息"VI 为例,通过探针工具中的"使用显示控件"的方法创建一个查看调试结果用的数值显示控件。(尽管 VI 中已经为侦测到的幅值接线端创建了一个显示控件,但调试 VI 时本着尽量不改变原 VI 界面的原则,故仍需创建显示控件。)

内置探针是显示连线中传输数据的综合信息的 VI,如 VI 引用句柄探针可返回 VI 名、VI 路径和引用的十六进制值等信息。

内置探针可根据流经连线的数据做出响应。例如,错误簇中的错误探针可接收状态、代码、错误源和错误描述,并指定在出错或报警时是否需要设置一个条件断点。内置探针位于自定义探针快捷菜单的最上方。

LabVIEW 数据采集

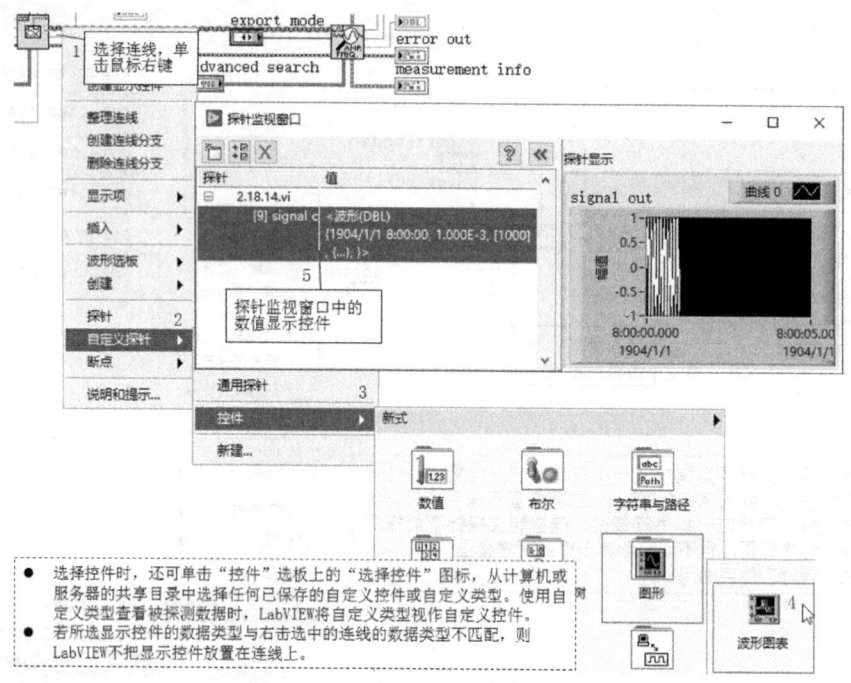

图 5-7-14 探针工具——使用显示控件

【练习 5-49】

参看图 5-7-15，掌握使用内置探针的基本方法。

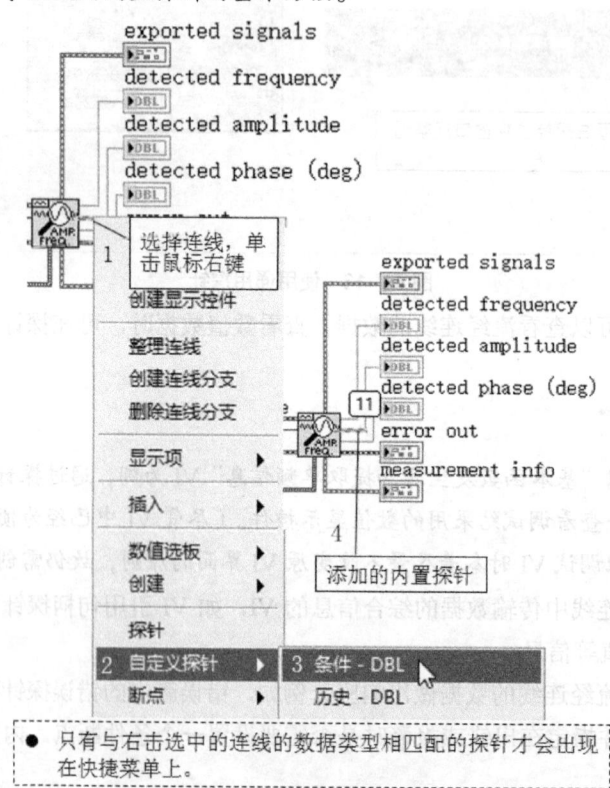

图 5-7-15 使用内置探针

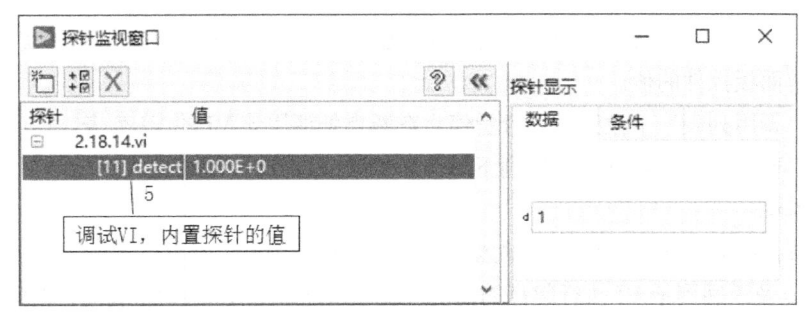

图 5-7-15 使用内置探针（续）

断点工具可在程序框图上的 VI、节点或连线上放置一个断点，程序运行到该处时将暂停执行。

【练习 5-50】

继续使用上例中的 VI，参看如图 5-7-16 所示的步骤，掌握使用断点的基本方法，并学会使用断点管理器。

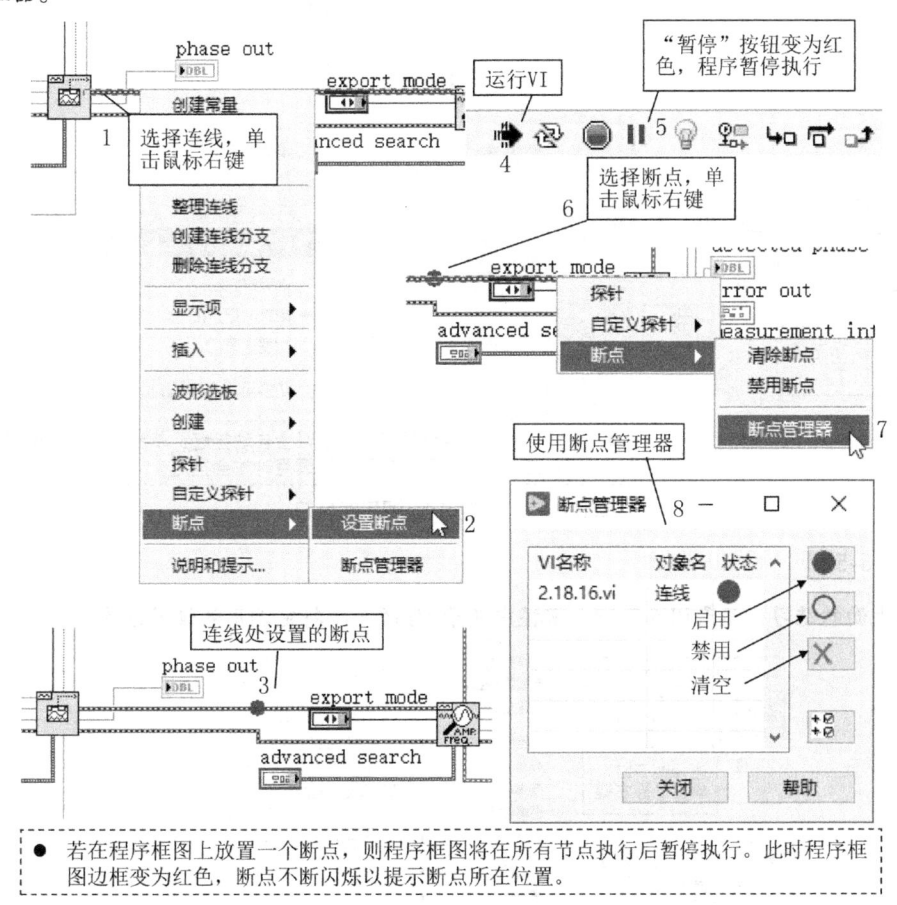

- 若在程序框图上放置一个断点，则程序框图将在所有节点执行后暂停执行。此时程序框图边框变为红色，断点不断闪烁以提示断点所在位置。

图 5-7-16 使用断点

程序执行到一个断点时，VI 将暂停执行，同时"暂停"按钮显示为红色。VI 的背景和边框开始闪烁。此时可进行下列操作。

① 用单步执行按钮单步执行程序。

② 查看连线上在 VI 运行前事先放置的探针的实时值。

③ 若启用了"保存连线值"选项，可在 VI 运行结束后，查看连线上探针的实时值。
④ 改变前面板控件的值。
⑤ 检查"调用列表"下拉菜单，查看停止在断点处调用该 VI 的 VI 列表。
⑥ 单击"暂停"按钮可继续运行到下一个断点处或直到 VI 运行结束。

6）执行挂起

中断子 VI 的执行多发生于需编辑输入控件和显示控件的值、控制子 VI 在返回调用程序之前运行的次数，以及返回到子 VI 执行起点的情况。既可以挂起子 VI 的所有调用，也可挂起子 VI 的某个特定调用。

【练习 5-51】

参看图 5-7-17，以范例查找器中的"FFT 和功率谱单位" VI 为例，掌握设置子 VI 调用时挂起的基本方法。

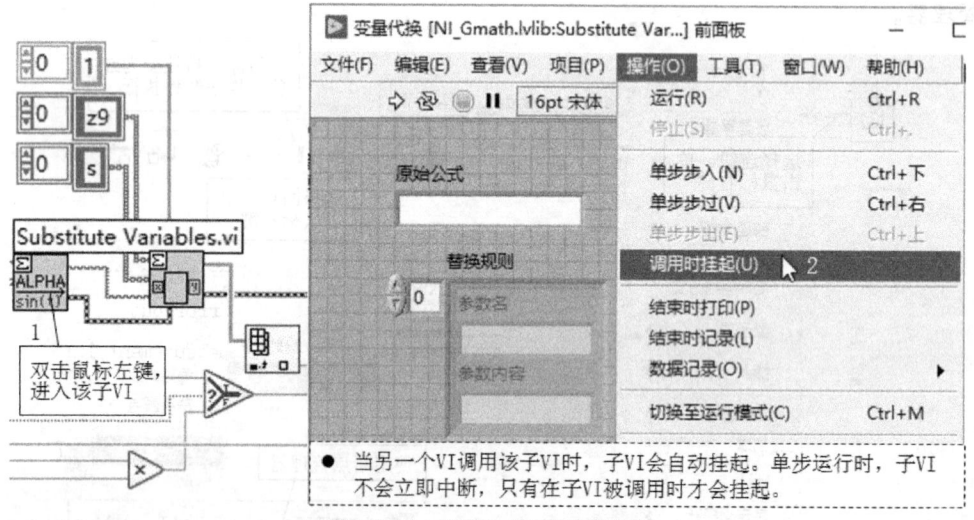

图 5-7-17　设置子 VI 调用时挂起

【练习 5-52】

继续上面的练习，参看图 5-7-18，掌握中断子 VI 的一个特定调用的设置方法。

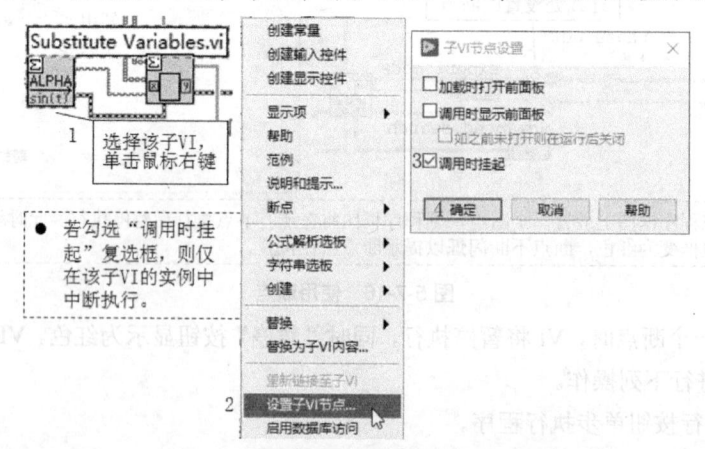

图 5-7-18　设置中断子 VI 的一个特定调用

【练习 5-53】

打开 SINAD 测量.vi，参看如图 5-7-19 所示步骤，掌握利用查看"VI 层次结构"窗口，判断是否有 VI 被暂停或中断。

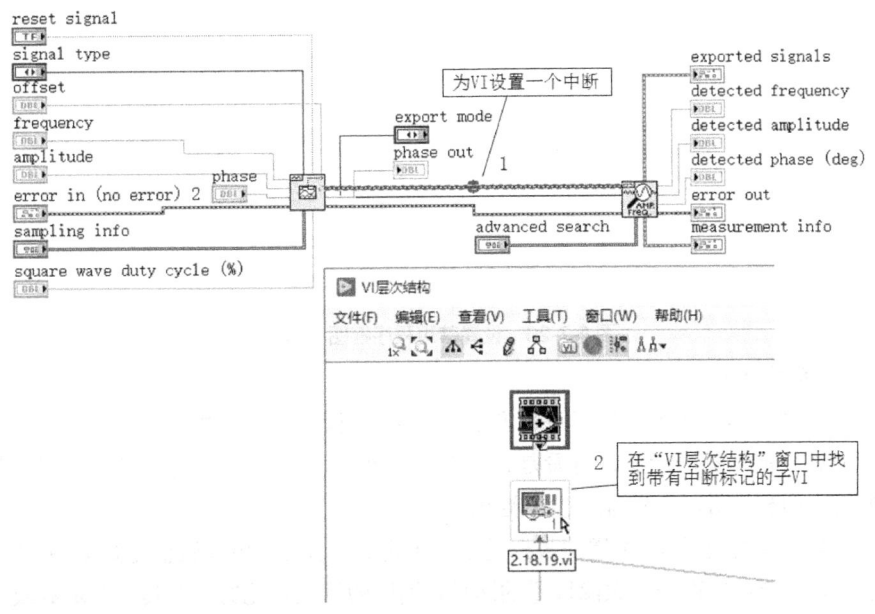

图 5-7-19　在"VI 层次结构"窗口中查看 VI 暂停

7）调试部分程序框图

VI 可在程序框图的某些部分被禁用的情况下继续运行，禁用部分程序框图类似于文本编程语言中对代码添加注释。

（1）禁用部分程序框图可确定在没有该部分程序代码的情况下 VI 执行是否更佳。

（2）调试部分代码可隔离产生问题的原因，便于更快找到并解决问题。若要调试部分的代码，则可将要调试的代码放置在条件禁用结构中。

【练习 5-54】

参看图 5-7-20，掌握设置禁用程序框图的基本方法。

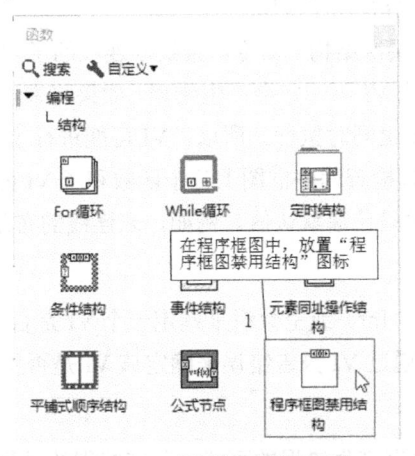

图 5-7-20　设置禁用程序框图

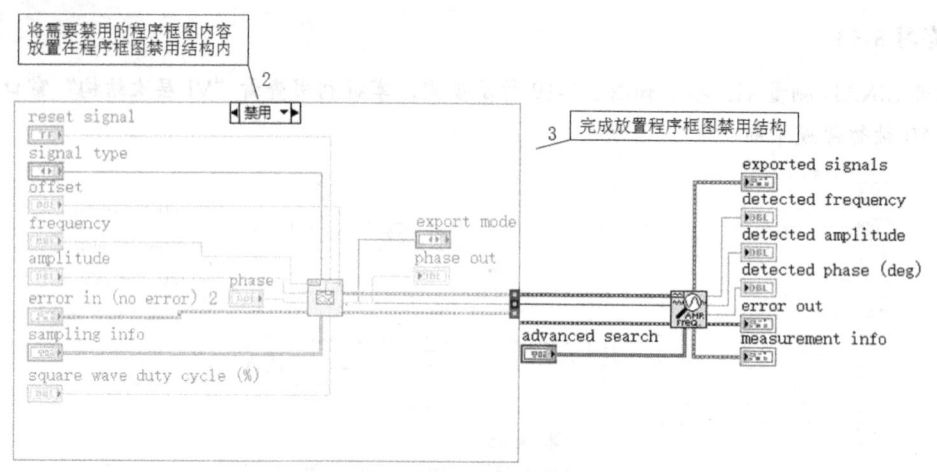

图 5-7-20　设置禁用程序框图（续）

8）验证对象的行为

除了使用调试工具，还可以使用下列方法检查 VI 和程序框图的数据流。

（1）检查控件的数据表示法，查看是否出现数据溢出。例如，将浮点数转换为整型数或将整型数转换为更小的整型数时，可能会发生溢出。

（2）确定某个函数或子 VI 传递的数据是否为未定义，通常发生在数值型数据中。例如，在 VI 中的某个点上，可能会出现一个数除以零的运算，返回的结果是无穷，但其后的函数或子 VI 需数值输入。

（3）确定是否有 For 循环无意中执行了零次循环，因而产生了空数组。

（4）确认移位寄存器已经初始化赋值，除非只把移位寄存器用于保存上一次循环执行的数据，并将数据传递至下一个循环。

（5）在源和目标点的位置检查簇元素的顺序。LabVIEW 在编辑时能检查到数据类型和簇大小不匹配，但是并不检查同种类型元素是否匹配。

（6）检查并确认 VI 不包含隐藏子 VI。如果将一个节点置于另一个节点之上或缩小结构使子 VI 不在视线范围之内，那么会导致无意中隐藏了子 VI。检查 VI 使用的子 VI，与"查看"菜单→"浏览关系"子菜单→"本 VI 的子 VI"选项和"查看"菜单→"浏览关系"子菜单→"未打开的子 VI"选项比较，从而确定是否存在子 VI。

（7）选择"查看"→"VI 层次结构"命令，查找未连线的子 VI。与未连线的函数不同，除非将输入设置为必需，否则未连线 VI 不一定会产生错误。如果将未连线的子 VI 误置于程序框图上，那么在程序框图执行时，子 VI 也同时执行。所以，VI 可能进行了多余的操作。

（8）使用"即时帮助"窗口检查程序框图上各个函数和子 VI 的默认值。若存在推荐和可选的输入端没有连线，则 VI 和函数只传递默认值。例如，未连线的布尔输入端为 TRUE。

2．避免未定义数据

不要依赖特殊值（如 NaN、Inf）或空数组来判定一个 VI 是否产生未定义数据。可以在 VI 可能生成未定义数据的情况下，通过 VI 报告错误来确定该 VI 是否生成了已定义的数据。

3．错误处理

即使是非常可靠的 VI，也有产生错误的可能。若在编程的过程中没有建立错误检查机制，则仅能确定 VI 不能正常工作，无法知道不能正常工作的原因。引入错误检查方式能判定 VI 中错误发生的原因及错误出现的位置。

1）自动错误处理

默认状态下，LabVIEW 通过挂起执行、高亮显示出错的子 VI 或函数并显示"错误"对话框等形式自动处理遇到的每个错误。

2）禁用自动错误处理

若需使用其他错误处理方法，可以选择使用禁用自动错误处理方式。

例如，程序框图上的 I/O VI 已超时，用户可能需要该 VI 继续等待指定的时间，而不是通过自动错误处理中止应用并显示"错误"对话框。遇到此类情况，可在 VI 的程序框图上使用自定义错误处理。

【练习 5-55】

参看图 5-7-21，掌握禁用不同类型 VI 的自动错误处理的基本方法。

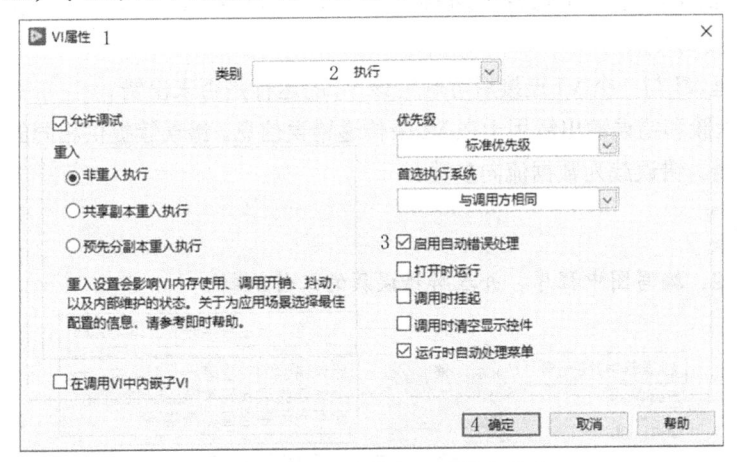

（a）当前的 VI 需要禁用自动错误处理时

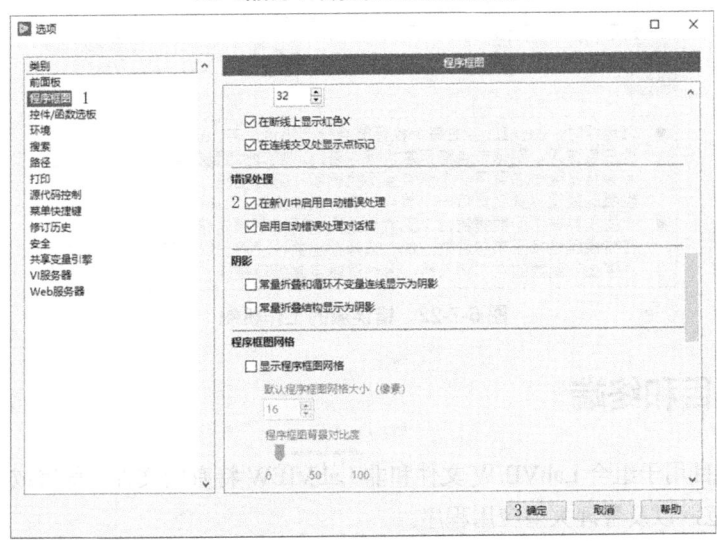

（b）新建空白 VI 需要禁用自动错误处理时

图 5-7-21　三种情况下禁用自动错误处理的方法

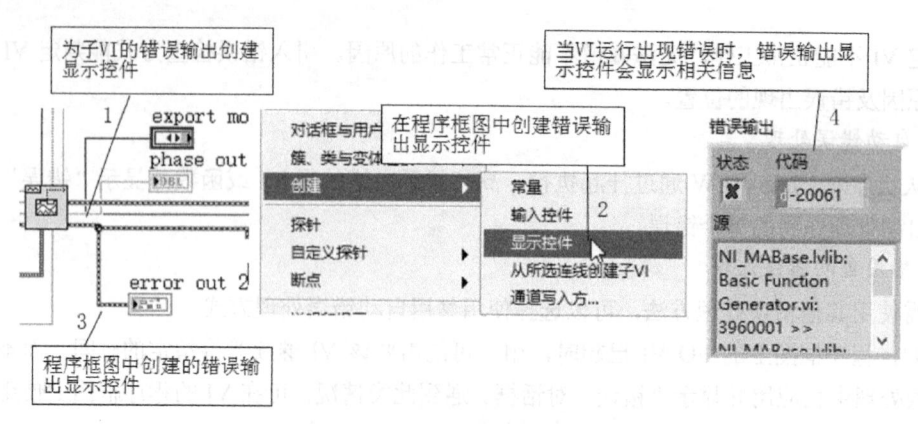

（c）VI 内部的子 VI 或函数需要禁用自动错误处理时

图 5-7-21　三种情况下禁用自动错误处理的方法（续）

3）其他错误处理方法

LabVIEW 中的错误处理同样遵循数据流模式，与数据值在 VI 中的数据流类似，错误信息从 VI 的起点一直连接到终点。

（1）错误处理 VI 与一个 VI 连接后可确定该 VI 的运行是否未出错。

（2）错误输入簇和错误输出簇用于在 VI 中传递错误信息。错误簇提供相同的标准错误输入和标准错误输出功能。错误簇为数据流向参数。

【练习 5-56】

参看图 5-7-22，编写图中程序，并理解错误簇的工作机制。

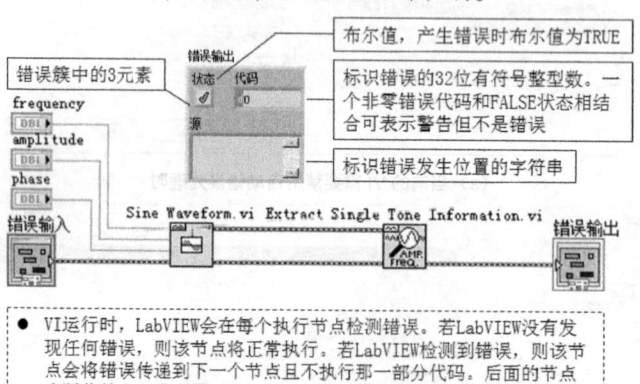

图 5-7-22　错误簇的工作机制

5.8　使用项目和终端

LabVIEW 项目用于组合 LabVIEW 文件和非 LabVIEW 特有的文件，部署或下载文件至终端、创建程序生成规范，以及管理大型应用程序。

创建和保存项目时，LabVIEW 将创建一个项目文件（.lvproj），其中包括项目文件引用、配置信息、部署信息、程序生成信息等。

必须通过项目创建独立的应用程序和共享库。

必须通过项目使用 Windows 嵌入式标准、RT、FPGA 或 Touch Panel 终端。

5.8.1 在 LabVIEW 中管理项目

LabVIEW 的项目包括 VI、保证 VI 运行所必需的文件，以及其他支持文件，如文档或相关链接。LabVIEW 项目由"项目浏览器"窗口管理。在"项目浏览器"窗口中，可使用文件夹和库组合各个项，还可使用列出 VI 层次结构的依赖关系跟踪 VI 依赖的项。

【练习 5-57】

参看图 5-8-1，掌握使用 LabVIEW 项目浏览器的基本方法。

【练习 5-58】

参看图 5-8-2，设置隐藏项目浏览器中的依赖关系项。

【练习 5-59】

参看图 5-8-3，掌握在项目浏览器中添加终端的方法。

【练习 5-60】

参看图 5-8-4，掌握在项目浏览器中拖放 VI，使其成为其他 VI 程序框图中的子 VI。

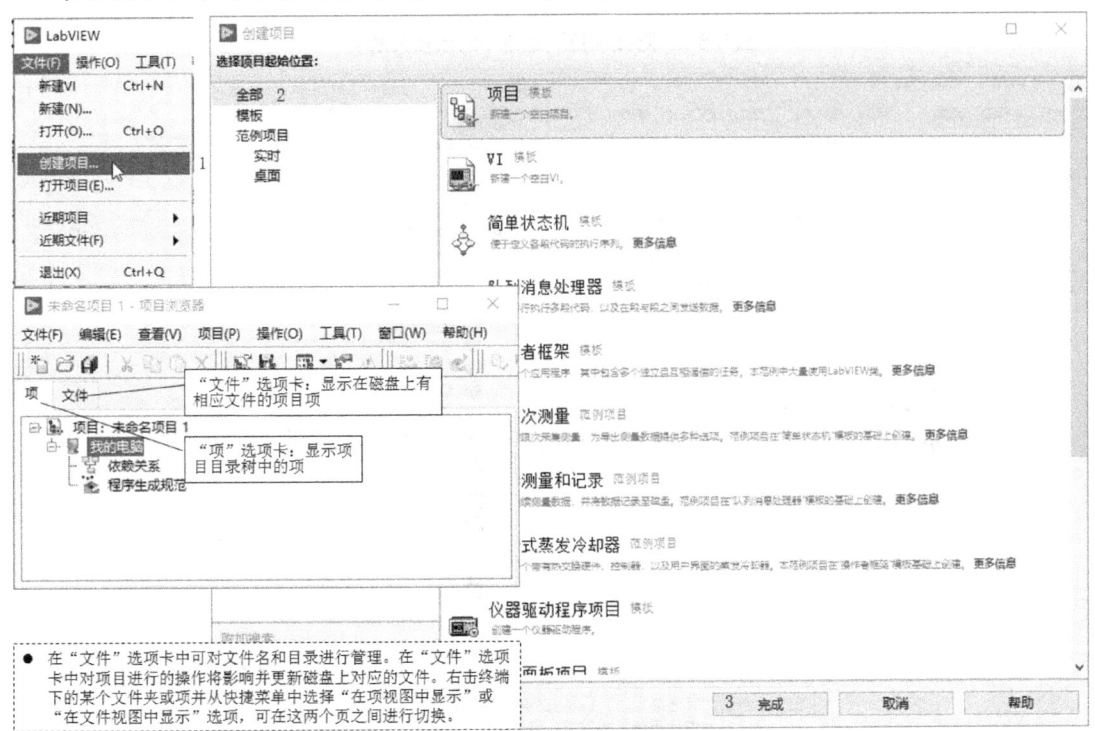

（a）使用 LabVIEW 项目浏览器

图 5-8-1 使用 LabVIEW 项目浏览器的基本方法

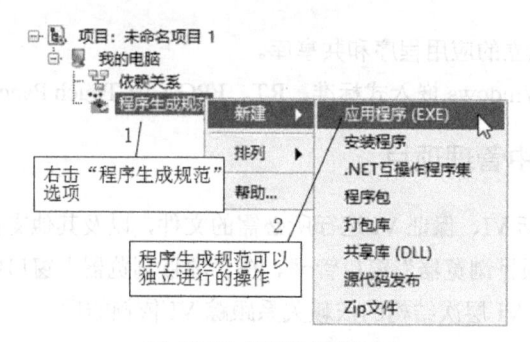

LabVIEW 数据采集

(b) 程序生成规范可执行的项

图 5-8-1 使用 LabVIEW 项目浏览器的基本方法（续）

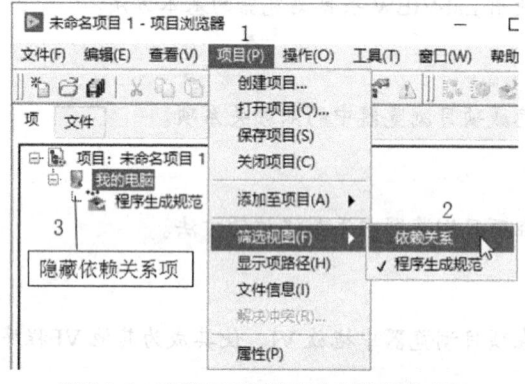

图 5-8-2 隐藏项目浏览器中的依赖关系项

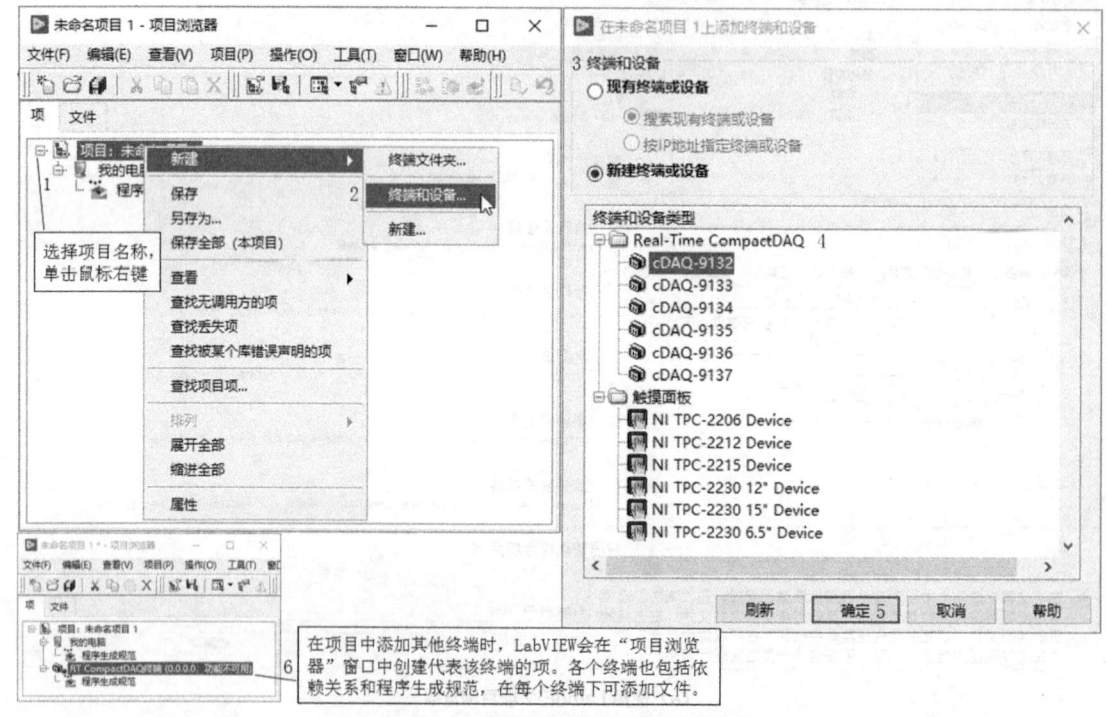

图 5-8-3 在项目浏览器中添加终端

第 5 章　LabVIEW 程序设计

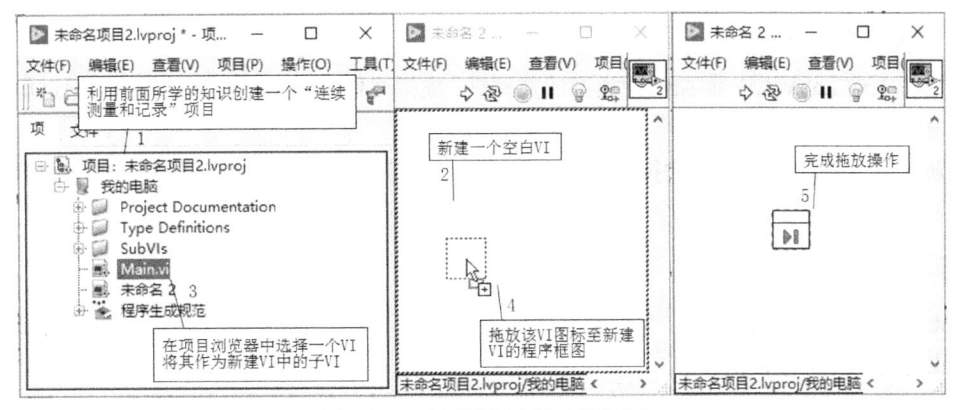

图 5-8-4　在项目浏览器中拖放 VI

合理地管理位于项目浏览器中的各个项有助于高效地管理 LabVIEW 项目，图 5-8-5 列出了项目浏览器中各项的说明。

图 5-8-5　项目浏览器中的各项的说明

【练习 5-61】

以 National Instruments\LabVIEW2019\ProjectTemplates\Source\Core\Continuous Measurement\Continuous Measurement.lvproj 为例，参看如图 5-8-6 所示步骤，掌握为项目项排序的方法。

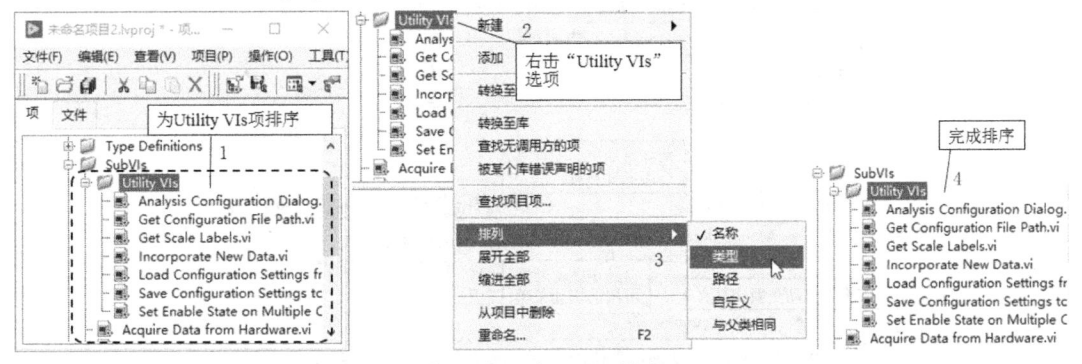

图 5-8-6　为项目项排序

打开项目时，LabVIEW 在磁盘上搜索项目项的位置并更新"项目"目录树，随即加载项目库（.lvlib）、打包项目库（.lvlibp）、类库（.lvclass）、XControl 库（.xctl）、状态图库（.lvsc）至内存（包括依赖关系中的库）。

195

1. 项目中的文件夹

用户可以向 LabVIEW 添加两种类型的文件夹：虚拟文件夹和自动更新文件夹，通过虚拟文件对项目项进行管理。

银灰色的文件夹符号表示虚拟文件夹，是项目中用于组织项目项的文件夹，磁盘中并不实际存在。

【练习 5-62】

参看如图 5-8-7 所示步骤，掌握虚拟文件夹的创建方法、自动更新文件的转换及自动更新文件夹停止更新的操作方法。

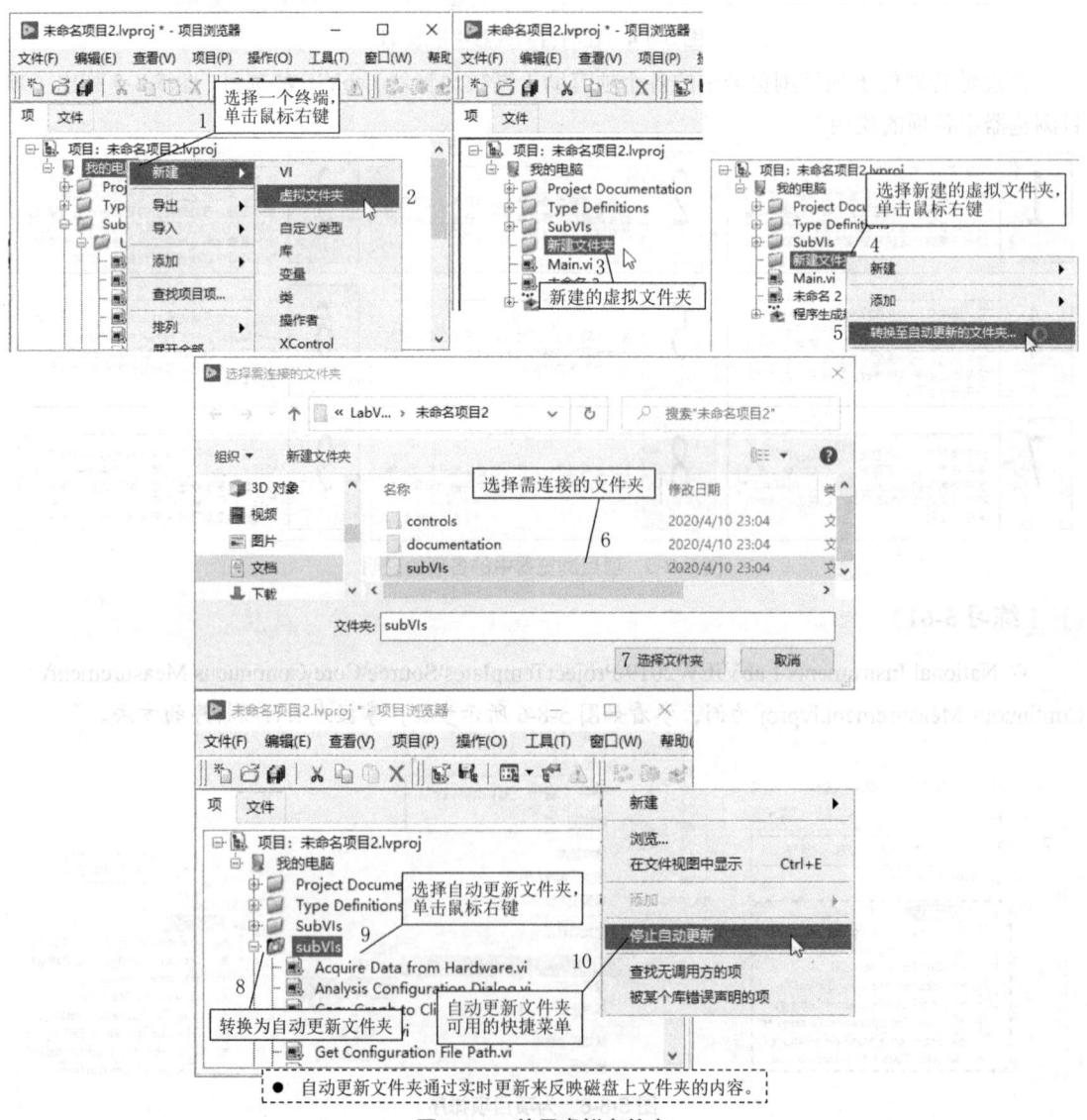

● 自动更新文件夹通过实时更新来反映磁盘上文件夹的内容。

图 5-8-7 使用虚拟文件夹

2. LabVIEW 项目中的库

LabVIEW 项目库包含各种 VI、类型定义、共享变量、选板文件及其他文件，如项目库。创建并保存新项目库时，LabVIEW 会创建一个项目库文件（.lvlib），其中包括项目库属性和对项目库所包括的文件的引用等。

【练习 5-63】

以\National Instruments\LabVIEW 2019\ProjectTemplates\Source\Core\Continuous Measurement\Continuous Measurement.lvproj 为例，参看如图 5-8-8 所示步骤，理解项目库文件的概念。

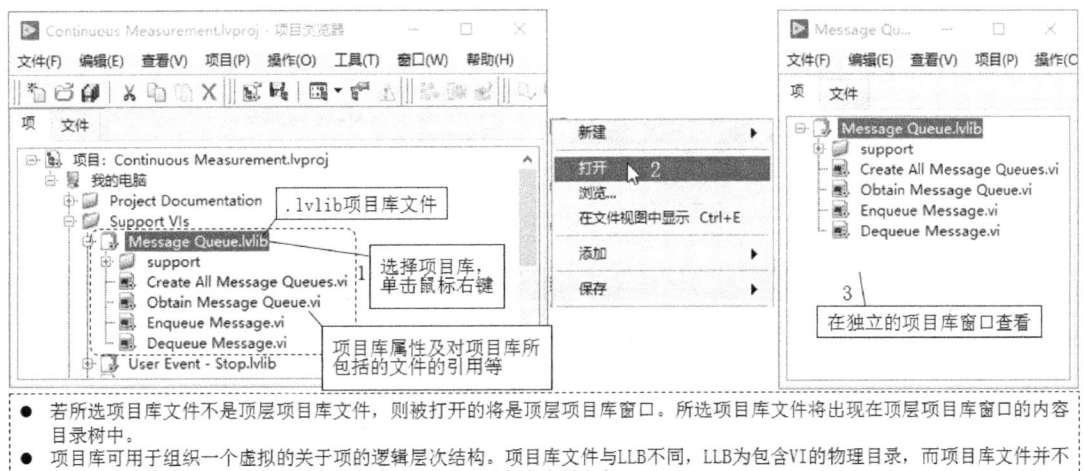

- 若所选项目库文件不是顶层项目库文件，则被打开的将是顶层项目库窗口。所选项目库文件将出现在顶层项目库窗口的内容目录树中。
- 项目库可用于组织一个虚拟的关于项的逻辑层次结构。项目库文件与LLB不同，LLB为包含VI的物理目录，而项目库文件并不包括实际文件。项目库包括的文件仍以单独文件的形式保存在磁盘中。

图 5-8-8　项目库文件

3. 项目库中生成打包库

LabVIEW 打包项目库是指将多个文件打包至一个文件的项目库，文件扩展名为.lvlibp。打包库的顶层文件是一个项目库。在默认情况下，打包库的名称与顶层项目库相同。

符合下列情况时，应该在 LabVIEW 项目库中生成打包库。

（1）生成独立应用程序时，若部分独立应用程序以打包库形式存在，可大幅减少生成程序的时间。因为打包库为预编译文件，生成独立应用程序时无须重新编译，节省了生成时间。

（2）打包库将多个文件打包在一个文件中，所以部署打包库中的 VI 时需部署的文件更少。

（3）当调用了打包库导出 VI 时，该 VI 可根据内存分配改动而调整，用户无须重新编译调用方的 VI。

【练习 5-64】

以 National Instruments\LabVIEW 2019\ProjectTemplates\Source\Core\Continuous Measurement\Continuous Measurement.lvproj 为例，参看如图 5-8-9 所示步骤，掌握生成打包库的基本方法。

图 5-8-9 生成打包库

5.8.2 管理 LabVIEW 项目的依赖关系

依赖关系用于查看某个终端下 VI 所需的项，如其他 VI、共享库（DLL）、LabVIEW 项目库。LabVIEW 项目的每个终端都包含依赖关系。LabVIEW 会自动识别项目中文件的依赖文件，并将这些文件添加至依赖关系。LabVIEW 将依赖关系放在三个文件夹中：vi.lib、user.lib、Items in Memory。

1. 依赖关系列表

在依赖关系中无法直接添加项。添加、移除、保存项目中的项时，依赖关系将自动更新。例如，向终端添加一个含有子 VI 的 VI，LabVIEW 会把该子 VI 添加到依赖关系中。然而，若向终端添加一个子 VI，这个项并不会出现在依赖关系中。请谨慎重命名或移动依赖文件，避免依赖关系出错。

【练习 5-65】

继续上面的练习，参看如图 5-8-10 所示步骤，掌握查看当前项目的依赖关系的方法。

图 5-8-10 刷新依赖关系

右击"依赖关系"选项，打开快捷菜单，选择"刷新"命令，即可查看当前项目的依赖关系。

2．添加动态依赖关系

打开项目时，VI 动态调用的项不会在依赖关系中显示。运行调用方时，动态加载项显示在依赖关系的 Items in Memory 文件夹中。可手动将这些项添加到终端下以便在项目中对其进行管理。

因为动态加载的文件并没有被项目中的调用方静态调用，所以任何对动态加载文件路径的改动都会使文件不被加载。

3．管理共享依赖关系

若创建的应用程序包含共享代码，则对共享代码的修改可能会影响到其他调用方。请按照下列要求管理包含动态代码的依赖关系。

（1）避免修改各个应用程序共享的代码。
（2）如要修改共享代码，请先在本地备份代码。
（3）谨慎将改动集成至共享代码。
（4）使用源代码控制软件。

5.8.3 解决项目冲突

项目可以包含与项目中其他项存在冲突的项。但若 LabVIEW 项目中同一终端下有两个或两个以上的项重名，则有可能发生交叉链接，从而产生冲突。例如，当 VI 从另一个路径调用一个与项目中已有项同名的子 VI 时，将发生交叉链接的冲突。大多数冲突都存在，因为项目中的项都引用了该导致冲突的项。

1. 查找冲突项

确定是否存在交叉链接的最佳方式是查看项目项的完整路径。

【练习 5-66】

继续上面的练习，参看如图 5-8-11 所示步骤，掌握查找项目冲突项的方法。

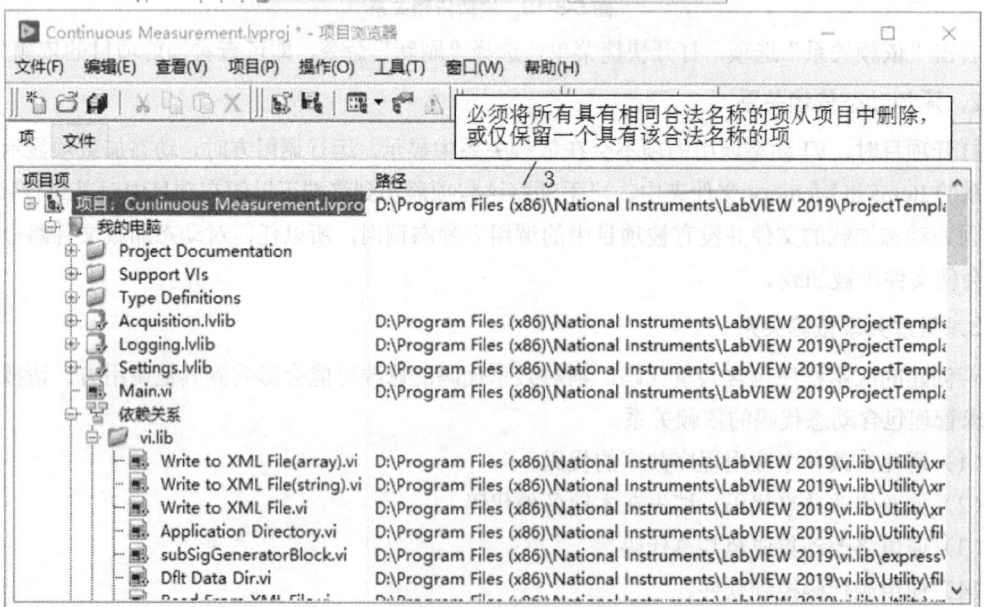

图 5-8-11　查找项目冲突项

若需查看现有冲突的详细信息，可单击"项目浏览器"窗口工具栏中的"解决冲突"按钮，打开"解决项目冲突"对话框。

也可从"项目"菜单中选择"项目"→"解决冲突"命令，打开"解决项目冲突"对话框，或右击一个冲突项并从快捷菜单中选择"解决冲突"命令。

右击一个冲突项，选择"查找"→"冲突"命令，在"查找冲突"对话框中查看所有冲突项。若冲突项仅与一个项冲突，则 LabVIEW 将在"项目浏览器"窗口高亮显示该项。也可使用"查找：冲突属性"通过编程查找项目中的冲突。

在"项目浏览器"窗口中，所有导致冲突的项的旁边都有一个黄色的三角形警告符号。

2．移除冲突项

当 VI 的层次结构与项目中其他内容的层次结构有冲突时，可将调用方 VI 从项目中删除。

删除项目中有冲突的子 VI 并不一定能解决冲突问题，因为项目中的其他项仍可能在引用该导致冲突的子 VI。该项将作为一个冲突项出现，直到所有调用了该冲突项的调用方全部从项目中删除。将具有调用方的项从项目中删除后，该项将被移至依赖关系。

3．重命名冲突项

若不想删除冲突项，且通过查看得知该项与项目中的另一项具有相同的合法名，则可重命名该冲突项或将其添加到一个项目库。

4．重定位冲突项

当两个以上项具有相同的合法名，且磁盘上仅存在一个项，则可右击冲突项并从快捷菜单中选择"替换为项目所找到的项"命令。LabVIEW 将更新错误项的调用方，使之引用在磁盘上查找到的那个项。

若检查后发现有一个或多个 VI 引用了错误的子 VI，应使所有调用方重新引用一个路径不同的子 VI。

5．查找丢失项

若一个或多个引用了 LabVIEW 无法找到的项，则可右击项目根目录并从快捷菜单中选择"查找丢失项"命令，打开"查找丢失项"对话框，该对话框列出了项目中的所有引用了 LabVIEW 无法找到项的项目项。当一个项目中的项与一个项目外的项存在依赖关系时，项目外的项将出现在依赖关系中。

6．查找错误声明的项

用户可在 LabVIEW 中找到解决库和库声明项之间的冲突。要确定一个项是否被库重复声明，可右击项目根目录从快捷菜单中选择"Find Items Incorrectly Claimed by a Library"命令，在"查找项目项"对话框中显示错误声明的项。使用该对话框找到某项，然后将其从库中删除或添加至库。或者，右击文件夹或库，从快捷菜单中选择"Items Incorrectly Claimed by a Library"命令，找出库中错误声明的项。

5.9 使用进阶程序结构

5.9.1 使用状态机编程

状态机是基于单个 While 循环的一种进阶编程结构，其结构特殊之处是在 While 循环内嵌入一个条件结构，通过枚举常量实现初始化条件的赋值，实现初始条件结构的分支初始执行。条件分支的其他分支条件用于决策判断执行下一个条件分支的可能。

状态机的优点是在保持 While 循环不停止的前提下，循环执行一些判断条件，从而实现不同状态之间的转移。相较单 While 循环结构而言，状态机是更显智能化的连续判断。

【练习 5-67】

打开范例查找器，搜索关键词"状态机基础"，打开 State Machine Fundamentals.vi，参看图 5-9-1，读懂并分析状态机结构。

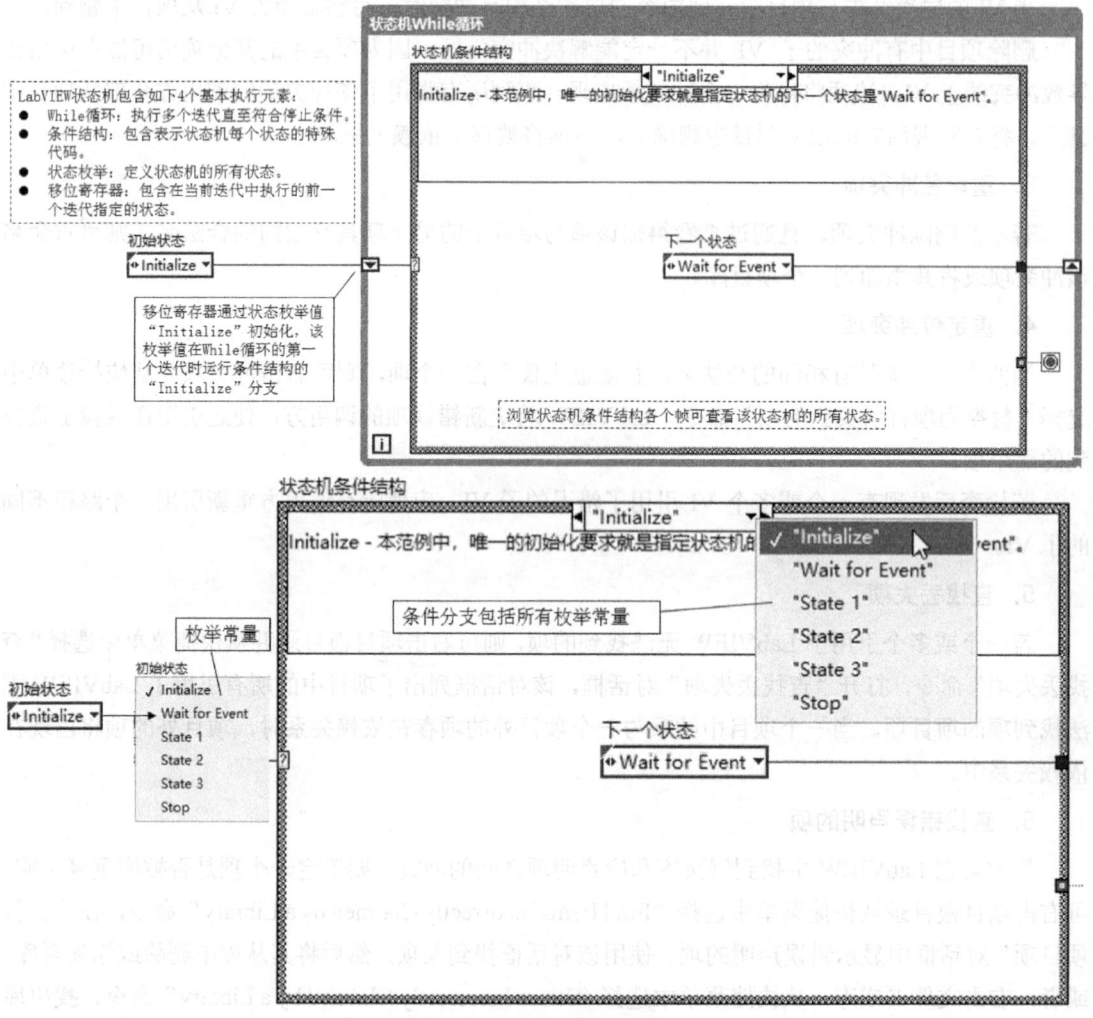

图 5-9-1 状态机基本结构

【练习 5-68】

基于上面的状态机模板，尝试编写一个程序，实现对随机数大于 0.5 的判断。当随机数大于 0.5 时，进入 State 1 条件分支，显示 LED 点亮状态并弹出"当前数值大于 0.5"的提示对话框。当随机数小于 0.5 时，进入 State 2 条件分支，显示 LED 熄灭状态并弹出"当前数值小于 0.5"的提示对话框。

5.9.2 同步数据传输编程

尽管状态机的结构将单个 While 循环功能扩展后，具备了更丰富的外延，但仍然无法很好地解决并行执行两个（或两个以上）任务的需求。执行两个独立的任务，简言之就是两个 While 循环分别执行自己的任务，两者间能够互通数据传递。

利用两个 While 循环并使用队列数据传输实现上面的需求，如图 5-9-2 所示。

【练习 5-69】

打开范例查找器 Queue Overflow and Underflow.vi，参看图 5-9-2，读懂并掌握入队列循环和出队列循环执行并行任务的原理。

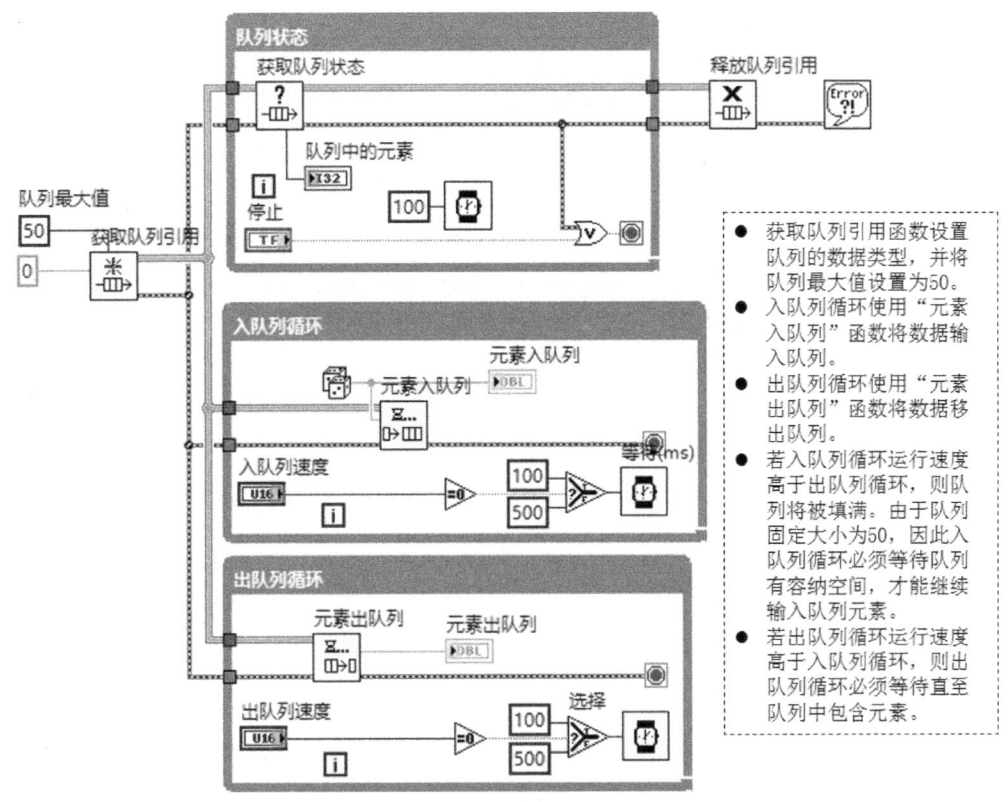

图 5-9-2 在循环之间使用队列传输数据

图 5-9-2 的结构也称为消费者/生产者结构。生产者/消费者模式基于主/从模式，旨在加强以不同速率运行的多个循环之间的数据共享。与标准的主/从模式一样，生产者/消费者模式用于隔开具有不同数据生成和消耗速率的进程。生产者/消费者模式的并行循环分为两类：生产数据的循环和消费数据的循环。数据队列用于在生产者/消费者模式中的循环之间传递数据。这些队列提供了一个优势，即生产者循环和消费者循环间的数据缓冲。

由于生产者/消费者模式并非基于同步，循环初次执行时并不遵循特定的顺序。因此，在一个循环之前启动另一个循环可能会出现问题。因此在生产者/消费者模式中使用事件结构可以解决这一问题，如图 5-9-3 所示。

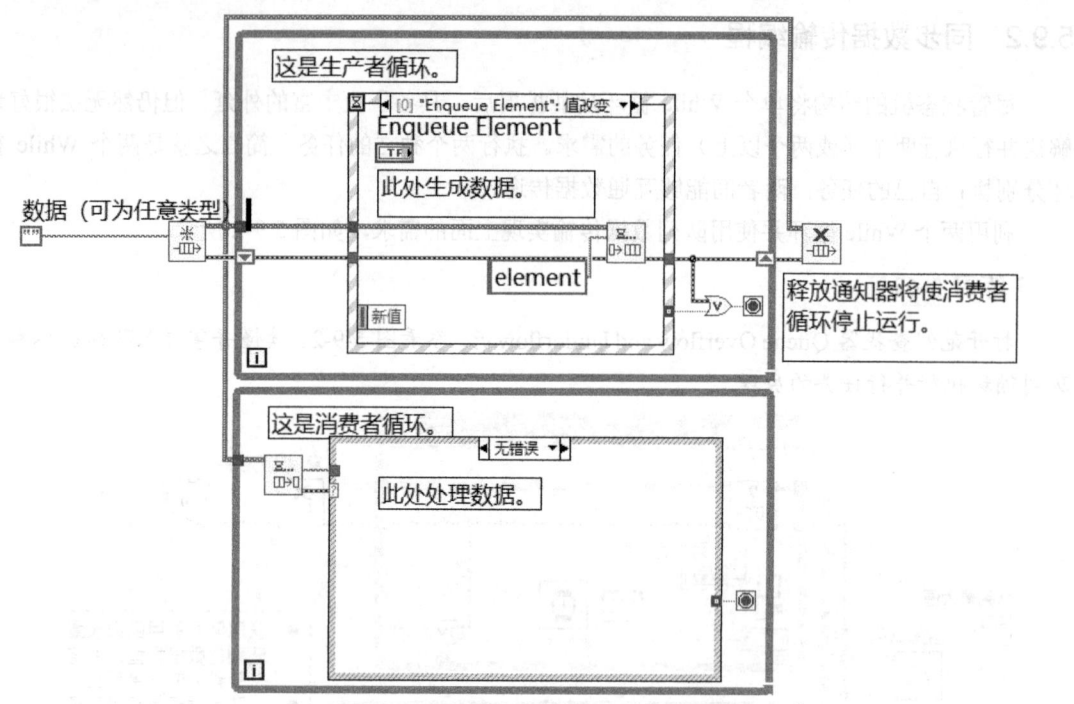

图 5-9-3　在生产者/消费者模式中使用事件结构

第 6 章

NI 数据采集基础

本章内容基于 1~5 章 LabVIEW 软件编程知识的基础，引入数据采集的知识，借助 NI 数据采集设备，讲解使用 DAQ 助手方式和 DAQmx 编程方式实现数据采集的具体方法。

6.1 基于计算机的数据采集系统

本书所指的数据采集是指借助计算机（PC）及外围 I/O 设备实现电压、电流、温度、压力或声音等电子、物理现象测量的过程。基于计算机的数据采集系统基本流程结构由传感器、信号调理、DAQ 设备和安装了数据采集编程软件的计算机组成，如图 6-1-1 所示。

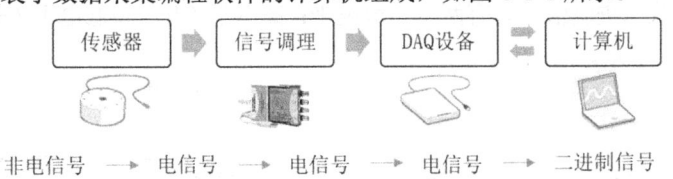

图 6-1-1 基于计算机的数据采集系统基本流程结构

1. 传感器

传感器是一种检测装置，能感受到被测量（如温度、湿度、亮度、声音等）的信息，将其变换成模拟量的电信号或其他所需形式的信息输出，并将其作为信号的来源提供给后续的传输、处理、存储、显示、记录和控制等需求环节。传感器一般接收的是非电信号，输出的是电信号。

2. 信号调理

传感器输出的电信号千差万别，幅值有的极大有的极小，有些信号夹带的噪声把原有的真实信号淹没了。若把这样的信号送入数据采集设备，则无法反映真实的物理量。例如，常用的温度传感器 K 型热电偶室温 25℃时输出的电压仅为 1mV。如此小的电压和常规的噪声相比要小得多。

由于数据采集设备对输入电信号有一定的技术要求，如输入电信号的幅度范围、频率范围等，因此电信号送入数据采集设备之前，需要增加一个名为信号调理的环节。信号调理的作用就是将传感器输出的电信号进行一定的处理（放大、滤波、补偿、隔离等），保证经过信号调理后输出的电信号送入数据采集设备是可靠的。

3. DAQ 设备

DAQ 设备（Data Acquisition Device），是计算机和外部信号之间的接口。DAQ 设备可以简单地理解为类似声卡一样的计算机外设，具备接收电信号的能力，也具备输出电信号的能力。DAQ 设备能将输入的模拟信号数字化，变为计算机可以读懂的二进制数据信息。目前，许多 DAQ 设备具有实现测量系统和过程自动化的功能。例如，具有模数转换器（ADC）可以输入模拟信号、数模转换器（DAC）可以输出模拟信号、数字 I/O 线输入和输出数字信号、计数器/定时器测量并生成数字脉冲的能力。

4. 计算机

这里所指的计算机，是指安装了数据采集编程软件的计算机，它具备操控 DAQ 设备的能力，结合编程软件能够完成功能强大的信号、数据的处理，以及可视化和存储等功能。不同的场合可以使用适合环境要求的计算机。例如，在实验室，可以利用台式机的高性能；在工地现场，可以利用笔记本电脑的便携性；在制造生产线，可以利用工业计算机的耐用性。

用于数据采集的计算机需要安装驱动程序和应用软件。应用软件基于 DAQ 设备的驱动程序，实现与 DAQ 设备的数据交互，获得测量数据后进一步实现分析和显示功能。应用程序可以是带有预定义功能的预设应用，也可以是带有自定义功能应用的编程环境。

6.2 测量信号的类型

不同类型的信号依据自身的特点，按照不同的方式传递信息。模拟信号包含信号随时间的连续变化。数字信号或二进制信号只有两个离散电平：高电平（开）和低电平（关）。常见的信号特征及分类如图 6-2-1 所示。

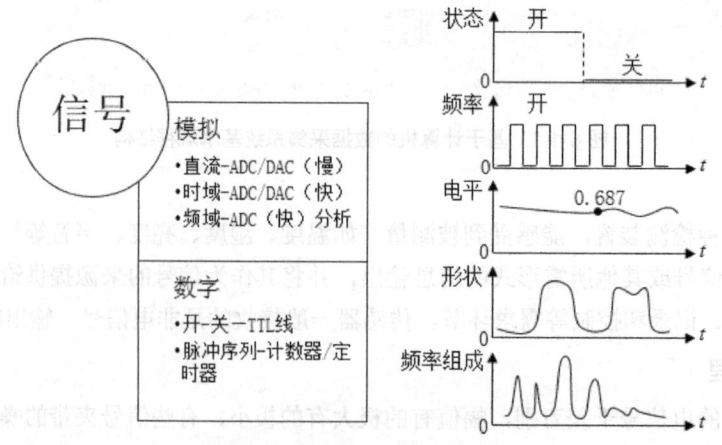

图 6-2-1 常见的信号特征及分类

6.3 测量模拟信号

在测量模拟信号之前，必须明确输入信号的接地连接方式，是使用接地连接还是浮地连接。

此外，还必须明确是使用差分（DIFF）测量系统、参考单端（RSE）测量系统还是使用非参考单端（NRSE）测量系统，接地连接方式和接线端都将影响测量结果的准确性。测量模拟信号连接时考虑的事项如图 6-3-1 所示。

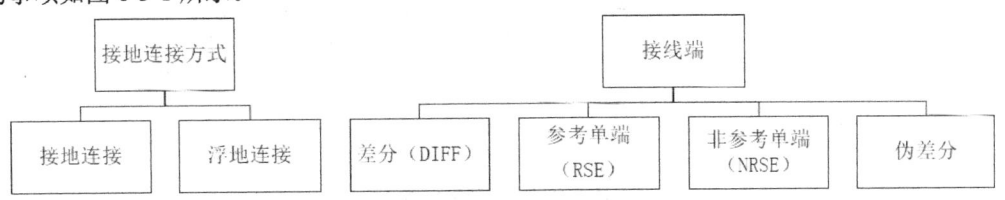

图 6-3-1　测量模拟信号连接时考虑的事项

6.3.1　连接模拟输入信号

不同的数据采集设备、接线盒或信号调理模块可能使用不同的连线方式。DAQ 助手的连线图提供了各种常见模拟输入测量（如应变、温度、电流、电压等）的接线端连接。

NI MAX 不提供 ELVIS Ⅱ/Ⅱ+的设备引脚按钮查询功能，但对于 myDAQ、USB-6008、PCI-6251 等常用数据采集设备均提供设备引脚功能。

1．浮接信号源

在浮接信号源中，电压信号未连接至绝对参考或公用接地（图 6-3-2 中的大地或建筑物接地）。

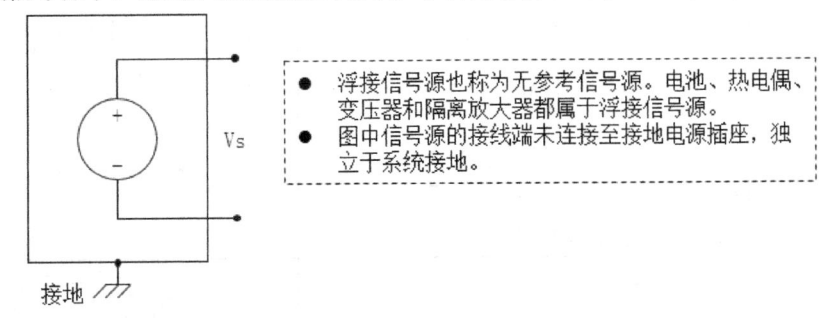

- 浮接信号源也称为无参考信号源。电池、热电偶、变压器和隔离放大器都属于浮接信号源。
- 图中信号源的接线端未连接至接地电源插座，独立于系统接地。

图 6-3-2　浮接信号源

可通过差分测量系统和参考单端测量系统测量浮接信号源。在差分测量系统中，应确保信号相对于测量系统接地的共模电压在测量设备的共模输入范围内。多种因素（如放大器输入偏置电流）均可导致浮接信号源的电压超出 DAQ 设备输入的有效范围。

2．接地信号源

连接至系统接地端（如地面或建筑物地面）的电压信号的信号源称为接地信号源，如图 6-3-3 所示。

差分测量系统或非参考单端测量系统是测量接地信号的最佳方式。通过参考单端测量系统测量接地信号源时，测量系统通常会受噪声的影响，测量数据通常会包含电源线的频率（50Hz 工频）成分。接地环路还可能引入 AC 和 DC 噪声，导致测量结果存在偏置误差和噪声。接地间的电势差也将导致相互连接的电路间存在电流（该电流称为接地环路电流）。

如果信号的电压值较高，且信号源和测量设备间存在低阻抗连线，那么仍可选择使用参考单端测量系统，由此引起的信号电压测量性能的降低是在可接受范围内的。但为了避免信号源和接地间可能出现的短路而损坏设备，连接信号至接地参考测量系统前，必须检查接地信号源的极性。

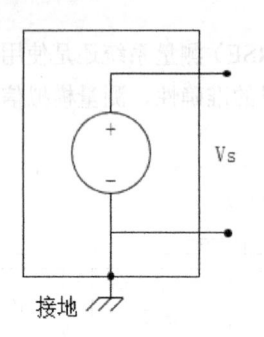

图 6-3-3 接地信号源

6.3.2 模拟信号测量系统的类型和信号源

信号连接至数据采集的测量设备的方式由输入信号源的类型（接地信号源或浮接信号源）和测量系统的配置（差分、参考单端、非参考单端、伪差分）确定。表 6-3-1 为模拟信号输入连接时的信号源类型和测量系统。

表 6-3-1 模拟信号输入连接时的信号源类型和测量系统

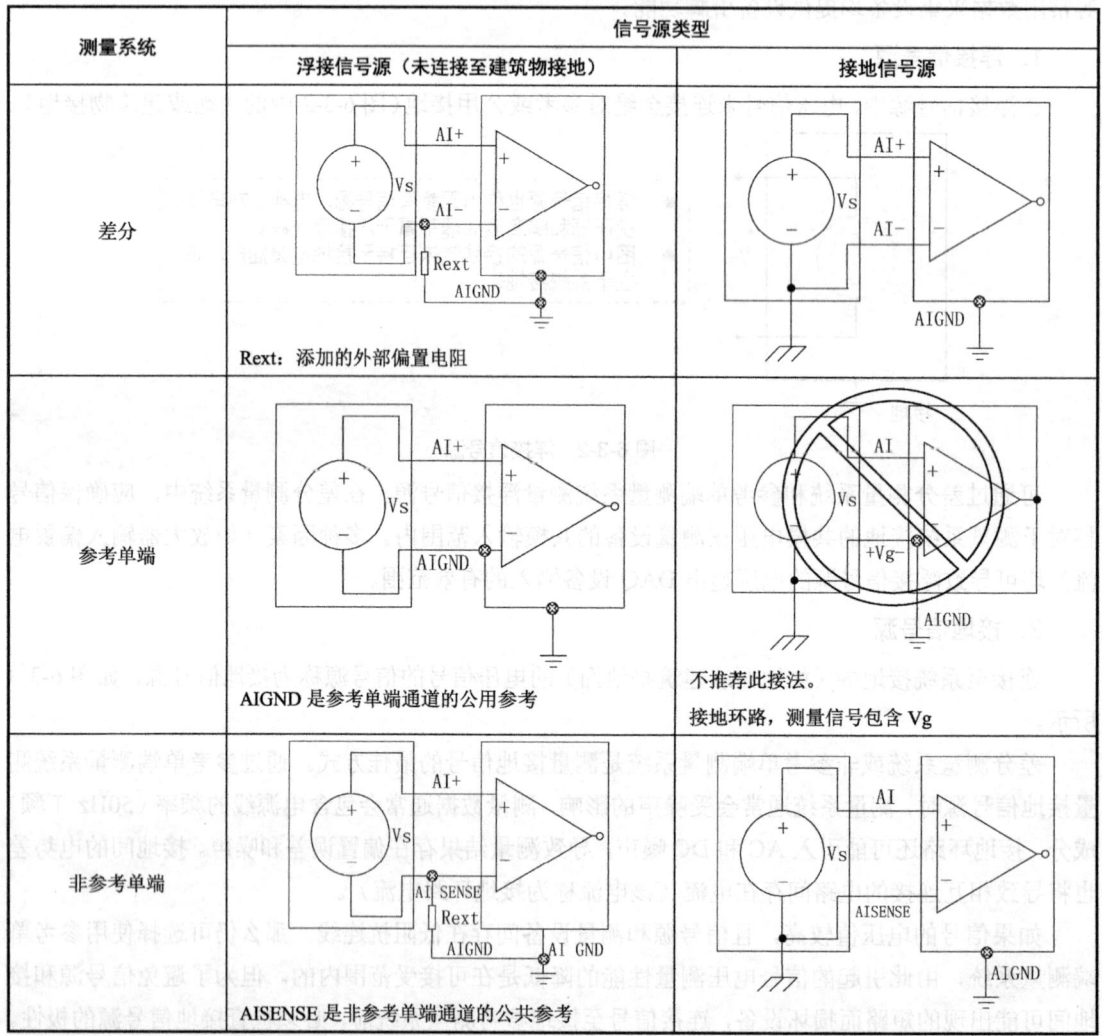

测量系统	信号源类型	
	浮接信号源（未接至建筑物接地）	接地信号源
差分	Rext：添加的外部偏置电阻	
参考单端	AIGND 是参考单端通道的公用参考	不推荐此接法。 接地环路，测量信号包含 Vg
非参考单端	AISENSE 是非参考单端通道的公共参考	

续表

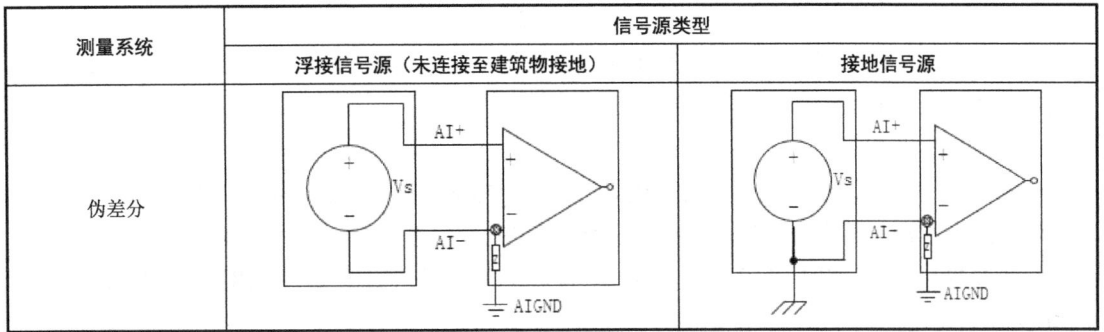

测量系统	信号源类型	
	浮接信号源（未连接至建筑物接地）	接地信号源
伪差分		

1. 差分测量系统

差分测量系统的输入端不与固定的参考端（如地或建筑物接地）连接。与浮接信号源类似，差分测量系统通过不同于测量系统接地的浮接端进行测量。手持电池供电仪器和带有放大器的 DAQ 设备属于差分测量系统。

图 6-3-4 为 NI DAQ 设备通常使用的 8 通道差分测量系统。信号路径使用模拟多路复用器，实现测量通道数量的增加，且只需使用一个放大器。图 6-3-4 中的模拟输入接地为 AIGND 引脚，它作为测量系统接地。

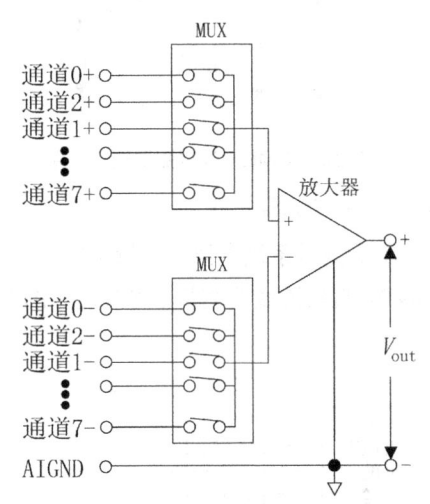

图 6-3-4　NI DAQ 设备通常使用的 8 通道差分测量系统

通过信号源的浮地连接或接地连接可确定是否使用差分测量系统。

1）抑制共模电压

理想的差分测量系统可测量两个端子间的电位差：+输入和−输入。两根导线间的差分电压就是所需信号，然而差分导线对两端都可能存在不需要的信号，该信号电压就是共模电压。理想的差分测量系统能完全抑制共模电压，无须对其进行测量。实际上很多限制条件都会限制设备抑制共模电压的能力，这些限制条件有共模电压范围和共模抑制比（CMRR）等参数。

2）共模电压

共模电压范围是每个输入端相对于测量系统接地的允许电压变化。超出该范围的电压不仅可导致测量错误，还可损坏设备。共模电压（V_{cm}）由下列公式确定：

$$V_{cm} = \frac{(V_+ + V_-)}{2}$$

V_+是测量系统的非反向接线端相对于测量系统接地的电压;V_-是测量系统的反向接线端相对于测量系统接地的电压。

3) CMRR

CMRR 用于衡量差分测量系统对共模电压信号的抑制。例如,在噪声环境中测量热电偶,环境噪声可能影响输入导线。因此,该噪声作为共模电压信号被抑制,其大小等于仪器的 CMRR。绝大多数 DAQ 设备指定的 CMRR 为 50Hz 或 60 Hz,即电源线的频率。CMRR 由下列公式确定,以 dB 为单位。

$$\mathrm{CMRR（dB）} = 20\log(\frac{差分增益}{共模增益})$$

CMRR 计算测量电路示例如图 6-3-5 所示。在该电路中,CMRR 可表示 $20\log\frac{V_{cm}}{V_{out}}$,$V_{cm} = V_+ + V_-$,以 dB 为单位。

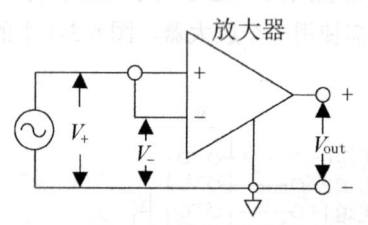

图 6-3-5 CMRR 计算测量电路示例

2. 参考单端测量系统和非参考单端测量系统

参考单端测量系统和非参考单端测量系统类似于测量中的信号源接地。参考单端测量系统测量相对于地(图 6-3-6 中的 AIGND,直接连线至测量系统接地)的电压。图 6-3-6 为 8 通道参考单端测量系统示意图。

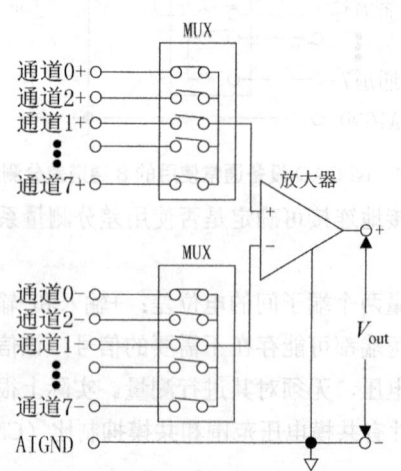

图 6-3-6 8 通道参考单端测量系统示意图

DAQ 设备通常采用另一种参考单端测量技术,称为非参考单端。图 6-3-7 为 8 通道非参考单端测量系统示意图。

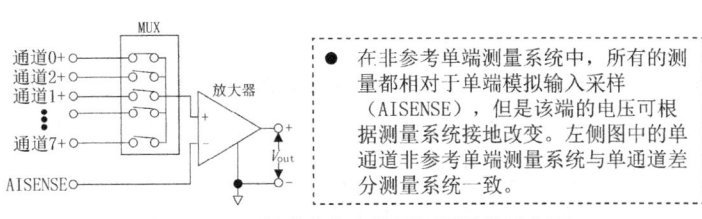

> 在非参考单端测量系统中，所有的测量都相对于单端模拟输入采样（AISENSE），但是该端的电压可根据测量系统接地改变。左侧图中的单通道非参考单端测量系统与单通道差分测量系统一致。

图 6-3-7　8 通道非参考单端测量系统示意图

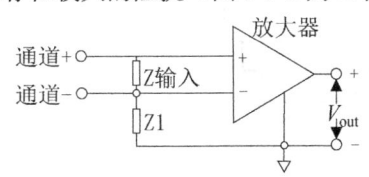

3. 伪差分测量系统

伪差分测量系统具有差分输入通道和参考单端输入通道的某些特点。与差分输入通道类似，伪差分测量系统的通道包含正极和负极。正极和负极分别连接至待测单元的输出。负极输入通过相对较小的阻抗（图 6-3-8 中为 Z1）与系统接地相连。负极输入和接地间的阻抗包含阻性和容性组件。输入通道的正极和负极间存在较大的阻抗（图 6-3-8 为 Z 输入）。

图 6-3-8　伪差分测量系统

伪差分输入配置常用于同步采样和未使用多路复用信号架构的动态信号采集（DSA）设备。伪差分测量系统适用于测量浮接或隔离设备（如使用电池的设备或加速计）的输出。若参考信号与测量系统接地间的电势差不大，则伪差分配置也适用于测量参考信号。若信号负极与机箱接地间的电势差过大，则接地回路可能影响测量精度。总而言之，差分输入比伪差分输入具有更高的 CMRR。

6.3.3　连接模拟输出信号

不同的数据采集设备、接线盒或信号调理模块可能使用不同的连线方式。图 6-3-9 为 NI DAQ 设备常见的模拟输出信号连接示意图。

6.3.4　采样相关注意事项

1. 设备范围

设备范围是指 ADC（模数转换器）可转换为数字信号的最大和最小模拟信号电平。许多数据采集设备（卡）可在单极模式和双极模式间切换或使用不同的增益。选择其他的范围，可使 ADC 在数字化信号时充分利用精度。

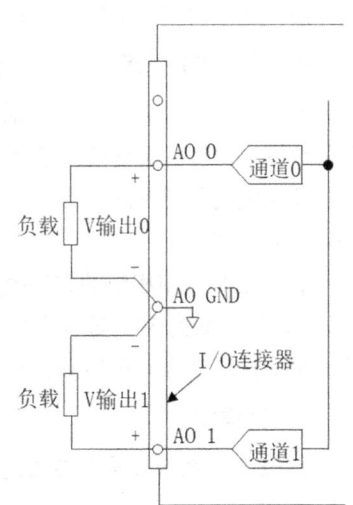

图 6-3-9　NI DAQ 设备常见的模拟输出信号连接示意图

例如，1 个 16 位的 ADC，如果模拟输入通道的满量程是 ±10V，那么最小的电压分辨率是 0.000 305V。如果将满量程设置为 ±1V，那么最小的电压分辨率是 0.000 030 5V。

2. 单极模式和双极模式

在单极模式下，数据采集设备（卡）仅支持 0～+XV；在双极模式下，数据采集设备（卡）支持

$-X\sim+X$V。某些数据采集设备（卡）仅支持一种模式，而某些数据采集设备（卡）可在两种模式间切换。

切换不同的模式，数据采集设备（卡）可选择最适合待测信号的模式。图6-3-10（a）为单极模式下的3位ADC。ADC将0～10V的范围划分为8个区间。在双极模式下，该区间为-10.00～10.00V，如6-3-10（b）图所示。相同的ADC可将20V划分为8个区间。最小的可检测电压变化由1.25V增大为2.50V，信号的表示精度随之降低。数据采集设备（卡）依据创建虚拟通道时指定的输入限制选择最佳模式。

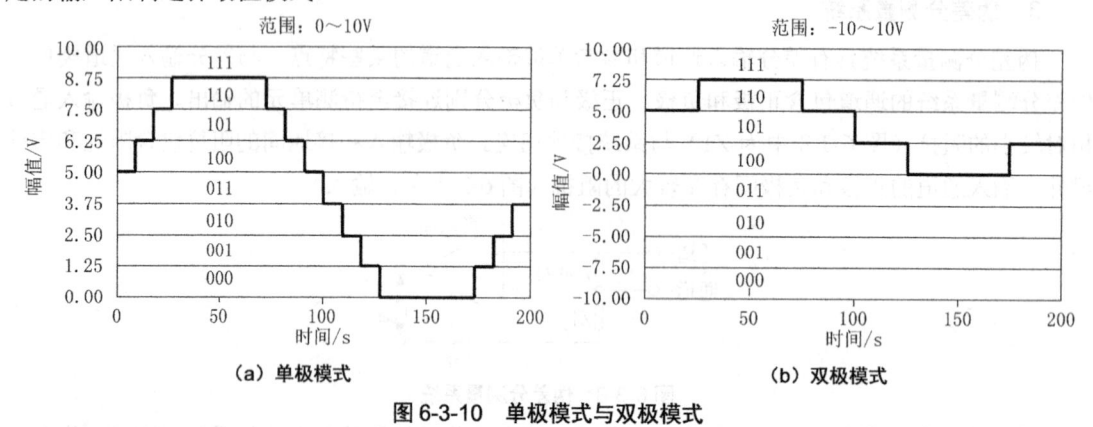

图6-3-10 单极模式与双极模式

3. 增益调节

若数据采集设备（卡）有多个增益，则输入信号乘以增益可使信号充分利用设备范围。因此，数据采集设备（卡）可选择不同的范围。例如，数据采集设备（卡）的设备范围为-10～10V，可能的增益为1、2和4，则可选范围为-10～10V、-5～5V和-2.5～2.5V。数据采集设备（卡）依据创建虚拟通道时指定的输入限制选择增益。

4. 输入限制（最大值和最小值）

输入限制是指换算后（包括自定义换算）要测量的最大值和最小值。输入限制通常被误认为设备范围。设备范围是指特定设备的输入范围。例如，DAQ设备的设备范围可能为0～10V，但该设备使用温度传感器时，温度为1℃对应的电压输出值为100mV。此时，输入限制为0～100℃，10V对应100℃。

输入限制使用相似的方法改进测量的精度。例如，已知温度小于或等于50℃，则可选最小值为0，最大值为50。数据采集设备（卡）数字化处理的电压为0～5V，而非0～10V，从而保证数据采集设备（卡）可检测更小的温度变化。

5. 采样率

模拟I/O系统最重要参数之一是数据采集设备（卡）对输入信号进行采样或生成输出信号的速率，即采样率。采样率是指数据采集设备（卡）在每个通道上采集或生成采样的速率。较高的输入采样率可在指定时间内采集更多的数据，更好地表现原有信号。对于1Hz的信号，使用1000S/s的采样率生成1000个点的表现效果好于使用10S/s的采样率生成10个点的表现效果。

过低的采样率无法很好地表现模拟信号。过低的采样率无法准确表现原有信号的频率，可导致混叠。

DAQmx建议的采样率和采样数的关系为10:1。例如，使用10kHz的采样率，采样数设置为

1000较为合理。但是，当设置的采样率较低时，如1kHz，采样数设置为1000，也是可以的。

6. 精度

精度是指数据采集设备（卡）或传感器能识别的输入信号的最小变化。ADC的精度由用于表示模拟信号的位数确定。数据采集设备（卡）的精度类似于尺子的刻度。刻度越多，精度越高。同样，精度越高，表明对ADC测量范围的划分越细，可检测的变化就越小。

一个3位的ADC将范围划分为23个或8个区间。二进制或数字编码000～111分别表示每个区间。ADC将模拟信号的测量值转换为各个区间。图6-3-11为3位和16位ADC采集的正弦波数字信号。由于3位ADC的位数太少，因此数字信号无法完全表示原有信号，无法表示连续变化的模拟信号。若精度增加至16位，则ADC的区间数增加至65 536（2^{16}），ADC可以更准确地表示模拟信号。

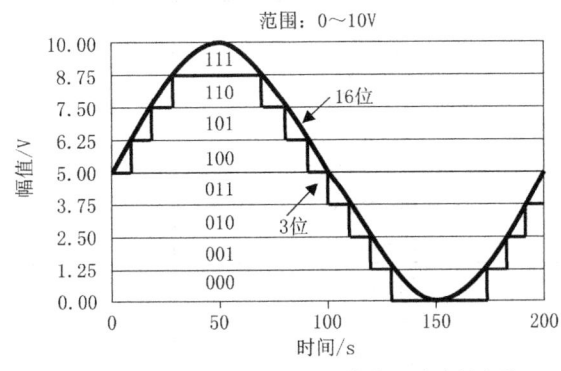

图6-3-11 3位和16位ADC采集的正弦波数字信号

7. 计算可检测的最小变化——编码宽度

数据采集设备（卡）可检测的输入信号的最小变化，称为编码宽度，它由数据采集设备（卡）的精度和设备范围确定。编码宽度越小，测量精度越高。

可通过下列公式计算编码宽度：

$$编码宽度 = \frac{设备量程}{2^{分辨率}}$$

若12位数据采集设备（卡）的设备量程是0～10V，则编码宽度为2.4mV；若数据采集设备（卡）的设备量程是-10～10V，则编码宽度为4.8mV。

$$\frac{设备量程}{2^{分辨率}} = \frac{10}{2^{12}} = 2.4\text{mV}$$

$$\frac{设备量程}{2^{分辨率}} = \frac{20}{2^{12}} = 4.8\text{mV}$$

对于此前给定的设备量程，高精度ADC具有较小的编码宽度。

$$\frac{设备量程}{2^{分辨率}} = \frac{10}{2^{16}} = 0.15\text{mV}$$

$$\frac{设备量程}{2^{分辨率}} = \frac{20}{2^{16}} = 0.3\text{mV}$$

12位数据采集设备（卡）编码宽度随设备量程的变化如表6-3-2所示。数据采集设备（卡）

依据创建虚拟通道时指定的输入限制选择最佳量程。选择准确反映待测信号的输入限制以获取最小的编码宽度。DAQmx 可强制转换输入限制符合选定的设备量程。

表 6-3-2　12 位数据采集设备（卡）编码宽度随设备量程的变化

整体设备量程	可能的带增益调整的设备量程	精　　度
0～10 V	0～10 V	2.44 mV
	0～5 V	1.22 mV
	0～2.5 V	610 μV
	0～1.25 V	305 μV
	0～1 V	244 μV
	0～0.1 V	24.4 μV
	0～20 mV	4.88 μV
−5～5 V	−5～5 V	2.44 mV
	−2.5～2.5 V	1.22 mV
	−1.25～1.25 V	610 μV
	−0.625～0.625 V	305 μV
	−0.5～0.5 V	244 μV
	−50～50 mV	24.4 μV
	−10～10 mV	4.88 μV
−10～10 V	−10～10 V	4.88 mV
	−5～5 V	2.44 mV
	−2.5～2.5 V	1.22 mV
	−1.25～1.25 V	610 μV
	−1～1 V	488 μV
	−0.1～0.1 V	48.8 μV
	−20～20 mV	9.76 μV

注意

12 位 ADC 的最低有效位（LSB），即 12 位 ADC 的计数值 1 对应相应的电压增量。

6.4　数字信号测量

数字信号（如 TTL 信号）有两个离散电平：高电平和低电平。TTL 信号的特性如图 6-4-1 所示。

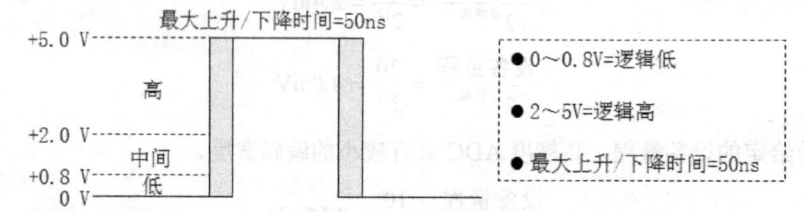

图 6-4-1　TTL 信号的特性

数字设备可用于监视和转换脉冲的状态。计数器也可用于监视和检测上升沿（逻辑低至逻辑高）/下降沿（逻辑高至逻辑低）。

1. 连接数字 I/O 信号

不同的具有数字信号采集能力的数据采集设备包含不同数量的数字线。图 6-4-2 为 3 种常见 DIO 应用的信号连接。

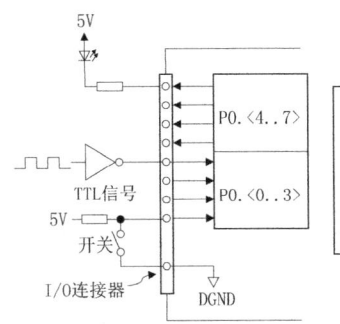

图 6-4-2　3 种常见 DIO 应用的信号连接

2. 计数器

计数器用于测量和生成数字信号。计数器常用于时间测量（如测量信号的数字频率或周期）的边沿计数。依据不同的设备和应用，计数器需使用不同的信号连接。

3. 数字逻辑状态

用户可以为不同的通信和测试应用选择具有各种特性的数字 I/O 仪器。通常，除驱动数字模式（1 和 0）外，数字 I/O 仪器还支持包含部分或全部数字逻辑状态（见表 6-4-1）的波形。

表 6-4-1　数字逻辑状态

	逻 辑 状 态	驱 动 数 据	预 期 响 应
驱动状态	0	逻辑低电平	无要求
	1	逻辑高电平	无要求
	Z	禁用	无要求
比较状态	L	禁用	逻辑低电平
	H	禁用	逻辑高电平
	X	禁用	无要求

数字逻辑状态除控制电压驱动器外，在设备支持的情况下，还可以按照时钟周期控制数字测试器（如 DAQ 设备）的比较引擎。驱动状态可指定数字测试器设备驱动数据所在的通道或禁用电压驱动器的时间（三态或高阻抗状态）。比较状态可以表明被测设备的预期响应。通过数字逻辑状态可实现双向通信和对采集数据的实时硬件比较。

4. 占空比

占空比是脉冲的特性，可以通过下列公式计算高/低脉冲时间不一致的脉冲的占空比。脉冲周期是高/低脉冲时间的和。

$$\frac{高脉冲时间}{脉冲周期}=占空比$$

脉冲的占空比为 0~1，通常用百分比表示。占空比如图 6-4-3 所示。对于高/低脉冲时间相同的脉冲，占空比为 0.5（50%）。占空比小于 50% 表明低脉冲时间大于高脉冲时间；占空比大于 50% 表明低脉冲时间小于高脉冲时间。

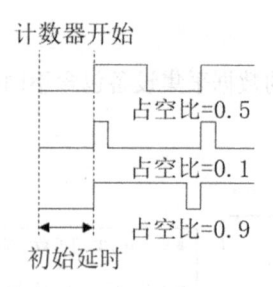

图 6-4-3 占空比

6.5 信号调理

通常,传感器输出的是测量物理现象(如温度、力、声音和光)的电信号。若测量传感器的信号,则必须将其转换为 DAQ 设备可读取的格式。使信号适合数字化的过程称为信号调理。信号调理通常包括 4 个部分,如图 6-5-1 所示。

热电偶的输出电压很小(μV 级别)且极易被噪声干扰,在转换为数字信号前,必须进行滤波和放大处理。

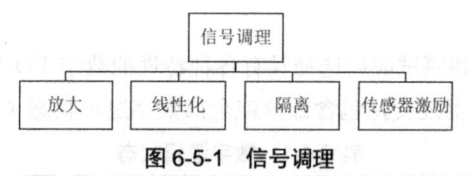

图 6-5-1 信号调理

1. 放大

放大是信号调理手段中常用的一种,通过增大信号的幅度,提高数字化信号的精度。

通过放大信号使电压的最大变化范围等于 ADC 或数字化仪的最大输入范围,可获得尽可能高的准确性。系统应通过最接近信号源的测量设备放大低电平信号,如图 6-5-2 所示。

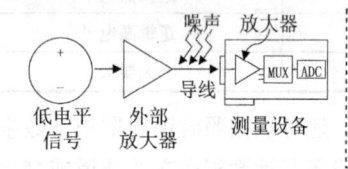

- 应使用屏蔽式电缆或双绞线电缆。通过减小电缆长度可降低导线引入的噪声。使信号连线远离AC电源电缆和显示器可减少频率为50~60Hz的噪声。
- 若通过测量设备放大信号,则测量和数字化的信号中可能包含导线引入的噪声。在接近信号源的位置通过SCXI模块放大信号,可减少噪声对被测信号的影响。

图 6-5-2 放大信号

2. 线性化

线性化是信号调理的一种,通过软件使传感器产生的信号线性化,换算后的电压可用于物理现象。例如,热电偶 10mV 的电压变化意味着温度的变化为 10。但是,通过软件或硬件的线性化处理,应用中的热电偶的电压值可换算为相应的温度变化。绝大多数传感器具有用于说明传感器换算关系的线性化表格。

3. 传感器激励

信号调理可以为某些传感器提供必需的电压或电流激励。例如,应变计需要外部电压激励,RTD 需要外部电流激励。许多测量设备可为传感器提供激励,如 TLA-004 传感器实验套件提供恒流源激励。设备是否可生成激励,需查看设备说明技术文档。

4．隔离

信号通常会超出测量设备可处理的范围。测量过大的信号会导致测量设备损坏或人身伤害。通过隔离信号调理技术可防止人体和测量设备接触过大的电压。信号调理硬件可降低较高的共模电压，获取测量设备可处理的电压信号。通过隔离信号调理技术可避免接地电势差对设备的影响。

6.6 数据采集设备（卡）分类

根据需求不同，NI 提供了种类繁多的数据采集设备（卡）。表 6-6-1 列出了 NI 数据采集设备（卡）的基本分类。本书主要以 USB 或 PCI 总线的 DAQ 设备 NI ELVIS/ELVIS Ⅱ/ELVIS Ⅱ+举例。

表 6-6-1 NI 数据采集设备（卡）的基本分类

分　　类	产　品　线
按总线	USB、以太网、PCI、PCIe、WIFI
按通道数	低通道独立式数据采集设备（USB、PCI、PCIe） 中通道模块化数据采集设备（cDAQ） 高通道数模块化数据采集设备（PXI）
按测量类型	电压、频率、热电偶、电流、IEPE 加速度计、RTD、数字信号、应变/电桥

6.7 NI MAX 与 DAQmx

NI MAX 在 DAQmx 安装后可获得，通过 NI MAX 管理工具可完成如图 6-7-1 所示的五大类操作。

若选择仅安装 DAQmx Runtime（运行引擎），则不会包含 NI MAX。

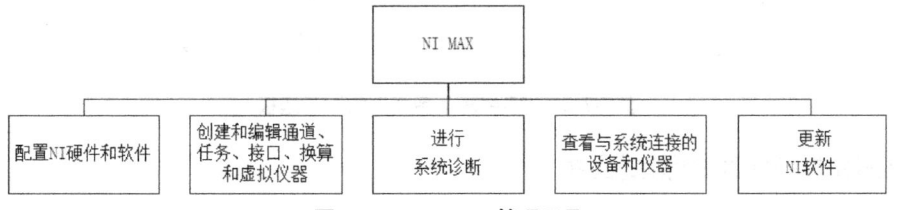

图 6-7-1 NI MAX 管理工具

6.7.1 NI DAQ 设备的使用基本流程

使用 NI DAQ 设备及 DAQmx 开展数据采集工作，可依照如图 6-7-2 所示的基本流程（7 个步骤）进行。

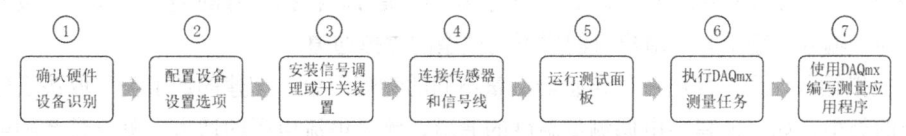

图 6-7-2 NI DAQ 设备使用基本流程

打开 NI MAX，在左侧列表框中找到"我的系统"选项，双击"设备和接口"选项，确认已安装的 DAQ 设备是否被正确识别。根据测量需要，连接传感器和信号线到已安装设备的端子模块或附件端子，设备端子、引脚的位置可在 NI MAX 中查找。在 NI MAX 中使用测试面板工具完成设备具备工具的测试工作。在 NI MAX 中创建 DAQmx 通道和任务，或者在 NI MAX 中使用 DAQ 助手配置测量任务。

6.7.2 DAQmx

DAQmx 是配套 NI 生产的硬件设备安装的驱动软件，提供了统一的应用程序编程接口（API）。简而言之，只要是 NI 的数据采集设备（卡），不论型号都可以由 DAQmx 统一提供的 VI、函数、属性节点等实现编程，无须额外安装驱动程序。DAQmx 也提供 Express VI 形式的 DAQ 助手工具给数据采集使用。安装 DAQmx 后，"DAQmx-数据采集"子选板如图 6-7-3 所示。

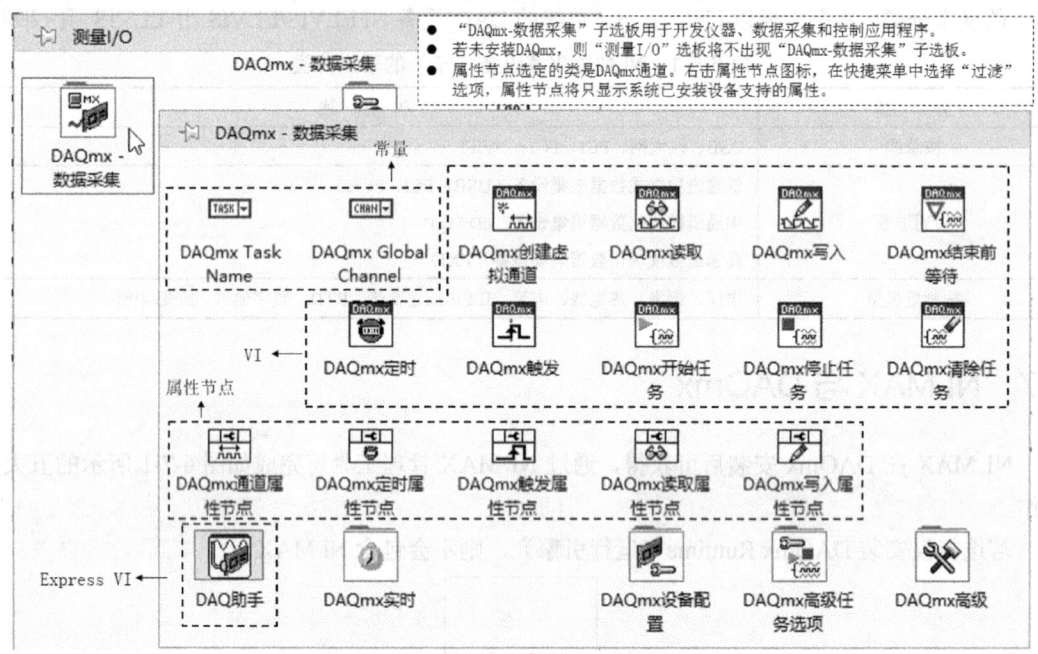

图 6-7-3 "DAQmx-数据采集"子选板

6.7.3 使用 NI MAX 的测试面板

DAQmx 安装完成后，通过 USB 数据线将 NI ELVIS Ⅰ/Ⅱ/Ⅱ+（或安装其他接口的 NI DAQ 设备）与计算机正确连接并开启 ELVIS 的电源，在 NI MAX 中可以发现新连接的设备与接口项，并进行相应的配置。利用"测试面板"按钮右侧的"创建任务"按钮，可以快速建立数据采集任务（Express VI）。

任务是一个或多个虚拟通道定时、触发等属性的集合。根据信号的类型（模拟、数字、计数器）和方向（输入、输出），用户可创建不同类型的虚拟通道。

（1）模拟输入通道：使用各种传感器测量不同的物理现象。创建的通道类型取决于传感器及测量现象的类型，如可创建热电偶测量温度的通道、测量电流电压的通道、测量带激励电压的通道等。

（2）模拟输出通道：DAQmx 支持电流信号和电压信号。设备测量的是其他信号，可将测得的信号进行转换得到电压或电流信号。

（3）数字 I/O 通道：对于数字 I/O 通道，可创建基于线和基于端口的数字 I/O 通道。基于线的通道可包含设备一个或多个端口的一条或多条数字线。读取或写入基于数字线的通道不会影响硬件上的其他数字线。可将一个端口中的数字线在多条通道中使用,并在一个或多个任务中同时使用这些通道,但是某条通道中的线必须都是输入线或输出线。另外,任务中的所有通道必须都是输入通道或输出通道。有些设备还规定端口中的线必须都是输入线或输出线。基于端口的通道表示设备上的一组数字线。读取或写入端口将影响端口中的所有数字线。端口中所有线的数量(端口宽度)是一个硬件参数,通常从 8 线(MIO 设备)到 32 线(SCXI 数字模块)不等。

(4)计数器 I/O 通道:DAQmx 支持不同计数器测量和生成类型的输入和输出。

【练习 6-1】

参看图 6-7-4,掌握使用 NI MAX 的测试面板对 ELVIS Ⅱ/Ⅱ+进行简单配置(模拟输入为例)的方法。

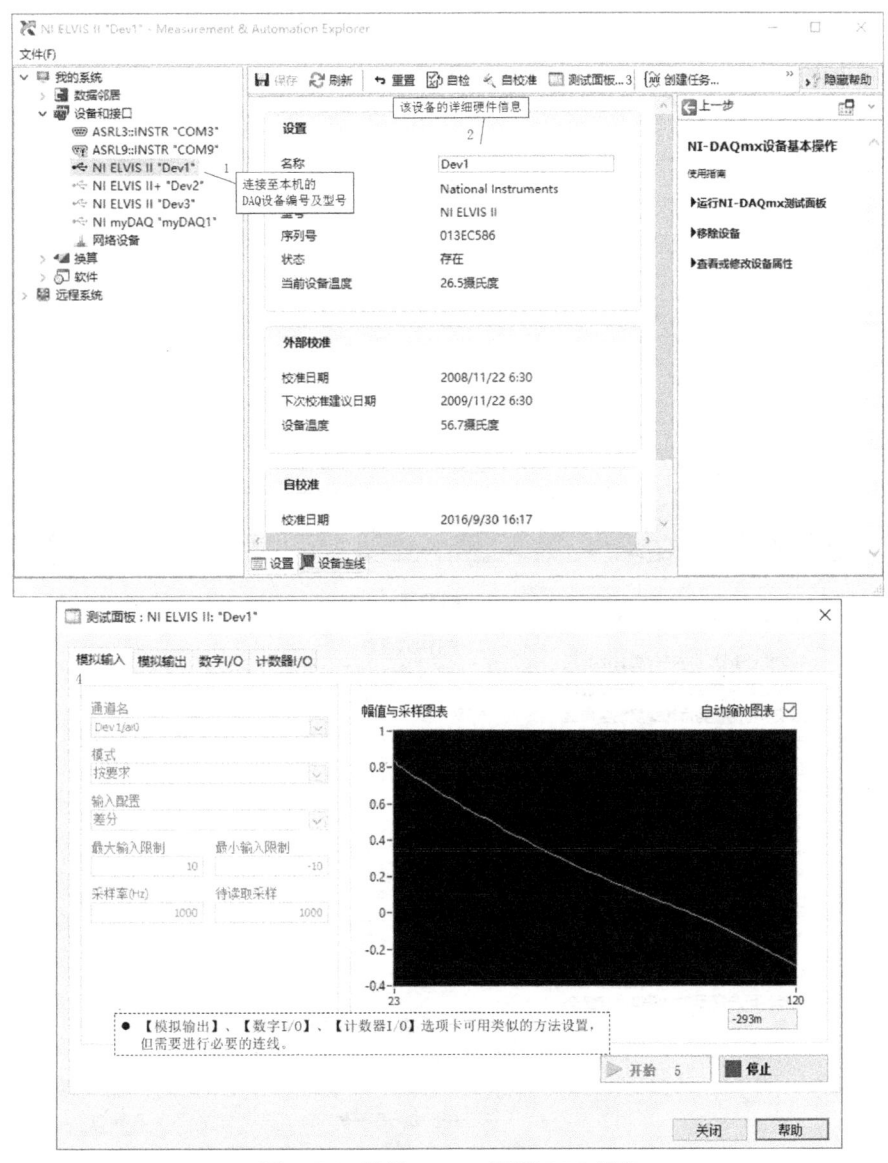

图 6-7-4 使用 NI MAX 配置 DAQ 设备

【练习 6-2】

参看图 6-7-5,通过 NI MAX 对 ELVIS Ⅱ/Ⅱ+进行任务创建(采集信号→模拟输入),理解上述任务及通道的概念。举一反三,自行创建一个(数字输入→线输入)的测量任务。

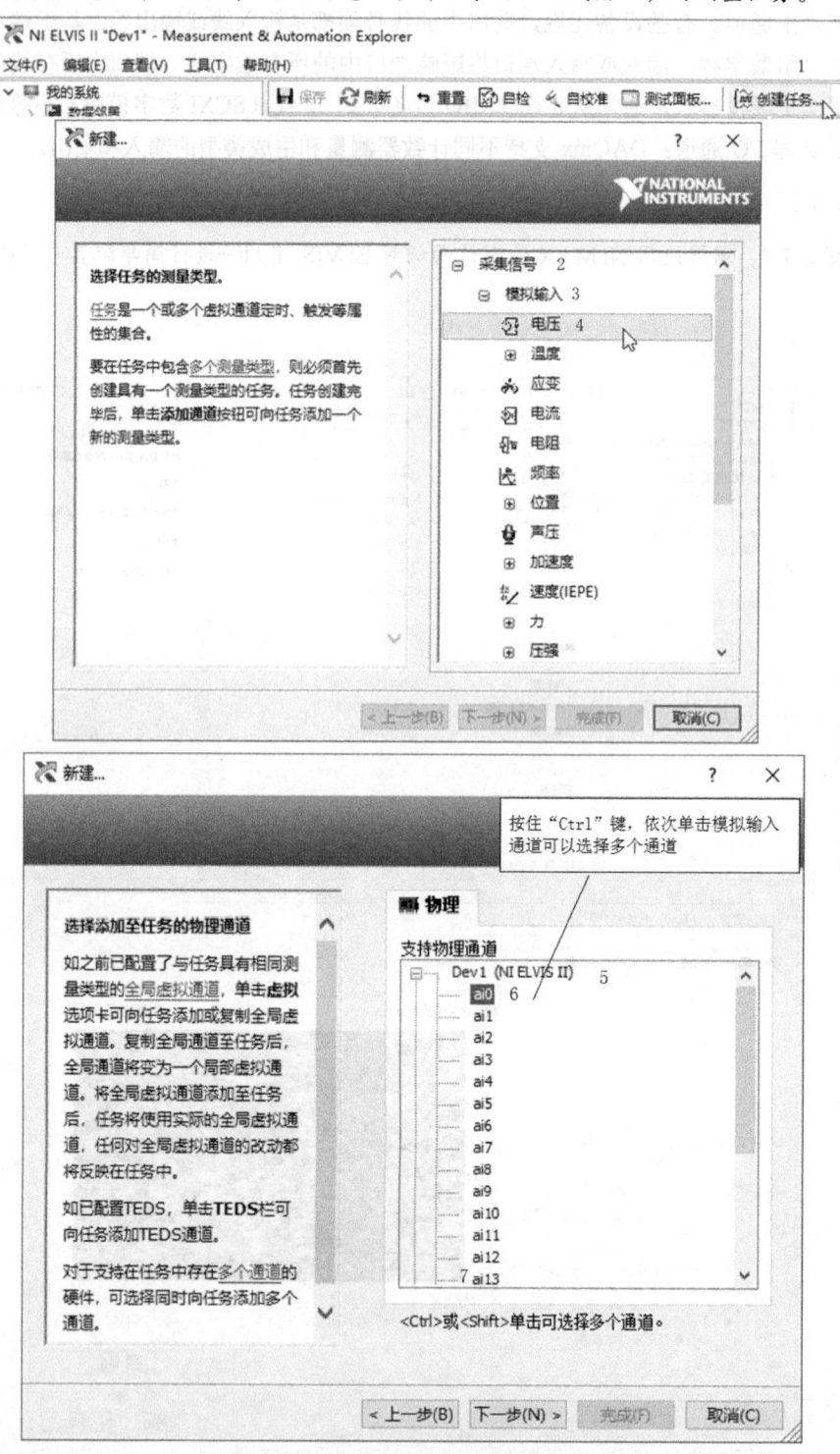

图 6-7-5 通过 NI MAX 创建测量任务

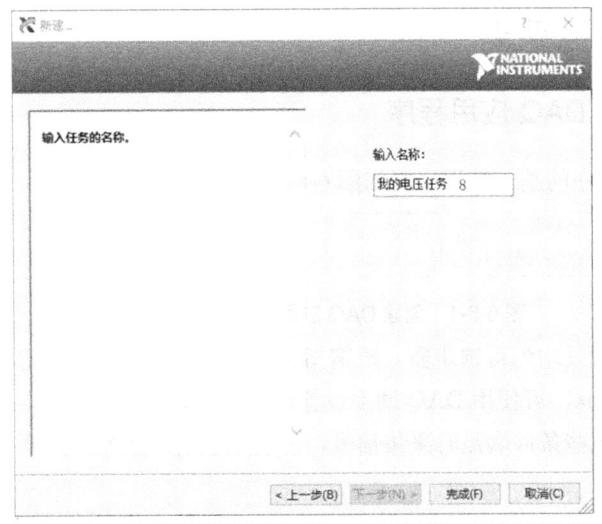

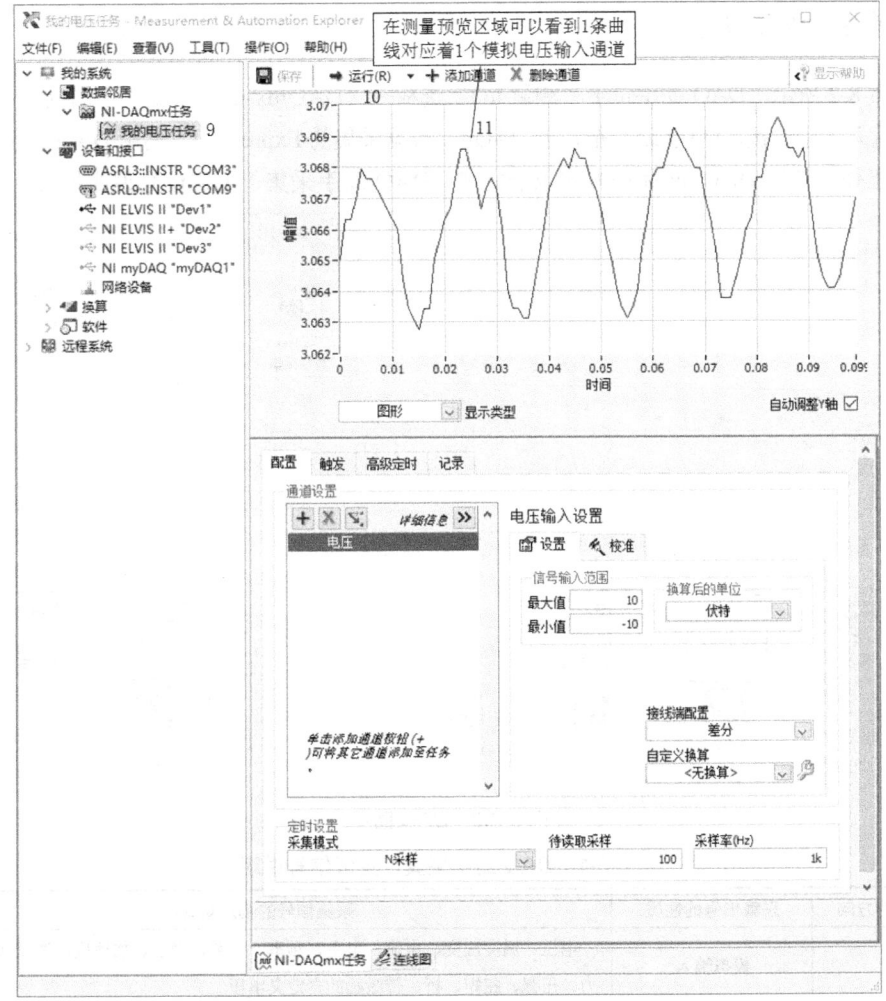

图 6-7-5 通过 NI MAX 创建测量任务（续）

利用 NI MAX 创建的测量任务，可以在不编写 LabVIEW 程序的情况下，实现信号的数据采集的预览、采集、设置与记录。

6.8 DAQmx 数据采集

6.8.1 创建典型的 DAQ 应用程序

创建 DAQ 应用程序的基本编程步骤如图 6-8-1 所示。

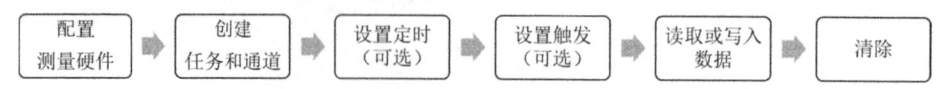

配置测量硬件 → 创建任务和通道 → 设置定时（可选）→ 设置触发（可选）→ 读取或写入数据 → 清除

图 6-8-1 创建 DAQ 应用程序的基本编程步骤

设置定时和设置触发均为可选步骤。若需指定硬件定时而不是软件定时，则必须包括定时步骤。若使用的是 DAQmx，可使用 DAQ 助手设置任务的定时参数。

若需要设备仅在某些条件满足时采集信号，可使用触发。例如，需要在输入信号高于 4 V 时开始采集信号。

6.8.2 使用 DAQ 助手

如图 6-8-2 所示，DAQ 助手位于"测量 I/O"选板→"DAQmx-数据采集"子选板和"Express"选板→"输入"子选板。DAQ 助手是基于 DAQmx 数据采集的 Express VI，利用 DAQ 助手可以完成数据采集工作，使用 DAQmx 编程方式也能完成。DAQ 助手采集、生成信号说明如表 6-8-1 所示。

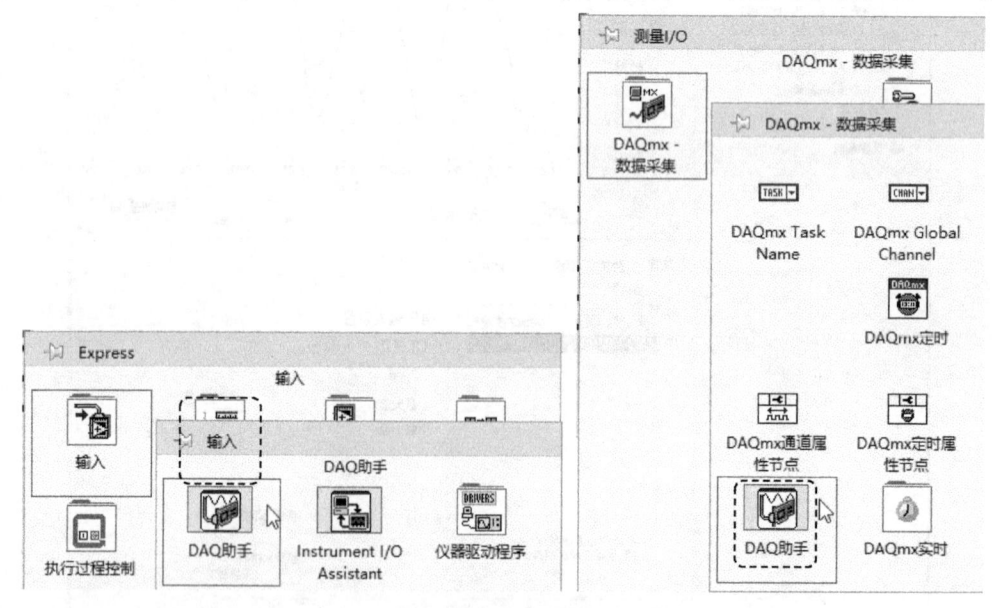

图 6-8-2 DAQ 助手

表 6-8-1 DAQ 助手采集、生成信号说明

采集信号的方向	采集信号的性质	采集信号的物理量说明
采集信号	模拟输入	电压、温度应变、电流、电阻、频率、位置、声压、加速度、速度（IEPE）、力、压强、扭矩、桥、带激励的自定义电压
	计数器输入	边沿计数、频率、周期、脉冲宽度、半周期、两个边沿的间隔、位置、占空比
	数字输入	线输入、端口输入
	TEDS	需配置 TEDS 传感器

续表

采集信号的方向	采集信号的性质	采集信号的物理量说明
生成信号	模拟输出	电压、电流
	计数器输出	脉冲输出
	数字输出	线输出、端口输出

【练习 6-3】

参看图 6-8-3，利用现有设备（如 ELVIS I/II/II+或 myDAQ），使用 DAQ 助手创建一个单通道有限采样的模拟电压采集任务，掌握使用 DAQ 助手采集信号的具体操作方法，并尝试将任务修改为连续采集模拟电压任务。

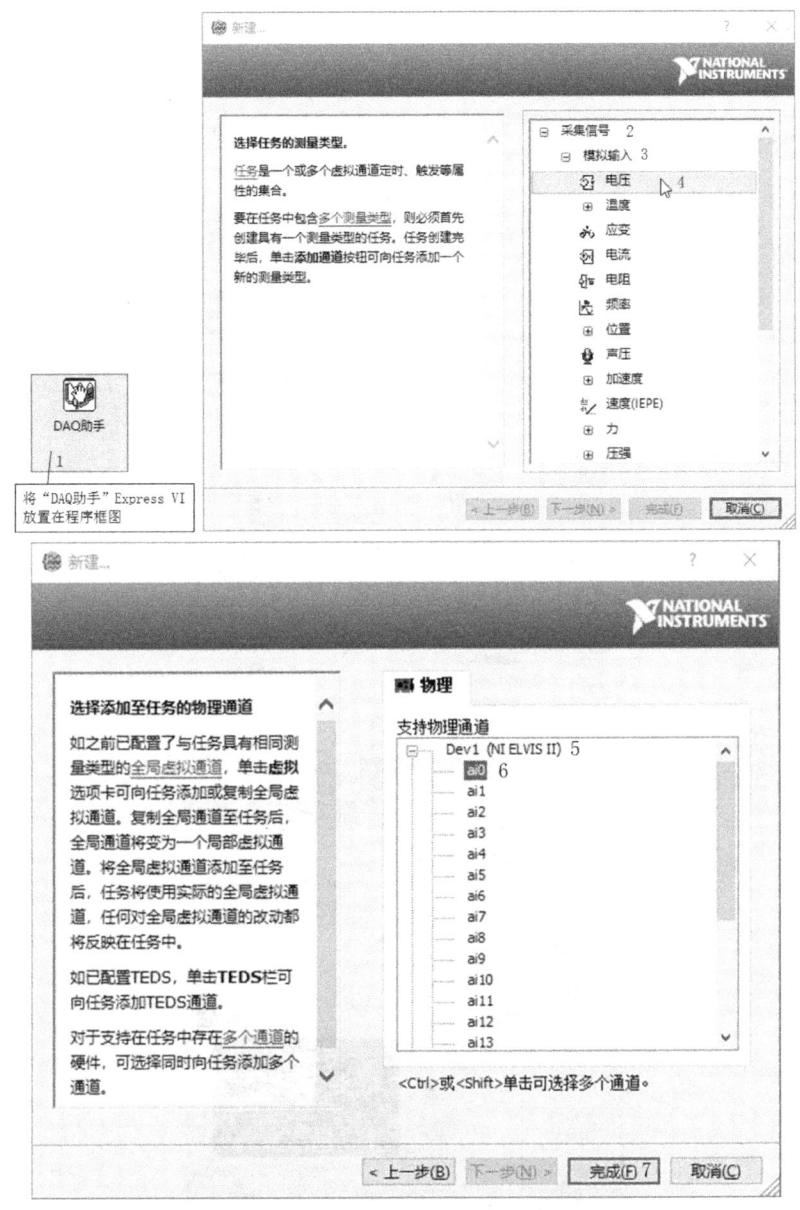

图 6-8-3 使用 DAQ 助手创建模拟电压采集任务

LabVIEW 数据采集

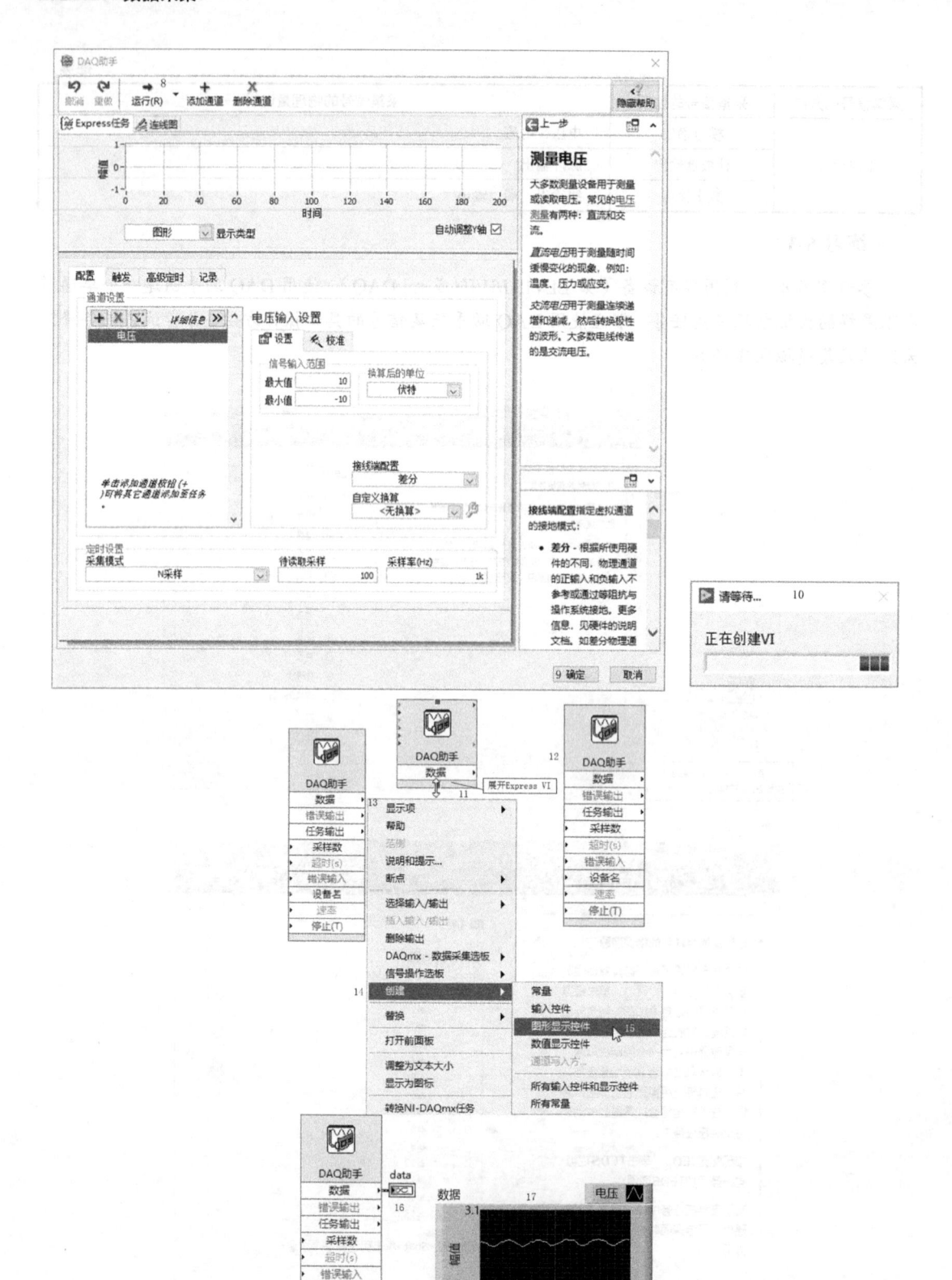

图 6-8-3 使用 DAQ 助手创建模拟电压采集任务（续）

6.8.3 配置"DAQ 助手"对话框

上面的练习中,使用了"DAQ 助手"对话框的默认参数。根据数据采集的实际需要,可对"DAQ 助手"对话框中的参数进行修改,优化细化数据采集过程,从而获得更精确的采集结果。

1. "配置"选项卡

1)定时设置

"DAQ 助手"对话框中的"定时设置"选区,用于指定模拟采集信号、模拟生成信号、数字采集信号、数字生成信号采集时的定时参数,如图 6-8-4 所示。

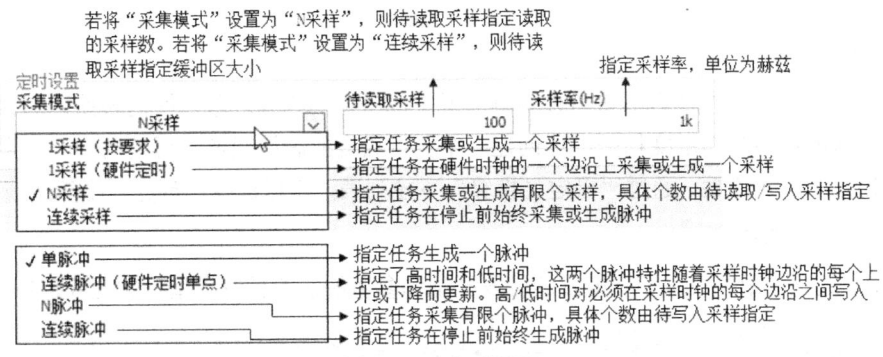

图 6-8-4 定时设置

2)通道设置

"DAQ 助手"对话框中的"通道设置"选区(以模拟电压信号采集为例)。对于不同性质的采集、生成任务,"通道设置"选区右侧的设置选项会有不同,如图 6-8-5 所示。

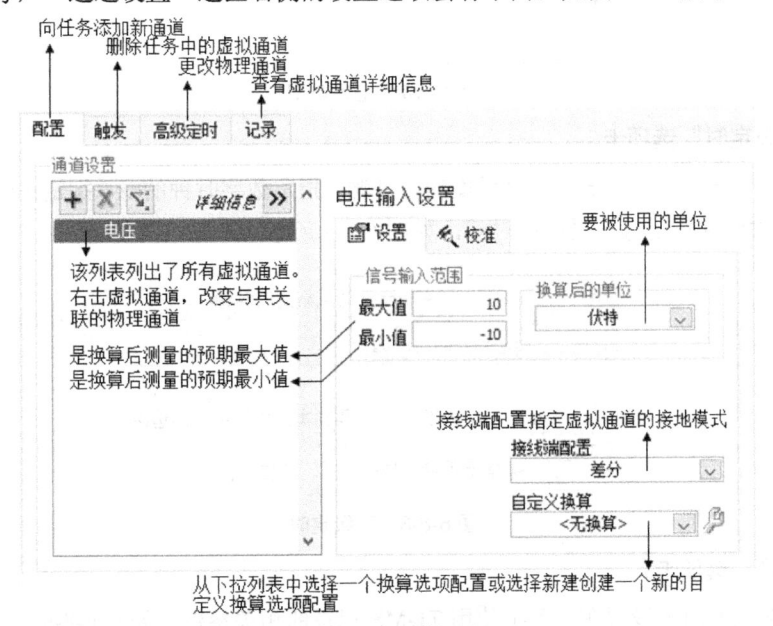

图 6-8-5 通道设置

3)接线端配置

接线端配置指定虚拟通道的接地模式,可指定差分、RSE、NRSE、伪差分 4 种接线端配置,也可由 NI-DAQ 自动选择接线端配置,如图 6-8-6 所示。

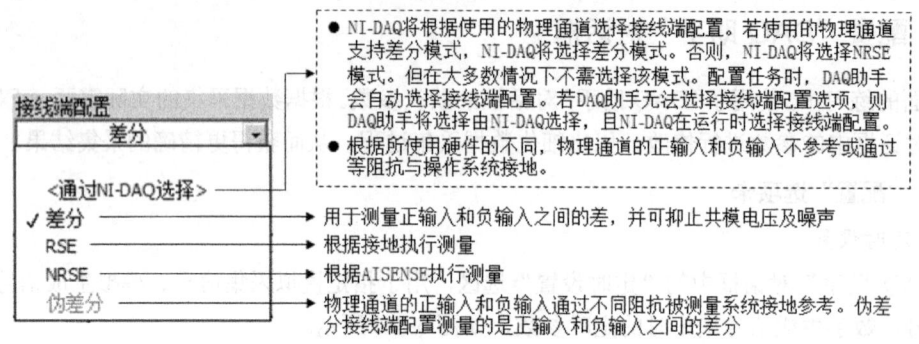

图 6-8-6 接线端配置

4）自定义换算

自定义换算指定了换算后的值与设备测量或生成所得的物理现象之间的转换。例如，封闭容器中理想气体的压力与其温度相关。可创建一个测量温度的虚拟通道，再使用一个自定义换算将温度换算为一个压力读数。通过"自定义换算"下拉列表，可以选择已创建的换算或新建换算。

2. "触发"选项卡

"触发"选项卡用于设置开始触发的触发类型和参考触发的触发类型，如图 6-8-7 所示。

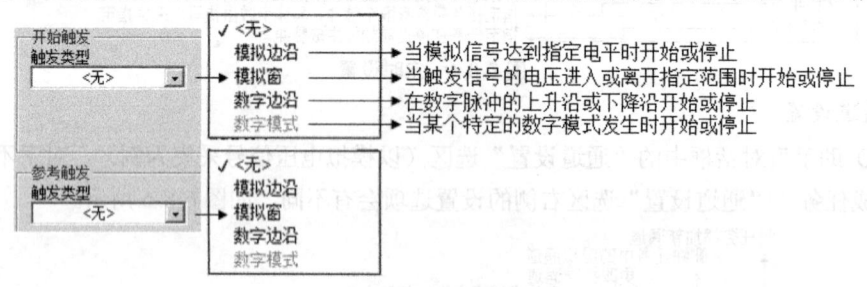

图 6-8-7 触发类型

3. "高级定时"选项卡

"高级定时"选项卡用于指定定时采集的时钟源、指定数字时钟的源、指定在信号上采集样本或更新生成的边沿和指定等待采样的时间，如图 6-8-8 所示。

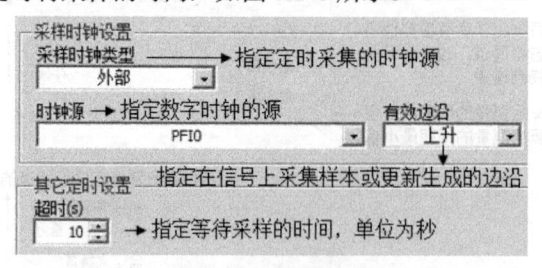

图 6-8-8 高级定时

4. "记录"选项卡

"记录"选项卡用于设置在任务上使用 TDMS 记录的相关参数，如图 6-8-9 所示。

第 6 章 NI 数据采集基础

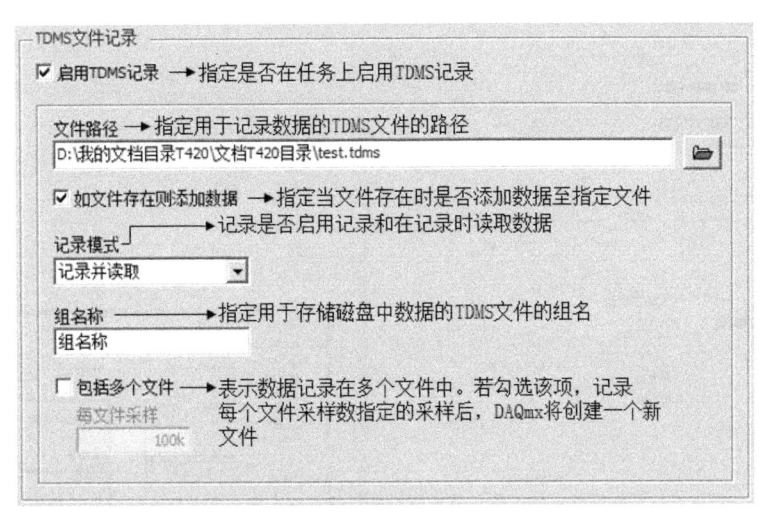

图 6-8-9 记录

【练习 6-4】

根据上述配置"DAQ 助手"对话框的内容,并参看图 6-8-10,使用 DAQ 助手实现模拟电压输出(正弦信号发生器)。

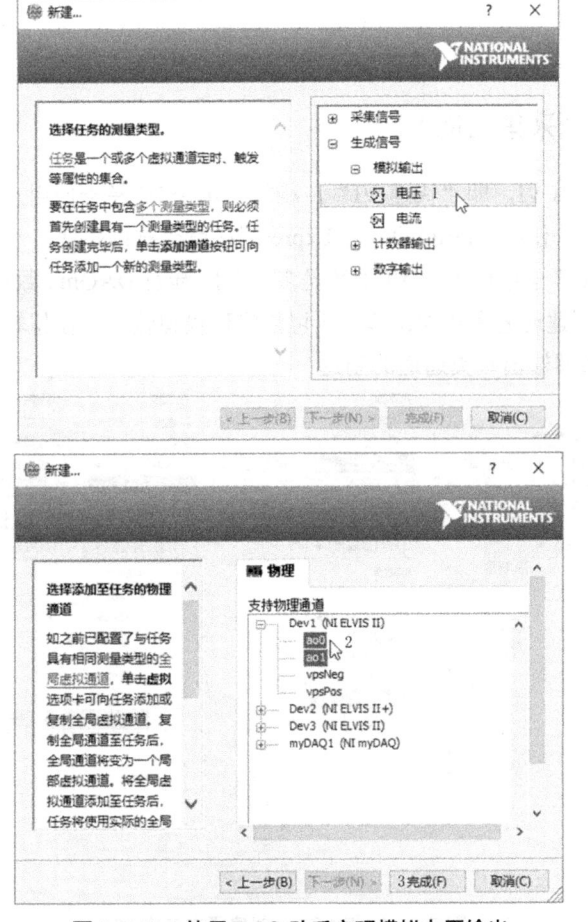

图 6-8-10 使用 DAQ 助手实现模拟电压输出

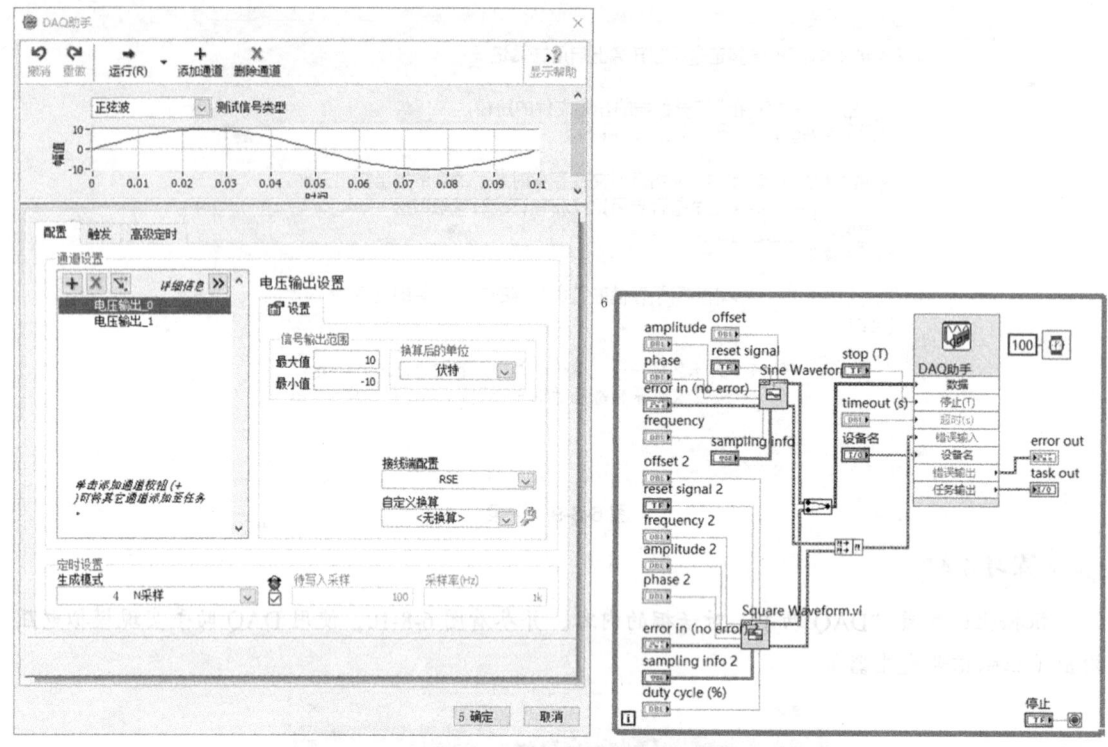

图 6-8-10 使用 DAQ 助手实现模拟电压输出（续）

6.8.4 DAQmx 数据采集功能 VI

DAQ 助手是 Express VI，即"快速 VI"，相较于单个 VI 易于使用。但如果要进行复杂、精准控制数据采集的细节，使用"DAQ 助手"Express VI 就会难以胜任。

"DAQmx-数据采集"子选板中的 VI 多数是多态 VI，涉及 DAQmx 数据采集流程的众多功能。图 6-8-11 为 DAQmx 创建通道多态 VI，该 VI 可以实现模拟输入、模拟输出、数字输入、数字输出、计数器输入、计数器输出 6 类通道的创建。

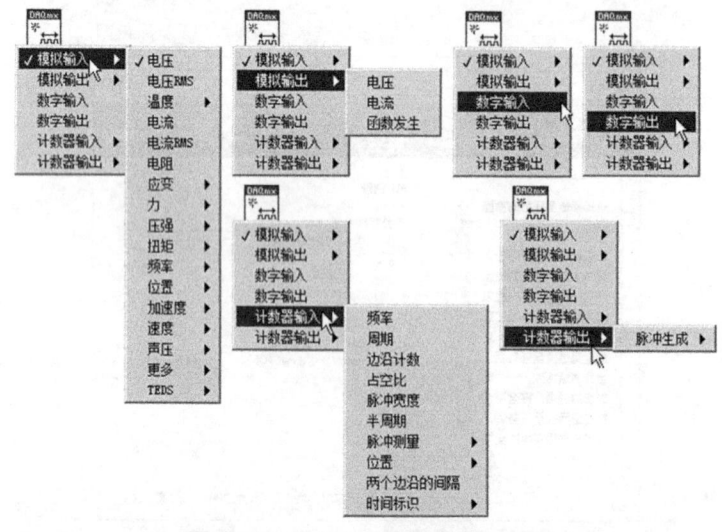

图 6-8-11 DAQmx 创建通道多态 VI

虚拟通道包括名称、物理通道、输入端连接、信号测量或生成的类型,以及换算信息在内的一组属性设置。在 DAQmx 中,每个测量任务都必须配置虚拟通道。虚拟通道可以是全局虚拟通道或局部虚拟通道。

1. DAQmx 数据采集

下面以模拟输入、模拟输出、数字输入、数字输出、计数器输入、计数器输出六大类的典型应用为例,讲解 DAQmx 编程时的基本流程。

【练习 6-5】

参见图 6-8-12,在范例查找器中找到范例目录,然后执行"硬件输入与输出"→"DAQmx"→"模拟输入"→"电压—连续输入"(VI)命令,运行 VI 并熟悉 DAQmx 编程实现模拟电压数据采集的编程思路,想一想与使用 DAQ 助手方式相比有何异同。

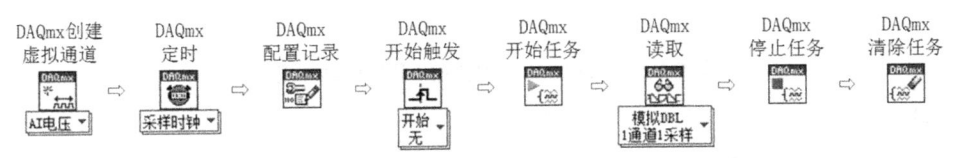

图 6-8-12 DAQmx 模拟电压数据采集程序的编写流程

【练习 6-6】

参见图 6-8-13,在范例查找器中找到范例目录,然后执行"硬件输入与输出"→"DAQmx"→"模拟输出"→"电压—连续输出"(VI)命令,运行 VI 并熟悉 DAQmx 编程实现模拟电压生成的编程思路,想一想与使用 DAQ 助手方式相比有何异同。

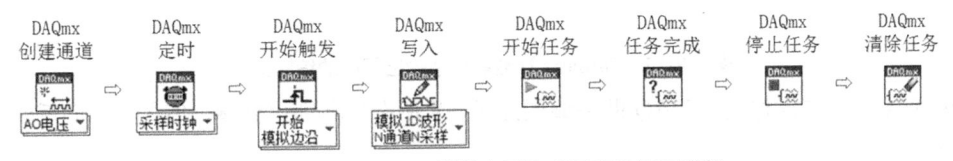

图 6-8-13 DAQmx 模拟电压生成程序的编写流程

【练习 6-7】

参见图 6-8-14,在范例查找器中找到范例目录,然后执行"硬件输入与输出"→"DAQmx"→"数字输入"→"数字—连续输入"(VI)命令,运行 VI 并熟悉 DAQmx 编程实现数字连续输入的编程思路,想一想与使用 DAQ 助手方式相比有何异同。

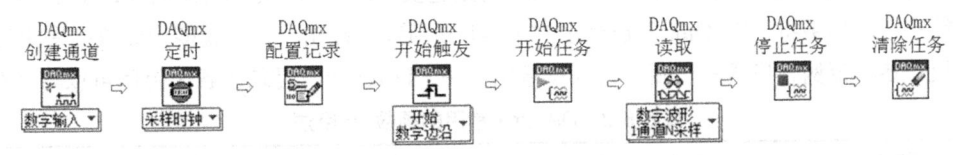

图 6-8-14 DAQmx 数字连续输入程序的编写流程

【练习 6-8】

参见图 6-8-15,在范例查找器中找到范例目录,然后执行"硬件输入与输出"→"DAQmx"→"数字输出"→"数字—连续输出"(VI)命令,运行 VI 并熟悉 DAQmx 编程实现数字连续输出的编程思路,想一想与使用 DAQ 助手方式相比有何异同。

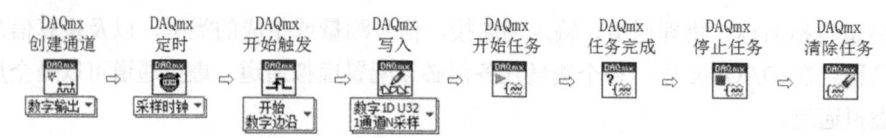

图 6-8-15　DAQmx 数字连续输出程序的编写流程

【练习 6-9】

参见图 6-8-16，在范例查找器中找到范例目录，然后执行"硬件输入与输出"→"DAQmx"→"计数器输入"→"计数器—计数边沿"（VI）命令，运行 VI 并熟悉 DAQmx 编程实现计数器输入的编程思路，想一想与使用 DAQ 助手方式相比有何异同。

图 6-8-16　DAQmx 计数器输入程序的编写流程

【练习 6-10】

参见图 6-8-17，在范例查找器中找到范例目录，然后执行"硬件输入与输出"→"DAQmx"→"计数器输出"→"计数器—连续输出"（VI）命令，运行 VI 并熟悉 DAQmx 编程实现计数器连续输出的编程思路，想一想与使用 DAQ 助手方式相比有何异同。

图 6-8-17　DAQmx 计数器连续输出程序的编写流程

DAQmx 编程方式相较于 DAQ 助手编程方式，将所有步骤细化分解，使之更加贴近底层，便于灵活控制。

范例查找器→"硬件输入与输出"→"DAQmx"目录下所有范例，均可作为类似数据采集的程序模板。如果在范例模板的基础上，增加细节功能优化，就能获得更符合实际需求的数据采集程序。

2. DAQmx 常用的函数/VI

上述练习中用到的 DAQmx 子 VI，均来自函数选板。DAQmx 常用的函数/VI 用法如表 6-8-2 所示。简言之，如果将"DAQmx"选板里的子 VI 和函数组合在一起，就能构成数据采集的基本程序模板。参考范例查找器→"硬件输入与输出"→"DAQmx"目录下各个范例可以与之对应。

表 6-8-2　DAQmx 常用的函数/VI 用法

函数/VI	用　　途	备　　注
DAQmx 任务名	列出用户创建并通过 DAQ 助手保存的全部任务。不能使用该常量选择多个任务。右击常量图标，在快捷菜单中选择"过滤 I/O 名称"命令，可限制常量可显示的任务和在常量中的输入	右击常量图标，创建属性节点，该属性节点仅适用于常量，而不是 DAQmx 任务属性节点

续表

函数/VI	用　途	备　注
DAQmx 全局通道 DAQmx全局通道	列出用户创建并通过 DAQ 助手保存的全部虚拟通道。通过浏览选择多个通道。右击常量图标，在快捷菜单中选择"过滤 I/O 名称"命令，限制常量可显示的通道和在常量中输入的通道	右击常量图标，可创建属性节点。该属性节点仅适用于常量，而不是 DAQmx 通道
DAQmx 创建虚拟通道（VI） DAQmx Create Virtual Channel.vi AI电压	创建单个或多个虚拟通道，并将其添加至任务。该 VI 的实例分别对应于通道的 I/O 类型（如模拟输入、数字输出或计数器输出）、测量或生成操作（如温度测量、电压测量或事件计数）或在某些情况下使用的传感器（如用于温度测量的热电偶或 RTD）	在循环中使用该 VI 时，若未指定任务输入，则 DAQmx 将在循环的每次迭代中创建新的任务。完成任务前，应在循环中使用"DAQmx 清除任务"VI，以避免不必要的内存分配
DAQmx 读取（VI） DAQmx Read.vi 模拟DBL 1通道1采样	读取用户指定任务或虚拟通道中的采样。该 VI 的实例对应于返回采样的不同格式、同时读取单个/多个采样或读取单个/多个通道	DAQmx 读取属性包含用于读取操作的其他配置选项
DAQmx 写入（VI） DAQmx Write.vi 模拟DBL 1通道1采样	在用户指定的任务或虚拟通道中写入采样数据。该 VI 的实例用于写入不同格式的采样、写入单个/多个采样、写入单个/多个通道	若任务使用按要求定时，则 VI 只在设备生成全部采样后返回。未使用"DAQmx 定时"VI 时，默认的定时类型为按要求。若任务使用其他类型的定时，则 VI 将立即返回，不等待设备生成全部采样。应用程序必须判断任务是否完成，确保设备生成全部的采样。DAQmx 写入属性包含用于写入操作的其他配置选项
DAQmx 结束前等待（VI） DAQmx Wait Until Done.vi	等待测量或生成操作完成。该 VI 用于在任务结束前确保完成指定的操作	——
DAQmx 定时（VI） DAQmx Timing.vi 采样时钟	配置要获取或生成的采样数，并创建所需的缓冲区。该 VI 的实例对应于任务使用的定时类型	DAQmx 定时属性包含 VI 中的所有定时选项，以及其他定时选项
DAQmx 触发（VI） DAQmx Trigger.vi 开始 无	配置任务的触发。该 VI 的实例用于要配置的各种触发或触发类型	DAQmx 触发属性包含该 VI 的全部触发选项，以及附加触发选项
DAQmx 开始任务（VI） DAQmx Start Task.vi	使任务处于运行状态，开始测量或生成。该 VI 适用于某些应用程序	若未使用该 VI，则在"DAQmx 读取"VI 运行时测量任务将自动开始。"DAQmx 写入"VI 的自动开始输入用于确定"DAQmx 写入"VI 运行时，生成任务是否自动开始。 若在循环中多次使用"DAQmx 读取"VI 或"DAQmx 写入"VI，而未使用"DAQmx 开始任务"VI 和"DAQmx 停止任务"VI，则任务将反复进行开始和停止操作，从而导致应用程序的性能降低

续表

函数/VI	用　　途	备　　注
DAQmx 停止任务（VI） DAQmx Stop Task.vi	停止任务，使其返回"DAQmx 开始任务"VI 尚未运行或"DAQmx 写入"VI 运行时自动开始输入值为 TRUE 的状态	若在循环中多次使用"DAQmx 读取"VI 或"DAQmx 写入"VI，而未使用"DAQmx 开始任务"VI 和"DAQmx 停止任务"VI，则任务将反复进行开始和停止操作，从而导致应用程序的性能降低
DAQmx 清除任务（VI） DAQmx Clear Task.vi	清除任务。在清除之前，VI 将中止该任务，并在必要情况下释放任务保留的资源。清除任务后，将无法使用任务的资源。必须重新创建任务	若在循环内部使用"DAQmx 创建任务"VI 或"DAQmx 创建虚拟通道"VI，应在任务结束前的循环中使用该 VI，避免分配不必要的内存
DAQmx 通道属性节点（VI）	属性节点中选定的类是 DAQmx 通道	
DAQmx 定时属性节点（VI）	属性节点中选定的类是 DAQmx 定时	右击属性节点图标，在快捷菜单中选择"选择过滤"选项，属性节点将只显示系统已安装设备支持的属性
DAQmx 触发属性节点（VI）	属性节点中选定的类是 DAQmx 触发	
DAQmx 读取属性节点（VI）	属性节点中选定的类是 DAQmx 读取	
DAQmx 写入属性节点（VI）	属性节点中选定的类是 DAQmx 写入	
DAQ 助手	通过 DAQmx 创建、编辑和运行任务	—

第 7 章

直流电动机的转速数据采集

直流电动机是工业生产中使用广泛的旋转机械装置,转速是旋转机械运转过程中的重要参数,通过对旋转机械转速的测量可以达到监测、合理控制运转装置的目的。

直接测量法,即直接观测机械或电动机的机械运动,测量特定时间内机械旋转的圈数,从而测出机械运动的转速;间接测量法,即测量机械转动导致其他物理量的变化,从这些物理量的变化与转速的关系来得到转速。目前国内外常用的测速方法还有槽型光耦测速法、霍尔 IC 元件测速法、离心式转速表测速法、测速发电机测速法、漏磁测速法、闪光测速法和振动测速法。

上述 7 种测速方法中,离心式转速表测速法和测速发电机测速法所用的都是现成的测速仪表,容易得到。但转速表或测速机都要与电动机同轴连接,一方面增加了电动机机组安装难度,另一方面有些微型电动机功率很小,转速表或测速机消耗的功率占了微型电动机大部分,甚至有些微型电动机拖不动这些仪表,所以对微型电动机的测速,这两种方法均不适用。

本章以槽型光耦测速法和霍尔 IC 元件测速法为例,讲解如何使用 LabVIEW 和 ELVIS 实现直流电动机转速的测量及程序编写技巧。

7.1 使用槽型光耦测量直流电动机转速

7.1.1 实践要求

- 掌握使用槽型光耦测量直流电动机转速的原理。
- 掌握光电传感器信号的数据采集程序的编写方法。

7.1.2 传感器简介

槽型光耦也称为槽型光电耦合器或槽型光电开关或对射式光电开关,是光电传感器的一种。槽型光耦以光为媒介,以发光体与受光体间的光路遮挡或由反射光的光亮变化为信号检测物体的位置、有无装置等。本章任务采用了 ITR9606 槽型光耦,其外观如图 7-1-1 所示。

槽型光耦测速法是在电动机转轴附近安装一个小巧的传感器,将电动机的旋转信息通过光借由光电码盘转换为电脉冲信号，通过计算电脉冲的个数获得电动机的转速。槽型光耦测量直流电动机转速的原理如图 7-1-2 所示。

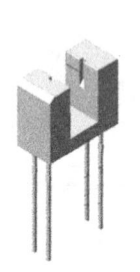

图 7-1-1　ITR9606 槽型光耦外观 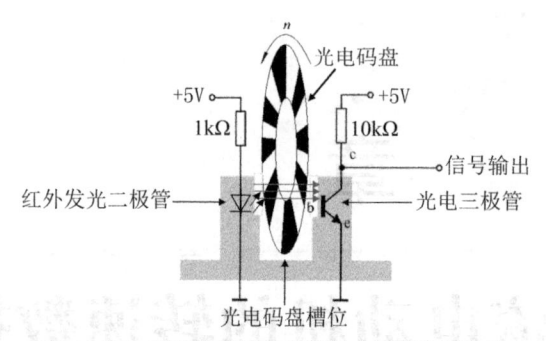　　　　图 7-1-2　槽型光耦测量直流电动机转速的原理

7.1.3　测量原理

（1）转速计算：测速编码数为 M，测量时间为 t（以秒计），测量到的脉冲数为 N，转速 n（以分钟计）为

$$n = \frac{N}{t} \times M \times 60$$

在本节训练中，LabVIEW 驱动数据采集设备（卡），读取每一个转速脉冲的周期，将周期转换为频率，并将秒换算成分钟，之后除以光电码盘的透光缝的数量（6 条缝），进而得到直流电动机每分钟的转速（RPM）。

（2）测量流程：将上述的测量原理、转速的计算方法转换为 LabVIEW 编写数据采集程序的思路，可以参看如图 7-1-3 所示流程。

图 7-1-3　电动机转速测量的 LabVIEW 编程流程

7.1.4　材料准备

测量之前，准备好如表 7-1-1 所示的材料方可开始动手实践。

表 7-1-1　材料清单

序　号	名　　称	外　形	数　量	用　途
1	F130 型直流电动机	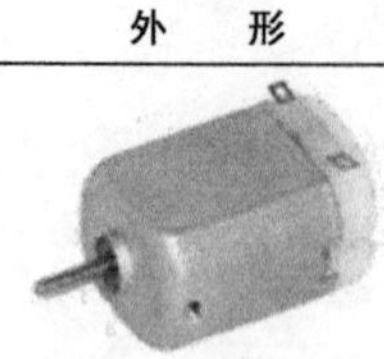	1	转速测量的动力来源
2	光电码盘（6 缝）		1	安装在 F130 型直流电动机转轴处，随电动机旋转而旋转

续表

序 号	名 称	外 形	数 量	用 途
3	ITR9606 槽型光耦		1	与光电码盘"位置"配合，发送光信号，通过安装在直流电动机转轴上的光电码盘，接收随电动机旋转产生的光信号
4	杜邦线		若干	连接测量电路
5	便携式数据采集设备 myDAQ		1	与测量电路配合构成虚拟仪器测量系统
6	TLA-004 传感器课程实验套件		1	包含测量程序的传感器测量解决方案

7.1.5 元器件概览

1. F130 型直流电动机

F130 型直流电动机是一种小型有刷直流电动机，体积小、重量轻（18g 左右），常用于玩具智能车的动力供应，图 7-1-4 为 F130 型电动机的外部、内部零部件分布情况。一般情况下使用 3V 直流电源为其供电，即 2 节 5 号电池供电。

F130 型电动机有多种型号，如 F130-15120 型电动机在 3V 直流供电时可提供 12 000 r/min 的转速。显然 12000 r/min 的转速对测量练习显得过高，因此实验中我们选用了 1000～6000 r/min 的 F130 型定制电动机，有利于电动机在 1~5V 直流电压变化时转速平稳可调。

图 7-1-4　F130 型电动机的外部、内部零部件分布情况

2. 光电码盘

光电码盘需安装在 F130 型直流电动机的转轴上，与之配合才能实现测量转速的目的，单独使用光电码盘是毫无意义的。图 7-1-5 为安装在 F130 型直流电动机转轴上的光电码盘。

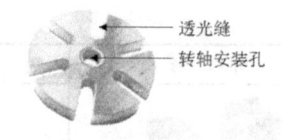

图 7-1-5　安装在 F130 型直流电动机转轴上的光电码盘

3．ITR9606 槽型光耦

ITR9606 槽型光耦由一个红外发光二极管和一个 NPN 型硅光电三极管组成，共有 4 个引脚，常用于鼠标、扫描仪开关、软磁盘驱动器、非接触式开关等。独立使用 ITR9606 槽型光耦是没有意义的，它需与电动机、光电码盘配合使用才能实现测量目的。图 7-1-6 为 ITR9606 槽型光耦的引脚分布及 ITR9606 槽型光耦、光电码盘、F130 型直流电动机安装位置。

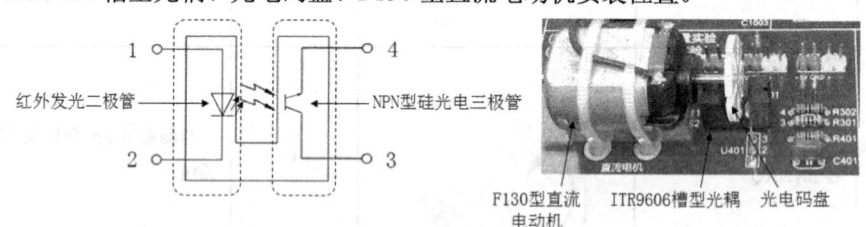

图 7-1-6　ITR9606 槽型光耦的引脚分布及 ITR9606 槽型光耦、光电码盘、F130 型直流电动机安装位置

7.1.6　动手实践

1．电路原理图

为了搭建一个能够正常工作的槽型光耦测量直流电动机转速的电路，必须将上述准备的元器件按照一定的要求连接，这里说的"按一定的要求"通常是指按电路图连接。图 7-1-7 为槽型光耦测量直流电动机转速的电路原理图。

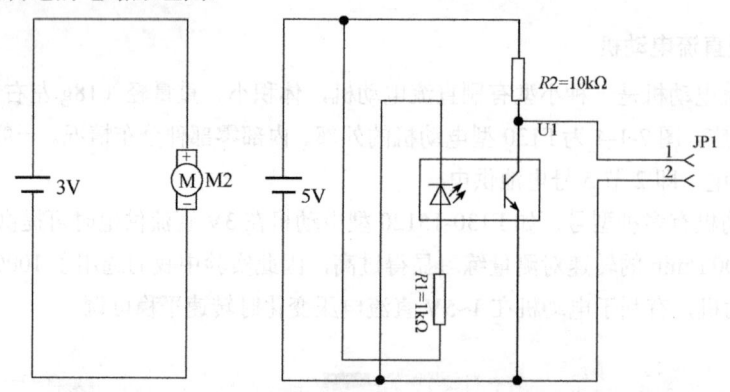

图 7-1-7　槽型光耦测量直流电动机转速的电路原理图

2．面包板仿真连接

下载本书的示例资源包，打开槽型光耦测量直流电动机转速示例中的 Fritzing 项目文件，进行面包板仿真连接训练，如图 7-1-8 所示。

通过面包板的仿真连接训练，可以达到熟悉面包板连接特性、优化布线路径的目的。完成上述训练后，就可以在真正的面包板上搭建测量电路了。

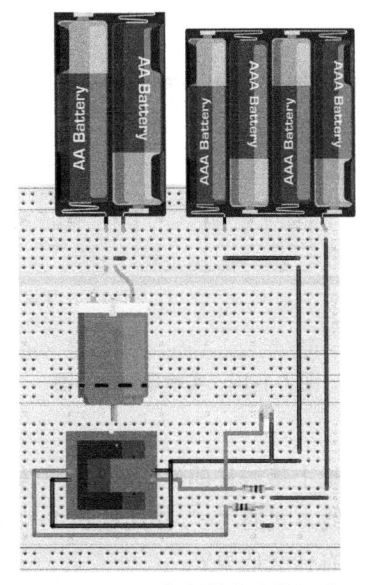

图 7-1-8　面包板仿真连接训练

3．面包板实物连接训练

使用一块尺寸为 165×55×10（单位：mm）的面包板及如表 7-1-1 所示的元器件，遵照如图 7-1-8 所示连接方法完成槽型光耦测量直流电动机转速的电路的元器件连接。

7.1.7　TLA-004 套件测量训练

为了保证测量的准确、连线描述的一致，本书将以 TLA-004 传感器课程实验套件作为硬件参照，讲解使用 ELVIS（或其他数据采集设备）进行多种传感器数据采集、测量的方法，如图 7-1-9 所示。

1．准备工作

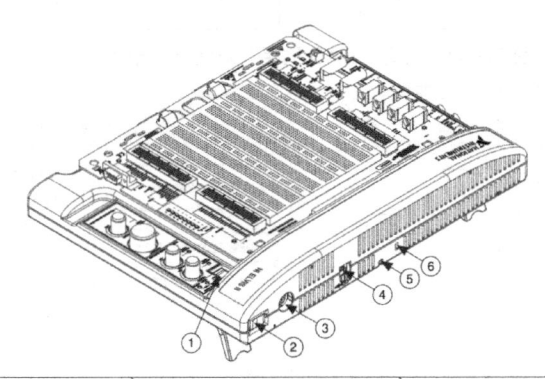

第一步
（1）关闭ELVIS电源开关（②）。
（2）关闭ELVIS Prototyping Board电源开关（①）。
（3）正确连接ELVIS电源适配器（③），另一端正确接入220V交流电源。

第二步
（1）将USB线缆正确插入USB插座（④），另一头正确插入计算机的USB插座。
（2）将TLA-004传感器课程实验套件正常插入ELVIS前面板的连接器中。

第三步
（1）打开ELVIS电源开关（②）。
（2）打开ELVIS Prototyping Board 电源开关（①）。

图 7-1-9　ELVIS 使用前的准备工作

2. 连接电路（连线）

参看图 7-1-10，在 TLA-004 传感器课程实验套件上使用面包板线进行连线。

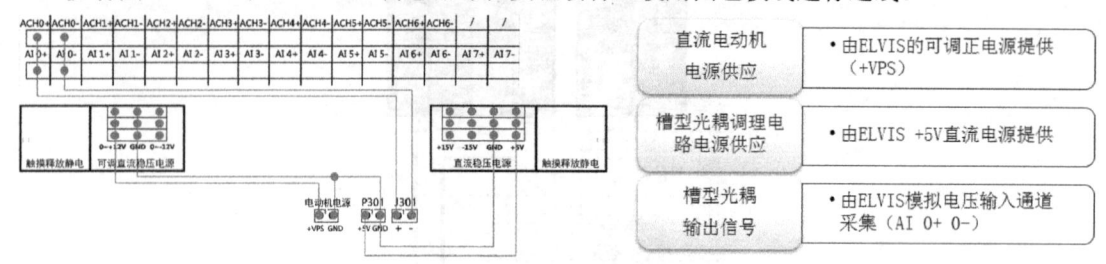

图 7-1-10　实验硬件连线图

3. 想一想

在连线前，注意观察套件电路板上接线柱的丝印标记。例如，电源"+"的接线柱和"−"接线柱，AI（模拟信号输入）差分接线方式的"+"接线柱和"−"接线柱。思考下列问题：

（1）若电动机电源接反极性会有什么后果？

（2）若 J301 接线柱接反极性会有什么后果？

（3）电动机电源接线柱连接直流稳压电源接线柱是否可行？会出现什么现象？

4. 编程练习

【练习 7-1】

使用 DAQ 助手编写程序，用+VPS 为直流电动机供电，实现槽型光耦测量直流电动机转速功能 VI。并尝试增加 PID 控制功能，实现基于 LabVIEW PID 工具包的直流电动机转速调节功能。

参看如图 7-1-11 所示顺序，打开"DAQ 助手"对话框。当使用+VPS（正可调电源）驱动直流电动机时，利用 DAQ 助手 Express VI 配置数据采集，如图 7-1-12 所示。

图 7-1-11　打开"DAQ 助手"对话框的顺序

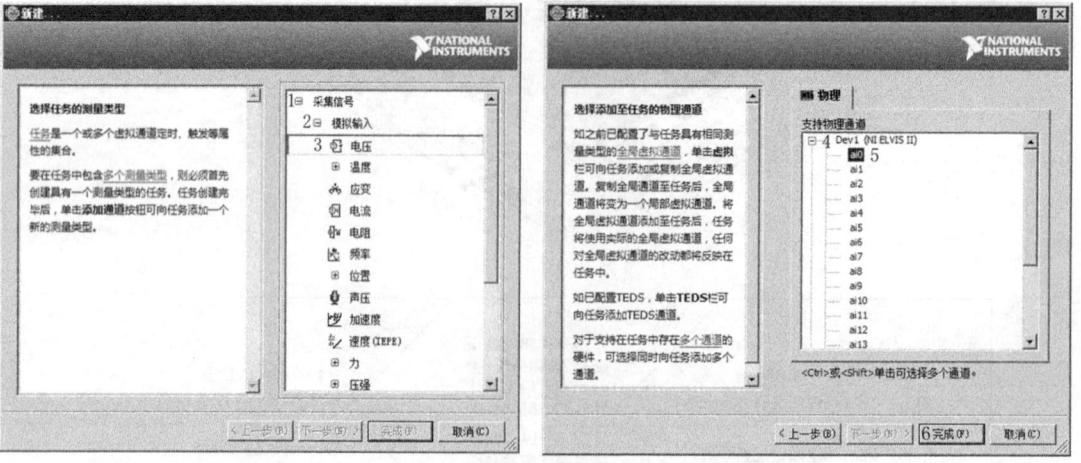

图 7-1-12　Express VI 配置生成的 DAQ 助手（使用+VPS 时）

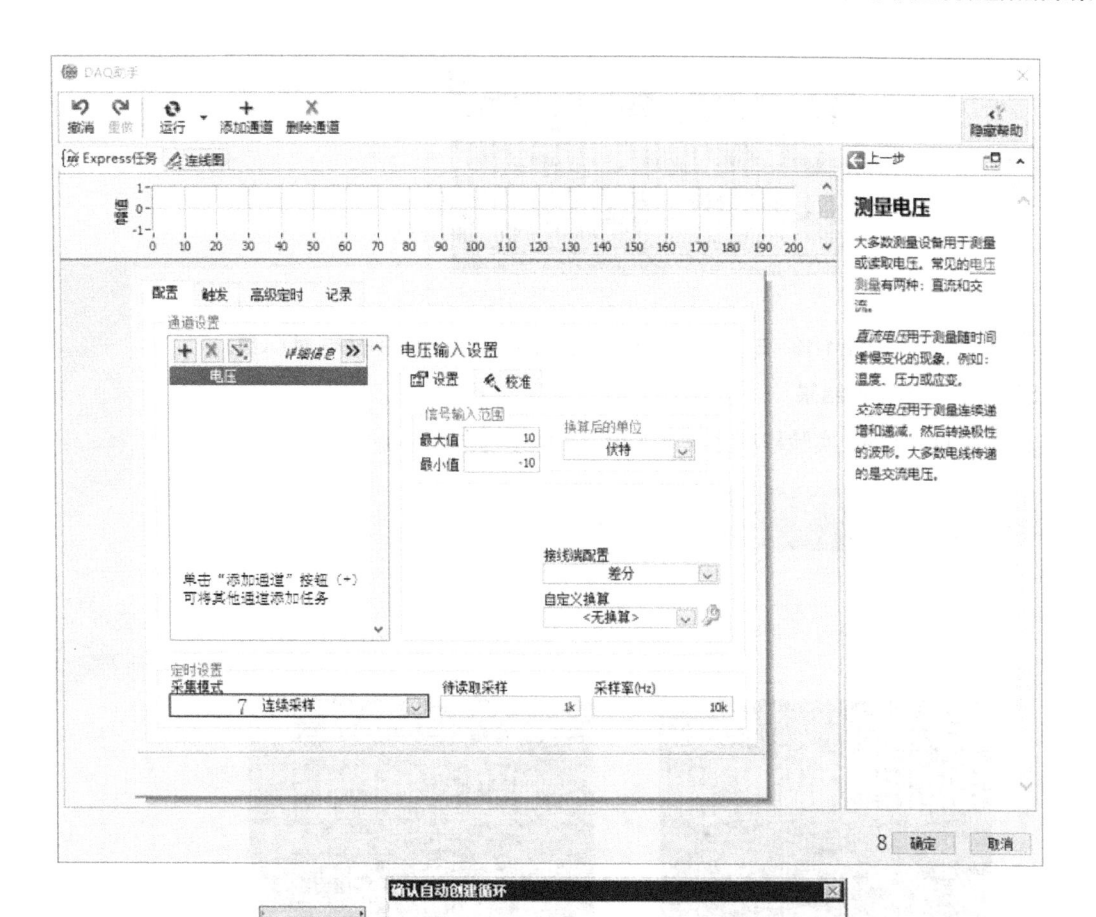

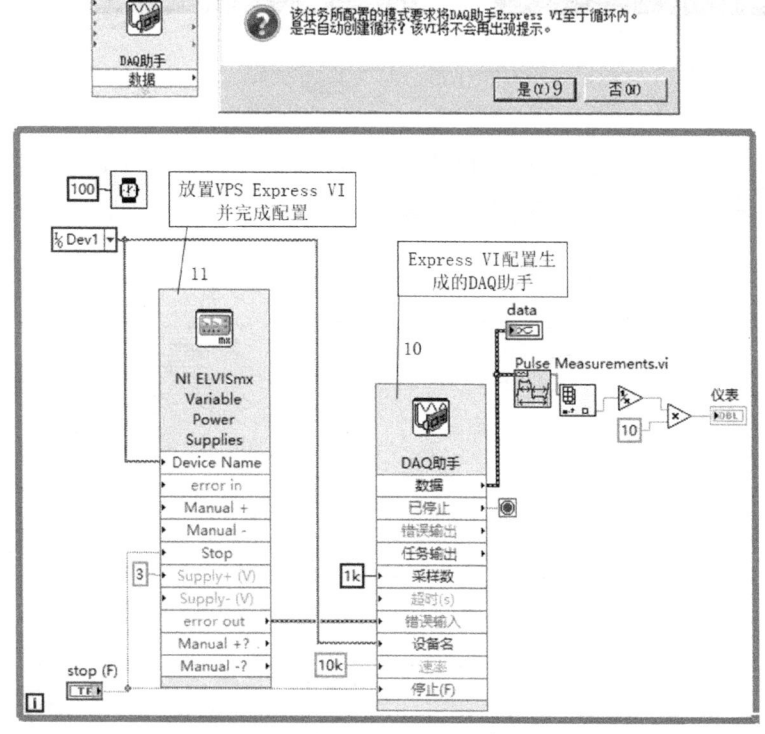

第 7 章 直流电动机的转速数据采集

图 7-1-12 Express VI 配置生成的 DAQ 助手（使用+VPS 时）（续）

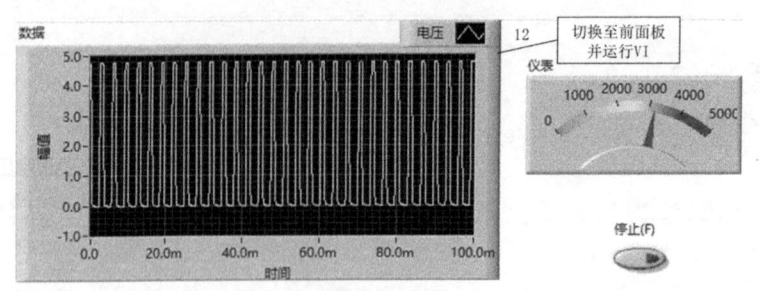

图 7-1-12　Express VI 配置生成的 DAQ 助手（使用+VPS 时）（续）

5．实验程序参考结果

若使用 TLA-004E 实验程序完成本实验，可以参考如图 7-1-13 所示结果。

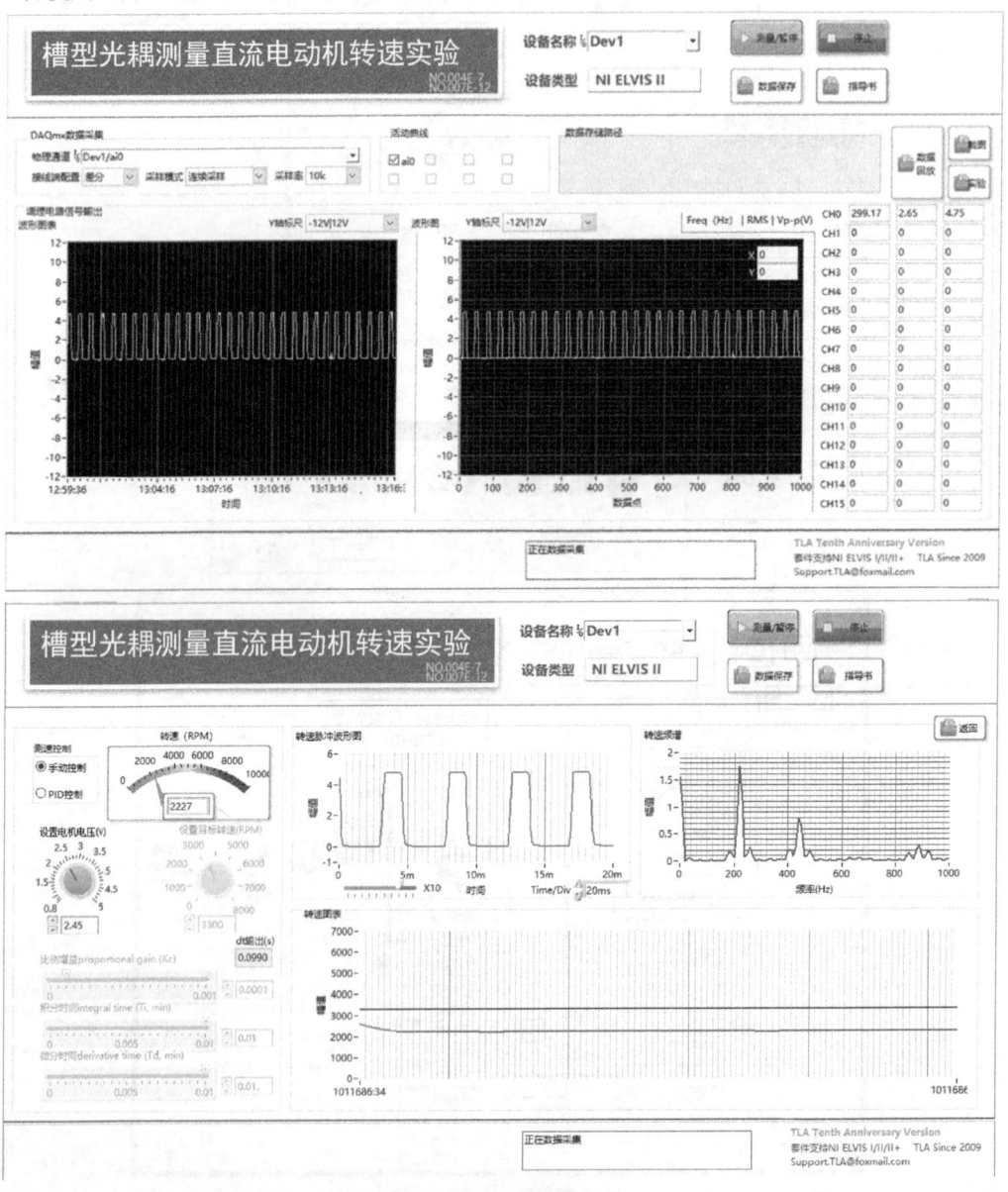

图 7-1-13　实验参考结果

7.2 使用霍尔 IC 测量直流电动机转速

7.2.1 实践要求

- 掌握使用霍尔 IC 测量直流电动机转速的原理。
- 掌握霍尔 IC 信号的数据采集程序的编写方法。

7.2.2 传感器简介

当一块通有电流的金属或半导体薄片垂直地放在磁场时，薄片的两端就会产生电位差，这种现象就称为霍尔效应。两端具有的电位差称为霍尔电势 U，其表达式为 $U=K×I×B/d$。式中，K 为霍尔系数，I 为薄片中通过的电流，B 为外加磁场（洛伦兹力）的磁感应强度，d 为薄片的厚度，如图 7-2-1 所示。由此可见，霍尔效应的灵敏度高低与外加磁场的磁感应强度呈正比的关系。霍尔 IC 又称为霍尔开关，是利用霍尔效应制成的有源磁电转换器件，它是在霍尔效应原理的基础上，利用集成封装和组装工艺制作而成的，它可方便地把磁输入信号转换成实际应用中的电信号，同时又具备工业场合实际应用中易操作和可靠性的要求。

霍尔 IC 的输入端是以磁感应强度 B 来表示的，当 B 值达到一定的程度时，霍尔 IC 内部的触发器翻转，霍尔 IC 的输出电平状态也随之翻转。输出端一般采用晶体管输出，和接近开关类似，有 NPN、PNP、常开型、常闭型、锁存型（双极性）、双信号输出之分。本实验项目采用的是 Allegro 公司的 A1102 型单极霍尔 IC，它有 3 个引脚，分别为 VCC（电源引脚，接+5V）、GND（地引脚）、OUT（传感器电压信号输出引脚），如图 7-2-2 所示。

霍尔 IC 具有无触点、低功耗、长使用寿命、高响应频率等特点，内部采用环氧树脂封灌成一体化，能在恶劣环境下可靠地工作。

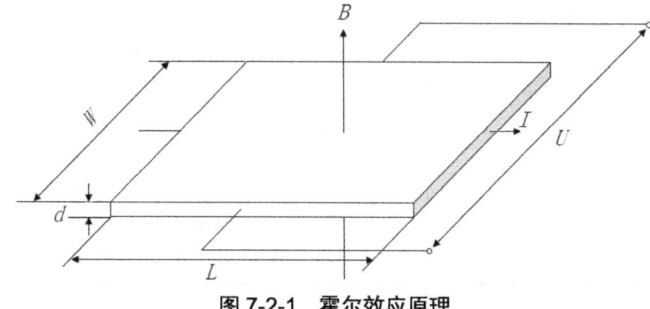

图 7-2-1 霍尔效应原理

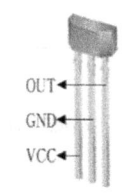

图 7-2-2 霍尔 IC 引脚

7.2.3 测量原理

霍尔 IC 元件测速法和槽型光耦测速法的测速方法基本类似，霍尔 IC 元件测速法是在电动机转轴上安装一个随电动机转轴旋转的光电码盘，并在光电码盘上安装一个小磁铁，电动机转动的同时，小磁铁也随之转动。同时在光电码盘的附近固定安装一个霍尔 IC，能够接受光电码盘上小磁铁旋转所带来的磁场变化，电动机的旋转信息经由霍尔 IC 转换为电信号，通过计算脉冲的个数可获得电动机的转速。霍尔 IC 测量转速装置示意图如图 7-2-3 所示。

图 7-2-3 霍尔 IC 测量转速装置示意图

单极霍尔 IC（数字输出）具有磁性工作阈值。当磁通密度高于工作阈值 B_{op} 时，输出晶体管会开启；当磁通密度低于工作阈值（B_{rp}）时，输出晶体管会关闭。滞后（B_{hys}）是 B_{op} 和 B_{rp} 之间的差值。即使存在外部机械振动及电气噪音，此内置滞后也可实现输出的净切换。单极霍尔 IC 的数字输出可适应各种逻辑系统。只有单极霍尔 IC 的正反面各指定一个磁极感应才会有作用，在具体应用中应该注意磁铁的极性。

（1）转速计算：若测速编码数为 M，测量时间为 t（以秒计），测量到的脉冲数为 N，则转速 n（以分钟计）为

$$n = \frac{N}{t} \times M \times 60$$

在本节训练中，LabVIEW 采用了计算每一个转速脉冲周期的方法，将周期转换为频率，并将秒换算成分钟，再除以每一圈光电码盘计数个数（1），就得到了直流电动机每分钟的转速（RPM）。

（2）测量流程：参看如图 7-2-4 所示流程，将上述的测量原理、转速的计算方法转换为 LabVIEW 编写数据采集程序的思路。

创建通道采集电压 → 设置采样时钟 → 读取DAQmx波形 → 脉冲测量频谱测量 → 换算并显示转速

图 7-2-4　电动机转速测量流程

7.2.4　材料准备

实验前，需准备如表 7-2-1 所示的材料。

表 7-2-1　材料清单

序　号	名　　称	外　　形	数　量	用　　途
1	F130 型直流电动机		1	转速测量的动力来源
2	安装磁铁的光电码盘		1	安装在 F130 型直流电动机转轴处，随电动机旋转而旋转
3	A1102 型单极霍尔 IC		1	与光电码盘"位置"配合，发送光信号，通过安装在直流电动机转轴上的光电码盘，接收随电动机旋转产生的光信号
4	杜邦线		若干	连接测量电路

续表

序 号	名 称	外 形	数 量	用 途
5	便携式数据采集设备 myDAQ		1	与测量电路配合构成虚拟仪器测量系统
6	TLA-004 传感器课程实验套件		1	包含测量程序的传感器测量解决方案

7.2.5 元器件概览

（1）F130 型直流电动机：与槽型光耦测量电动机转速使用的型号相同，不再重复介绍。

（2）光电码盘：与槽型光耦测量电动机转速所用的光电码盘公用，光电码盘上安装一个小型磁铁，如图 7-2-5 所示。

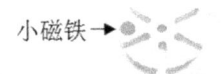

图 7-2-5　霍尔 IC 光电码盘

（3）霍尔 IC：A1102 型单极霍尔 IC 共有 3 个引脚，测量原理图如 7-2-6 所示。

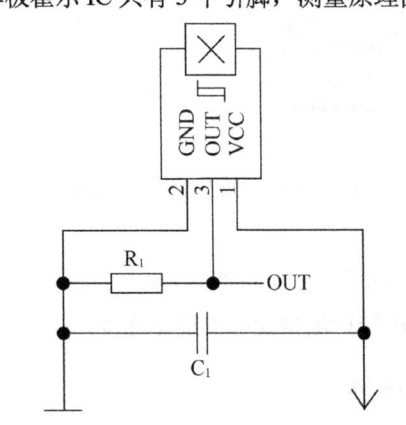

图 7-2-6　A1102 型单极霍尔 IC 测量原理图

7.2.6 动手实践

1. 电路原理图

图 7-2-7 为霍尔 IC 测量转速的电路原理图，通过 Fritzing 可以无风险地完成本节实验的元器件的连接。

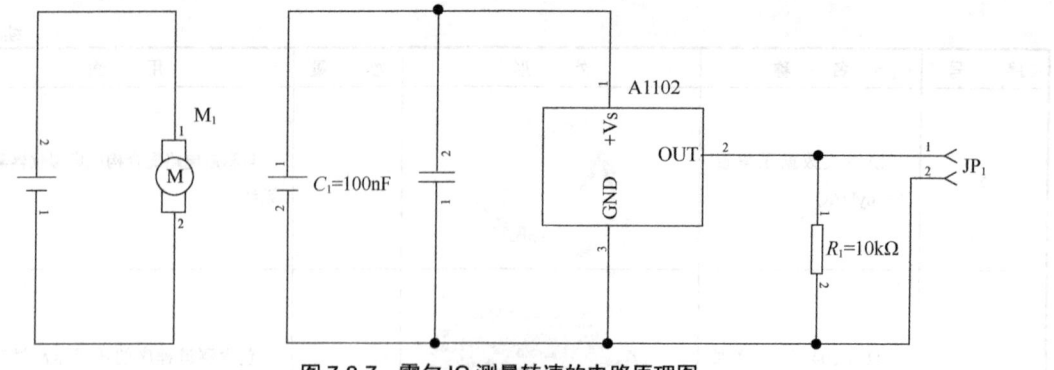

图 7-2-7 霍尔 IC 测量转速的电路原理图

2. 面包板仿真连接训练

下载本书的示例资源包，打开霍尔 IC 测量电动机转速示例中的 Fritzing 项目文件，进行面包板仿真连接训练，如图 7-2-8 所示。

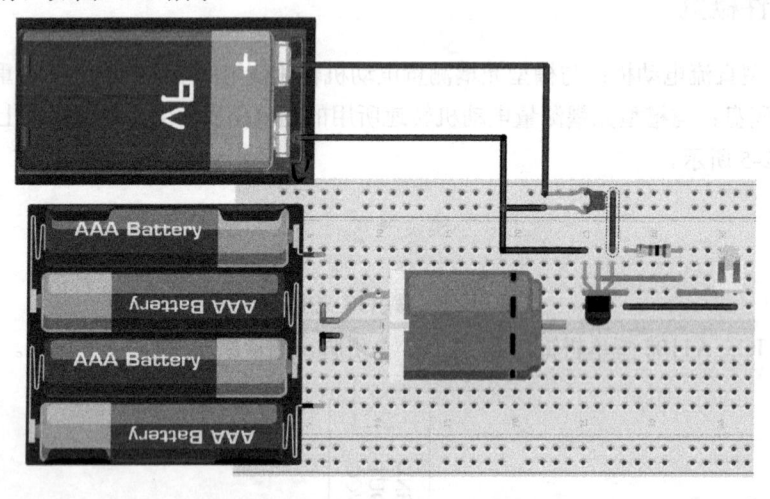

图 7-2-8 面包板仿真连接训练

3. 面包板实物连接训练

使用一块尺寸为 165×55×10（单位：mm）的面包板及如表 7-2-1 所示的元器件，遵照如图 7-2-8 所示连接方法对霍尔 IC 及电动机转速测量元器件进行连接。

7.2.7 TLA-004 套件测量训练

1. 准备工作

遵循如图 7-1-9 所示的 ELVIS 使用前的准备工作，做好实验测量的准备。

2. 连接电路（连线）

参看图 7-2-9，在 TLA-004 传感器课程实验套件上进行连线。

3. 想一想

在连线之前，注意观察套件电路板上接线柱的丝印标记。例如，电源"+"的接线柱和"-"接线柱，AI（模拟信号输入）差分接线方式的"+"接线柱和"-"接线柱。思考下列问题：

第 7 章 直流电动机的转速数据采集

（1）能否不顾极性随便连接 P401 接线柱？
（2）若 J401 接线柱接反极性会有什么后果？
（3）若电动机电源接线柱连接直流稳压电源接线柱是否可行？会出现什么现象？
（4）若将单极霍尔 IC 换为双极霍尔 IC，实验过程中需要注意哪些问题？

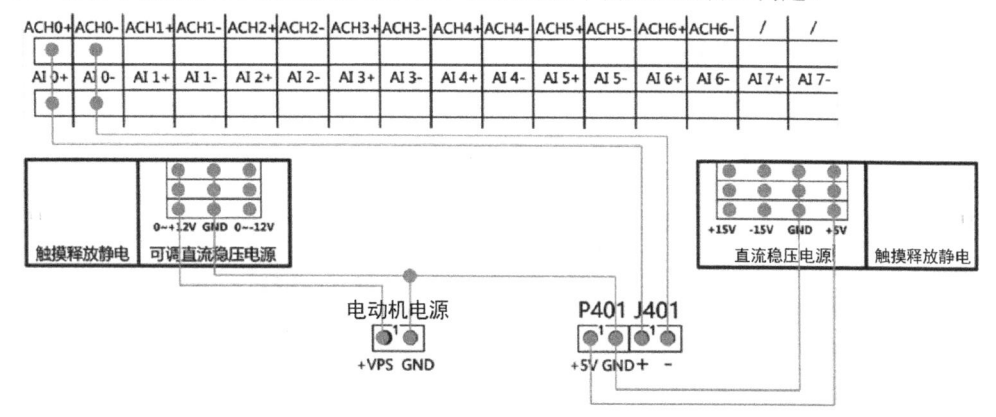

图 7-2-9　实验硬件连线图

4．编程练习

【练习 7-2】

使用 DAQ 助手编写程序，分别使用+5V 稳压电源和+VPS 为直流电动机供电，实现霍尔 IC 测量直流电动机转速功能 VI。并尝试增加 PID 控制功能，实现基于 LabVIEW PID 工具包的直流电动机转速调节功能。

5．实验程序参考结果

若使用 TLA-004E 实验程序完成本实验，可以参考如图 7-2-10 所示结果。

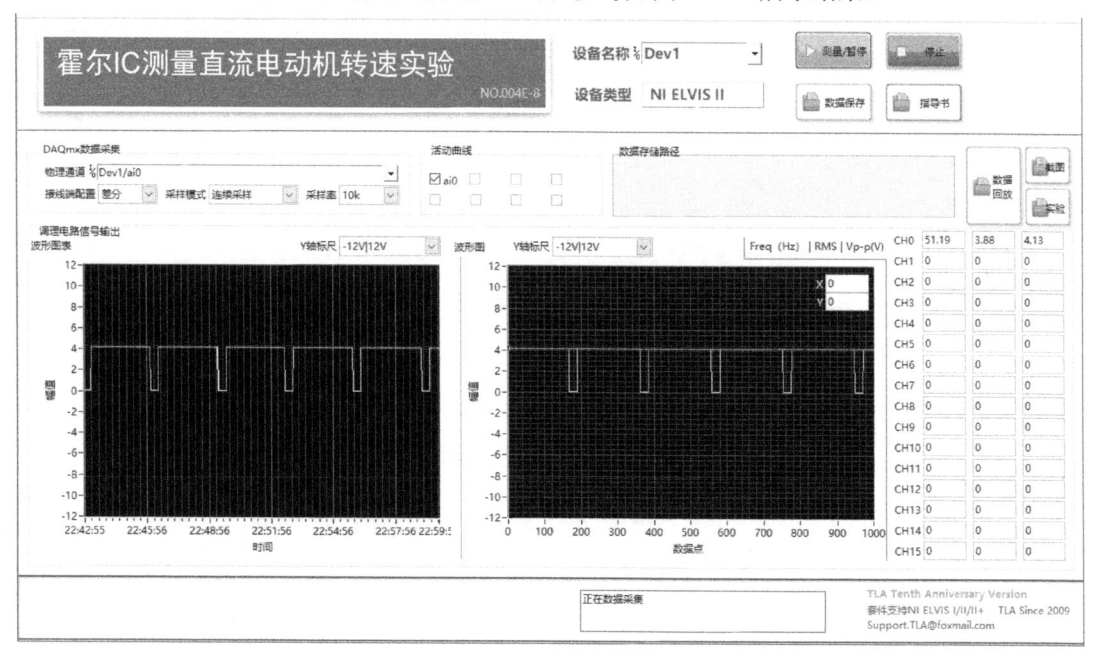

图 7-2-10　实验参考结果

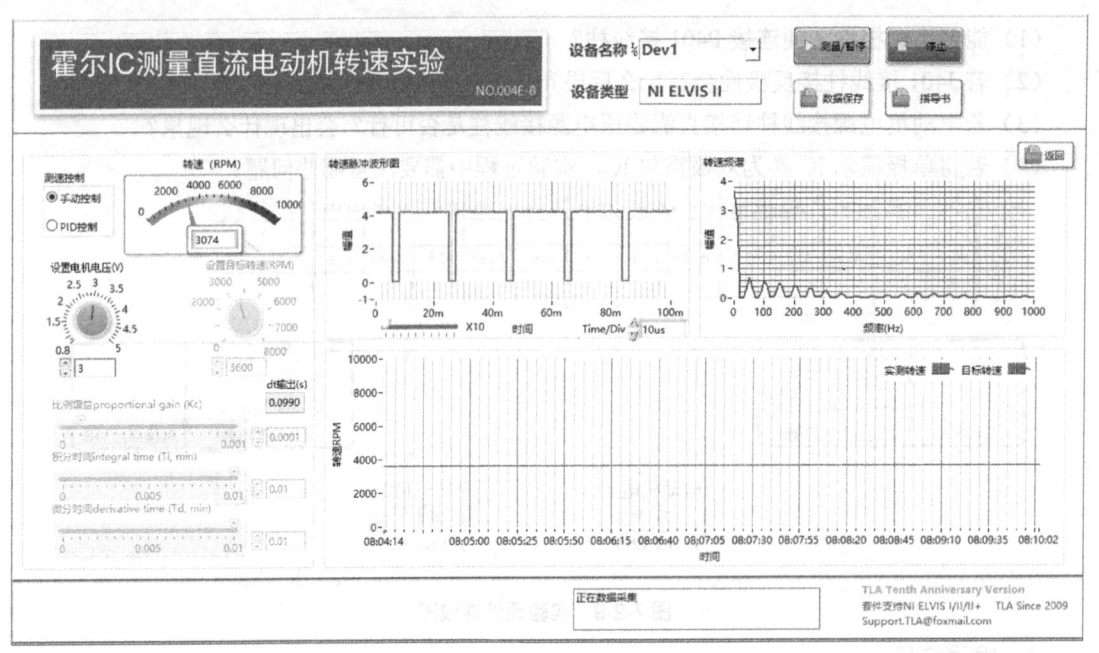

图 7-2-10　实验参考结果（续）

第 8 章

温度传感器测量任务

温度是表示物体冷热程度的物理量。温度与人类的生活、工农业生产和科学研究有着密切的关系。随着科学技术水平的不断发展，温度测量技术也不断地发展，温度测量的精度也在逐渐提高。

测量温度时，将温度计与被测系统接触，经过一段时间后它们达到热平衡，这时温度计的温度等于被测系统的温度。一个标准大气压下冰水混合物的温度规定为 0℃，沸水的温度规定为 100℃。

按测量原理分类，温度测量可分为接触式测温和非接触式测温。本章主要讨论的是接触式测温方式中的电量式测温方法。电量式测温方法主要利用材料的电势、电阻或其他电性能与温度的单值关系进行温度测量，包括热电偶温度测量、热电阻和热敏电阻温度测量、集成芯片温度测量等。

8.1 使用集成温度传感器测量温度

8.1.1 实践要求

- 掌握集成温度传感器（电流型）的测温原理。
- 掌握 AD592 集成温度传感器温度测量数据采集程序的编写方法。

8.1.2 传感器简介

集成温度传感器是利用晶体管 PN 结的伏安特性与温度的关系制成的一种固态传感器。它是把 PN 结及其辅助电路集成在同一个芯片上完成温度测量及信号输出功能的专用集成电路，突出优点是有理想的线性输出、体积小。由于 PN 结受耐热性能和特性范围的限制，集成温度传感器只能用来测 150℃ 以下的温度。

集成温度传感器可分为模拟式集成温度传感器、逻辑输出集成温度传感器和数字式集成温度传感器，其中模拟式集成温度传感器又分为电压型集成温度传感器和电流型集成温度传感器。

AD592 集成温度传感器是一款双端单芯片集成电路温度传感器，其输出电流与热力学温度成比例。在宽电源电压范围内，该器件可充当一个高阻抗、1μA/K 温度相关电流源。AD592 集成温度传感器可用于−25～105℃，可胜任常规温度传感器（热敏电阻、RTD、热电偶和二极管等）使用的场合。AD592 集成温度传感器采用塑封封装，具有单芯片集成电路固有的低成本优势，而且应用的总器件数非常少，因此 AD592 集成温度传感器是目前性价比较高的温度传感器。使用 AD592 集成温度传感器时，无须昂贵的线性化电路、精密的基准电压源、电桥器件、电阻测量电路和冷端补偿。

与 AD592 集成温度传感器相比，AD590 集成温度传感器测温范围方面更广，两者参数对比如表 8-1-1 所示，外观区别如图 8-1-1 所示，AD592 集成温度传感器的温度—电流关系曲线如图 8-1-2 所示。常规应用场合中，两者可互换。

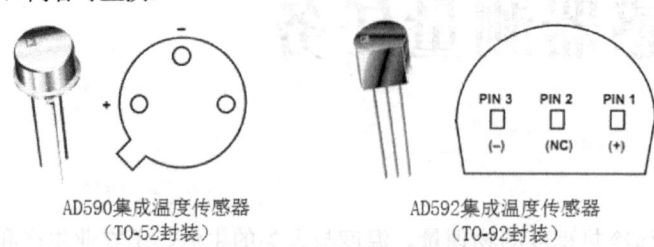

图 8-1-1　AD590 集成温度传感器与 AD592 集成温度传感器外观及封装（底视图）

表 8-1-1　AD590 集成温度传感器与 AD592 集成温度传感器参数对比

	AD590 集成温度传感器	AD592 集成温度传感器
可选封装	TO-52 2FLATPACK（扁平集成电路封装） 4 引脚 LFCSP（引线框芯片封装） 8 SOIC（小外形集成电路封装） 裸片封装	TO-92
线性电流输出	1μA/K	1μA/K
测温范围	−55～150℃	−25～105℃
电源供应	单电源 4～30V	单电源 4～30V
引脚数量	3（1 悬空无连接）	3（1 悬空无连接）

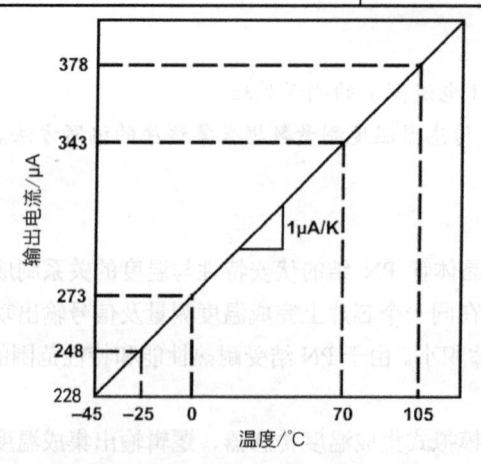

图 8-1-2　AD592 集成温度传感器的温度—电流关系曲线

8.1.3 测温原理

AD592 集成温度传感器流过器件的电流（μA）等于器件所处环境的热力学温度（开尔文）度数，即

$$I_r/T=1$$

（1）I_r 是流过器件 AD592（AD590）的电流，单位为 μA；T 是热力学温度，单位为 K。利用这一特性，AD592 集成温度传感器可以准确地将电流换算为温度。

（2）AD592 集成温度传感器输出电流是以温度的绝对零度（-273.15℃）为基准，温度每增加 1K，它会增加 1μA 输出电流，因此在室温 25℃时，其输出电流 I_{out}=（273+25）μA=298μA。因此测量到的电压可换算为（273+T）μA×10kΩ=（2.73+T/100）V。

8.1.4 基本电路

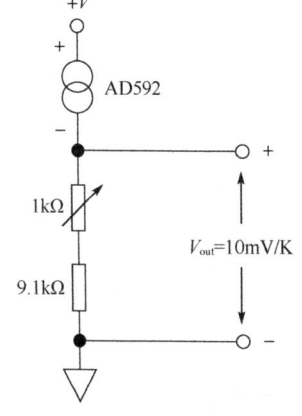

图 8-1-3 为 AD592 集成温度传感器电流—电压转换输出原理图，AD592 集成温度传感器的"-"极输出的是电流信号，通过 1kΩ 电位器和 9.1kΩ 电阻的组合，可精确调整达到 10kΩ 阻值，便于代入公式换算。若采用阻值为 910Ω 和 100Ω 的电位器组合，构成 1kΩ 阻值也可，输出电压则为 1mV/K。构成的阻值较小，因电阻随之带来的电流损耗也会变小，从而温度换算也更为精确。由于 100Ω 的立式电位器不易获得，此处选择 1kΩ 的立式电位器。

图 8-1-3 AD592 集成温度传感器电流—电压转换输出原理图

8.1.5 测量程序编写思路

图 8-1-3 中 V_{out} 端输出电压，可以通过电压表、示波器测量，本节训练将通过数据采集设备（卡）测量 V_{out} 端输出电压，读取 AD592 集成温度传感器的输出电压 V_{out}，通过 V—T 公式换算得到温度。

LabVIEW 编写数据采集程序的思路可参考如图 8-1-4 所示流程。

创建通道采集电压 → 设置采样时钟 → 读取 DAQmx 数据波形 → 换算并显示温度

图 8-1-4 LabVIEW 编程流程

8.1.6 材料准备

搭建电路前，准备好必需的材料（见表 8-1-2）方可开始动手实践。

表 8-1-2 材料清单

序 号	名 称	外 形	数 量	用 途
1	AD592 集成温度传感器		1	测量温度所需的电流型集成温度传感器

续表

序号	名称	外形	数量	用途
2	9.1kΩ（1/4W）1%精度色环电阻		1	与 1kΩ 电位器组成 10kΩ 测量基准电阻
3	9 型立式 1kΩ 电位器		1	与 9.1kΩ 固定阻值电阻配合组成 10kΩ 测量基准电阻
4	9V 层叠电池		1	为测量电路供电
5	9V 电池盒		1	安装 9V 层叠电池
6	杜邦线		若干	连接测量电路
7	便携式数据采集设备 myDAQ		1	与测量电路配合构成虚拟仪器测量系统
8	TLA-004 传感器课程实验套件		1	包含测量程序的传感器测量解决方案

8.1.7 元器件概览

（1）AD592 集成温度传感器：温度测量的核心器件，电流型集成温度传感器 AD592 和 AD590 均可在本实验中使用，外围电路相同。

（2）9.1kΩ 电阻（1/4W 1%精度）和 9 型立式 1kΩ 电位器：两者构成温度测量电路所需的 10kΩ

基准电阻。若要获得更精确的测量结果，还可使用 950Ω（高精度电阻）和 100Ω 3296 型多圈可调电位器，组成 1kΩ 基准电阻（换算时需要更换公式）。

8.1.8 面包板动手实践

1. 电路原理图

读懂如图 8-1-5 所示电路原理图，将表 8-1-2 中准备的元器件材料与之元器件一一对应。

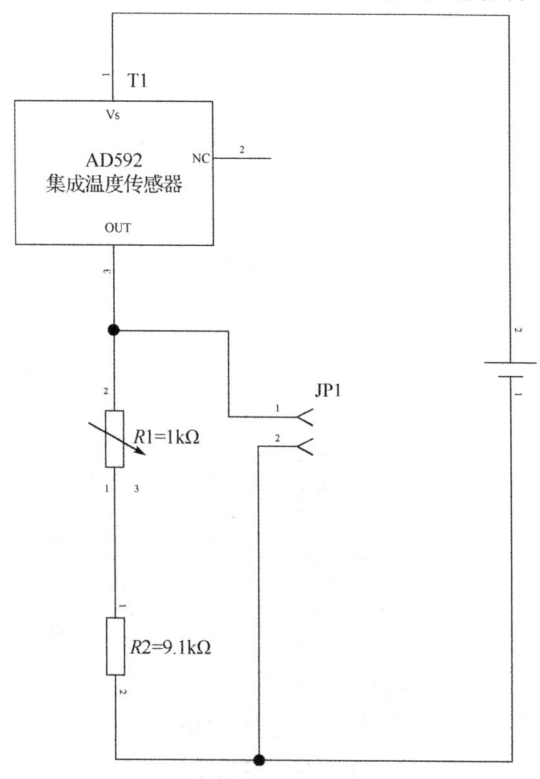

图 8-1-5　AD592 集成温度传感器测温电路原理图

2. 虚拟面包板连接训练

下载本书的示例资源包，打开 AD592 温度测量 Fritzing 项目文件，读懂图 8-1-6 中的连线路径，并新建一个 Fritzing 文件进行仿真连接训练。

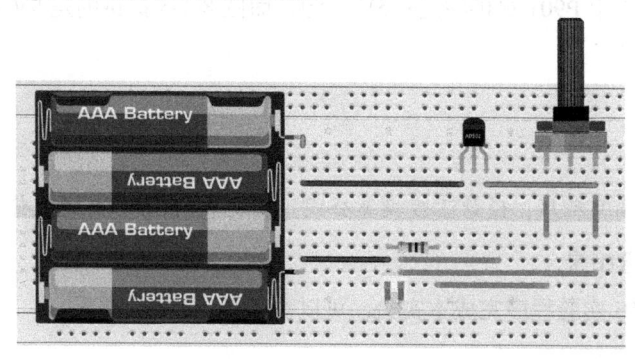

图 8-1-6　面包板仿真连接训练

3. 面包板实物连接训练

使用一块尺寸为 165×55×10（单位：mm）的面包板及如表 8-1-2 所示的元器件，遵照如图 8-1-6 所示连接方法完成 AD592 集成温度传感器测温电路元器件的连接。

8.1.9 TLA-004 套件测量训练

1. 准备工作

遵循如图 7-1-9 所示的 ELVIS 使用前的准备工作，做好实验测量的准备。

2. 连接电路（连线）

参看图 8-1-7，在 TLA-004 实验套件上使用杜邦线进行连线。

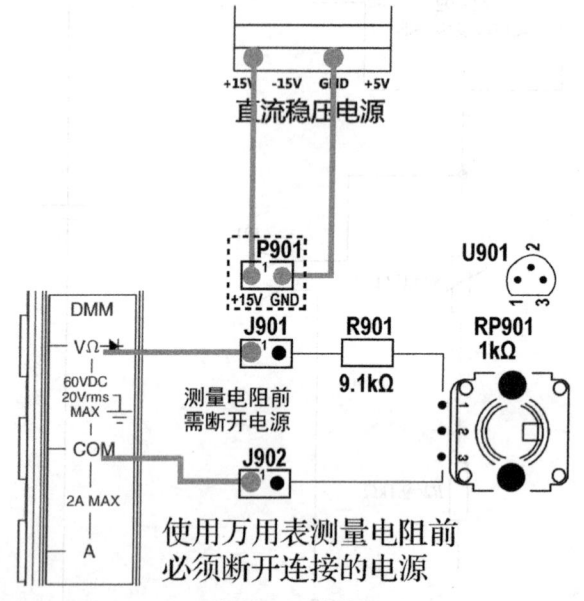

图 8-1-7 连线图

3. 想一想

在连线之前断开电源并思考下列问题：

（1）测量电阻时若不断开电源，会产生什么严重的后果？

（2）为何图 8-1-7 中 P901 提供的是 +15V 电源，而图 8-1-5 提供的是 9V 电源？两者是否均能正常完成温度测量任务？

4. 编程练习

【练习 8-1】

使用 DAQ 助手编写程序，设计温度换算公式，实现 AD592 集成温度传感器测温实验程序。

5. 实验程序参考结果

若使用 TLA-004E 实验程序完成本实验，可以参考图 8-1-8 的结果。

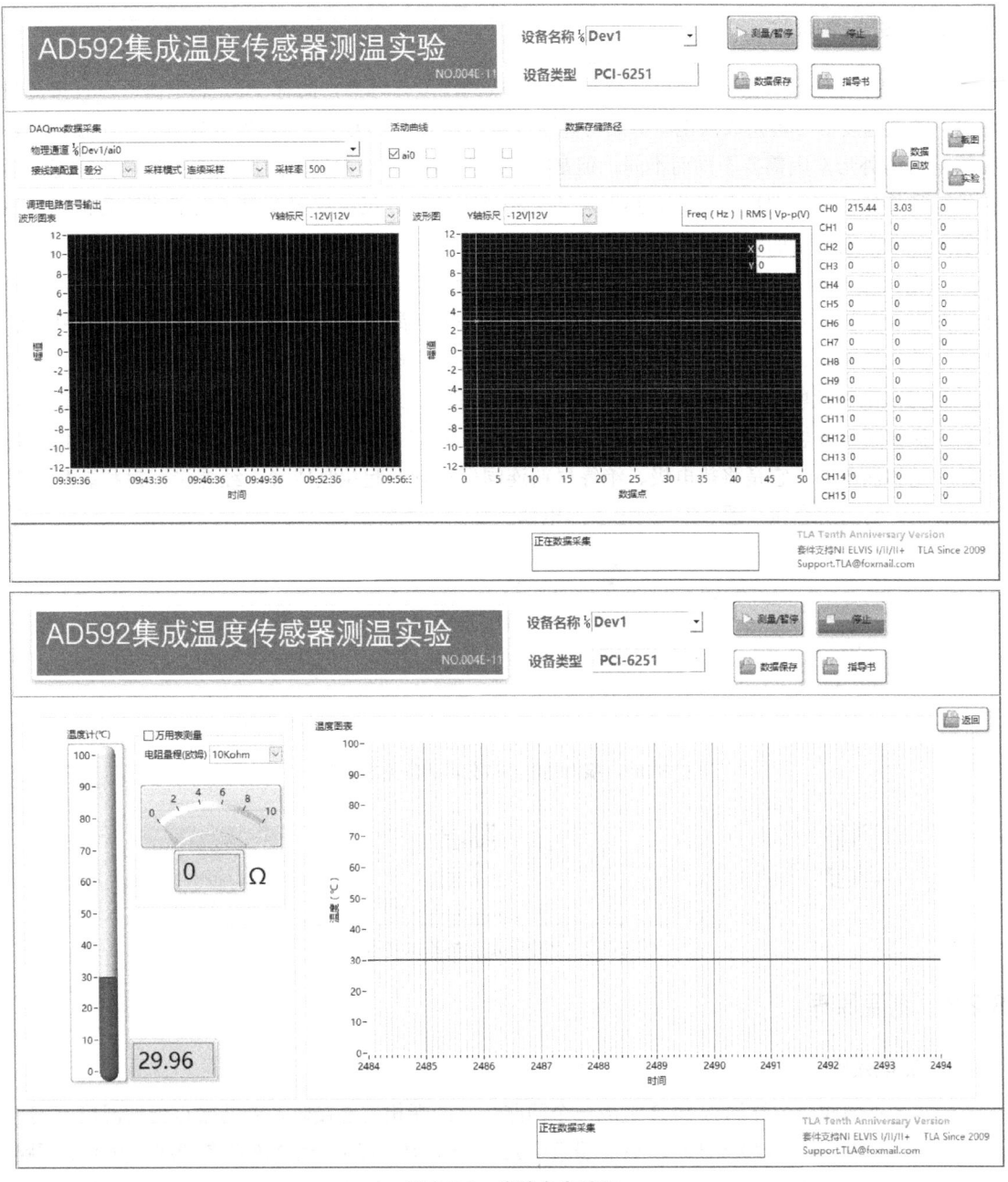

图 8-1-8　实验参考结果

8.2　使用热电偶测量温度

8.2.1　实践要求

- 掌握热电偶的测温原理。
- 掌握热电偶测温数据采集程序的编写。

253

8.2.2 传感器简介

热电偶（Thermocouple）是根据热电效应制成的温度传感器，简称 TC。热电偶可以直接测量温度，并把温度信号转换成热电动势信号，通过电气仪表（二次仪表）转换成被测介质的温度。各种热电偶的外形常因需要不同而不同，但是它们的基本结构却大致相同，通常由热电极、绝缘套保护管和接线盒等主要部分组成。热电偶通常和显示仪表、记录仪表及电子调节器配套使用。热电偶是工业上最常用的温度传感器之一。

热电偶作为温度测量的主要测量手段，用途十分广泛，因而对固定装置和技术性能有多种要求，根据固定装置的不同，热电偶分为无固定装置式热电偶、螺纹式热电偶、固定法兰式热电偶、活动法兰式热电偶、活动法兰角尺式热电偶、锥形保护管式热电偶。

根据热电偶性能结构的不同，热电偶又可分为可拆卸式热电偶、防爆式热电偶、铠装式热电偶和压弹簧固定式热电偶等特殊用途的热电偶，如图 8-2-1 所示。铠装式热电偶（缆式热电偶）是一种常见的热电偶，它是将热电极、绝缘材料连同保护管一起拉制成形，经焊接密封和装配等工艺制成的坚实的组合体。图 8-2-2 列出了热电偶测温的基本特点。

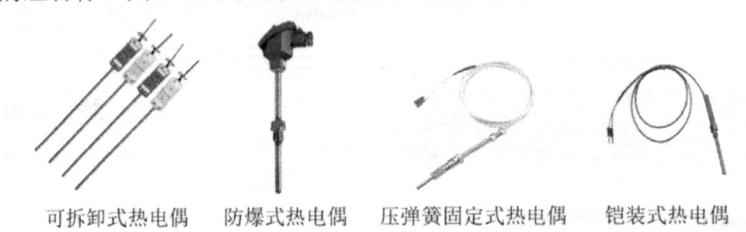

图 8-2-1 根据性能结构分类的常见热电偶

图 8-2-2 热电偶测温的基本特点

8.2.3 测温原理

1. 热电效应

当两种不同成分的导体 A 和 B 组成一个回路，其两端相互连接时，若两接点处的温度不同，一端温度为 t，称为工作端或热端，另一端温度为 t_0，称为自由端（也称为参考端或冷端）。回路中将产生一个电动势，该电动势的方向和大小与导体的材料及两接点的温度有关，这种现象称为热电效应，也称为塞贝克效应。两种导体组成的回路称为热电偶，这两种导体称为热电极，产生的电动势则称为热电动势。热电效应原理与热电偶电极示意图如图 8-2-3 所示。

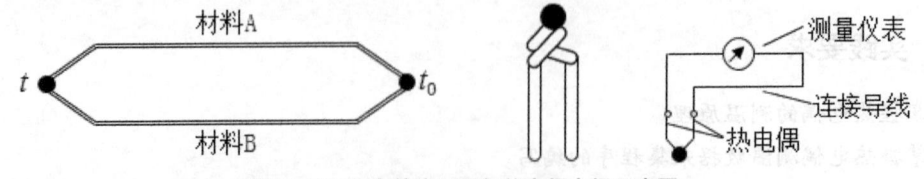

图 8-2-3 热电效应原理与热电偶电极示意图

根据热电动势与温度的函数关系，可以制成热电偶分度表。分度表是冷端温度在 0℃的条件下得到的，不同的热电偶具有不同的分度表。热电动势的大小只与热电偶导体材质及两端温差有关，与热电偶导体的长度、直径无关。

热电动势由两部分电动势组成，一部分是两种导体的接触电动势，另一部分是单一导体的温差电动势。当热电偶两电极材料固定后，热电动势便是两接点温度 t 和 t_0 的函数差，即

$$E_{AB}(t, t_0) = f(t) - f(t_0)$$

这一关系式在实际测温中得到了广泛应用。因为冷端 t_0 恒定，热电偶产生的热电动势只随热端温度的变化而变化，即一定的热电动势对应着一定的温度。我们只要使用测量热电动势的方法就可达到测温的目的。

若在热电偶回路中接入第三种金属材料，只要该材料两个接点的温度相同，热电偶产生的热电动势将保持不变，即不受第三种金属接入回路的影响。此种情况下用热电偶测温，可接入测量仪表，测得热电动势后，即可知道被测介质的温度。

2. 使用补偿线

由于热电偶的材料一般都比较贵重（特别是采用贵金属时），当测温点到仪表的距离较很远时，为了节省热电偶材料、降低成本，通常用补偿导线把热电偶的冷端延伸到温度比较稳定的控制室内，连接到仪表端子上。

热电偶补偿导线只起延伸热电极的作用，使热电偶的冷端移动到测量装置的端子上，它本身并不能消除冷端温度变化对测温的影响，不起补偿作用。因此，还需采用其他修正方法来补偿冷端温度（$t_0 \neq 0℃$）对测温的影响。使用热电偶补偿导线时，应注意型号匹配、极性不能接错、补偿导线与热电偶连接端的温度差不能超过 100℃。

3. 冷端补偿

热电偶测量温度时要求其冷端（测量端为热端，通过引线与测量电路连接的一端称为冷端）的温度保持不变，其热电动势大小才与测量温度呈一定的比例关系。若测量时，冷端的（环境）温度发生变化，则将严重影响测量的准确性。

此种情况下冷端需采取一定措施，补偿由于冷端温度变化造成的影响，该措施称为热电偶的冷端补偿。

热电偶冷端补偿计算方法如下。

毫伏→温度：测量冷端温度，换算为对应毫伏值，与热电偶的热端输出毫伏值相加后查表，得到温度。

4. 分度表

常用热电偶可分为标准热电偶和非标准热电偶两大类。标准热电偶是指国家标准规定了其热动电势与温度的关系、允许误差、并有统一的标准分度表的热电偶，它有与其配套的显示仪表可供选用。非标准热电偶在使用范围或数量级上均不及标准热电偶，一般也没有统一的分度表，主要用于某些特殊场合的测量。从 1988 年 1 月 1 日起，我国的热电偶和热电阻全部按 IEC 国际标准生产，并指定 S、B、E、K、N、R、J、T 八种标准化热电偶为我国统一设计型热电偶，如表 8-2-1 所示。几种热电偶温度特性曲线如图 8-2-4 所示。表 8-2-2 列出了 K 型热电偶分度表。

表 8-2-1 八种热电偶参数

ANSI 代码	合金组合	最大温度范围	电压输出范围
B	铂/铑	0～1700℃	0～12.426mV
E	镍铬/康铜	-200～900℃	-8.824～68.783mV
J	铁/康铜	0～750℃	0～42.283mV
K	镍铬/镍铝	-200～1250℃	-5.973～50.633mV
N	镍铬硅/镍硅	-270～1300℃	-4.345～47.502mV
R	铂/铑铂合金	0～1450℃	0～16.741mV
S	铂/铑铂合金	0～1450℃	0～14.973mV
T	铜/康铜	-200～350℃	-5.602～7.816mV

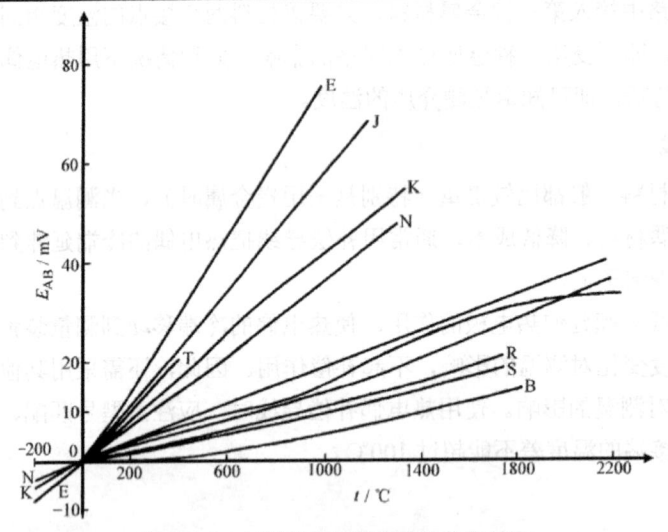

图 8-2-4 几种热电偶温度特性曲线对比

表 8-2-2 K 型热电偶分度表（温度范围-50~1370℃）

温度/℃	K 型镍铬－镍硅（镍铬－镍铝）热电动势/mV（冷端温度为 0℃）									
	0	1	2	3	4	5	6	7	8	9
-50	-1.889	-1.925	-1.961	-1.996	-2.032	-2.067	-2.102	-2.137	-2.173	-2.208
-40	-1.527	-1.563	-1.600	-1.636	-1.673	-1.709	-1.745	-1.781	-1.817	-1.853
-30	-1.156	-1.193	-1.231	-1.268	-1.305	-1.342	-1.379	-1.416	-1.453	-1.490
-20	-0.777	-0.816	-0.854	-0.892	-0.930	-0.968	-1.005	-1.043	-1.081	-1.118
-10	-0.392	-0.431	-0.469	-0.508	-0.547	-0.585	-0.624	-0.662	-0.701	-0.739
-0	0	-0.039	-0.079	0.118	-0.157	-0.197	0.236	-0.275	-0.314	-0.353
0	0	0.039	0.079	0.119	0.158	0.198	0.238	0.277	0.317	0.357
10	0.397	0.437	0.477	0.517	0.557	0.597	0.637	0.677	0.718	0.758
20	0.798	0.838	0.879	0.919	0.960	1.000	1.041	1.081	1.122	1.162
30	1.203	1.244	1.285	1.325	1.366	1.407	1.448	1.489	1.529	1.570
40	1.611	1.652	1.693	1.734	1.776	1.817	1.858	1.899	1.940	1.981
50	2.022	2.064	2.105	2.146	2.188	2.229	2.270	2.312	2.353	2.394
60	2.436	2.477	2.519	2.560	2.601	2.643	2.684	2.726	2.767	2.809
70	2.850	2.892	2.933	2.875	3.016	3.058	3.100	3.141	3.183	3.224

续表

温度/°C	K 型镍铬－镍硅（镍铬－镍铝）热电动势/mV（冷端温度为0°C）									
	0	1	2	3	4	5	6	7	8	9
80	3.266	3.307	3.349	3.390	3.432	3.473	3.515	3.556	3.598	3.639
90	3.681	3.722	3.764	3.805	3.847	3.888	3.930	3.971	4.012	4.054
100	4.095	4.137	4.178	4.219	4.261	4.302	4.343	4.384	4.426	4.467
110	4.508	4.549	4.590	4.632	4.673	4.714	4.755	4.796	4.837	4.878
120	4.919	4.960	5.001	5.042	5.083	5.124	5.164	5.205	5.246	5.287
130	5.327	5.368	5.409	5.450	5.490	5.531	5.571	5.612	5.652	5.693
140	5.733	5.774	5.814	5.855	5.895	5.936	5.976	6.016	6.057	6.097
150	6.137	6.177	6.218	6.258	6.298	6.338	6.378	6.419	6.459	6.499
160	6.539	6.579	6.619	6.659	6.699	6.739	6.779	6.819	6.859	6.899
170	6.939	6.979	7.019	7.059	7.099	7.139	7.179	7.219	7.259	7.299
180	7.338	7.378	7.418	7.458	7.498	7.538	7.578	7.618	7.658	7.697
190	7.737	7.777	7.817	7.857	7.897	7.937	7.977	8.017	8.057	8.097
200	8.137	8.177	8.216	8.256	8.296	8.336	8.376	8.416	8.456	8.497
210	8.537	8.577	8.617	8.657	8.697	8.737	8.777	8.817	8.857	8.898
220	8.938	8.978	9.018	9.058	9.099	9.139	9.179	9.220	9.260	9.300
230	9.341	9.381	9.421	9.462	9.502	9.543	9.583	9.624	9.664	9.705
240	9.745	9.786	9.826	9.867	9.907	9.948	9.989	10.029	10.070	10.111
250	10.151	10.192	10.233	10.274	10.315	10.355	10.396	10.437	10.478	10.519
260	10.560	10.600	10.641	10.882	10.723	10.764	10.805	10.848	10.887	10.928
270	10.969	11.010	11.051	11.093	11.134	11.175	11.216	11.257	11.298	11.339
280	11.381	11.422	11.463	11.504	11.545	11.587	11.628	11.669	11.711	11.752
290	11.793	11.835	11.876	11.918	11.959	12.000	12.042	12.083	12.125	12.166
300	12.207	12.249	12.290	12.332	12.373	12.415	12.456	12.498	12.539	12.581
310	12.623	12.664	12.706	12.747	12.789	12.831	12.872	12.914	12.955	12.997
320	13.039	13.080	13.122	13.164	13.205	13.247	13.289	13.331	13.372	13.414
330	13.456	13.497	13.539	13.581	13.623	13.665	13.706	13.748	13.790	13.832
340	13.874	13.915	13.957	13.999	14.041	14.083	14.125	14.167	14.208	14.250
350	14.292	14.334	14.376	14.418	14.460	14.502	14.544	14.586	14.628	14.670
360	14.712	14.754	14.796	14.838	14.880	14.922	14.964	15.006	15.048	15.090
370	15.132	15.174	15.216	15.258	15.300	15.342	15.394	15.426	15.468	15.510
380	15.552	15.594	15.636	15.679	15.721	15.763	15.805	15.847	15.889	15.931
390	15.974	16.016	16.058	16.100	16.142	16.184	16.227	16.269	16.311	16.353
400	16.395	16.438	16.480	16.522	16.564	16.607	16.649	16.691	16.733	16.776
410	16.818	16.860	16.902	16.945	.16.987	17.029	17.072	17.114	17.156	17.199
420	17.241	17.283	17.326	17.368	17.410	17.453	17.495	17.537	17.580	17.622
430	17.664	17.707	17.749	17.792	17.834	17.876	17.919	17.961	18.004	18.046
440	18.088	18.131	18.173	18.216	18.258	18.301	18.343	18.385	18.428	18.470
450	18.513	18.555	18.598	18.640	18.683	18.725	18.768	18.810	18.853	18.896
460	18.938	18.980	19.023	19.065	19.108	19.150	19.193	19.235	19.278	19.320

续表

温度/°C	\multicolumn{10}{c}{K 型镍铬－镍硅（镍铬－镍铝）热电动势/mV（冷端温度为 0°C）}
	0	1	2	3	4	5	6	7	8	9
470	19.363	19.405	19.448	19.490	19.533	19.576	19.618	19.661	19.703	19.746
480	19.788	19.831	19.873	19.916	19.959	20.001	20.044	20.086	20.129	20.172
490	20.214	20.257	20.299	20.342	20.385	20.427	20.470	20.512	20.555	20.598
500	20.640	20.683	20.725	20.768	20.811	20.853	20.896	20.938	20.981	21.024
510	21.066	21.109	21.152	21.194	21.237	21.280	21.322	21.365	21.407	21.450
520	21.493	21.535	21.578	21.621	21.663	21.706	21.749	21.791	21.834	21.876
530	21.919	21.962	22.004	22.047	22.090	22.132	22.175	22.218	22.260	22.303
540	22.346	22.388	22.431	22.473	22.516	22.559	22.601	22.644	22.687	22.729
550	22.772	22.815	22.857	22.900	22.942	22.985	23.028	23.070	23.113	23.156
560	23.198	23.241	23.284	23.326	23.369	23.411	23.454	23.497	23.539	23.582
570	23.624	23.667	23.710	23.752	23.795	23.837	23.880	23.923	23.965	24.008
580	24.050	24.093	24.136	24.178	24.221	24.263	24.306	24.348	24.391	24.434
590	24.476	24.519	24.561	24.604	24.646	24.689	24.731	24.774	24.817	24.859
600	24.902	24.944	24.987	25.029	25.072	25.114	25.157	25.199	25.242	25.284
610	25.327	25.369	25.412	25.454	25.497	25.539	25.582	25.624	25.666	25.709
620	25.751	25.794	25.836	25.879	25.921	25.964	26.006	26.048	26.091	26.133
630	26.176	26.218	26.260	26.303	26.345	26.387	26.430	26.472	26.515	26.557
640	26.599	26.642	26.684	26.726	26.769	26.811	26.853	26.896	26.938	26.980
650	27.022	27.065	27.107	27.149	27.192	27.234	27.276	27.318	27.361	27.403
660	27.445	27.487	27.529	27.572	27.614	27.656	27.698	27.740	27.783	27.825
670	27.867	27.909	27.951	27.993	28.035	28.078	28.120	28.162	28.204	28.246
680	28.288	28.330	28.372	28.414	28.456	28.498	28.540	28.583	28.625	28.667
690	28.709	28.751	28.793	28.835	28.877	28.919	28.961	29.002	29.044	29.086
700	29.128	29.170	29.212	29.264	29.296	29.338	29.380	29.422	29.464	29.505
710	29.547	29.589	29.631	29.673	29.715	29.756	29.798	29.840	29.882	29.924
720	29.965	30.007	30.049	30.091	30.132	30.174	30.216	20.257	30.299	30.341
730	30.383	30.424	30.466	30.508	30.549	30.591	30.632	30.674	30.716	30.757
740	30.799	30.840	30.882	30.924	30.965	31.007	31.048	31.090	31.131	31.173
750	31.214	31.256	31.297	31.339	31.380	31.422	31.463	31.504	31.546	31.587
760	31.629	31.670	31.712	31.753	31.794	31.836	31.877	31.918	31.960	32.001
770	32.042	32.084	32.125	32.166	32.207	32.249	32.290	32.331	32.372	32.414
780	32.455	32.496	32.537	32.578	32.619	32.661	32.702	32.743	32.784	32.825
790	32.866	32.907	32.948	32.990	33.031	33.072	33.113	33.154	33.195	33.236
800	33.277	33.318	33.359	33.400	33.441	33.482	33.523	33.564	33.606	33.645
810	33.686	33.727	33.768	33.809	33.850	33.891	33.931	33.972	34.013	34.054
820	34.095	34.136	34.176	34.217	34.258	34.299	34.339	34.380	34.421	34.461
830	34.502	34.543	34.583	34.624	34.665	34.705	34.746	34.787	34.827	34.868
840	34.909	34.949	34.990	35.030	35.071	35.111	35.152	35.192	35.233	35.273
850	35.314	35.354	35.395	35.435	35.476	35.516	35.557	35.597	35.637	35.678

续表

温度/°C	K型镍铬－镍硅（镍铬－镍铝）热电动势/mV（冷端温度为0°C）										
	0	1	2	3	4	5	6	7	8	9
860	35.718	35.758	35.799	35.839	35.880	35.920	35.960	36.000	36.041	36.081
870	36.121	36.162	36.202	36.242	36.282	36.323	36.363	36.403	36.443	36.483
880	36.524	36.564	36.604	36.644	36.684	36.724	36.764	36.804	36.844	36.885
890	36.925	36.965	37.005	37.045	37.085	37.125	37.165	37.205	37.245	37.285
900	37.325	37.365	37.405	37.443	37.484	37.524	37.564	37.604	37.644	37.684
910	37.724	37.764	37.833	37.843	37.883	37.923	37.963	38.002	38.042	38.082
920	38.122	38.162	38.201	38.241	38.281	38.320	38.360	38.400	38.439	38.479
930	38.519	38.558	38.598	38.638	38.677	38.717	38.756	38.796	38.836	38.875
940	38.915	38.954	38.994	39.033	39.073	39.112	39.152	39.191	39.231	39.270
950	39.310	39.349	39.388	39.428	39.467	39.507	39.546	39.585	39.625	39.664
960	39.703	39.743	39.782	39.821	39.861	39.900	39.939	39.979	40.018	40.057
970	40.096	40.136	40.175	40.214	40.253	40.292	40.332	40.371	40.410	40.449
980	40.488	40.527	40.566	40.605	40.645	40.634	40.723	40.762	40.801	40.840
990	40.879	40.918	40.957	40.996	41.035	41.074	41.113	41.152	41.191	41.230
1000	41.269	41.308	41.347	41.385	41.424	41.463	41.502	41.541	41.580	41.619
1010	41.657	41.696	41.735	41.774	41.813	41.851	41.890	41.929	41.968	42.006
1020	42.045	42.084	42.123	42.161	42.200	42.239	42.277	42.316	42.355	42.393
1030	42.432	42.470	42.509	42.548	42.586	42.625	42.663	42.702	42.740	42.779
1040	42.817	42.856	42.894	42.933	42.971	43.010	43.048	43.087	43.125	43.164
1050	43.202	43.240	43.279	43.317	43.356	43.394	43.432	43.471	43.509	43.547
1060	43.585	43.624	43.662	43.700	43.739	43.777	43.815	43.853	43.891	43.930
1070	43.968	44.006	44.044	44.082	44.121	44.159	44.197	44.235	44.273	44.311
1080	44.349	44.387	44.425	44.463	44.501	44.539	44.577	44.615	44.653	44.691
1090	44.729	44.767	44.805	44.843	44.881	44.919	44.957	44.995	45.033	45.070
1100	45.108	45.146	45.184	45.222	45.260	45.297	45.335	45.373	45.411	45.448
1110	45.486	45.524	45.561	45.599	45.637	45.675	45.712	45.750	45.787	45.825
1120	45.863	45.900	45.938	45.975	46.013	46.051	45.088	46.126	46.163	46.201
1130	46.238	46.275	46.313	46.350	46.388	46.425	46.463	46.500	46.537	46.575
1140	46.612	46.649	46.687	46.724	46.761	46.799	46.836	46.873	46.910	46.948
1150	46.985	47.022	47.059	47.096	47.134	47.171	47.208	47.245	47.282	47.319
1160	47.356	47.393	47.430	47.468	47.505	47.542	47.579	47.616	47.653	47.689
1170	47.726	47.7628	47.800	47.837	47.874	47.911	47.948	47.985	48.021	48.058
1180	48.095	48.132	48.169	48.205	48.242	48.279	48.316	48.352	48.389	48.426
1190	48.462	48.499	48.536	48.572	48.609	48.645	48.682	48.718	48.755	48.792
1200	48.828	48.865	48.901	48.937	48.974	49.010	49.047	49.083	49.120	49.156
1210	49.192	49.229	49.265	49.301	49.338	49.374	49.410	49.446	49.483	49.519
1220	49.555	49.591	49.627	49.663	49.700	49.736	49.772	49.808	49.844	49.880
1230	49.916	49.952	49.988	50.024	50.060	50.096	50.132	50.168	50.204	50.240
1240	50.276	50.311	50.347	50.383	50.419	50.455	50.491	50.526	50.562	50.598

续表

温度/℃	K 型镍铬—镍硅（镍铬—镍铝）热电动势/mV（冷端温度为 0℃）									
	0	1	2	3	4	5	6	7	8	9
1250	50.633	50.669	50.705	50.741	50.776	50.812	50.847	50.883	50.919	50.954
1260	50.990	51.025	51.061	51.096	51.132	51.167	51.203	51.238	51.274	51.309
1270	51.344	51.380	51.415	51.450	51.486	51.521	51.556	51.592	51.627	51.662
1280	51.697	51.733	51.768	51.803	51.836	51.873	51.908	51.943	51.979	52.014
1290	52.049	52.084	52.119	52.154	52.189	52.224	52.259	52.284	52.329	52.364
1300	52.398	52.433	52.468	52.503	52.538	52.573	52.608	52.642	52.677	52.712
1310	52.747	52.781	52.816	52.851	52.886	52.920	52.955	52.980	53.024	53.059
1320	53.093	53.128	53.162	53.197	53.232	53.266	53.301	53.335	53.370	53.404
1330	53.439	53.473	53.507	53.642	53.576	53.611	53.645	53.679	53.714	53.748
1340	53.782	53.817	53.851	53.885	53.926	53.954	53.988	54.022	54.057	54.091
1350	54.125	54.159	54.193	54.228	54.262	54.296	54.330	54.364	54.398	54.432
1360	54.466	54.501	54.535	54.569	54.603	54.637	54.671	54.705	54.739	54.773
1370	54.807	54.841	54.875	—	—	—	—	—	—	—

若通过万用表的电压挡测得 K 型热电偶输出电压为 0.758mV，该电位值对应温度为 19℃。

8.2.4　基本电路

尽管通过查表法能够很容易地将热电偶产生的电压换算成精确的温度读数，但实际测量过程并不是这么轻松。导致该问题的原因很多，如电压信号太弱、温度与电压呈非线性关系（见图 8-2-4），需要冷端补偿，且热电偶可能引起接地问题。在实际测量中需要通过一系列的信号调理手段将这些问题逐一解决。

电压信号太弱：最为常见的热电偶类型有 J 型、K 型和 T 型。在室温下，它们的塞贝克系数分别为 52μV/℃、41μV/℃和 41μV/℃。其他较少见类型的塞贝克系数甚至更小。这种微弱的信号在模数转换前需要较高的增益。表 8-2-3 比较了 25℃时 7 种热电偶类型的塞贝克系数。

表 8-2-3　25℃时 7 种热电偶类型的塞贝克系数

热电偶类型	塞贝克系数（μV/℃）
E	61
J	52
K	41
N	27
R	9
S	6
T	41

1. 仪器放大器

前面测得 K 型热电偶输出电压为 0.758mV，这是个非常小的电压值，若使用分辨率较低的仪器测量，必将引入误差，误差可能是数毫伏甚至更大，随之而来的温度测量结果也就不准确了。

仪器放大器具有良好的共模抑制性能，可满足热电偶微弱信号放大应用的需求。热电偶的微弱信号一般需要至少 100 倍的增益，增益 1000 倍最佳，实践中可供选择的仪器放大器型号有很多，如 INA102（已停产）、AD620、AD8266 等，这几种型号的仪器放大器内部均采用如图 8-2-5 所示的 3 运放基本结构。

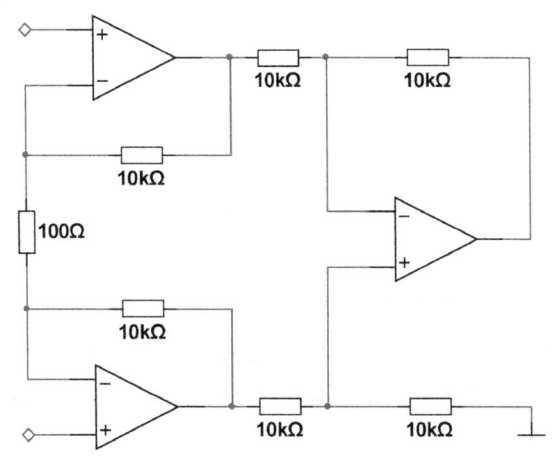

图 8-2-5　典型 3 运放构成的仪器放大器

2．滤波器

围绕微弱信号放大的一个经典问题是信号先放大还是先滤波。在实际的应用场合中，热电偶的引线会引入较多的射频噪声干扰，微弱的热电偶电压信号会淹没在这样的噪声信号中。根据分析及实际应用经验，我们在仪器放大器之前使用了 RFI 滤波器，用于滤除射频噪声（16kHz 以上）。增益后的信号，还需要使用滤波器滤除 50Hz 或 60Hz 工频噪声。应用在仪器放大器之前的滤波器原理图如图 8-2-6 所示。

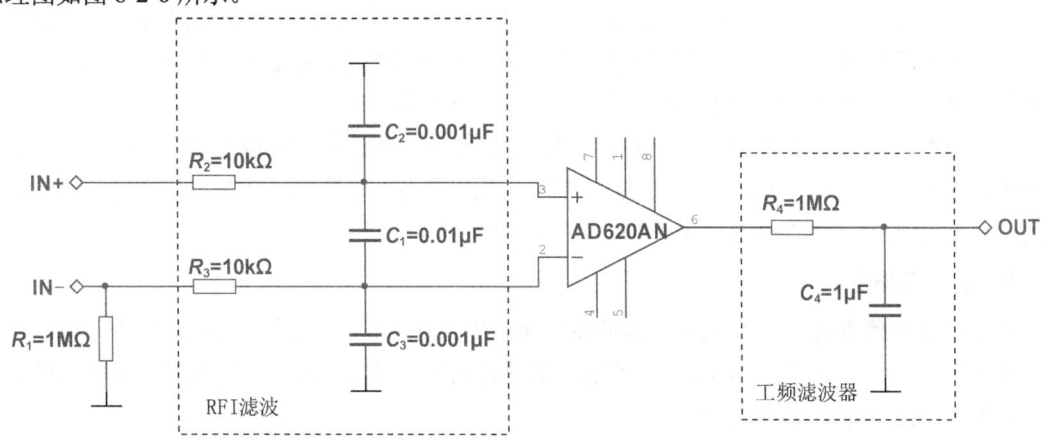

图 8-2-6　应用在仪器放大器之前的滤波器原理图

3．冷端补偿

对于热电偶的冷端补偿问题，实际上需要知道热电偶冷端的实际温度是多少。简单的方法是把冷端放在冰水混合物（0℃）中。图 8-2-7 描述了热电偶一端处于未知温度，另一端处于 0℃的热电偶电路。几乎所有的热电偶分度表都使用 0℃作为参考温度。

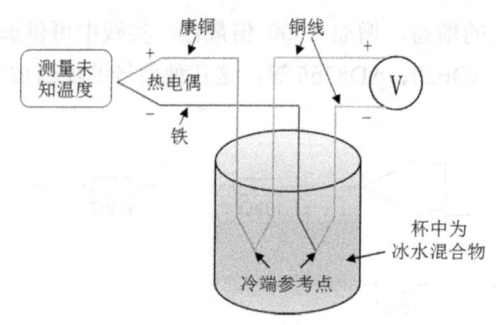

图 8-2-7 冷端补偿

4．线性化

由于热电偶温度与热电动势特性并不呈线性关系，K 型热电偶在 300℃附近时输出热电动势非线性较为明显，最大误差达到 1%，此现象不仅是 K 型热电偶存在，其他型号的热电偶也存在。对此应进行线性化处理，硬件电路计算方法和软件计算方法均可实现线性化处理。线性化方法分类如图 8-2-8 所示。

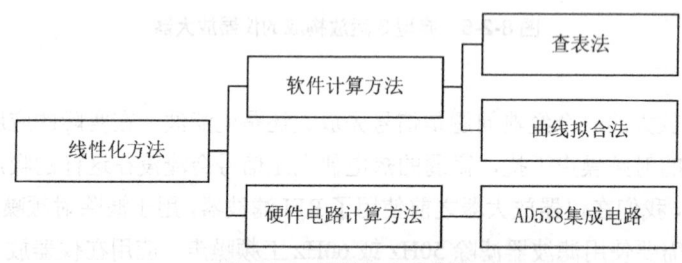

图 8-2-8 线性化方法分类

（1）较为理想的硬件电路计算方法可通过 AD538 集成电路来实现，该集成电路为实时计算电路提供精确的模拟乘法、除法和指数运算功能。AD538 集成电路具有低输入和输出失调电压及出色的线性度，可以在非常宽的输入动态范围内执行精确运算。

（2）软件计算方法有查表法和曲线拟合法两种。查表法实质是将分度表保存在微控制器的存储器中，缺点是占用内存太大。曲线拟合法是利用热电动势与温度的函数关系，通过公式计算实现的。在 LabVIEW 中编写曲线拟合程序也可达到此目的。

5．基准点补偿

由于冷端补偿方法（见图 8-2-7）需要将冷端温度保持为 0℃，这在实际测量中极不方便。可将此法改进，若知道冷端的实际温度，将热电偶的输出电压减去冷端的实际温度，也可同样实现冷端补偿。基准点补偿如图 8-2-9 所示。

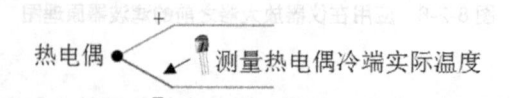

图 8-2-9 基准点补偿

6．信号调理集成电路解决方案

上述内容是采用不同方法、模块组成的热电偶信号调理步骤，目前 AD、MAXIM 等公司还提供了易于使用的信号调理集成电路解决方案，如 AD594（J 型热电偶）/AD595（K 型热电偶）集成电路提供了冷端补偿、放大、断线检测功能。AD594/AD595 集成电路功能框图如图 8-2-10 所示。

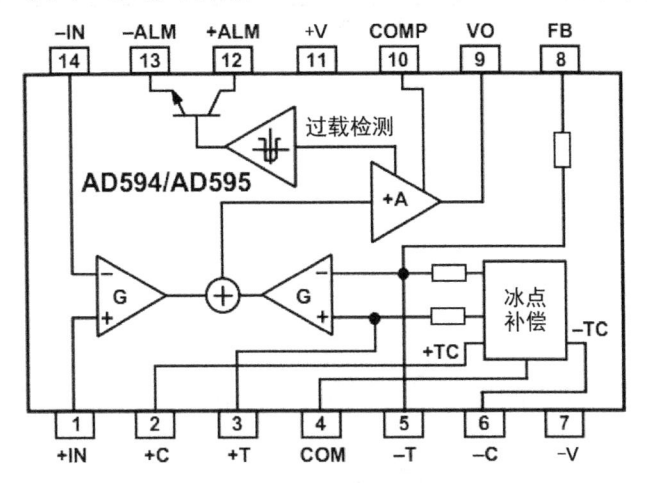

图 8-2-10　AD594/AD595 集成电路功能框图

8.2.5　材料准备

测量温度之前，准备好如表 8-2-4 所示的材料方可开始实践。

表 8-2-4　材料清单

序　号	名　称	外　形	数　量	用　途
1	K 型热电偶		1	温度传感器
2	INA102（AD620、AD8266）仪器放大器		1	放大热电偶的微弱电压信号
3	滤波器		1	滤除热电偶信号放大前引入的射频噪声和放大后引入的工频噪声
4	AD592 及测温电路（可选）		1	测量热电偶冷端实际温度
5	9V 层叠电池		4	为调理电路供电

续表

序号	名称	外形	数量	用途
5	杜邦线		若干	连接测量电路
6	便携式数据采集设备 myDAQ		1	与测量电路配合构成虚拟仪器测量系统
7	TLA-004 传感器课程实验套件		1	包含测量程序的传感器测量解决方案

8.2.6 元器件概览

（1）K 型热电偶：测量温度所需的温度传感器，选择 K 型铠装式热电偶即可。

（2）仪器放大器：TI 公司生产的 INA102 仪器放大器，ADI 公司生产的 AD620 仪器放大器、AD8266 仪器放大器都是性能非常不错的仪器放大器，具有很高的共模抑制比。通过配置可实现 ×1、×10、×100、×1000 增益，适合热电偶微弱电压测量应用与后续计算。INA102 仪器放大器的引脚如图 8-2-11 所示。

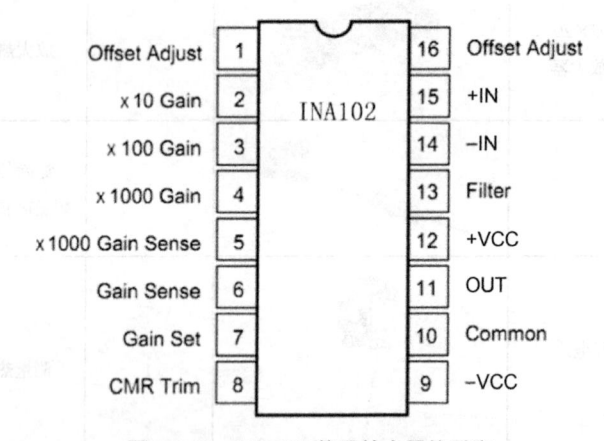

图 8-2-11 INA102 仪器放大器的引脚

（3）滤波器：是由电阻和电容构成滤波电路，结构简单、抗干扰能力强，容易选择标准的阻容元件。

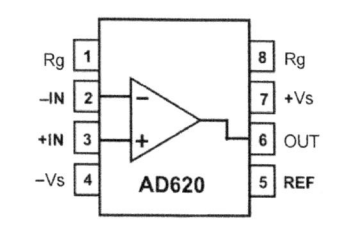

图 8-2-12　AD620 仪器放大器引脚

8.2.7　动手实践

1．电路原理图

图 8-2-13 为 K 型热电偶与 AD620 仪器放大器可调增益的电路原理图。

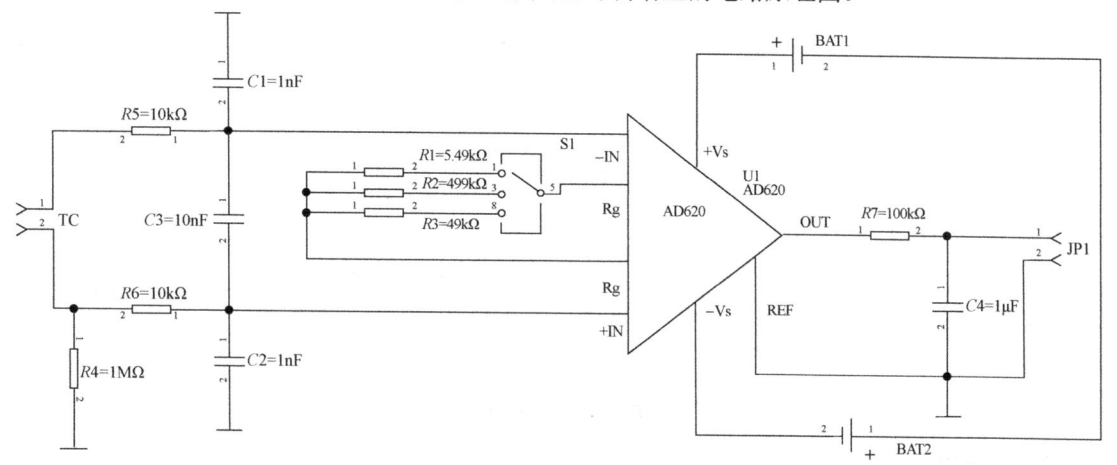

图 8-2-13　K 型热电偶与 AD620 仪器放大器可调增益的电路原理图

2．面包板仿真连接

下载本书的示例资源包，打开 K 型热电偶温度测量 Fritzing 项目文件，进行面包板仿真连接训练，如图 8-2-14 所示。

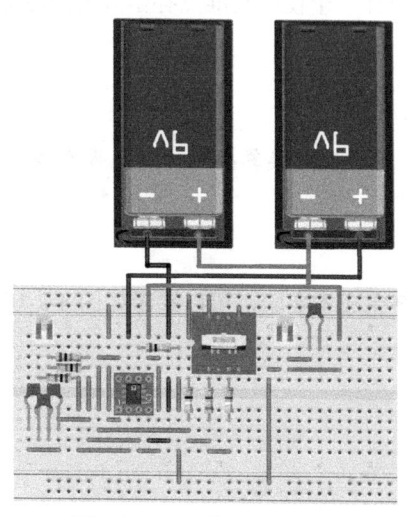

图 8-2-14　面包板仿真训练

3. 面包板实物连接训练

使用一块尺寸为 165×55×10（单位：mm）的面包板及如表 8-2-4 所示的元器件，遵照如图 8-2-14 所示连接方法完成 K 型热电偶测温电路元器件的连接。

8.2.8 TLA-004 套件测量训练

1. 准备工作

遵循如图 7-1-9 所示的 ELVIS 使用前的准备工作，做好实验测量的准备。

2. 连接电路（连线）

参看如图 8-2-15 所示连线图，在 TLA-004 实验套件上使用杜邦线进行连线。

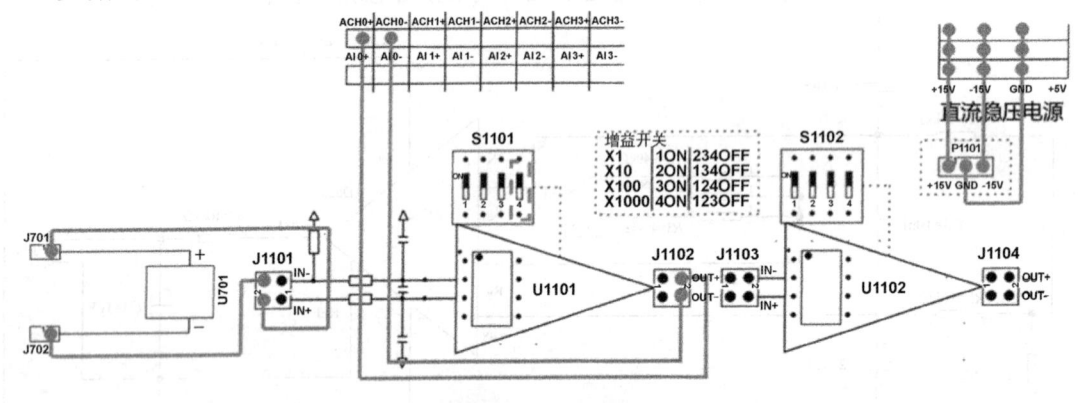

图 8-2-15　接线图

3. 想一想

在测量之前思考下列问题：

（1）热电偶输出的微弱热电动势信号应该是先进行放大再滤波，还是先滤波再放大？

（2）如何计算 AD620 仪器放大器放大倍数相关的电阻 R_G？

（3）利用上述实验条件，设计一个使用基准点补偿方式的冷端补偿热电偶测温方案。

4. 编程练习

【练习 8-2】

使用 DAQ 助手编写程序，设计温度换算公式，实现带冷端补偿（AD592 集成电路）的 K 型热电偶测温实验程序。

5. 实验程序参考结果

若使用 TLA-004E 实验程序完成本实验，可以参考如图 8-2-16 所示的结果。

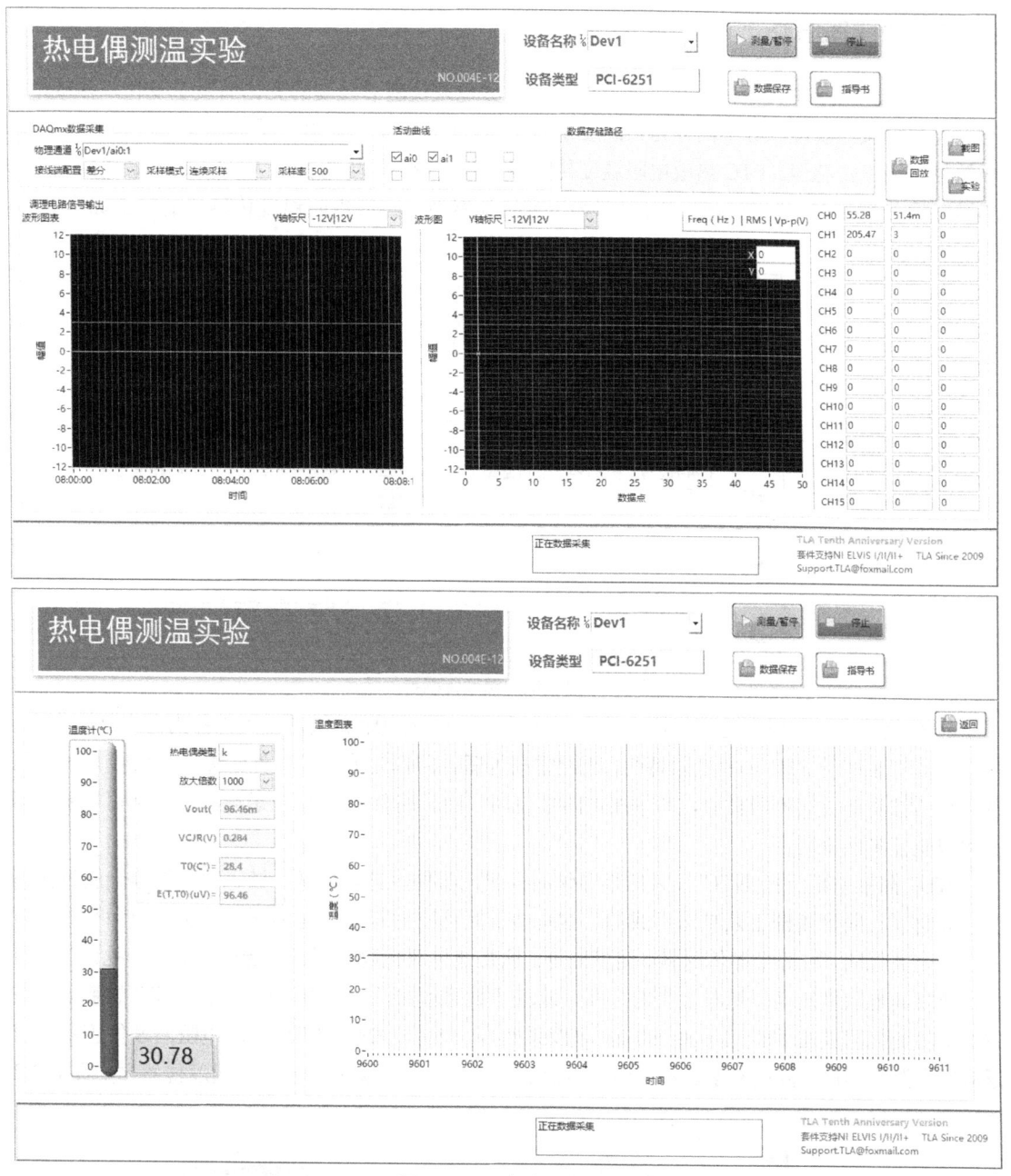

图 8-2-16　实验参考结果

8.3　使用 NTC 热敏电阻温度传感器测量温度

8.3.1　实践要求

- 掌握 NTC 热敏电阻温度传感器的测温原理。
- 掌握 NTC 热敏电阻温度传感器温度测量数据采集程序的编写方法。

8.3.2 传感器简介

热敏电阻顾名思义就是对温度敏感的电阻。其电阻值随着温度的变化而发生变化，热敏电阻温度传感器按照温度系数不同分为正温度系数（PTC）热敏电阻温度传感器和负温度系数（NTC）热敏电阻温度传感器。PTC 热敏电阻温度传感器在温度越高时电阻值越大，NTC 热敏电阻温度传感器在温度越高时电阻值越低，它们都属于半导体器件。热敏电阻温度传感器的特点如图 8-3-1 所示。

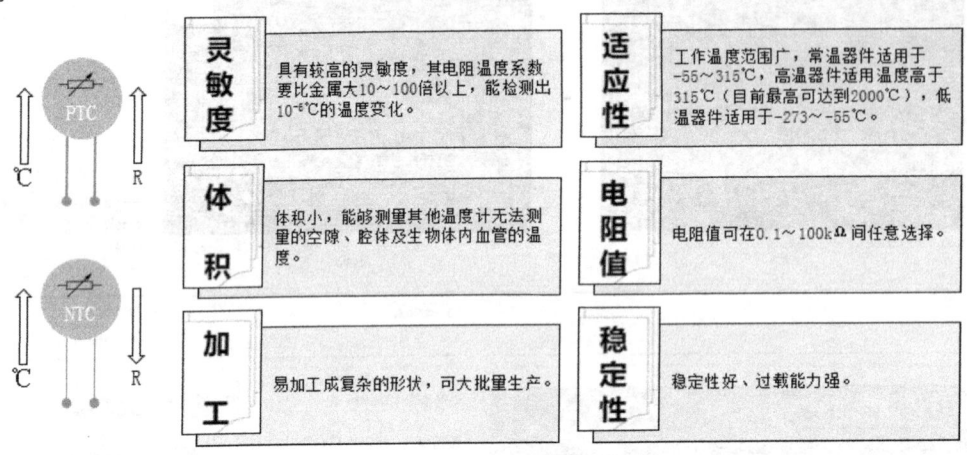

图 8-3-1　热敏电阻温度传感器的特点

PTC 热敏电阻常用于过流保护，其中高分子 PTC 热敏电阻又经常被人们称为自恢复熔断器，由于它具有独特的 PTC 热敏电阻特性，因此它极为适合用作过流保护器件。高分子 PTC 热敏电阻的使用方法与普通熔断器类似，串联在电路中使用。由于高分子 PTC 热敏电阻的电阻可恢复，因此可以重复多次使用。

NTC 热敏电阻泛指 NTC 很大的半导体材料或元器件，它是以锰、钴、镍和铜等金属氧化物为主要材料，采用陶瓷工艺制造而成的。这些金属氧化物材料都具有半导体性质，因为在导电方式上完全类似锗、硅等半导体材料。温度低时，这些金属氧化物材料的载流子（电子和孔穴）数目少，所以其电阻值较高；随着温度的升高，载流子数目增加，所以电阻值降低。NTC 热敏电阻在室温下的变化范围在 100～1 000 000Ω，温度系数为-6.5%～-2%。NTC 热敏电阻温度传感器可广泛应用于温度测量、温度补偿、抑制浪涌电流等场合。几种常见的热敏电阻温度传感器如图 8-3-2 所示。

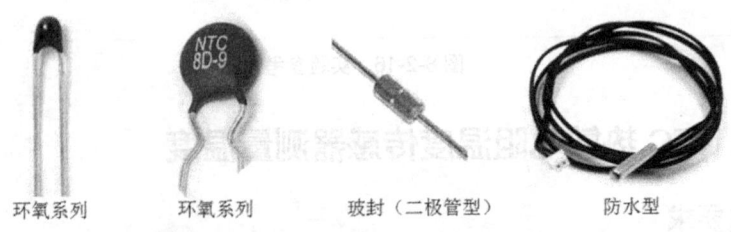

图 8-3-2　几种常见的热敏电阻温度传感器

8.3.3 测温原理

热敏电阻温度传感器的电阻－温度特性可用公式表示为

$$R_T = R_0 \times \exp B\left(\frac{1}{T} - \frac{1}{T_0}\right)$$

式中，T_0 表示基准温度（K），与实际温度无关，通常将该温度规定为 0℃或室温 25℃；R_T 表示在温度 T（K）时的 NTC 热敏电阻温度传感器的电阻值，采用引起电阻值变化相对于总的测量误差来说可以忽略不计的测量功率测得的电阻值；R_0 表示在规定温度 T_0（K）时的 NTC 热敏电阻温度传感器的电阻值，R_{25}（额定零功率电阻值）：根据国标规定，额定零功率电阻值是 NTC 热敏电阻温度传感器在基准温度 25℃时测得的电阻值 R_{25}，这个电阻值就是 NTC 热敏电阻温度传感器的标称电阻值；B 表示 T 和 T_N 两温度之间电阻值变化的常数（NTC 热敏电阻温度传感器的材料常数），又称为热敏指数，该值越大表明每变化 1℃引起的电阻值变化越大；exp 表示以自然数 e 为底的指数，e=2.71828……。

该式是经验公式，只在额定温度 T_N 或额定电阻值 R_N 的有限范围内才具有一定的精确度，因为材料常数 B 本身也是温度 T 的函数，如图 8-3-3 所示。这也意味着要想测量热敏电阻温度传感器的电阻值，可以通过公式换算就能得到测得的温度。

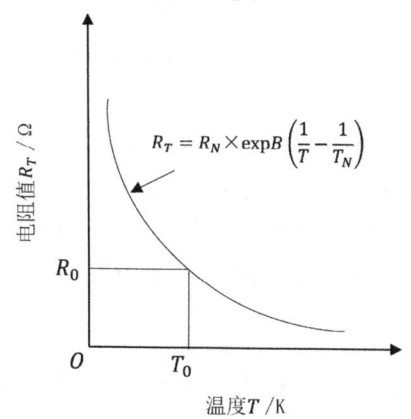

图 8-3-3 NTC 热敏电阻温度传感器的温度—电阻特性曲线

材料常数（热敏指数）B 被定义为

$$B = \frac{T_1 T_2}{T_2 - T_1} \ln \frac{R_{T1}}{R_{T2}}$$

式中，R_{T1} 表示温度 T_1（K）时的零功率电阻值；R_{T2} 表示温度 T_2（K）时的零功率电阻值；T_1、T_2 表示两个被指定的温度（K）。

由该公式可知，B 值可由任意两个温度之间的电阻值测得，通常两个温度可设置为 25℃和 85℃，或者 0℃和 100℃。为了显示 B 值的测量温度，也可记为 $B_{25/85℃}$。

常用的 NTC 热敏电阻温度传感器，其 B 值范围一般为 2000~6000K。B 值越大，NTC 热敏电阻温度传感器的灵敏度越高。

零功率电阻温度系数（α）为在规定温度下，NTC 热敏电阻温度传感器的零功率电阻值的相对变化与引起该变化的温度变化值的比值。

$$\alpha = \frac{1}{R_T} \times \frac{dR_T}{dT} = -\frac{B}{T^2}$$

式中，α 表示温度 T（K）时的零功率电阻温度系数；R_T 表示温度 T（K）时的零功率电阻值；T 表示温度（K）；B 表示材料常数。

B 通常认为是恒定不变的常数，实际情况中 B 值会随温度升高而增大。尤其是电阻值较小的热敏电阻，B 值将在超过某个温度后开始增大。所以实际使用中 B 值是存在变化的，若要在高精度场合使用，需要对热敏电阻温度传感器的电阻—温度特性计算公式进行补偿。

耗散系数（δ）：由于热敏电阻温度传感器在工作时会有电压、电流经过，因此将产生热量，从而影响测量温度的变化。在规定环境温度下，NTC 热敏电阻温度传感器的耗散系数是电阻中耗散的功率变化与电阻体相应的温度变化的比值。

对于精度要求高的场合，必须尽可能减小热敏电阻自身发热带来的影响，可采取降低输入电压的方法，但会导致输出电压降低。建议选用电阻值大的热敏电阻温度传感器的同时降低自身消耗功率。

$$\delta = \frac{\Delta P}{\Delta T}$$

式中，δ 表示 NTC 热敏电阻温度传感器的耗散系数（mW/K）；P 表示 NTC 热敏电阻温度传感器消耗的功率（mW）；T 表示 NTC 热敏电阻温度传感器消耗功率 ΔP 时，电阻体相应的温度变化（K）。

热时间常数（τ）：在零功率条件下，当温度突变时，热敏电阻温度传感器的温度变化了始末两个温度差的 63%时所需的时间，热时间常数与 NTC 热敏电阻温度传感器的热容量成正比，与其耗散系数成反比。

简单地说，经过热时间常数 τ 的 5 倍时间，温差（T_2-T_1）可以缩小到 99%以内。经过热时间常数 τ 的 7 倍时间，温差（T_2-T_1）可以缩小到 99.9%以内。所以把 5τ 和 7τ 作为一个指标参考。越是小型的热敏电阻温度传感器，热时间常数也越小，响应速度也就越快。若要减少响应时间的滞后，则需要使用热时间常数 τ 小的小型热敏电阻温度传感器。

$$\tau = \frac{C}{\delta}$$

式中，τ 表示热时间常数（s）；C 表示 NTC 热敏电阻温度传感器的热容量；δ 表示 NTC 热敏电阻温度传感器的耗散系数。

NTC 热敏电阻温度传感器的温度—阻值对照表如表 8-3-1 所示。

表 8-3-1　NTC 热敏电阻温度传感器（10kΩ，B=3380K）的温度—阻值对照表

温度 T_N/℃	阻值 R_T/kΩ	温度 T_N/℃	阻值 R_T/kΩ	温度 T_N/℃	阻值 R_T/kΩ	温度 T_N/℃	阻值 R_T/kΩ
−40	235.830 755 93	−27	109.669 807 11	−14	55.072 414 241	−1	29.536 626 693
−39	221.672 409 81	−26	103.742 810 93	−13	52.379 425 349	0	28.223 725 086
−38	208.473 826 02	−25	98.180 087 362	−12	49.837 252 709	1	26.978 129 124
−37	196.163 056 94	−24	92.956 753 436	−11	47.436 463 044	2	25.795 966 881
−36	184.674 034 87	−23	88.049 786 313	−10	45.168 271 181	3	24.673 611 964
−35	173.946 053 64	−22	83.437 872 835	−9	43.024 491 729	4	23.607 666 567
−34	163.923 299 12	−21	79.101 272 1	−8	40.997 494 622	5	22.594 945 784
−33	154.554 423 76	−20	75.021 689 902	−7	39.080 164 223	6	21.632 463 086
−32	145.792 160 68	−19	71.182 163 924	−6	37.265 861 65	7	20.717 416 866
−31	137.592 973 52	−18	67.566 958 717	−5	35.548 390 08	8	19.847 177 965
−30	129.916 738 43	−17	64.161 469 566	−4	33.921 962 772	9	19.019 278 111
−29	122.726 455 06	−16	60.952 134 444	−3	32.381 173 574	10	18.231 399 185
−28	115.98 798 39	−15	57.926 353 332	−2	30.920 969 714	11	17.481 363 273

续表

温度 T_N/°C	阻值 R_T/kΩ	温度 T_N/°C	阻值 R_T/kΩ	温度 T_N/°C	阻值 R_T/kΩ	温度 T_N/°C	阻值 R_T/kΩ
12	16.767 123 414	41	5.613 649 331 8	70	2.261 276 335	99	1.049 557 668 7
13	16.086 755 023	42	5.425 234 403 6	71	2.197 473 73	100	1.024 320 132 3
14	15.438 447 903	43	5.244 275 879 2	72	2.135 825 525 5	101	0.999 819 529 32
15	14.820 498 836	44	5.070 437 823	73	2.076 248 134 1	102	0.976 030 918 12
16	14.231 304 683	45	4.903 401 159 8	74	2.018 661 605 4	103	0.952 930 309 45
17	13.669 355 966	46	4.742 862 746 4	75	1.962 989 450 9	104	0.930 494 626 25
18	13.133 230 897	47	4.588 534 498 3	76	1.909 158 479 3	105	0.908 701 665 15
19	12.621 589 814	48	4.440 142 568 8	77	1.857 098 639 1	106	0.887 530 059 82
20	12.133 170 007	49	4.297 426 576 2	78	1.806 742 870 2	107	0.866 959 246 02
21	11.666 780 884	50	4.160 138 876 9	79	1.758 026 962 9	108	0.846 969 428 17
22	11.221 299 475	51	4.028 043 881	80	1.710 889 424 4	109	0.827 541 547 5
23	10.795 666 238	52	3.900 917 407 4	81	1.665 271 351 4	110	0.808 657 251 66
24	10.388 881 138	53	3.778 546 077 4	82	1.621 116 31	111	0.790 298 865 64
25	10	54	3.660 726 742 1	83	1.578 370 221 4	112	0.772 449 364 06
26	9.628 131 096	55	3.547 265 943 7	84	1.536 981 253 3	113	0.755 092 344 67
27	9.272 431 958 5	56	3.437 979 407 1	85	1.496 899 716 6	114	0.738 212 003 02
28	8.932 106 405 5	57	3.332 691 560 9	86	1.458 077 967 8	115	0.721 793 108 32
29	8.606 401 758 8	58	3.231 235 084 9	87	1.420 470 315 6	116	0.705 820 980 28
30	8.294 606 243 6	59	3.133 450 483 9	88	1.384 032 932 8	117	0.690 281 467 03
31	7.996 046 555 7	60	3.039 185 685 2	89	1.348 723 772 1	118	0.675 160 924 04
32	7.710 085 586	61	2.948 295 658 1	90	1.314 502 486	119	0.660 446 193 85
33	7.436 120 290 7	62	2.860 642 055 5	91	1.281 330 351 2	120	0.646 124 586 83
34	7.173 579 696 9	63	2.776 092 874 8	92	1.249 170 195 9	121	0.632 183 862 63
35	6.921 923 034 6	64	2.694 522 137 2	93	1.217 986 331 4	122	0.618 612 212 57
36	6.680 637 987 4	65	2.615 809 585 5	94	1.187 744 486 1	123	0.605 398 242 68
37	6.449 239 051 6	66	2.539 840 398	95	1.158 411 743 9	124	0.592 530 957 52
38	6.227 265 999 4	67	2.466 504 917 2	96	1.129 956 484 3	125	0.579 999 744 72
39	6.014 282 436 2	68	2.395 698 394 7	97	1.102 348 326 5	126	0.567 794 360 07
40	5.809 874 448	69	2.327 320 748 8	98	1.075 558 075	127	0.555 904 913 42

8.3.4 基本电路

1. 线性化

NTC 热敏电阻温度传感器的温度－电阻特性并不呈线性关系，通过如图 8-3-4 所示的方法可实现线性化，但在一定温度范围内会造成灵敏度下降。

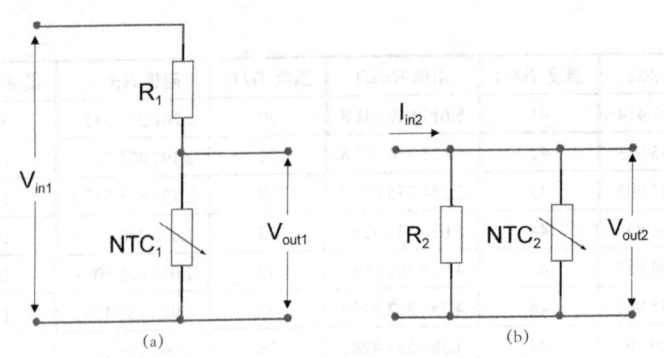

图 8-3-4 NTC 热敏电阻温度传感器线性化方法

2. 串联分压

根据前面的知识，若要获得热敏电阻温度传感器测得的温度，需要知道随温度变化而变化的热敏电阻温度传感器的电阻值，可用直接用万用表的欧姆挡测量测量电阻。也可以通过相应的电路转换获得热敏电阻温度传感器两端的电压，再由欧姆定律 $R = \dfrac{U}{I}$ 得到电阻值。电压模式即串联分压的基本电路形式，如图 8-3-4（a）。

如图 8-3-5 所示，NTC 热敏电阻温度传感器和精密电阻 R 构成了一个简单的串联分压电路。

参考电压 V 经过分压可以得到一个电压随温度变化而变化的数值，该电压的大小能反应 NTC 热敏电阻温度传感器电阻的大小，也能反应相应的温度值。V_{out} 端可以送入数据采集设备（卡）的模拟输入（Analog Input）通道，由软件计算、换算得到温度。

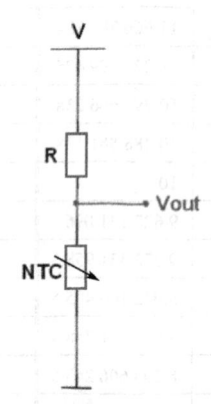

图 8-3-5 串联分压典型电路典型电路

$$V_{out} = V \times \dfrac{R}{R + R_{NTC}}$$

3. 惠斯通电桥法

惠斯通电桥又称为单臂电桥，是一种可以精确测量电阻的电路结构。电阻 R_a、R_b、R_c、NTC 是电桥的 4 个桥臂，G 为检流计，用以检查它所在的支路有无电流。当 G 无电流通过时，电桥达到平衡。平衡时，4 个桥臂的电阻值满足对角的电阻乘积相等这一简单的关系，利用这一关系就可测量电阻，如图 8-3-6 所示。

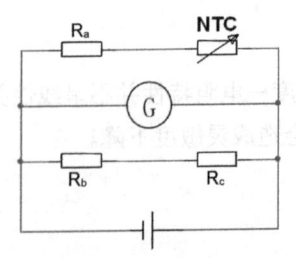

图 8-3-6 惠斯通电桥法

4. 恒流源法

利用恒流源电流恒定的特性，将恒流源与 NTC 热敏电阻温度传感器串联，测出 NTC 热敏电阻温度传感器两端的电压就可以得到 NTC 热敏电阻温度传感器的电阻值，如图 8-3-7 所示。

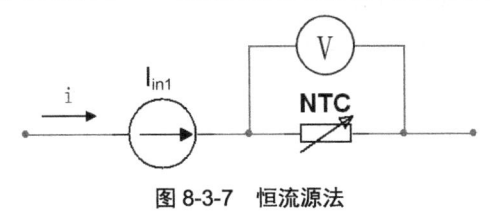

图 8-3-7 恒流源法

8.3.5 材料准备

测量温度之前，准备好如表 8-3-2 所示的材料方可开始实践。

表 8-3-2 材料清单

序 号	名 称	外 形	数 量	用 途
1	NTC 热敏电阻温度传感器（B=3950K）		1	温度传感器
2	数字万用表		1	通过欧姆挡测量热敏电阻温度传感器的电阻值
3	鳄鱼夹表笔线		1	万用表附件
4	杜邦线		若干	连接测量电路
5	便携式数据采集设备 myDAQ		1	与测量电路配合构成虚拟仪器测量系统
6	TLA-004 传感器课程实验套件		1	包含测量程序的传感器测量解决方案

8.3.6 元器件概览

（1）NTC 热敏电阻温度传感器：测量温度所需的负温度系数热敏电阻温度传感器，选择环氧系列、R_{25} 为 10kΩ、B 值为 3850 的热敏电阻温度传感器。

（2）数字万用表：使用欧姆挡测量 NTC 热敏电阻温度传感器的电阻值，直读测量的电阻值。

（3）鳄鱼夹表笔线：与数字万用表配套使用，可靠连接 NTC 热敏电阻温度传感器的引脚。

8.3.7 动手实践

1. 电路原理图

用数字万用表欧姆挡测量 NTC 热敏电阻温度传感器的阻值，其电路原理图如图 8-3-8 所示。

2. 面包板仿真连接

下载本书的示例资源包，打开 NTC 热敏电阻温度传感器测温度测量 Fritzing 项目文件，进行面包板仿真连接训练，如图 8-3-9 所示。

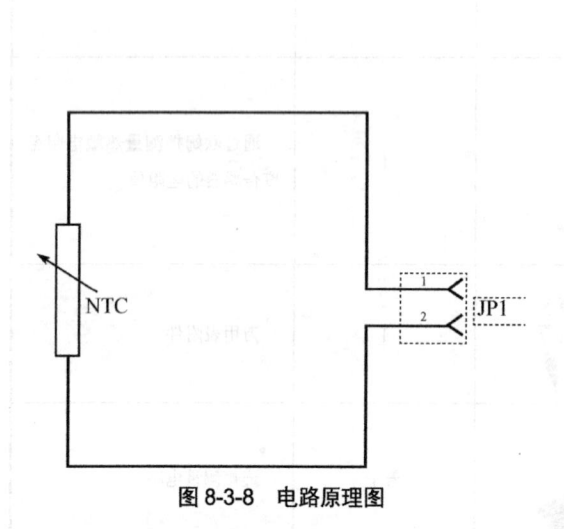

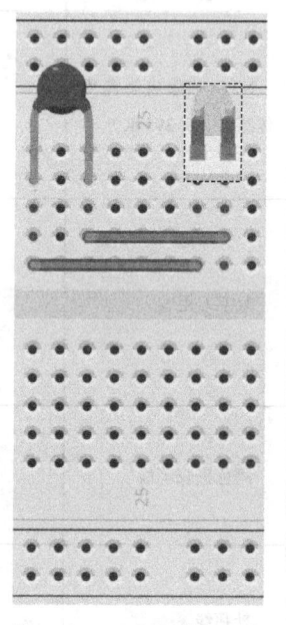

图 8-3-8　电路原理图　　　　　图 8-3-9　面包板仿真训练

3. 面包板实物连接训练

使用一块尺寸为 165×55×10（单位：mm）的面包板及如表 8-3-2 所示的元器件，遵照如图 8-3-9 所示连接方法完成 NTC 热敏电阻温度传感器测温电路元器件的连接。

8.3.8 TLA-004 套件测量训练

1. 准备工作

遵循如图 7-1-9 所示的 ELVIS 使用前的准备工作，做好实验测量的准备。

2. 连接电路（连线）

参看图 8-3-10，在 TLA-004 实验套件上使用串联电阻法进行连线。

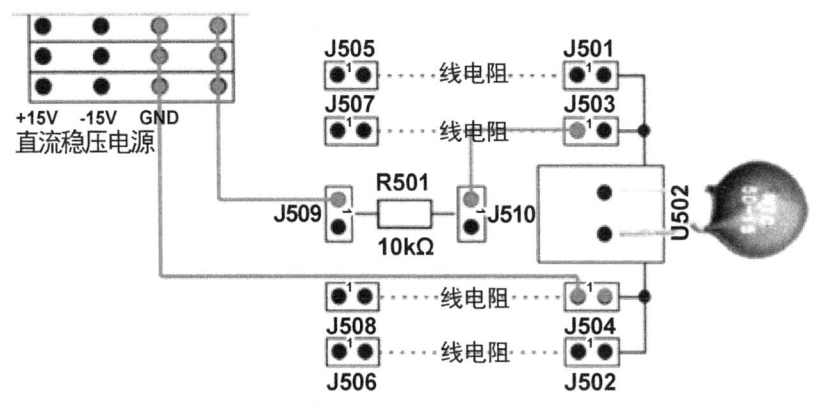

图 8-3-10 接线图

3．想一想

（1）如果要使用 NTC 热敏电阻温度传感器进行远距离测温，那么如何利用如图 8-3-10 所示装置提高测量精度？

（2）能否设计 3 线制、4 线制 NTC 热敏电阻温度传感器测温的具体思路方法？

4．编程练习

【练习 8-3】

使用 DAQ 助手编写程序，设计温度换算公式，实现 NTC 热敏电阻温度传感器测温实验程序。

5．实验程序参考结果

若使用 TLA-004E 实验程序完成本实验，可以参考如图 8-3-11 所示的结果。

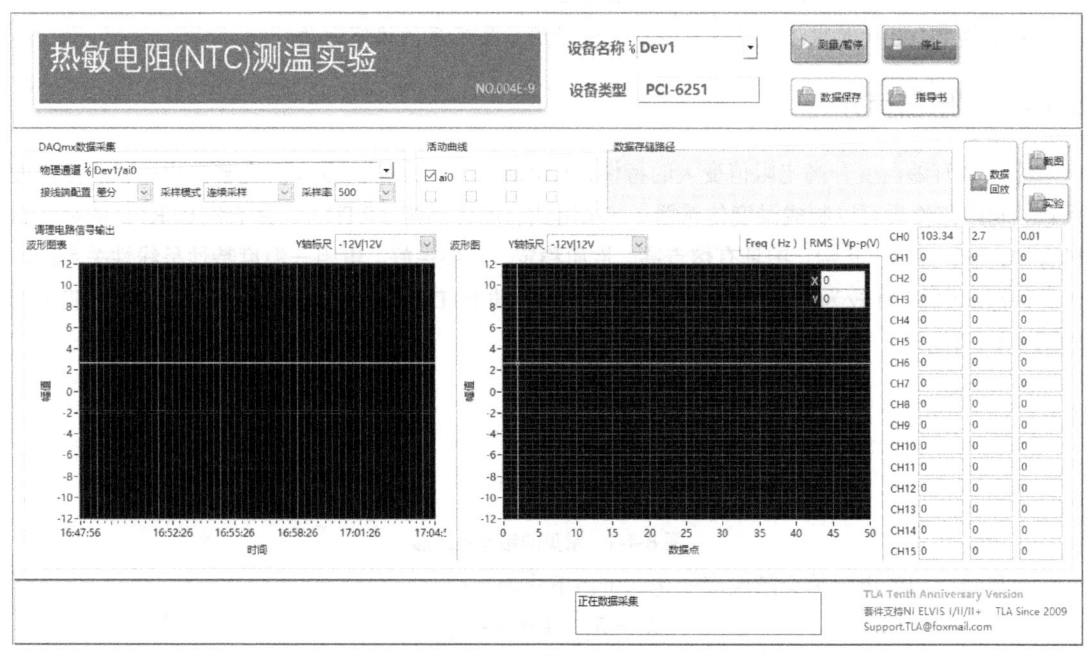

图 8-3-11 实验参考结果

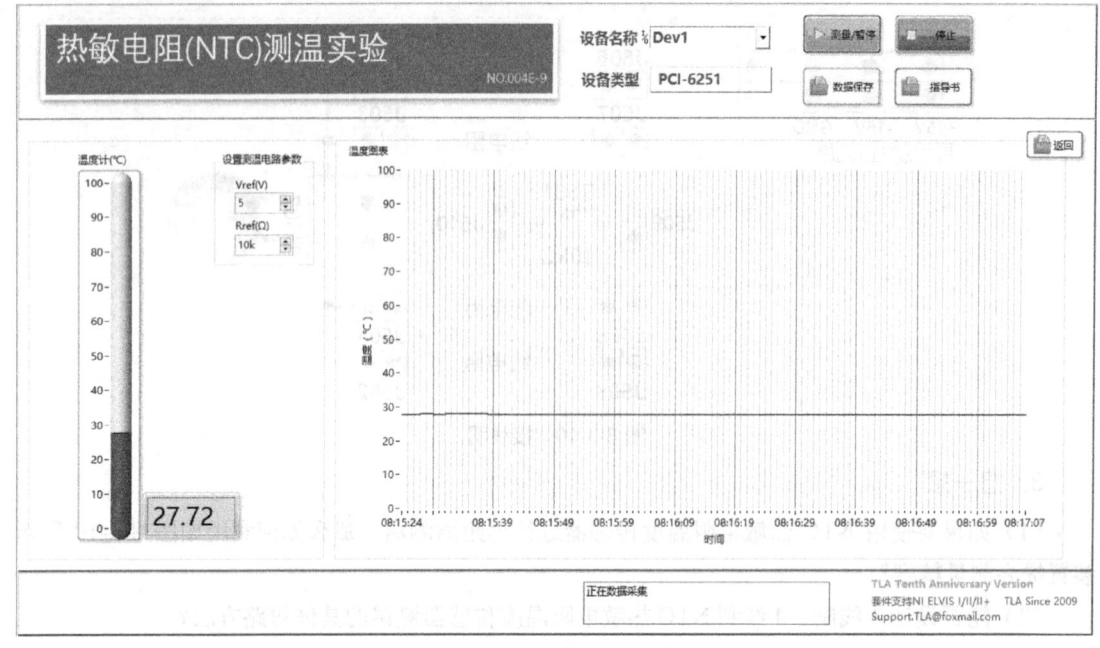

图 8-3-11 实验参考结果（续）

8.4 使用铂电阻温度传感器测量温度

8.4.1 实践要求

- 掌握 Pt100 铂电阻温度传感器的测温原理。
- 掌握 Pt100 铂电阻温度传感器温度测量数据采集程序的编写方法。

8.4.2 传感器简介

金属具有随温度升高电阻值变大的特性，与 PTC 热敏电阻性质类似，金属热电阻具有正温度系数。利用该性质可以制成温度传感器——电阻式温度传感器（RTD）。适合制成 RTD 的金属材料有铂、铜、镍等。其中，铂具有熔点高、性质稳定、延展性好、电阻－温度特性呈线性关系的特点。铂是制作 RTD 较为合适的材料，用铂材料制成的 RTD 称为铂电阻 RTD。常见的铂电阻外形如图 8-4-1 所示。

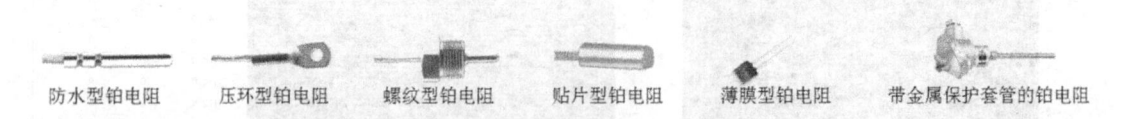

图 8-4-1 常见的铂电阻外形

金属热电阻的电阻值会随温度变化，可由下式表示：

$$R_t = R_0 \left[1 + \alpha (t - t_0) \right]$$

式中，R_t 表示金属热电阻在 t℃时的电阻值；R_0 表示金属热电阻在 t_0℃时的电阻值；α 表示金属热电阻的温度系数（1/℃）；t 表示被测温度（℃）。

由于绝大多数金属的温度系数不是常数，会随温度变化而变化，只能在一定的温度范围内，近似看作一个常数。对于通金属的导体，温度系数保持常数所对应的温度是不同的，而且要求温度的范围小于该导体能够工作的温度范围。温度系数小的铂电阻易于制造，价格较温度系数大的铂电阻便宜。

8.4.3 测温原理

按照国际电工委员会 IED751 国际标准，依据温度系数 TCR=0.003 851、Pt100（R_0=100Ω）、Pt1000（R_0=1000Ω）标准设计铂电阻温度传感器。

铂电阻温度传感器的温度测量范围若处于 0~600℃时，可用下式表示：

$$R_t = R_0 \left(1 + At + Bt^2\right)$$

若处于-200~0℃温度范围时，则可用下式表示：

$$R_t = R_0 \left[1 + At + Bt^2 + C(t-100)t^3\right]$$

式中，R_t 表示温度为 t℃时的电阻值；R_0 表示温度为 0℃时的电阻值；t 表示任意温度值（℃）；A、B、C 表示分度系数（如 Pt100 TCR=0.003 851 时，分度系数 A=3.968 47×10^{-3}℃$^{-1}$，B=-5.847×10^{-7}℃$^{-2}$，C=-4.22×10^{-12}℃$^{-4}$）

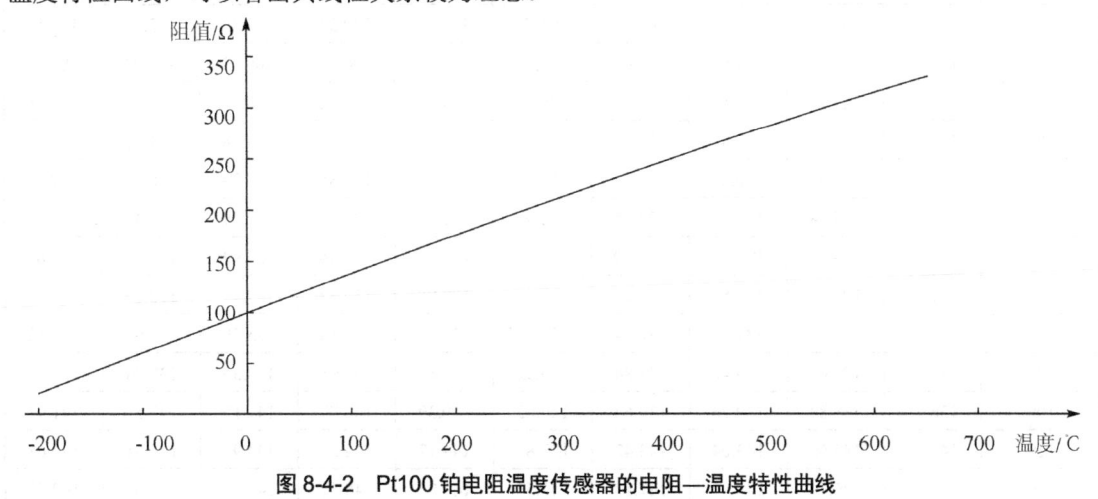

表 8-4-1 为 Pt100 铂电阻温度传感器的分度表；图 8-4-2 为 Pt100 铂电阻温度传感器的电阻—温度特性曲线，可以看出其线性关系较为理想。

图 8-4-2 Pt100 铂电阻温度传感器的电阻—温度特性曲线

表 8-4-1 Pt100 铂电阻温度传感器的分度表

温度/℃	电阻/Ω，R_0=100.00Ω									
	0	1	2	3	4	5	6	7	8	9
-200	18.49	—	—	—	—	—	—	—	—	—
-190	22.8	22.37	21.94	21.51	21.08	20.65	20.22	19.79	19.36	18.93
-180	27.08	26.65	26.23	25.8	25.37	24.94	24.52	24.09	23.66	23.23
-170	31.32	30.9	30.47	30.05	29.63	29.2	28.78	28.35	27.93	27.5
-160	35.53	35.11	34.69	34.27	33.85	33.43	33.01	32.59	32.16	31.74

续表

温度/℃	电阻/Ω, R_0=100.00Ω									
	0	1	2	3	4	5	6	7	8	9
−150	39.71	39.3	38.88	38.46	38.04	37.63	37.21	36.79	36.37	35.95
−140	43.87	43.45	43.04	42.63	42.21	41.79	41.38	40.96	40.55	40.13
−130	48	47.59	47.18	46.76	46.35	45.94	45.52	45.11	44.7	44.28
−120	52.11	51.7	51.2	50.88	50.47	50.06	49.64	49.23	48.82	48.41
−110	56.19	55.78	55.38	54.97	54.56	54.15	53.74	53.33	52.92	52.52
−100	60.25	59.85	59.44	59.04	58.63	58.22	57.82	57.41	57	56.6
−90	64.3	63.9	63.49	63.09	62.68	62.28	61.87	61.47	61.06	60.66
−80	68.33	67.92	67.52	67.12	66.72	66.31	65.91	65.51	65.11	64.7
−70	72.33	71.93	71.53	71.13	70.73	70.33	69.93	69.53	69.13	68.73
−60	76.33	75.93	75.53	75.13	74.73	74.33	73.93	73.53	73.13	72.73
−50	80.31	79.91	79.51	79.11	78.72	78.32	77.92	77.52	77.13	76.73
−40	84.27	83.88	83.48	83.08	82.69	82.29	81.89	81.5	81.1	80.7
−30	88.22	87.83	87.43	87.04	86.64	86.25	85.85	85.46	85.06	84.67
−20	92.16	91.77	91.37	90.98	90.59	90.19	89.8	89.4	89.01	88.62
−10	96.09	95.69	95.3	94.91	94.52	94.12	93.75	93.34	92.95	92.55
0	100	99.61	99.22	98.83	98.44	98.04	97.65	97.26	96.87	96.48
0	100	100.39	100.78	101.17	101.56	101.95	102.34	102.73	103.12	103.51
10	103.9	104.29	104.68	105.07	105.46	105.85	106.24	106.63	107.02	107.4
20	107.79	108.18	108.57	108.96	109.35	109.73	110.12	110.51	110.9	111.28
30	111.67	112.06	112.45	112.83	113.22	113.61	113.99	114.38	114.77	115.15
40	115.54	115.93	116.31	116.7	117.08	117.47	117.85	118.24	118.62	119.01
50	119.4	119.78	120.16	120.55	120.93	121.32	121.7	122.09	122.47	122.86
60	123.24	123.62	124.01	124.39	124.77	125.16	125.54	125.92	126.31	126.69
70	127.07	127.45	127.84	128.22	128.6	128.98	129.37	129.75	130.13	130.51
80	130.89	131.27	131.66	132.04	132.42	132.8	133.18	133.56	133.94	134.32
90	134.7	135.08	135.46	135.84	136.22	136.6	136.98	137.36	137.74	138.12
100	138.5	138.88	139.26	139.64	140.02	140.39	140.77	141.15	141.53	141.91
110	142.29	142.66	143.04	143.42	143.8	144.17	144.55	144.93	145.31	145.68
120	146.06	146.44	146.81	147.19	147.57	147.94	148.32	148.7	149.07	149.45
130	149.82	150.2	150.57	150.95	151.33	151.7	152.08	152.45	152.83	153.2
140	153.58	153.95	154.32	154.7	155.07	155.45	155.82	156.19	156.57	156.94
150	157.31	157.69	158.06	158.43	158.81	159.18	159.55	159.93	160.3	160.67
160	161.04	161.42	161.79	162.16	162.53	162.9	163.27	163.65	164.02	164.39
170	164.76	165.13	165.5	165.87	166.14	166.61	166.98	167.35	167.72	168.09
180	168.46	168.83	169.2	169.57	169.94	170.31	170.68	171.05	171.42	171.79
190	172.16	172.53	172.9	173.26	173.63	174	174.37	174.74	175.1	175.47
200	175.84	176.21	176.57	176.94	177.31	177.68	178.04	178.41	178.78	179.14
210	179.51	179.88	180.24	180.61	180.97	181.34	181.71	182.07	182.44	182.8
220	183.17	183.53	183.9	184.26	184.63	184.99	185.36	185.72	186.09	186.45

续表

温度/°C	电阻/Ω，R_0=100.00Ω									
	0	1	2	3	4	5	6	7	8	9
230	186.82	187.18	187.54	187.91	188.27	188.63	189	189.36	189.72	190.09
240	190.45	190.81	191.18	191.54	191.9	192.26	192.63	192.99	193.35	193.71
250	194.07	194.44	194.8	195.16	195.52	195.88	196.24	196.6	196.96	197.33
260	197.69	198.05	198.41	198.77	199.13	199.49	199.85	200.21	200.57	200.93
270	201.29	201.65	202.01	202.36	202.72	203.08	203.44	203.8	204.16	204.52
280	204.88	205.23	205.59	205.95	206.31	206.67	207.02	207.38	207.74	208.1
290	208.45	208.81	209.17	209.52	209.88	210.24	210.59	210.95	211.31	211.66
300	212.02	212.37	212.73	213.09	213.44	213.8	214.15	214.51	214.86	215.22
310	215.57	215.93	216.28	216.64	216.99	217.35	217.7	218.05	218.41	218.76
320	219.12	219.47	219.82	220.18	220.53	220.88	221.24	221.59	221.94	222.29
330	222.65	223	223.35	223.7	224.06	224.41	224.76	225.11	225.46	225.81
340	226.17	226.52	226.87	227.22	227.57	227.92	228.27	228.62	228.97	229.32
350	229.67	230.02	230.37	230.72	231.07	231.42	231.77	232.12	232.47	232.82
360	233.17	233.52	233.87	234.22	234.56	234.91	235.26	235.61	235.96	236.31
370	236.65	237	237.35	237.7	238.04	238.39	238.74	239.09	239.43	239.78
380	240.13	240.47	240.82	241.17	241.51	241.86	242.2	242.55	242.9	243.24
390	243.59	243.93	244.28	244.62	244.97	245.31	245.66	246	246.35	246.69
400	247.04	247.38	247.73	248.07	248.41	248.76	249.1	249.45	249.79	250.13
410	250.48	250.82	251.16	251.5	251.85	252.19	252.53	252.88	253.22	253.56
420	253.9	254.24	254.59	254.93	255.27	255.61	255.95	256.29	256.64	256.98
430	257.32	257.66	258	258.34	258.68	259.02	259.36	259.7	260.04	260.38
440	260.72	261.06	261.4	261.74	262.08	262.42	262.76	263.1	263.43	263.77
450	264.11	264.45	264.79	265.13	265.47	265.8	266.14	266.48	266.82	267.15
460	267.49	267.83	268.17	268.5	268.84	269.18	269.51	269.85	270.19	270.52
470	270.86	271.2	271.53	271.87	272.2	272.54	272.88	273.21	273.55	273.88
480	274.22	274.55	274.89	275.22	275.56	275.89	276.23	276.56	276.89	277.23
490	277.56	277.9	278.23	278.56	278.9	279.23	279.56	279.9	280.23	280.56
500	280.9	281.23	281.56	281.89	282.23	282.56	282.89	283.22	283.55	283.89
510	284.22	284.55	284.88	285.21	285.54	285.87	286.21	286.54	286.87	287.2
520	287.53	287.86	288.19	288.52	288.85	289.18	289.51	289.84	290.17	290.5
530	290.83	291.16	291.49	291.81	292.14	292.47	292.8	293.13	293.46	293.79
540	294.11	294.44	294.77	295.1	295.43	295.75	296.08	296.41	296.74	297.06
550	297.39	297.72	298.04	298.37	298.7	299.02	299.35	299.68	300	300.33
560	300.65	300.98	301.31	301.63	301.96	302.28	302.61	302.93	303.26	303.58
610	316.8	317.12	317.44	317.76	318.08	318.4	318.72	319.04	319.36	319.68
620	319.99	320.31	320.63	320.95	321.27	321.59	321.91	322.22	322.54	322.86
630	323.18	323.49	323.81	324.13	324.45	324.76	325.08	325.4	325.72	326.03
640	326.35	326.66	326.98	327.3	327.61	327.93	328.25	328.56	328.88	329.19
650	329.51	329.82	330.14	330.45	330.77	331.08	331.4	331.71	332.03	332.34

续表

温度/°C	电阻/Ω, R_0=100.00Ω									
	0	1	2	3	4	5	6	7	8	9
660	332.66	332.97	333.28	333.6	333.91	334.23	334.54	334.85	335.17	335.48
670	335.79	336.11	336.42	336.73	337.04	337.36	337.67	337.98	338.29	338.61
680	338.92	339.23	339.54	339.85	340.16	340.48	340.79	341.1	341.41	341.72
690	342.03	342.34	342.65	342.96	343.27	343.58	343.89	344.2	344.51	344.82
700	345.13	345.44	345.75	346.06	346.37	346.68	346.99	347.3	347.6	347.91
710	348.22	348.53	348.84	349.15	349.45	349.76	350.07	350.38	350.69	350.99
720	351.3	351.61	351.91	352.22	352.53	352.83	353.14	353.45	353.75	354.06
730	354.37	354.67	354.98	355.28	355.59	355.9	356.2	356.51	356.81	357.12
740	357.42	357.73	358.03	358.34	358.64	358.95	359.25	359.55	359.86	360.16
750	360.47	360.77	361.07	361.38	361.68	361.98	362.29	362.59	362.89	363.19
760	363.5	368.8	364.1	364.4	364.71	365.01	365.31	365.61	365.91	366.22
770	366.52	366.82	367.12	367.42	367.72	368.02	368.32	368.63	368.93	369.23
780	369.53	369.83	370.13	370.43	370.73	371.03	371.33	371.63	371.93	372.22
790	372.52	372.82	373.12	373.42	373.72	374.02	374.32	374.61	374.91	375.21
800	375.51	375.81	376.1	376.4	376.7	377	377.2	377.59	377.89	378.19
810	378.48	378.78	379.08	379.37	379.67	379.97	380.26	380.56	380.85	381.15
820	381.45	381.74	382.04	382.33	382.63	382.92	383.22	383.51	383.81	384.1
830	384.4	384.69	384.98	385.28	385.57	385.87	386.16	386.45	386.75	387.04
840	387.34	387.63	387.92	388.21	388.51	388.8	389.09	389.39	389.68	389.97
850	390.26	—	—	—	—	—	—	—	—	—

8.4.4 基本电路

1. 恒流法测量电路

将恒流源与组成一个串联电路，即构成铂电阻的恒流法基本测量电路，其基本测量电路如图 8-4-3 所示。先测量 RTD 两端的电压，再通过公式换算，就能得到测量所需的温度。典型 1mA 恒流源电路原理图如图 8-4-4 所示。

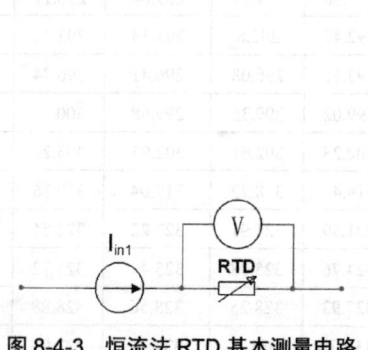

图 8-4-3　恒流法 RTD 基本测量电路 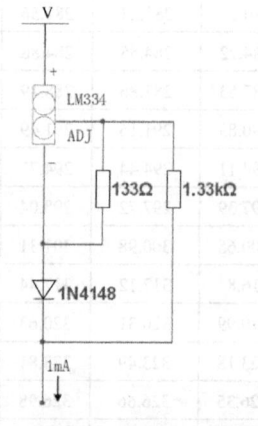　　图 8-4-4　典型 1mA 恒流源电路原理图

测量时需要考虑选择电流较小的恒流源，如 1mA 或 100μA 的恒流源。这里以使用 1mA 恒流源为例，由于 Pt100 和 Pt1000 在 0℃时电阻分别为 100Ω 和 1000Ω，1mA 电流在 0℃的 Pt100 上电压压降为 100×1mA=0.1V，该电压值会造成输出偏置，即输出电压抬高 0.1V。若使用 Pt1000，则输出电压会抬高 1V，因此将带来更大的误差。如果采用硬件电路或软件补偿，使 Pt100 或 Pt1000 在 0℃输出电压为 0V，就能克服该输出误差。

2. 恒压法测量电路

铂电阻除使用恒流法测量温度外，还可以使用恒电压法测量。图 8-4-5 为恒压法基本测量原理电路，不难看出该电路也是基本的电桥测量电路。

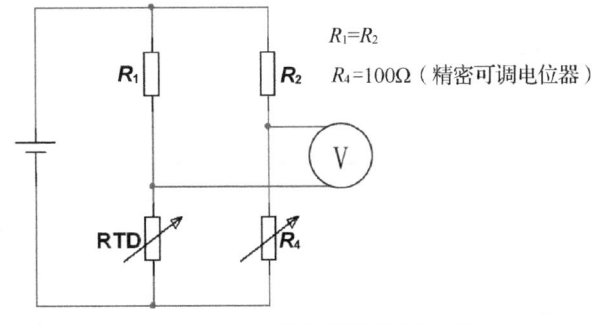

图 8-4-5　恒压法基本测量原理电路

RTD 采用恒压法测量时，带来的非线性误差比恒流法要大。该非线性误差可通过线性化电路修正。由于 RTD 的非线性较为规则，线性化电路较为简单。

3. 三线制、四线制连接电路

对于短距离的 RTD 温度测量，前面介绍的测量电路一般都为二线制连接方法。若测温时传感器距离被测对象很远而造成引线很长，则引线电阻的增大将影响测量结果。此时将使用三线制或四线制连接方法降低引线电阻过大造成的测量误差。

图 8-4-6 为典型 RTD 三线制、四线制测量电路。三线制与二线制连线相比，可以大幅降低误差。四线制与三线制又有不同，四条线中的电流输入和电压输出完全独立，可以消除长距离导线电阻的影响，虽然线多，但可以获得更高的测量精度，工业生产中广泛使用此方法，此方法也称为开尔文连接法。

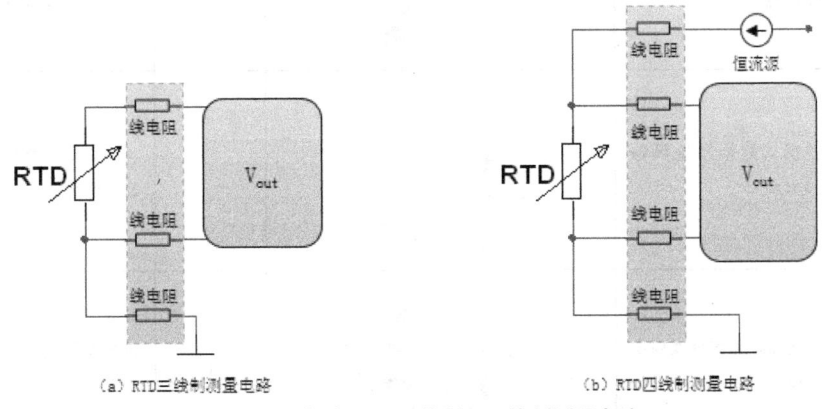

图 8-4-6　典型 RTD 三线制、四线制测量电路

8.4.5 材料准备

测量温度之前，准备好如表 8-4-2 所示的材料方可开始实践。

表 8-4-2 材料清单

序号	名 称	外 形	数量	用 途
1	Pt100 铂电阻温度传感器		1	温度传感器
2	LM334 恒流源集成电路		1	与外围元件构成 1mA 恒流源
3	1/4W 色环电阻 133Ω		1	与 LM334 恒流源集成电路及外围元件构成恒流源
4	1/4W 色环电阻 1.33kΩ		1	与 LM334 恒流源集成电路及外围元件构成恒流源
5	1N4148 快速恢复二极管		1	与 LM334 恒流源集成电路及外围元件构成恒流源
6	9V 层叠电池		1	为测量电路供电
7	杜邦线		若干	连接测量电路
8	便携式数据采集设备 myDAQ		1	与测量电路配合构成虚拟仪器测量系统
9	TLA-004 传感器课程实验套件		1	包含测量程序的传感器测量解决方案

8.4.6 元器件概览

(1) Pt100 铂电阻温度传感器：测量温度所需的 Pt100 铂电阻温度传感器，选择防水型即可。

(2) LM334 恒流源集成电路：1μA～10mA 可编程高精度 3 端可调电流源集成电路，具有外围器件少、可靠性高的特点。

8.4.7 动手实践

1. 电路原理图

图 8-4-7 为 1mA 恒流源测量电路原理图，i1 为恒流源输出接口，用于连接 Pt100 铂电阻温度传感器。

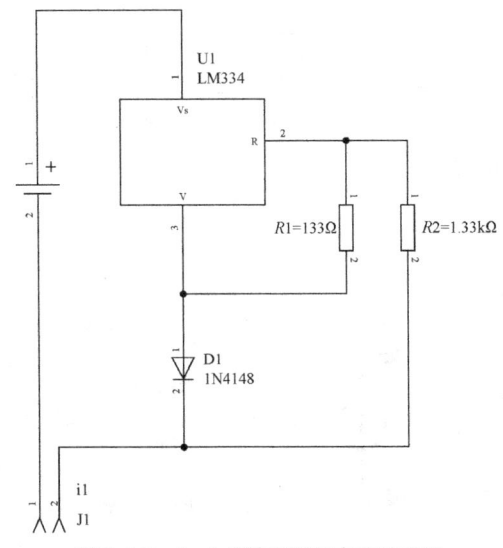

图 8-4-7　1mA 恒流源测量电路原理图

2. 面包板仿真连接

下载本书的示例资源包，打开 Pt100 铂电阻温度传感器（恒流源法）温度测量 Fritzing 项目文件，进行面包板仿真连接训练，如图 8-4-8 所示。

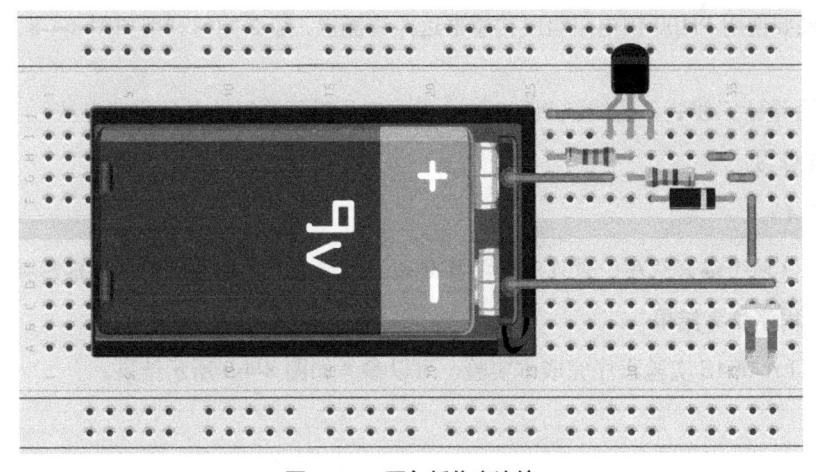

图 8-4-8　面包板仿真连接

3. 面包板实物连接训练

使用一块尺寸为 165×55×10（单位：mm）的面包板及如表 8-4-2 所示的元器件，遵照如图 8-4-8 所示连接方法完成 Pt100 铂电阻温度传感器（恒流源法）温度测量电路元器件的连接。

8.4.8 TLA-004 套件测量训练

1. 准备工作

遵循如图 7-1-9 所示的 ELVIS 使用前的准备工作，做好实验测量的准备。

2. 连接电路（连线）

参看图 8-4-9，在 TLA-004 实验套件上使用杜邦线进行连线。

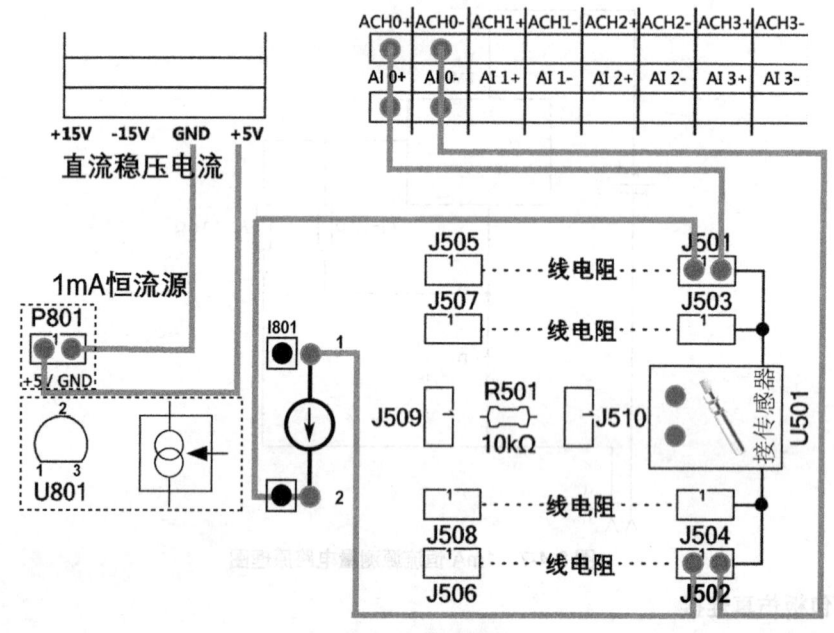

图 8-4-9 连线图

3. 想一想

（1）如果要使用 Pt100 铂电阻温度传感器远距离测温，那么如何利用如图 8-4-8 所示装置提高测量精度？

（2）能否设计三线制、四线制 Pt100 铂电阻温度传感器测温的具体思路方法？

4. 编程练习

【练习 8-4】

使用 DAQ 助手编写程序，设计温度换算公式，实现 Pt100 铂电阻温度传感器测温实验程序。

5. 实验程序参考结果

若使用 TLA-004E 实验程序完成本实验，可以参考如图 8-4-9 所示结果。

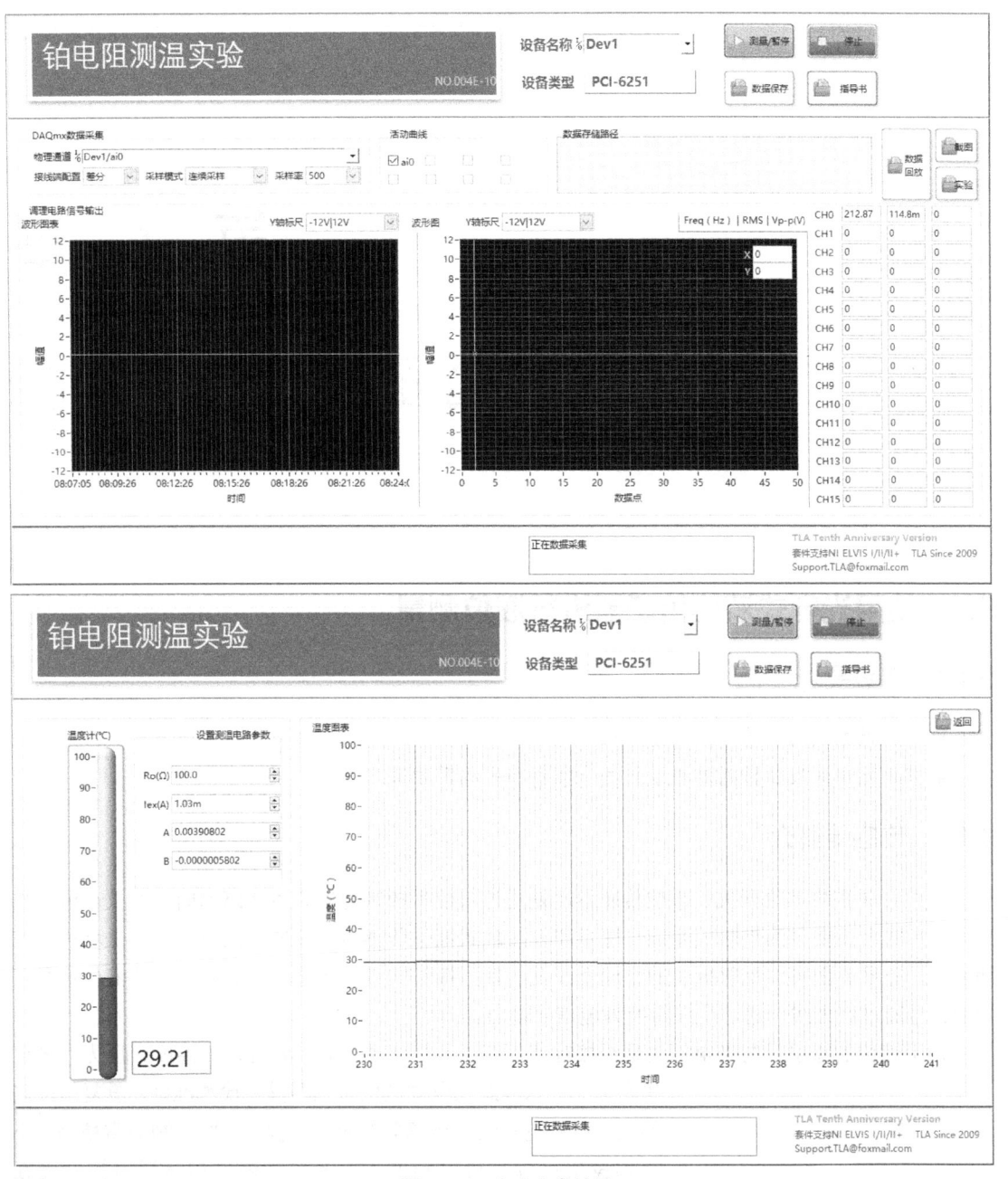

图 8-4-9 实验参考结果

第 9 章

液体特征参数测量任务

9.1 使用光电式液位传感器进行液位测量

9.1.1 实践要求

- 掌握光电式液位传感器测量原理。
- 掌握光电式液位传感器测量数据采集程序的编写方法。

9.1.2 传感器简介

液位开关也称水位开关、液位传感器,是通过液位来控制电器设备线路通断的开关。液位传感器从形式上主要分为接触式液位传感器和非接触式液位传感器。光电式液位传感器是利用光在两种不同介质界面发生反射折射的原理而开发的新型接触式液位传感器。它将检测的液位信号、液面信号通过红外线传递,最终转换为电信号输出。

由于液位的输出只与光电探头是否接触液面有关,与介质的其他特性,如温度、压力、密度等参数无关,因此光电式液位传感器具有检测准确、重复精度高等优点;光电式液位传感器响应速度快、液面控制非常精确,不需调校就可以直接安装使用。光电式液位传感器可控精度在±0.5mm 之内,相比常用的浮子式液位传感器±3.0mm 的精度有很大提高。

光电式液位传感器体积相对小巧,可分开安装在狭小空间中,适合特殊罐体或容器使用。另外还可以在一个测量体上安装多个光电探头制成多点液位传感器或变控器。

图 9-1-1 光电式液位传感器外观

光电式液位传感器内部的所有元器件都进行了树脂灌封处理,光电式液位传感器内部没有任何机械活动部件,因此光电式液位传感器可靠性高、寿命长、免维护。光电式液位传感器外观如图 9-1-1 所示。

9.1.3 测量原理

光电式液位传感器内部包含一个近红外发光二极管和一个光电三极管。两者安装位置精确，以确保两者在空气中达到良好的光耦合。

发光二极管所发出的光被导入光电式液位传感器顶部的透镜。当液体浸没光电式液位传感器的透镜时，则光折射到液体中，从而使接收器接收不到或只能接收到少量光线。

当传感器的锥形端浸入液体时，红外光会透射出锥形面，到达光电三极管的光就会变弱。因为光量发生变化，也就使得输出发生改变。

光电式液位传感器通过感应液位的变化，并由接收器驱动内部的电路，启动外部报警或控制电路。若没有液体，则发光二极管发出的光直接从透镜反射回接收器。

接触式光电式液位传感器工作时，需提供+5V 直流电源，模块的模拟信号输出可以输出与水位状况一致的电压信号。光电式液位传感器工作原理示意图及外形如图 9-1-2 所示。

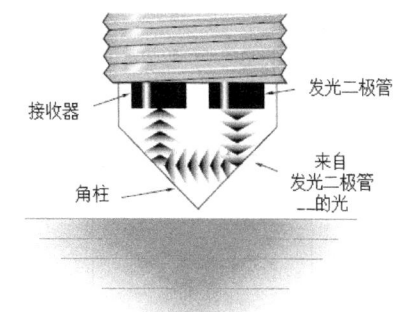

图 9-1-2 光电式液位传感器工作原理示意图及外形

9.1.4 基本电路

光电式液位传感器基本电路分为传感器原理电路和信号调理电路两部分。光电式液位传感器的信号调理电路如图 9-1-3 所示。当液位超过临界液位时，传感器本体淹没，J1 输出为较低的电压信号。当液位低于临界液位时，光电式液位传感器本体完全露出，J1 输出为较高的电压信号。通常，光电式液位传感器会与信号调理电路配合使用，使其整体具备输出模拟信号和输出用于数字电路的高低电平信号的能力。

当被测液体为水时，使用时还需考虑水蒸气及其凝结的露珠在传感器本体表面附着，造成输出信号为较低电压的情况。

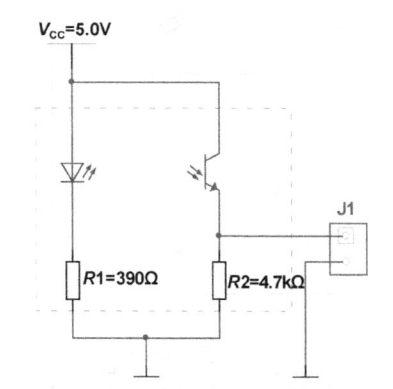

图 9-1-3 光电式液位传感器的信号调理电路

9.1.5 材料准备

搭建电路前，准备好如表 9-1-1 所示必需的材料方可开始动手实践。

表 9-1-1 材料清单

序号	名称	外形	数量	用途
1	光电式液位传感器		1	测量液位
2	5号电池		4	为信号调理电路供电
3	电池盒		1	安装5号电池用的电池盒
4	电阻 4.7kΩ（1/4W） 电阻 360Ω（1/4W）		1 1	用于信号调理电路
5	电容 100nf（瓷片）		1	用于信号调理电路
6	杜邦线		若干	连接测量电路
7	便携式数据采集设备 myDAQ		1	与测量电路配合构成虚拟仪器测量系统
8	TLA-004 传感器课程实验套件		1	包含测量程序的传感器测量解决方案

9.1.6 元器件概览

（1）光电式液位传感器：由内置高强度红外发光二极管和高灵敏光电三极管构成的液位传感器，该传感器提供 4P 接口信号调理模块插接，工作时需直流 5V 供电。

（2）电池及电池盒：组成可靠的电源连接，为 FS-IR102 型光电式液位传感器及信号调理模块提供直流电源。

（3）电阻及电容：用于搭建信号调理模块。

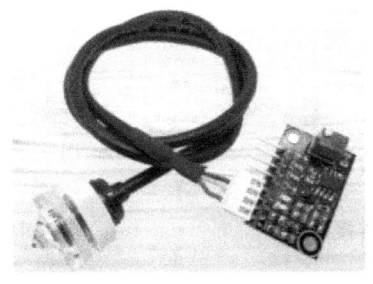

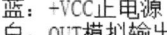

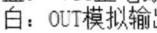

图 9-1-4　FS-IR102 型光电式液位传感器及信号调理模块

9.1.7 动手实践

1. 电路原理图

读懂如图 9-1-5 所示的原理图，将表 9-1-1 中准备的元器件材料与之器件一一对应。

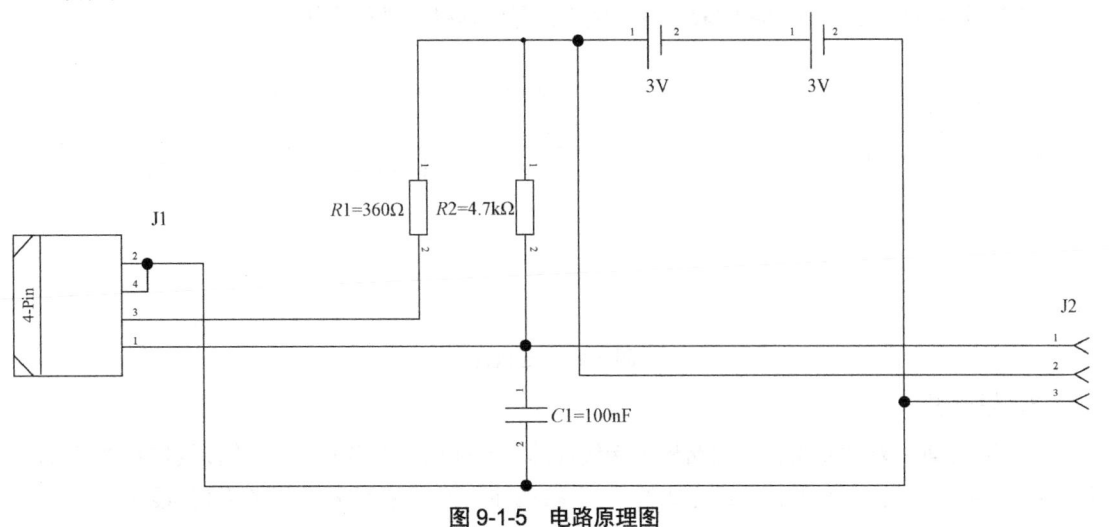

图 9-1-5　电路原理图

2. 虚拟面包板连接训练

下载本书的示例资源包，打开光电式液位开关 Fritzing 项目文件，读懂面包板图 9-1-6 中的连线路径，并新建一个 Fritzing 文件进行仿真连接训练。

3. 面包板实物连接训练

使用一块 165×55×10（单位：mm）的面包板及表 9-1-1 中的元器件，遵照图 9-1-6 中的连接方法完成光电式液位传感器测量电路的元器件连接。

LabVIEW 数据采集

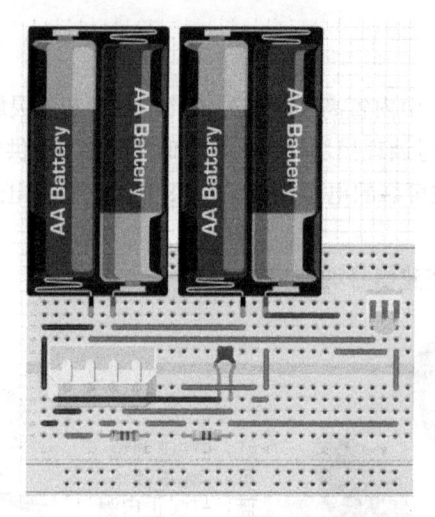

图 9-1-6 面包板及仿真连接训练

9.1.8 TLA-004 套件测量训练

1. 准备工作

遵循如图 7-1-9 所示的 ELVIS 使用前的准备工作，做好实验测量的准备。

2. 连接电路（连线）

参看图 9-1-7，在 TLA-004 实验套件上使用信号调理模块进行连线。

红：GND 液位传感器电源地
黄：GND 液位传感器电源地
蓝：+VCC 液位传感器正电源
白：OUT 液位传感器模拟输出

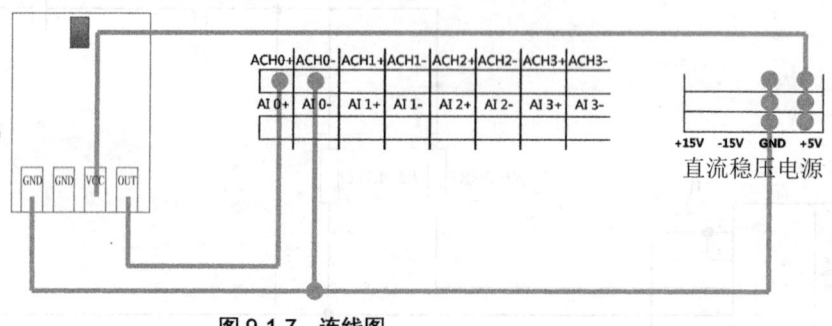

图 9-1-7 连线图

3. 想一想

在连线之前，注意观察套件电路板上接线柱的丝印标记，如电源"+"的接线柱和"-"接线柱，AI（模拟信号输入）差分接线方式的"+"接线柱和"-"接线柱。思考下列问题：

（1）测量时，为何不能将光电式液位传感器完全置入液体中？
（2）能否利用光电式液位传感器设计一个防干烧装置？

4. 编程练习

【练习 9-1】

使用 DAQ 助手编写程序，实现光电式液位传感器测量实验程序。

5. 实验程序参考结果

若使用 TLA-004E 实验程序完成本实验，可以参考如图 9-1-8 所示的结果。

第 9 章 液体特征参数测量任务

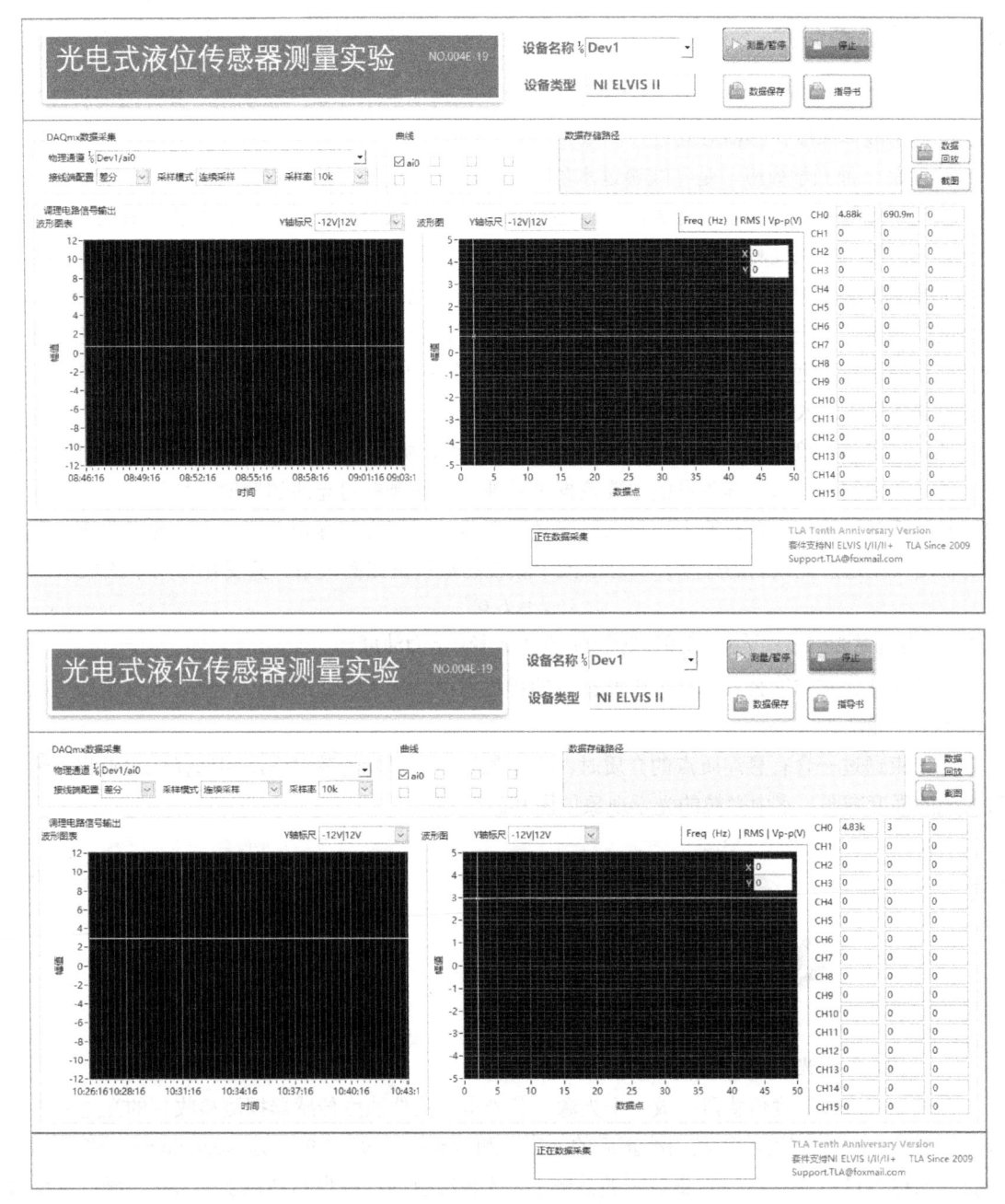

图 9-1-8 参考实验结果（未接触液面）

9.2 使用光电式液体浊度传感器测量液体浊度

9.2.1 实践要求

- 掌握光电式液体浊度传感器的测量原理。
- 掌握光电式液体浊度传感器测量数据采集程序的编写方法。

9.2.2 传感器简介

由于水中含有悬浮及胶体状态的微粒，原本无色透明的水产生浑浊现象，其浑浊的程度称为浊度，可用液体浊度传感器对其进行测量。

浊度是一种光学效应，是光线透过水层时受到阻碍的程度，表示水层对光线散射和吸收的能力。浊度不仅与悬浮物的含量有关，而且还与水中杂质的成分、颗粒大小、形状及其表面的反射性能有关。常用的浊度测量方法是比浊法。本实验中使用的是复合射光法的传感器。

光电式液体浊度传感器基于光学原理设计，利用光电三极管和发光二极管的光电特性实现液体浊度的测量。发光二极管发出的光源经污水反射，部分光传播到光电三极管。光线的透过量取决于该水的污浊程度，水越污浊，透过的光就越少。图 9-2-1 为光电式液体浊度传感器，该类型浊度传感器适用于洗衣机、洗碗机等。

比浊法又称浊度测定法，是通过测量透过悬浮质点介质的光强度来确定悬浮物质浓度的方法，是一种光散射测量技术。其测量的主要依据是悬浊液中的颗粒对光线的散射的性质。当一束光线通过悬浊液时，液体中颗粒的大小与入射光经散射后的强弱变化存在关联。在一定条件下，散射光的程度（或透射光减弱的程度）和悬浊液中颗粒的数量呈比例关系。其变化可用下式表示：

$$I = I_0 e^{\tau b}$$

式中，I 为透射光强度；I_0 为入射光强度；b 为光径；τ 为浊度。

该公式和比尔定律公式相似，因此比色的程度方法、标准曲线制备、计算公式及仪器等同样都适用于比浊法。

当光束通过一含有悬浮质点的介质时，由于悬浮质点对光的散射作用和选择性的吸收，因此透射光的强度减弱。水中微粒的光学现象如图 9-2-2 所示。

图 9-2-1 光电式液体浊度传感器　　　　图 9-2-2 水中微粒的光学现象

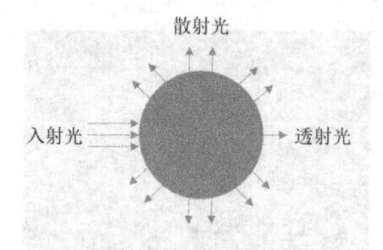

在光电式液体浊度传感器旁放一个光源，若光电式液体浊度传感器探测接收到的光越多，表示有较多可以散射光的粒子。利用校正后的浊度计测量到的浊度，其单位为 Nephelometric Turbidity Units，简称 NTU。不过在一定量粒子的情形下，光束散射的程度也和粘粒子的形状、颜色及反射率有关。再加上较多的粒子可能很快就沉淀，无法散射光束。因此浊度和总悬浮固体之间的关系可能会随这些情形而不同。

9.2.3 测量原理

光电式液体浊度传感器内部的红外发光二极管发出光源，光电三极管接收经水透过的光线。光接收端把透过的光强度转换为对应的电流大小，透过的光多，电流大；反之，透过的光少，电流小，再通过电阻将流过的电流转换为电压信号。光电式液体浊度传感器测量透过的光线量来计算溶液的浊度。图 9-2-3 为电压与浊度之间的关系。光电式液体浊度传感器厂家提供 V—NTU 换算公式：$y = -1120.4x^2 + 5742.3x - 4352.9$，其中 x 为光电式液体浊度传感器输出电压，y 为浊度。

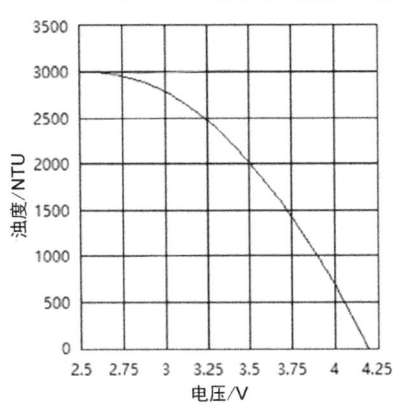

图 9-2-3　电压与浊度之间的关系

测试前，将光电式液体浊度传感器置于纯净水中，即浊度<0.5NTU，温度为 10～50℃时应输出 4.1±0.3V。不同温度下浊度和输出电压之间的关系如图 9-2-4 所示。

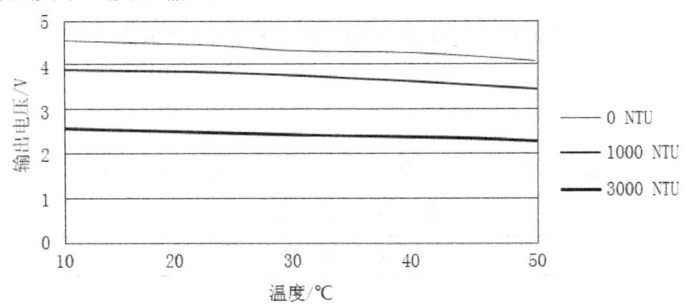

图 9-2-4　不同温度下浊度和输出电压之间的关系

9.2.4　基本电路

光电式液体浊度传感器在使用时，输出的信号与适配的转换电路实现传感器的模拟量或数字量输出。光电式液体浊度传感器内部电路原理图如图 9-2-5 所示。

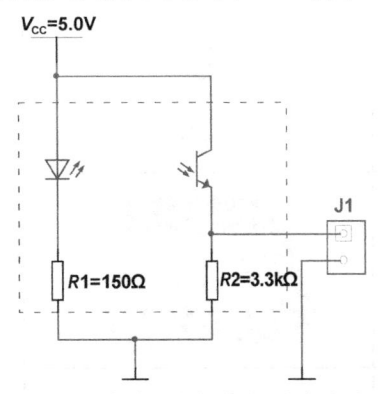

图 9-2-5　光电式液体浊度传感器内部电路原理图

光电式液体浊度传感器信号转换电路如图 9-2-6 所示，由运算放大器构成模拟/数字信号输出电路。模拟信号输出使用了运算放大器构成的电压跟随器，数字信号输出则使用了运算放大器构成的电压比较器。

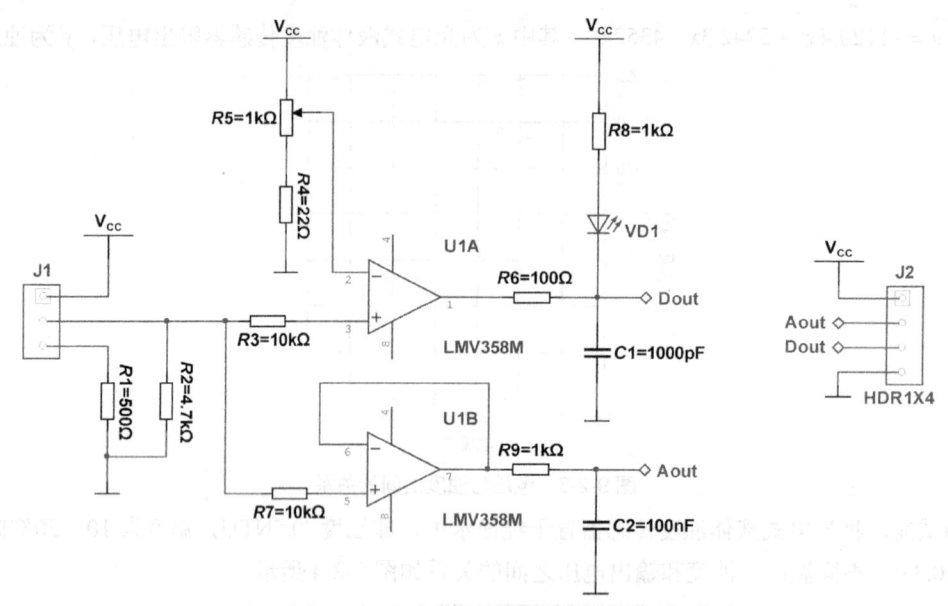

图 9-2-6　光电式液体浊度传感器信号转换电路

9.2.5　材料准备

搭建电路前，准备好表 9-2-1 中必需的材料方可开始动手实践。

表 9-2-1　材料清单

序　号	名　称	外　形	数　量	用　途
1	光电式液体浊度传感器		1	测量浊度用传感器
2	5 号电池		4	为信号调理电路供电
3	电池盒		1	安装 5 号电池用的电池盒
4	浊度传感器信号调理模块		1	用于信号调理电路

续表

序号	名称	外形	数量	用途
6	杜邦线		若干	连接测量电路
7	便携式数据采集设备 myDAQ		1	与测量电路配合构成虚拟仪器测量系统
8	TLA-004 传感器课程实验套件		1	包含测量程序的传感器测量解决方案

9.2.6 元器件概览

（1）光电式液体浊度传感器：是一种由红外发光二极管和光电三极管组合后由塑壳封装的用于测量液体浊度的光电传感器，使用直流+5V 供电。传感器提供 3 条杜邦线供连接电源、地和浊度信号模拟电压输出。

（2）浊度传感器信号调理模块：是与光电式液体浊度传感器配套使用的信号调理模块，其内部电路主要由运算放大器构成的电压跟随器和比较器组成，实现浊度信号模拟电压的输出和数字信号的输出。

光电式液体浊度传感器及信号调理模块如图 9-2-7 所示。

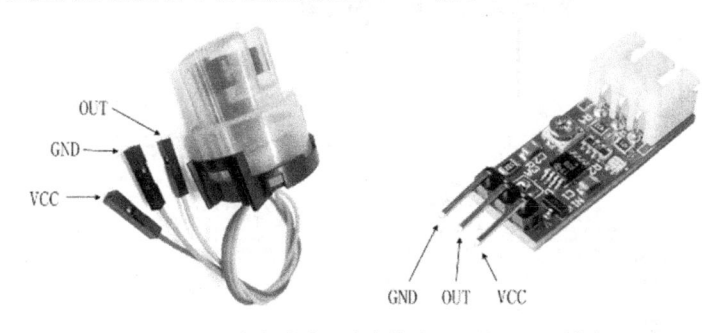

图 9-2-7 光电式液体浊度传感器及信号调理模块

9.2.7 动手实践

1. 电路原理图

读懂如图 9-2-8 所示的原理图，将表 9-2-1 中准备的元器件材料与之器件一一对应。

图 9-2-8 原理图

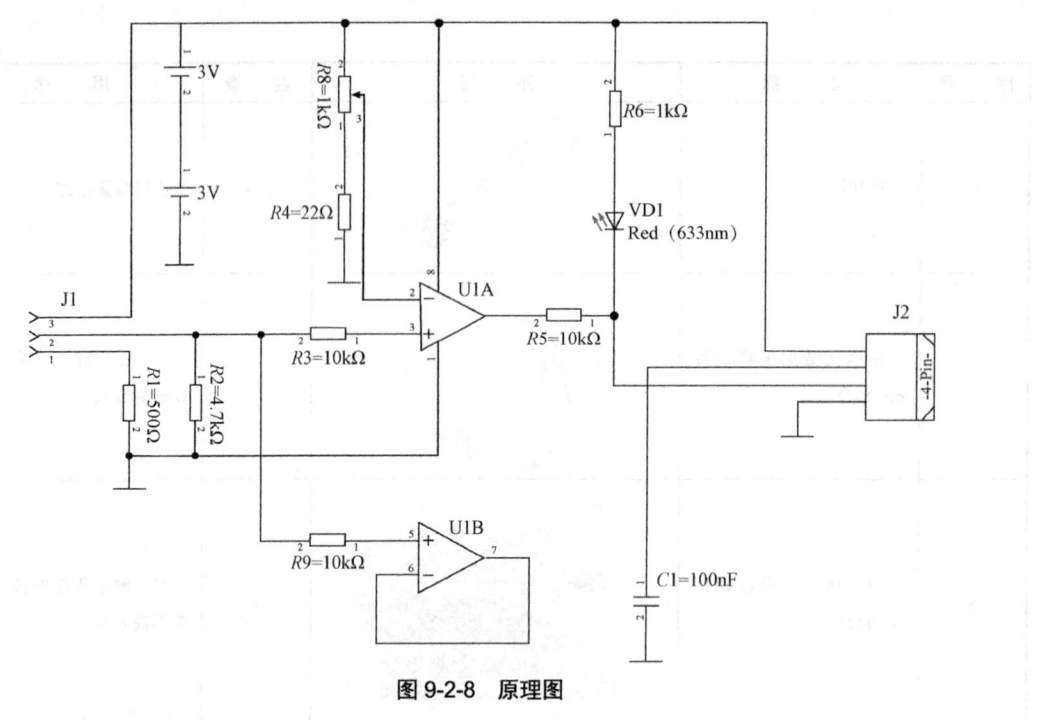

2. 虚拟面包板连接训练

下载本书的示例资源包，打开浊度传感器 Fritzing 项目文件，读懂图 9-2-9 中的连线路径，并新建一个 Fritzing 文件进行仿真连接训练。

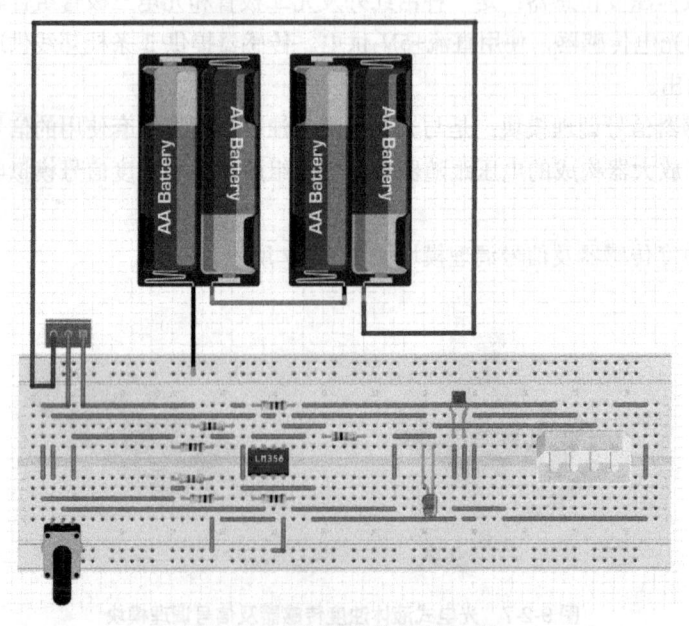

图 9-2-9 面包板及仿真连接训练

3. 面包板实物连接训练

使用一块 165×55×10（单位：mm）的面包板及表 9-2-1 中的元器件，遵照如 9-2-9 所示的连接方法完成光电式液体浊度传感器测量电路的元器件连接。

9.2.8 TLA-004 套件测量训练

1. 准备工作

遵循如图 7-1-9 所示 ELVIS 使用前的准备工作，做好实验测量的准备。

2. 连接电路（连线）

参看图 9-2-10，在 TLA-004 实验套件上使用信号调理模块进行连线。

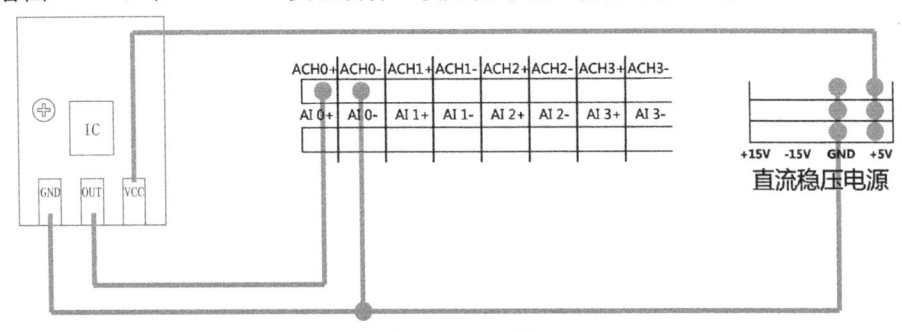

图 9-2-10 连线图

3. 想一想

能否设计一个使用光电式液体传感器检测洗衣机清洗程度的装置？

4. 编程练习

【练习 9-2】

使用 DAQ 助手编写程序，根据 V—NTU 换算公式设计换算方法，实现光电式液体浊度传感器测量实验程序。

5. 实验程序参考结果

若使用 TLA-004E 实验程序完成本实验，可以参考如图 9-2-11 所示的结果。

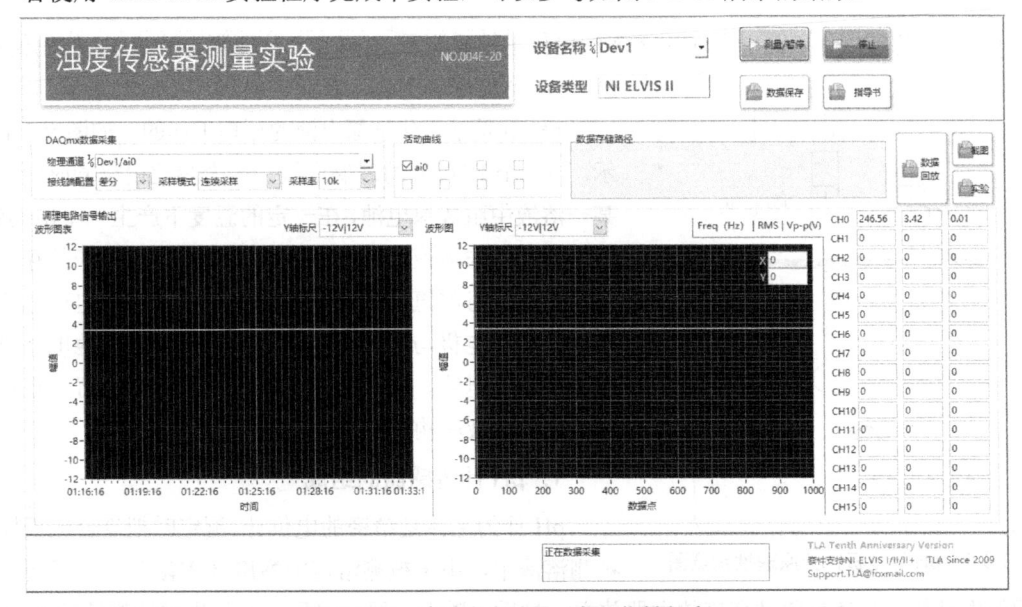

图 9-2-11 实验参考结果（龙胆紫稀释液）

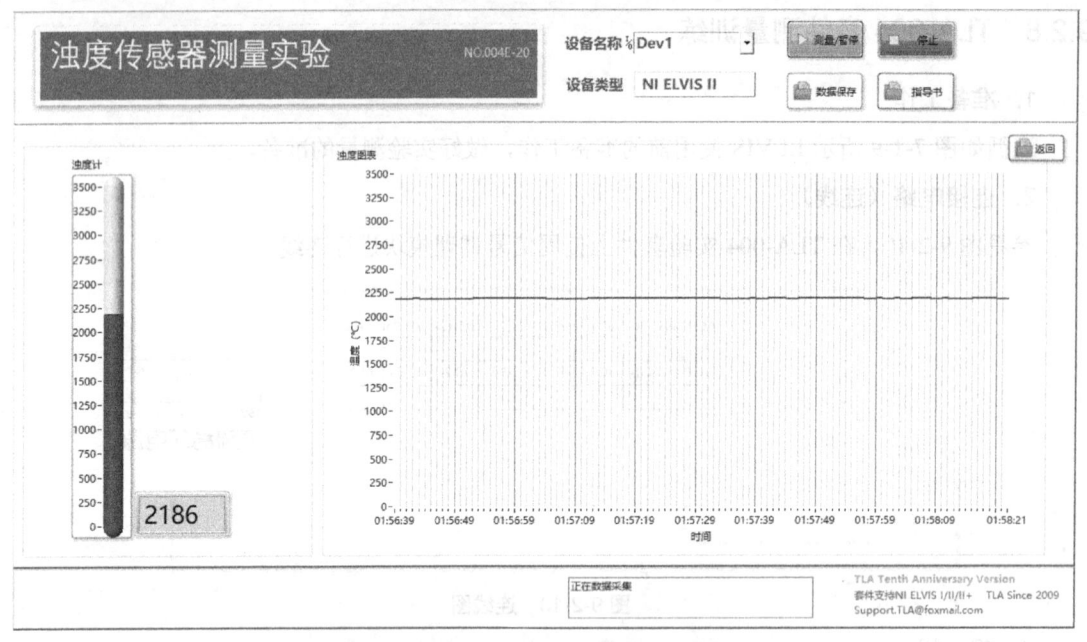

图 9-2-11　实验参考结果（龙胆紫稀释液）（续）

9.3　使用 pH 计传感器测量溶液 pH 值

9.3.1　实践要求

- 掌握 pH 计传感器的工作原理。
- 掌握 pH 计传感器的使用方法及数据采集程序的编写方法。

9.3.2　传感器简介

pH 计又称酸度计，是一种利用溶液的电化学性质测量 H⁺浓度，从而测定溶液 pH 值的仪器，pH 计广泛应用于工业、农业、科研、环保等领域。

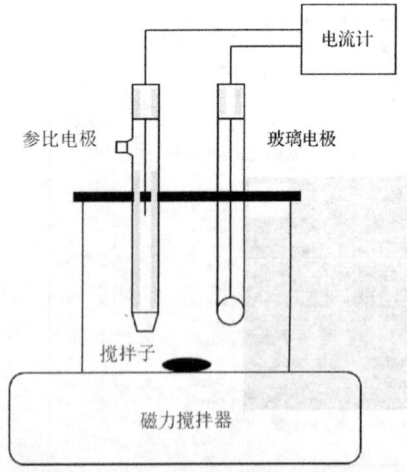

pH 计是基于化学原电池的原理工作的，如图 9-3-1 所示。当一个 H⁺可逆的玻璃电极和一个参比电极同时浸入在某一溶液中组成原电池，在一定的温度下产生一个电动势，这个电动势与溶液的 H⁺活度有关，而与其他离子的存在关系很小，这时的氢电极称为标准氢电极，它的电极电势为零。将待测电极与标准氢电极连接，所测的电池电动势称为标准电极电势。因此，待测溶液 pH 的变化可以直接表示为待测溶液所构成的电池电动势的变化。

1. pH 计传感器的组成

pH 计的主体是精密的电位计。测定时把复合电极插在被测溶液中，由于被测溶液的酸度（H⁺浓度）不同而产生

图 9-3-1　pH 计电极部分原理性示意图

不同的电动势，电动势通过直流放大器放大，最后读数指示器（电压表）指出被测溶液的 pH 值。

pH 计主要由以下三个部件构成。

（1）一个参比电极。

（2）一个玻璃电极，其电位取决于周围溶液的 pH。

（3）一个电流计，该电流计能在电阻极大的电路中测量出微小的电位差。

玻璃电极由玻璃支杆、玻璃膜、内参比溶液、内参比电极、电极帽、电线等组成。玻璃支杆是支持电极球泡的玻璃管体，由电绝缘性优良的铅玻璃制成，其膨胀系数应与电极球泡玻璃一致；玻璃膜由特殊成分组成，对 H^+ 敏感。玻璃膜一般呈球泡状；球泡内充入内参比溶液（中性磷酸盐和氯化钾的混合溶液）；插入内参比电极（一般用银/氯化银电极），用电极帽封接引出电线，装上插口，就成为一支 pH 指示电极。市场销售的最常用的指示电极是 231 玻璃 pH 电极。

电流计的功能就是将原电池的电位放大若干倍，放大了的信号通过电流表显示出，电流表指针偏转的程度表示其推动的信号的强度，因为使用上的需要，pH 电流表的表盘刻有相应的 pH 值；而数字式 pH 计则直接以数字显出 pH 值。

实验中采用的 pH 计传感器是 E201C 型复合电极式 pH 计传感器，它采用玻璃电极和参比电极组合在一起的塑壳不可填充式复合电极。复合电极的特点是合二为一、使用方便。外壳为玻璃的复合电极称为玻璃 pH 复合电极。

2. 复合电极的组成

复合电极的结构主要由电极球泡、玻璃支持管、内参比电极、内参比溶液、塑料外壳、外参比电极、外参比溶液、液接界、电极帽（塑料保护帽）、电极导线、插口等组成。复合电极及其电极结构示意图如图 9-3-2 所示。

（1）电极球泡：是由具有 H^+ 交换功能的锂玻璃熔融吹制而成的，呈球形，膜厚为 0.1～0.2mm，电阻值<250MΩ（25℃）。

（2）玻璃支持管：是支持电极球泡的玻璃管体，由电绝缘性优良的铅玻璃制成，其膨胀系数应与电极球泡玻璃一致。

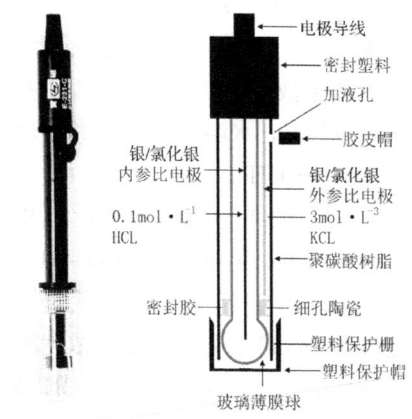

图 9-3-2　复合电极及其电极结构示意图

（3）内参比电极：为银/氯化银电极，主要作用是引出电极电位，要求其电位稳定、温度系数小。

（4）内参比溶液：零电位为 7 的内参比溶液，是中性磷酸盐和氯化钾的混合溶液，玻璃电极与参比电极构成电池建立零电位的 pH 值主要取决于内参比溶液的 pH 值及氯离子浓度。

（5）电极塑壳：是支持玻璃电极和液接界，盛放外参比溶液的壳体，由聚碳酸酯塑压成形。

（6）外参比电极：为银/氯化银电极，作用是提供与保持一个固定的参比电势，要求电位稳定、重现性好、温度系数小。

（7）外参比溶液：为 3.3mol/L 的氯化钾凝胶电解质，不易流失，无须添加。

（8）液接界：是沟通外参比溶液和被测溶液的连接部件，要求渗透量稳定。

（9）电极导线：为低噪音金属屏蔽线，内芯与内参比电极连接，屏蔽层与外参比电极连接。

9.3.3 测量原理

pH 值被定义为 H⁺浓度的常用对数的负值。通常 pH 值的范围是为 0~14。25℃中性水的 pH 值为 7，pH 值小于 7 的溶液为酸性，pH 值大于 7 的溶液为碱性。

离子活度是指电解质溶液中参与电化学反应的离子的有效浓度。离子活度（α）和浓度（c）之间存在定量的关系，其表达式为

$$\alpha = \gamma c$$

式中，α 为离子的活度；γ 为离子的活度系数；c 为离子的浓度。

离子的活度系数通常小于 1，在溶液无限稀时离子间相互作用趋于零，此时活度系数趋于 1，活度等于溶液的实际浓度。一般在水溶液中 H⁺的浓度非常小，所以 H⁺的活度基本和其浓度相等。根据能斯特方程，离子活度与电极电位成正比，因此可对溶液建立起电极电位与离子活度的关系曲线，此时测定了电极电位，即可确定离子活度，所以实际上我们是通过测量电极电位来计算 H⁺的浓度的。能斯特方程：

$$E = E_0 + \frac{RT}{nF} \ln \alpha_{Me}$$

式中，E 为电位；E_0 为电极的标准电压；R 为气体常数；T 为热力学温度；F 为法拉第常数；n 为被测离子的化合价；$\ln \alpha_{Me}$ 为离子活度 α_{Me} 的对数。

在水溶液中，氢核基本不以自由态存在，实际的情况是 H₂O+ H₂O=H₃O⁺ + OH⁻，自由态的 H⁺基本可以忽略，水溶液中 H₃O⁺（水合氢离子）的浓度基本上和 H⁺浓度相等，所以，上式通常简化为 H₂O=H⁺ + OH⁻。

在 25℃的纯水中，仅有微量的水发生电离，经过测量，此时的 H⁺和 OH⁻的浓度均为 10^{-7}mol/l，水的离子积 K_W 为：$K_W=K\times H_2O = H_3O^+\times OH^- =10^{-7}\times 10^{-7}=10^{-14}$mol/L（25℃）。

在同一温度下，水的离子积为一常数，比如在 25℃时，水的离子积为 10^{-14}mol/L，如果 H⁺的浓度为 10^{-3}mol/L，那么 OH⁻的浓度就是 10^{-11}mol/L。当溶液中的 H⁺浓度大于 OH⁻浓度时，我们称其为酸性溶液；当 H⁺浓度小于 OH⁻浓度时，我们称其碱性溶液。实际使用中，离子浓度很小，为了避免使用中的不便，1909 年生物学家泽伦森年建议将此不便使用的数值用对数代替，并定义为 pH 值。数学上定义 pH 值为 H⁺浓度的常用对数的负值。因此，pH 值以 H⁺浓度以 10 为底的负对数值。

此外，pH 值随温度变化也有一定的变化，温度补偿可以修正测试的 pH 值。用 pH 计测量 pH 值时会出现一定温度偏差，因此在测量 pH 值时，还需要考虑温度补偿这一问题。温度补偿可以采用自动温度补偿和手动温度补偿两种方式。手动温度补偿通常取决于仪器内置的测量过的某些液体的温度，仪器会显示经温度补偿后的 pH 值。自动温度补偿要求具有内部温度传感器，传感器会发出补偿后的 pH 信号，仪器直接显示经温度补偿后的 pH 值。自动温度补偿在野外测量环境下对于 pH 测量是非常有用的。pH 值与电压的对应关系如表 9-3-1 所示。

表 9-3-1 pH 值与电压的对应关系（25℃，65%RH 时）

pH 值	0	1	2	3	4	5	6	7	8	9	10	11	12	13	14
电压/mV	4242	4065	3885	3709.8	3532.5	3354	3177.5	3000	2822.5	2646	2467.5	2292	2115	1938	1758

9.3.4 基本电路

根据前面的知识，pH 测量中使用的电极为原电池。原电池是一个系统，它的作用是使化学能量转成为电能。此时电池的电压被称为电动势。电动势由两个半电池构成，其中一个半电池称作测量电池，它的电位与特定的离子活度有关；另一个半电池为参比半电池，通常称作参比电极，它一般与测量溶液相通，并且与测量仪表相连。

在本次训练中，pH 计传感器中的电极选为 E201 型 pH 复合电极，它由 pH 敏感玻璃电极和银—氯化银参比电极复合而成，它是 pH 计的测量元件，用以测量水溶液的 pH 值。玻璃电极（指示电极）零点位置对应的 pH 值为 7，参比电极内充凝胶氯化钾，使用期间不需添加氯化钾溶液。具有使用方便、易清洗、反应快、稳定性和重复性好、抗干扰性能强等特点。E201 型 pH 复合电极主要技术参数如表 9-3-2 所示。

表 9-3-2　E201 型 pH 复合电极主要技术参数

测量范围	pH 值：0.00~14.00
	电压：-1999~+1999 mV
温补范围	0~60℃
工作温度	5~45℃
精度	0.01
零点 pH 值	7±0.25
内阻	≤250MΩ（25℃）
误差	≤15mV（25℃）
百分理论斜率（PTS）	≥98.5%（25℃）
响应时间	≤2s（25℃）

pH 计传感器电极输出的信号为指示电极与参比电极的相对电压。实验中选择的传感器参比电极为中性溶液，当被测溶液 pH 值为 7 时，其输出电压理论为 0V。其他情况下，根据溶液的酸碱度的不同，输出电压可能为正值或负值。

需要注意的是，pH 复合电极信号调理电路采用的运算放大器为单电源供电设计。综合起来，需要为参比电极的运算放大器提供一个合适的偏压，从而保证指示电极 pH+输出电压始终为正值，同时也保证了运算放大器单电源供电的需要。

图 9-3-3 为 pH 复合电极信号调理电路原理图，运算放大器 U1 和相应的外围阻容元件构成的放大电路实现了对电极输出微弱电压的放大；运算放大器 U2 和 U3A 相应的外围阻容元件组成了 NTC 的桥式电路，用于复合电极的温度补偿。U3B 则将 U1 放大电路的输出模拟电压信号用于比较器电路，构成数字信号输出。某些 pH 复合电极信号调理模块只提供模拟信号输出，不提供温度传感器和数字信号输出。

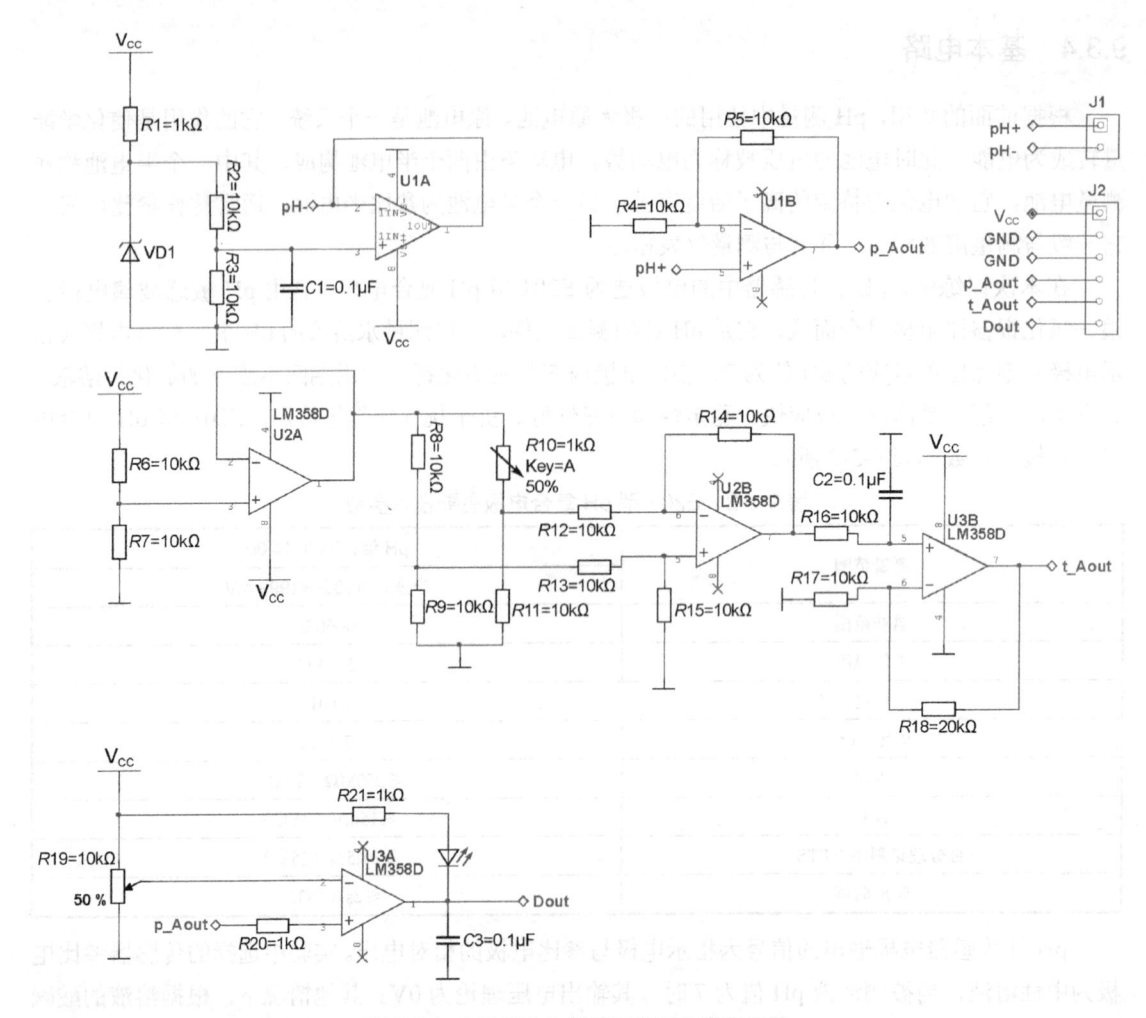

图 9-3-3　pH 复合电极信号调理电路原理图

V_{CC} 为 pH 复合电极信号调理电路所需的直流电源+5V 接线柱，GND 为电路地、p_Aout 为调理电路输出的 pH 关联的模拟电压信号，t_Aout 为调理电路输出的温度测量模拟信号（用于温度补偿）。

9.3.5　材料准备

搭建电路前，准备好 9-3-3 中必需的材料方可开始动手实践。

表 9-3-3　材料清单

序　号	名　　称	外　　形	数　量	用　　途
1	pH 计传感器信号调理模块（无数字信号和温度补偿输出）		1	为 pH 计传感器提供信号调理
2	E201C 型复合电极式 pH 计传感器		1	测量溶液 pH 值

续表

序号	名称	外形	数量	用途
3	杜邦线		若干	连接测量电路
4	便携式数据采集设备 myDAQ		1	与测量电路配合构成虚拟仪器测量系统
5	TLA-004 传感器课程实验套件		1	包含测量程序的传感器测量解决方案

9.3.6 元器件概览

（1）E201C 型复合电极式 pH 计传感器：一种用于检测液体酸碱度的复合电极传感器，能够通过 BNC 接口输出复合电极的模拟电压信号。

（2）pH 计传感器信号调理模块：与 E201C 型 pH 复合电极配套的带温度补偿和数字信号输出的 pH 计传感器信号调理模块，6P 接口提供电源、pH 电极模拟电压信号输出、温度信号模拟电压输出、经比较器后的 pH 电极数字信号输出。pH 计传感器及信号调理模块如图 9-3-4 所示。

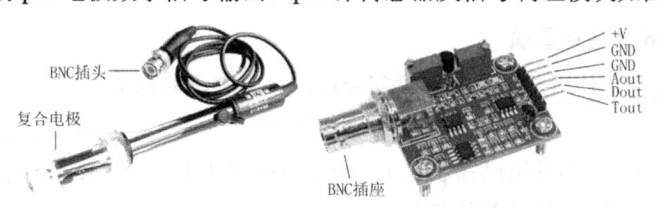

图 9-3-4　pH 计传感器及信号调理模块

9.3.7 动手实践

1. 电路原理图

读懂如图 9-3-5 所示的原理图，将表 9-3-3 中准备的元器件材料与之器件一一对应。

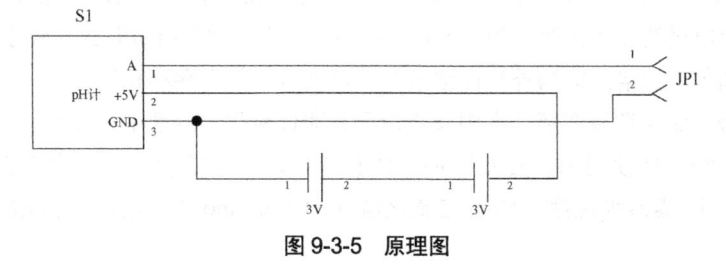

图 9-3-5　原理图

2．面包板仿真训练连接

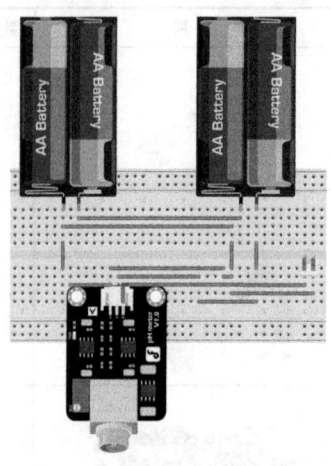

图 9-3-6　面包板仿真训练连接

3．面包板实物连接训练

使用一块 165×55×10（单位：mm）的面包板及表 9-3-3 的元器件，遵照 9-3-6 的连接方法完成 pH 计传感器测量电路的元器件连接。

9.3.8　TLA-004 套件测量训练

1．准备工作

遵循如图 7-1-9 所示的 ELVIS 使用前的准备工作，做好实验测量的准备。由于 pH 电极结构复杂，使用时和其他类型的传感器有很大的区别，准备工作需特别重视，避免造成 pH 计传感器损坏的情况发生。

2．pH 电极保养及注意事项

（1）pH 电极在初次使用或久置不用重新使用时，需把电极球泡及砂芯浸在 3mol/L 的氯化钾溶液中活化 8h。

（2）pH 电极在测量前必须用已知 pH 值的标准缓冲溶液进行定位校准，为取得更准确的结果，已知 pH 值要可靠，而且其 pH 值越接近被测值越好。

（3）取下电极保护帽后要注意，塑料保护栅内的敏感玻璃泡不与硬物接触，任何破损和擦毛都会使电极失效。

（4）pH 电极的引出端，必须保持清洁和干燥，以防止输出两端短路，否则将导致测量结果失准或失效。

（5）测量完毕，不用时应将电极保护帽套上，帽内应放少量补充液，以保持电极球泡的湿润。

（6）pH 复合电极的外参比溶液为 3mol/L 氯化钾溶液（内装 3mol/L 氯化钾小瓶一只，只需加入 60ml 蒸馏水摇匀，此溶液即为外参比溶液），溶液可以从上端小孔加入。

（7）pH 电极避免长期浸在蒸馏水中或蛋白质和酸性氟化物溶液中，并防止有机硅油脂接触。

（8）pH 电极经长期使用后，若发现梯度略有降低，则可把 pH 电极下端浸泡在 4%HF（氢氟酸）中 3~5s，用蒸馏水洗净，然后在氯化氢（HCl=0.1mol/L）溶液中浸泡 24h 左右，使电极复新。

（9）被测溶液中如含有易污染敏感球泡或堵塞液接界的物质，使电极钝化，其现象是敏感梯度降低，或读数不准。如此，则应根据污染物质的性质，用适当溶液清洗，使电极复新。

（10）pH 电极使用前必须浸泡，因为电极球泡是一种特殊的玻璃膜，在玻璃膜表面有一很薄的水合凝胶层，它只有在充分湿润的条件下才能与溶液中的 H^+ 有良好的响应。同时，玻璃电极经过浸泡，可以使不对称电势大大下降并趋向稳定。玻璃电极一般可以用蒸馏水（不能长期浸泡）或 pH4 缓冲溶液浸泡。通常使用 pH4 缓冲溶液（4.00 一包缓冲液稀至 250ml 纯水，再加 56mg 氯化钾粉末，加热使溶解）更好一些，浸泡时间 8～24h 或更长，根据球泡玻璃膜厚度、电极老化程度而不同。

（11）避免接触强酸、强碱或腐蚀性溶液，如果测试此类溶液，则应尽量减少浸入时间，用后仔细清洗干净。

（12）尽量避免在无水乙醇、重铬酸钾、浓硫酸等脱水性介质中使用，因为它们会损坏电极球泡表面的水合凝胶层。

（13）不能将 pH 电极长期浸泡在中性或碱性缓冲溶液中，会使 pH 玻璃膜响应迟钝。

（14）可用细毛刷、棉花球、牙签等修复 pH 电极。

3．pH 缓冲溶液的配置（加水都是用的去离子水）

pH4 的缓冲溶液：pH4.003 的邻苯二甲酸氢钾溶液。

pH7 的缓冲溶液：pH6.864 的磷酸二氢钾和磷酸氢二钠混合盐溶液。

pH9 的缓冲溶液：pH9.182 的硼砂溶液。

配置步骤如下。

pH4：精密称取在 115±5℃下干燥 2～3h 的邻苯二甲酸氢钾（$KHC_8H_4O_4$）10.12g，加水溶解并稀释至 1000ml。

pH7：精密称取在 115±5℃下干燥 2～3h 的无水磷酸氢二钠 4.303g 与磷酸二氢钾 1.179g，加水溶解并稀释至 1000ml。磷酸盐标准缓冲液（pH6.8）精密称取在 115±5℃干燥 2～3h 的无水磷酸氢二钠 3.533g 与磷酸二氢钾 3.387g，加水使溶解并稀释至 1000ml。

pH9：精密称取硼砂（$Na_2B_4O_7 \cdot 10H_2O$）3.80g（避免风化），加水溶解并稀释至 1000ml，置聚乙烯塑料瓶中，密塞，避免与空气中二氧化碳接触。

4．连接电路（连线）

参看图 9-3-7，在 TLA-004 实验套件上使用信号调理模块进行连线。

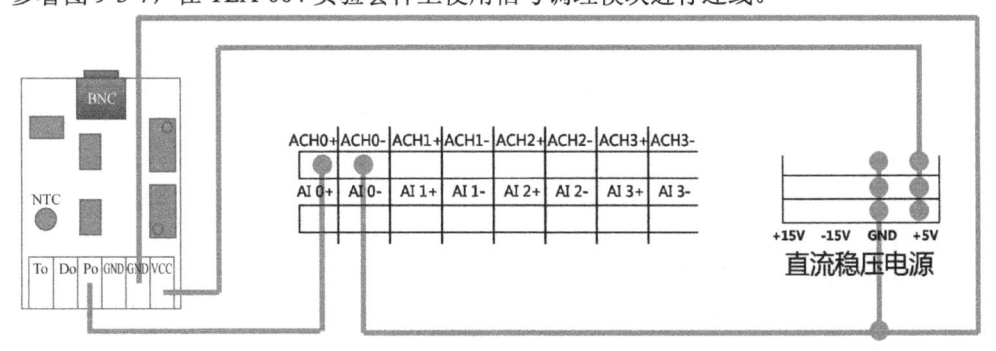

图 9-3-7　连线图

5. 想一想

pH 计传感器的信号调理电路，能否设计为 3 运放差分形式的放大电路？和本实验使用的原理图有何异同？

6. 编程练习

【练习 9-3】

使用 DAQ 助手编写程序，设计换算方法及公式，实现 pH 计传感器测量实验程序。

7. 实验程序参考结果

若使用 TLA-004E 实验程序完成本实验，可以参考如图 9-3-8 所示的结果。

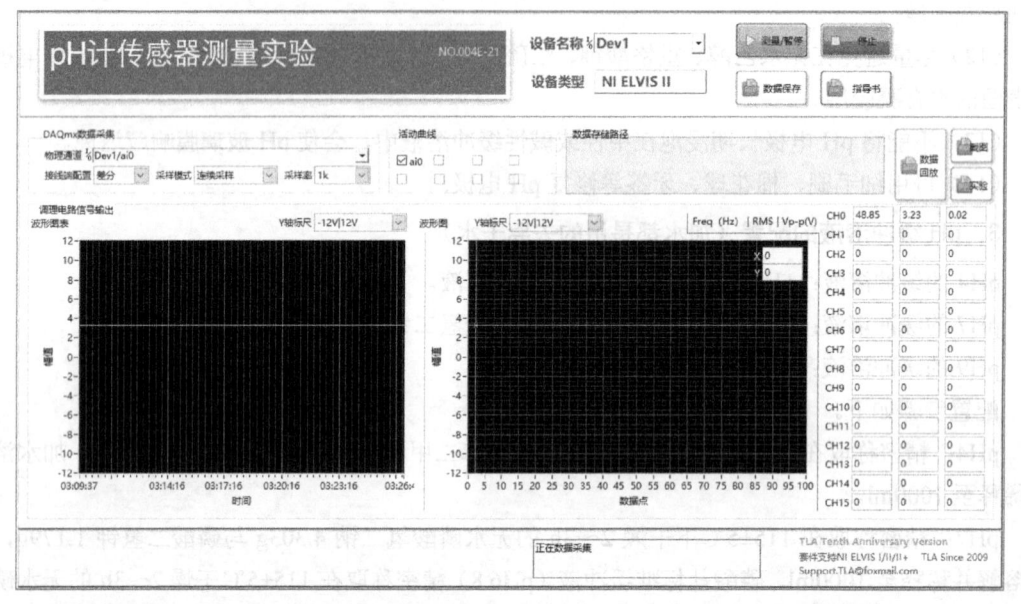

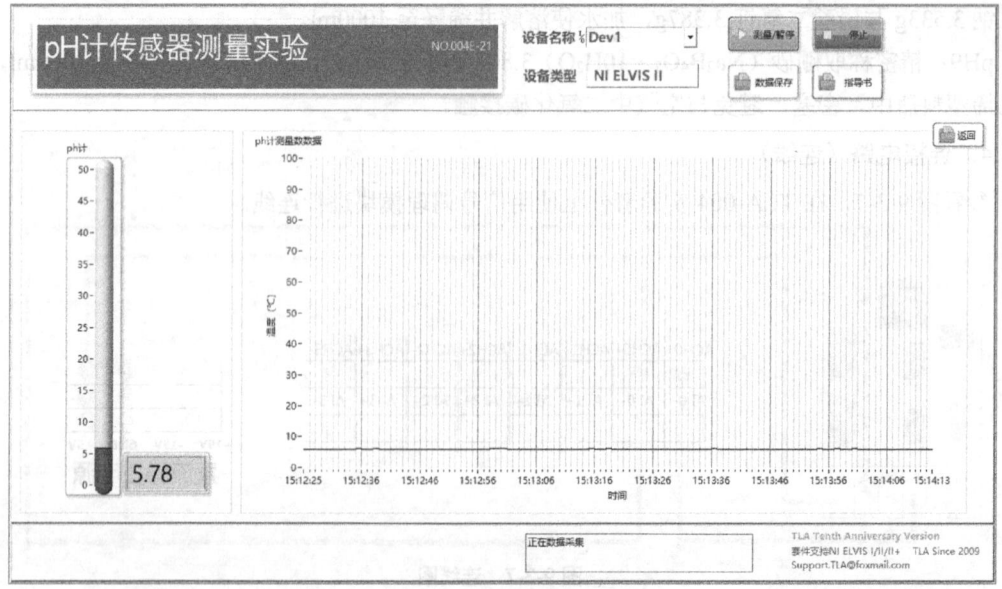

图 9-3-8　实验参考结果（饮用橙汁）

9.4 使用超声波传感器测量液面高度（距离）

9.4.1 实践要求

- 掌握 HC-SR04 模块的测量原理。
- 掌握 HC-SR04 模块距离测量数据采集程序的编写方法。

9.4.2 传感器简介

超声波是一种频率大于 20kHz 的人耳听不见的声波，它的方向性好、穿透能力强，易于获得较集中的声能。超声波对液体、固体的穿透本领很大，尤其是在阳光下不透明的固体。超声波在传播过程中遇到杂质或分界面会产生显著反射现象，形成反射回波，碰到活动物体能产生多普勒效应。超声波可用于测距、测速、清洗、焊接、碎石、杀菌消毒等，在医学、军事、工业、农业上有很多的应用。

超声波传感器是将超声波信号转换成其他能量信号（通常是电信号）的传感器，超声波传感器结构及外形如图 9-4-1 所示。超声波传感器分为接收一体和分体两种形式，分体型超声波传感器通过印刷 T（发射）和 R（接收）字符区分。

（a）通用型超声波传感器结构　　（b）12mm 分体型超声波传感器外形　　（c）16mm 防水型超声波传感器外形

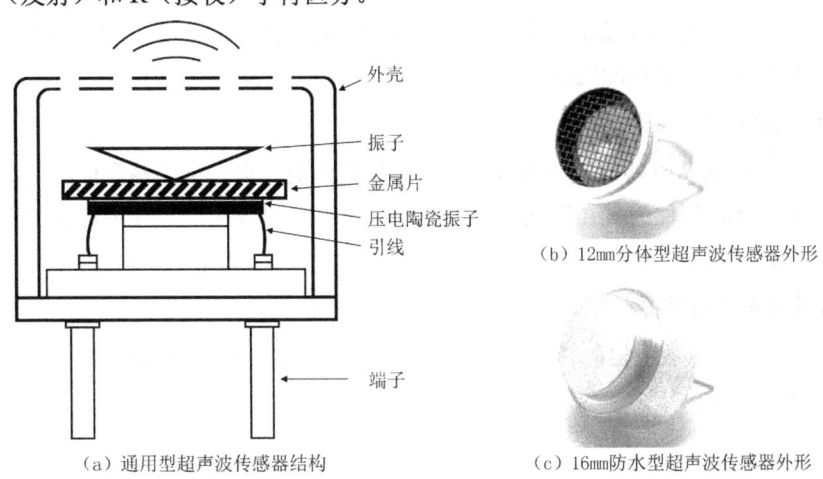

图 9-4-1　超声波传感器结构及外形

9.4.3 测量原理

1. 时间差测距法

超声波测距的原理是利用超声波在空气中的传播速度，测量声波在发射后遇到障碍物反射回来的时间，根据发射和接收的时间差计算出发射点到障碍物的实际距离。

当超声波传感器的发射端向某一方向发射超声波，在发射时刻的同时开始计时，超声波在空气中传播，途中碰到障碍物就立即返回来，超声波接收器收到反射波就立即停止计时。当温度为 15℃时，超声波在空气中的传播速度为 340m/s，根据计时器记录的时间 t，就可以计算出发射点到障碍物的距离 S，即

$$S = 340 \times \frac{t}{2}$$

超声波测距主要应用于倒车提醒、建筑工地、工业现场等的距离测量，虽然目前的测距量程上能达到百米，但测量的精度往往只能达到厘米级。

超声波具有易于定向发射、方向性好、强度易控制、与被测量物体不需要直接接触的优点，是液体高度测量的理想手段。在精密的液位测量中需要达到毫米级的测量精度，但是目前国内的超声波测距专用集成电路都是只有厘米级的测量精度。通过分析超声波测距误差产生的原因，提高测量时间差到微秒级，用温度传感器进行声波传播速度的补偿后，我们设计的高精度超声波测距仪能达到毫米级的测量精度。

2．温度补偿

超声波的传播速度受空气的密度影响，空气的密度越高，超声波的传播速度就越快，而空气的密度又与温度有着密切的关系。超声波的传播速度随温度的升高而增加，空气在0℃时，超声波的传播速度为331.4m/s，温度每上升1℃，超声波的传播速度约增加0.6m/s，可按以下公式换算：

$$v = 331.4 + 0.6 \times T$$

式中，T为实际温度（℃）。

9.4.4 基本电路

通常使用分体型超声波传感器分别完成发射与接收的工作，为此需要为发射端超声波传感器和接收端超声波传感器设计相应的驱动电路。

1．发射端超声波传感器

发射端超声波传感器驱动方式分为自激型和它激型两类。自激型震荡类似石英振子，利用超声波传感器自身的谐振特性使其在谐振频率附近产生振荡。图 9-4-2 为使用运算放大器的超声波传感器（发射）自激电路。

2．接收端超声波传感器

图 9-4-3 为使用运算放大器的超声波传感器（接收）自激电路，放大倍数为 R_2/R_1，若一级放大增益不足，还可增加第二级放大。

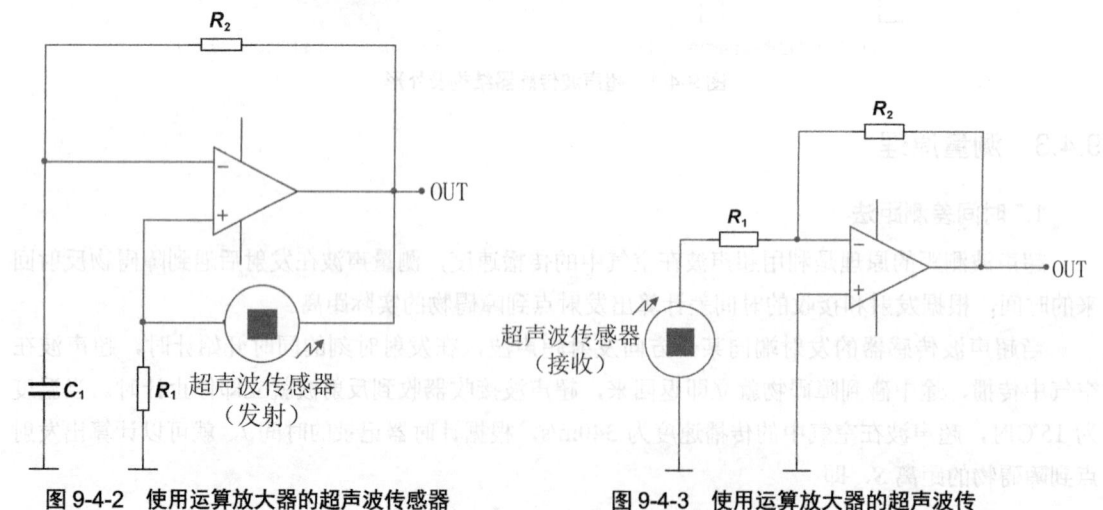

图 9-4-2　使用运算放大器的超声波传感器　　　　图 9-4-3　使用运算放大器的超声波传
（发射）自激电路　　　　　　　　　　　　感器（接收）自激电路

3. HC-SR04 模块电路

HC-SR04 模块电路（见图 9-4-4）是专门用于超声波测距的模块，由超声波发射器、超声波接收器和控制电路三个部分组成。该模块将激励电路、接收放大电路整合在一个 PCB 上，并设计了稳定的控制电路提供电源正极、触发（Trig）接线柱、回响（Echo）接线柱、电源地接线柱。

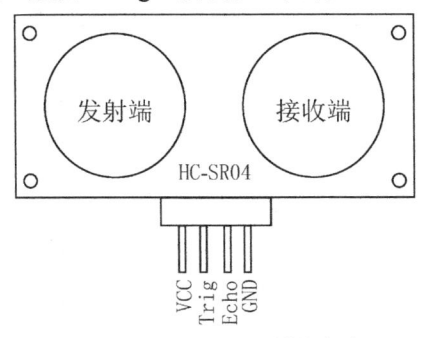

图 9-4-4　HC-SR04 模块电路

HC-SR04 模块参数如表 9-4-1 所示。

表 9-4-1　HC-SR04 模块参数

项目	参数	项目	参数
工作电压	直流 5V	工作电流	15mA
工作频率	40kHz	最远射程	4m
最近射程	2cm	测量角度	15°
触发信号（输入）	10μs 的 TTL 电平	回响信号（输出）	TTL 电平

图 9-4-5 所示为 HC-SR04 模块时序图，触发信号需要一个 10μs 的 TTL 电平，模块内部循环发送 8 个 40kHz 脉冲并检测回波。一旦检测到有回波信号，将输出回响信号。回响信号的脉冲宽度与检测距离成正比。根据发射信号和收到回响信号的时间间隔即可计算测量的距离（L）。可根据下列公式计算：

$$L = \frac{\text{回响信号的时间（μs）}}{58}$$

或者根据下列公式计算：

$$L = \text{高电平时间（μs）} \times \frac{\text{声速}}{2}$$

式中，声速=340m/s。

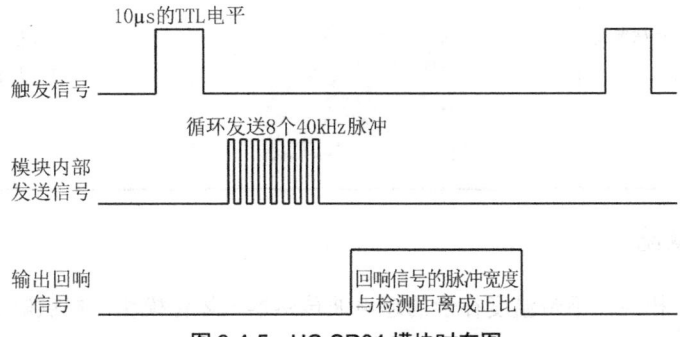

图 9-4-5　HC-SR04 模块时存图

9.4.5 材料准备

搭建电路前,准备好表9-4-2中必需的材料方可开始动手实践。

表9-4-2 材料清单

序号	名称	外形	数量	用途
1	HC-SR04模块		1	测量距离所需的超声波传感器一体化模块
2	5号电池		4	为HC-SR04模块供电
2	电池盒		1	安装5号电池用的电池盒
3	杜邦线		若干	连接测量电路
4	便携式数据采集设备myDAQ		1	与测量电路配合构成虚拟仪器测量系统
5	TLA-004传感器课程实验套件		1	包含测量程序的传感器测量解决方案

9.4.6 元器件概览

(1) HC-SR04模块:不带温度补偿的超声波传感器一体化模块,提供触发、回响、电源和地4个接线端,仅需+5V供电,方便与微控制器、数据采集设备(卡)连接。

（2）电池及电池盒电位器：组成可靠的电源连接，为 HC-SR04 模块提供直流电源，或使用 myDAQ 设备或 EVLIS 设备提供的+5V 直流电源。

9.4.7 动手实践

1．电路原理图

读懂如图 9-4-6 所示的原理图，将表 9-4-2 中准备的元器件材料与之器件一一对应。

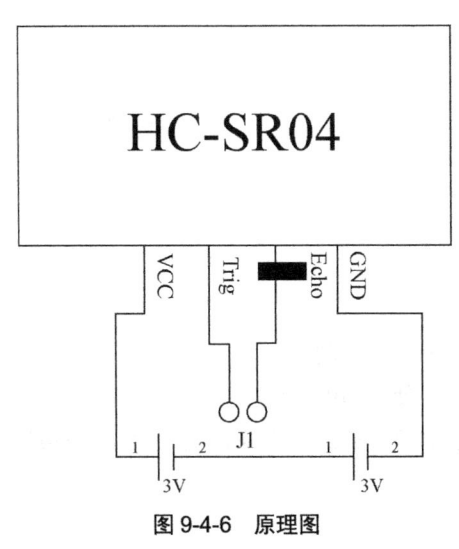

图 9-4-6　原理图

2．虚拟面包板连接训练

打开随书光盘中的 HC-SR04 模块 Fritzing 项目文件，读懂图 9-4-7 中的连线路径，并新建一个 Fritzing 文件进行仿真连接训练。

3．面包板实物连接训练

使用一块尺寸为 165×55×10（单位：mm）的面包板及如表 9-4-2 所示的元器件，遵照图 9-4-7 中的连接方法完成 HC-SR04 模块电路元器件的连接。

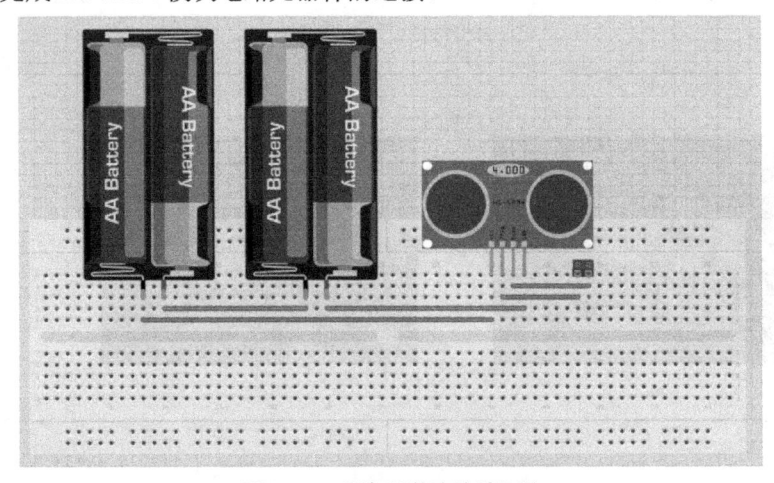

图 9-4-7　面包板仿真连接训练

9.4.8 TLA-004 套件测量训练

1．准备工作

遵循如图 7-1-9 所示的 ELVIS 使用前的准备工作，做好实验测量的准备。

2．连接电路（连线）

参看图 9-4-8，在 TLA-004 实验套件上使用杜邦线进行连线。HC-SR04 模块可直接插入面包板中固定。

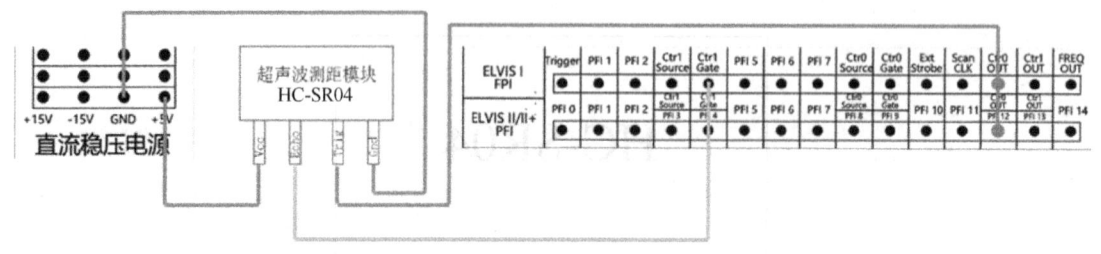

图 9-4-8 连线图

3．想一想

在连线之前断开电源并思考下列问题：

（1）测量回响信号时，能否使用 DIO 测量？

（2）设计一个带温度补偿的超声波测距实验方案，验证两种测量方法精度的差别。

4．编程练习

【练习 9-4】

使用 DAQ 助手编写程序，设计换算公式，实现超声波传感器测距实验程序。

5．实验程序参考结果

若使用 TLA-004E 实验程序完成本实验，可以参考如图 9-4-9 所示的结果。

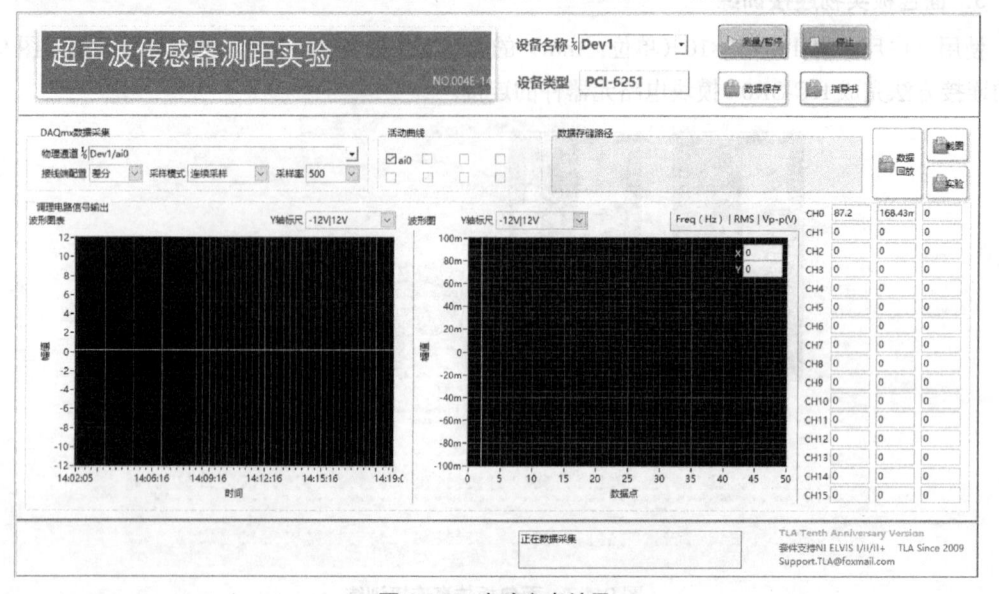

图 9-4-9 实验参考结果

图 9-4-9　实验参考结果（续）

第 10 章

安防用途相关传感器测量任务

10.1 使用热释电红外线传感器测量入侵状态

10.1.1 实践要求

- 掌握热释电红外线传感器的测量原理。
- 掌握热释电红外线传感器测量数据采集程序的编写方法。

10.1.2 传感器简介

热释电红外线传感器是一种高灵敏度探测元件，能以非接触形式检测出人体辐射的红外线能量的变化，并将其转换成电压信号输出。

热释电红外线传感器是主要由一种高热电系数的材料（如锆钛酸铅系陶瓷、钽酸锂、硫酸三甘肽等材料）制成的尺寸为 2mm×1mm 的敏感元件。热释电红外线传感器由敏感元件、干涉滤光片和场效应管匹配器三部分组成，热释电红外线传感器外形及内部如图 10-1-1 所示。

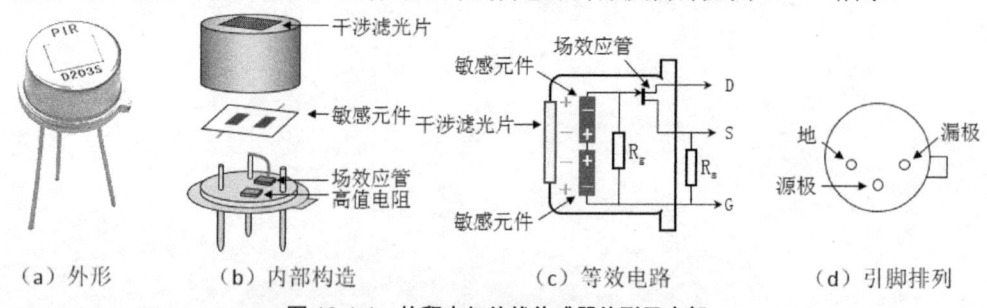

(a) 外形　(b) 内部构造　(c) 等效电路　(d) 引脚排列

图 10-1-1　热释电红外线传感器外形及内部

敏感元件是将高热电系数的材料制成一定厚度的薄片，并在它的两面镀上金属电极，加电对其进行极化，这样便制成了热释电敏感元件。

在每个热释电红外线传感器内装入一个或两个敏感元件，并将两个敏感元件以反极性串联，以抑制因自身温度升高而产生的干扰。敏感元件将探测并接收到的红外辐射转变成微弱的电压信号，该信号经装在探头内的场效应管放大后向外输出。热释电红外线传感器的优缺点如图 10-1-2 所示。

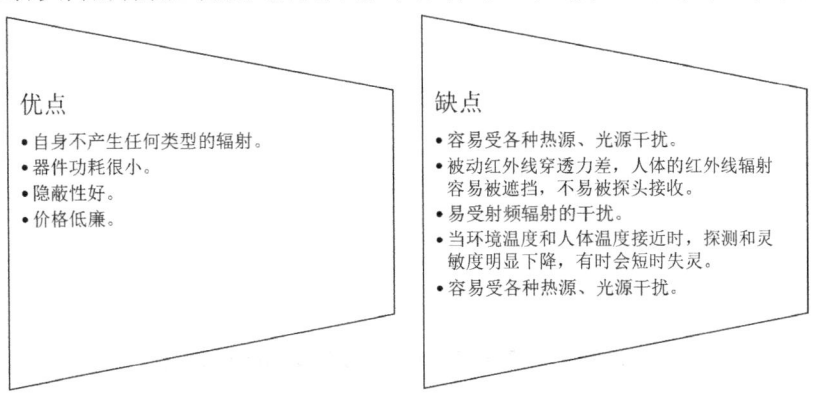

优点
- 自身不产生任何类型的辐射。
- 器件功耗很小。
- 隐蔽性好。
- 价格低廉。

缺点
- 容易受各种热源、光源干扰。
- 被动红外线穿透力差，人体的红外线辐射容易被遮挡，不易被探头接收。
- 易受射频辐射的干扰。
- 当环境温度和人体温度接近时，探测和灵敏明显下降，有时会短时失灵。
- 容易受各种热源、光源干扰。

图 10-1-2　热释电红外线传感器的优缺点

10.1.3　测量原理

为了提高热释电红外线传感器的灵敏度，从而增大探测距离，通常会在热释电红外线传感器的前方装设一个菲涅尔透镜，该透镜用透明塑料制成，利用特殊光学原理可将透镜的上、下两部分各分成若干等份，在热释电红外线传感器前方产生一个交替变化的"盲区"和"高灵敏区"，以此提高热释电红外线传感器探测接收的灵敏度。

人体具有相对恒定的体温，一般在 37℃左右。人体辐射的红外线中心波长为 9~10μm，而热释电红外线传感器的波长灵敏度在 0.2~20μm 范围内几乎稳定不变。当人从透镜前走过时，人体发射的 10μm 左右的红外线通过菲涅尔透镜增强后聚集到红外感应源上。人体发出的红外线就不断地交替从"盲区"进入"高灵敏区"，这样就使接收到的红外信号以忽强忽弱的脉冲形式输入，从而增强其能量幅度。

若将热释电红外线传感器和放大电路结合，可将信号放大 70dB 以上，这样就可以测出 10~20m 内人的行动。

10.1.4　基本电路

热释电红外线传感器输出的信号非常微弱，容易受到噪声的干扰，甚至有效信号被淹没在噪声中。研究发现，热释电红外线传感器上输出信号的干扰源主要来自热释电红外线传感器的热噪声、固有噪声、放大器的电压和电流噪声等。热噪声是由探测器材料中的电荷载流子的随机热运动产生的。要减小热噪声带来的影响，应尽量缩短热释电红外线传感器和前置放大电路之间的距离，减少外界热干扰，并在前置放大电路中串入低通滤波电路，限制噪声带宽。热释电红外线传感器的固有噪声峰-峰值约为 50μV，室外热空气流动能够产生接近 250μV 的噪声，在室内也接近 180μV。其他可能存在的干扰，如空间电磁波干扰和机械振动等，噪声峰-峰值接近 100μV。三种噪声叠加最大峰-峰值接近 300μV。

热释电红外线传感器信号调理电路（见图 10-1-3）是由一个运算放大器构成的反向放大电路。热释电红外线传感器的输出信号小于 1mV，通过交流耦合方式送至运放的"-"端，整个信号调理电路放大倍数约 100 倍。

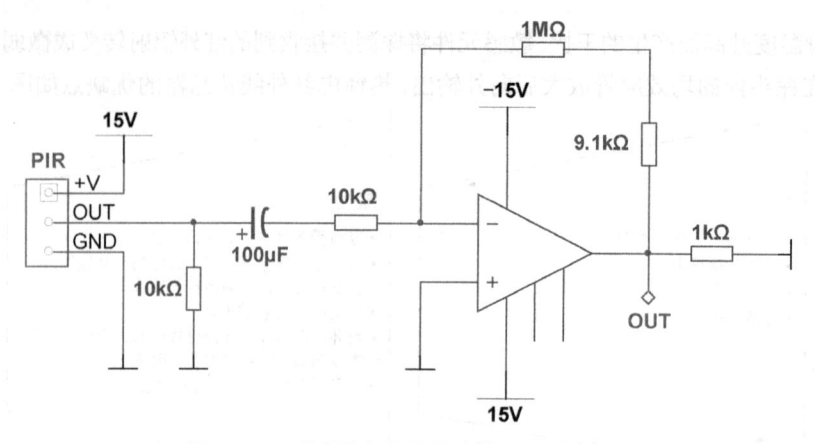

图 10-1-3 热释电红外线传感器信号调理电路

10.1.5 材料准备

搭建电路前，准备好表 10-1-1 中必需的材料方可开始动手实践。

表 10-1-1 材料清单

序号	名称	外形	数量	用途
1	D203S 热释电红外线传感器		1	测量人体主动释放的红外线
2	LF411 运算放大器		1	构成信号放大电路
3	9V 层叠电池		2	为信号调理电路供电
4	9V 电池盒		1	安装 9V 电池

续表

序号	名称	外形	数量	用途
5	电阻 1kΩ（1/4W） 电阻 10kΩ（1/4W） 电阻 9.1kΩ（1/4W） 电阻 1MΩ（1/4W）		1 2 1 1	用于信号调理电路
6	电容 100μF（电解）		1	用于信号调理电路
7	杜邦线		若干	连接电路
8	便携式数据采集设备 myDAQ		1	与测量电路配合构成虚拟仪器测量系统
9	TLA-004 传感器课程实验套件		1	包含测量程序的传感器测量解决方案

10.1.6　元器件概览

（1）D203S 热释电红外线传感器：是采用 TO-5 封装 3 引脚的顶部带光学滤光片窗口的传感器元件，内部含有热电感应敏感元件、干涉滤光片和场效应管匹配器，传感器输出信号为电荷信号，需要通过电阻将其转换为电压信号用作后续处理。该传感器可承受直流 3~15V 供电。

（2）LF411 运算放大器：是一个低失调、低漂移，具有 JFET 输入、高输入阻抗的运算放大器，常用于高速积分器、DAC、采样保持电路等场合。该运算放大器有 8 个引脚，常见为双列直插封装，通常情况下采用直流双电源供电。

10.1.7　动手实践

1. 电路原理图

读懂如图 10-1-4 所示的原理图，将表 10-1-1 中的元器件材料与之器件一一对应。

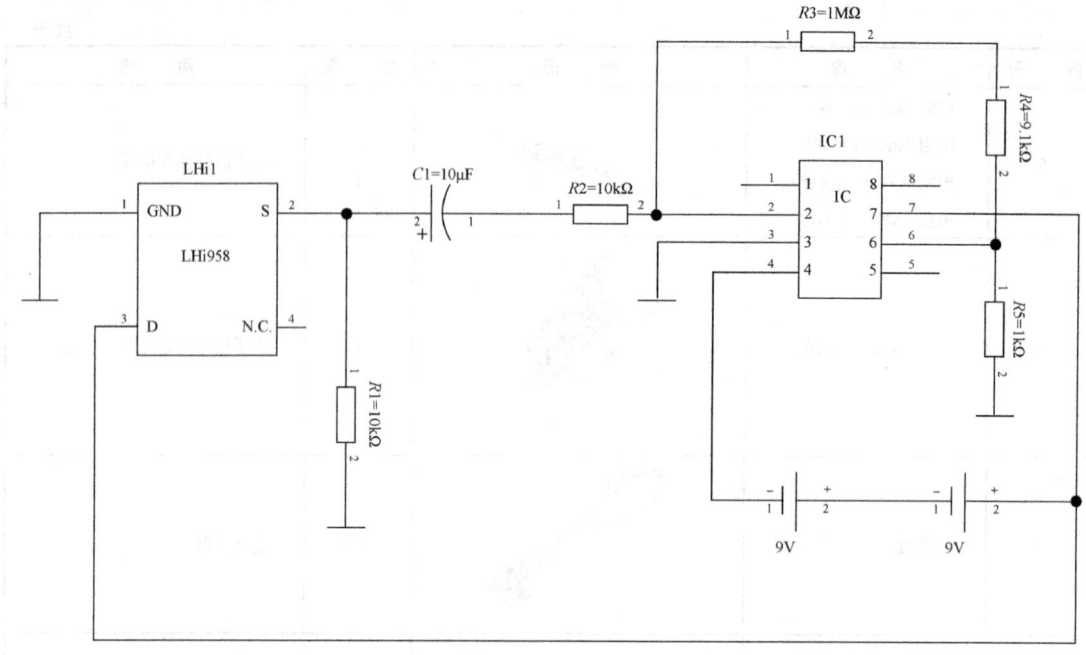

图 10-1-4　原理图

2. 虚拟面包板连接训练

下载本书的示例资源包，打开热释电红外线传感器 Fritzing 项目文件，读懂图 10-1-5 中的连线路径，并新建一个 Fritzing 文件进行仿真连接训练。

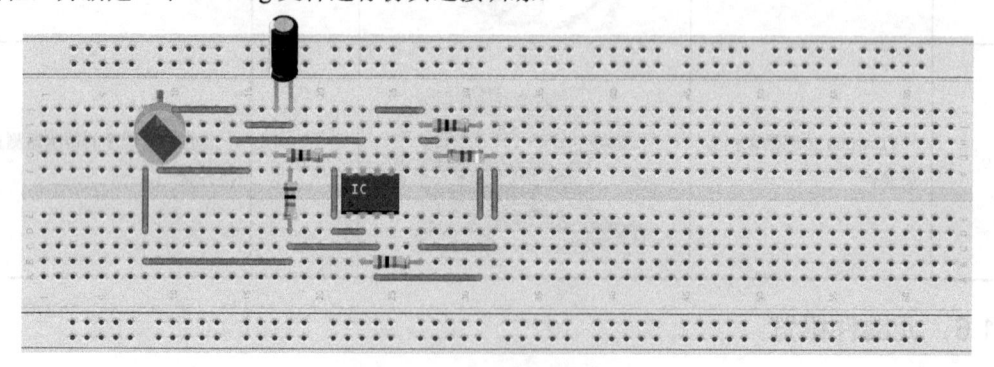

图 10-1-5　面包板及仿真训练

3. 面包板实物连接训练

使用一块 165×55×10（单位：mm）的面包板及表 10-1-1 中的元器件，遵照如 10-1-5 所示的连接方法完成热释电红外线传感器测量电路的元器件连接。

10.1.8　TLA-004 套件测量训练

1. 准备工作

遵循如图 7-1-9 所示的 ELVIS 使用前的准备工作，做好实验测量的准备。

2. 连接电路（连线）

参看图 10-1-6，在 TLA-004 实验套件上使用杜邦线进行连线。

第 10 章　安防用途相关传感器测量任务

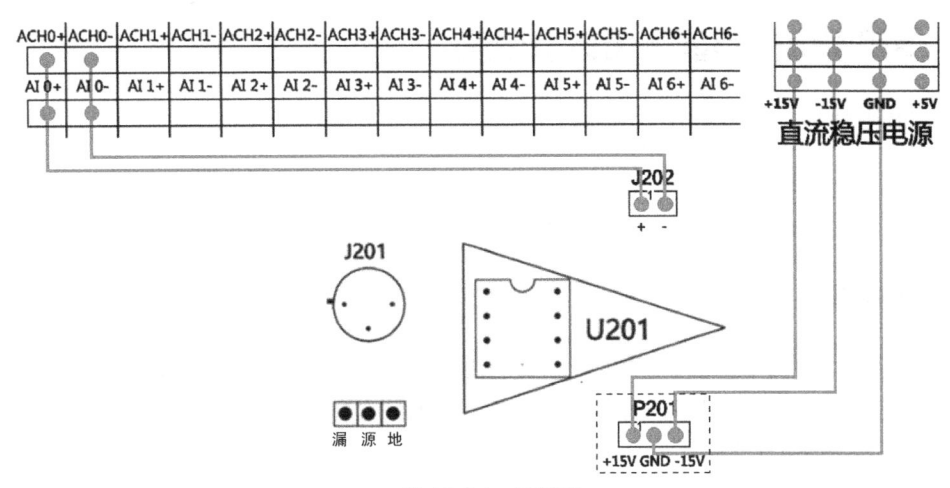

图 10-1-6　连线图

3. 想一想

如果要测量未经信号放大电路调理输出的传感器原始信号，需要如何接线？预计能看到什么样的输出信号？

4. 编程练习

【练习 10-1】

使用 DAQ 助手编写程序，实现热释电红外线传感器测量实验程序。

5. 实验程序参考结果

若使用 TLA-004E 实验程序完成本实验，可以参考如图 10-1-7 所示的结果。

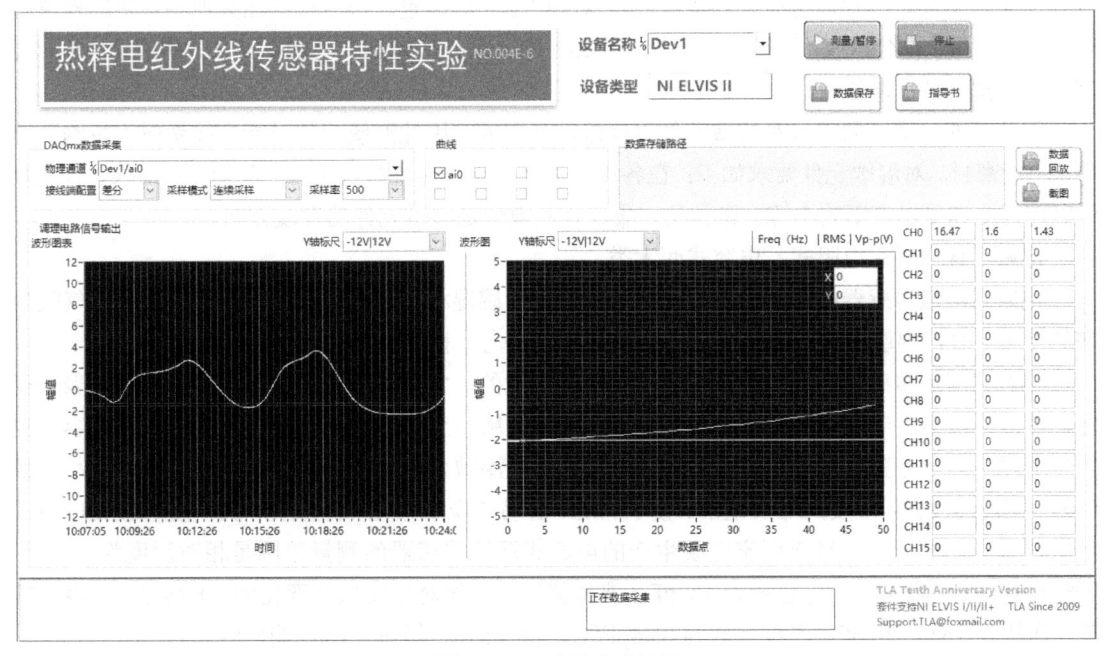

图 10-1-7　实验参考结果

319

10.2 使用湿敏传感器测量环境湿度

10.2.1 实践要求

- 掌握电容式湿敏传感器的测量原理。
- 掌握电容式湿敏传感器测量数据采集程序的编写方法。

10.2.2 传感器简介

湿度是衡量大气中的水蒸气多少的一个量,通常采用绝对湿度和相对湿度两种表示方法。

绝对湿度:指在一定温度和压力条件下,每单位体积的混合气体中所含水蒸气的质量,单位为 g/m^3,一般用符号 AH 表示。

相对湿度:气体的绝对湿度与在同一温度下水蒸气已达到饱和时的绝对湿度之比,常表示为%RH。

相对湿度给出大气的潮湿程度,它是一个无量纲的量,在实际使用中多使用相对湿度这一概念。

在一定大气压下,将含有水蒸气的空气冷却,当温度下降到某一特定值时,空气中的水蒸气达到饱和状态,开始从气态变成液态并凝结成露珠,这种现象称为结露,这一特定温度就称为露点温度,相对湿度为100%RH。

如果这一温度低于0℃,水蒸气将结霜,又称为霜点温度。两者统称为露点。空气中水蒸气压越小,露点越低,因此可用露点表示空气中的湿度。

湿度检测方法通常有毛发湿度计法、干湿球湿度计法、露点计法和阻容式湿度计法。

湿敏传感器是一种能将被测环境湿度转换成电信号的装置。湿度检测比其他物理量的检测困难,主要由两个部分组成:湿敏元件和转换电路,除此之外还包括一些辅助元件,如辅助电源、温度补偿、输出显示设备等。

湿信息的传递必须靠水对湿敏元件直接接触来完成,因此湿敏元件只能直接暴露于待测环境中,不能密封。对湿敏元件要求如下:在各种气体环境下稳定性好、响应时间短、寿命长、有互换性、耐污染和受温度影响小等。微型化、集成化及廉价是湿敏元件的发展方向。

湿敏元件主要有电阻式、电容式两大类。

电阻式湿敏传感器的特点是在基片上覆盖一层用感湿材料制成的膜,当空气中的水蒸气吸附在感湿膜上时,湿敏元件的电阻率和电阻值都发生变化,利用这一特性即可测量湿度。

电容式湿敏传感器一般是用高分子薄膜电容制成的,常用的高分子材料有聚苯乙烯、聚酰亚胺、醋酸纤维等。当环境湿度发生改变时,电容式湿敏传感器的介电常数发生变化,其电容量也发生变化,其电容变化量与相对湿度成正比。电容式湿敏传感器主要优点是灵敏度高、产品互换性好、响应速度快、湿度的滞后量小、便于制造、容易实现小型化和集成化,其精度一般比电阻式湿敏传感器要低一些。目前厂家主要生产的电容式湿敏传感器的测量范围是相对湿度为(1%~99%)RH,55%RH时的电容量为180pF(典型值)。当相对湿度从0变化到100%时,电容量的变化范围是163~202pF。温度系数为0.04pF/℃,湿度滞后量为±1.5%,响应时间为5s。

湿敏传感器除了有电阻式湿敏传感器、电容式湿敏传感器,还有电解质离子型湿敏元件、重量型湿敏元件(利用感湿膜重量的变化来改变振荡频率)、光强型湿敏元件、声表面波湿敏元件等。湿敏元件的线性度及抗污染性差，在检测环境湿度时，湿敏元件要长期暴露在待测环境中，因此很容易被污染而影响其测量精度及长期稳定性。

本训练中使用的是 HS1101 电容式湿敏传感器，如图 10-2-1 所示。HS1101 电容式湿敏传感器采用专利设计的固态聚合物结构，具有响应时间短、可靠性高和长期稳定性特点，而且不需要校准就可以完全互换。HS1101 电容式湿敏传感器在电路中等效于一个电容器，其电容随所测空气的湿度增大而增大，在相对湿度为 0~100%的范围内，电容的容量由 160pF 变化到 200pF，其误差不大于±2%RH，响应时间小于 5s，温度系数为 0.04pF/℃。

图 10-2-1　HS1101 电容式湿敏传感器

10.2.3　测量原理

HS1101 电容式湿敏传感器是一种电容式相对湿度传感器，将 HS1101 电容式湿敏传感器置于 555 振荡电路中，利用电容值的变化换成电压频率信号，从而得到可以直接被数据采集电路采集的信号并用于换算处理。

空气相对湿度与 NE555 芯片输出频率存在一定线性关系，如表 10-2-1 所示。空气相对湿度与 NE555 芯片输出频率直接的关系可表示为式（10-2-1）。

表 10-2-1　典型频率输出特性（参考点为 6660Hz—55%/25℃）

相对湿度/%	0	10	20	30	40	50	60	70	80	90	100
频率/Hz	7351	7224	7100	6976	6853	6728	6600	6468	6330	6186	6033

$$F_{\text{mesHz}} = F_{55\text{Hz}}\left(1.1038 - 1.936810^{-3} \times \text{RH} + 3.011410^{-6} \times \text{RH}^2 - 3.440310^{-8} \times \text{RH}^3\right) \tag{10-2-1}$$

10.2.4　基本电路

如图 10-2-2 所示的电路是一个典型的 555 非稳态电路设计，外围电阻 R_2、R_4 与 HS1101 电容式湿敏传感器构成了对 HS1101 电容式湿敏传感器的充电回路。7 号引脚通过 NE555 芯片内部的晶体管对地短路构成对 HS1101 电容式湿敏传感器的放电回路，并将 2 号、6 号引脚相连引入片内比较器，构成一个多谐振荡器，其中 R_4 相对 R_2 而言，R_4 的阻值必须非常小，但不能低于一个最小值。R_3 是防止短路的电阻，IC 555 必须是 CMOS 版本。

HS1101 电容式湿敏传感器作为可变电容使用，与 TRI 和 THR 引脚连接。7 号引脚作为 R_4 的短接使用。HS1101 电容式湿敏传感器的等效电容通过 R_2 和 R_4 充电值阈值电压，此时 3 号引脚由高电平变为低电平，然后通过 R_2 开始放电，由于 R_4 被 7 号引脚内部短路接地，因此只放电到触发电平（接近 $0.33V_{CC}$），这时 3 号引脚变为高电平。因为 HS1101 电容式湿敏传感器通过不同的电阻充放电，所以 R_2 和 R_4 的占空比由下列公式决定：

$$t_{\text{high}} = C@\%\text{RH} \times (R_2 + R_4) \times \ln 2 \tag{10-2-2}$$

$$t_{\text{low}} = C@\%\text{RH} \times R_2 \times \ln 2 \tag{10-2-3}$$

$$F = \frac{1}{t_{\text{high}} + t_{\text{low}}} = \frac{1}{C@\%\text{RH} \times (R_4 + 2 \times R_2) \times \ln 2} \tag{10-2-4}$$

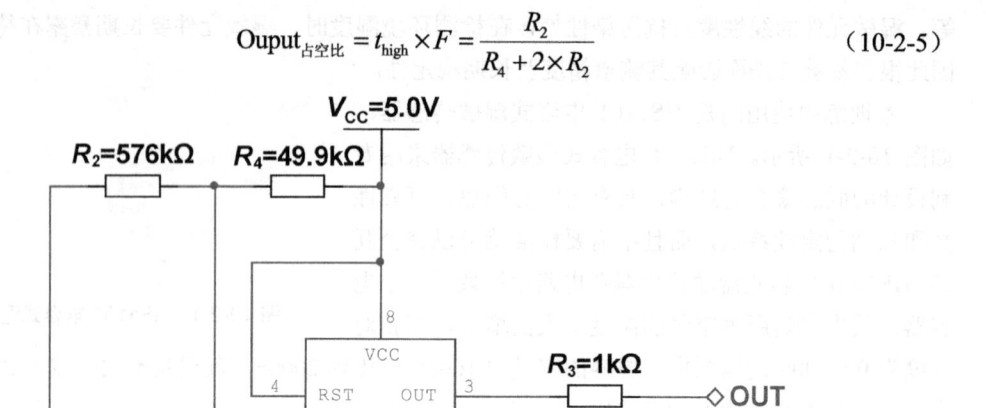

$$\text{Ouput}_{占空比} = t_{high} \times F = \frac{R_2}{R_4 + 2 \times R_2} \quad （10\text{-}2\text{-}5）$$

图 10-2-2 基本电路

10.2.5 材料准备

搭建电路前，准备好表 10-2-2 中必需的材料方可开始动手实践。

表 10-2-2 材料清单

序号	名称	外形	数量	用途
1	HS1101 电容式湿敏传感器		1	测量环境中的湿度
2	NE555 时钟集成电路		1	构成多谐振荡器
3	9V 层叠电池		2	为信号调理电路供电

续表

序号	名称	外形	数量	用途
4	9号电池盒		1	安装9V电池
5	电阻51kΩ（1/4W） 电阻620kΩ（1/4W） 电阻910kΩ（1/4W） 电阻1kΩ（1/4W）		1 1 1 1	用于多谐振荡器电路
6	杜邦线		若干	连接电路
7	便携式数据采集设备myDAQ		1	与测量电路配合构成虚拟仪器测量系统
8	TLA-004传感器课程实验套件		1	包含测量程序的传感器测量解决方案

10.2.6 元器件概览

（1）HS1101电容式湿敏传感器：是一个基于独特工艺设计的电容元件，具有标准环境下无须校准、全互换性的特点，具备长时间饱和下快速脱湿能力，反应时间快速、可靠性高与长时间的稳定性，需要通过交流激励使用。

（2）NE555时钟集成电路：常用于定时器、脉冲产生器和振荡电路，具有8个引脚，常见为双列直插封装，需要+5V单电源供电。

10.2.7 动手实践

1．电路原理图

读懂如图10-2-3所示的原理图，将表10-2-2中的元器件材料与之器件一一对应。

图 10-2-3　电路原理图

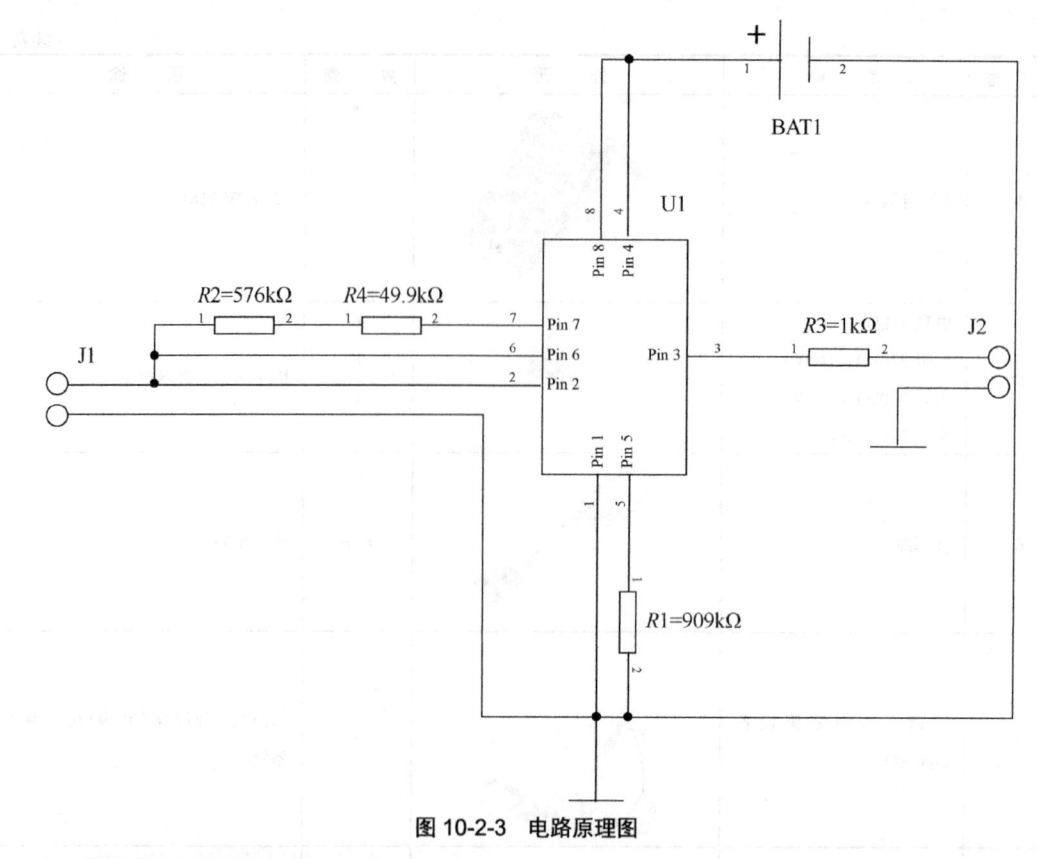

2. 虚拟面包板连接训练

下载本书的示例资源包，打开电容式湿敏传感器测量 Fritzing 项目文件，读懂图 10-2-4 中的连线路径，并新建一个 Fritzing 文件进行仿真连接训练。

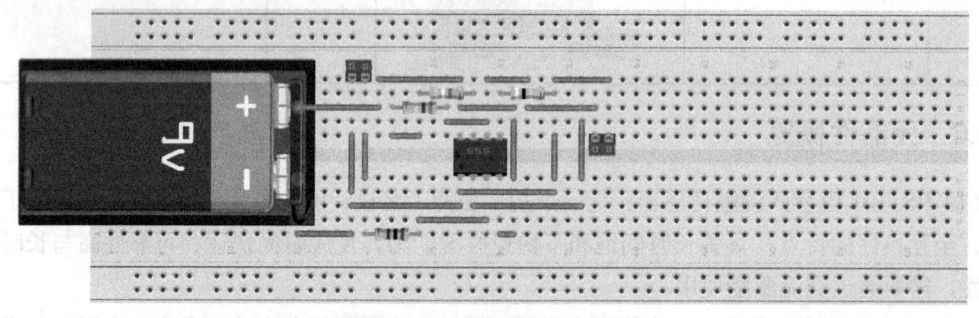

图 10-2-4　面包板及仿真训练

3. 面包板实物连接训练

使用一块 165×55×10（单位：mm）的面包板及表 10-2-2 中的元器件，遵照图 10-2-4 中的连接方法完成电容式湿敏传感器测量电路的元件连接。

10.2.8　TLA-004 套件测量训练

1. 准备工作

遵循图 7-1-9 所示的 ELVIS 使用前的准备工作，做好实验测量的准备。

第 10 章 安防用途相关传感器测量任务

2. 连接电路（连线）

参看图 10-2-5，在 TLA-004 实验套件上进行连线。

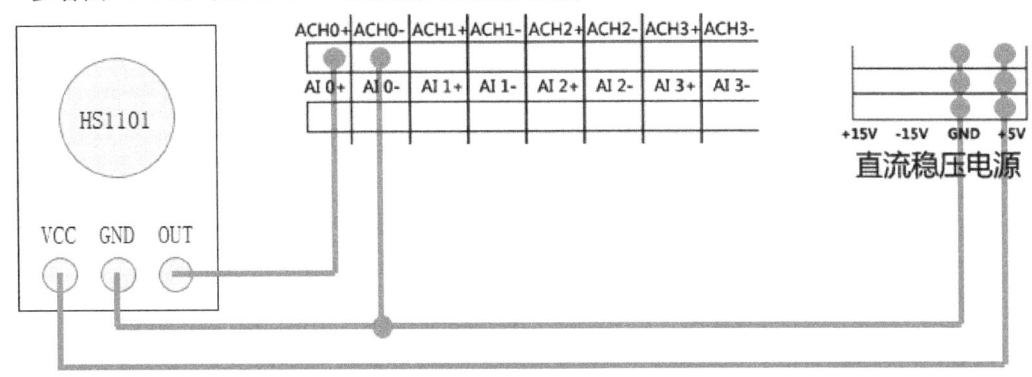

图 10-2-5 连线图

3. 想一想

如果将测量程序中的采样率设置为小于 10kHz，那么测量时可能会出现什么现象？

4. 编程练习

【练习 10-2】

使用 DAQ 助手编写程序，设计换算公式，实现电容式湿敏传感器测量实验程序。

5. 实验程序参考结果

若使用 TLA-004E 实验程序完成本实验，可以参考如图 10-2-6 所示的结果。

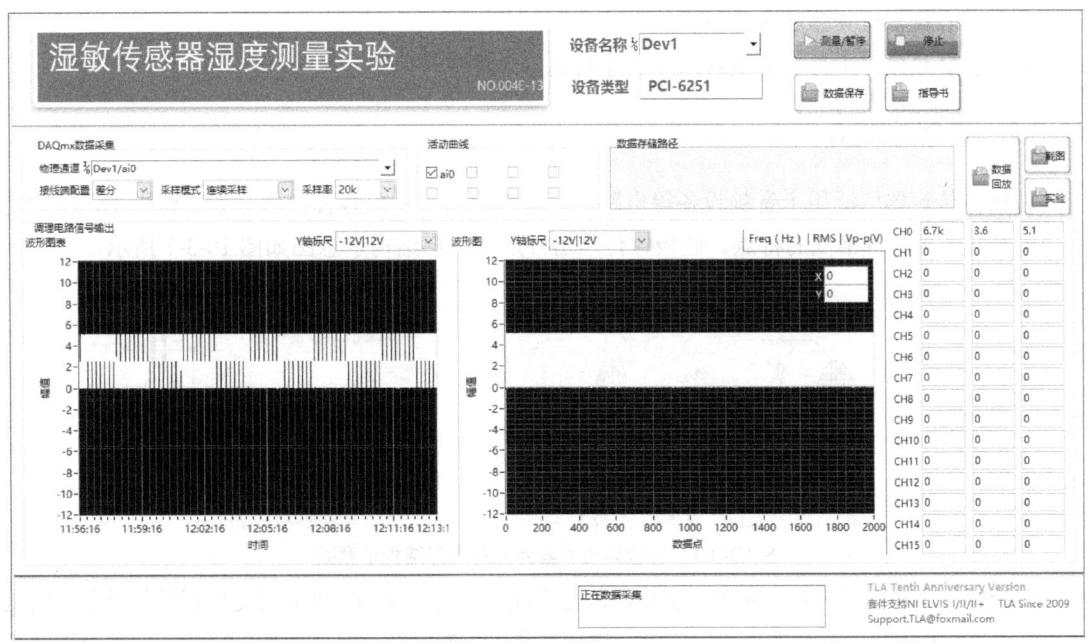

图 10-2-6 实验参考结果

LabVIEW 数据采集

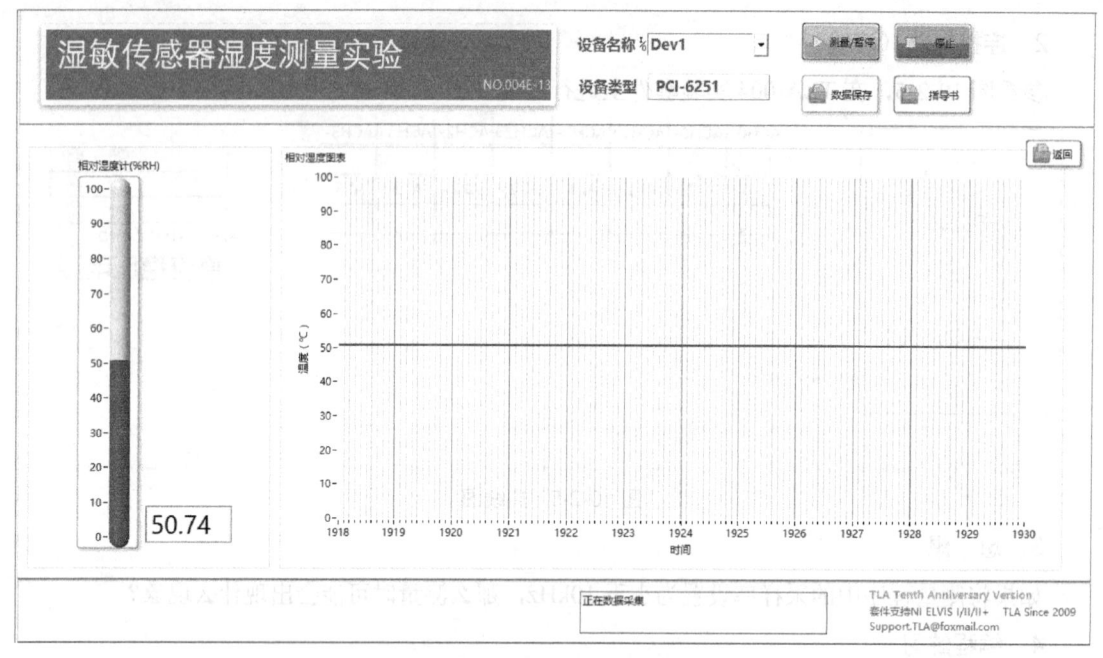

图 10-2-6　实验参考结果（续）

10.3　使用驻极体传声器采集、测量语音信号

10.3.1　实践要求

- 掌握驻极体传声器的工作原理。
- 掌握驻极体传声器测量数据采集程序的编写方法。

10.3.2　传感器简介

驻极体传声器广泛用于音频设备等电路，是最常用的一种电容传声器，具有体积小、结构简单、电声性能好、价格低的特点。驻极体传声器外形及内部结构示意图如图 10-3-1 所示。

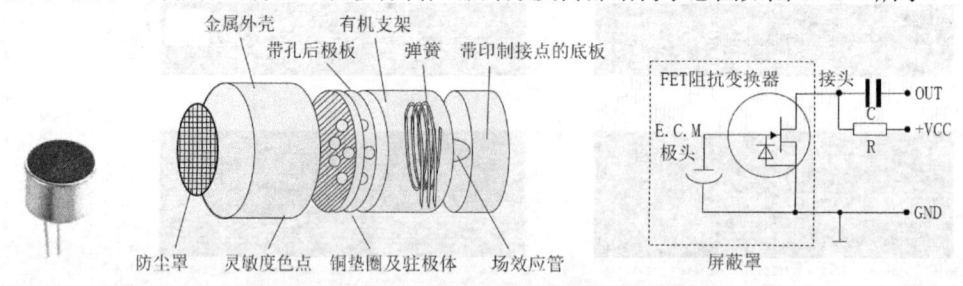

图 10-3-1　驻极体传声器外形及内部结构示意图

驻极体传声器由声电转换和阻抗变换两部分组成。声电转换的关键元件是驻极体振动膜。它是一片极薄的塑料膜片，在其中一面蒸发上一层金属薄膜，然后经过高压电场驻极后，两面分别驻有异性电荷。膜片的蒸金面向外，与金属外壳相连通；膜片的另一面与金属极板之间用薄的绝缘衬圈隔开，蒸金膜与金属极板之间形成了一个电容。当驻极体膜片遇到声波振动时，引起电容两端的电场发生变化，从而产生随声波变化而变化的交变电压。驻极体膜片与金属极板之间的电容量比较小，

326

一般为数十皮法。因而它的输出阻抗值很高（$X_C=1/2\pi fC$），数十兆欧以上。这样高的阻抗是不能直接与音频放大器相匹配的。所以在传声器内接入一只结型场效应管来进行阻抗变换。

场效应管的特点是输入阻抗极高、噪声系数低。普通场效应管有源极 S、栅极 G 和漏极 D 三个极。这里使用的是在内部源极和栅极间再复合一只二极管的专用场效应管。接二极管的目的是在场效应管受强信号冲击时起保护作用。场效应管的栅极接金属极板。驻极体传声器常见的有两根线和三根线，图 10-3-1 为 3 根线的驻极体传声器。

10.3.3 测量原理

驻极体传声器中，有一只场效应管做预放大，因此驻极体传声器在正常工作时，需要一定偏置电压，这个偏置电压一般情况下不大于 10V。

驻极体传声器的输出有源极输出和漏极输出两种接法。源极输出类似晶体三极管的发射极输出，需用三根引出线。漏极 D 接电源正极。源极 S 与地之间接一电阻 R_S 来提供源极电压，信号由源极经电容 C 输出，编织线接地起屏蔽作用。该接法中，源极输出的输出阻抗小于 2kΩ，电路比较稳定、动态范围大，但输出信号比漏极输出接法的信号要小。

漏极输出类似晶体三极管的共发射极放大电路输出配置，只需两根引出线。漏极 D 与电源正极间接一漏极电阻 R_D，信号由漏极 D 经电容 C 输出。源极 S 与编织线一起接地。漏极输出有电压增益，因而传声器灵敏度比源极输出时要高，但电路动态范围略小。驻极体漏极输出与源极输出接法如图 10-3-2 所示。

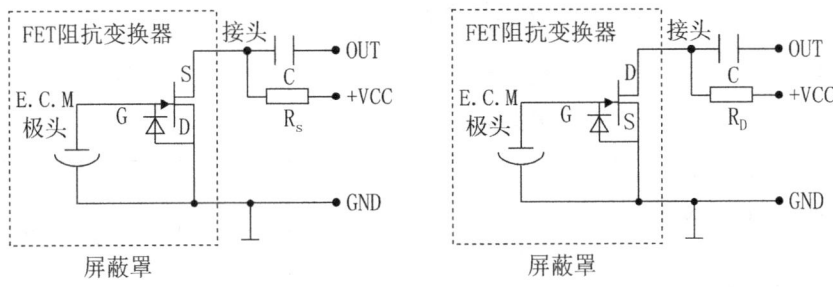

图 10-3-2　驻极体漏极输出与源极输出接法

R_S 和 R_D 的大小要根据电源电压大小来决定。一般可在 2.2～5.1kΩ 间选用。例如，当电源电压为 6V 时，R_S=4.7kΩ，R_D=2.2kΩ。

10.3.4 基本电路

由于驻极体传声器需要提供偏压使其内部的补偿用场效应管正常工作，保证其能输出随声音振动变化带来的电压信号，为此可以通过如图 10-3-3 所示的运算放大器的反相放大电路实现，需要注意的是 R_2 和 R_4 组成串联电路将运算放大器的同相输入端电压抬升到 $1/2V_{CC}$，从而保证运算放大器单电源正常工作。

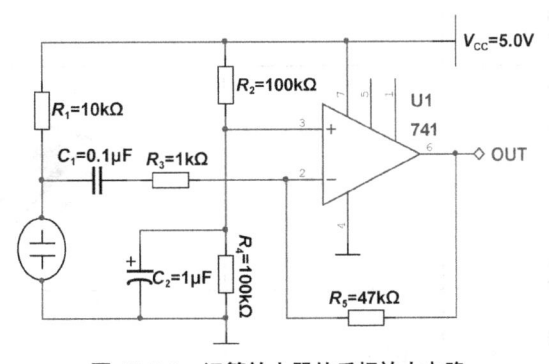

图 10-3-3　运算放大器的反相放大电路

10.3.5 材料准备

搭建电路前,准备好表 10-3-1 中必需的材料方可开始动手实践。

表 10-3-1 材料清单

序 号	名 称	外 形	数 量	用 途
1	驻极体传声器		1	收集声音信号
2	μA741 运算放大器		1	构成信号调理电路
3	5 号电池		4	为信号调理电路供电
4	5 号电池盒		1	安装 5 号电池
5	电阻 1kΩ（1/4W） 电阻 10kΩ（1/4W） 电阻 47kΩ（1/4W） 电阻 100kΩ（1/4W）		1 1 1 2	用于信号调理电路
6	电容 0.1μF		1	用于信号调理电路
7	电容 1μF（电解）		1	用于信号调理电路
8	杜邦线		若干	连接电路

续表

序号	名 称	外 形	数 量	用 途
9	便携式数据采集设备 myDAQ		1	与测量电路配合构成虚拟仪器测量系统
10	TLA-004 传感器课程实验套件		1	包含测量程序的传感器测量解决方案

10.3.6 元器件概览

（1）驻极体传声器：是一种电容式传声器，需要提供偏压才能正常工作。通常有两个引脚，外壳接地。

（2）μA741 运算放大器：是一款经典的通用（单）运算放大器，通常需要双电源供电（本项目中采用单电源供电）。

10.3.7 动手实践

1. 电路原理图

读懂如图 10-3-4 所示的原理图，将表 10-3-1 中的元器件材料与之元器件一一对应。

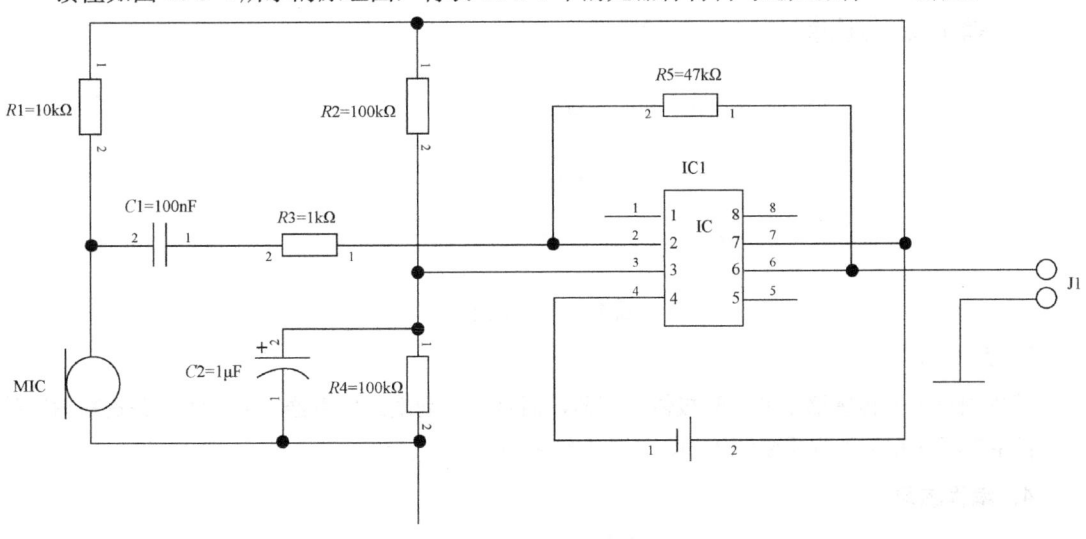

图 10-3-4 原理图

2. 虚拟面包板连接训练

下载本书的示例资源包，打开驻极体传声器 Fritzing 项目文件，读懂图 10-3-5 中的连线路径，并新建一个 Fritzing 文件进行仿真连接训练。

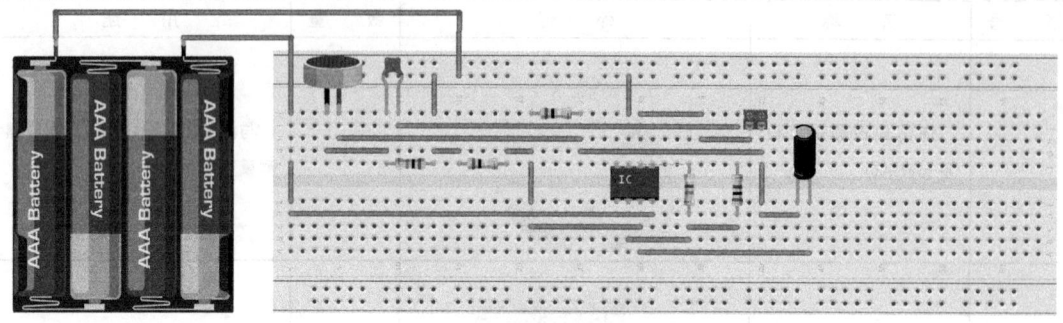

图 10-3-5　面包板及仿真训练

3．面包板实物连接训练

使用一块 165×55×10（单位：mm）的面包板及表 10-3-1 中的元器件，遵照图 10-3-5 中的连接方法完成驻极体传声器电路的元件连接。

10.3.8　TLA-004 套件测量训练

1．准备工作

遵循如图 7-1-9 所示的 ELVIS 使用前的准备工作，做好实验测量的准备。

2．连接电路（连线）

参看图 10-3-6，在 TLA-004 实验套件上进行连线。

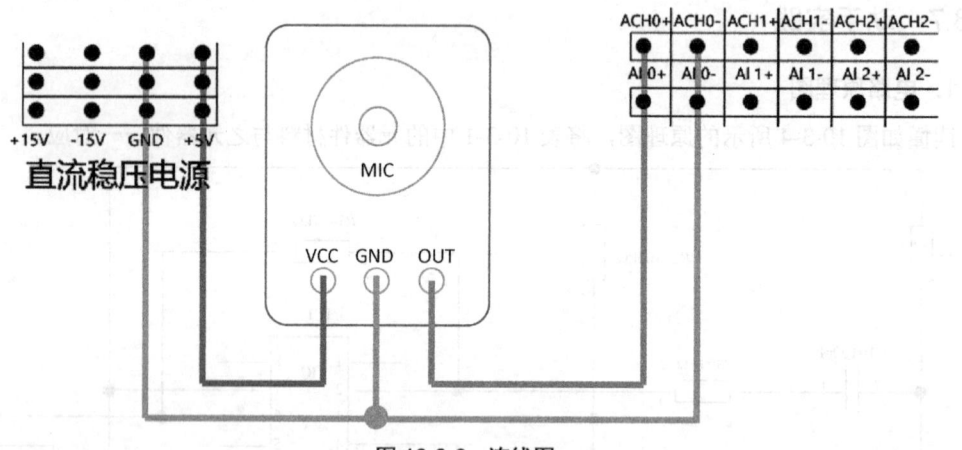

图 10-3-6　连线图

3．想一想

若本项目中的传感器不使用驻极体传声器，而是使用动圈式传声器，请查阅相关资料后回答本项目中有哪些相关内容需要做改动，具体有哪些设计需要变化。

4．编程练习

【练习 10-3】

使用 DAQ 助手编写程序，实现驻极体传声器声音信号采集实验程序，并尝试为测量程序添加快速傅里叶分析功能。

5．实验程序参考结果

若使用 TLA-004E 实验程序完成本实验，则可以参考如图 10-3-7 所示的结果。

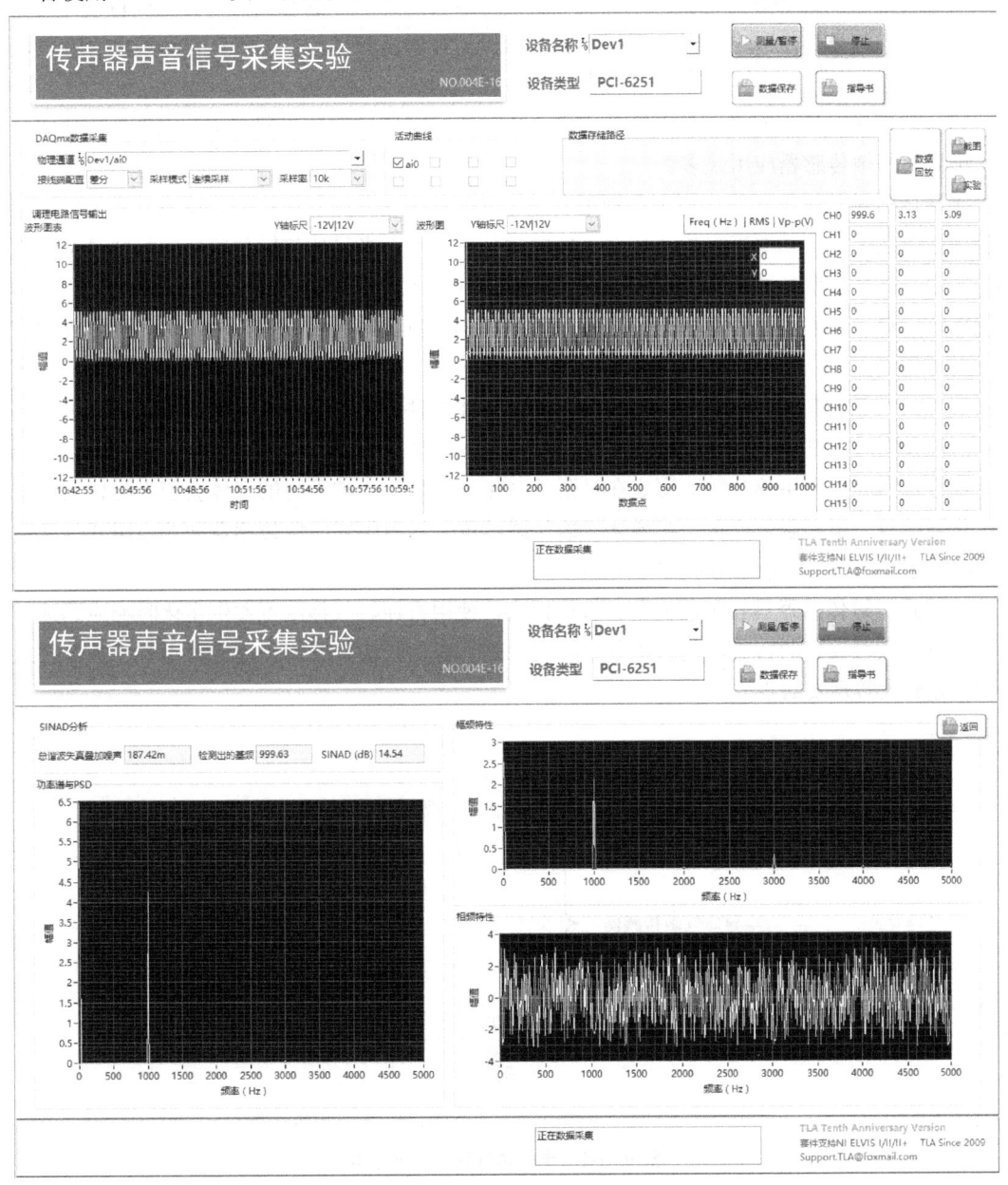

图 10-3-7　实验参考结果

10.4　使用气敏传感器测量环境酒精泄漏

10.4.1　实践要求

- 掌握气敏传感器的工作原理。
- 掌握气敏传感器信号调理电路的工作原理。

10.4.2 传感器简介

气敏传感器是能够感知环境中某种气体及其浓度的一种气体敏感元件，它可以将气体种类及其浓度有关的信息转换成电信号，根据这些电信号的强弱可获得与待测气体在环境中存在情况有关的信息。

常用的气敏传感器有半导体气敏传感器、接触燃烧式气敏传感器和电化学气敏传感器等。其中，半导体气敏传感器应用最多。

半导体气敏传感器的工作原理是利用半导体气体敏感元件同气体接触，造成半导体的电导率等物理性质发生变化的原理来检测特定气体的成分或浓度。半导体气敏传感器的材料是金属氧化物半导体。其中 P 型半导体气敏传感器使用 CoO、PbO、CuO、NiO 等材料。N 型半导体气敏传感器使用如 SnO_2、Fe_2O_3、ZnO、WO_3 等材料。合成材料有时还渗入了催化剂，如 Pd（钯）、Pt（铂）、Ag（银）等。

半导体气敏材料吸附气体的能力很强。当半导体器件被加热到稳定状态，在气体接触半导体表面而被吸附时，被吸附的分子首先在表面物性自由扩散，失去运动能量，一部分分子被蒸发掉，另一部分残留分子产生热分解而固定在吸附处（化学吸附）。被吸附的气体会和半导体气敏材料发生化学反应，引起阻值变化。半导体气敏传感器可分为电阻式气敏传感器和非电阻式气敏传感器两种。半导体气敏传感器分类如图 10-4-1 所示。

电阻式气敏传感器具有工艺简单、价格便宜、使用方便、气体浓度发生变化时响应迅速、在低浓度下灵敏度较高的特点，同时也具有稳定性差、老化较快、气体识别能力不强、各器件之间的特性差异大等现实缺点。

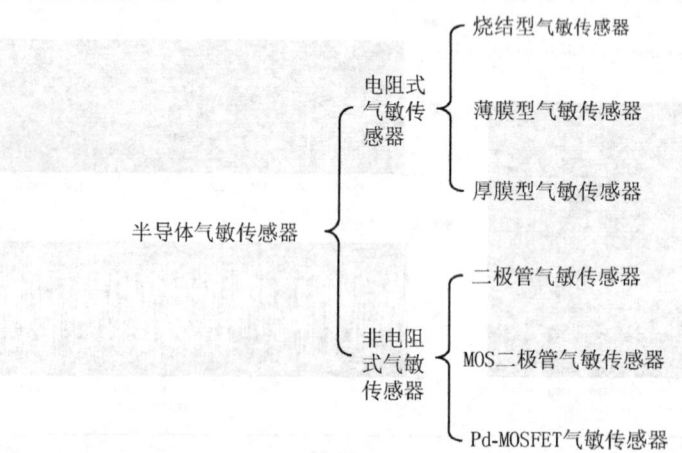

图 10-4-1 半导体气敏传感器分类

非电阻式气敏传感器是利用 MOS 二极管的电容与电压特性的变化及 MOS 场效应管（MOSFET）的阈值电压的变化等特性而制成的气体敏感元件。优点：由于这类气敏传感器的制造工艺成熟，便于气敏传感器集成化，因此其性能稳定且价格便宜。利用特定材料还可以使气敏传感器对某些气体特别敏感。缺点：稳定性差、老化较快、气体识别能力不强、各气敏传感器之间的特性差异大等。

烧结型气敏传感器是先将一定比例的金属氧化物粉料（SnO_2、ZnO 等）和一些掺杂剂（Pt、Pb 等）用水或黏合剂调和，经研磨后使其均匀混合；然后将混合好的膏状物倒入模具，埋入加热丝和测量电极，经传统的制陶方法烧结，最后将加热丝和电极焊在管座上，加上特制外壳就构成烧结型气敏传感器。优点：烧结型气敏传感器制作方法简单、寿命长。缺点：烧结型气敏传感器烧结不充分，机械强度不高，电极材料较贵重，电性能一致性较差，因此应用受到一定限制。直热式烧结型气敏传感器和旁热式烧结型气敏传感器分别如图 10-4-2 和图 10-4-3 所示。

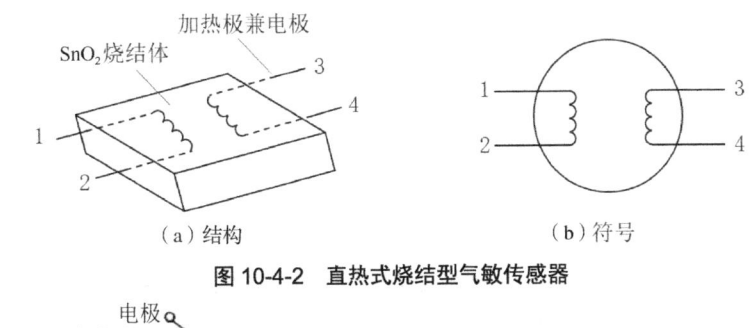

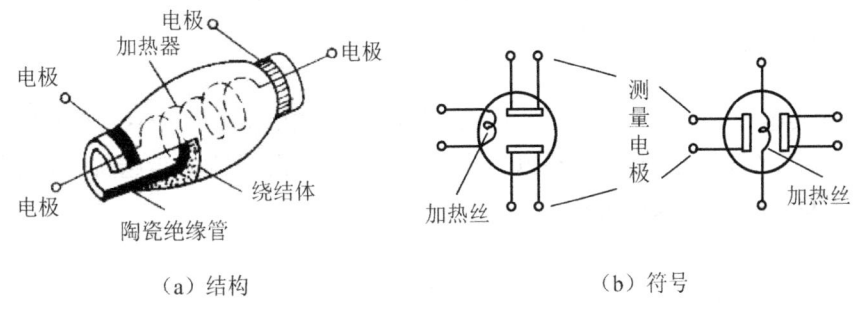

图 10-4-2　直热式烧结型气敏传感器

图 10-4-3　旁热式烧结型气敏传感器

薄膜型气敏传感器的制作采用蒸发或溅射的方法，在处理好的石英基片上形成一薄层金属氧化物薄膜（如 SnO_2、ZnO 等），再引出电极。优点：灵敏度高、响应迅速、机械强度高、互换性好、产量高、成本低等。

厚膜型气敏传感器是将 SnO_2 和 ZnO 等材料与 3%～15%重量的硅凝胶混合制成能印刷的厚膜胶，把厚膜胶用丝网印制到装有 Pt 电极的 Al_2O_3 绝缘基片上，在 400～800℃高温下烧结 1～2h 制成的。优点：一致性好、机械强度高、适于批量生产。

MQ3 气敏传感器使用的气敏材料是在清洁空气中电导率较低的 SnO_2。当 MQ3 传感器所处环境中存在酒精气体时，MQ3 气敏传感器的电导率随空气中酒精气体浓度的增加而增大。使用简单的电路即可将电导率的变化转换为与该气体浓度相对应的输出信号。

MQ3 气敏传感器对酒精的灵敏度高，可以抵抗汽油、烟雾、水蒸气的干扰。这种传感器可检测多种浓度酒精气氛，是一款适合多种应用的低成本传感器。

10.4.3　测量原理

MQ3 气敏传感器是气敏传感器的一种，具有很高的灵敏度、良好的选择性、长期的使用寿命和可靠的稳定性。MQ3 气敏传感器由微型 Al_2O_3、陶瓷管和 SnO_2 敏感层、测量电极和加热器构成，气体敏感元件固定在塑料或不锈钢的腔体内，加热器为气体敏感元件的工作提供了必要的工作条件。

MQ3 气敏传感器的标准回路有两部分组成：一部分为加热回路。另一部分为信号输出回路，它可以准确反映该传感器表面电阻的变化。MQ3 气敏传感器表面电阻 R_S 的变化，是通过与其串联

的负载电阻 R_L 上的有效电压信号 V_{RL} 获得的。二者之间的关系表述为 $\frac{R_S}{R_L} = \frac{(V_C - V_{RL})}{V_{RL}}$，其中 V_C 为回路电压 10V。负载电阻 R_L 可调为 0.5～200kΩ，加热电压 U_h 为 5V。MQ3 气敏传感器输出电压为 0～5V。MQ3 气敏传感器的外观和相应的结构形式如图 10-4-4 所示。

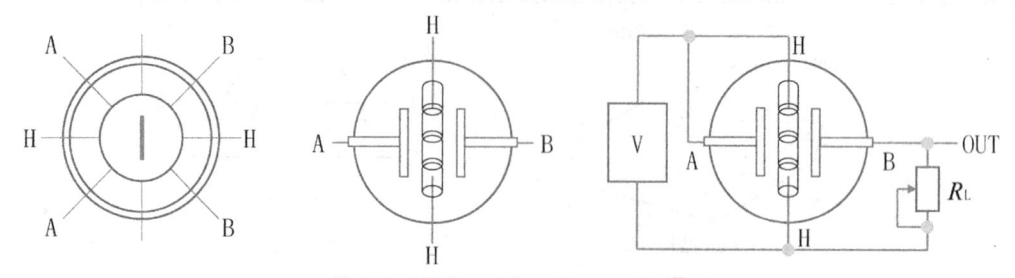

图 10-4-4　MQ3 气敏传感器的外观和相应的结构形式

10.4.4　基本电路

MQ3 气敏传感器工作原理电路如图 10-4-5 所示。利用该电路使得 MQ3 实验模块具有模拟信号和适用数字电路的高低电平输出，模拟信号输出 0～5V 电压，气体浓度越高，输出电压越高。图 10-4-6 为 MQ3 模块外观及接线柱。

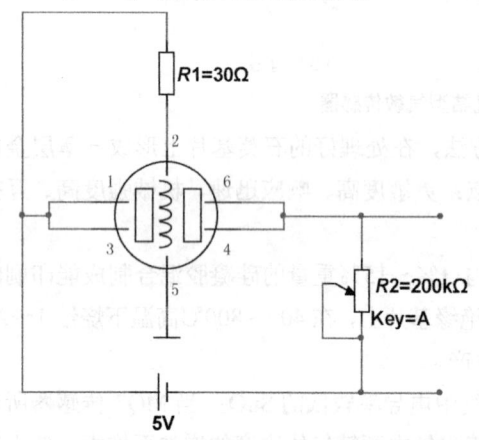

图 10-4-5　MQ3 气敏传感器工作原理电路 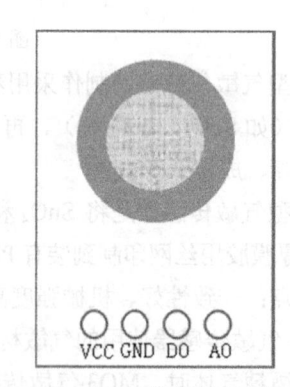　　　　图 10-4-6　MQ3 模块外观及接线柱

10.4.5　材料准备

搭建电路前，准备好表 10-4-1 中的必需的材料方可开始动手实践。

表 10-4-1　材料清单

序　号	名　称	外　形	数　量	用　途
1	MQ3 气敏传感器		1	测量酒精气体用的传感器

第 10 章　安防用途相关传感器测量任务

续表

序号	名称	外形	数量	用途
2	5 号电池		4	构成信号调理电路
3	5 号电池盒		1	安装 5 号电池
4	电阻 30Ω（1/4W）		1	构成信号调理电路
5	电位器（200kΩ）		1	构成信号调理电路
6	μA741 运算放大器		1	构成信号调理电路
7	杜邦线		若干	连接电路
8	便携式数据采集设备 myDAQ		1	与测量电路配合构成虚拟仪器测量系统
9	TLA-004 传感器课程实验套件		1	包含测量程序的传感器测量解决方案

335

10.4.6 元器件概览

（1）MQ3 气敏传感器：是一种用于气体泄漏检测的传感器，适用检测酒精、甲烷、己烷、液化石油气、一氧化碳。由于响应时间短，测量可以尽快进行。

（2）μA741 运算放大器：是一款经典的通用（单）运算放大器，通常需要双电源供电（本项目中采用单电源供电）。

10.4.7 动手实践

1．电路原理图

读懂如图 10-4-7 所示的原理图，将表 10-4-1 中的元器件材料与之元器件一一对应。

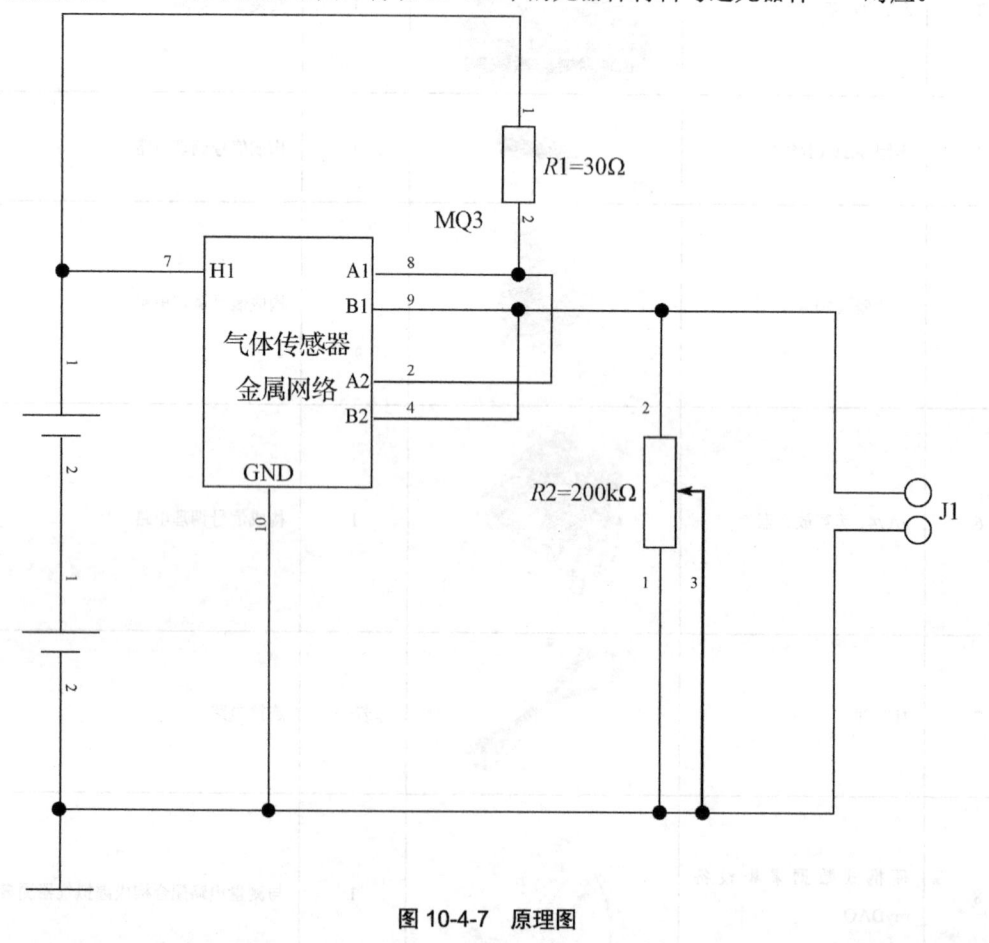

图 10-4-7　原理图

2．虚拟面包板连接训练

下载本书的示例资源包，打开气敏传感器 Fritzing 项目文件，读懂图 10-4-8 中的连线路径，并新建一个 Fritzing 文件进行仿真连接训练。

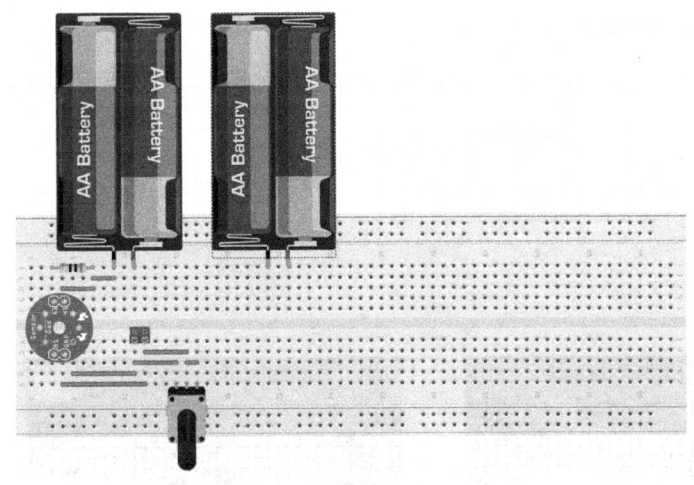

图 10-4-8　面包板及仿真训练

3．面包板实物连接训练

使用一块 165×55×10（单位：mm）的面包板及表 10-4-1 中的元器件，遵照图 10-4-8 中的连接方法完成气敏传感器测量电路的元件连接。

10.4.8　TLA-004 套件测量训练

1．准备工作

遵循如图 7-1-9 所示的 ELVIS 使用前的准备工作，做好实验测量的准备。

2．连接电路（连线）

参看图 10-4-9，在 TLA-004E 实验套件上进行连线。

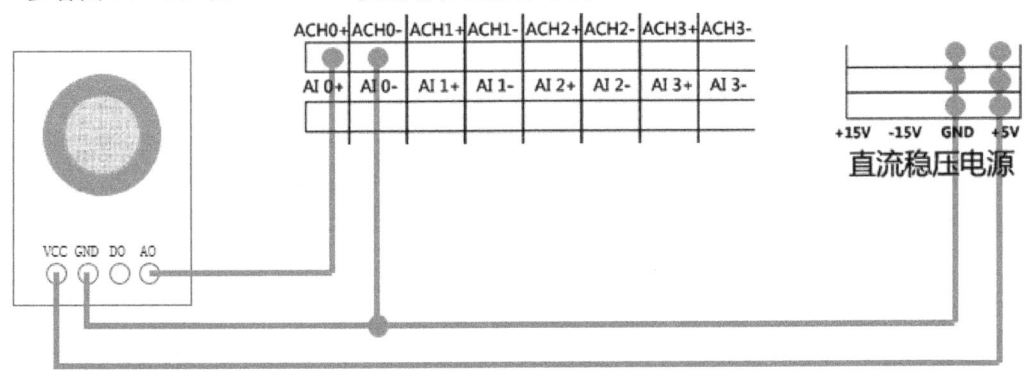

图 10-4-9　连线图

3．想一想

查阅相关资料后，请回答使用 MQ3 气敏传感器是否能够测定气体的浓度。

4．编程练习

【练习 10-4】

使用 DAQ 助手编写程序，实现气敏传感器测量实验程序，并尝试为测量程序添加阈值报警功能。

5. 实验程序参考结果

若使用 TLA-004E 实验程序完成本实验，可以参考如图 10-4-10 所示的结果。

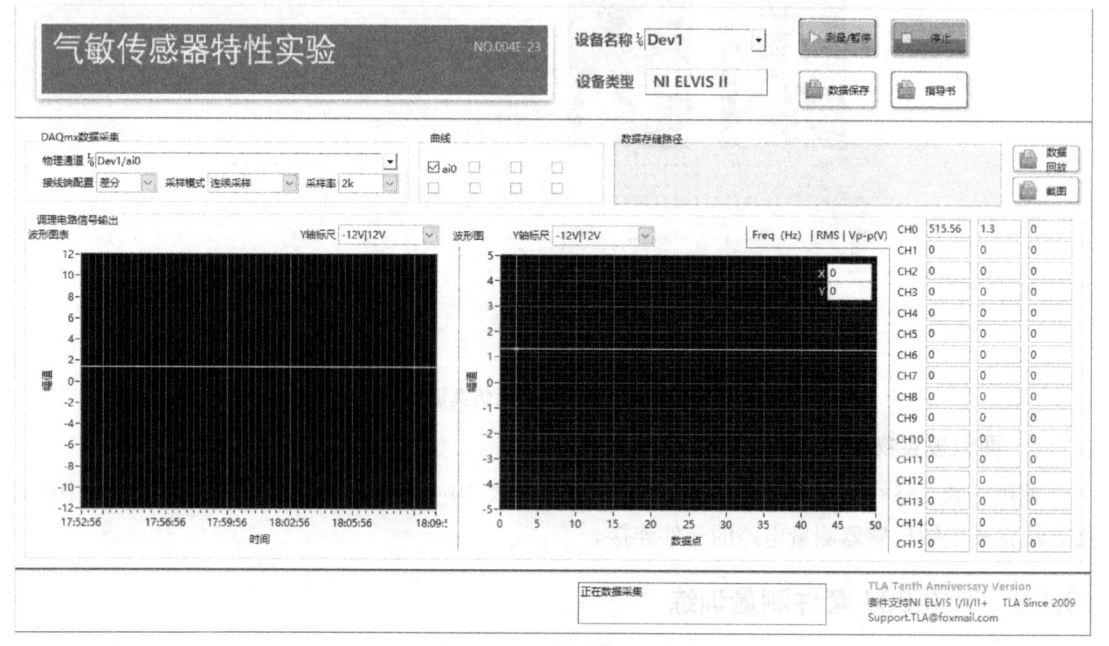

图 10-4-10　实验参考测量结果（艾灸烟环境）

第 11 章

加速度传感器测量任务

11.1 使用压电式加速度传感器测量振动信号

11.1.1 实践要求

- 掌握压电式加速度传感器的工作原理。
- 掌握压电式加速度传感器信号调理电路的原理。
- 掌握压电式加速度传感器测量数据采集程序的编写方法。

11.1.2 传感器简介

在现代工业和自动化生产过程中,非电物理量的测量和控制技术会涉及大量的动态测试问题。动态测试是指量的瞬时值及随时间而变化的值的确定,即被测量为变量的连续测量过程。这一过程以动态信号为特征,研究了测试系统的动态特性的相关问题,而动态测试中振动和冲击的精确测量尤其重要。振动与冲击测量的核心是传感器,通常会使用加速度传感器来获取冲击和振动信号。加速度测量是基于测量仪器检测质量敏感加速度产生惯性力的测量,是一种全自主的惯性测量。加速度测量广泛应用于航天、航空和航海的惯性导航系统及运载武器的制导系统,在振动试验、地震监测、爆破工程、地基测量、地矿勘测等领域也有广泛的应用。

加速度传感器是一种能够测量加速度的传感器,通常由质量块、阻尼器、弹性元件、敏感元件和调理电路等组成。加速度传感器在加速过程中,通过对质量块所受惯性力的测量,利用牛顿第二定律获得加速度值。

1. 加速度传感器的分类

根据加速度传感器敏感元件的不同,常见的加速度传感器包括电容式加速度传感器、电感式加速度传感器、应变式加速度传感器、压阻式加速度传感器、压电式加速度传感器等。按检测质量的支承方式分类,加速度传感器可分为悬臂梁式加速度传感器、摆式加速度传感器、折叠梁式加速度传感器、简支承梁式加速度传感器等。

1）压电式加速度传感器

压电式加速度传感器又称压电加速度计，它属于惯性式传感器。压电式加速度传感器的原理是利用压电陶瓷或石英晶体的压电效应。压电式加速度传感器受振时，质量块加在压电元件上的力也随之变化。当被测振动频率远低于压电式加速度传感器的固有频率时，则力的变化与被测加速度成正比。

2）压阻式加速度传感器

基于世界领先的 MEMS（微机电系统）硅微加工技术，压阻式加速度传感器具有体积小、功耗低等特点，易于集成在各种模拟和数字电路中，广泛应用于汽车碰撞实验、测试仪器、设备振动监测等领域。

3）电容式加速度传感器

电容式加速度传感器是基于电容原理的极距变化型的电容传感器。电容式加速度传感器是比较通用的加速度传感器。电容式加速度传感器在某些领域无可替代，如安全气囊、手机移动设备等。电容式加速度传感器采用了 MEMS 工艺，在大量生产时变得经济，从而保证了较低的成本。

4）伺服式加速度传感器

伺服式加速度传感器是一种闭环测试系统，具有动态性能好、动态范围大和线性度好等特点。工作原理：传感器的振动系统由"m-k"系统组成，与一般加速度传感器相同，但质量块上还接着一个电磁线圈，当基座上有加速度输入时，质量块偏离平衡位置，该位移大小由位移传感器检测出来，经伺服放大器放大后转换为电流输出，该电流流过电磁线圈，在永久磁铁的磁场中产生电磁恢复力，使质量块保持在仪表壳体中原来的平衡位置上，所以伺服式加速度传感器在闭环状态下工作。

由于有反馈作用，增强了抗干扰的能力，提高了测量精度，扩大了测量范围，伺服加速度测量技术广泛地应用于惯性导航和惯性制导系统，在高精度的振动测量和标定中也有应用。

2. 压电式加速度传感器的结构

本实验中针对压电式加速度传感器进行展开说明。自 1880 年 J.居里和 P.居里发现压电效应以来，这种类型的压电传感器就广泛应用于各个领域。经过近半个世纪的发展，压电式加速度传感器的材料、结构设计和工艺都有了很大的进步。这些对改善压电式加速度传感器的性能起到了至关重要的作用。

压电材料性能的改进及新型压电材料的研制成功，极大地推动了压电式加速度传感器的进步。从最开始的石英到 $BaTiO_3$ 压电陶瓷、锆钛酸铅（PZT）压电陶瓷，再到压电聚合物［如聚偏二氟乙烯（PVDF）］等新型压电材料，压电材料制备工艺的进展对压电材料的应用及理论研究具有推动作用，单晶技术的进展培育了许多实用化的压电材料，薄膜工艺的进展为压电元件的平面化、集成化创造了条件。压电材料的这一系列进步为设计大量高性能的压电元件提供了技术保障。

压电式加速度传感器由最初的基座压缩式结构形式（这种结构易受外界环境影响）演变为中心压缩型，然后又改进为性能最佳的剪切型设计，如环形剪切型。虽然剪切型的性能优异，但是剪切型的结构决定了它不能承受较强的冲击。并且，剪切型对工艺的要求很高。为了提高低频灵敏度，后来还研制了压电梁式加速度传感器。随着 MEMS 技术和微机械加工技术的发展，出现了可以把质量块、压电元件和基座做成一体的微小型压电式加速度传感器，可以把信号处理电路与传感器做在同一基片上的 ICP 传感器。

压电式加速度传感器是典型的有源传感器，它以压电材料为转换元件，将加速度输入转化成与之成正比的电荷或电压输出的装置，具有结构简单、重量轻、体积小、耐高温、固有频率高、输出线性好、测量的动态范围大、安装简单等特点。图 11-1-1 为 3 种形式的压电式加速度传感器结构示意图。

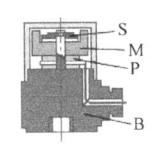

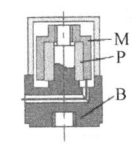

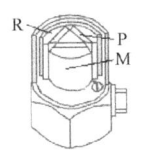

(a) 中心安装压缩型　　(b) 环形剪切型　　(c) 三角剪切型　　(d) 加速度传感器实物外形

S—弹簧；M—质量块；B—基座；P—压电元件；R—夹持环

图 11-1-1　3 种形式的压电式加速度传感器结构示意图

图 11-1-1（a）是中央安装压缩型，压电元件—质量块—弹簧系统装在圆形中心支柱上，支柱与基座连接。这种结构有高的共振频率。然而基座与测试对象连接时，如果基座有变形则将直接影响拾振器输出。此外，测试对象和环境温度变化将影响压电元件，并使预紧力发生变化，易引起温度漂移。

图 11-1-1（b）为环形剪切型，结构简单，能做成极小型、高共振频率的加速度传感器，环形质量块黏到装在中心支柱上的环形压电元件上。由于黏接剂会随温度增高而变软，因此最高工作温度受到限制。

图 11-1-1（c）为三角剪切型，用夹持环将压电元件夹牢在三角形中心支柱上。加速度传感器感受轴向振动时，压电元件承受切应力。这种结构对底座变形和温度变化有极好的隔离作用，有较高的共振频率和良好的线性。

实际测量时，将图 11-1-1 中任一种结构的基座与待测物刚性地固定在一起。当待测物运动时，基座与待测物以同一加速度运动，压电元件受到质量块与加速度相反方向的惯性力的作用，在压电元件的两个表面上产生交变电荷（电压）。当振动频率远低于压电式加速度传感器的固有频率时，压电式加速传感器的输出电荷（电压）与作用力成正比。电信号经前置放大器放大，即可由一般测量仪器测试出电荷（电压）大小，从而得出物体的加速度。在 1~64Hz 的设备频率下典型的加速度测量范围为 0.1~10g。

3. 压电式加速度传感器的幅频特性与安装方式

压电式加速度传感器的使用上限频率取决于幅频特性中的共振频率，压电式加速度传感器的幅频特性曲线如图 11-1-2 所示。一般小阻尼（$z \leqslant 0.1$）的压电式加速度传感器，使用上限频率若取为共振频率的 1/3，则可保证幅值误差低于 1dB（12%）；若取为共振频率的 1/5，则可保证幅值误差小于 0.5dB（6%），相移小于 30。但共振频率与压电式加速度传感器的固定状况有关，压电式加速度传感器出厂时给出的幅频特性曲线是在刚性连接的固定情况下得到的。实际使用的固定方法往往难于达到刚性连接，因此共振频率和使用上限频率都会有所下降。

图 11-1-3 中，a 采用钢螺栓固定，这是使共振频率能达到出厂共振频率的最好方法。钢螺栓不得全部拧入基座螺孔，以免引起基座变形，影响压电式加速度传感器的输出。在安装面上涂一层硅脂可增加不平整安装表面的连接可靠性。需要绝缘时可用绝缘螺杆和云母垫圈来固定压电式加速度传感器，但云母垫圈应尽量薄。用一层薄蜡把压电式加速度传感器黏在试件平整表面上，

这种方法可用于低温（40℃以下）的场合。手持探针测振方法在多点测试时使用特别方便，但测量误差较大、重复性差，使用上限频率一般不高于1000Hz。用专用永久磁铁固定压电式加速度传感器，使用方便，多在低频测量中使用。此法也可使压电式加速度传感器与试件绝缘。用硬性黏接螺栓或黏接剂的固定方法也常使用。某种典型的压电式加速度传感器采用上述各种固定方法的共振频率分别约为：钢螺栓固定法31kHz、云母垫圈法28kHz、涂薄蜡层法29kHz、手持法2kHz、永久磁铁固定法7kHz。

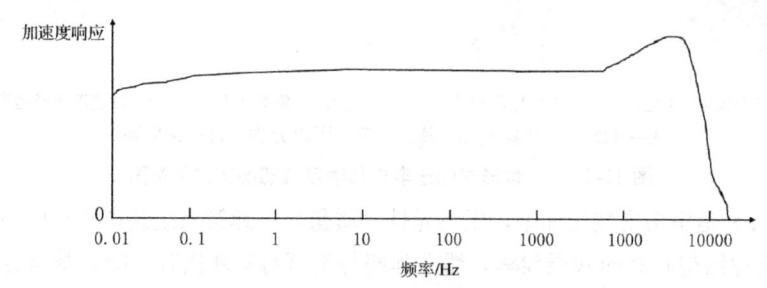

图 11-1-2　压电式加速度传感器的幅频特性曲线

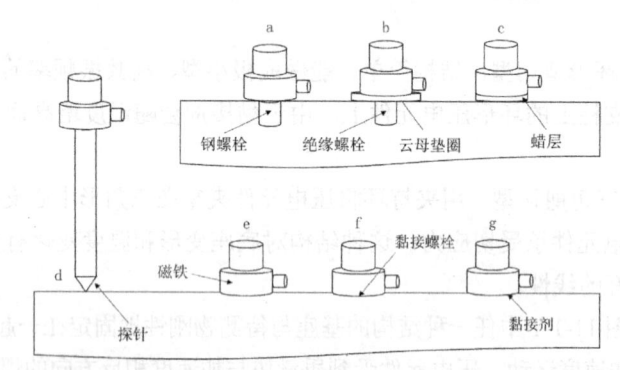

图 11-1-3　压电式加速度传感器的几种固定连接方法

4．压电式加速度传感器的灵敏度

压电式加速度传感器属发电型传感器，可把它看成电压源或电荷源，因此灵敏度有电压灵敏度和电荷灵敏度两种表示方法。前者是压电式加速度传感器输出电压（mV）与加速度之比；后者是压电式加速度传感器输出电荷与加速度之比。加速度的单位为 m/s^2，但在振动测量中往往用标准重力加速度 g 作单位，$g=9.80665m/s^2$。这是一种已为大家所接受的表示方式，几乎所有测振仪器都用 g 作为加速度单位并在仪器的板面上和说明书中标出。对于给定的压电材料而言，灵敏度随质量块的增大或压电元件的增多而增大。一般来说，压电式加速度传感器尺寸越大，其固有频率越低。因此选用压电式加速度传感器时应当权衡灵敏度和结构尺寸、附加质量的影响和频率响应特性之间的利弊。

压电式加速度传感器的横向灵敏度表示它对横向（垂直于压电式加速度传感器轴线）振动的敏感程度，横向灵敏度常以主灵敏度（压电式加速度传感器的电压灵敏度或电荷灵敏度）的百分比表示。一般在壳体上用小红点标出最小横向灵敏度的方向，一个优良的压电式加速度传感器的横向灵敏度应小于主灵敏度的3%。因此，压电式加速度传感器在测试时具有明显的方向性。

5．压电式加速度传感器的压电材料

压电式加速度传感器中的压电材料一般有以下三类。第一类是压电晶体，如石英晶体。第二

类是经过极化处理的压电陶瓷。压电陶瓷是人工制造的多晶压电材料，它比石英晶体的压电灵敏度高得多，而且制造成品较低，因此目前国内外生产的压电元件绝大多数都采用压电陶瓷。常用的压电陶瓷有锆钛酸铅系列压电陶瓷（PZT）及非铅系压电陶瓷（$BaTiO_3$等）。第三类是高分子压电材料。典型的高分子压电材料有聚偏二乙烯（PVF_2或PVDF）、聚氟乙烯（PVF）、改性聚氯乙烯（PVC）等。高分子压电材料是一种柔软的压电材料，可根据需要支撑薄膜或电缆套管等的形状。它不易破碎，具有防水性，可以大量连续拉制，制成较大面积或较长的尺度，价格便宜，频率响应范围较大，测量动态范围可达80dB。

11.1.3 测量原理

压电式加速度传感器原理为利用压电元件的电荷输出与所受的力成正比，而所受的力在敏感质量一定的情况下与加速度成正比。在一定条件下，压电元件受力后产生的电荷量与所受的加速度成正比。经过简化后的方程为

$$Q = d_{ij} \cdot F = d_{ij} \cdot M \cdot a \tag{11-1-1}$$

式中，Q为压电元件输出的电荷量；d_{ij}为压电元件的二阶压电张量；M为传感器的敏感质量，a为所受振动加速度。

每个压电式加速度传感器中内装压电元件的二阶压电张量是一定的，敏感质量M是一个常量，所以式（11-1-1）说明压电式加速度传感器产生的电荷量与振动加速度成正比。这就是压电式加速度传感器完成的机电转换的工作原理。

压电式加速度传感器承受单位振动加速度能输出电荷量的多少，称其为电荷灵敏度，单位为pC/（m·s^{-2}）。

压电式加速度传感器实质上相当于一个电荷源和一个电容器，通过等效电路简化后，可算出压电式加速度传感器的电压灵敏度为

$$S_V = S_Q / C_a \tag{11-1-2}$$

式中，S_V为传感器的电压灵敏度，单位为mV/（m·s^{-2}）；S_Q为传感器的电荷灵敏度，单位为pC/（m·s^{-2}）；C_a为传感器的电容量，单位为pF。

压电式加速度传感器在使用中最主要的三项指标：电荷灵敏度（或电压灵敏度）、共振频率（工作频率在共振频率1/3以下）、最大灵敏度比。

由于压电式加速度传感器的输出电信号是微弱的电荷，而且传感器本身有很大内阻，因此输出能量甚微，这给后接电路带来一定困难。因此通常会把传感器信号先输到高输入阻抗的前置放大器。只有经过阻抗变换以后，才能用于一般的放大、检测电路。

11.1.4 基本电路

由于压电式加速度传感器输出的是电荷信号，因此压电式加速度传感器的输出信号需要连接一个可以将电荷转换为电压信号的电荷放大器，将压电式加速度传感器的输出信号转换成电压信号提供给数据采集设备。图11-1-4为电荷放大器基本电路。

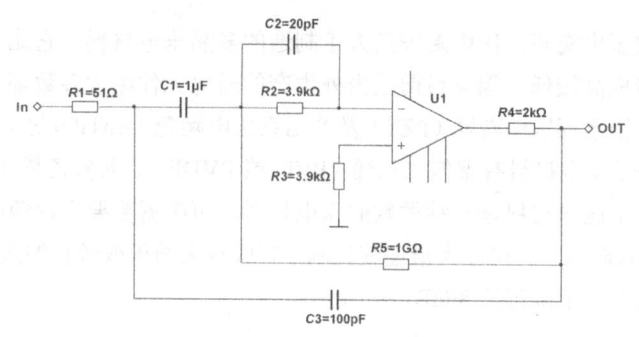

图 11-1-4　电荷放大器基本电路

11.1.5　材料准备

搭建电路前，准备好表 11-1-1 中的必需的材料方可开始动手实践。

表 11-1-1　材料清单

序号	名　称	外　形	数量	用　途
1	压电式加速度传感器		1	测量振动信号
2	LF411 运算放大器		1	构成电荷放大电路
3	9V 层叠电池		2	为信号调理电路供电
4	9V 电池盒		1	安装 9V 电池
5	电阻 51Ω（1/4W） 电阻 3.9kΩ（1/4W） 电阻 2kΩ（1/4W） 电阻 1GΩ（1/4W）		1 2 1 1	用于信号调理电路
6	CBB 电容（1μF） 瓷片电容（20pF）		1 1	用于信号调理电路
7	杜邦线		若干	连接电路

序 号	名 称	外 形	数 量	用 途
8	便携式数据采集设备 myDAQ		1	与测量电路配合构成虚拟仪器测量系统
9	TLA-004 传感器课程实验套件		1	包含测量程序的传感器测量解决方案

11.1.6 元器件概览

（1）压电式加速度传感器：是一种测量振动信号的有源传感器，直接输出的是电荷信号。需要通过电荷放大器将电荷信号转换为电压信号，用于加速度信号的数据采集。

（2）LF411 运算放大器：是一个低失调、低漂移，具有 JFET 输入、高输入阻抗的运算放大器。由于电荷放大器需要极高的输入电阻和极低的偏置电流，因此选择该型号的运算放大器。

11.1.7 动手实践

1．电路原理图

读懂如图 11-1-5 所示的原理图，将表 11-1-1 中的元器件材料与之器件一一对应。

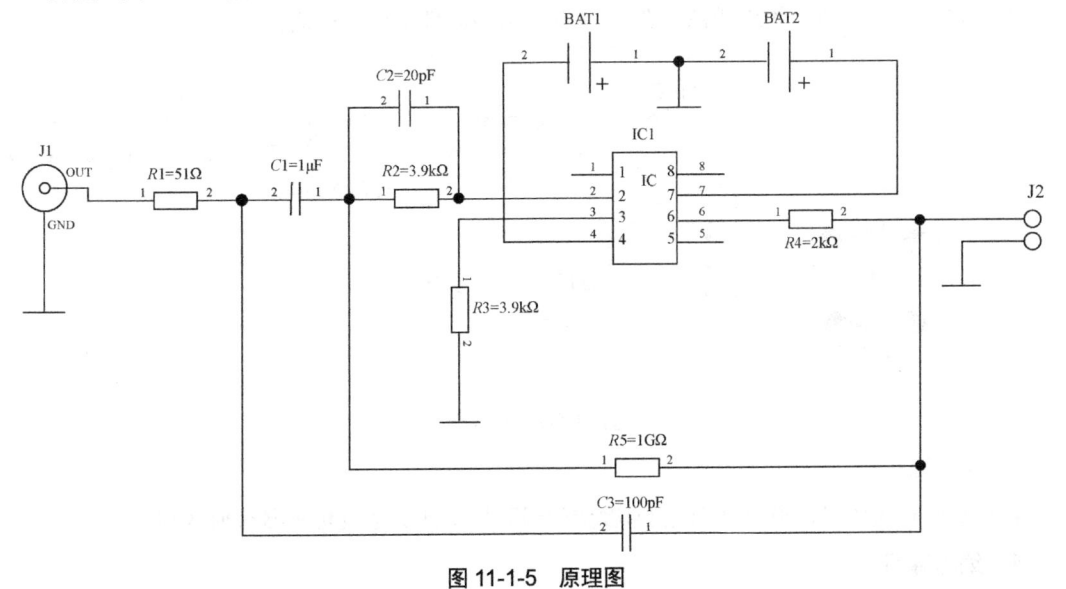

图 11-1-5 原理图

2．虚拟面包板连接训练

下载本书的示例资源包，打开压电式加速度传感器 Fritzing 项目文件，读懂图 11-1-6 中的连线路径，并新建一个 Fritzing 文件进行仿真连接训练。

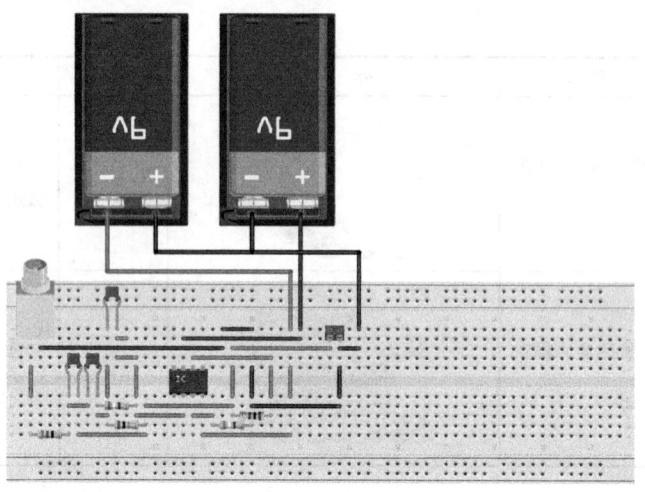

图 11-1-6　面包板及仿真训练

3. 面包板实物连接训练

使用一块 165×55×10（单位：mm）的面包板及表 11-1-1 中的元器件，遵照图 11-1-6 中的连接方法完成压电式加速度传感器测量电路的元件连接。

11.1.8　TLA-004 套件测量训练

1. 准备工作

遵循如图 7-1-9 所示的 ELVIS 使用前的准备工作，做好实验测量的准备。

2. 连接电路（连线）

参看如图 11-1-7 所示的连线图，在 TLA-004 实验套件上进行连线。

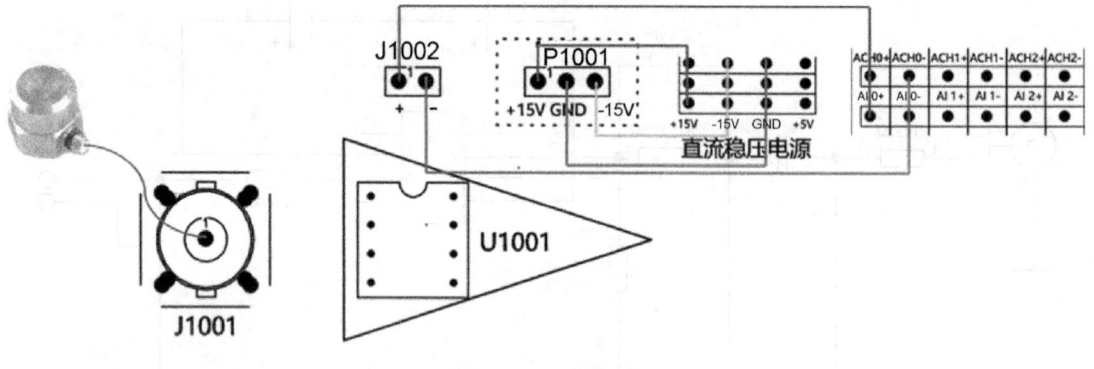

图 11-1-7　连线图

3. 想一想

自行查阅相关资料，说说 IEPE 加速度传感器和压电式加速度传感器有何区别。

4. 编程练习

【练习 11-1】

使用 DAQ 助手编写程序，实现电荷型压电式加速度传感器测量实验程序，并为测量程序添加 FFT 分析功能。

5．实验程序参考结果

若使用 TLA-004E 实验程序完成本实验，可以参考如图 11-1-8 所示的结果。

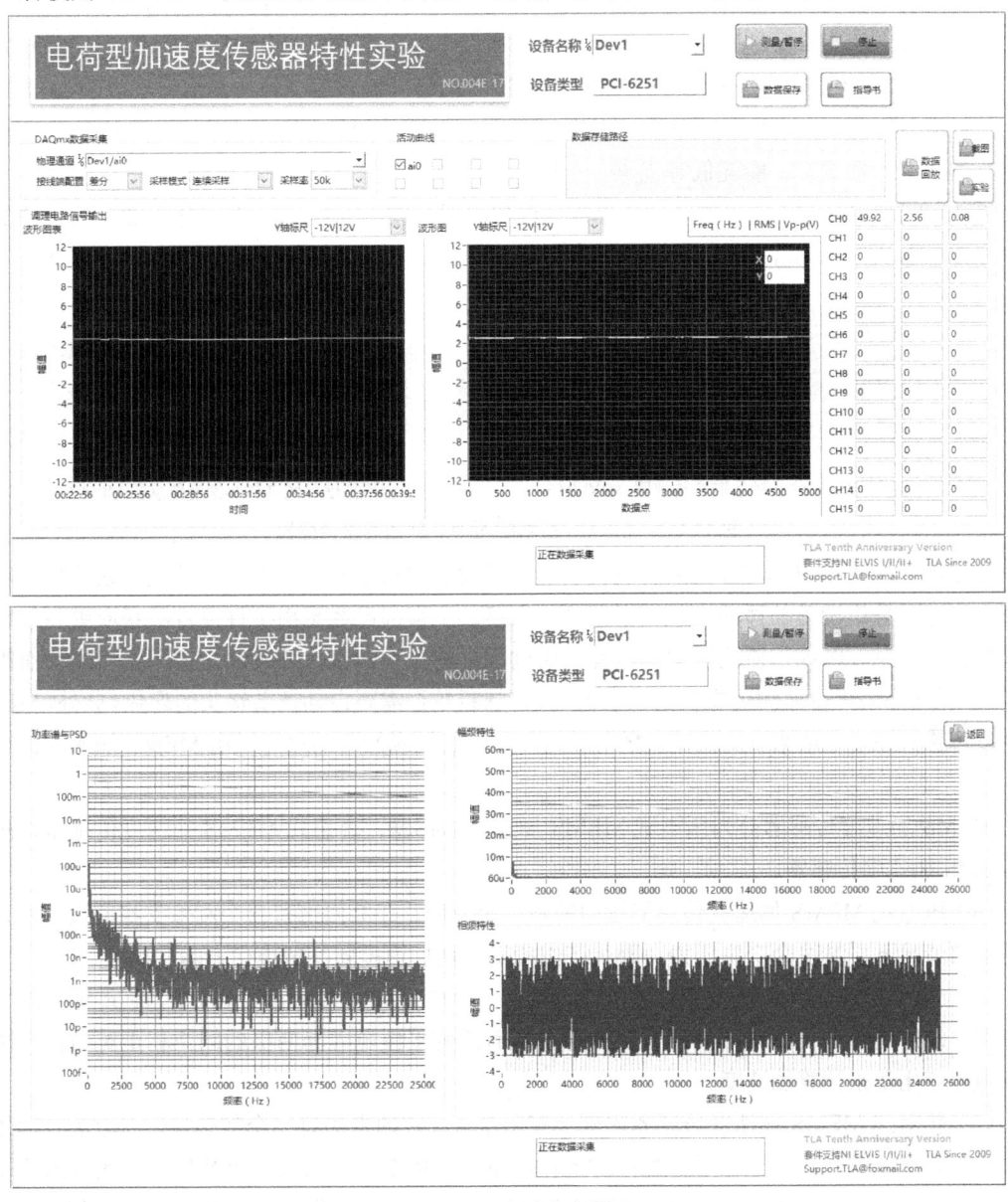

图 11-1-8　实验参考界面

11.2　使用 MEMS 3 轴加速度传感器测量倾角

11.2.1　实践要求

- 掌握 MEMS 3 轴加速度传感器的工作原理。
- 掌握 MEMS 3 轴加速度传感器角度与重力加速度的转换关系。
- 掌握 MEMS 3 轴加速度传感器数据采集的方法。

11.2.2 传感器简介

加速度传感器是一种惯性式传感器,能够测量物体的加速力。加速力就是当物体在加速过程中作用在物体上的力,如地球引力(重力)。加速力可以是个常量,比如 g,也可以是变量。

MEMS 加速度传感器是使用 MEMS 技术制造的加速度传感器(计)。由于采用了 MEMS 技术,大大缩小其尺寸,一个 MEMS 加速度传感器只有指甲盖的几分之一大小。MEMS 加速度传感器具有体积小、重量轻、能耗低等优点。

图 11-2-1 为 MEMS 技术的两种 3 轴加速度传感器,图 11-2-1(a)为可输出数字信号的 3 轴加速度传感器 ADXL345,图 11-2-1(b)为可输出模拟信号的 3 轴加速度传感器 MMA7361。

(a) 可输出数字信号的 3 轴加速度传感器 ADXL345　　(b) 可输出模拟信号的 3 轴加速度传感器 MMA7361

图 11-2-1　MEMS 技术的两种 3 轴加速度传感器

通过测量由重力引起的加速度,就可以计算出设备相对于水平面的倾斜角度。通过分析动态加速度,进而分析设备的移动方式。根据这一思路,工程师已经想出了许多方法获取更多与设备相关的有用信息。例如,监测笔记本电脑使用过程中的振动情况,并判断是否因剧烈振动而需要暂时关闭硬盘;还可以监测摄像机的振动情况,并判断是否需要自动调节镜头的聚焦。此外,MEMS 加速度传感器还可以用来分析发动机的振动,汽车防撞气囊的启动也可以由 MEMS 加速度传感器控制。

MEMS 加速度传感器分为压电式 MEMS 加速度传感器、容感式 MEMS 加速度传感器、热感式 MEMS 加速度传感器。

(1) 压电式 MEMS 加速度传感器运用的是压电效应,在其内部有一个刚体支撑的质量块,在有运动的情况下质量块会产生压力,刚体产生应变,把加速度转变成电信号输出。

(2) 容感式 MEMS 加速度传感器内部也存在一个质量块,从单个单元来看,它是标准的平板电容器。加速度的变化带动活动质量块的移动从而改变平板电容器两极的间距和正对面积,通过测量电容变化量来计算加速度。

(3) 热感式 MEMS 加速度传感器内部没有质量块,它的中央有一个加热体,周边是温度传感器,里面是密闭的气腔,工作时在加热体的作用下,气体在内部形成一个热气团,热气团的比重和周围的冷气是有差异的,通过惯性热气团的移动形成的热场变化让感应器感应到加速度值。

压电式 MEMS 加速度传感器内部有刚体支撑,通常情况下,压电式 MEMS 加速度传感器只能感应到"动态"加速度,而不能感应到"静态"加速度,也就是我们所说的重力加速度。而容感式 MEMS 加速度传感器和热感式 MEMS 加速度传感器既能感应到"动态"加速度,又能感应到"静态"加速度。

11.2.3　测量原理

当加速度传感器连同外界物体(该物体的加速度就是待测的加速度)一起加速运动时,质量块就受到惯性力的作用向相反的方向运动。质量块发生的位移受到弹簧和阻尼器的限制。显然该位移与外界加速度具有一一对应的关系：一方面当外界加速度固定时，质量块具有确定的位移；当外界加速度变化时（只要变化不是很快），质量块的位移也发生相应的变化；另一方面，当质量块发生位移时，可动臂和固定臂（即感应器）之间的电容就会发生相应的变化。如果测得感应器输出电压的变化就等同于测得了执行器（质量块）的位移，那么输出电压与外界加速度也就有了确定的关系，即通过输出电压就能测得外界加速度。加速度传感器工作原理如图 11-2-2 所示。

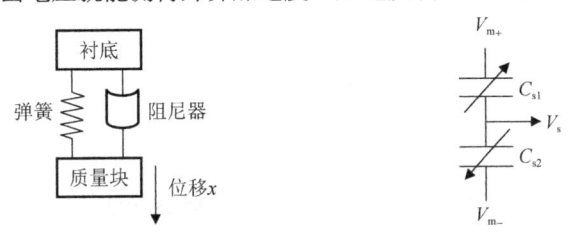

(a) 执行器的力学结构示意图　　(b) 传感器的电学原理图

图 11-2-2　加速度传感器工作原理

具体地说，以 V_m 表示输入电压信号，V_s 表示输出电压，C_{s1} 与 C_{s2} 分别表示固定臂与可动臂之间的两个电容（见图 11-2-2），则输入信号和输出信号之间的关系可表示为：

$$V_s = \frac{C_{s1} - C_{s2}}{C_{s1} + C_{s2}} V_m \tag{11-2-1}$$

其中，电容与位移之间的关系由电容的定义给出：

$$C_{s1} = \frac{\varepsilon_0 \varepsilon}{d - x} \tag{11-2-2}$$

$$C_{s2} = \frac{\varepsilon_0 \varepsilon}{d - x} \tag{11-2-3}$$

式中，x 是可动臂（执行器）的位移；d 是没有加速度时固定臂与可动悬臂之间的距离。由式（11-2-1）、式（11-2-2）和式（11-2-3）可得：

$$V_s = \frac{x}{d} V_m \tag{11-2-4}$$

根据力学原理，稳定情况下质量块的力学方程为：

$$kx = -ma_{\text{ext}} \tag{11-2-5}$$

式中，k 为弹簧的劲度系数，m 为质量块的质量。因此，外界加速度与输出电压的关系为：

$$a_{\text{ext}} = \frac{kx}{m} = \frac{kdV_s}{mV_m} \tag{11-2-6}$$

因此，在加速度传感器的结构和输入电压确定的情况下，输出电压与加速度呈正比关系。

假设加速度传感器的 X 轴与水平面 xy 之间的夹角为 α（称为俯仰角，pitch），Y 轴与水平面 xy 间的夹角为 β（称为滚转角，roll），Z 轴与重力方向夹角为 γ。重力加速度在 X、Y、Z 三个轴上的投影如图 11-2-3 所示。

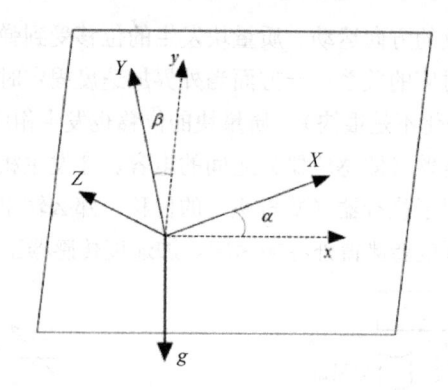

图 11-2-3　重力加速度在 X、Y、Z 三个轴上的投影

重力加速度在 X、Y、Z 三个轴上的投影为三个轴传感器的读数，因此可计算出：

$$\alpha = \arcsin\left(\frac{\alpha_x}{g}\right) \quad (11\text{-}2\text{-}7)$$

$$\beta = \arcsin\left(\frac{\alpha_y}{g}\right) \quad (11\text{-}2\text{-}8)$$

$$\gamma = \arccos\left(\frac{\alpha_z}{g}\right) \quad (11\text{-}2\text{-}9)$$

根据三个轴加速度的矢量和等于重力加速度，即

$$\sqrt{a_x^2 + a_y^2 + a_z^2} = g \quad (11\text{-}2\text{-}10)$$

可以推导出计算三个角度的另一种表达式：

$$\alpha = \arctan\left(\frac{a_x}{\sqrt{a_y^2 + a_z^2}}\right) \quad (11\text{-}2\text{-}11)$$

$$\beta = \arctan\left(\frac{a_y}{\sqrt{a_x^2 + a_z^2}}\right) \quad (11\text{-}2\text{-}12)$$

$$\gamma = \arctan\left(\frac{\sqrt{a_x^2 + a_y^2}}{a_z}\right) \quad (11\text{-}2\text{-}13)$$

11.2.4　基本电路

通常 MEMS 3 轴加速度传感器输出的信号有两种：模拟信号和数字信号。输出模拟信号的 MEMS 3 轴加速度传感器（如 MMA7361），其输出模拟信号与对应方向轴上的加速度值对应，该模拟信号小于 10V，可与模拟数据采集设备相连。输出数字信号的 MEMS 3 轴加速度传感器（如 ADXL345），输出的数字信号与对应方向轴上的加速度值对应，该型号传感器需要与单片机或微控制器相连，结合相应的控制程序，读取并转换数字信号为可读的加速度值。

本项目中使用飞思卡尔（Freescale）公司的 MMA7361 作为实验用传感器，MMA7361 是高性价比的微型电容式 3 轴加速度传感器。内部采用了信号调理、单级低通滤波器和温度补偿技术，

提供了 2 种可选的灵敏度量程（±1.5g、±6g），以及接口和休眠模式接口，带有的低通滤波且已作 0g 补偿，输出的 3 轴加速度信号是模拟量。

MMA7361 使用的是 14 引脚的触点陈列封装（见图 11-2-4），该贴片形式的封装需要焊接在印制电路板上才便于实验接线测量。MMA7361 印制电路板实物如图 11-2-5 所示。该电路板增加了稳压电路，从而保证输入+5V 直流电压，也能获得 MMA7361 芯片所需使用的+3.3V 直流电压。MMA7361 印制电路板引脚布局如图 11-2-6 所示。

图 11-2-4　MMA7361 LGA（触点陈列）封装

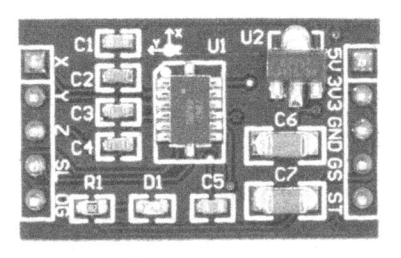

图 11-2-5　MMA7361 印制电路板实物

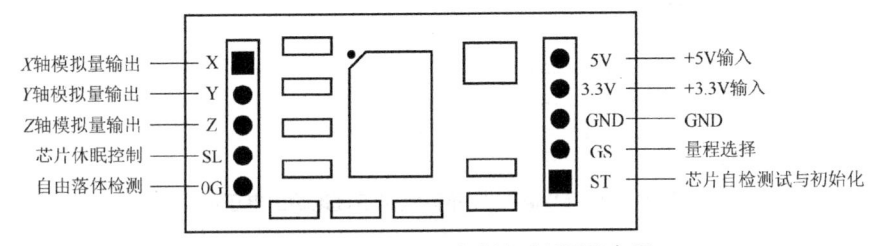

图 11-2-6　MMA7361 印制电路板引脚布局

电路板若使用+5V 供电时，则接+5V 和 GND；若使用+3.3V 供电时，则接+3.3V 和 GND；+5V 和+3.3V 不需同时供电。

GS 接线端悬空或默认接低电平 0 时，量程选择为 1.5g（灵敏度为 800mV/g）；若接+5V 或接高电平 1 时，量程为 6g（灵敏度为 200mV/g）。

SL 接线端悬空时默认为高电平 1，上电后，X、Y、Z 接线端就有输出；SL 接线端若接低电平 0，则会让芯片进入休眠，从而降低芯片功耗。

0G 接线端为自由落体检测，正常情况下输出为低电平 0，芯片电路板自由掉落时，输出为高电平 1，该接线端可用于触发报警信号。3 轴加速度传感器 X、Y、Z 轴与方向的对应关系如图 11-2-7 所示。

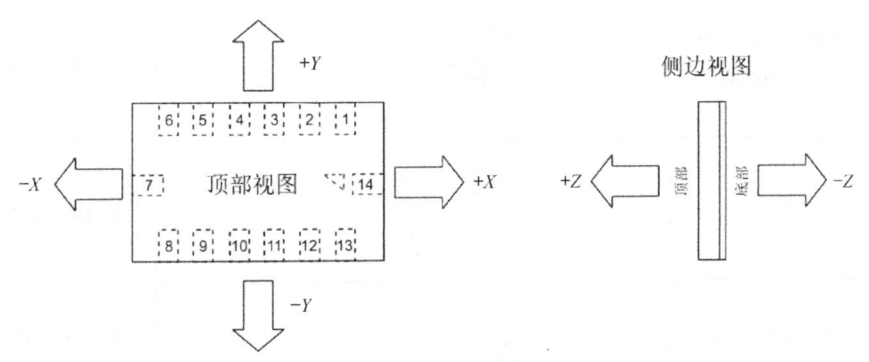

图 11-2-7　3 轴加速度传感器 X、Y、Z 轴与方向的对应关系

MMA7361 不同状态下理论输出电压值如图 11-2-8 所示。

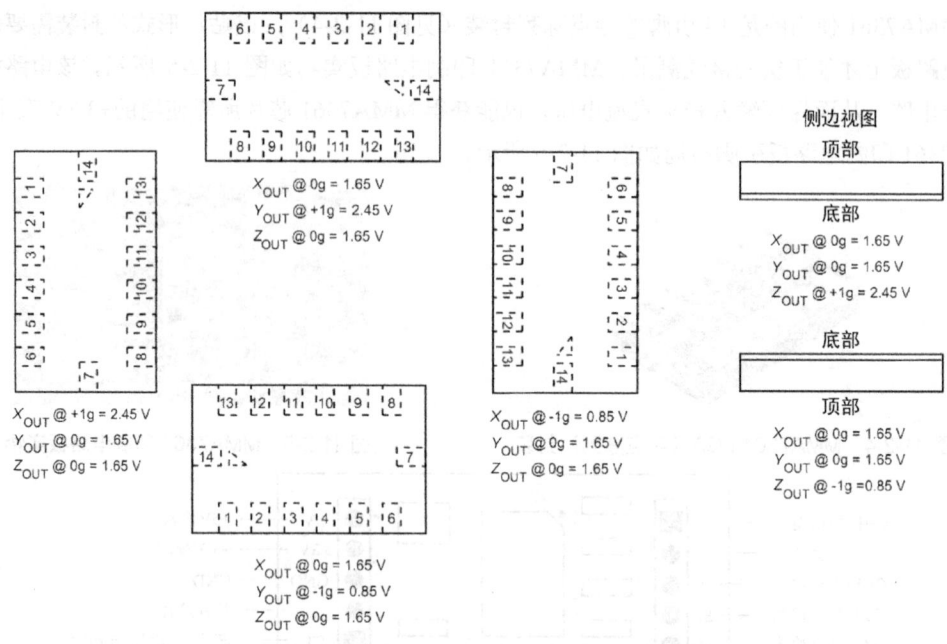

图 11-2-8　MMA7361 不同状态下理论输出电压值

11.2.5　材料准备

搭建电路前，准备好表 11-2-1 中必需的材料方可开始动手实践。

表 11-2-1　材料清单

序号	名称	外形	数量	用途
1	MMA7361 集成电路芯片电路板		1	3 轴加速度传感器及其外围电路构成的模块
2	LM1117-3.3V 集成电路芯片电路板		1	3.3V 稳压集成电路芯片
3	杜邦线		若干	连接电路模块
4	便携式数据采集设备 myDAQ		1	与测量电路配合构成虚拟仪器测量系统

续表

序 号	名 称	外 形	数 量	用 途
5	TLA-004 传感器课程实验套件		1	包含测量程序的传感器测量解决方案

11.2.6 元器件概览

（1）MMA7361 集成电路芯片电路板：是一个使用 MEMS 技术的 3 轴加速度传感器 MMA7361 构成的电路模块，可输出与 X、Y、Z 轴 3 个方向对应的加速度值的模拟电压信号。市场上的 MMA7361 集成电路芯片电路板内置了+5V 转+3.3V 的电源转换芯片及一些阻容元件。需要注意的是，在接下来的动手实践中面包板训练项目使用的是 MMA7361 集成电路芯片电路板，该电路板不含 3.3V 稳压电路。

（2）LM1117-3.3V 集成电路芯片电路板：是一个稳压用途的集成电路芯片，输入 3.6~15V 范围内的直流电压，可稳定输出直流 3.3V 电压，用于为 MMA7361 集成电路芯片电路板提供必需的+3.3V 直流电压。

11.2.7 动手实践

1. 电路原理图

读懂如图 11-2-9 所示的原理图，将表 11-2-1 中的元器件材料与之元器件一一对应。

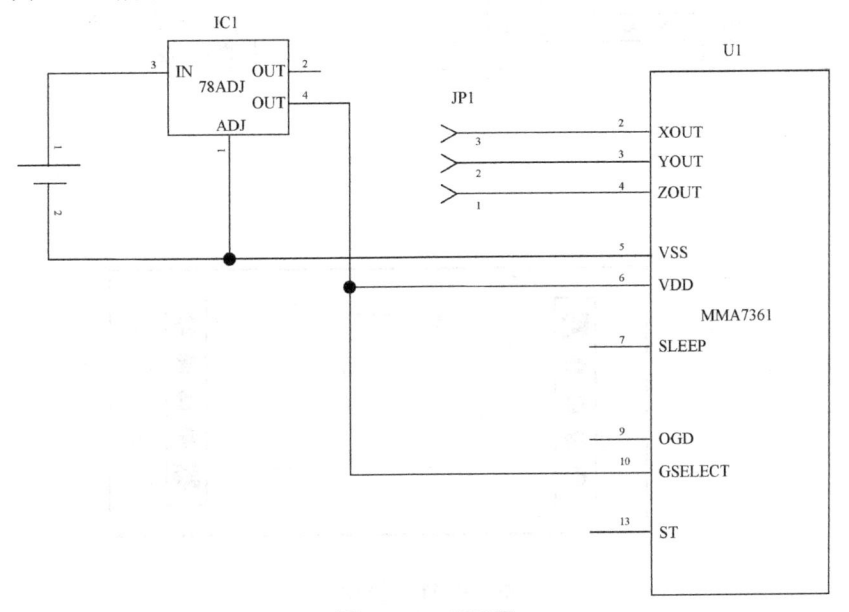

图 11-2-9　原理图

2. 虚拟面包板连接训练

下载本书的示例资源包，打开 MEMS 3 轴加速度传感器 Fritzing 项目文件，读懂图 11-2-10 中的连线路径，并新建一个 Fritzing 文件进行仿真连接训练。

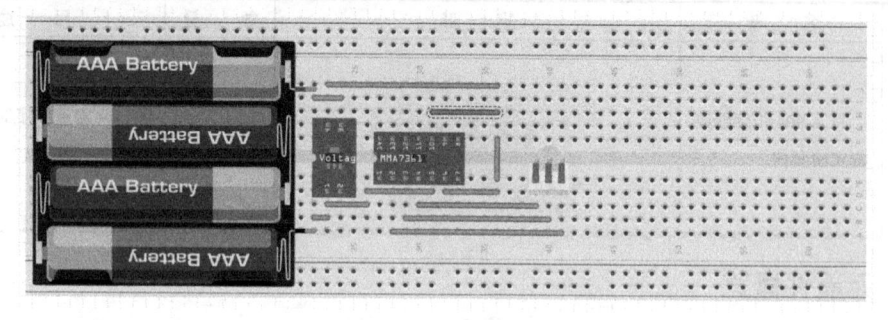

图 11-2-10　面包板及仿真训练

3．面包板实物连接训练

使用一块 165×55×10（单位：mm）的面包板及表 11-2-1 中的元器件，遵照图 11-2-10 中的连接方法完成 MEMS 3 轴速度传感器测量电路的元件连接。

11.2.8　TLA-004 套件测量训练

1．准备工作

遵循如图 7-1-9 所示的 ELVIS 使用前的准备工作，做好实验测量的准备。

2．连接电路（连线）

参看如图 11-2-11 所示的连线图，在 TLA-004 实验套件上进行连线。

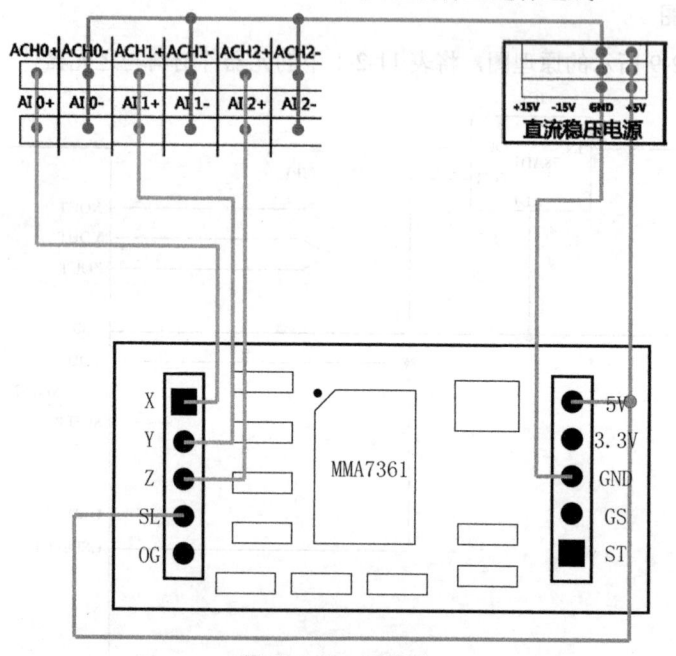

图 11-2-11　连线图

3．想一想

图 11-2-11 中的连线不包含量程设置，请根据基本电路章节的内容，设计正确的连线及对应的测量控制程序。

4．编程练习

【练习 11-2】

使用 DAQ 助手编写程序，实现 MEMS 3 轴加速度传感器倾角测量实验程序。

5．实验程序参考结果

若使用 TLA-004E 实验程序完成本实验，可以参考如图 11-2-12 所示的结果。

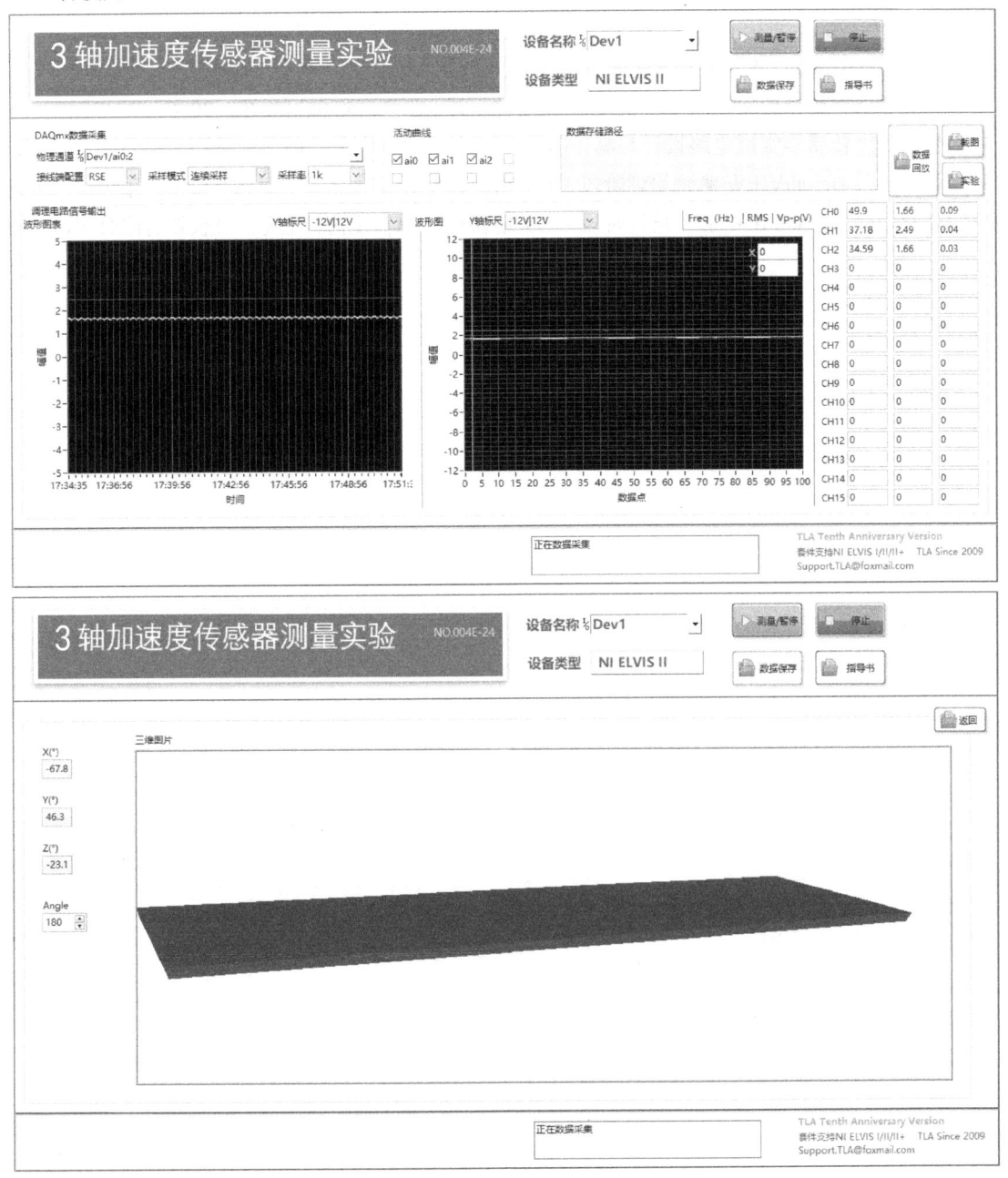

图 11-2-12　实验参考结果

参考文献

[1] James W. Nilsson, Susan A. Riedel.电路（第八版）[M].北京：电子工业出版社，2008
[2] 松井邦彦.传感器应用技巧141例[M]. 梁瑞林，译. 北京：科学出版社，2006
[3] 松井邦彦.传感器实用电路设计与制作[M]. 梁瑞林，译. 北京：科学出版社，2005
[4] NI 有限公司.LabVIEW 教师培训阶段（一）培训教材[M]. 上海：上海恩艾仪器有限公司，2016
[5] NI 有限公司.LabVIEW 教师培训阶段（二）培训教材[M]. 上海：上海恩艾仪器有限公司，2016